Word/Excel/PPT

高效办公实战

从入门到精通

风云工作室 编著

化学工业出版社

·北京·

本书针对商务办公中的Word/Excel/PPT应用技术，进行实战式的讲解，使读者对Word/Excel/PPT的办公技能形成系统了解，并能够很好地应用于商务办公中。全书共分为13章，包括三大模块，分别是Word 2016的基本操作、图文混排、高级排版、审阅与批量制作；Excel 2016的基本操作、美化操作、数据处理与分析、公式与函数、图表与数据透视图表；PPT 2016的基本操作，图文并茂设计，动画与交互效果，放映、打包和发布等。

本书内容丰富、图文并茂、深入浅出，以商务办公为环境，使用Word/Excel/PPT进行案例的实战演练，不仅适用于广大职场办公初学者，而且适用于想快速提高Word/Excel/PPT工作效率的人员。

图书在版编目（CIP）数据

Word/Excel/PPT高效办公实战从入门到精通 / 风云工作室编著. —北京：化学工业出版社，2019.6（2020.11 重印）

ISBN 978-7-122-34169-3

Ⅰ. ①W… Ⅱ. ①风… Ⅲ. ①办公自动化—应用软件 Ⅳ. ①TP317.1

中国版本图书馆CIP数据核字（2019）第054961号

责任编辑：孙　炜　李　辰　　　装帧设计：王晓宇

责任校对：边　涛

出版发行：化学工业出版社（北京市东城区青年湖南街 13 号　邮政编码 100011）

印　　刷：三河市航远印刷有限公司

装　　订：三河市宇新装订厂

787mm×1092mm　1/16　印张 21　字数 520 千字　2020 年 11 月北京第 1 版第 3 次印刷

购书咨询：010-64518888　　售后服务：010-64518899

网　　址：http：//www.cip.com.cn

凡购买本书，如有缺损质量问题，本社销售中心负责调换。

定　价：59.00 元

PREFACE 前言

目前Word/Excel/PPT强大的功能在商务办公中得到了广泛的运用，市场需求很大。本书以主流的Word/Excel/PPT 2016为版本，针对零基础的读者，每部分均配有相应的具体操作步骤。在讲解过程中，力求剖析应用过程中的重点和难点，将软件的应用和商务办公融会贯通。本书实例丰富、布局合理、图文相得益彰，叙述内容深入浅出，注重理论与实际操作相结合，涵盖了Word/Excel/PPT软件进行商务办公的难点和热点。

本书特色

知识丰富全面：知识点由浅入深，涵盖了Word/Excel/PPT 2016在商务办公方面的常用知识点，读者可由浅入深地掌握Word/Excel/PPT 2016在商务办公方面的核心应用技能。

图文并茂，注重操作：在介绍案例的过程中，每一个操作均有对应的插图。这种图文结合的方式使读者在学习过程中能够直观、清晰地看到操作的过程及效果，便于更快地理解和掌握。

案例丰富：把知识点融入系统的案例实训当中，并且结合经典案例进行讲解和拓展，进而达到"知其然，并知其所以然"的效果。

提示技巧，贴心周到：本书对读者在学习过程中可能会遇到的疑难问题以"提示"的形式进行了说明，以免读者在学习的过程中走弯路。

超值赠送资源：本书将赠送封面所述的资源，读者可以掌握Word/Excel/PPT软件方方面面的知识。

读者对象

本书不仅适用于广大职场办公人员，而且适用于想快速提高Word/Excel/PPT工作效率的人员。

写作团队

本书主编王维维长期研究会计和财务知识。另外还有王猛、王婷婷、张芳、王英英、张桐嘉、肖品、胡同夫、梁云亮、王攀登、陈伟光、包慧利、孙若淞、刘海松、李坤、雷玉芳、于辉辉、白玉杰、冯玲、李清海、原杨、郭丽娟、程铖 、卢健良、姬远鹏、李亚飞、王鹏程、王雪涛、臧顺娟、邴万强、陈鹏涛、庞旭阳、钱东省、苏士辉和王飞等人参与编写工作。在编写过程中，尽所能地将最好的讲解呈现给读者，但也难免有疏漏和不妥之处，敬请不吝指正。若您在学习中遇到困难或疑问，或有何建议，可联系QQ群（玩转技术不加班）389543972，获得作者的在线指导。

编著者

2019年1月

CONTENTS

目录

第1章 办公基础——Word 2016的基本操作

本章导读：

Word是最常用的办公软件之一，也是目前使用最多的文字处理软件。本章主要介绍Word 2016的基本操作，包括新建、保存、文本输入、文本字体的设置及文本段落的设置等操作。用户只有熟练掌握这些基础应用，才能在Office办公中充分体验到Word 2016带来的便利。

案例赏析：

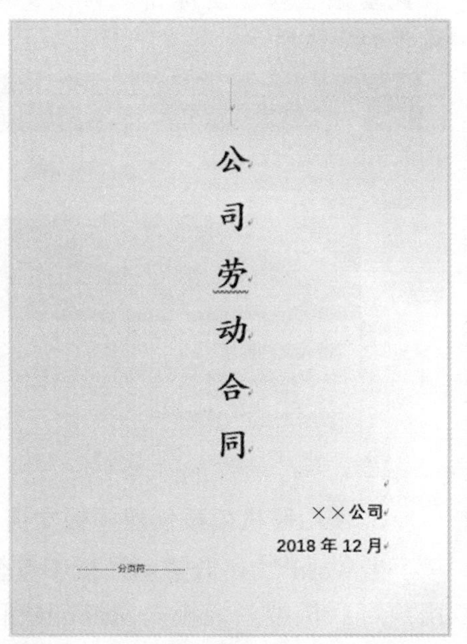

档案管理制度

为了规范公司内外文件、资料、证件的管理，确保各类档案保管的规范有序和完整准确，提高档案资料查阅、使用效率，特制订本制度。本制度适用于公司各部门档案的规范管理。

一、各级档案管理员职责

1) 公司办公室负责公司级档案资料的保管，各部门只负责涉及本部门业务的档案资料的保管；

2) 各级档案管理部门必须指定专人负责档案管理，切实做好保密工作，严格按照本制度要求对各类档案资料进行分类、立目、归档等工作，确保各类档案分类清晰、立目规范、归档及时准确；

3) 档案管理人员必须做好档案的“防火、防潮、防尘、防盗”工作，定期对纸质档案进行整理，确保安全；

4) 各级各类档案，一律采取纸质档案和电子档案保管同步的方式，确保档案查阅快捷、准确。

二、档案分类

◆ 法规性文件，包括上级颁发、需公司执行的，或由公司发行的各种标准、规章制度等。

◆ 公司的重大决议，包括由公司董事会、管委会及其相关行政会议等形成的文件和会议材料、会议记录等。

◆ 计划性文件，包括公司总体计划或规划、项目发展计划、经营质量计划、营销计划、财务计划等。

◆ 总结性文件，包括公司年度和月度工作总结、下属部门的年度和月度工作总结、专项性工作总结、调查报告等。

◆ 凭证性文书材料，包括公司各部门上报的、在日常活动中形成

1.1 制作“员工录用通知书”文档

“员工录用通知书”文档位于招聘的最后一个环节，是指向拟录用的劳动者发出的希望与之建立劳动关系的信函表示。

1.1.1 创建文档

制作员工录用通知单的第一步就是创建文档，通常情况下，创建的文档是空白文档，用户可根据需要使用Word提供的模板来创建模板文档。

1. 创建空白文档

创建空白文档的具体操作步骤如下：

Step 01 在Word文档中选择【文件】选项卡，在左侧列表中选择【新建】选项，进入【新建】界面，在其中选择【空白文档】选项。

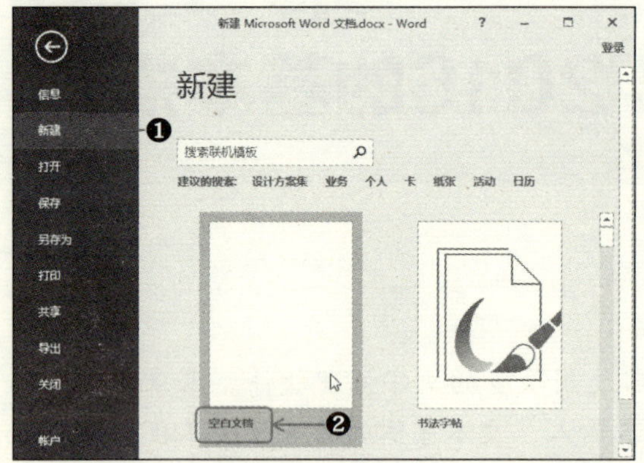

Step 02 即可创建一个空白文档，默认名称是“文档1”。

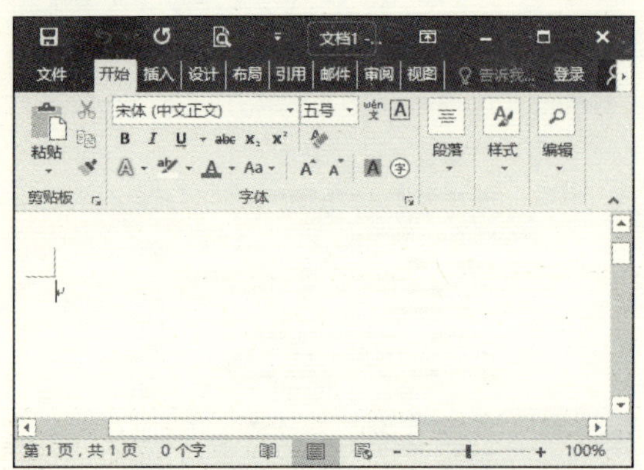

2. 使用自带的模板创建模板文档

Word 2016提供了一系列自带的模板，使用这些模板可以快速创建模板文档。在创建后，用户只需在此基础上修改文档即可。使用自带的模板创建模板文档的具体操作步骤如下：

Step 01 在Word文档中选择【文件】选项卡，在左侧列表中选择【新建】选项，进入【新建】界面，在其中除了【空白文档】选项外，其他选项均为软件自带的模板选项。如选择【报告（基本设计）】选项。

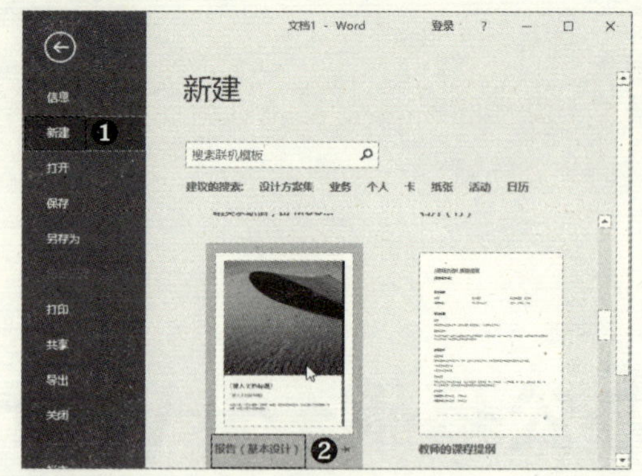

Step 02 弹出【报告（基本设计）】模板对话框，单击【创建】按钮。

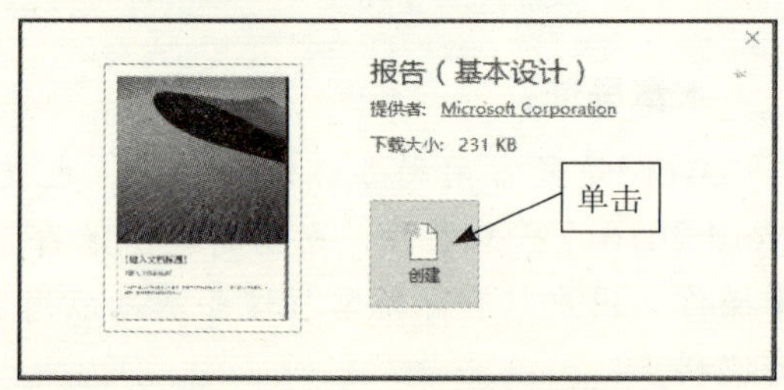

Step 03 即可使用自带的模板创建模板文档，在此基础上根据实际情况修改文档即可，效果如下图所示。

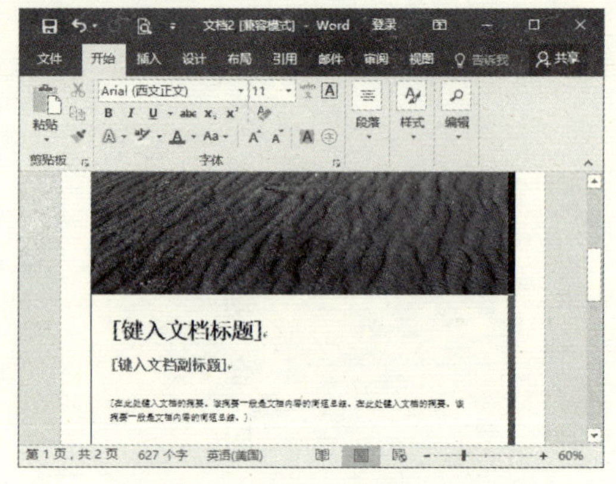

3. 使用联机模板创建模板文档

若Word 2016自带的模板不符合需求，用户可联机搜索模板，从而创建联机模板文档。具体操作步骤如下：

Step 01 在Word文档中选择【文件】选项卡，在左侧列表中选择【新建】选项，进入到【新建】界面，在【搜索联机模板】文本框中输入关键字，如输入“通知”，单击【开始搜索】按钮，在下方显示出搜索出来的联机模板，在其中选择需要的模板。

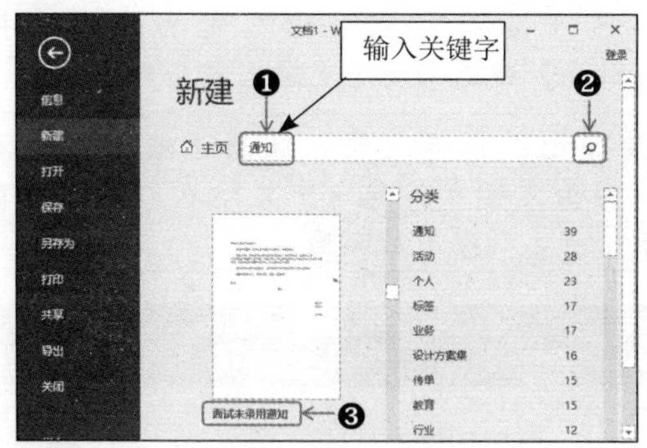

Step 02 弹出模板对话框，单击【创建】按钮。

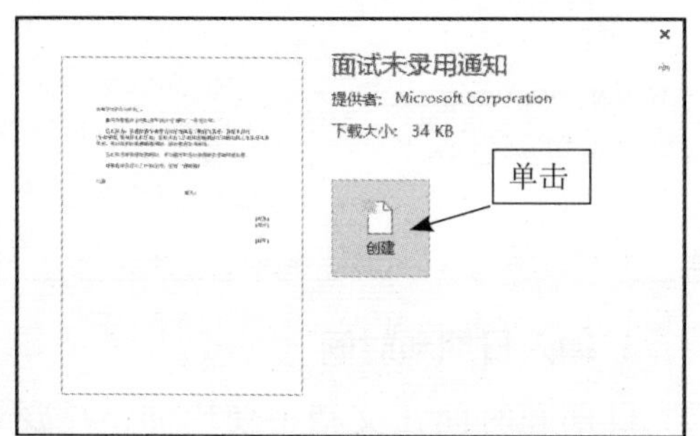

Step 03 即可使用联机模板创建模板文档，在此基础上根据实际情况修改文档即可，效果如下图所示。

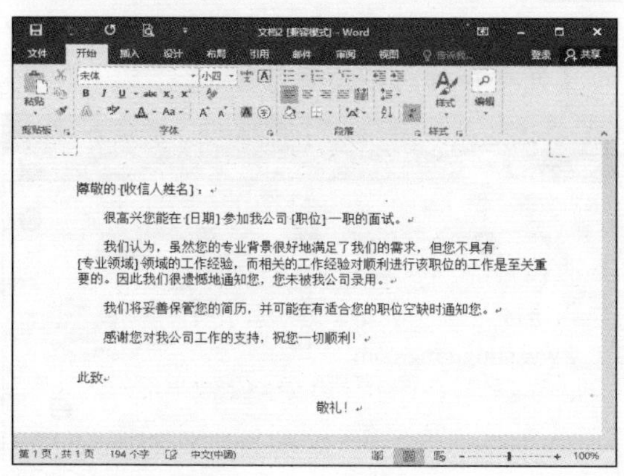

1.1.2 输入文本

在创建“员工录用通知书”文档后，用户需要向文档中输入文本内容，包括中文、英文、日期、时间、符号和特殊符号等内容。

1. 输入中文和标点

向文档中输入中文和标点是最基础的操作，在输入前，只需将输入法切换到要使用的中文输入法即可。输入中文和标点的具体操作步骤如下：

Step 01 在创建的空白文档的左上角有一个闪烁的光标，若要输入中文，按【Ctrl+Shift】组合键切换输入法，如切换到搜狗五笔输入法。

提示：若是Windows 7操作系统，可按【Ctrl+Shift】组合键切换输入法；若是Windows 10操作系统，可按【Windows+空格】组合键切换输入法。

Step 02 在闪烁的光标处即可输入中文，输入时光标会显示在最后一个文字的右侧。

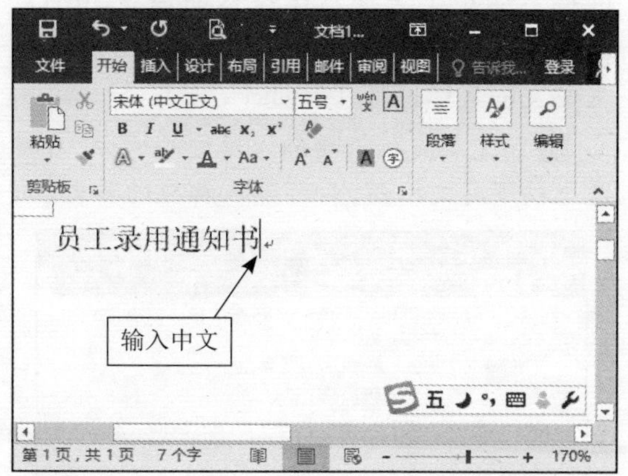

Step 03 在输入过程中，当文字占满一行时，输入的文本会自动跳转到下一行。若要手动换行，按【Enter】键，即可在第2行输入文本。

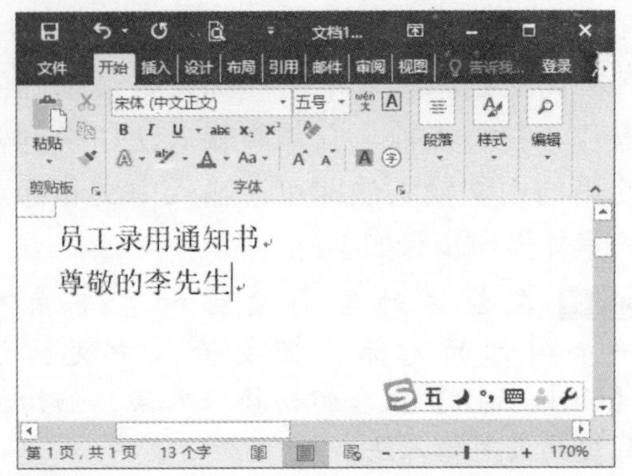

Step 04 在末尾处按【Shift+;】组合键，可以输入一个中文标点——冒号（：）。

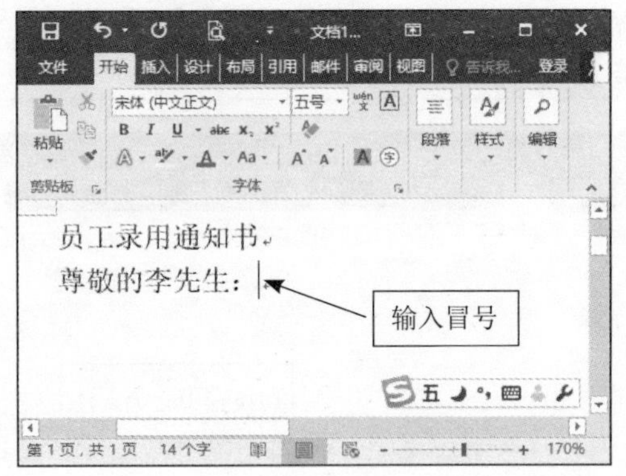

2. 输入英文

默认情况下，操作系统的输入法是英文，因此，在打开文档后无须切换输入法，可直接在其中输入英文。此外，若当前输入法是中文输入法，只需按【Shift】键，可在中文和英文输入法之间切换。输入英文的具体操作步骤如下：

Step 01 将光标定位至要输入英文的地方，在键盘上按下英文按键，即可输入相应的英文。

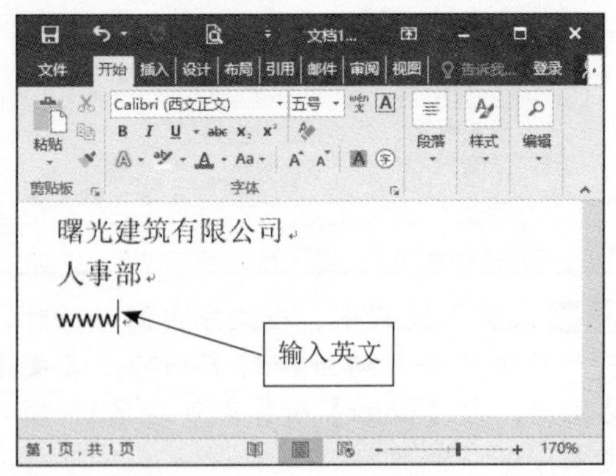

Step 02 若当前输入法为中文输入法，按【Shift】键，可切换到英文状态，在其中也可输入英文，输入完毕后再次按【Shift】键返回至中文输入状态即可。

提示：在英文输入状态下输入的标点称为西文标点，其与中文标点不同之处在于，所占的字节数不同。

3. 输入日期和时间

日期和时间在文档中使用非常广泛，而且简单、明了，容易理解。在文档中输入日期和时间的具体操作步骤如下：

Step 01 将光标定位到要输入日期和时间的位置，单击【插入】选项卡下【文本】组中的【日期和时间】按钮 日期和时间。

Step 02 弹出【时间和日期】对话框，在【可用格式】列表框中选择相应的格式，单击【确定】按钮。

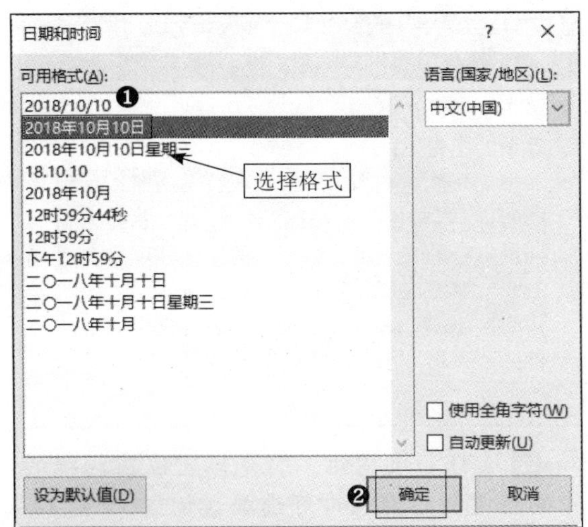

Step 03 即可在文档中输入相应格式的日期和时间。

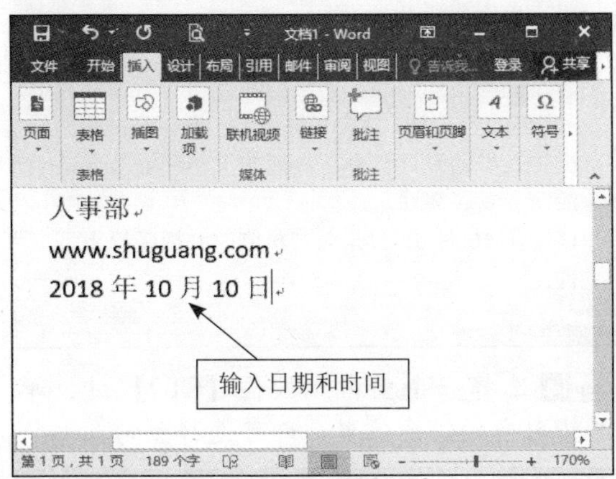

4. 输入符号和特殊符号

用户通过键盘可以输入一些常见的符号。对于键盘上没有的符号，可通过Word 2016自带的符号库进行输入。输入符号和特殊符号的具体操作步骤如下：

Step 01 输入符号。将光标定位到要输入符号的位置，单击【插入】选项卡下【符号】组中的【符号】按钮，在弹出的下拉列表中选择【其他符号】选项。

提示：在下拉列表中还列出了近期使用过的符号，选择其中一个符号，即可快速输入该符号。

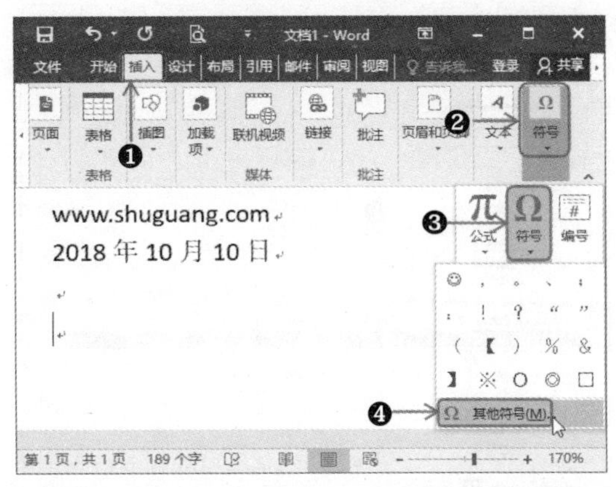

Step 02 弹出【符号】对话框，切换到【符号】选项卡，在【字体】下拉列表框中选择相应的字体，在下方的列表框中会显示出该字体下的所有符号，选中要输入的符号。

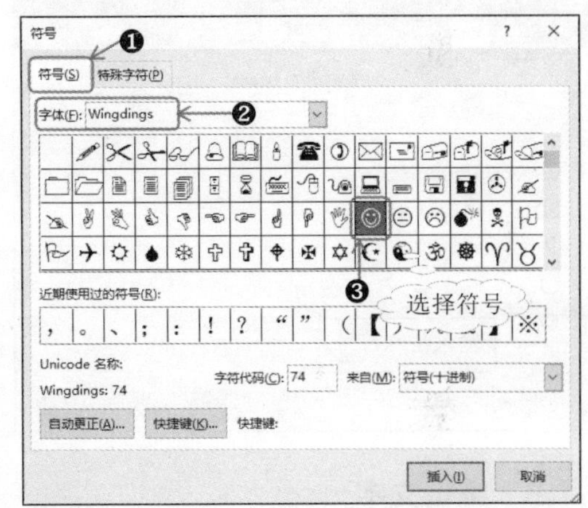

Step 03 单击【插入】按钮，或者双击符号，即可将符号输入到文档中。

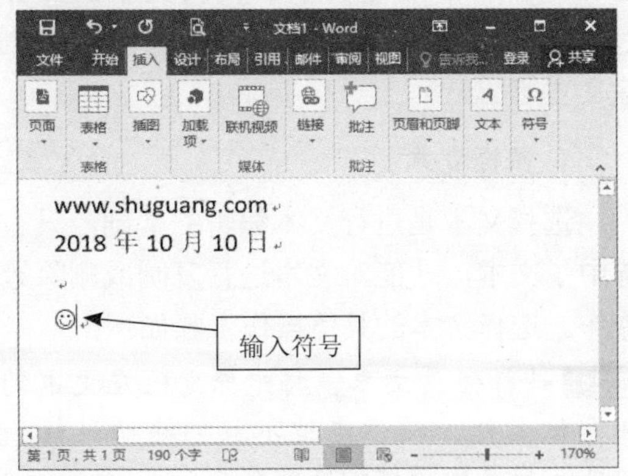

Step 04 输入特殊符号。在【符号】对话框中切换到【特殊字符】选项卡，在【字符】

列表框中选择要输入的特殊符号。

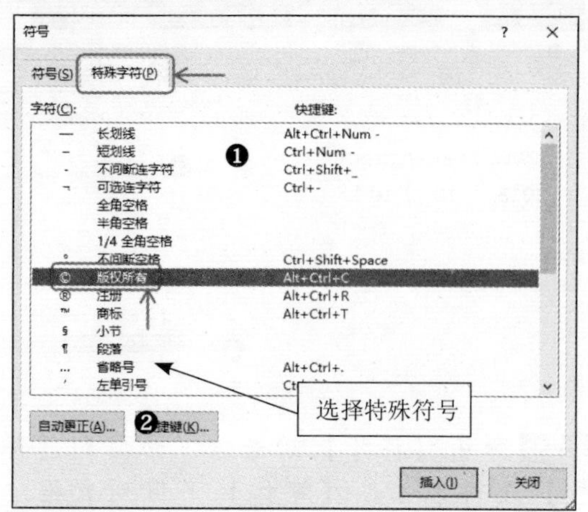

Step 05 单击【插入】按钮，或者双击所选字符，即可将特殊符号输入到文档中。

1.1.3 编辑文本

输入文本后，可根据需要对文本内容进行编辑，以满足需求。编辑文本的操作包括选择文本、复制文本、剪切文本、删除文本等。

1. 选择文本

选择文本是进行文本编辑的基础，只有选中了文本，才能对文本进行复制或删除等操作。选择文本的具体操作步骤如下：

Step 01 选择任意文本。将光标定位在文本的任意位置处，按住左键不放，拖动鼠标，即可选择鼠标经过的任意文本。

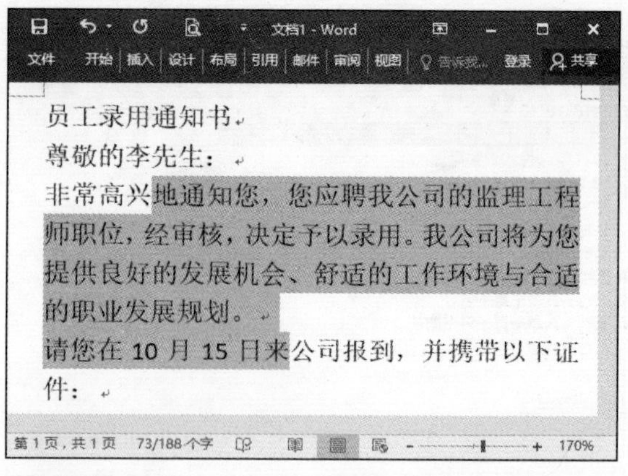

Step 02 选择一个词组。将光标定位在词组的中间位置处，双击即可选择该词组。

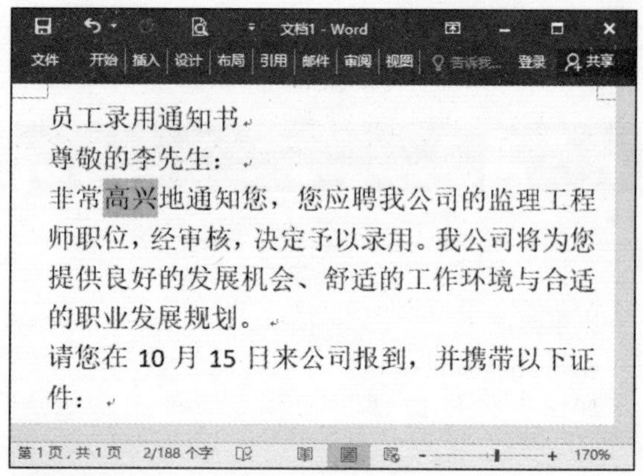

Step 03 选择一个整句。按住【Ctrl】键，单击整句中的任意位置，即可选择整句。

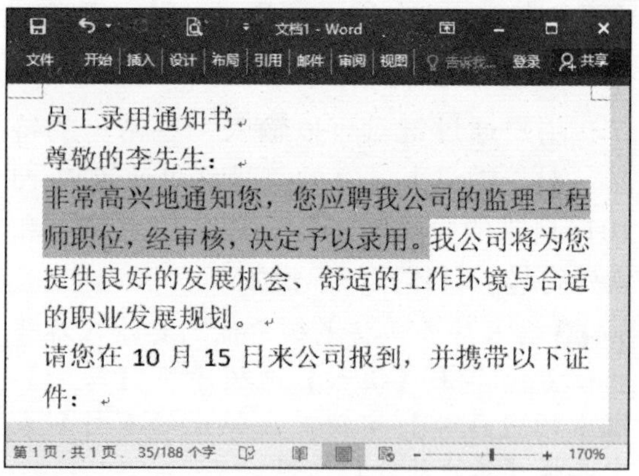

Step 04 选择一行文本。将光标定位在行的左侧，当光标变成 ↗ 形状时单击，即可选择光标右侧的行。

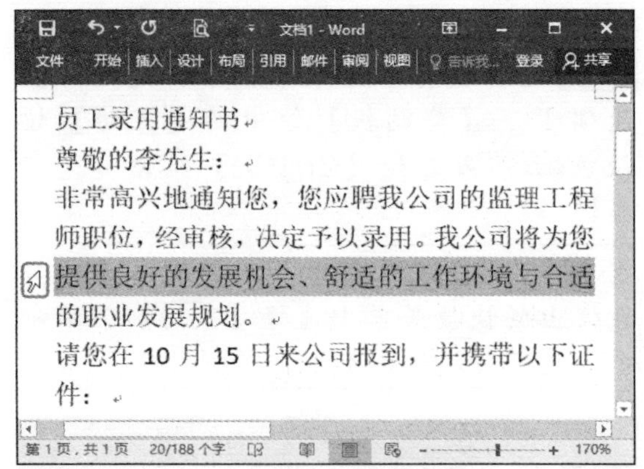

Step 05 选择一个段落。将光标定位在段落中任意行的左侧，当光标变成 ♐ 形状时双击，即可选择光标右侧的段落。

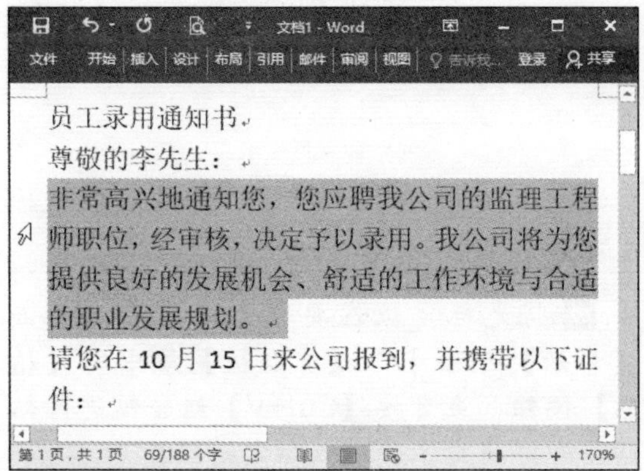

Step 06 选择纵向文本。按住【Alt】键和鼠标左键不放，拖动鼠标即可选择纵向文本。

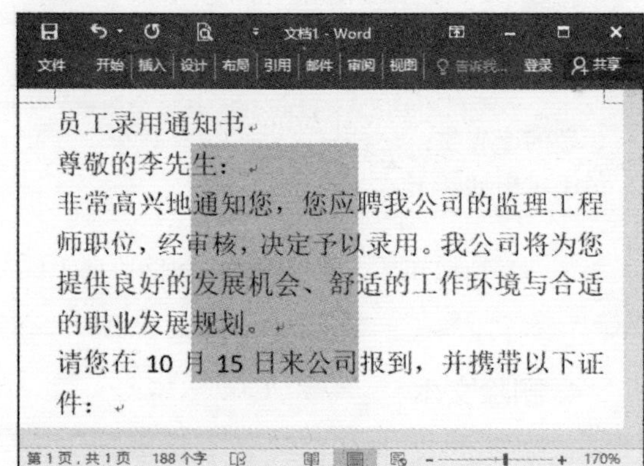

Step 07 选择不连续的文本。按住左键不放，拖动鼠标选择任意文本，然后按住【Ctrl】键，拖动鼠标即可选择其他不连续的文本。

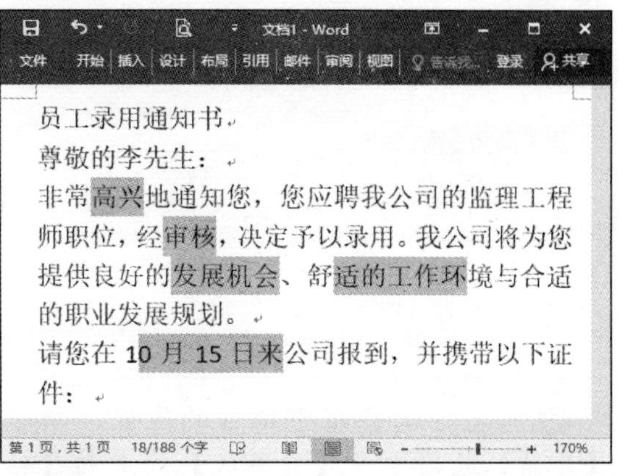

Step 08 选择全部文本。将光标移动到要选择任意行的左侧，当光标变成 ♐ 形状时三击鼠标，即可选择全部文本。

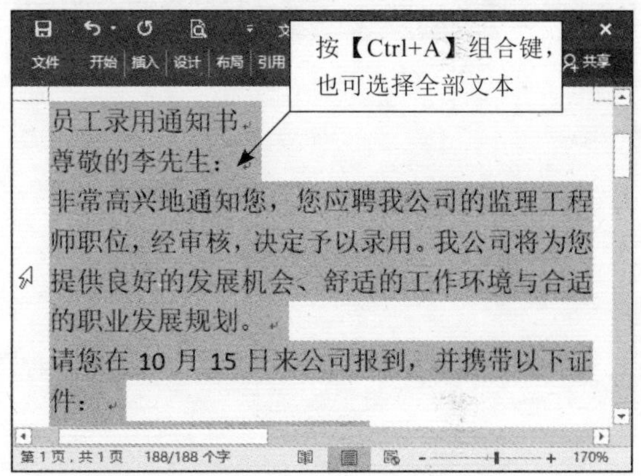

2. 复制文本

在文本编辑过程中，有些文本内容需要重复使用，此时可以通过复制操作来实现，而不必一次次地重复输入。复制文本的具体操作步骤如下：

Step 01 选择要复制的文本，单击【开始】选项卡下【剪贴板】组中的【复制】按钮 复制，或者按【Ctrl+C】组合键进行复制。

提示：选择文本后，右击，在弹出的快捷菜单中选择【复制】命令，也可以完成复制操作。

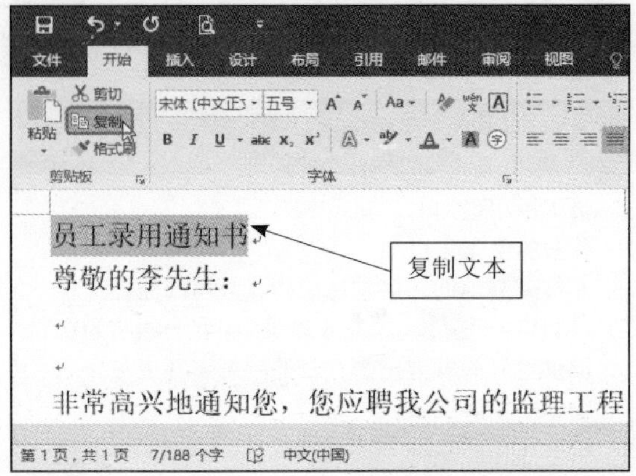

Step 02 将光标定位在要粘贴的位置，单击【开始】选项卡下【剪贴板】组中的【粘贴】按钮，或者按【Ctrl+V】组合键进行粘贴即可。

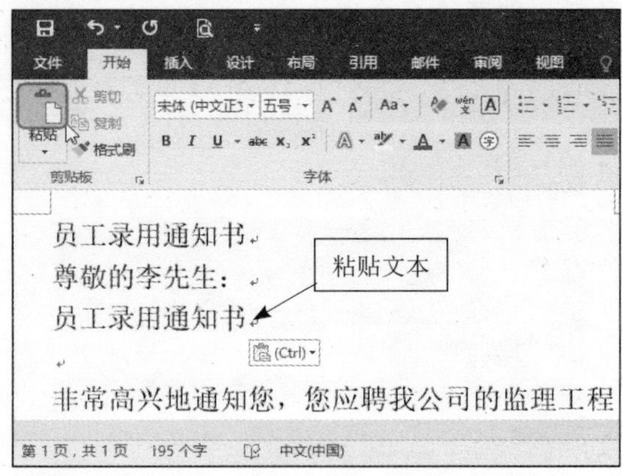

提示：粘贴文本后，文本右下角显示有【粘贴选项】按钮(Ctrl)，单击该按钮，在弹出的下拉列表中可设置粘贴选项，包括【保留源格式】、【只保留文本】等选项。

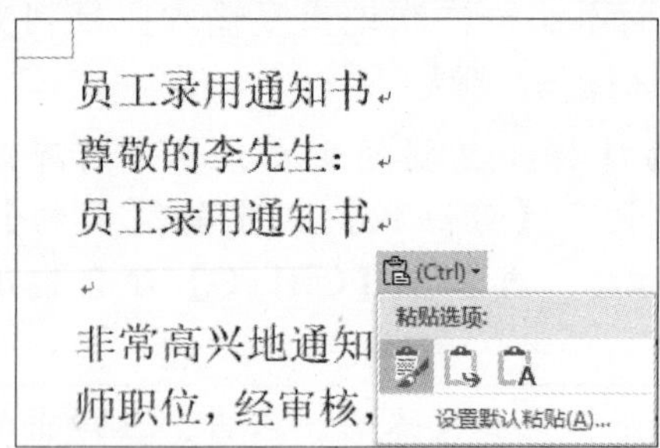

3. 剪切文本

若用户需要移动文本的位置，可以通过剪切操作来实现。剪切文本的具体操作步骤如下：

Step 01 选择要剪切的文本，单击【开始】选项卡下【剪贴板】组中的【剪切】按钮剪切，或者按【Ctrl+X】组合键进行剪切。

提示：选择文本后，单击鼠标右键，在弹出的快捷菜单中选择【剪切】菜单命令，也可以完成剪切操作。

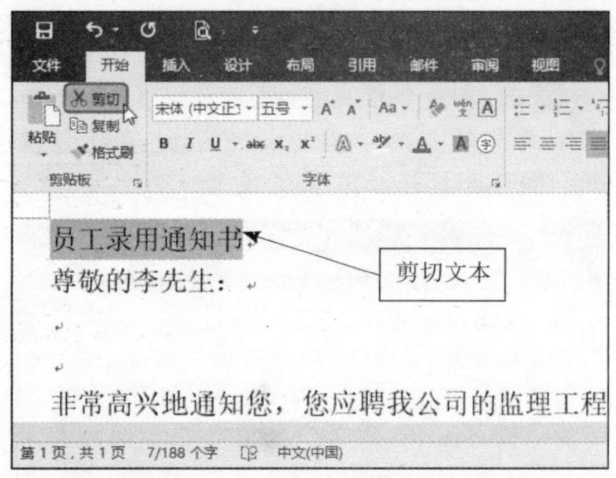

Step 02 将光标定位在要粘贴的位置，单击【开始】选项卡下【剪贴板】组中的【粘贴】按钮，或者按【Ctrl+V】组合键进行粘贴，即可将文本移动到指定的位置。

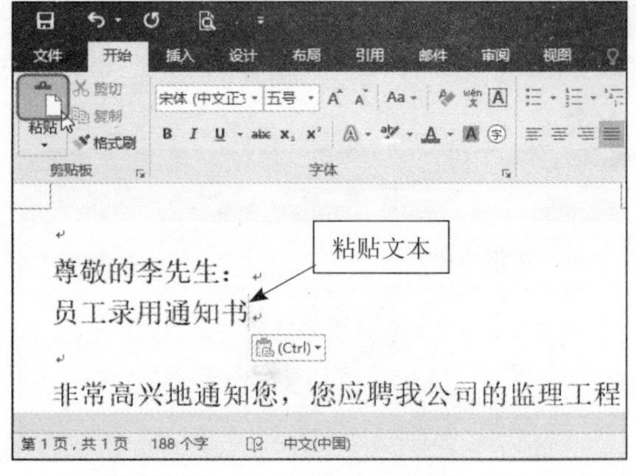

4. 删除文本

当输入的文本有误或者不需要时，可以执行删除操作来删除文本。删除文本的具体操作步骤如下：

Step 01 在文档中拖动鼠标选择要删除的文本。

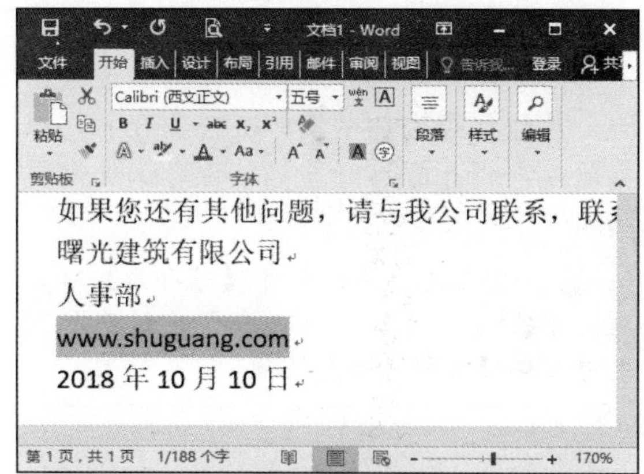

Step 02 按【Backspace】或【Delete】键，即可删除所选择的文本。

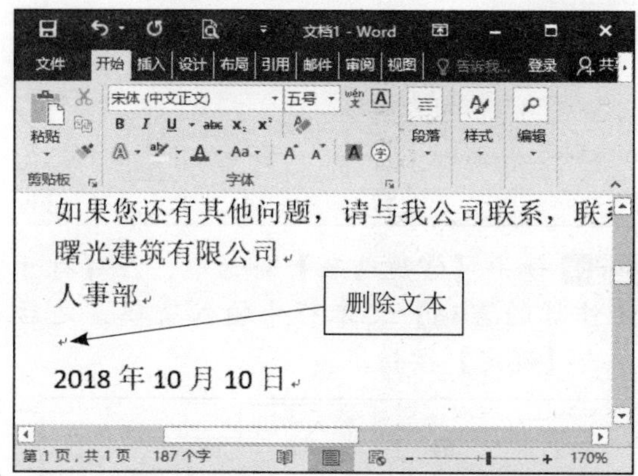

提示：使用【Backspace】和【Delete】键都可删除文本。不同的是，它们删除的内容不同。

（1）【Delete】键：删除光标后的文本。

（2）【Backspace】键：删除光标前的文本。

1.1.4 保存文档

当创建并编辑“员工录用通知书”文档后，用户需要保存文档，以便下次直接使用。保存文档分为多种情况，下面分别介绍。

1. 保存新建的文档

在保存新建的文档时，需要设置文档的名称、存储位置和格式等信息。保存新建文档的具体操作步骤如下：

Step 01 在文档中单击快速访问工具栏上的【保存】按钮，或者选择【文件】选项卡，在左侧列表中选择【保存】选项。

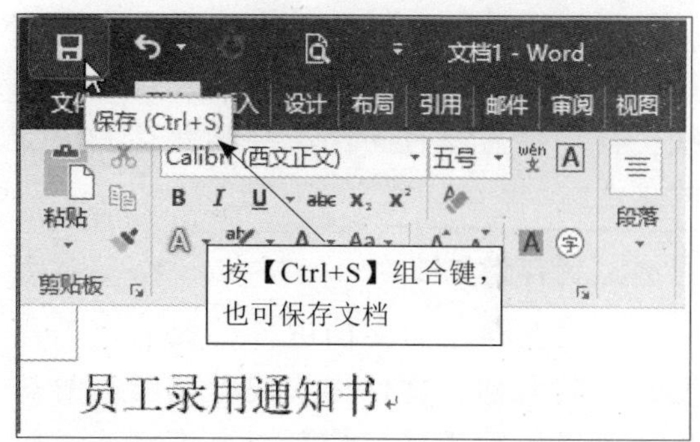

Step 02 进入到【另存为】界面，在其中单击【浏览】按钮。

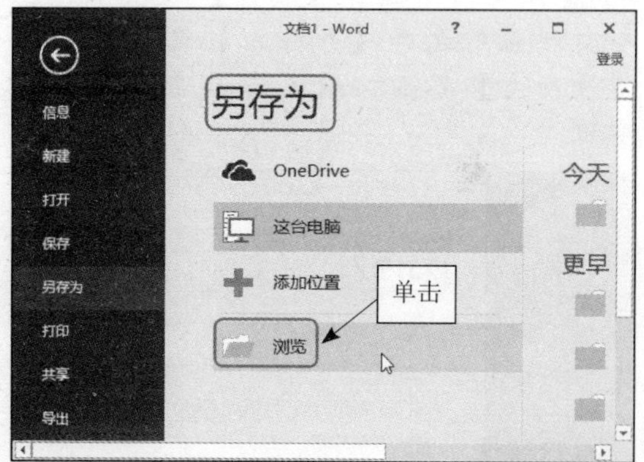

Step 03 弹出【另存为】对话框，在其中设置存储路径，在【文件名】文本框中输入文件名称，之后单击【保存】按钮，即可完成保存新建文档的操作。

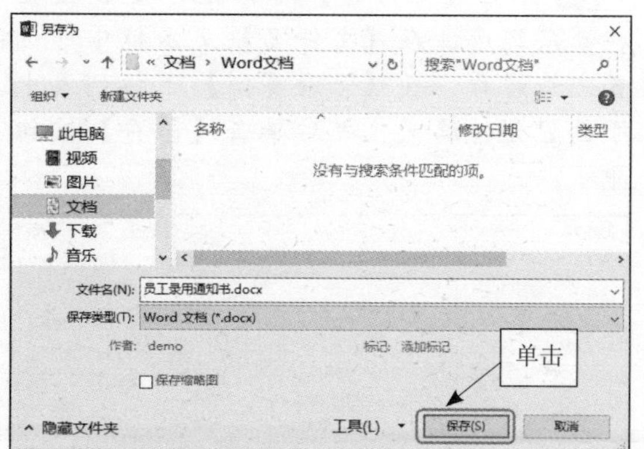

2. 保存已保存过的文档

对已保存过的文档进行编辑后，单击快速访问工具栏上的【保存】按钮，或者按【Ctrl+S】组合键，即可进行保存，其方法与保存新建文档的方法相同。

不同的是，在保存时用户无须设置文件名称、文件格式和存储路径等信息，系统会自动覆盖原有文件，将其保存为最新的文件。

3. 另存为文档

对已保存过的文档进行编辑后，若需要修改其名称、文件格式或存储路径等信息，可以使用【另存为】命令来完成。另存为文档的具体操作步骤如下：

Step 01 在文档中选择【文件】选项卡，在左侧列表中选择【另存为】选项，进入【另存为】界面，在其中单击【浏览】按钮。

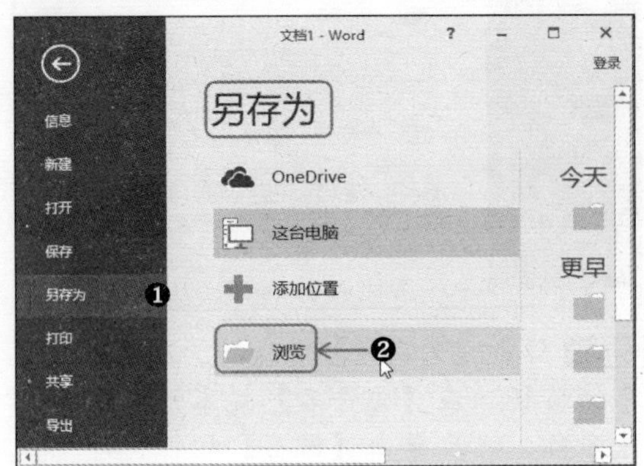

Step 02 弹出【另存为】对话框，重新设置存储路径后，在【文件名】文本框中可设置文件名称，在【保存类型】下拉列表中可设置文件格式，之后单击【保存】按钮即可。

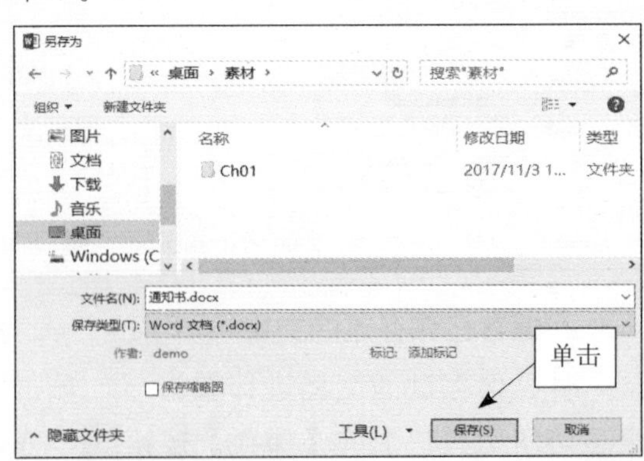

4. 保存为加密文档

在保存文档时，用户可以为其设置密码，从而保存为加密文档。在保存后，只有输入密码才能打开文档。保存为加密文档的具体操作步骤如下：

Step 01 重复上述步骤，打开【另存为】对话框，单击【工具】按钮，在弹出的下拉列表中选择【常规选项】选项。

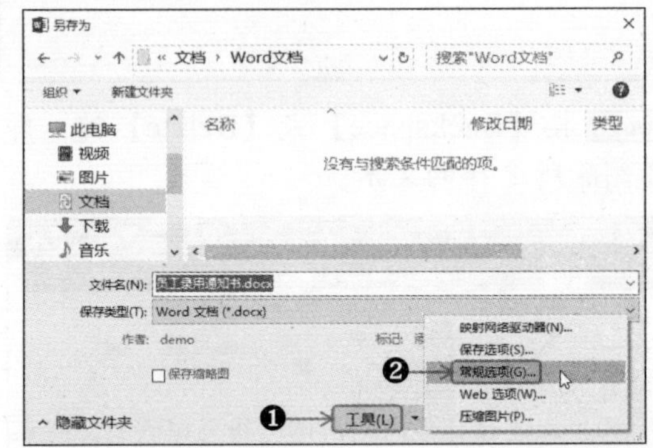

Step 02 弹出【常规选项】对话框，在【打开文件时的密码】文本框中输入密码，之后单击【确定】按钮。

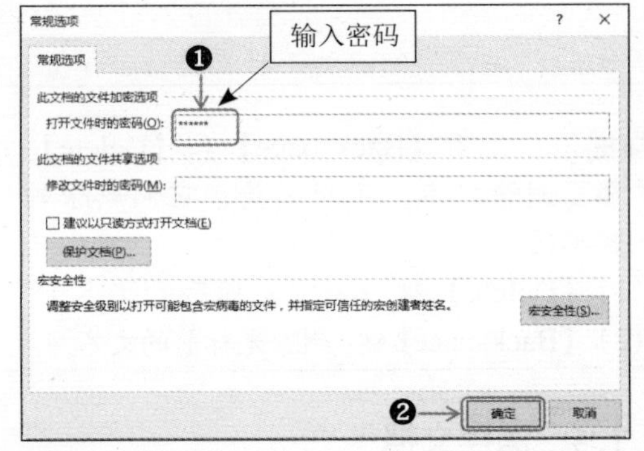

Step 03 弹出【确认密码】对话框，在文本框中再次输入密码，单击【确定】按钮，即可将文档保存为加密文档。

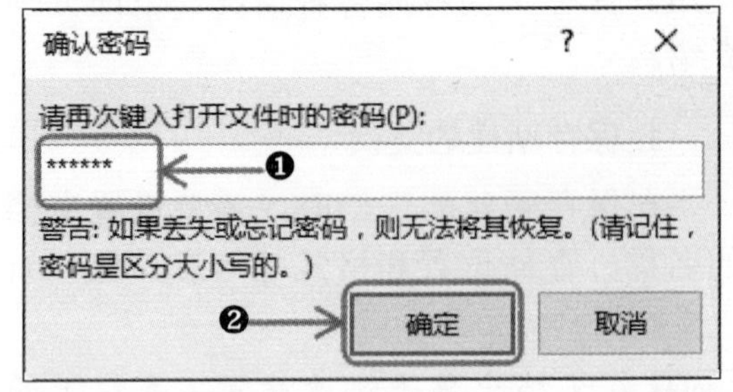

1.1.5 打印文档

在编辑并保存“员工录用通知书”文档后，接下来可以打印文档了。

1. 打印设置

在打印文档前，用户需要进行相应的设置，包括设置打印份数、打印机、打印方向等。打印设置的具体操作步骤如下：

Step 01 选择【文件】选项卡，在左侧列表中选择【打印】选项，进入【打印】界面，在下方可设置相应的选项。

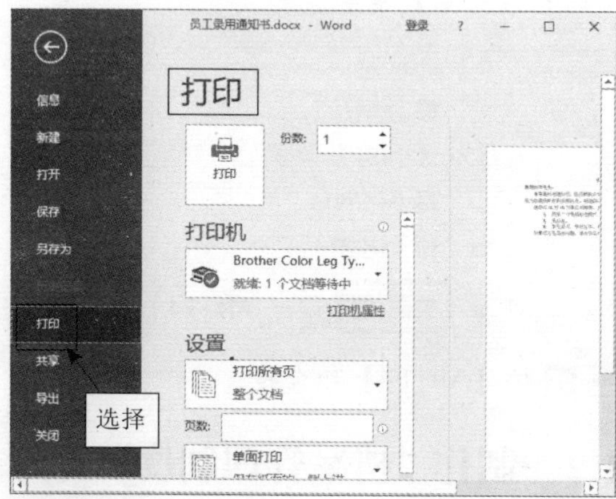

Step 02 设置【份数】为“5”，之后单击【打印机】按钮，在弹出的下拉列表中可选择要进行打印的打印机，如选择【Microsoft Print to PDF】选项。

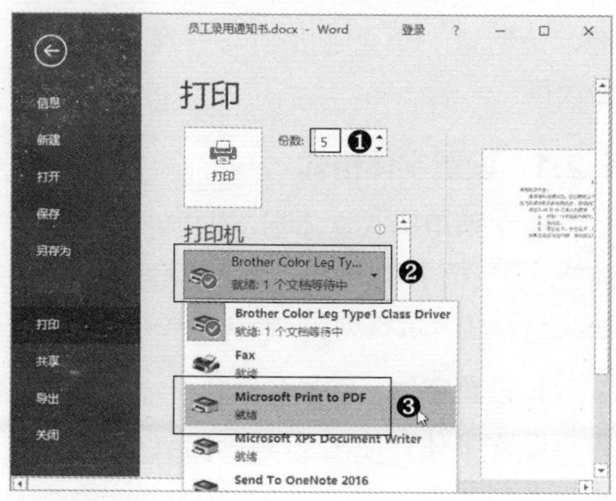

Step 03 单击【纵向】按钮，在弹出的下拉列表中可设置打印方向，如选择【横向】选项。

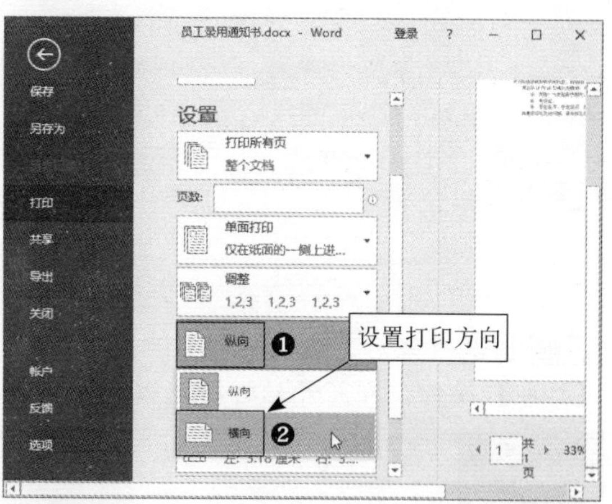

Step 04 单击【自定义边距】按钮，在弹出的下拉列表中可设置打印边距，如选择【中等】选项。

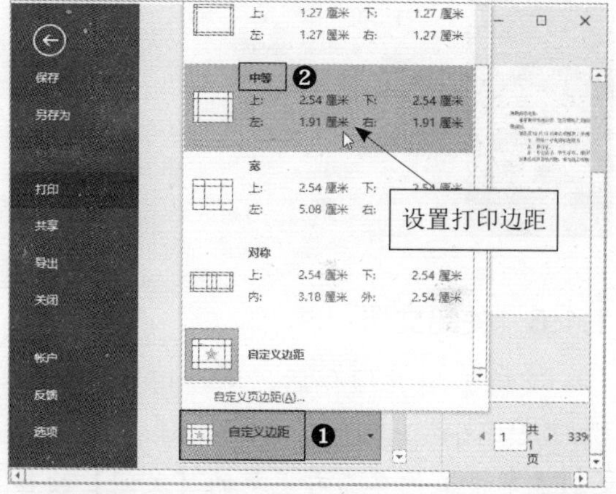

2. 打印预览

在设置了相关的打印选项后，用户可以先预览打印文档的效果，以免出现错误，浪费纸张。打印预览的具体操作步骤如下：

Step 01 选择【文件】选项卡，在左侧列表中选择【打印】选项，进入【打印】界面，在右侧即可预览打印效果。

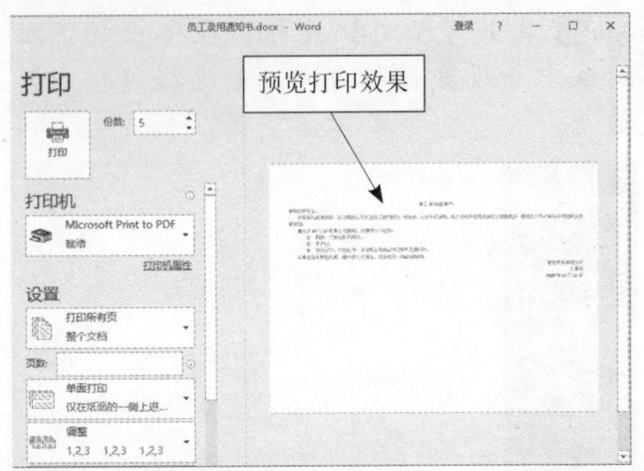

Step 02 预览效果后，在【打印】界面中单击【打印】按钮，即可开始打印文档。

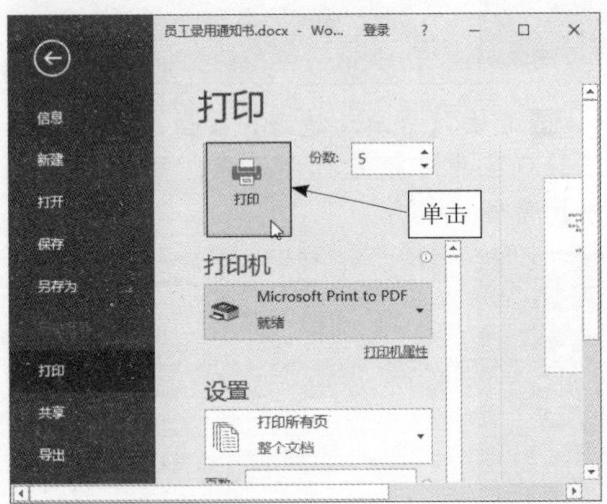

1.1.6 关闭文档

文档编辑并保存后，用户可以关闭文档。关闭文档主要有以下4种方法。

Step 01 单击工作界面右上角的【关闭】按钮 × 。

Step 02 选择【文件】选项卡，在左侧列表中选择【关闭】选项。

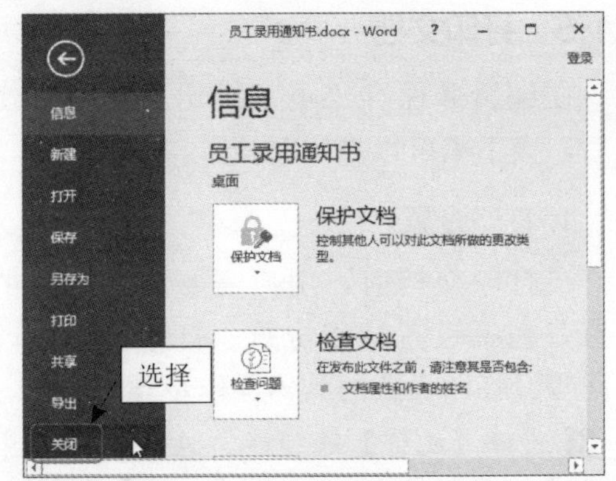

Step 03 在标题栏上右击，在弹出的快捷菜单中选择【关闭】命令。

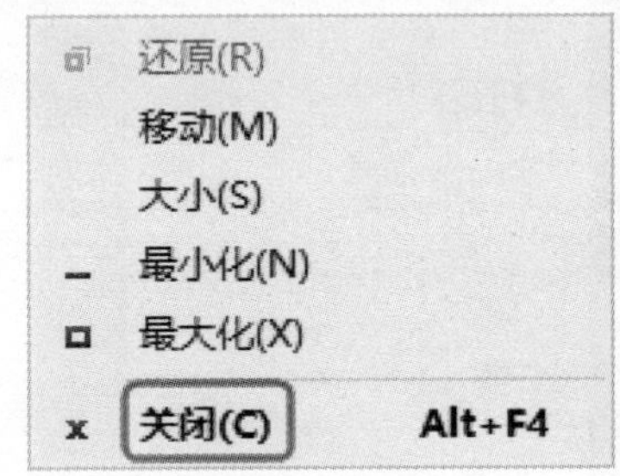

Step 04 按【Alt+F4】组合键。

1.2 制作“档案管理制度”文档

制作“档案管理制度”文档是企业管理工作的一部分，是提高企业工作质量和工作效率的必要条件，是维护历史真实面貌的一项重要工作。科学规范的管理档案，是衡量一个企业业绩与管理水平的重要尺度。

1.2.1 设置字体格式

在文档中输入文本后，用户可以设置字体格式，包括字体、字号、颜色、间距等，从而使文档看起来层次分明、美观漂亮。

1. 设置字体、字号和颜色

设置字体、字号和颜色的具体操作步骤如下：

Step 01 新建一个空白文档，命名为“档案管理制度”并保存。在文档中输入标题和正文内容，效果如下图所示。

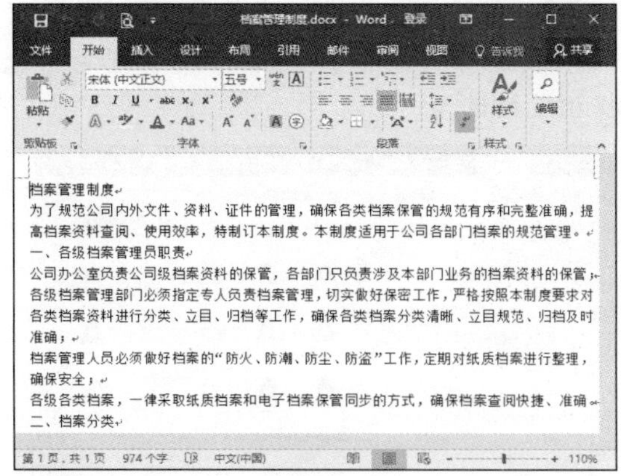

Step 02 设置字体。选中第一行标题文本，单击【开始】选项卡下【字体】组中【字体】右侧的下拉按钮，在弹出的下拉列表中可设置字体，如选择【隶书】。

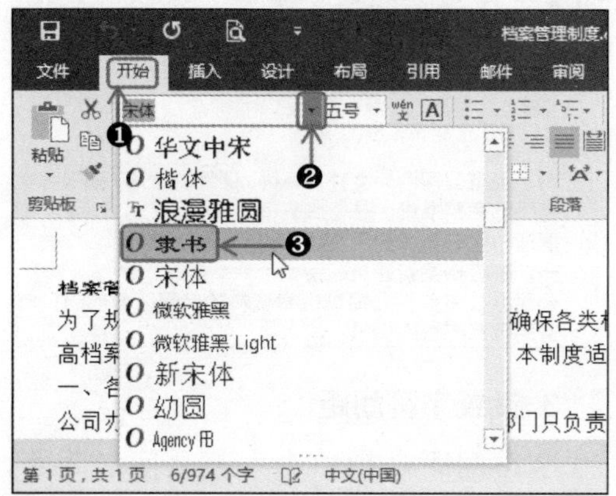

Step 03 设置字号。单击【开始】选项卡下【字体】组中【字号】右侧的下拉按钮，在弹出的下拉列表中可设置字号，如选择【二号】。

提示：直接在【字号】框内输入数值，按【Enter】键，也可设置字号。

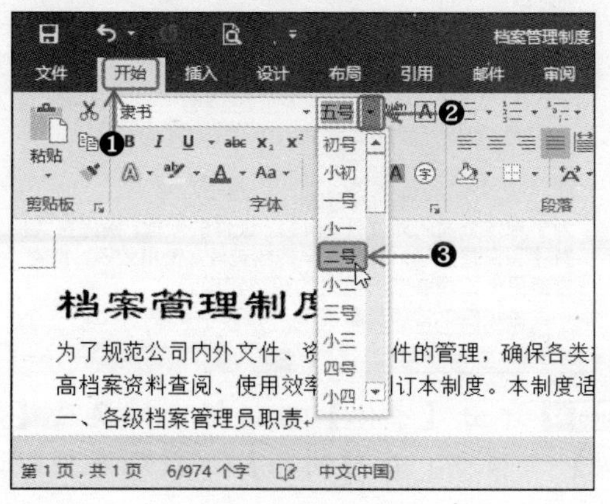

Step 04 设置颜色。单击【开始】选项卡下【字体】组中【字体颜色】右侧的下拉按钮，在弹出的下拉列表中可设置颜色，如选择蓝色。

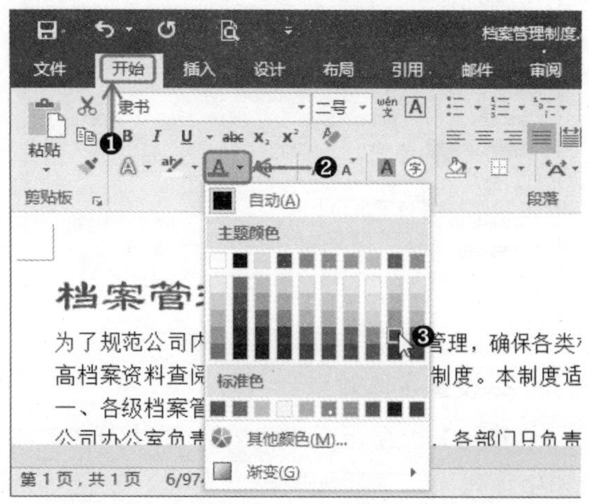

Step 05 设置后的效果如下图所示。

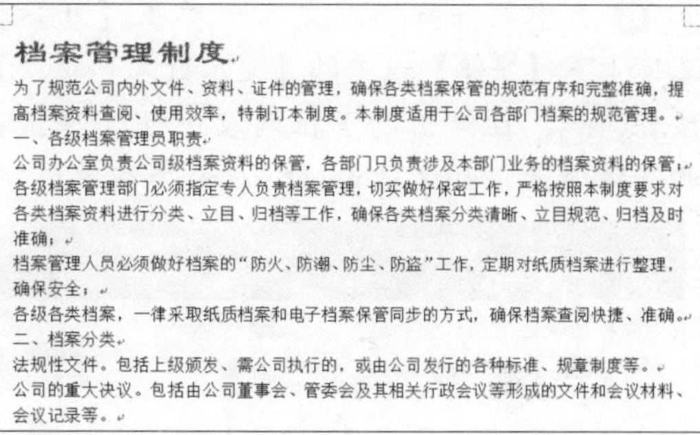
档案管理制度
为了规范公司内外文件、资料、证件的管理，确保各类档案保管的规范有序和完整准确，提高档案资料查阅、使用效率，特制订本制度。本制度适用于公司各部门档案的规范管理。
一、各级档案管理员职责
公司办公室负责公司级档案资料的保管，各部门只负责涉及本部门业务的档案资料的保管；
各级档案管理部门必须指定专人负责档案管理，切实做好保密工作，严格按照本制度要求对各类档案资料进行分类、立目、归档等工作，确保各类档案分类清晰、立目规范、归档及时准确；
档案管理人员必须做好档案的"防火、防潮、防尘、防盗"工作，定期对纸质档案进行整理，确保安全；
各级各类档案，一律采取纸质档案和电子档案保管同步的方式，确保档案查阅快捷、准确。
二、档案分类
法规性文件。包括上级颁发、需公司执行的，或由公司发行的各种标准、规章制度等。
公司的重大决议。包括由公司董事会、管委会及其相关行政会议等形成的文件和会议材料、会议记录等。

Step 06 选择其他文本，继续设置字体、字号和颜色。设置后的效果如下图所示。

档案管理制度
为了规范公司内外文件、资料、证件的管理，确保各类档案保管的规范有序和完整准确，提高档案资料查阅、使用效率，特制订本制度。本制度适用于公司各部门档案的规范管理。
一、各级档案管理员职责
公司办公室负责公司级档案资料的保管，各部门只负责涉及本部门业务的档案资料的保管；
各级档案管理部门必须指定专人负责档案管理，切实做好保密工作，严格按照本制度要求对各类档案资料进行分类、立目、归档等工作，确保各类档案分类清晰、立目规范、归档及时准确；
档案管理人员必须做好档案的"防火、防潮、防尘、防盗"工作，定期对纸质档案进行整理，确保安全；
各级各类档案，一律采取纸质档案和电子档案保管同步的方式，确保

提示：单击【开始】选项卡下【字体】组右下角的【字体】按钮，弹出【字体】对话框，通过【字体】选项卡也可设置字体、字号和颜色。

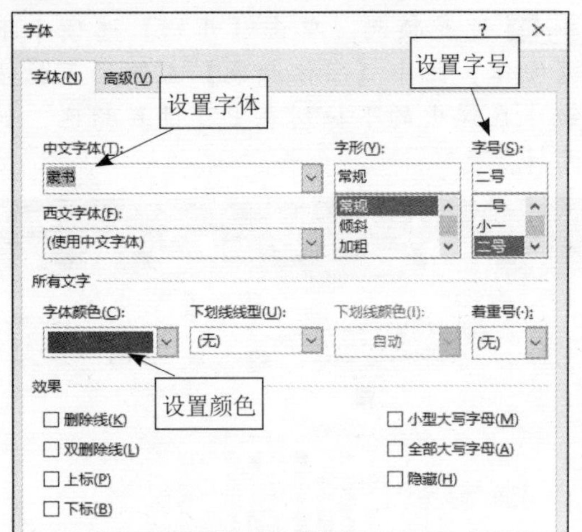

2. 设置字体效果

若要突出显示文本内容，可以为文本添加字体效果，如添加阴影、发光、映像等效果。设置字体效果的具体操作步骤如下：

Step 01 选中第一行标题文本，单击【开始】选项卡下【字体】组中的【文本效果和版式】按钮，在弹出的下拉列表中可选择预设的字体效果，如选择第1行第2个字体效果。

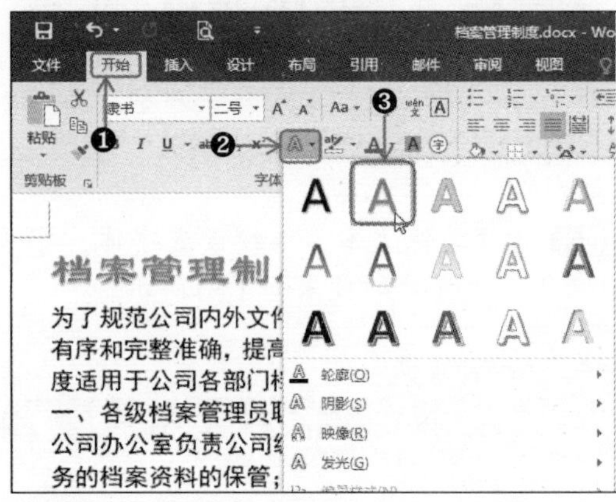

Step 02 即可为标题文本添加字体效果。

添加字体效果

Step 03 在弹出的下拉列表中还可自定义效果，如选择【映像】效果，在子列表中选择相应的选项。

Step 04 即可为标题文本添加“映像”效果。

添加映像效果

3. 设置字符间距

字符间距是指单个字符之间的距离，设置字符间距的具体操作步骤如下：

Step 01 选中第一行标题文本，单击【开始】选项卡下【字体】组右下角的【字体】按钮。

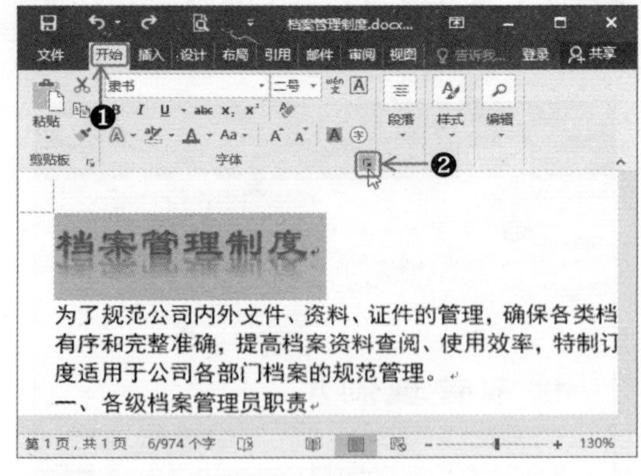

Step 02 弹出【字体】对话框，切换至【高级】选项卡。在【间距】下拉列表框中选

择【加宽】选项，设置右侧的【磅值】为“5磅”，单击【确定】按钮。

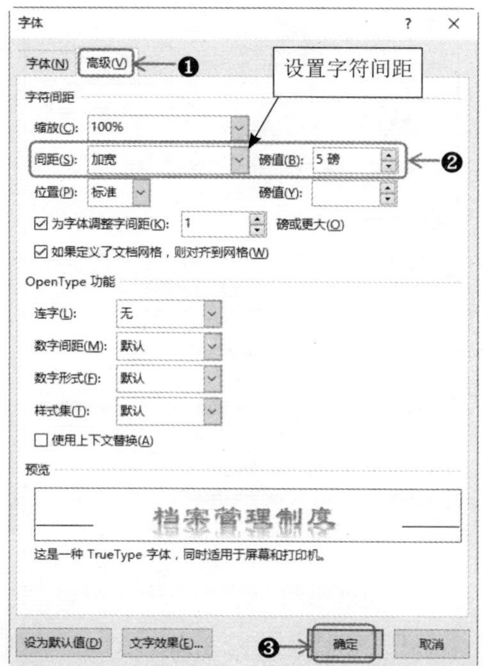

Step 03 即可设置标题文本的字符间距，效果如下图所示。

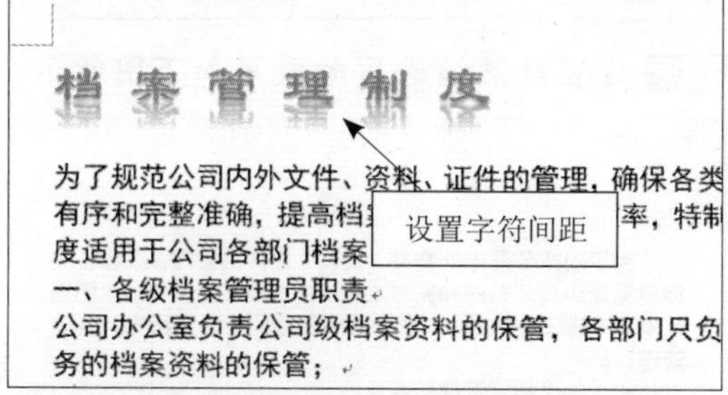

1.2.2 设置段落格式

设置段落格式包括设置段落的对齐方式、段落缩进、段落间距及段落行距等，合理设置段落格式，可以美化文档。

1. 设置段落对齐方式

段落对齐方式是指段落中文本的排列方式。Word 2016提供了5种对齐方式，分别是左对齐、居中对齐、右对齐、两端对齐和分散对齐。设置对齐方式的具体操作步骤如下：

Step 01 选中第一行标题文本，在【开始】选项卡下的【段落】组中可以看到，当前默认是两端对齐。

提示：单击【开始】选项卡下【段落】组中的5个对齐方式按钮，即可设置相应的对齐方式。

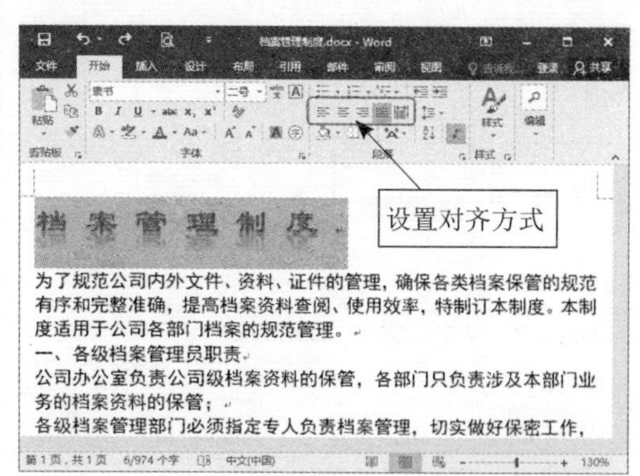

Step 02 单击【开始】选项卡下【段落】组中的【居中】按钮，即可设置为居中对齐。

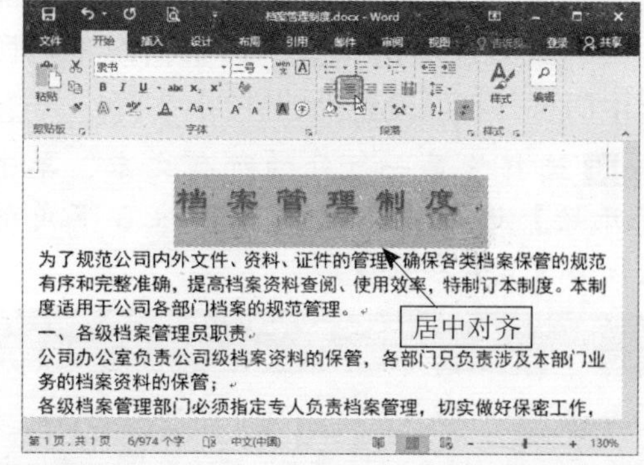

Step 03 选中最后一行文本，单击【段落】组中的【右对齐】按钮，即可设置为靠右对齐。

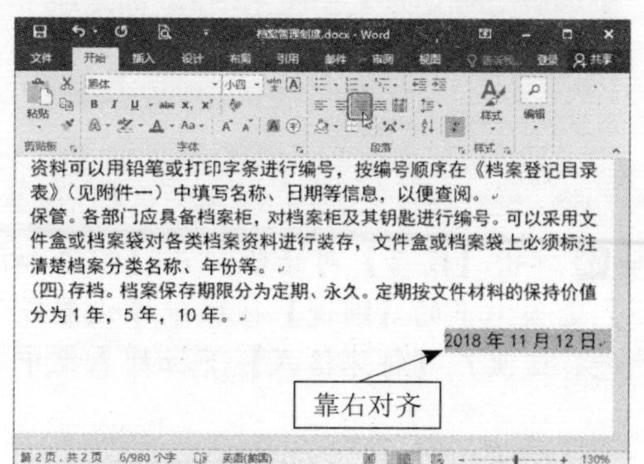

提示：单击【开始】选项卡下【段落】组右下角的【段落设置】按钮，弹出【段落】对话框，单击【缩进和间距】选项卡下【对齐方式】右侧的下拉按钮，在弹出的下拉列表中也可设置对齐方式。

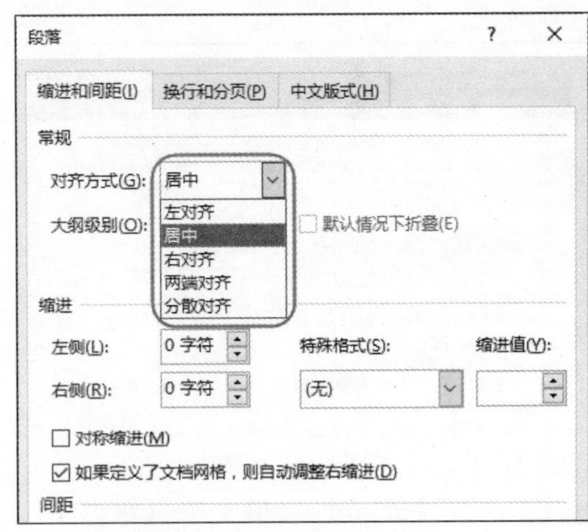

2. 设置段落缩进方式

段落缩进是指段落中的行相对于页面左边界或右边界的位置。通常情况下，段落中的首行都会设置为缩进2个字符。

Step 01 选择除第一行外的所有文本，单击【开始】选项卡下【段落】组右下角的【段落设置】按钮。

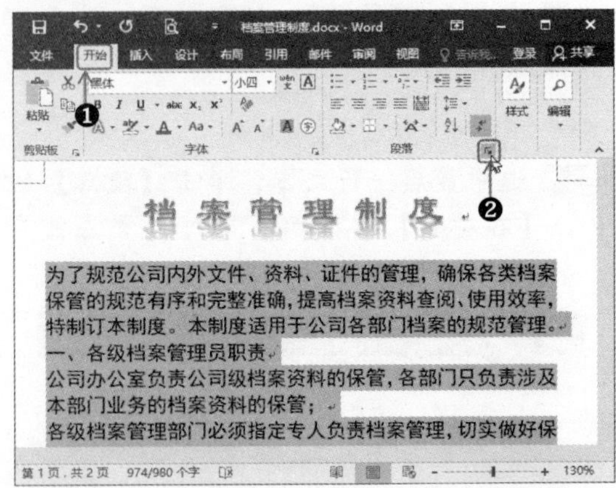

Step 02 弹出【段落】对话框，在【缩进和间距】选项卡下的【缩进】区域中可设置段落缩进。这里在【特殊格式】下拉列表框中选择【首行缩进】选项，设置右侧的【缩进值】为"2字符"，单击【确定】按钮。

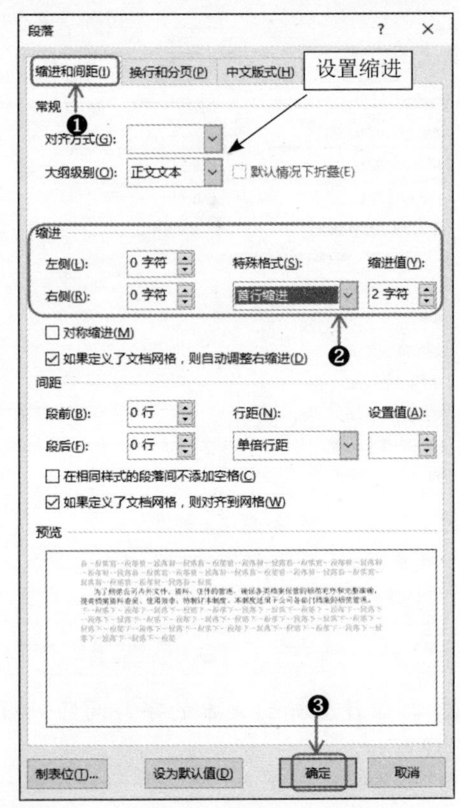

Step 03 设置段落缩进后的效果如下图所示。

档 案 管 理 制 度

为了规范公司内外文件、资料、证件的管理，确保各类档案保管的规范有序和完整准确，提高档案资料查阅、使用效率，特制订本制度。本制度适用于公司各部门档案的规范管理。

一、各级档案管理员职责

公司办公室负责公司级档案资料的保管，各部门只负责涉及本部门业务的档案资料的保管；

各级档案管理部门必须指定专人负责档案管理，切实做好保密工作，严格按照本制度要求对各类档案资料进行分类、

3. 设置间距和行距

段落间距是指段落与段落之间的距离，行距是指段落中行与行之间的距离，设置间距和行距的具体操作步骤如下：

Step 01 设置间距。选择除第一行外的所有文本，单击【开始】选项卡下【段落】组右下角的【段落设置】按钮。弹出【段

落】对话框，在【缩进和间距】选项卡下的【间距】区域中可设置间距，这里将【段后】设置为“0.5行”，单击【确定】按钮。

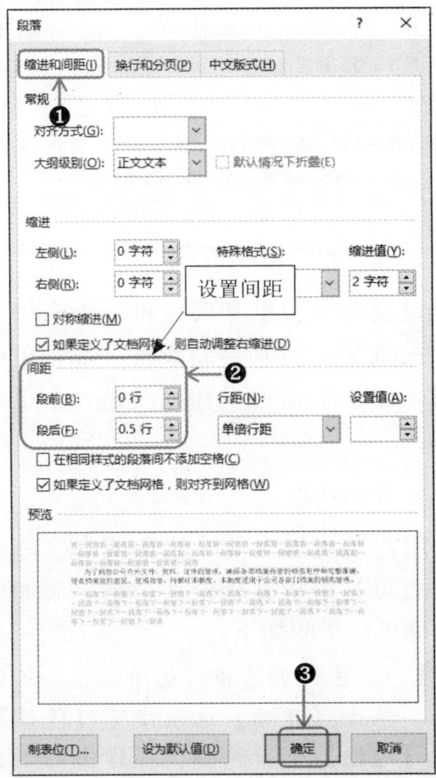

Step 02 设置段落间距后的效果如下图所示。

档案管理制度

为了规范公司内外文件、资料、证件的管理，确保各类档案保管的规范有序和完整准确，提高档案资料查阅、使用效率，特制订本制度。本制度适用于公司各部门档案的规范管理。

一、各级档案管理员职责

公司办公室负责公司级档案资料的保管，各部门只负责涉及本部门业务的档案资料的保管；

各级档案管理部门必须指定专人负责档案管理，切实做好保密工作，严格按照本制度要求对各类档案资料进行分类、

Step 03 设置行距。再次打开【段落】对话框，在【缩进和间距】选项卡下的【行距】区域中可设置行距，这里在【行距】下拉列表框中选择【1.5倍行距】选项，单击【确定】按钮。

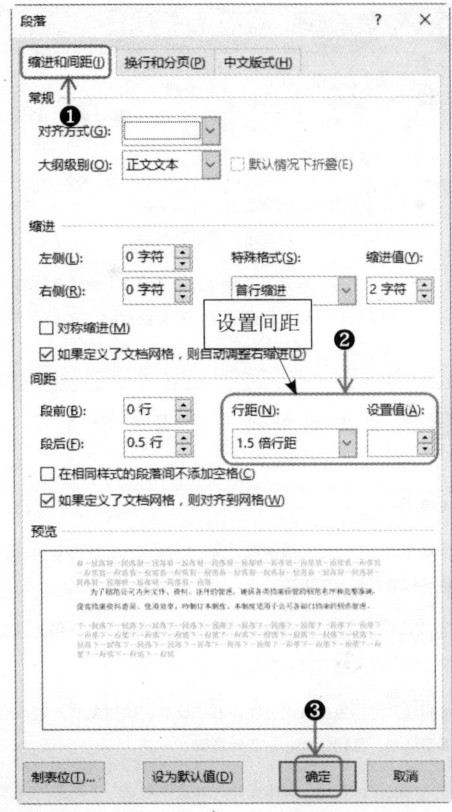

Step 04 设置段落行距后的效果如下图所示。

档案管理制度

为了规范公司内外文件、资料、证件的管理，确保各类档案保管的规范有序和完整准确，提高档案资料查阅、使用效率，特制订本制度。本制度适用于公司各部门档案的规范管理。

一、各级档案管理员职责

公司办公室负责公司级档案资料的保管，各部门只负责

4. 添加项目符号和编号

在文档中添加项目符号和编号，可以使文本内容条理清晰，便于阅读。添加项目符号和编号的具体操作步骤如下：

Step 01 添加项目符号。选择要添加项目符号的文本，单击【开始】选项卡下【段落】组中【项目符号】的下拉按钮，在弹出的下拉列表中选择项目符号样式。

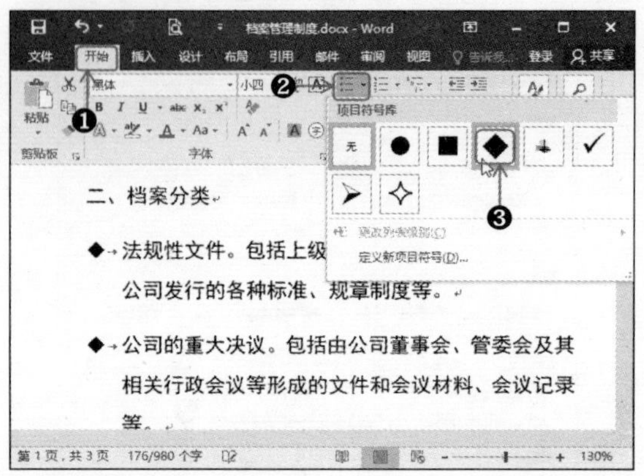

Step 02 为文本添加项目符号的效果如下图所示。

二、档案分类

◆→法规性文件。包括上级颁发、需公司执行的，或由公司发行的各种标准、规章制度等。

◆ 添加项目符号 包括由公司董事会、管委会及其相关行政会议等形成的文件和会议材料、会议记录等。

◆→计划性文件。包括公司总体计划或规划、项目发展计划、经营质量计划、营销计划、财务计划等。

◆→总结性文件。包括公司年度和月度工作总结、下属部门的年度和月度工作总结、单项性工作总结、调查报告等。

Step 03 添加编号。选择要添加编号的文本，单击【开始】选项卡下【段落】组中的【编号】下拉按钮，在弹出的下拉列表中选择编号样式。

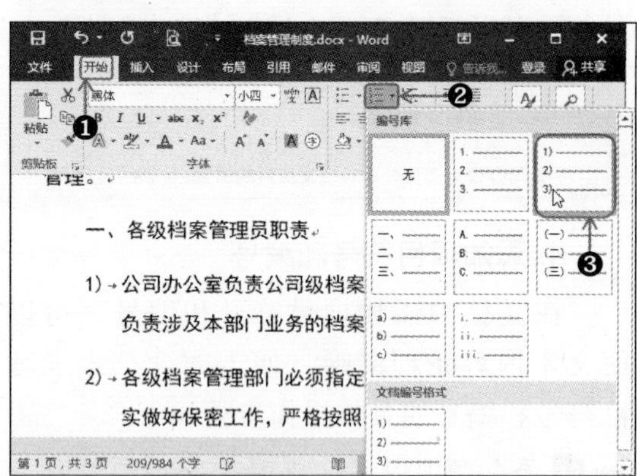

Step 04 为文本添加编号的效果如下图所示。

一、各级档案管理员职责

1)→公司办公室负责公司级档案资料的保管，各部门只负责涉及本部门业务的档案资料的保管；

2)→ 添加编号 门必须指定专人负责档案管理，切实做好保密工作，严格按照本制度要求对各类档案资料进行分类、立目、归档等工作，确保各类档案分类清晰、立目规范、归档及时准确；

3)→档案管理人员必须做好档案的“防火、防潮、防尘、防盗”工作，定期对纸质档案进行整理，确保安全；

1.2.3 添加边框和底纹

设置页面边框和底纹可以为文档增加美观的效果，特别是要设置一篇精美的文档时，添加页面边框和底纹是一个很好的办法。

1. 添加边框

用户既可以为每个段落或文字添加边框，也可为整篇文档添加边框。添加边框的具体操作步骤如下：

Step 01 为文本添加边框。选中要添加边框的文本，单击【开始】选项卡下【段落】组中的【边框】下拉按钮，在弹出的下拉列表中选择【外侧框线】选项。

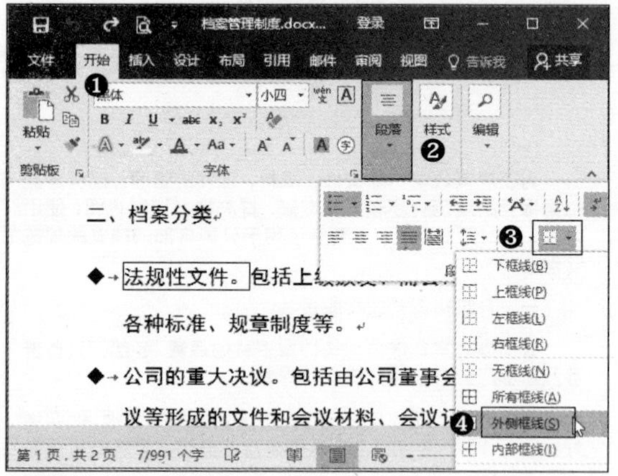

Step 02 即可为所选文本添加边框，效果如下图所示。

二、档案分类

◆→法规性文件。包括上级颁发、需公司执行的，或由公司发行的各种标准、规章制度等。

◆→公司的……公司董事会、管委会及其相关行政会议等形……、会议记录等。

◆→计划性文件。包括公司总体计划或规划、项目发展计划、经营

为文本添加边框

Step 03 为段落添加边框。选中除标题外的所有段落，单击【开始】选项卡下【段落】组中的【边框】下拉按钮，在弹出的下拉列表中选择【边框和底纹】选项。

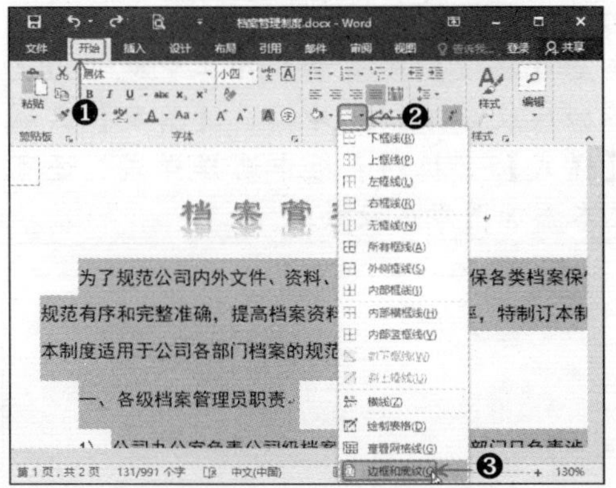

Step 04 弹出【边框和底纹】对话框，选择【边框】选项卡，在【设置】区域中选择【方框】选项，在【样式】列表框中选择边框样式，如选择双直线，之后单击【确定】按钮。

提示：在【颜色】和【宽度】下拉列表框中可设置边框的颜色和宽度，设置完成后，可在右侧的【预览】区域中预览效果。

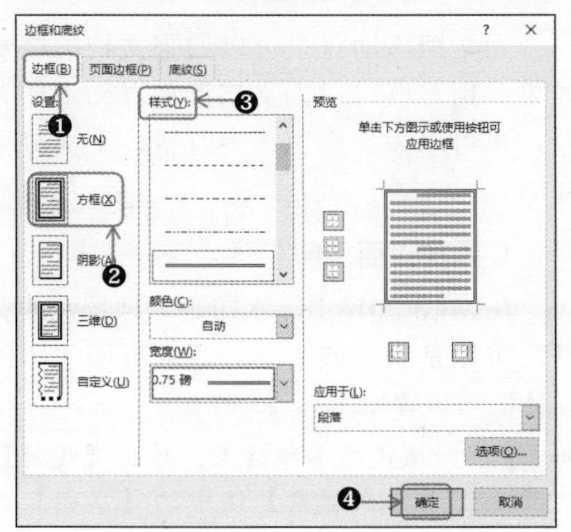

Step 05 即可为每个段落添加边框，效果如下图所示。

提示：在【边框和底纹】对话框中，若将【应用于】设置为【文字】，则可为所选文字添加边框效果。

为了规范公司内外文件、资料、证件的管理，确保各类档案保管的规范有序和完整准确，提高档案资料查阅、使用效率，特制订本制度。本制度适用于公司各部门档案的规范管理。

一、各级档案管理员职责

1)→公司办公室负责公司级档案资料的保管，各部门只负责涉及本部门业务的档案资料的保管；

为段落添加边框

Step 06 为整篇文档添加边框。再次打开【边框和底纹】对话框，切换至【页面边框】选项卡，在【设置】区域中选择【方框】选项，在【艺术型】下拉列表框中选择艺术效果的边框，之后单击【确定】按钮。

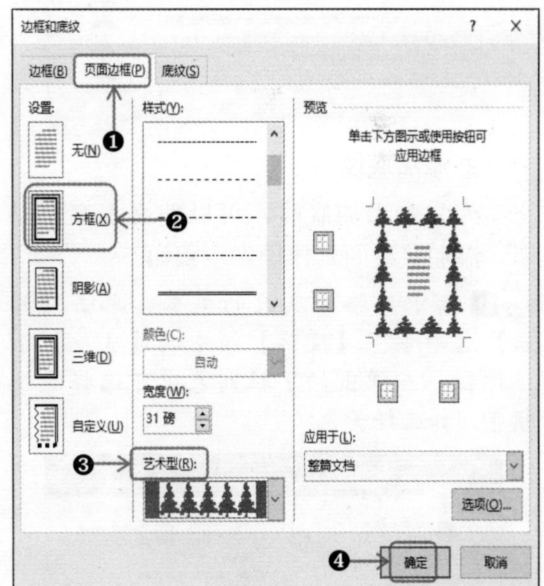

Step 07 即可为整篇文档添加边框，效果如下图所示。

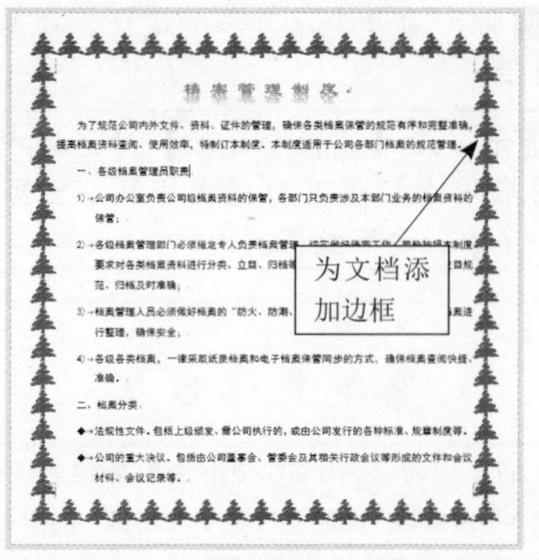

提示：单击【设计】选项卡下【页面背景】组中的【页面边框】按钮，也可打开【边框和底纹】对话框。

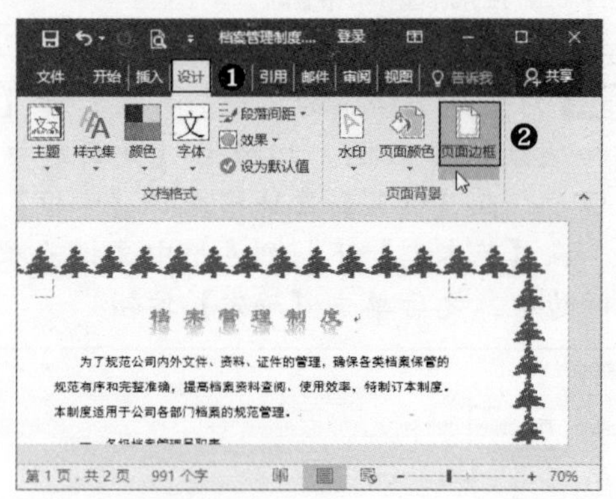

2. 添加底纹

为文本添加底纹，可以使文本突出显示。添加底纹的具体操作步骤如下：

Step 01 选中要添加底纹的文本，单击【开始】选项卡下【段落】组中的【底纹】下拉按钮，在弹出的下拉列表中可选择底纹颜色，如选择黄色。

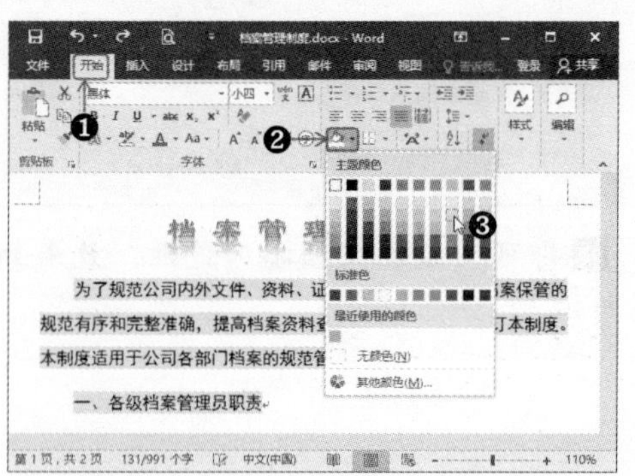

Step 02 即可为所选文本添加底纹，效果如下图所示。

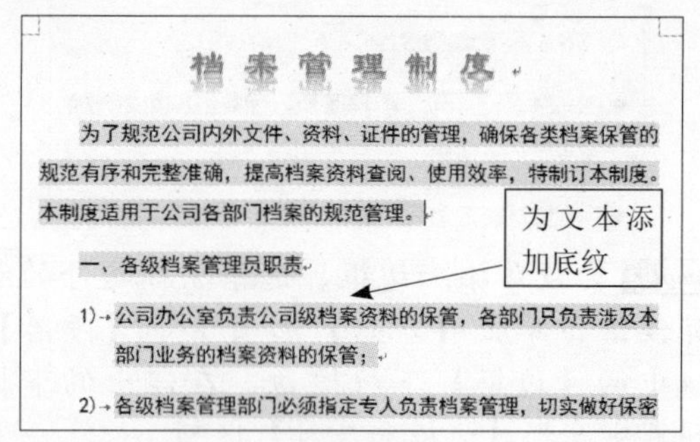

提示：在【边框和底纹】对话框中切换至【底纹】选项卡，在其中也可为文本添加底纹效果。此外，在【图案】区域的【样式】下拉列表框中选择样式，还可为文本添加图案底纹效果。

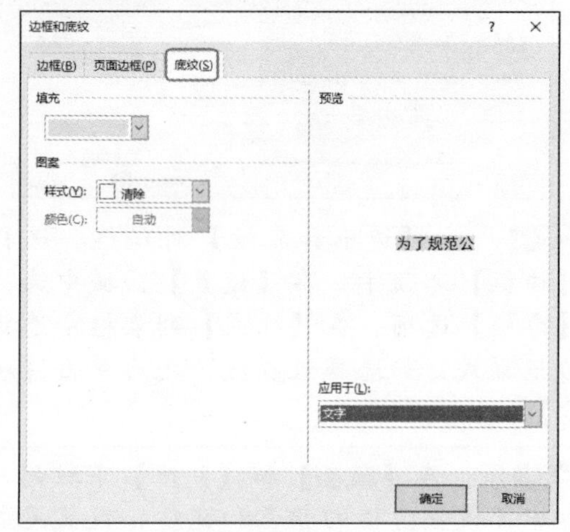

1.2.4 设置页面背景

为文档添加背景可以增强文档的视觉效果。用户既可以为文档添加页面水印背景，也可以添加颜色作为背景，下面分别介绍。

1. 添加页面水印

在Word 2016中，水印是一种特殊的背景，可以是图片或文字。添加页面水印的具体操作步骤如下：

Step 01 添加预设的水印效果。单击【设计】选项卡下【页面背景】组中的【水印】按钮，在弹出的下拉列表中显示了预设的水印效果，如选择【严禁复制1】选项。

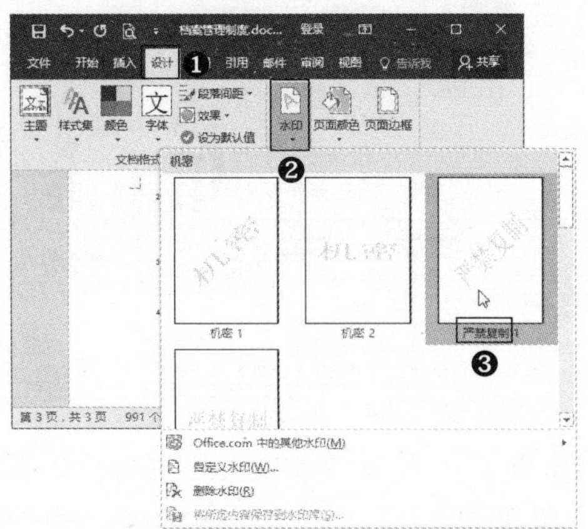

Step 02 即可为页面添加预设的水印效果，如下图所示。

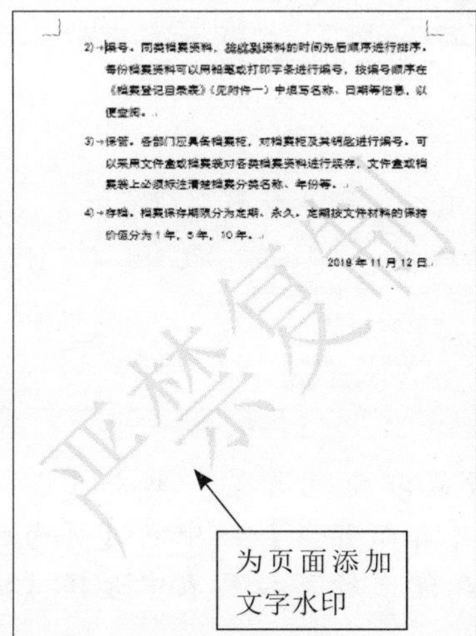

Step 03 自定义水印效果。单击【设计】选项卡下【页面背景】组中的【水印】按钮，在弹出的下拉列表中选择【自定义水印】选项。

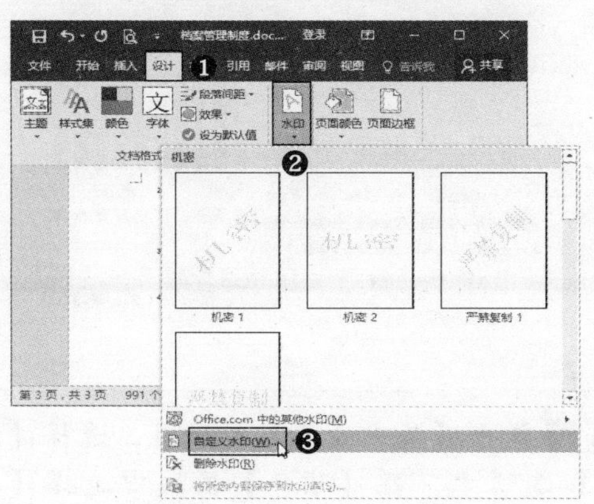

Step 04 弹出【水印】对话框，选择【图片水印】单选按钮，之后单击【选择图片】按钮。

提示：若选择【文字水印】单选按钮，在下方的【文字】文本框中可自定义水印的文字，还可设置字体、字号、颜色等。

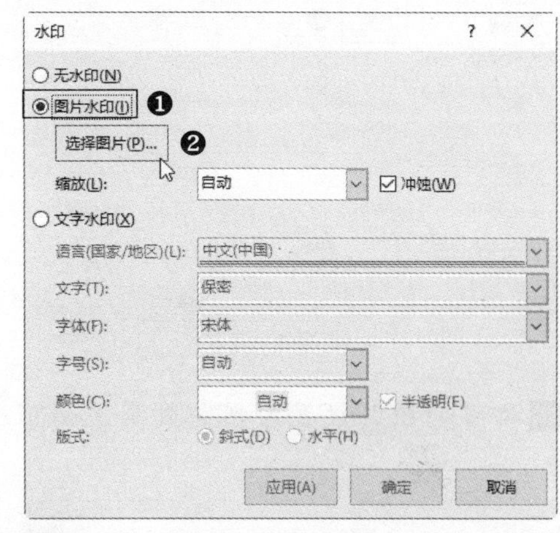

Step 05 弹出【插入图片】对话框，在【必应图像搜索】文本框中输入关键字“文件”，单击右侧的【搜索】按钮。

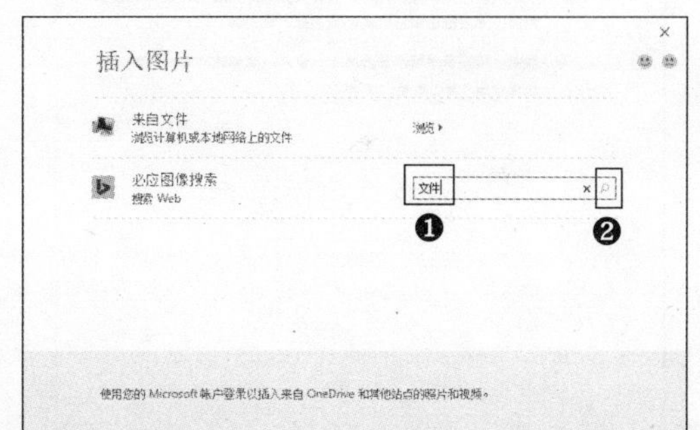

Step 06 在对话框中会显示出搜索结果，选择图片左上角的复选框，以选中要作为水印的图片，之后单击【插入】按钮。

Step 07 返回至【水印】对话框，在【缩放】下拉列表框中可选择图片的显示比例，之后单击【确定】按钮。

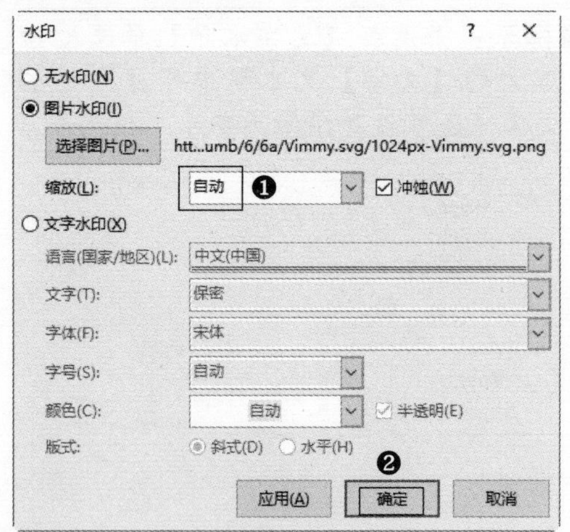

Step 08 即可将图片设置为水印效果，如下图所示。

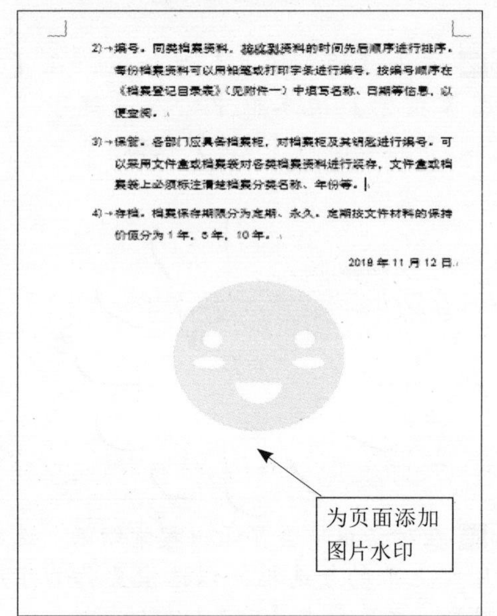

2. 设置背景颜色

用户可以为文档添加纯色、渐变色、纹理、图案、图片等背景。具体操作步骤如下：

Step 01 设置纯色背景。单击【设计】选项卡下【页面背景】组中的【页面颜色】按钮，在弹出的下拉列表中可选择颜色，如选择淡黄色。

Step 02 即可将页面背景设置为淡黄色，效果如下图所示。

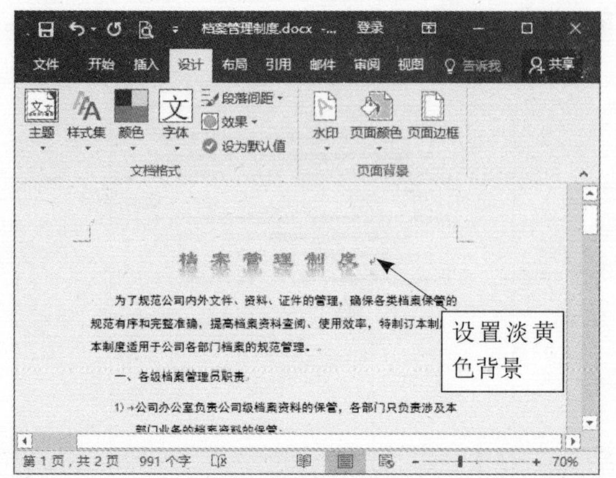

Step 03 设置渐变色背景。单击【设计】选项卡下【页面背景】组中的【页面颜色】按钮，在弹出的下拉列表中选择【填充效果】选项。

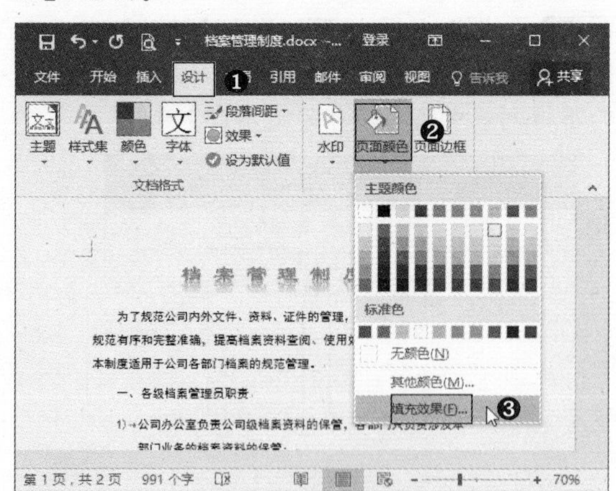

Step 04 弹出【填充效果】对话框，选择【渐变】选项卡，在【颜色】区域中选择【双

色】单选按钮，之后设置渐变颜色及底纹样式，单击【确定】按钮。

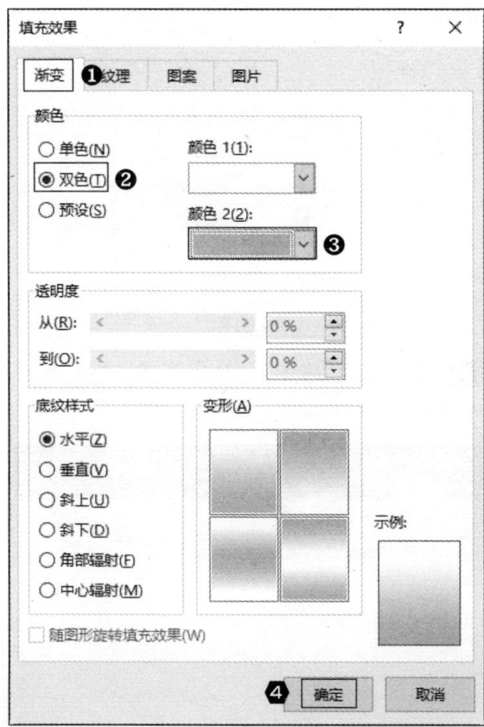

Step 05 即可将页面背景设置为渐变色，效果如下图所示。

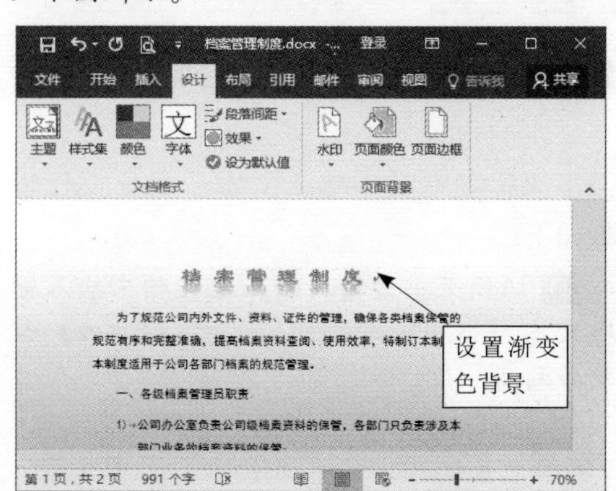

Step 06 设置纹理背景。再次打开【填充效果】对话框，切换至【纹理】选项卡，在【纹理】列表框中选择纹理类型，之后单击【确定】按钮。

提示：在【填充效果】对话框中利用【图案】和【图片】选项卡，可将图案或图片设置为页面背景，操作方法与上述类似。

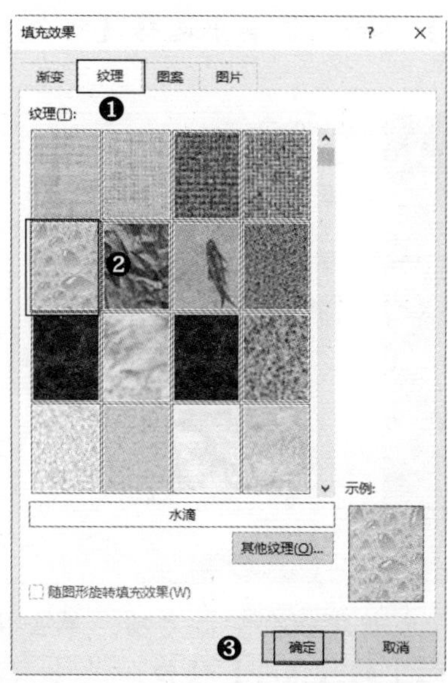

Step 07 即可将页面背景设置为纹理，效果如下图所示。

1.3 制作“公司劳动合同”文档

公司劳动合同是用工单位与受聘人员之间确立劳动关系，明确双方权利和义务的协议。签订劳动合同，可有效地确保受聘人员的权益。

1.3.1 新建并保存文档

在制作“公司劳动合同”文档前，用户需要新建一个空白文档，并进行保存。具体操作步骤如下：

Step 01 在Word文档中选择【文件】选项卡，在左侧列表中选择【新建】选项，进入

【新建】界面，在其中选择【空白文档】选项。

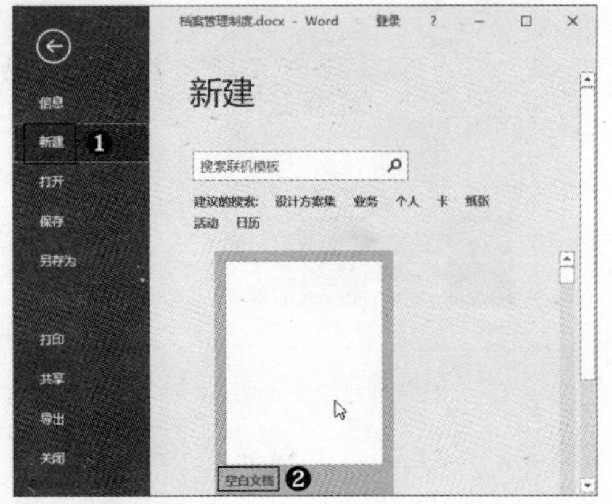

Step 02 即可新建一个空白文档，单击快速访问工具栏中的【保存】按钮。

Step 03 进入【另存为】界面，在其中单击【浏览】按钮。

Step 04 弹出【另存为】对话框，选择文件在计算机中的保存位置，在【文件名】文本框中输入“公司劳动合同”，之后单击【保存】按钮。

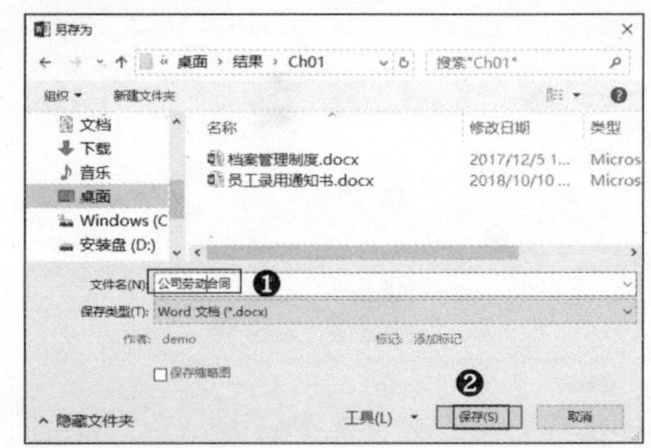

Step 05 返回至文档中，即完成创建并保存的操作。

1.3.2 输入相关文本

在创建了“公司劳动合同”文档后，接下来需要在其中输入文本。具体操作步骤如下：

Step 01 切换至中文输入法，在文档中输入标题文本“公司劳动合同”，按【Enter】键跳转到新一行。

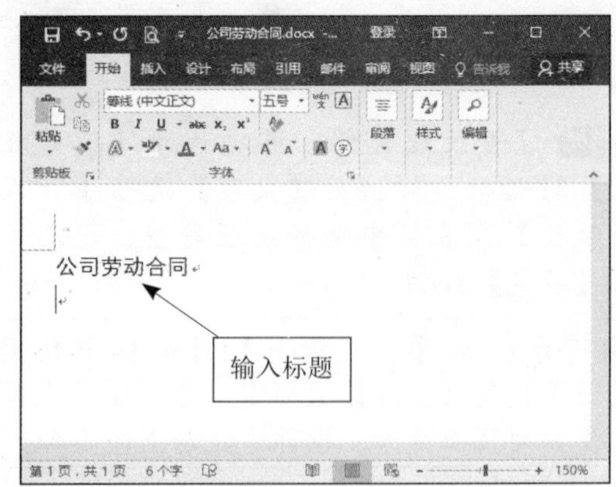

Step 02 继续在文档中输入有关劳动合同的文本内容，效果如下图所示。

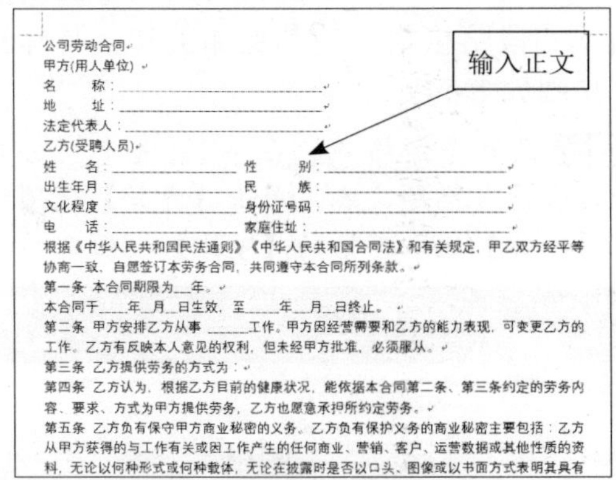

公司劳动合同
甲方(用人单位)
名　　称：________________
地　　址：________________
法定代表人：________________
乙方(受聘人员)
姓　　名：________　性　　别：________
出生年月：________　民　　族：________
文化程度：________　身份证号码：________
电　　话：________　家庭住址：________
根据《中华人民共和国民法通则》《中华人民共和国合同法》和有关规定，甲乙双方经平等协商一致，自愿签订本劳务合同，共同遵守本合同所列条款。
第一条 本合同期限为__年。
本合同于____年__月__日生效，至_____年__月__日终止。
第二条 甲方安排乙方从事 ______工作。甲方因经营需要和乙方的能力表现，可变更乙方的工作。乙方有反映本人意见的权利，但未经甲方批准，必须服从。
第三条 乙方提供劳务的方式为：
第四条 乙方认为，根据乙方目前的健康状况，能依据本合同第二条、第三条约定的劳务内容、要求、方式为甲方提供劳务，乙方也愿意承担所约定劳务。
第五条 乙方负有保守甲方商业秘密的义务。乙方负有保护义务的商业秘密主要包括：乙方从甲方获得的与工作有关或因工作产生的任何商业、营销、客户、运营数据或其他性质的资料，无论以何种形式或何种载体，无论在披露时是否以口头、图像或以书面方式表明其具有

1.3.3 制作劳动合同封面

下面制作劳动合同的封面，具体操作步骤如下：

Step 01 将光标定位至第一页第一行文本的左侧，单击【插入】选项卡下【页面】组中的【空白页】按钮。

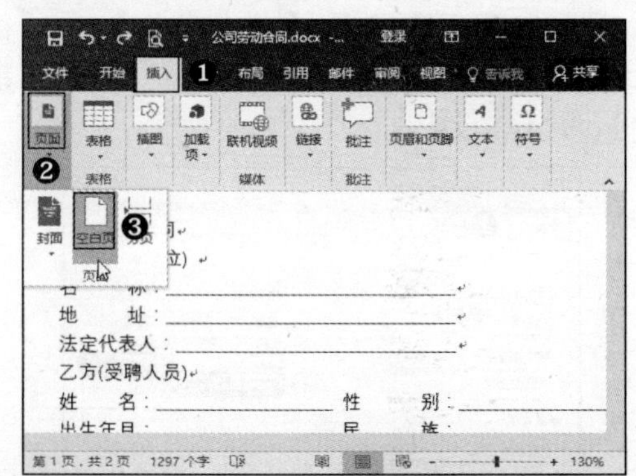

Step 02 即可插入一个空白页作为封面，在其中输入相关文本，效果如下图所示。

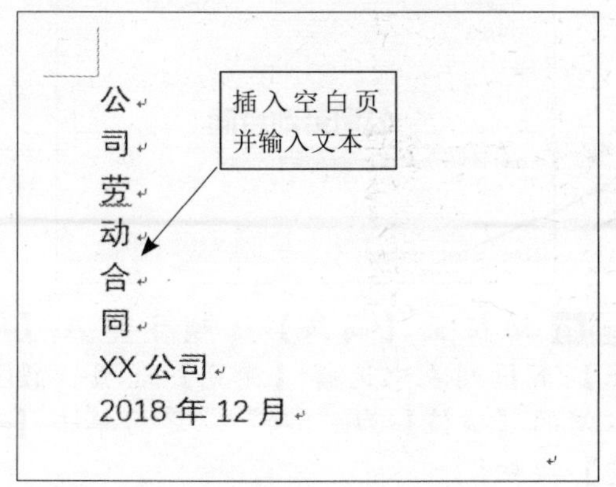

Step 03 在封面中选中“公司劳动合同”文本，单击【开始】选项卡下【字体】组右下角的【字体】按钮。

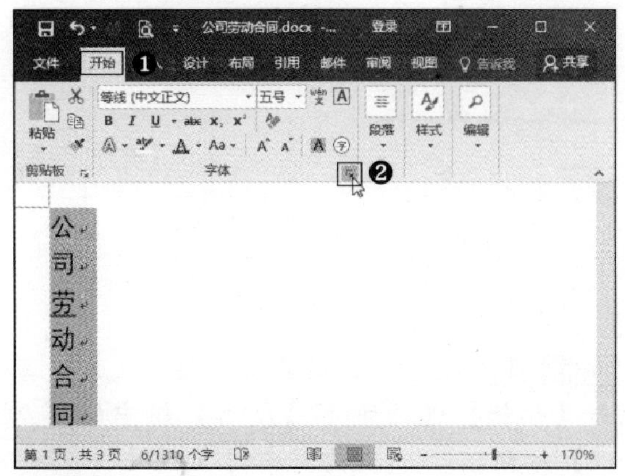

Step 04 弹出【字体】对话框，选择【字体】选项卡，在下方设置【中文字体】为【华文楷体】，【字形】为【加粗】，【字号】为【48】，之后单击【确定】按钮。

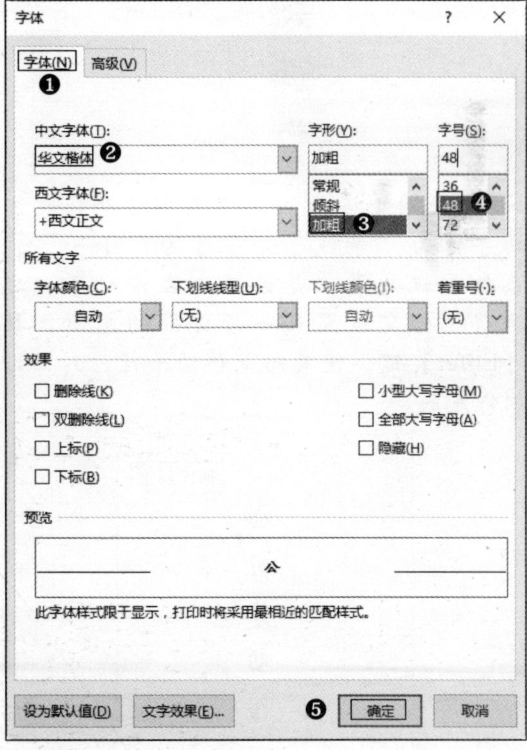

Step 05 即可设置所选文本的字体格式，效果如下图所示。

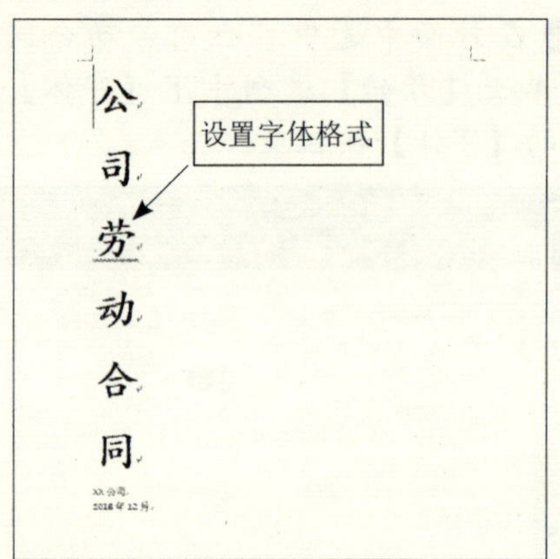

Step 06 再次选中“公司劳动合同”文本，单击【开始】选项卡下【段落】组中的【居中】按钮☰，设置为居中对齐。

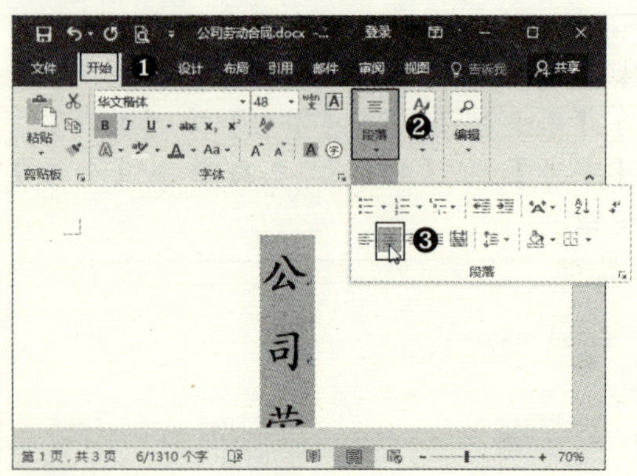

Step 07 使用上述方法，设置下方两行文本的字体为“等线”，字号为“小一”，添加加粗效果，并设置为靠右对齐。之后将光标定位至第一行文本的左侧，按【Enter】键，使其向下移动一行，封面即制作完成。

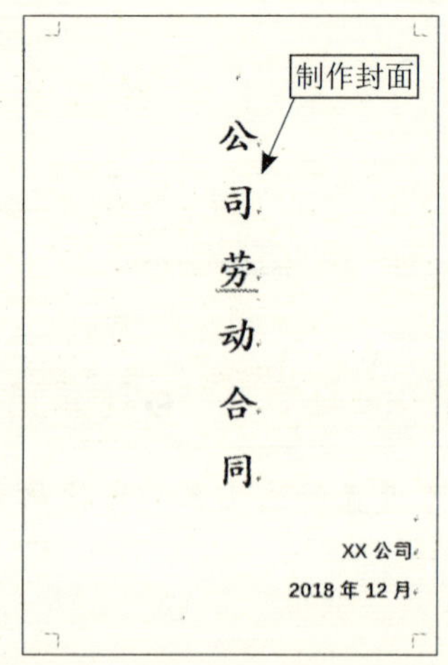

1.3.4 设置文本的格式

在输入文本后，需要设置文本的字体格式和段落格式，使其更加美观。具体操作步骤如下：

Step 01 设置字体格式。在第2页选中“公司劳动合同”标题文本，单击【开始】选项卡下【字体】组右下角的【字体】按钮。

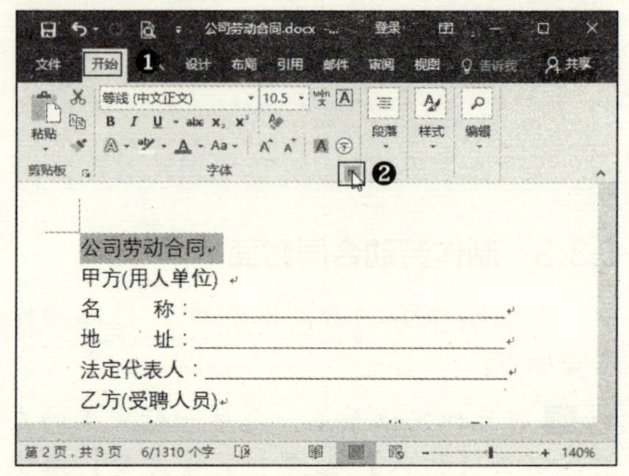

Step 02 弹出【字体】对话框，选择【字体】选项卡，在下方设置【中文字体】为【微软雅黑】，【字形】为【加粗】，【字号】为【二号】。

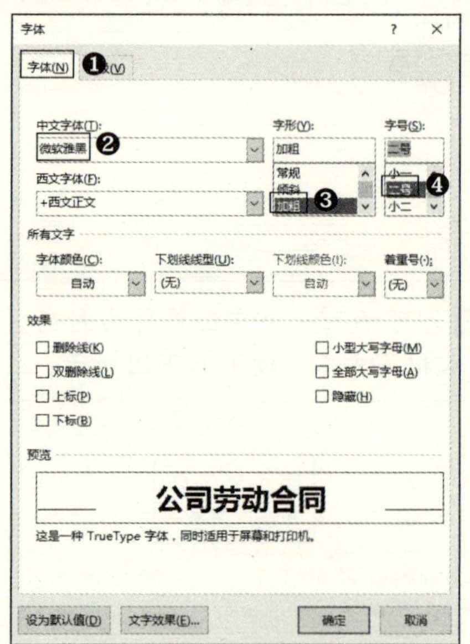

Step 03 切换至【高级】选项卡。在【间距】下拉列表中选择【加宽】选项，设置右侧的【磅值】为“5磅”，之后单击【确定】按钮。

Step 04 即可设置标题文本的字体格式，之后单击【开始】选项卡下【段落】组中的【居中】按钮☰，设置对齐方式，效果如下图所示。

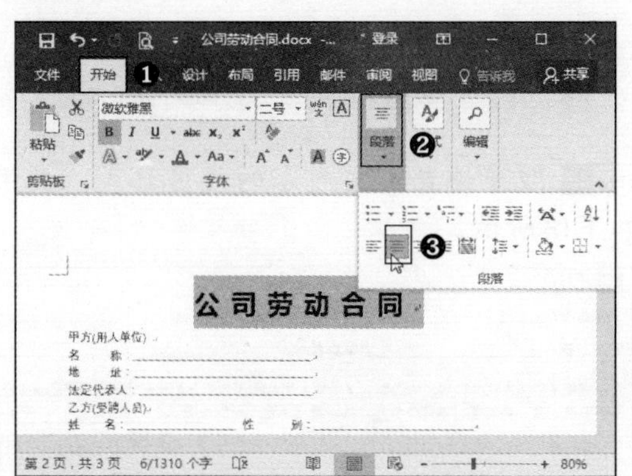

Step 05 拖动鼠标选中第2行至第9行文本，设置字体为“宋体”，字号为“小四”，并添加加粗效果。

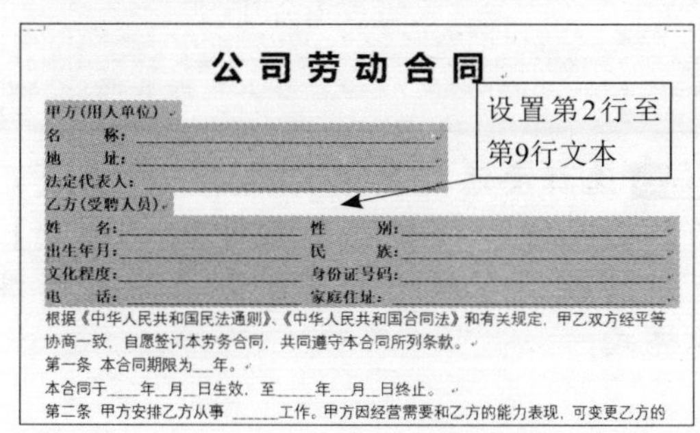

Step 06 按住【Ctrl】键不放，选择正文内容中的“第一条”“第二条”和“第三条”等文本，单击【开始】选项卡下【字体】组中的【加粗】按钮**B**，使其加粗显示。

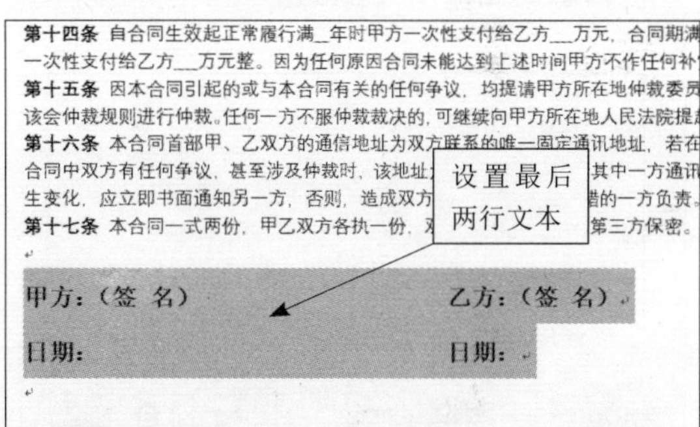

Step 07 选择最后两行文本，设置字号为“四号”，并使其加粗显示。

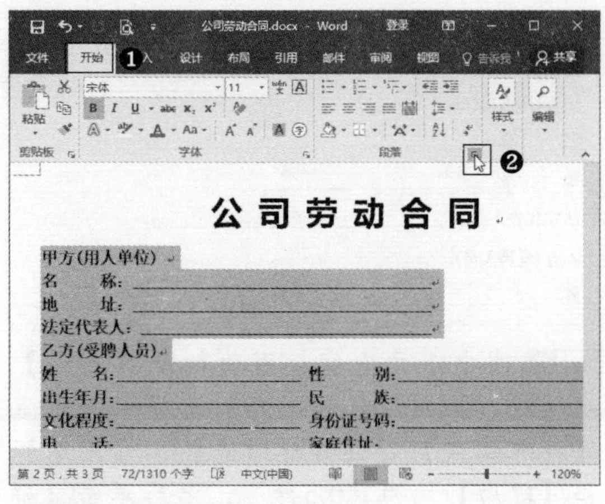

Step 08 设置段落格式。再次选中第2行至第9行文本，单击【开始】选项卡下【段落】组右下角的【段落设置】按钮。

Step 09 弹出【段落】对话框，在【缩进和间距】选项卡下设置【行距】为【1.5倍行距】，单击【确定】按钮。

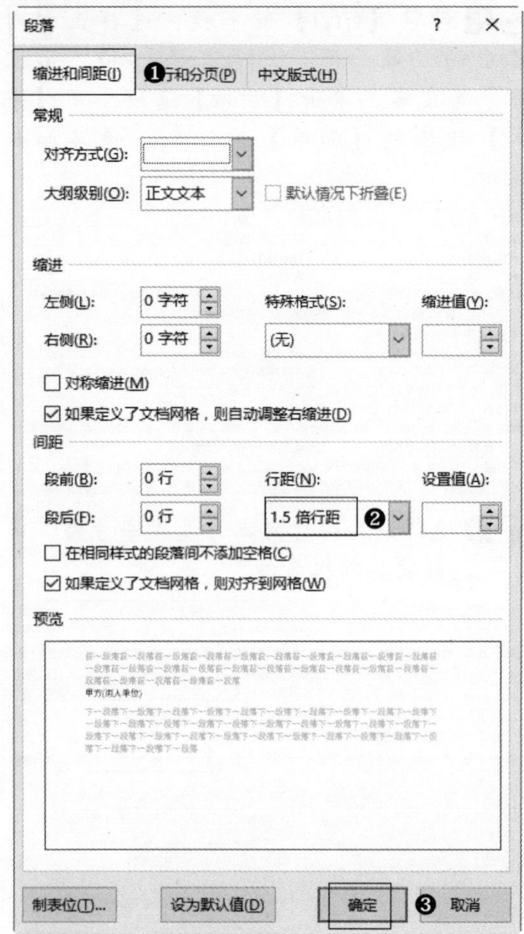

Step 10 即可设置第2行至第9行文本的行距，效果如下图所示。

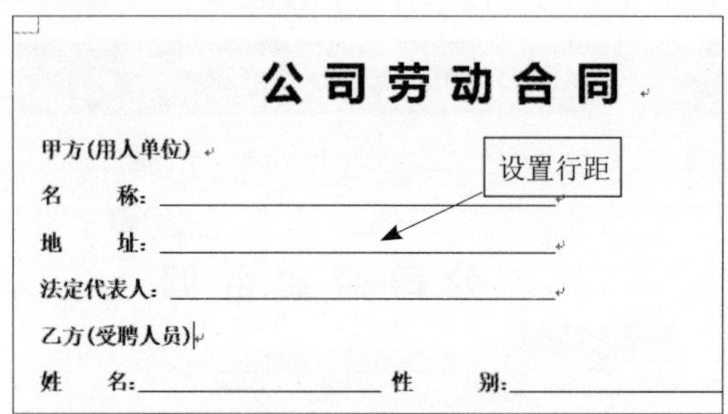

Step 11 选中正文内容，再次打开【段落】对话框，在【缩进和间距】选项卡下设置【特殊格式】为【首行缩进】，【段前】和【段后】均为"0.5行"，之后单击【确定】按钮。

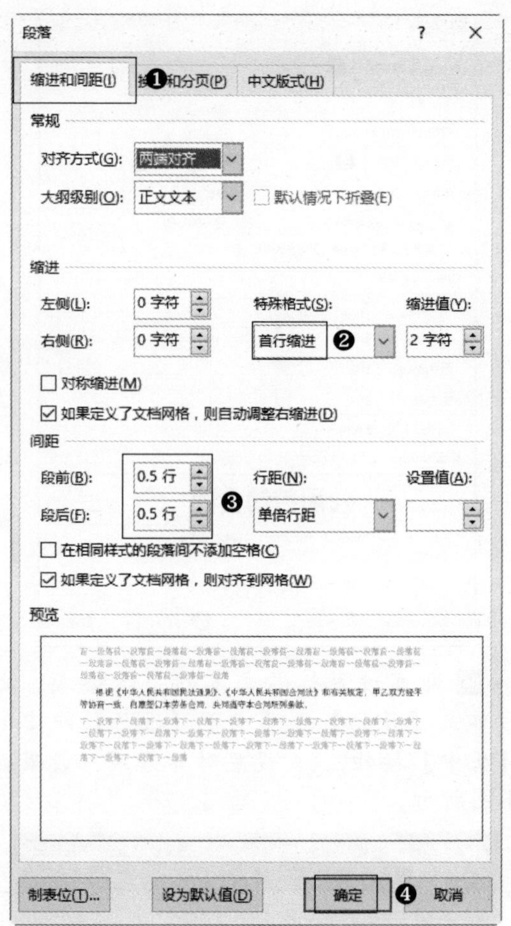

Step 12 即可设置正文内容的段落格式，效果如下图所示。

出生年月:＿＿＿＿＿＿＿＿ 民 族:＿＿＿＿＿＿＿＿

文化程度:＿＿＿＿＿＿＿＿ 身份证号码:＿＿＿＿＿＿＿＿

电 话:＿＿＿＿＿＿＿＿ 家庭住址:＿＿＿＿＿＿＿＿

根据《中华人民共和国民法通则》《中华人民共和国合同法》和有关规定，甲乙双方经平等协商一致，自愿签订本劳务合同，共同遵守本合同所列条款。

第一条 本合同期限为＿年。

本合同于＿＿年＿月＿日生效，至＿＿年＿月＿日终止。

第二条 甲方安排乙方从事＿＿＿工作。甲方因经营需要和乙方的能力表现，可变更乙方的工作。乙方有反映本人意见的权利，但未经甲方批准，必须服从。

第三条 乙方提供劳务的方式为：

第四条 乙方认为，根据乙方目前的健康状况，能依据本合同第二条、第三条约定的劳务内容、要求、方式为甲方提供劳务，乙方也愿意承担所约定劳务。

第五条 乙方负有保守甲方商业秘密的义务。乙方负有保护义务的商业秘密主要包括：乙方从甲方获得的与工作有关或因工作产生的任何商业、营销、客户、运营数据或其他性质的资料，无论以何种形式或何种载体，无论在披露时是否以口头、图像或以书面方式表明其具有保密性。

设置正文内容的段落格式

Step 13 选择要添加编号的文本，单击【开始】选项卡下【段落】组中的【编号】下拉按钮，在弹出的下拉列表中选择编号样式。

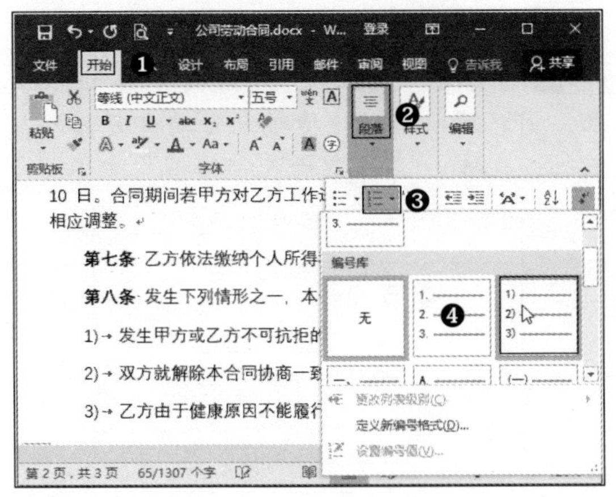

Step 14 即可为所选文本添加编号，使用上述方法，为其他文本添加编号，效果如下图所示。

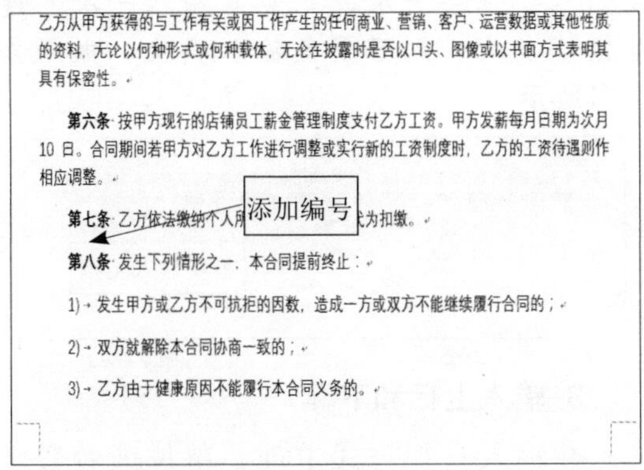
乙方从甲方获得的与工作有关或因工作产生的任何商业、营销、客户、运营数据或其他性质的资料，无论以何种形式或何种载体，无论在披露时是否以口头、图像或以书面方式表明其具有保密性。

第六条 按甲方现行的店铺员工薪金管理制度支付乙方工资。甲方发薪每月日期为次月10日。合同期间若甲方对乙方工作进行调整或实行新的工资制度时，乙方的工资待遇则作相应调整。

第七条 乙方依法缴纳个人所 式为扣缴。

第八条 发生下列情形之一，本合同提前终止：

1) 发生甲方或乙方不可抗拒的因数，造成一方或双方不能继续履行合同的；

2) 双方就解除本合同协商一致的；

3) 乙方由于健康原因不能履行本合同义务的。

1.3.5 设置文档的背景

设置文档背景的具体操作步骤如下：

Step 01 单击【设计】选项卡下【页面背景】组中的【页面颜色】按钮，在弹出的下拉列表中选择【填充效果】选项。

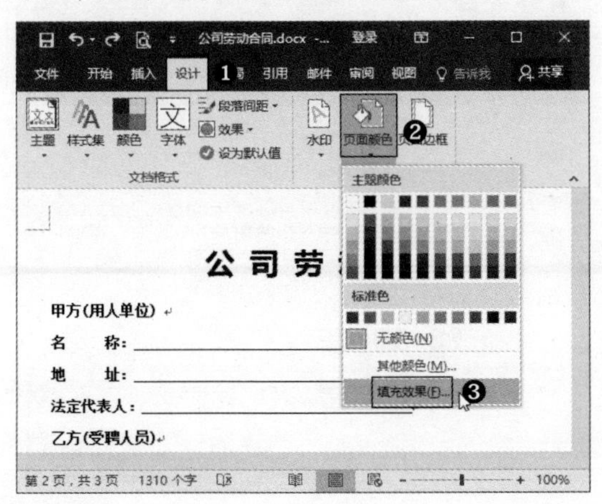

Step 02 弹出【填充效果】对话框，选择【渐变】选项卡，在【颜色】选项区域中选择【双色】单选按钮，设置【颜色1】为白色，【颜色2】为天蓝色，在【底纹样式】区域中选择【中心辐射】单选按钮，之后单击【确定】按钮。

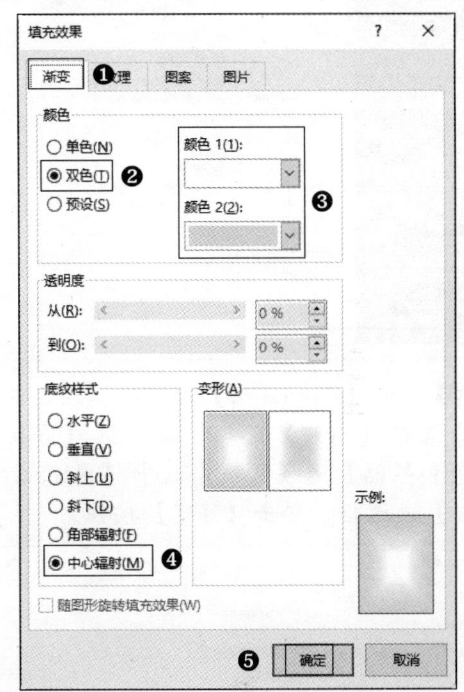

Step 03 即可设置页面背景，按【Ctrl+S】组合键保存。至此，“公司劳动合同”文档制作完成。

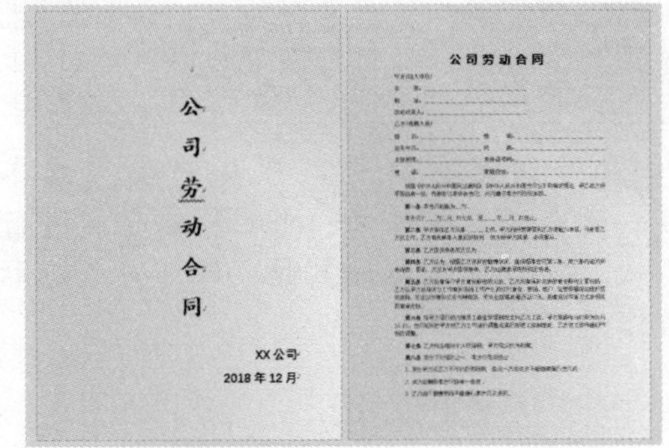

高手支招

1. Insert键的妙用

在编辑文档时，通常使用【Ctrl+V】组合键进行粘贴操作。此外，也可以将键盘上的【Insert】键作为粘贴命令的快捷键。具体的操作步骤如下：

Step 01 新建一个空白文档，选择【文件】选项卡，在左侧列表中选择【选项】选项。

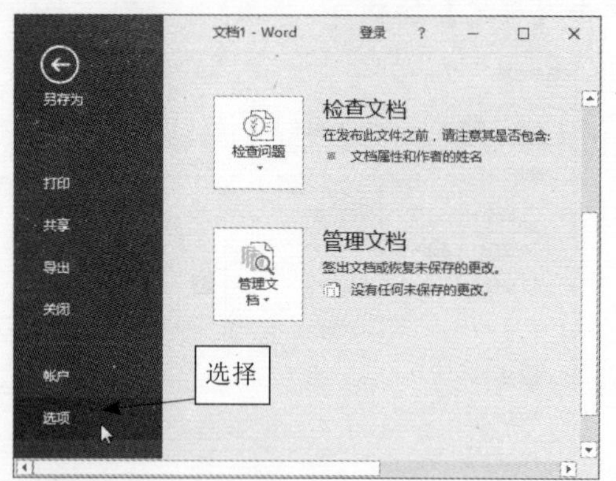

Step 02 弹出【Word选项】对话框，在左侧列表中选择【高级】选项，在右侧【剪切、复制和粘贴】选项区域中选中【用Insert键粘贴】复选框，单击【确定】按钮。

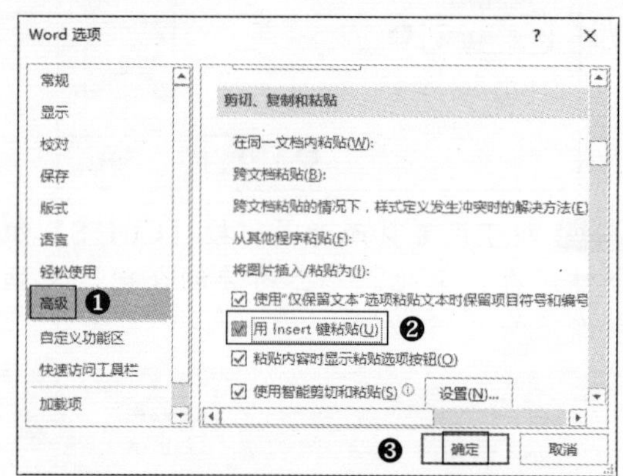

Step 03 返回至文档中，在其中输入文本后，选中文本并按【Ctrl+C】组合键进行复制，之后按【Insert】键，即可完成粘贴操作。

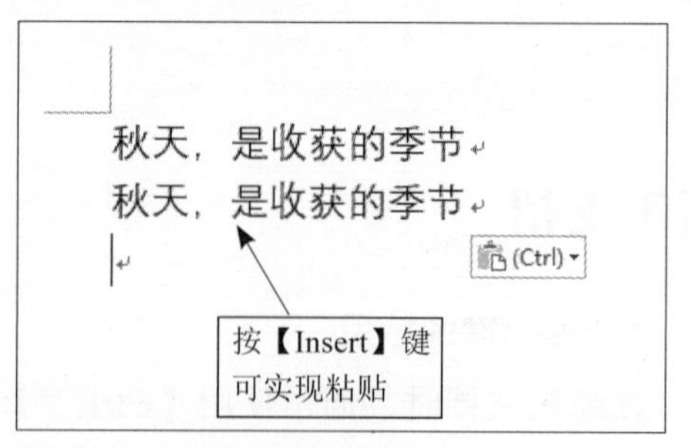

2. 快速重输内容

Step 01 在编辑文档时，若需要重复输入文本，用户可以借助快捷键来自动重复输入。例如，在Word文档中输入“季节”文本。

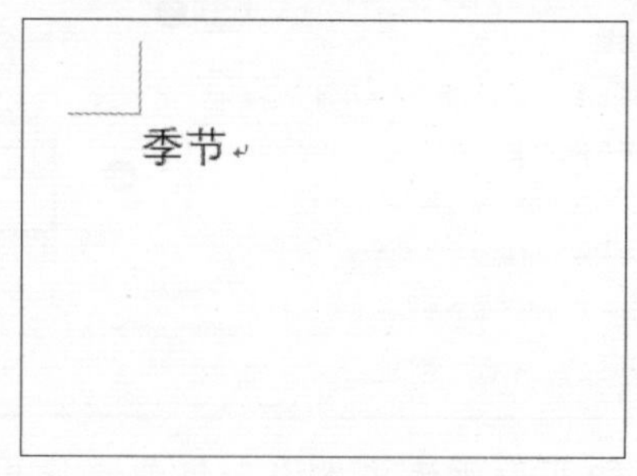

Step 02 按【F4】键，或者按【Alt+Enter】组合键及【Ctrl+Y】组合键，均可实现自动重复输入。每按一次，则重复输入一次，连续按下多次，则可重复输入多次，效果如下图所示。

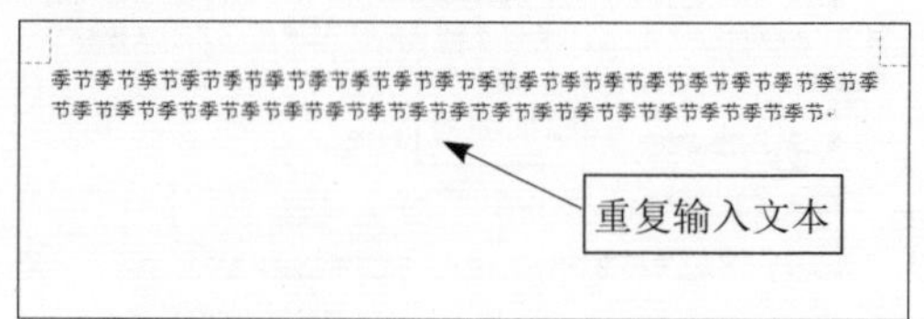

3. 输入上标和下标

在输入一些公式定理、单位或者数学符号时，经常需要输入上标或下标，具体操作步骤如下：

Step 01 输入上标。在文档中输入“23+10=18”，选择其中的数字“3”，单击【开始】选项卡下【字体】组中的【上标】按钮 x^2。

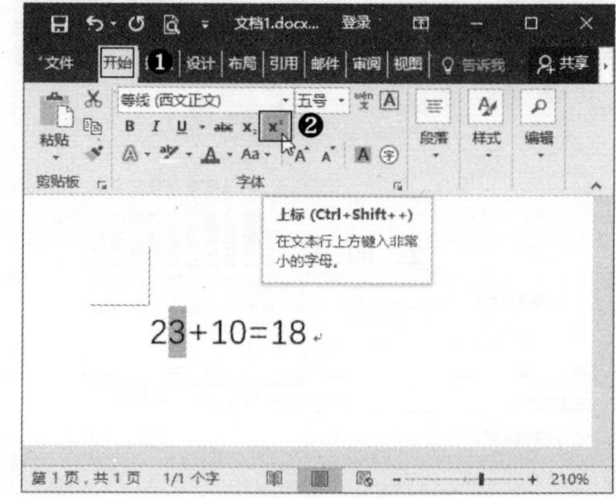

Step 02 即可将数字“3”变成上标，效果如下图所示。

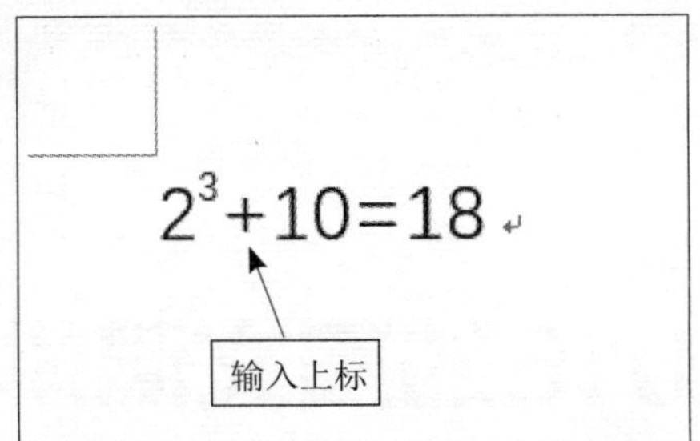

Step 03 输入下标。在文档中输入“H2O”，选择其中的数字“2”，单击【开始】选项卡下【字体】组中的【下标】按钮 x_2。

Step 04 即可将数字“2”变成下标，效果如下图所示。

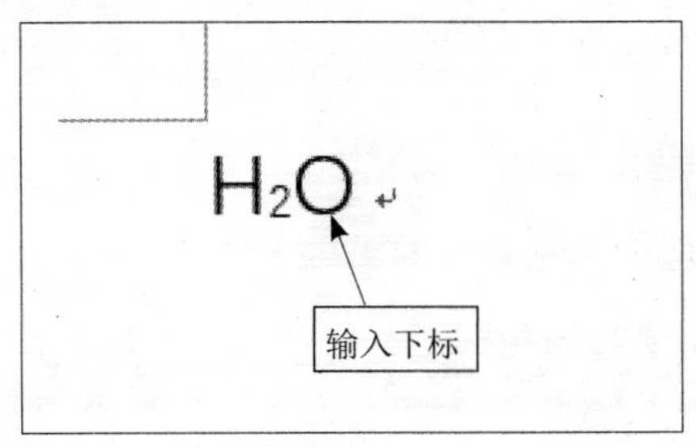

第2章 美化文档——Word 2016的图文混排

本章导读：

在Word文档中插入艺术字、图片、形状、表格等元素，不仅使其看起来生动形象、充满活力，还可以使文档更加美观。本章主要介绍如何在Word中添加并编辑这些元素，从而使文档达到图文并茂的效果。

案例赏析：

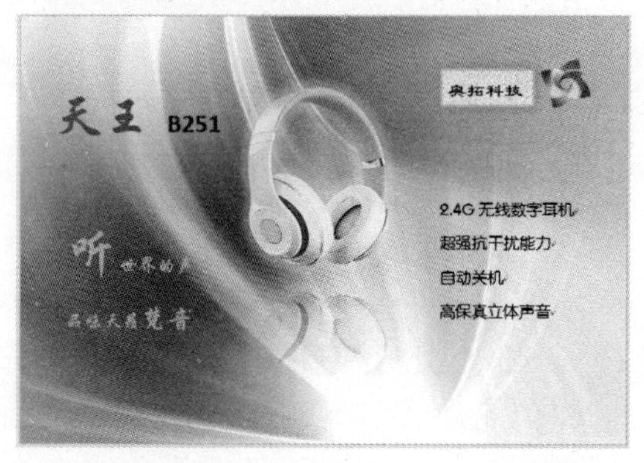

个人简历

姓名		性别			
籍贯		政治面貌			
出生年月		民族		婚否	
联系电话		邮箱			
学历		专业			
毕业日期		毕业院校			
现住址					
爱好特长					
求职意向			期望薪资		
教育背景	时间	院校			
工作经历	时间	内容			
自我评价					

2.1 制作“个人简历”文档

个人简历是求职者生活、学习、工作、经历、成绩的概括。一份优秀的简历非常重要，可以有效地获得与聘用单位面试的机会。

2.1.1 创建表格

“个人简历”文档由标题文本和表格组成，Word提供了多种方法创建表格，下面分别进行介绍。

1. 使用【插入表格】对话框创建表格

通过【插入表格】对话框，用户可以指定表格的行列数及列宽，并且不会受到行列数的限制。具体操作步骤如下：

Step 01 新建一个空白文档，命名为“个人简历”并保存。在第一行输入“个人简历”作为标题文本，设置字体格式及对齐方式，之后按【Enter】键，使光标跳转至下一行。

Step 02 单击【插入】选项卡下【表格】组中的【表格】按钮，在弹出的下拉列表中选择【插入表格】选项。

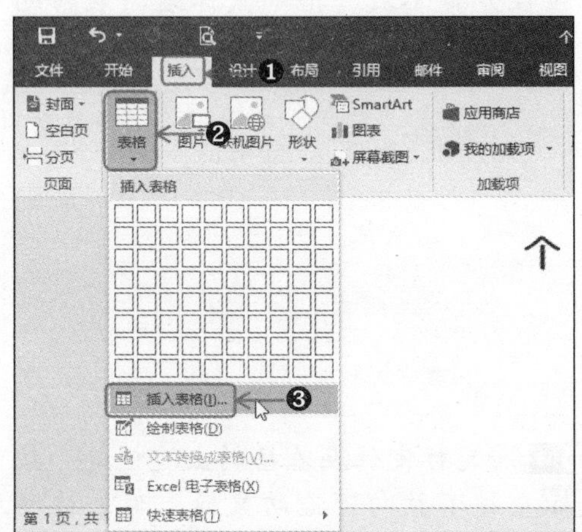

Step 03 弹出【插入表格】对话框，设置【列数】为“5”，【行数】为“18”，单击【确定】按钮。

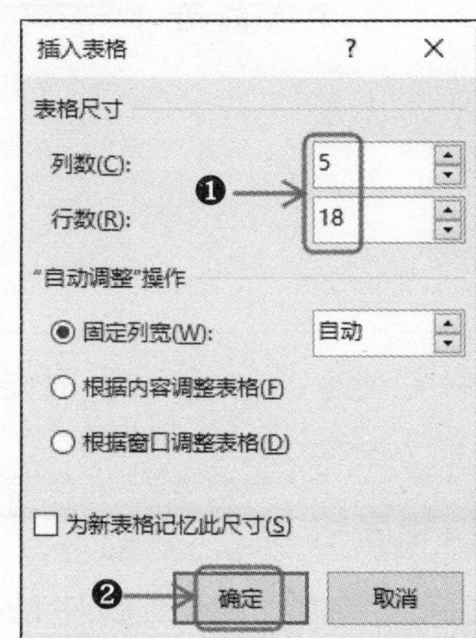

Step 04 即可在第二行插入一个5列18行的表格，同时功能区中会增加【表格工具】➢【设计】和【布局】两个选项卡。

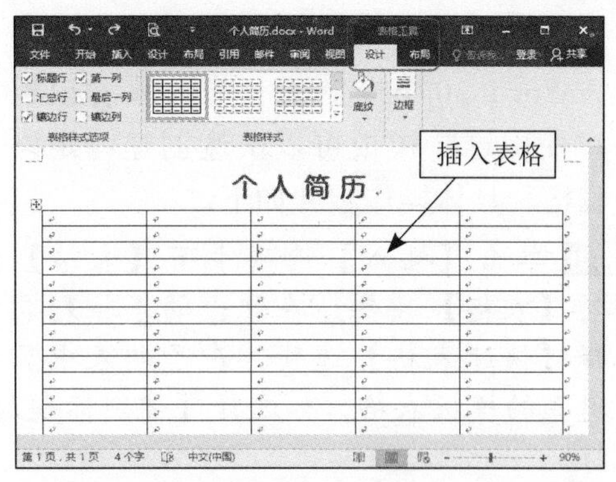

2. 利用菜单命令创建表格

利用菜单命令插入表格是最常用的插入表格的方式，但使用该方法最多只能插入8行10列的表格。具体操作步骤如下：

Step 01 单击【插入】选项卡下【表格】组中的【表格】按钮，将光标定位在【插入表格】区域，选中的单元格将以橙色显示，并在上方显示出选中的行数和列数，假设在6×4单元格内单击。

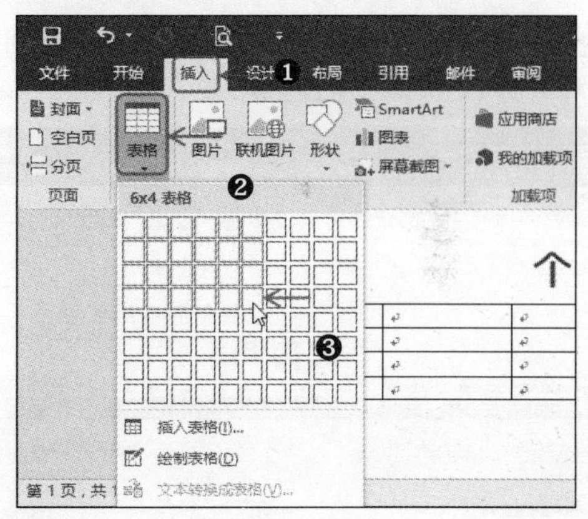

Step 02 即可在文档中快速插入一个6列4行的表格。

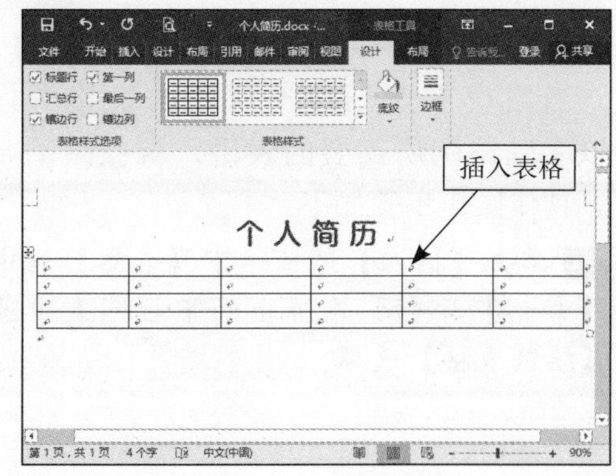

3. 通过模板创建表格

Word 2016提供了一些内置的模板表格，使用这些模板可以快速创建特定格式的表格。具体操作步骤如下：

Step 01 单击【插入】选项卡下【表格】组中的【表格】按钮，在弹出的下拉列表中选择【快速表格】选项。在子列表中显示了内置的模板表格，如选择【带副标题2】模板。

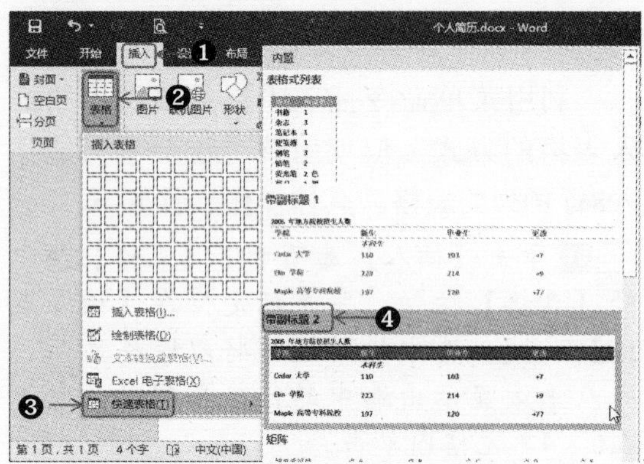

Step 02 即可插入所选的表格模板，用户可根据需要修改表格中的内容。

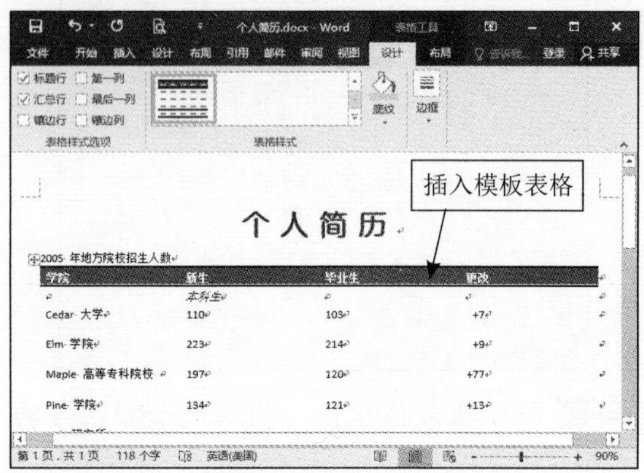

4. 手动绘制表格

当用户需要创建不规则的表格时，可以手动绘制所需要的表格，就像画画一样。具体操作步骤如下：

Step 01 单击【插入】选项卡下【表格】组中的【表格】按钮，在弹出的下拉列表中选择【绘制表格】选项。

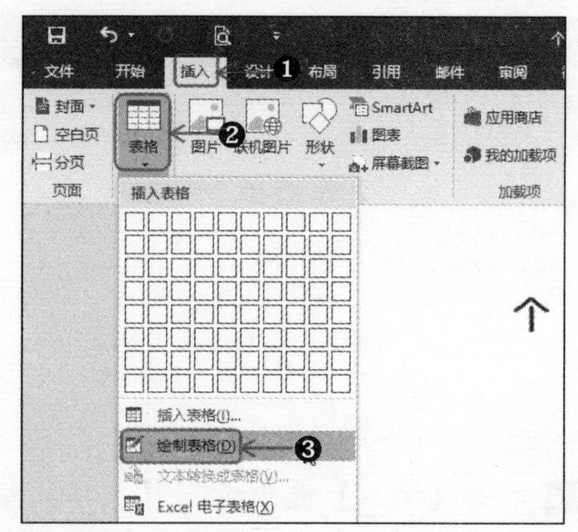

Step 02 此时光标会变为笔的形状，在窗口中按住左键不放，拖动鼠标绘制表格的外边框。

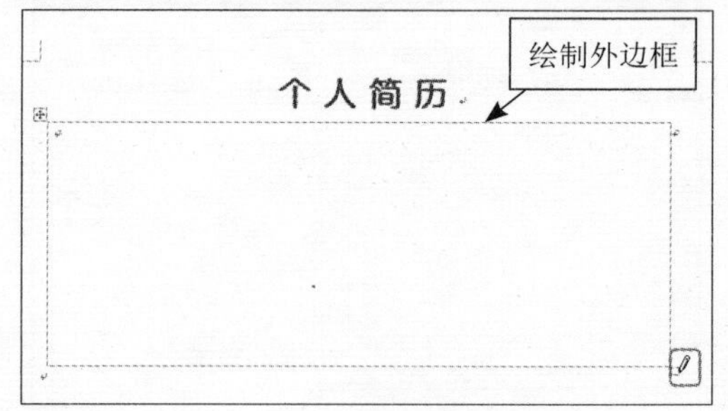

Step 03 将光标定位在表格的上边框处，按住鼠标左键不放向下拖动鼠标，为表格增加列。之后将光标定位在表格的左边框处，向右拖动鼠标，为表格增加行。

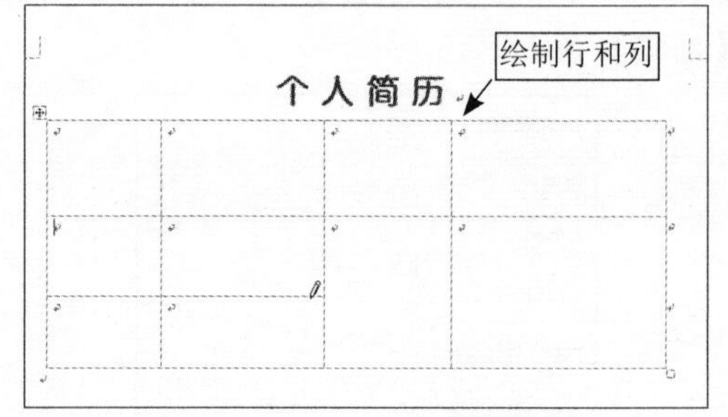

Step 04 绘制完成后，按【Esc】键退出绘制状态即可。

2.1.2 编辑表格

在实际工作中，直接创建的表格并不一定能够满足需求，用户可根据需要对表格进行编辑。该操作主要是在【表格工具】➤【布局】选项卡下完成的。

1. 在表格内输入文本

创建表格后，用户需要向表格内输入文本。具体操作步骤如下：

Step 01 单击表格内第一个单元格，进入到编辑状态，输入“姓名”文本。

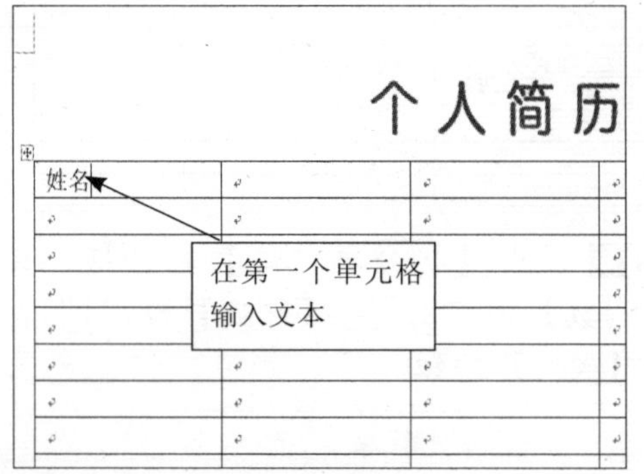

Step 02 使用键盘上的方向键移动光标，在其他单元格内输入相应的文本。

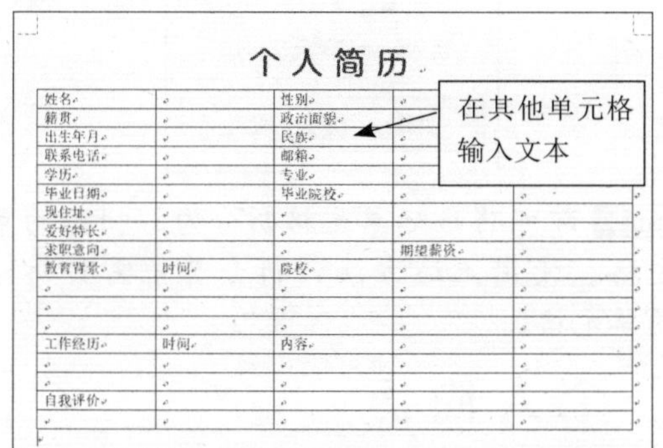

2. 插入行和列

使用表格时，经常会出现行数或列数不够用的情况，此时可以根据需要插入行和列。具体操作步骤如下：

Step 01 插入行。选中目标单元格，单击【表格工具】➤【布局】选项卡下【行和列】组中的【在上方插入】按钮。

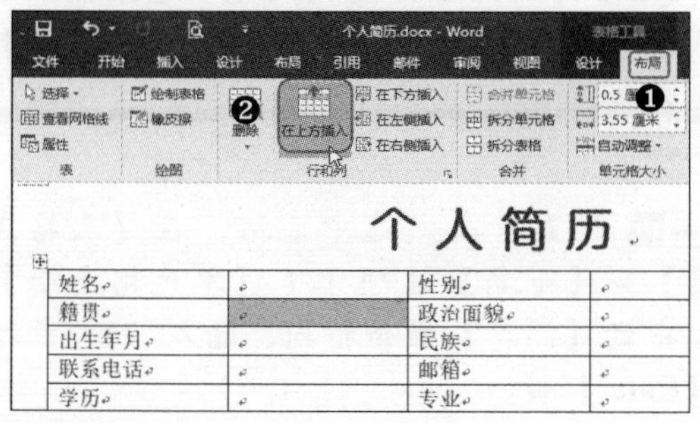

Step 02 即可在目标单元格的上方插入一个空白行。

提示：单击【行和列】组中的【在下方插入】按钮，可在目标单元格的下方插入一个空白行。

Step 03 插入列。选中目标单元格，单击【表格工具】➤【布局】选项卡下【行和列】组中的【在左侧插入】按钮。

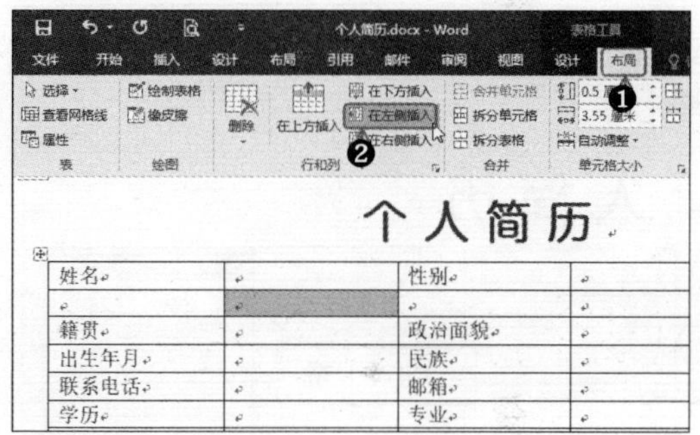

Step 04 即可在目标单元格左侧插入一个空白列。

提示：单击【行和列】组中的【在右侧插入】按钮，可在目标单元格的右侧插入一个空白列。

3. 合并和拆分单元格

合并单元格是指将多个单元格合并为

一个单元格，拆分单元格是指将一个单元格拆分为多个单元格。合并和拆分单元格的具体操作步骤如下：

Step 01 合并单元格。选中多个单元格，单击【表格工具】➢【布局】选项卡下【合并】组中的【合并单元格】按钮。

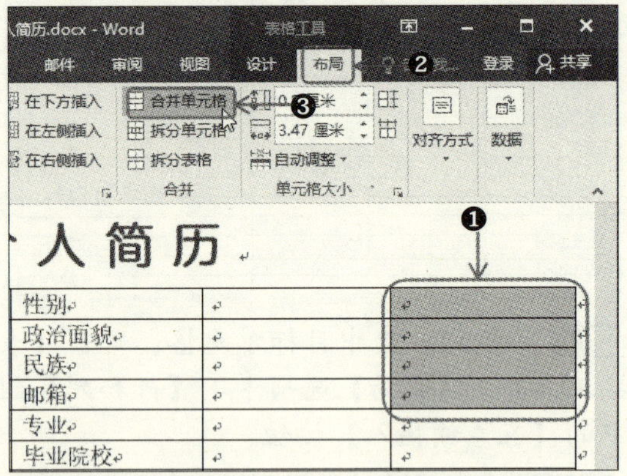

Step 02 即可将选中的多个单元格合并为一个单元格。

人简历

性别		
政治面貌		
民族		
邮箱		
专业		
毕业院校		
	期望薪资	

合并单元格

Step 03 使用上述方法，合并其他需要合并的单元格。

个人简历

姓名		性别		
籍贯		政治面貌		
出生年月		民族		
联系电话		邮箱		
学历		专业		
毕业日期		毕业院校		
现住址				
爱好特长				
求职意向			期望薪资	
教育背景	时间	院校		
工作经历	时间	内容		
自我评价				

Step 04 拆分单元格。选中“民族”单元格作为要拆分的单元格，单击【表格工具】➢【布局】选项卡下【合并】组中的【拆分单元格】按钮。

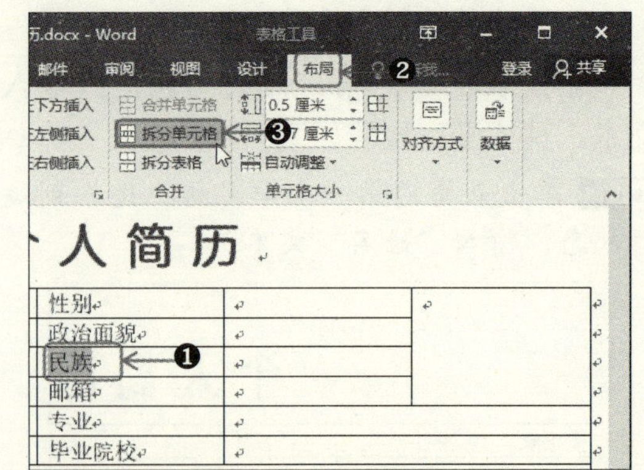

Step 05 弹出【拆分单元格】对话框，设置【列数】为“2”，【行数】为“1”，单击【确定】按钮。

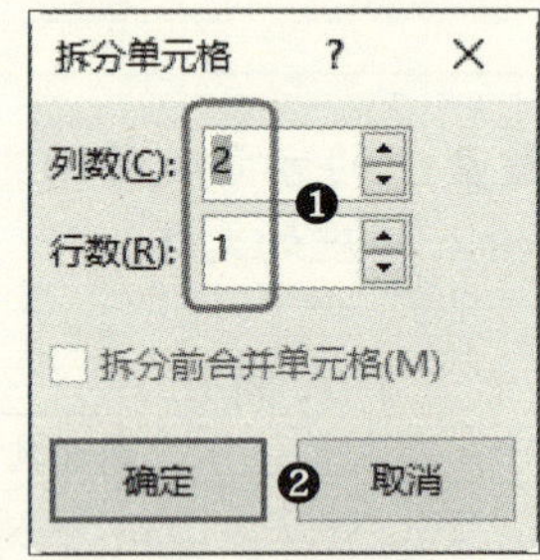

Step 06 即可将目标单元格拆分为2列1行的单元格。使用上述方法，拆分其他需要拆分的单元格。

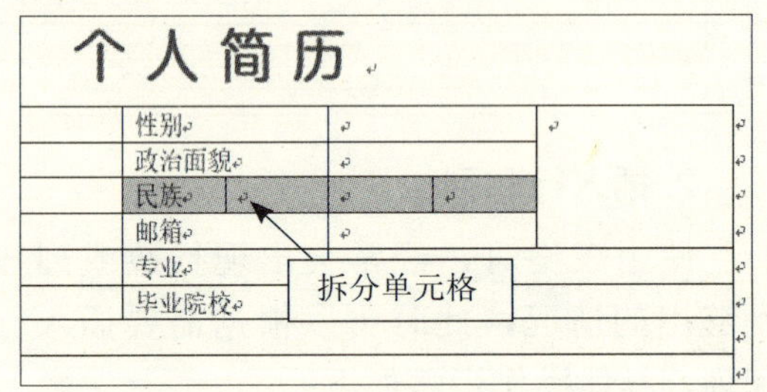

4. 调整行高和列宽

通常情况下，向表格中输入文本时，Word会自动调整行高和列宽以适应输入的内容。用户也可自定义行高和列宽，使其更符合需求。调整行高和列宽的具体操作步骤如下：

Step 01 设置行高。选中表格，在【表格工具】➢【布局】选项卡下【单元格大小】组中的【高度】数值框内，输入“1”，按【Enter】键。

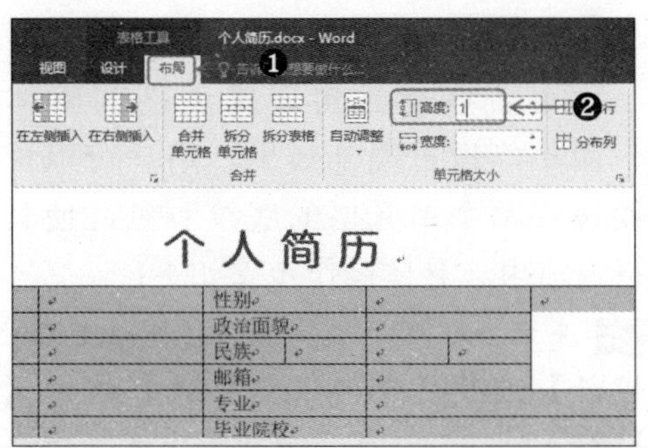

Step 02 即可设置表格中所有行的行高，效果如下图所示。

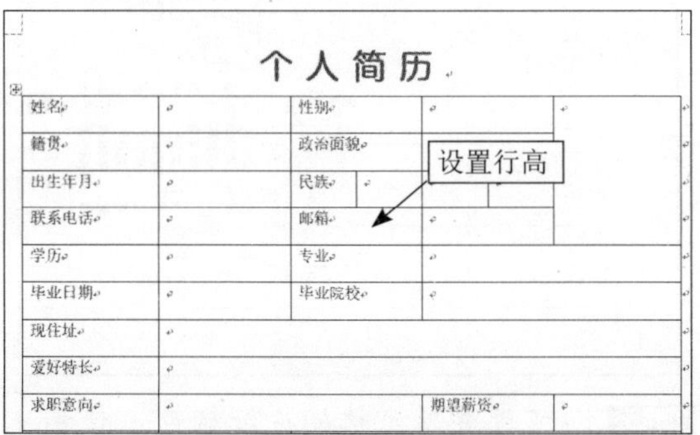

Step 03 将光标定位在两行的相交线上，当光标变为⇕形状时，按住左键不放，向上或向下拖动鼠标，也可设置行高。

工作经历 时间 内容 自我评价

Step 04 设置列宽。选中要设置宽度的列，在【表格工具】➤【布局】选项卡下【单元格大小】组中的【宽度】数值框中输入数值，按【Enter】键，即可设置列宽。

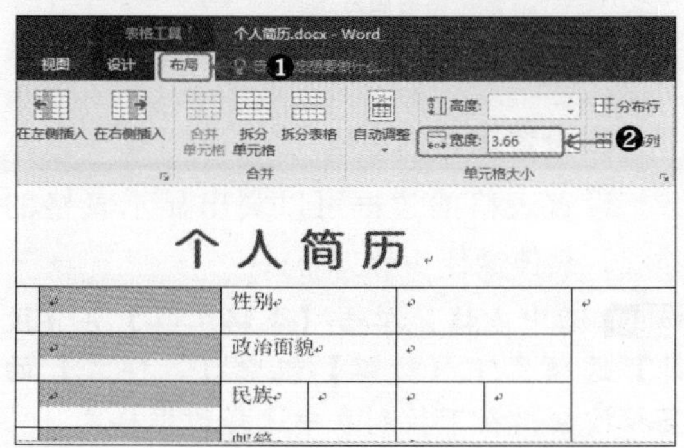

Step 05 将光标定位在两列的相交线上，当光标变为⇹形状时，按住左键不放，向左或向下拖动鼠标，也可设置列宽。

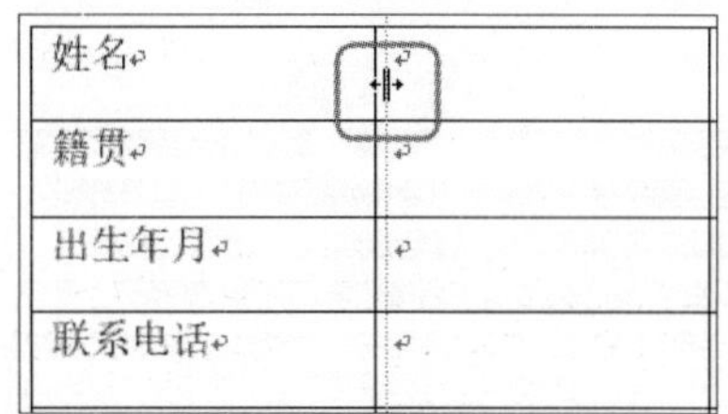

Step 06 使用上述方法，设置其他行列的高度和宽度，效果如下图所示。

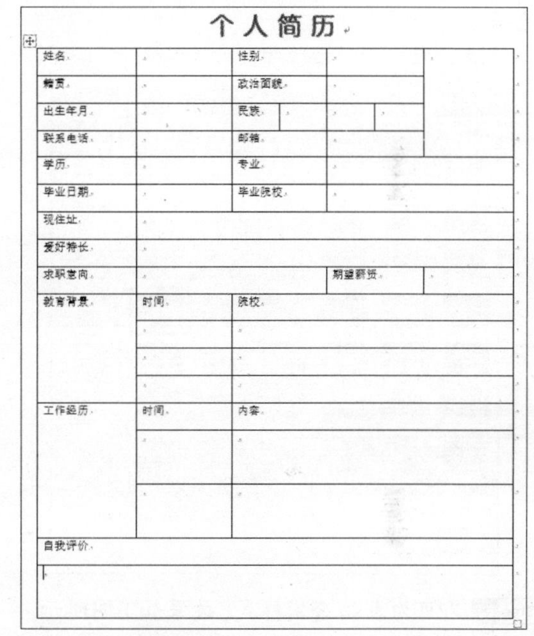

2.1.3 美化表格

除了对表格进行编辑操作外，用户还可以美化表格。该操作主要是在【表格工具】➤【设计】选项卡下完成的。

1. 套用表格样式

Word 2016提供了多种预设的表格样式，套用这些样式，可快速设置表格的外观，从而美化表格。套用表格样式的具体操作步骤如下：

Step 01 选中表格，单击【表格工具】➤【设计】选项卡下【表格样式】组中的【其他】按钮▾。

Step 02 在弹出的表格样式列表框中选择要套用的样式，如选择【网格表5-深色 着色5】选项。

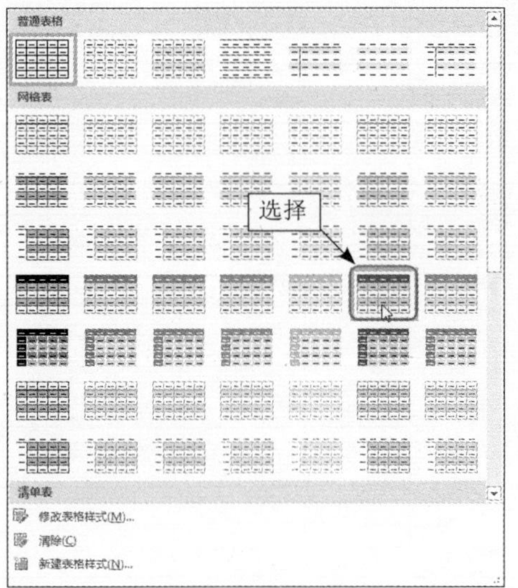

Step 03 即可为表格套用样式，效果如下图所示。

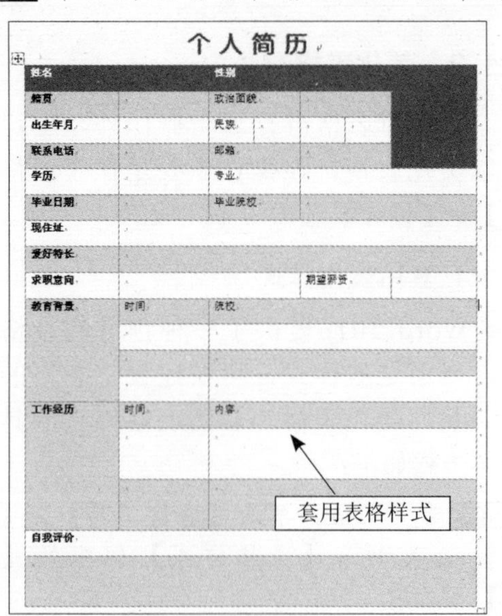

2. 设置表格的底纹

套用表格样式将设置表格的整体外观，而不能设置局部效果。用户可以根据需要设置单个单元格的底纹颜色，使其更为符合需求。具体操作步骤如下：

Step 01 选中目标单元格，单击【表格工具】➤【设计】选项卡下【表格样式】组中【底纹】的下拉按钮，在下拉列表中选择颜色。

Step 02 即可设置单元格的底纹颜色。使用上述方法，设置其他单元格的底纹颜色。

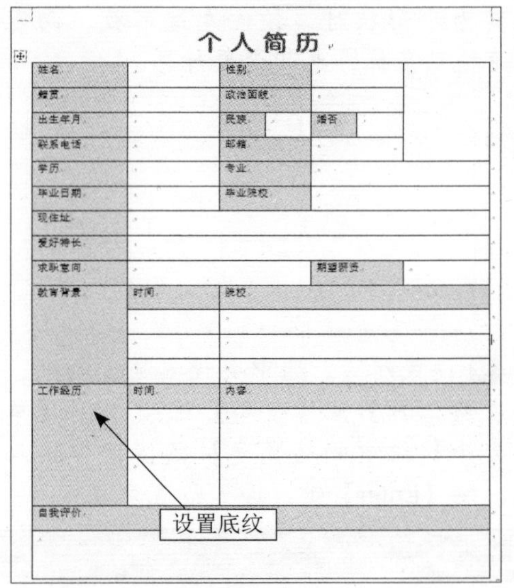

3. 设置表格的边框

设置表格的边框可以突出显示表格的外观。具体操作步骤如下：

Step 01 选中表格，单击【表格工具】➤【设计】选项卡下【边框】组中【笔样式】的下拉按钮，在下拉列表中选择边框样式。

Step 02 单击【表格工具】➢【设计】选项卡下【边框】组中的【笔颜色】下拉按钮，在下拉列表中选择边框颜色。

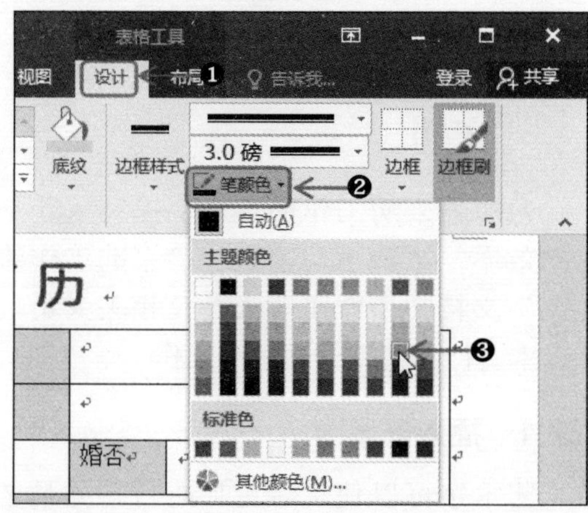

Step 03 单击【表格工具】➢【设计】选项卡下【边框】组中的【边框】下拉按钮，在下拉列表中选择【外侧框线】选项。

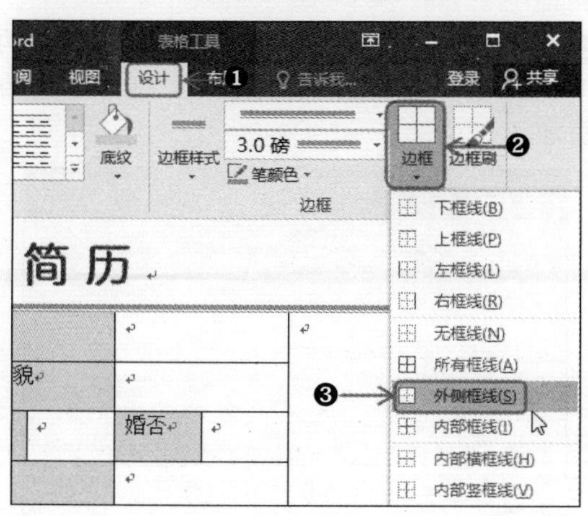

Step 04 即可为表格的外边缘设置边框，效果如下图所示。

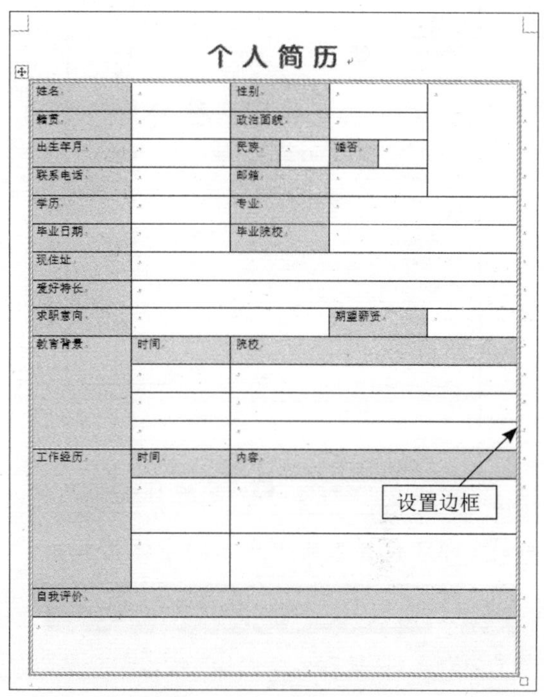

4. 设置表格中文本的格式

设置表格的样式后，接下来需要设置表格中文本的格式，使其更加美观。具体操作步骤如下：

Step 01 选中表格，单击【开始】选项卡下【字体】组右下角的【字体】按钮。

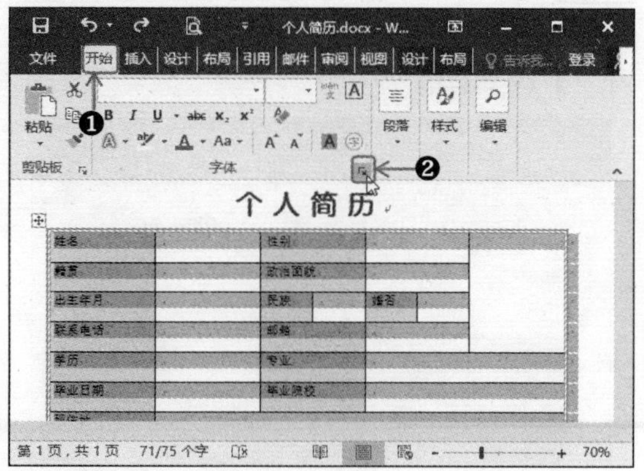

Step 02 弹出【字体】对话框，在【中文字体】下拉列表框中选择【微软雅黑】，在【字号】列表框中选择【四号】，单击【确定】按钮。

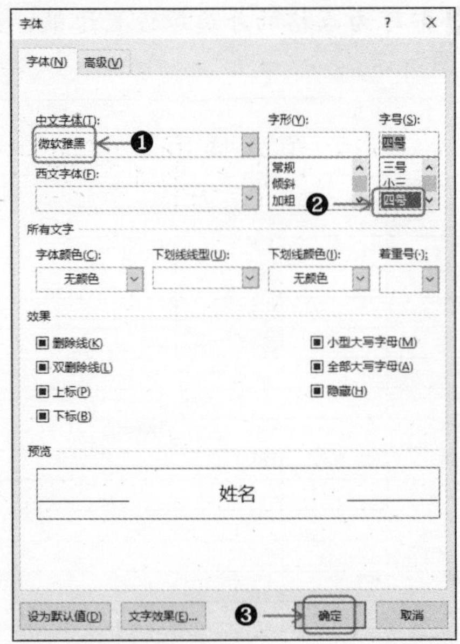

Step 03 即可设置表格中文本的字体格式。

Step 04 选中表格，单击【表格工具】➤【布局】选项卡下【对齐方式】组中的【水平居中】按钮。

Step 05 即可设置表格中文本的对齐方式。按【Ctrl+S】组合键保存。至此，“个人简历”文档制作完成。

2.2 制作“采购工作流程图”文档

为加强采购工作的管理，提高采购工作的效率，采购部门需制作“采购工作流程图”文档，所有采购人员及相关人员均应以本文档为依据开展采购工作。

2.2.1 插入艺术字

艺术字可以使文字更加醒目，并且艺术字的特殊效果会使文档更加美观、生动。Word 2016提供了多种预设的艺术字样式，插入艺术字的具体操作步骤如下：

Step 01 新建一个空白文档，命名为“采购工作流程”并保存，之后设置纸张方向为横向。

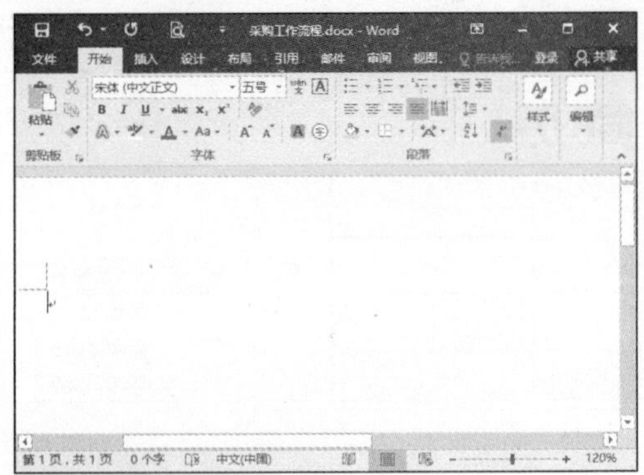

Step 02 单击【插入】选项卡下【文本】组中的【艺术字】按钮，在弹出的下拉列表中显示了预设的艺术字样式，如选择第2行第3个样式。

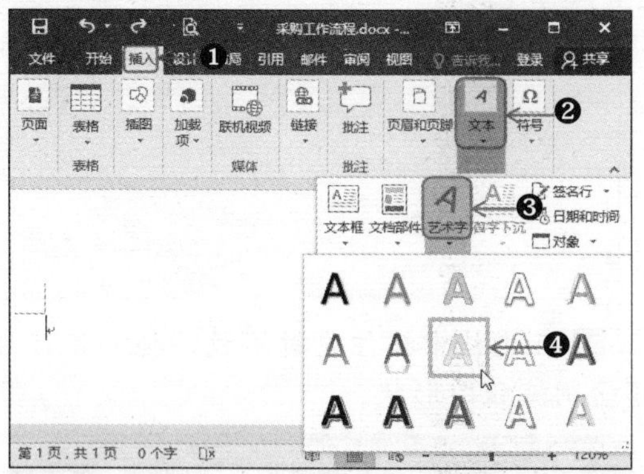

Step 03 此时在文档中出现一个带有“请在此放置您的文字”字样的文本框，同时功能区中会增加【绘图工具】➢【格式】选项卡。

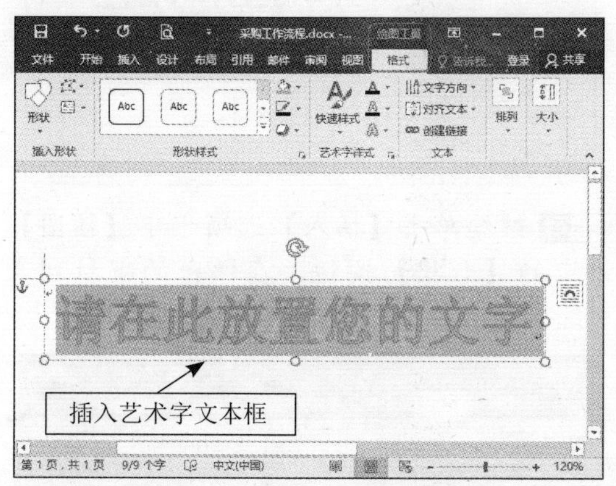

Step 04 在文本框中输入“采购工作流程”作为标题文本，并将其放置在文档中间位置处，即完成插入艺术字的操作。

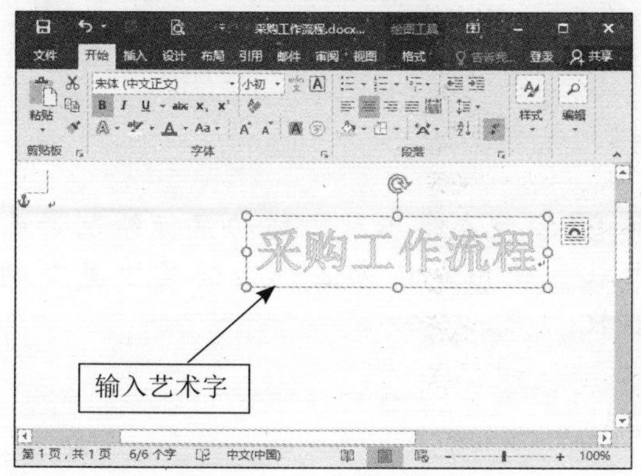

2.2.2 设置艺术字的样式

在文档中插入艺术字后，用户还可以根据需要设置艺术字的样式，包括设置艺术字的填充颜色、轮廓的粗细及效果等。设置艺术字样式的具体操作步骤如下：

Step 01 选中艺术字文本框，单击【绘图工具】➢【格式】选项卡下【艺术字样式】组中的【文本填充】下拉按钮，在弹出的下拉列表中可设置艺术字的填充颜色。

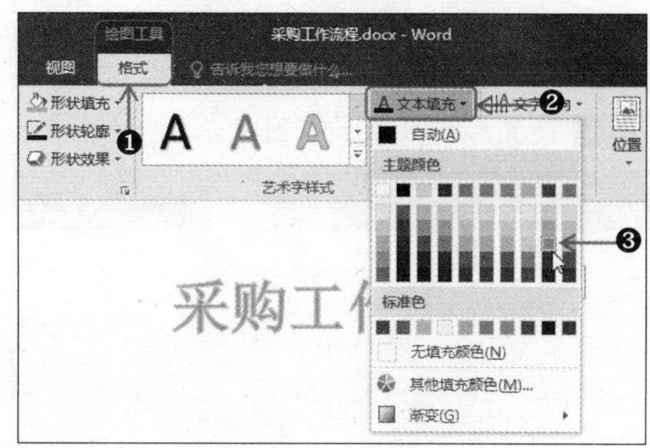

Step 02 单击【绘图工具】➢【格式】选项卡下【艺术字样式】组中的【文本轮廓】下拉按钮，在弹出的下拉列表中可设置艺术字的轮廓颜色。

提示：在下拉列表中选择【粗细】和【虚线】选项，在子列表中可分别设置艺术字轮廓的宽度和线型。

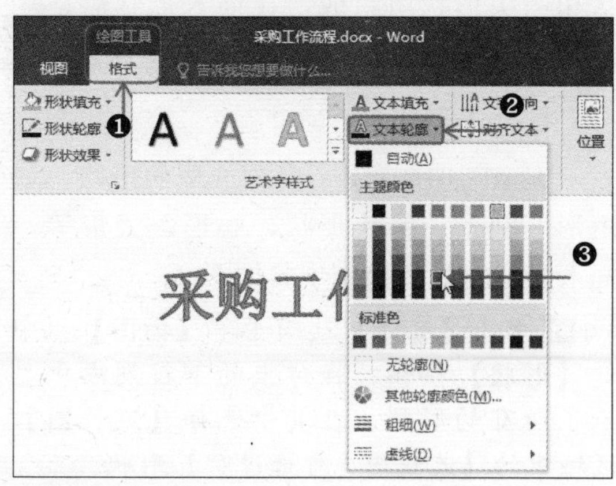

Step 03 单击【绘图工具】➢【格式】选项卡下【艺术字样式】组中的【文本效果】按

钮，在弹出的下拉列表中可设置艺术字的效果。如选择【转换】效果，在子列表中选择【双波形1】选项。

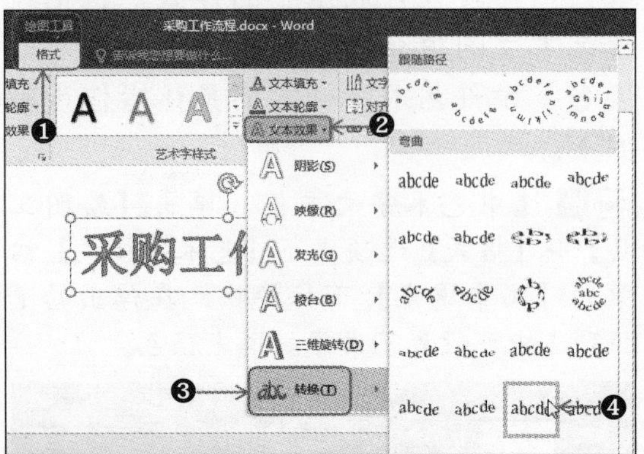

Step 04 设置后的效果如下图所示。

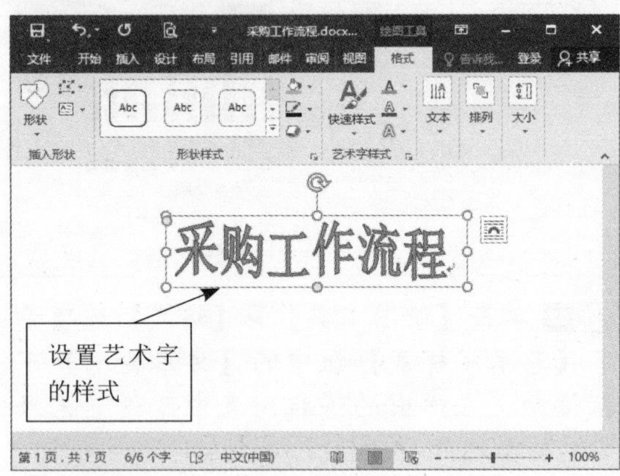

2.2.3 插入并编辑形状

采购工作流程图主要由各种流程图形状和箭头形状所组成，在插入形状后，用户还需编辑形状，以达到理想的效果。

1. 插入形状

Word 2016提供了多种类型的形状，如矩形、圆形、箭头形状、心形、云形等。插入形状的具体操作步骤如下：

Step 01 单击【插入】选项卡下【插图】组中的【形状】按钮，在弹出的下拉列表中显示了所有的形状，在其中选择【流程图】区域中的【流程图：可选过程】形状。

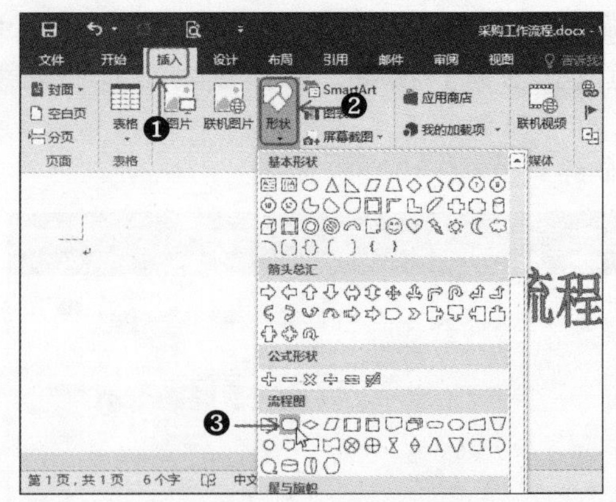

Step 02 在文档中按住左键不放，拖动鼠标即可绘制流程图形状。

Step 03 继续单击【插入】选项卡下【插图】组中的【形状】按钮，在弹出的下拉列表中选择【线条】区域的【箭头】形状。

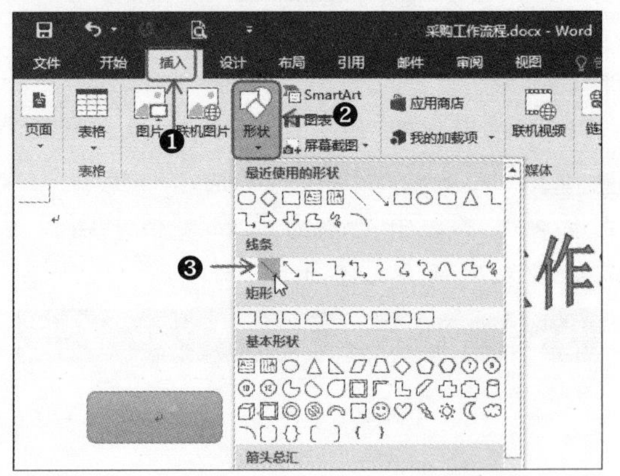

Step 04 按住左键不放，拖动鼠标绘制箭头形状。使用上述方法，绘制其他类型的形状。

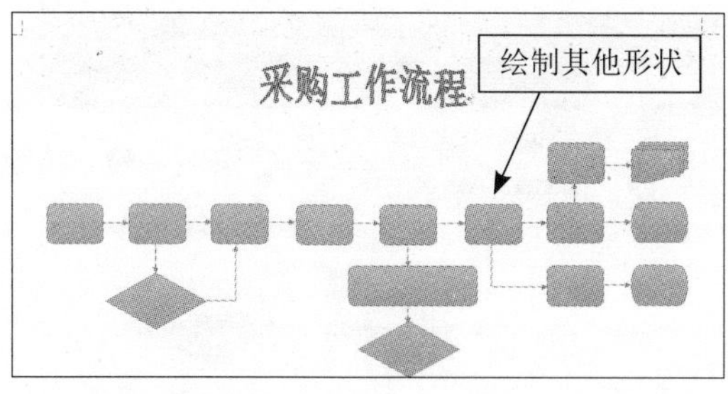

2. 在形状中输入文本

插入形状后，接下来需要在形状中输入文本。具体操作步骤如下：

Step 01 单击左侧形状的边框选中形状，在其中直接输入文本。

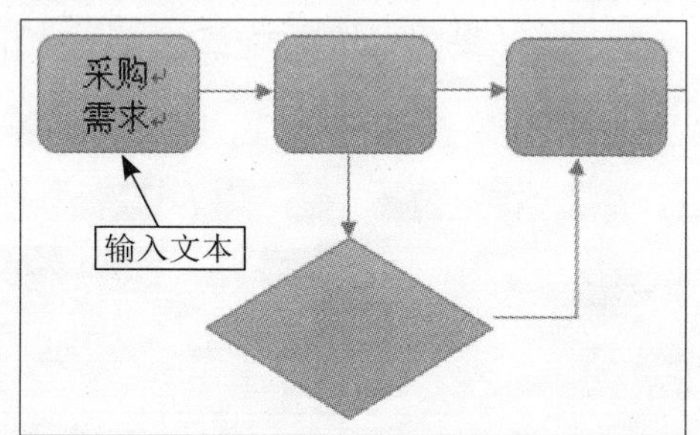

Step 02 选中其他的形状，在其中输入文本即可。

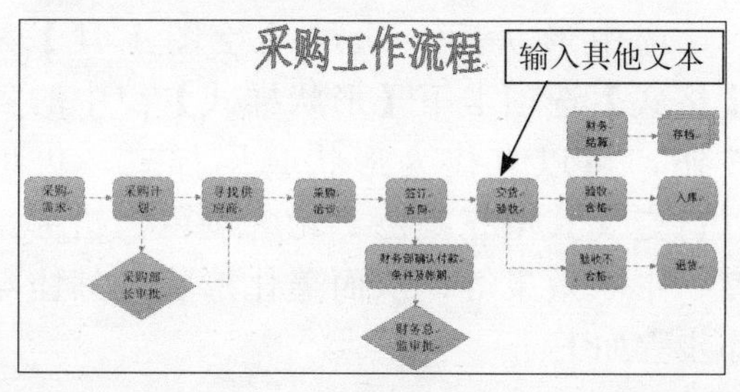

提示：在形状上右击，在弹出的快捷菜单中选择【添加文字】命令，形状中会出现一个闪烁的光标，此时也可在其中输入文本。

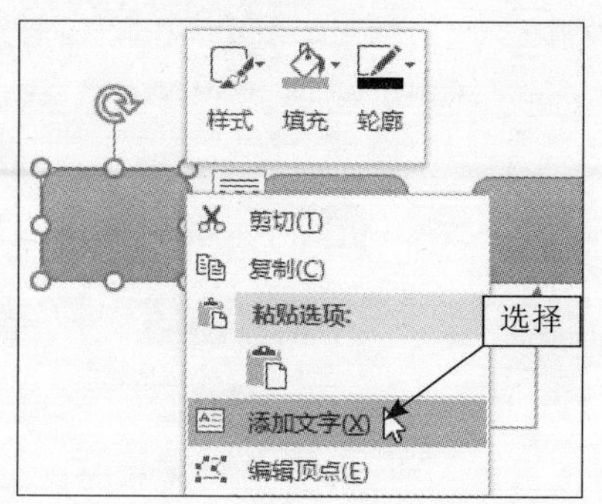

Step 03 按住【Shift】键不放，单击选中各形状，在【开始】选项卡的【字体】组中设置字体为【黑体】，字号为【小四】，效果如下图所示。

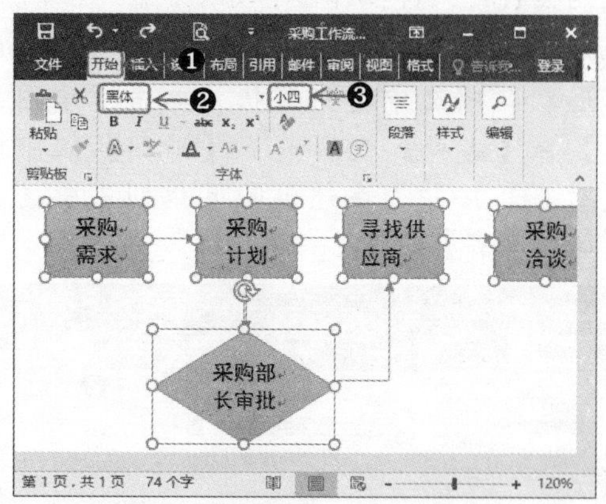

3. 设置形状的大小

直接绘制的形状可能并不符合需求，用户需要设置大小，使其中的文字完全显示出来。具体操作步骤如下。

Step 01 选中形状后，在【绘图工具】➢【格式】选项卡下【大小】组中的【高度】和【宽度】两个数值框内分别输入数值，按【Enter】键，可精确地设置形状的大小。

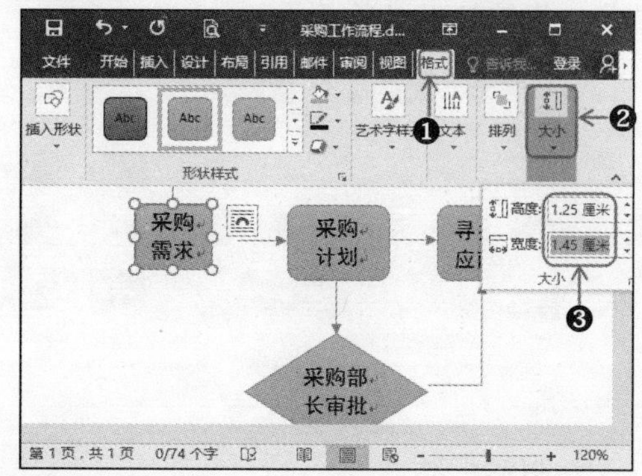

Step 02 将光标定位在形状右下角的控制点处，按住左键不放，拖动鼠标，也可设置形状的大小。

4. 设置形状的对齐方式

当绘制了多个形状时，通过设置各形状的对齐方式，可使其排列整齐，看起来更为美观。具体操作步骤如下：

Step 01 按住【Shift】键不放，单击中间的各形状，以选中这些形状。单击【绘图工具】➢【格式】选项卡下【排列】组中的【对齐】按钮，在弹出的下拉列表中选择【顶端对齐】选项。

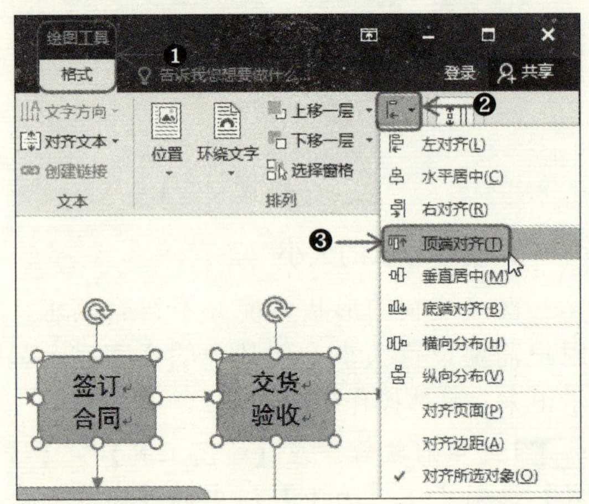

Step 02 即可使选中的各形状以顶端为基准进行对齐。选中其他形状，设置相应的对齐方式，效果如下图所示。

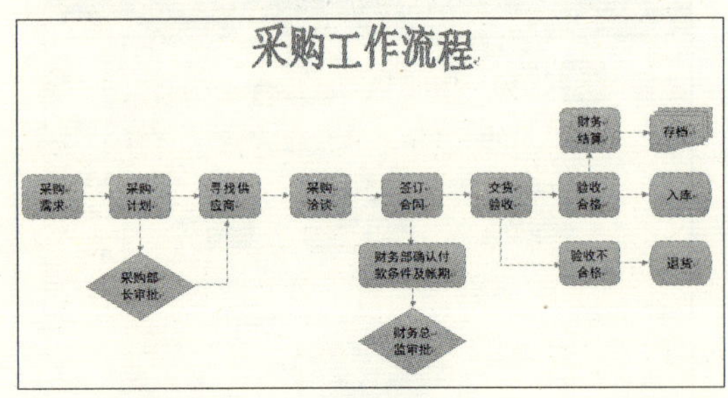

5. 组合形状

通过组合形状，可使各个形状组成一个整体，从而方便对其移动和修改操作。组合形状的具体操作步骤如下：

Step 01 按住【Shift】键不放，单击要组合的形状，从而选中这些形状。单击【绘图工具】➢【格式】选项卡下【排列】组中的【组合】按钮，在弹出的下拉列表中选择【组合】选项。

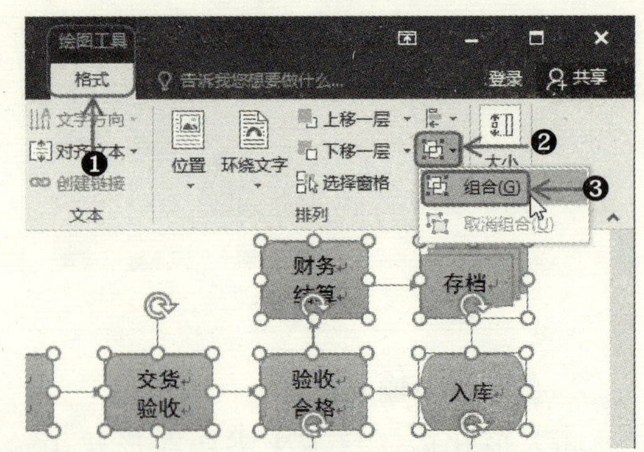

Step 02 即可将多个独立的形状组合为一个图形对象。使用上述方法，将所有箭头也组合为一个图形对象。

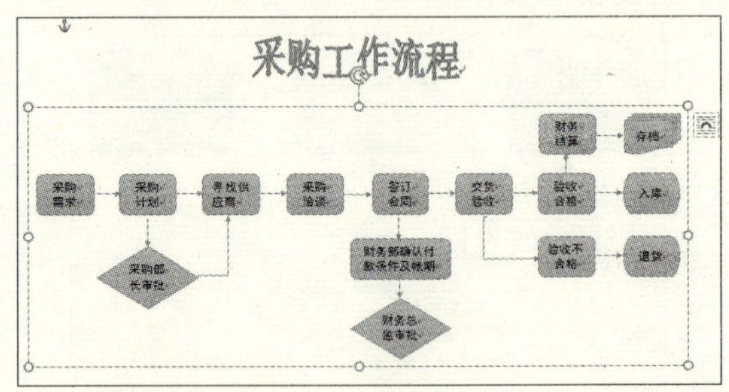

6. 美化形状

选中形状后，通过【绘图工具】➢【格式】选项卡下【形状样式】组中的各按钮，可以直接为形状套用样式，也可以自定义其填充颜色、轮廓颜色、轮廓宽度、形状效果等，从而美化形状。具体操作步骤如下：

Step 01 选中所有形状，单击【绘图工具】➢【格式】选项卡下【形状样式】组中的【其他】按钮。

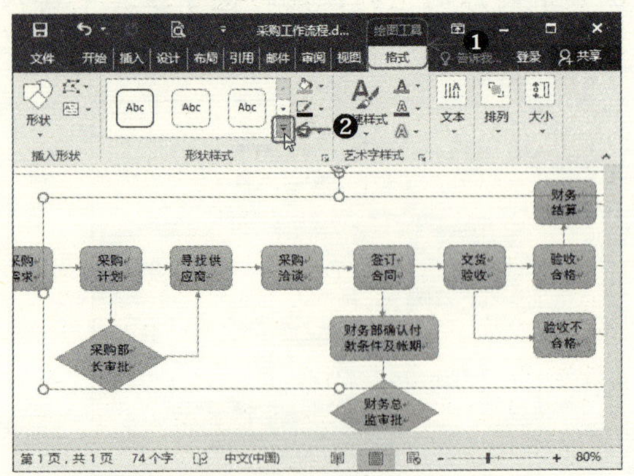

Step 02 在弹出的形状样式列表框中选择要套用的样式，如选择【细微效果-绿色，强调颜色6】选项。

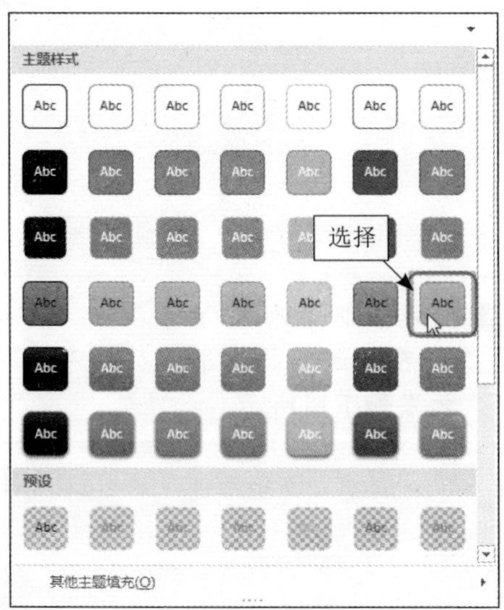

Step 03 即可为形状套用样式，效果如下图所示。

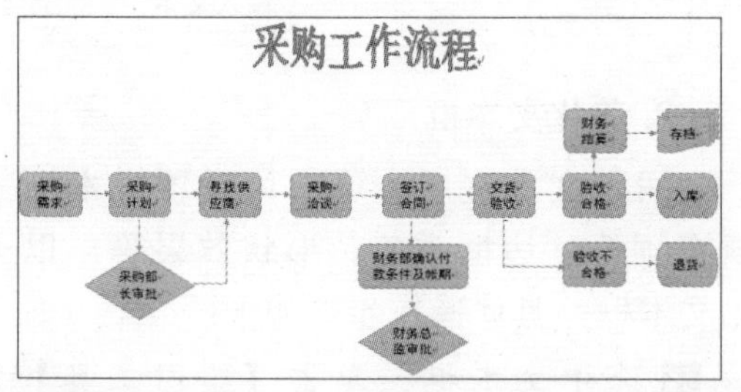

Step 04 单击【绘图工具】➤【格式】选项卡下【形状样式】组中【形状填充】的下拉按钮，在弹出的下拉列表中可设置形状的填充颜色。

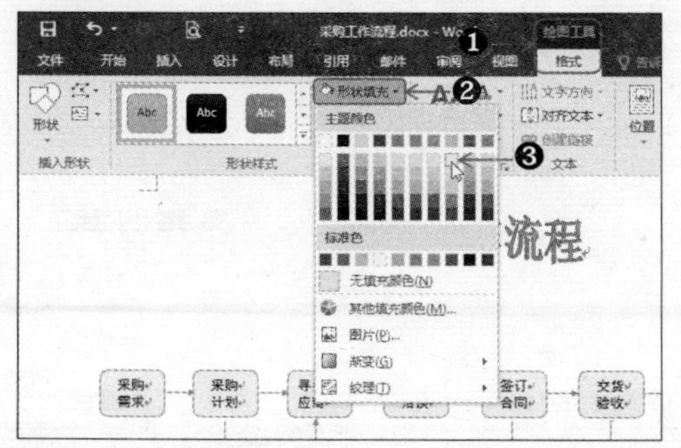

Step 05 选中所有箭头形状，单击【绘图工具】➤【格式】选项卡下【形状样式】组中的【形状轮廓】下拉按钮，在弹出的下拉列表中选择【粗细】选项，在子列表中选择【2.25磅】，即可设置箭头形状的宽度。

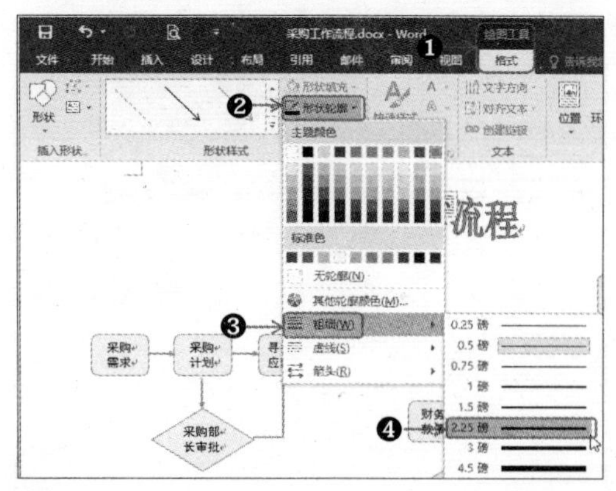

Step 06 设置后的效果如下图所示。按【Ctrl+S】组合键保存。至此，“采购工作流程图”文档制作完成。

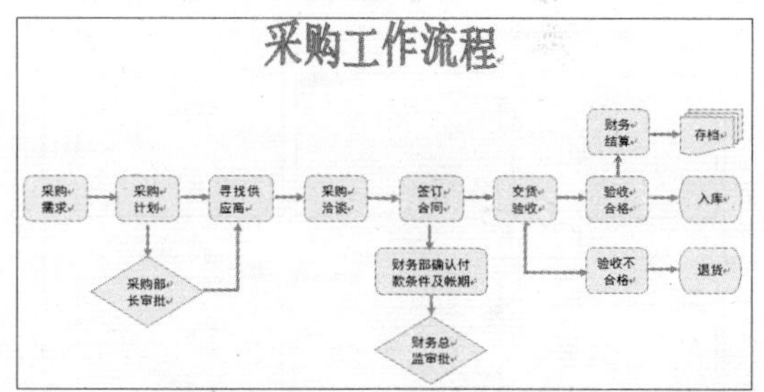

2.3 制作“产品宣传页”文档

公司在发布新产品时，当然会有产品的相关宣传文档，以展现产品的主要功能、设计理念、提升优点等内容，加深产品在消费者心中的形象。

2.3.1 插入并美化文本框

在“产品宣传页”文档中使用文本框来存放文本内容，不仅方便设置文本的格式，还能轻易地调整文本的位置。

1. 插入文本框

Word 2016提供了多个内置的文本框样式，可快速插入相应样式的文本框。此外，用户也可自行绘制横排或竖排文本框。插入文本框的具体操作步骤如下：

Step 01 插入预设的文本框。新建一个空白文档，命名为“产品宣传页”并保存，设置纸张方向为横向。之后单击【插入】选项卡下【文本】组中的【文本框】按钮。

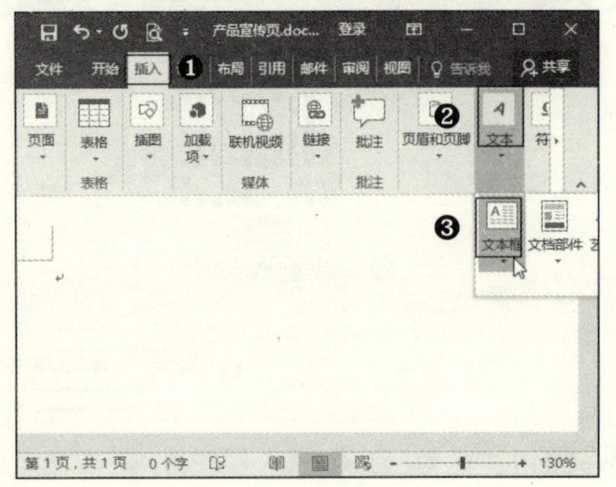

Step 02 在弹出的下拉列表中显示了内置的文本框样式，如选择【边线型引述】选项。

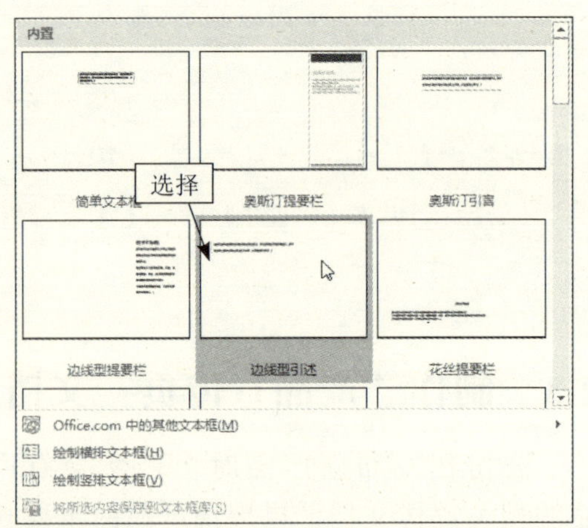

Step 03 即可在文档中插入相应样式的文本框，用户只需在其中输入内容即可。

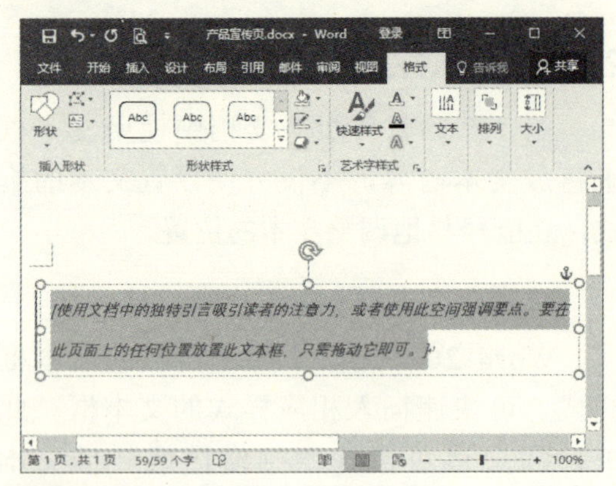

Step 04 绘制文本框。在步骤2的下拉列表中选择【绘制横排文本框】选项，之后在文档中按住左键不放，拖动鼠标即可绘制一个横排文本框。

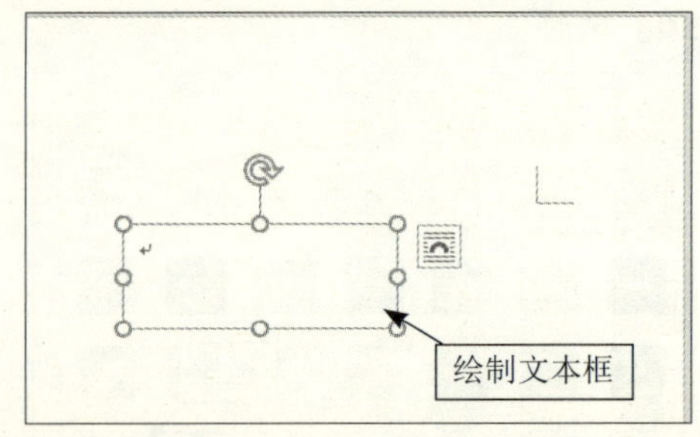

Step 05 在文本框中输入公司名称“奥拓科技”，设置字体为“隶书”，字号为“一号”，效果如下图所示。

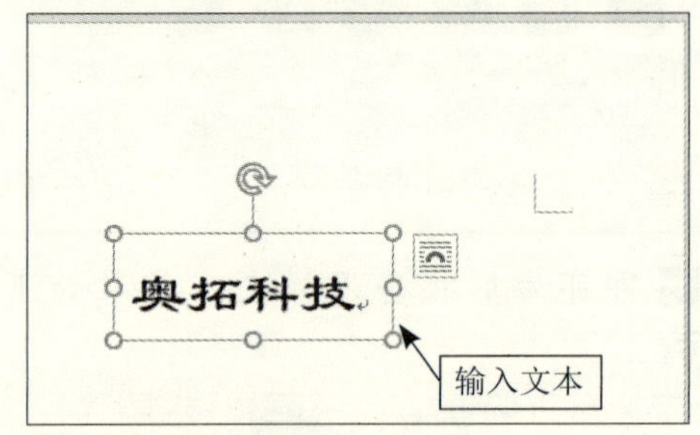

2. 美化文本框

插入文本框后，用户可设置文本框的填充颜色、边框颜色、形状效果等，以美化文本框。具体操作步骤如下：

Step 01 选中文本框，单击【绘图工具】➢【格式】选项卡下【形状样式】组中的【其他】按钮。

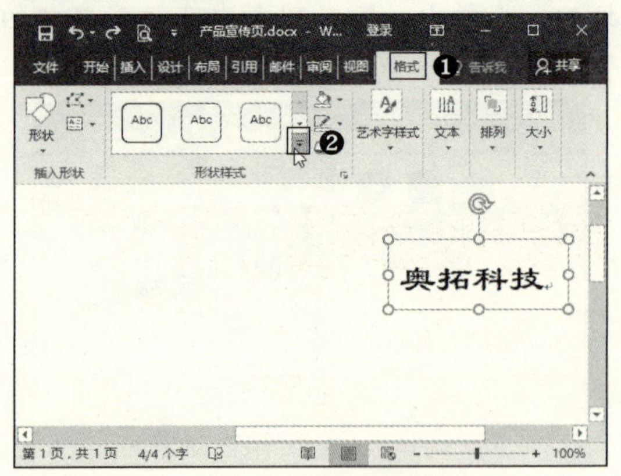

Step 02 在弹出的列表框中选择要套用的样式，如选择【细微效果-金色，强调颜色4】选项。

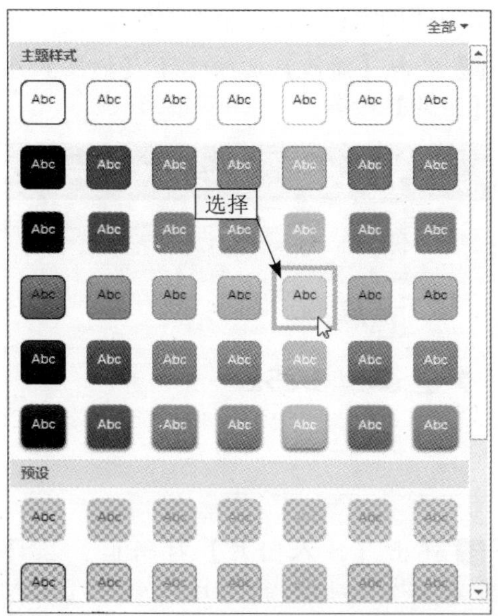

Step 03 即可为文本框套用样式，效果如下图所示。

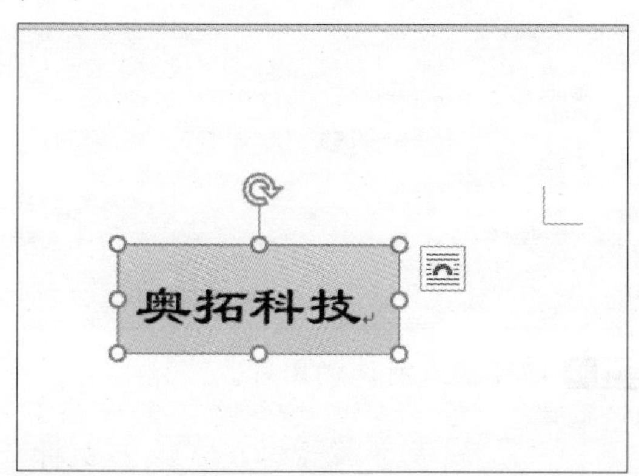

Step 04 单击【绘图工具】➢【格式】选项卡下【形状样式】组中的【形状填充】下拉按钮，在弹出的下拉列表中选择【纹理】选项，在子列表中选择【新闻纸】选项，即可设置文本框的填充颜色。

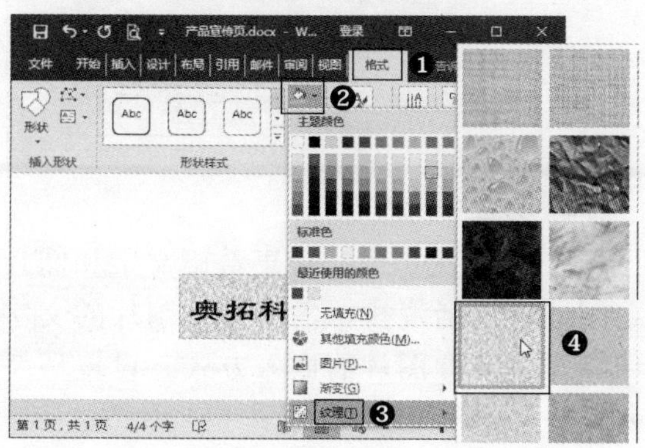

Step 05 单击【绘图工具】➢【格式】选项卡下【形状样式】组中的【形状轮廓】下拉按钮，在弹出的下拉列表中选择【粗细】选项，在子列表中选择【2.25磅】，即可设置文本框轮廓的宽度。

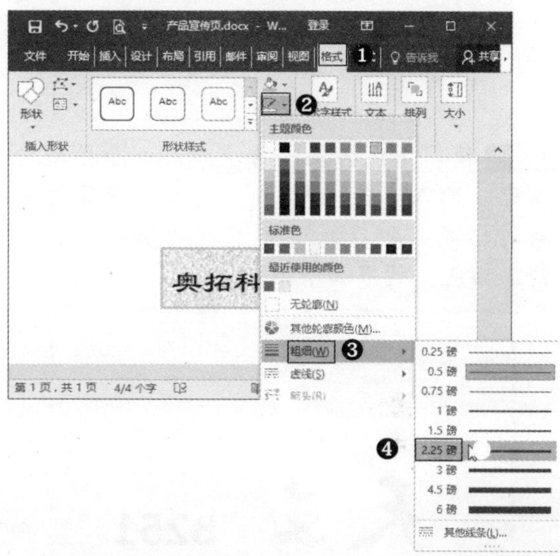

Step 06 单击【绘图工具】➢【格式】选项卡下【形状样式】组中的【形状效果】按钮，在弹出的下拉列表中选择【发光】选项，在子列表中选择【发光：18磅，灰色，主题色3】选项，即可设置文本框的效果。

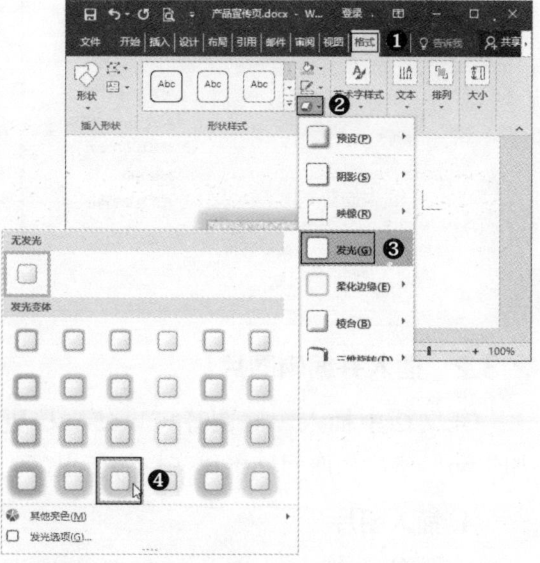

Step 07 设置后的文本框效果如下图所示。

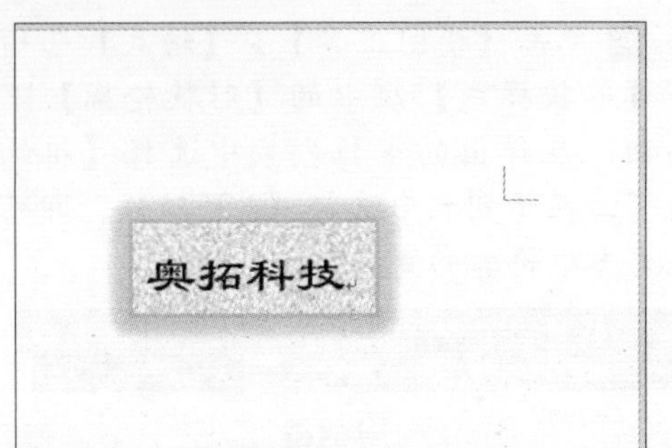

Step 08 使用上述方法，再次绘制一个横排文本框，输入“天王B251”文本，设置为不同的格式，之后取消文本框的填充颜色及轮廓颜色，效果如下图所示。

Step 09 再次绘制两个横排文本框，输入文本并设置格式，之后同样取消文本框的填充颜色及轮廓颜色，效果如下图所示。

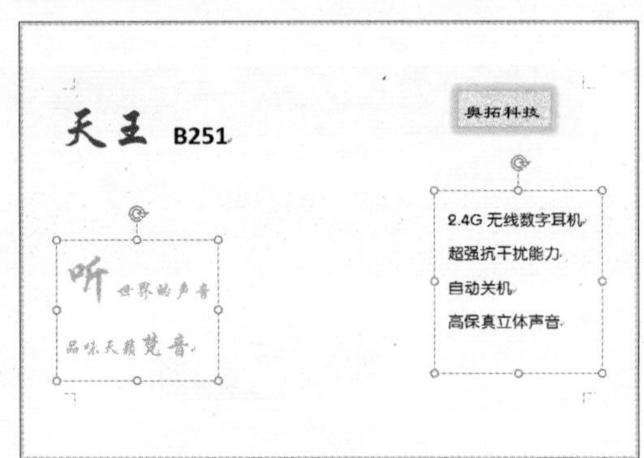

2.3.2 插入并编辑图片

在文档中插入一些图片可以使文档更加生动形象，从而起到美化文档的作用。

1. 插入图片

在文档中插入的图片可以是本地图片，也可以是联机图片。插入图片的具体操作步骤如下：

Step 01 单击【插入】选项卡下【插图】组中的【图片】按钮。

Step 02 弹出【插入图片】对话框，在计算机中选择需要插入的图片，单击【插入】按钮。

Step 03 即可插入所选的图片。

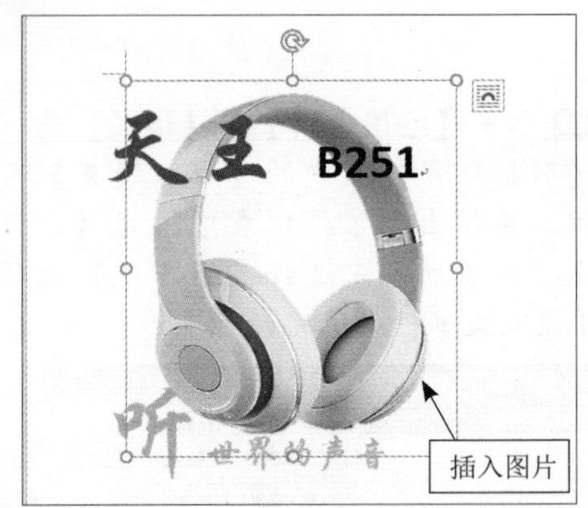

2. 设置环绕方式

在Word文档中，如果希望文字和图片之间能够灵活混排，需要设置图片的文字环绕方式，即图片的嵌入方式。设置环绕方式的具体操作步骤如下：

Step 01 选中图片，单击【图片工具】➤【格式】选项卡下【排列】组中的【环绕文字】按钮，在弹出的下拉列表中即可设置图片的环绕方式，如选择【浮于文字上方】选项。

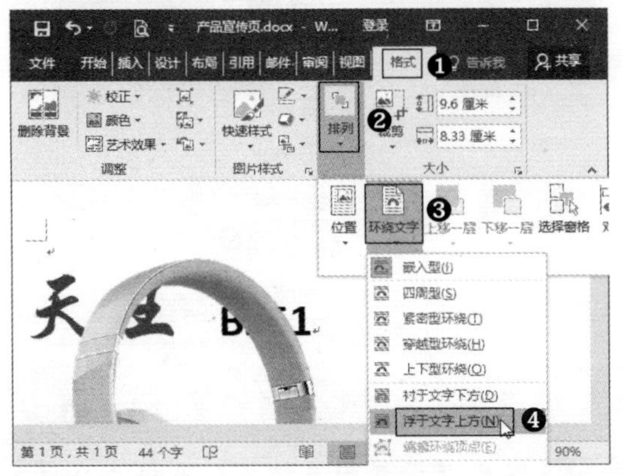

Step 02 设置后，即可灵活调整图片在文档中的位置，效果如下图所示。

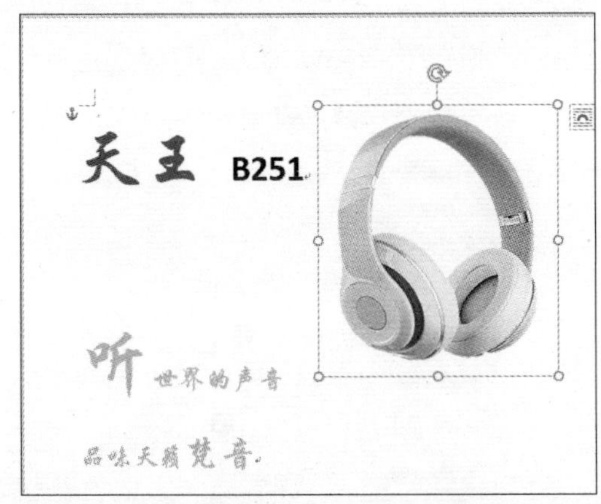

提示：选中图片后，图片右侧会有一个【布局选项】按钮，单击该按钮，在弹出的列表框中也可设置环绕方式。

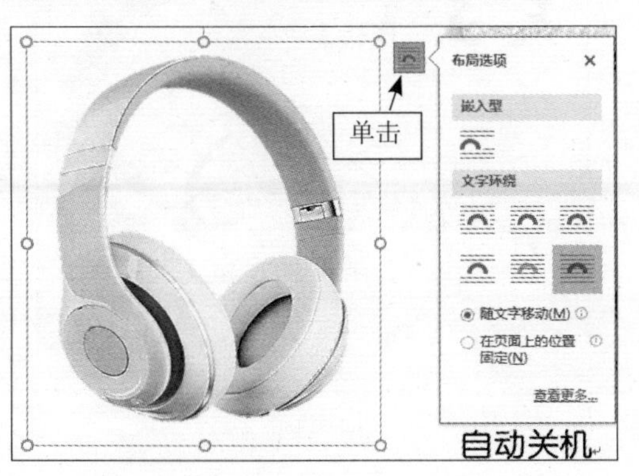

3. 调整图片

在插入图片后，可以根据需要设置图片的锐化、柔化、亮度、对比度、颜色等，从而调整图片，以达到理想的效果。调整图片的具体操作步骤如下：

Step 01 选中图片，单击【图片工具】➤【格式】选项卡下【调整】组中的【校正】按钮，在弹出的下拉列表中选择【亮度/对比度】区域中的【亮度：0%（正常），对比度：+20%】选项，可调整图片的对比度。

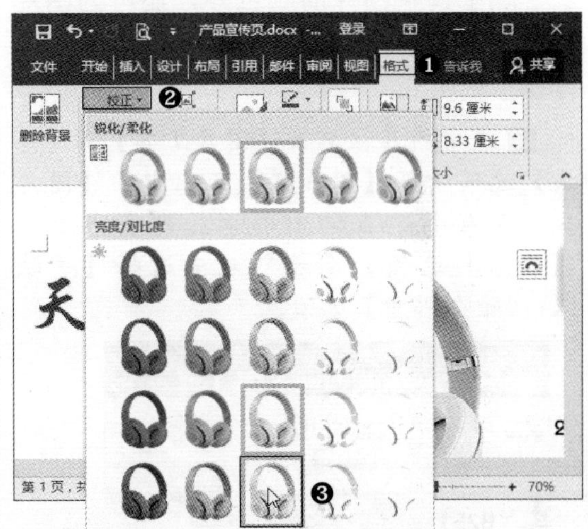

Step 02 单击【图片工具】➤【格式】选项卡下【调整】组中的【颜色】按钮，在弹出的下拉列表中选择【色调】区域中的【色温：5900K】选项，可调整图片的色调。

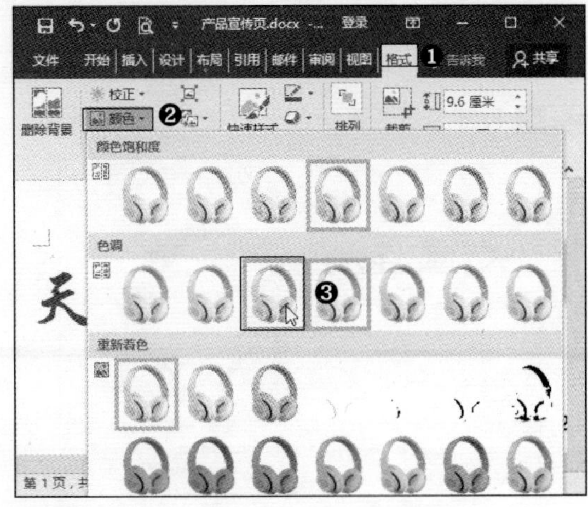

Step 03 调整后的图片效果如下图所示。

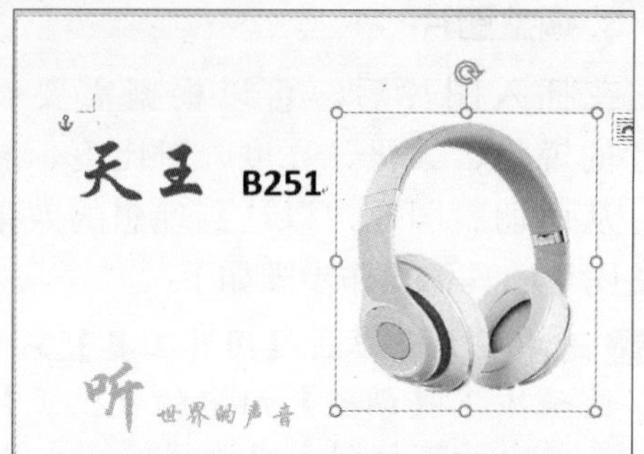

4. 美化图片

除了调整图片的颜色外，还可为图片添加效果，以美化图片。美化图片的具体操作步骤如下：

Step 01 选中图片，单击【图片工具】➢【格式】选项卡下【图片样式】组中的【图片效果】按钮，在弹出的下拉列表中选择【映像】选项，在子列表中选择【半映像：4磅 偏移量】选项。

Step 02 即可为图片添加印象效果，如下图所示。

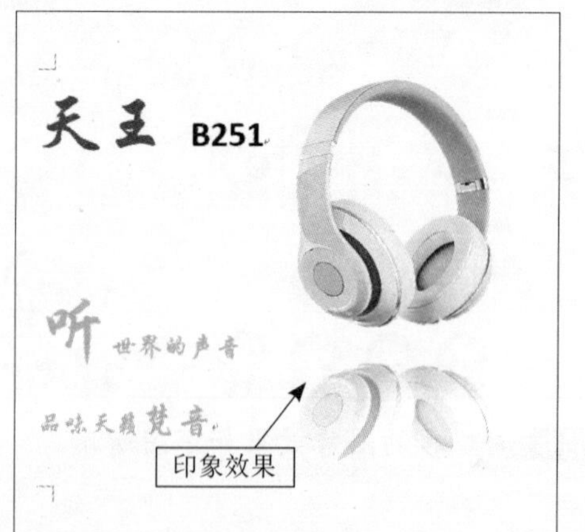

Step 03 再次单击【图片工具】➢【格式】选项卡下【图片样式】组中的【图片效果】按钮，在弹出的下拉列表中选择【发光】选项，在子列表中选择【发光选项】。

Step 04 弹出【设置图片格式】窗格，在【发光】区域中设置【颜色】为黄色，【大小】为“20磅”，【透明度】为“65%”。

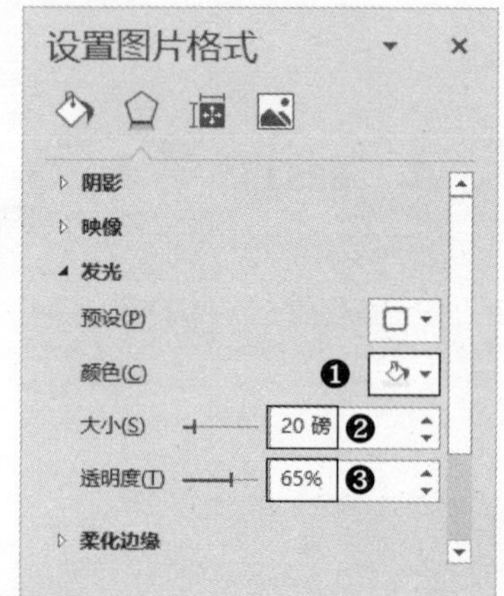

Step 05 即可为图片添加发光效果，如下图所示。

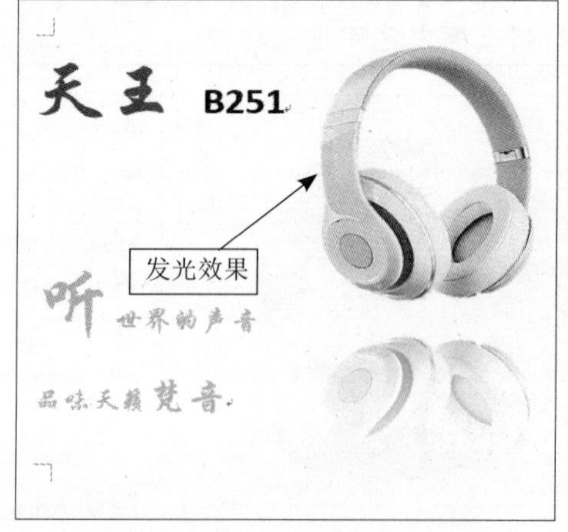

Step 06 使用上述方法，插入公司Logo图片，设置环绕方式为“浮于文字上方”，之后调整大小，并将其放置在“奥拓科技”文本框的右侧。

Step 07 再次插入一张背景图片，调整大小，使其与文档大小相同。之后在图片上右击，在弹出的快捷菜单中选择【置于底层】命令，将其放置在底层作为背景。

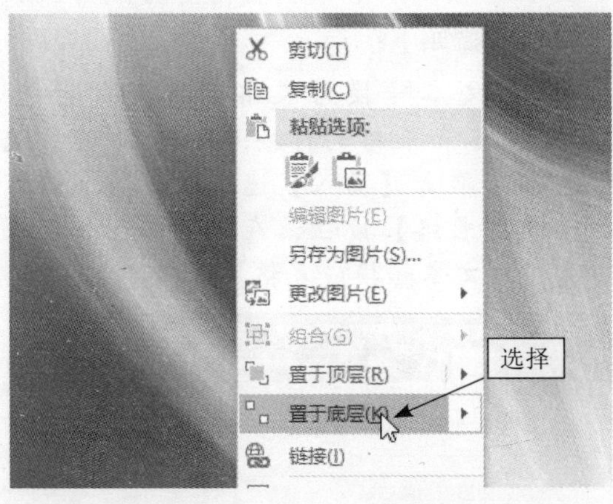

Step 08 按【Ctrl+S】组合键保存。至此，“产品宣传页”文档制作完成。

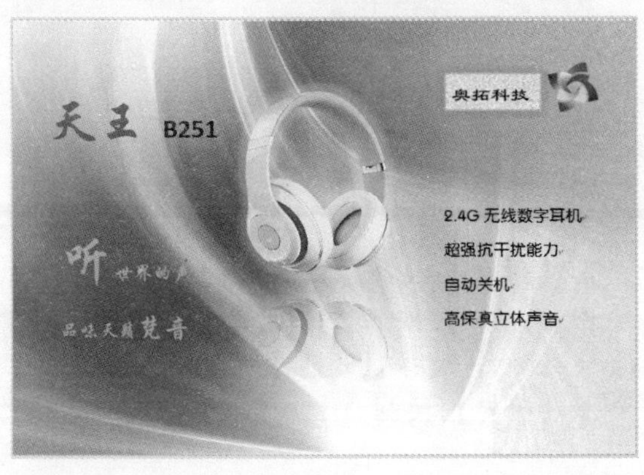

高手支招

1. 首字下沉效果

首字下沉是将文档中段首的第一个字符放大数倍，并以下沉的方式显示，以改变文档的版面样式。设置首字下沉效果的具体操作步骤如下：

Step 01 打开“素材\Ch02\首字下沉.docx”文档，将光标定位至第一个段落的任意位置处，单击【插入】选项卡下【文本】组中的【首字下沉】按钮，在弹出的下拉列表中选择【首字下沉选项】。

提示：在弹出的下拉列表中选择【下沉】选项，可直接设置为首字下沉效果，但使用该方法，不能定义下沉行数和距正文的距离等参数。

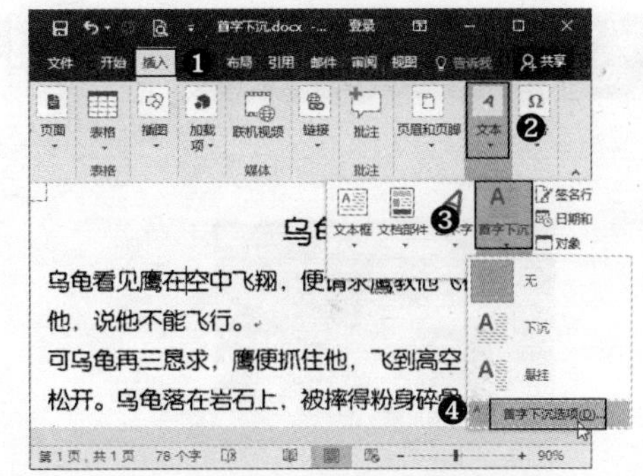

Step 02 弹出【首字下沉】对话框，在【位置】选项区域中单击【下沉】按钮，在下方设置【下沉行数】为“4”，【距正文】为“1厘米”，之后单击【确定】按钮。

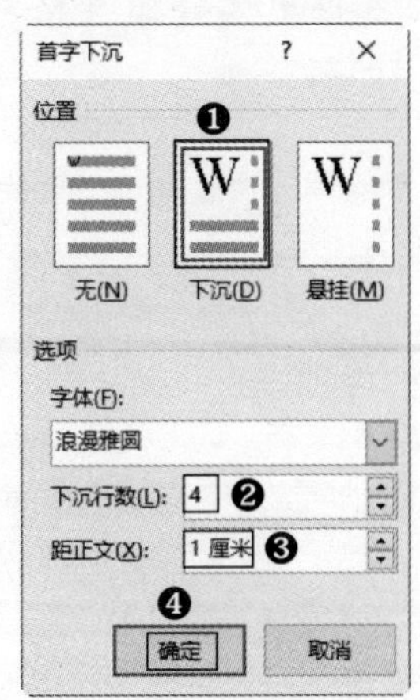

Step 03 即可设置首字下沉效果，如下图所示。

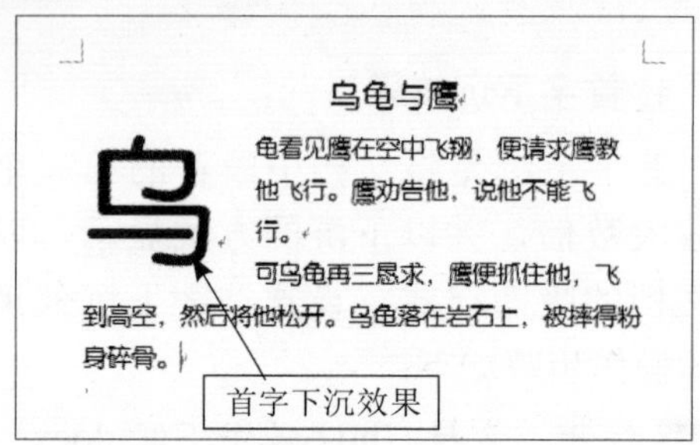

2. 在Word中抠图

Word中的图片可以单独导出并保存到电脑中，以达到抠图的目的，方便用户使用。在Word中抠图的体操作步骤如下：

Step 01 打开“素材\Ch02\在Word中抠图.docx”文件，在图片上右击，在弹出的快捷菜单中选择【另存为图片】命令。

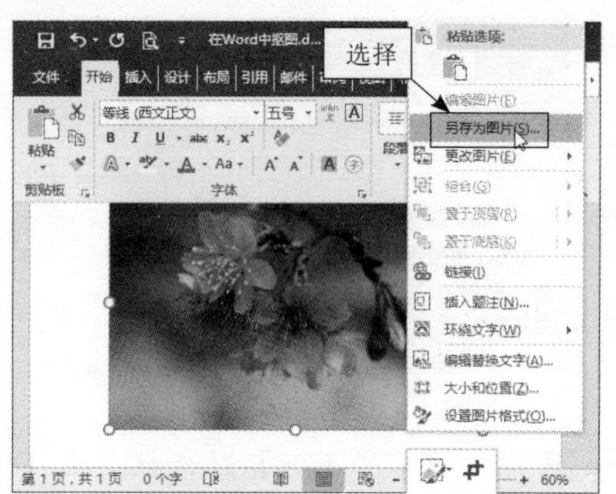

Step 02 弹出【保存文件】对话框，在【文件名】文本框中输入图片名称，在【保存类型】下拉列表框中选择图片格式，之后单击【保存】按钮。

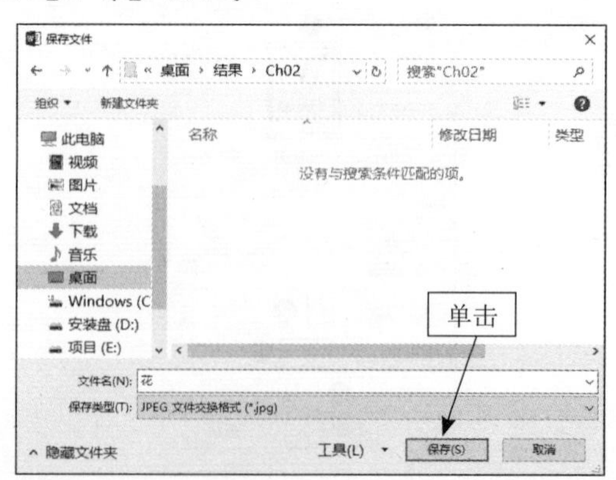

Step 03 即可将图片从Word文档中抠出，作为独立文件使用。

3. 文本与表格的相互转换

文本和表格可以相互转换，以方便用户操作。注意，将文本转换为表格前，文本要以逗号、空格、制表符等分隔开。具体操作步骤如下：

Step 01 将文本转换为表格。打开“素材\Ch02\文本和表格的转换.docx”文件，选中文本，单击【插入】选项卡下【表格】组中的【表格】按钮，在弹出的下拉列表中选择【文本转换成表格】选项。

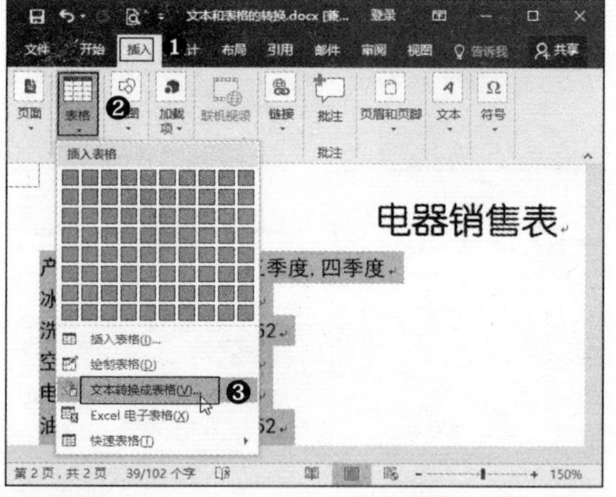

Step 02 弹出【将文字转换成表格】对话框，设置【列数】为“5”，选择【根据内容调整表格】单选按钮，在【文字分隔位置】选项区域中选择【逗号】单选按钮，之后单击【确定】按钮。

提示：本例中文字之间由逗号分隔开，因此，选择【逗号】单选按钮。用户可根据实际情况进行选择。

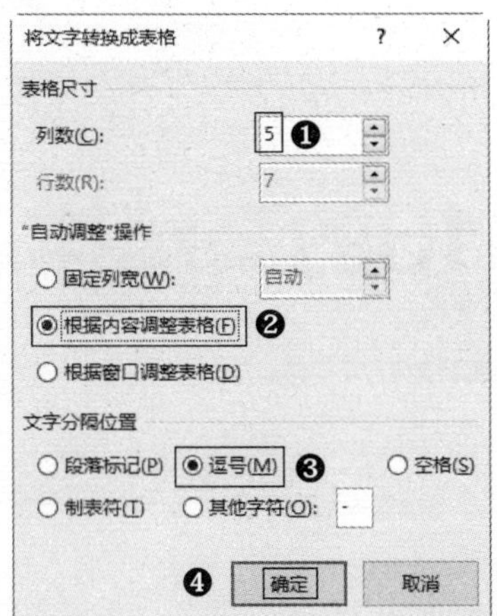

Step 03 即可把选中的文本转换为表格，效果如下图所示。

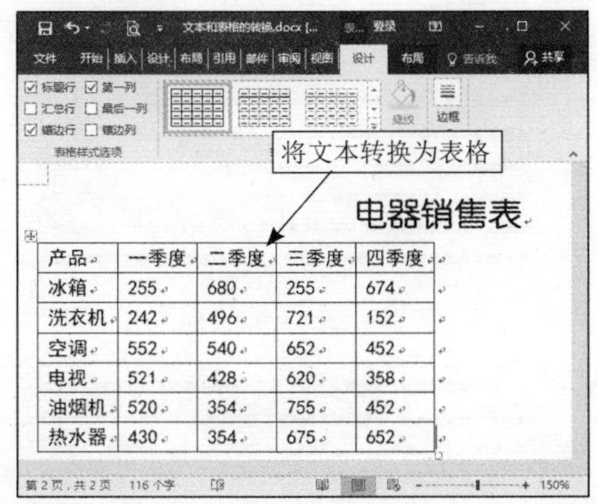

Step 04 将表格转换为文本。选中表格，单击【表格工具】➢【布局】选项卡下【数据】组中的【转换为文本】按钮。

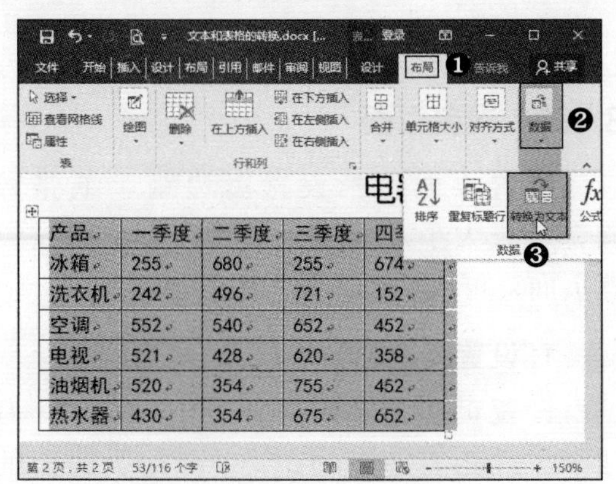

Step 05 弹出【表格转换成文本】对话框，在【文字分隔符】区域中选择【其他字符】单选按钮，在右侧文本框中输入连接符“-”，之后单击【确定】按钮。

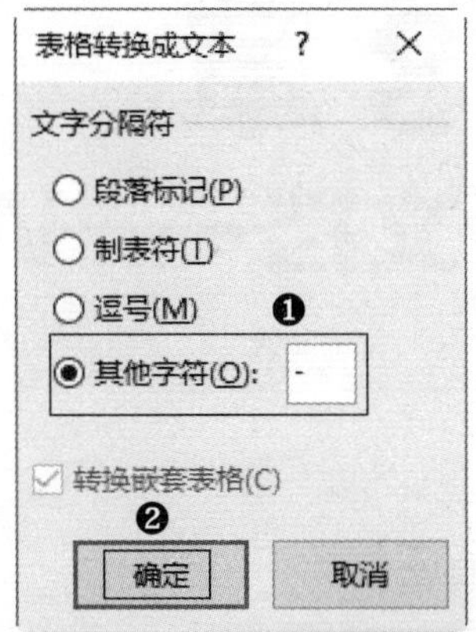

Step 06 即可将表格转换为文本，文本之间以连接符间隔开。

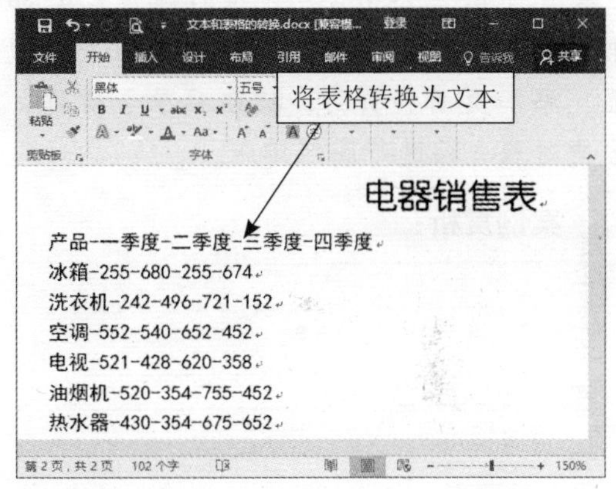

第3章
排版文档——Word 2016的高级排版

本章导读：

在实际工作与学习中，经常会遇到文字内容较多、文档层次结构较为复杂的文档，如企业文化手册、公司合同、管理制度、产品说明书等，这就需要用户掌握Word 2016中的页面设置、添加页眉和页脚、提取目录等操作，从而方便对长文档进行高级排版。

案例赏析：

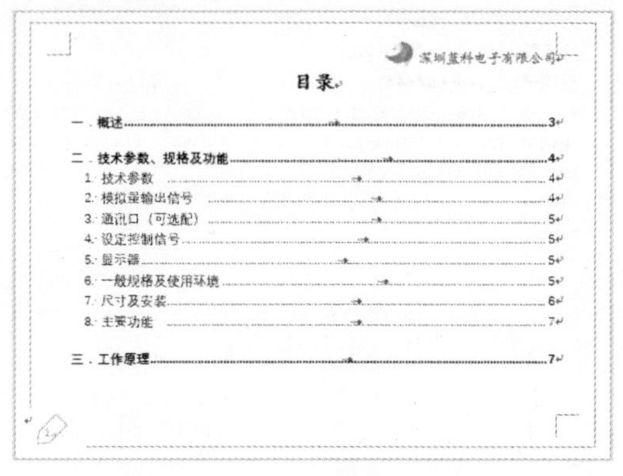

深圳蓝科电子有限公司

目录

一．概述……3
二．技术参数、规格及功能……4
1．技术参数……4
2．模拟量输出信号……4
3．通讯口（可选配）……5
4．设定控制信号……5
5．显示器……5
6．一般规格及使用环境……5
7．尺寸及安装……6
8．主要功能……7
三．工作原理……7

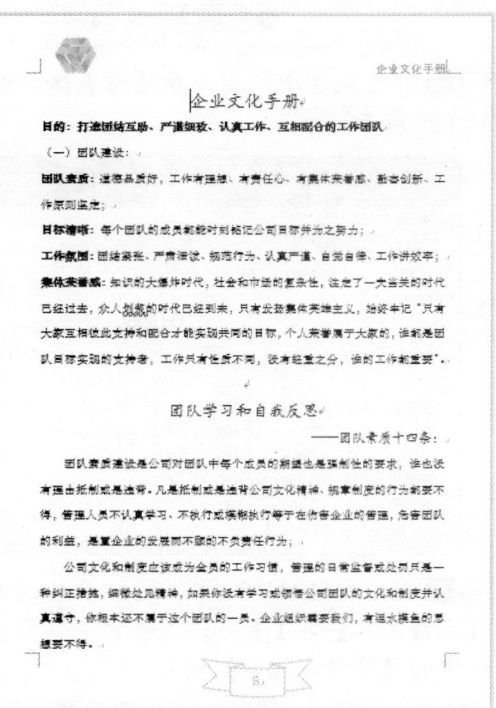

企业文化手册

企业文化手册

目的：打造团结互助、严谨细致、认真工作、互相配合的工作团队

（一）团队建设：

团队素质：道德品质好，工作有理想、有责任心、有集体荣誉感、勇于创新、工作原则坚定；

目标清晰：每个团队的成员都能时刻铭记公司目标并为之努力；

工作氛围：团结紧张、严肃活泼、规范行为、认真严谨、自觉自律、工作讲效率；

集体荣誉感：知识的大爆炸时代，社会和市场的复杂性，注定了一夫当关的时代已经过去，众人拾柴的时代已经到来，只有发扬集体英雄主义，始终牢记"只有大家互相彼此支持和配合才能实现共同的目标，个人荣誉属于大家的，谁都是团队目标实现的支持者，工作只有性质不同，没有轻重之分，谁的工作都重要"。

团队学习和自我反思

——团队素质十四条：

团队素质建设是公司对团队中每个成员的期望也是强制性的要求，谁也没有理由抵制或是违背。凡是抵制或是违背公司文化精神、规章制度的行为都要不得，管理人员不认真学习、不执行或模糊执行等于在伤害企业的管理，危害团队的利益，是置企业的发展而不顾的不负责任行为；

公司文化和制度应该成为全员的工作习惯，管理的日常监督或处罚只是一种纠正措施，细微处见精神，如果你没有学习或领悟公司团队的文化和制度并认真遵守，你根本还不属于这个团队的一员。企业组织需要我们，有混水摸鱼的思想要不得。

8

3.1 排版"企业文化手册"文档

向内部人员发送企业文化手册，可使员工对公司文化加以了解，增强对企业的归属感；向外界相关人士发送企业文化手册，则是企业对外宣传的一种手段，可得到良好的宣传效果。

3.1.1 设置页面

设置页面包括设置页边距、纸张方向、纸张大小及分栏显示等内容。通过设置页面，可以使版面显得生动活泼。

1. 设置页边距

设置页边距是指设置页上、下、左、右四个方向距页边界的距离。设置页边距的具体操作步骤如下：

Step 01 应用预设的页边距。打开“素材\Ch03\企业文化手册.docx”文件，单击【布局】选项卡下【页面设置】组中的【页边距】按钮，在弹出的下拉列表中可选择预设的页边距，如选择【宽】选项。

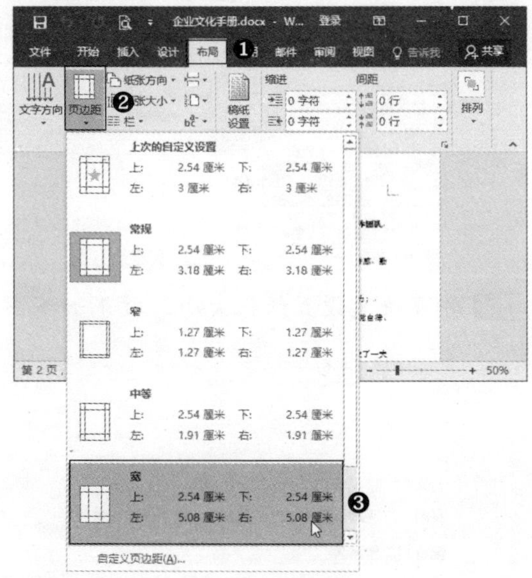

Step 02 即可快速设置页边距，效果如下图所示。

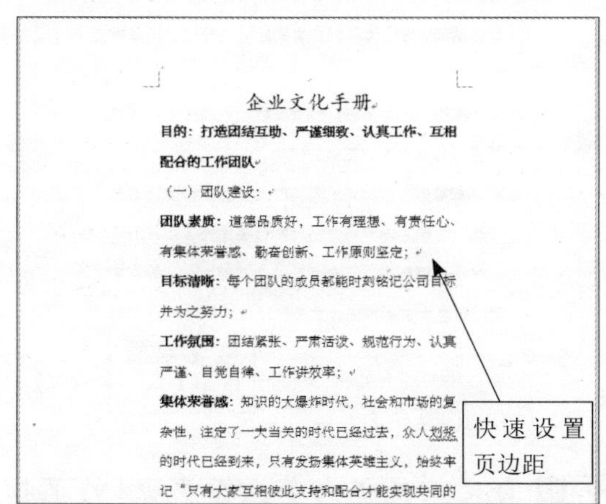

Step 03 自定义页边距。在步骤1的下拉列表中选择【自定义边距】选项，弹出【页面设置】对话框，在【页边距】选项卡下可自定义页边距。如设置【上】和【下】为“1厘米”，【左】和【右】为“2厘米”，之后单击【确定】按钮。

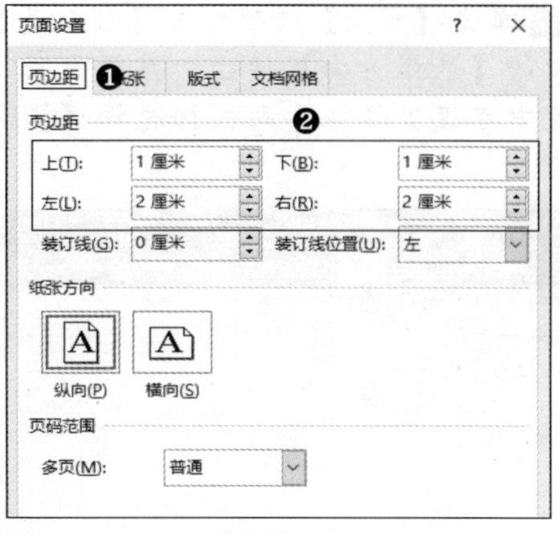

Step 04 即可自定义页边距，效果如下图所示。

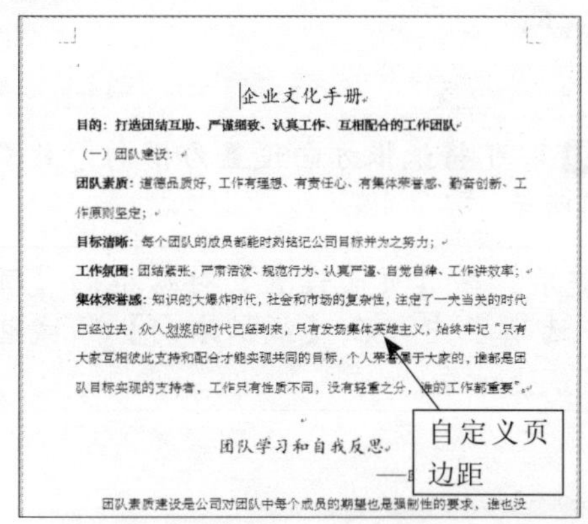

2. 设置纸张方向

Word 2016提供了两种类型的纸张方向：纵向和横向，默认为纵向。设置纸张方向的具体操作步骤如下：

Step 01 在“企业文化手册”文档中，纸张方向默认是纵向，效果如下图所示。

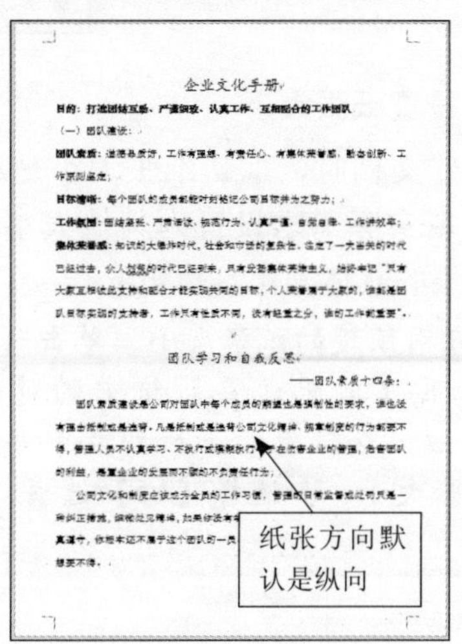

Step 02 单击【布局】选项卡下【页面设置】组中的【纸张方向】按钮，在弹出的下拉列表中可设置纸张方向，如选择【横向】选项。

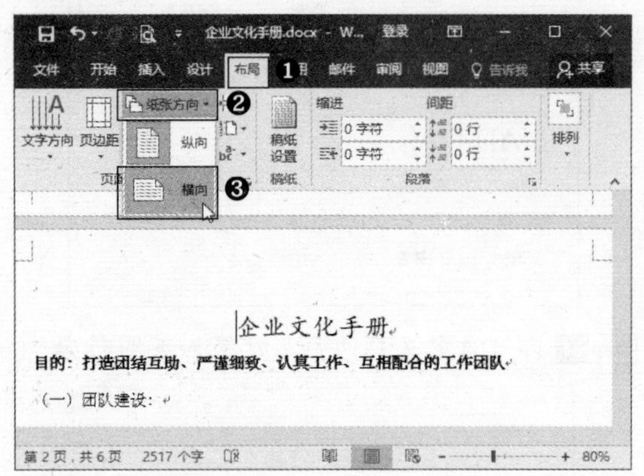

Step 03 即可将纸张方向设置为横向，效果如下图所示。

提示：在【页面设置】对话框的【页边距】选项卡中，在【纸张方向】区域也可设置纸张方向。

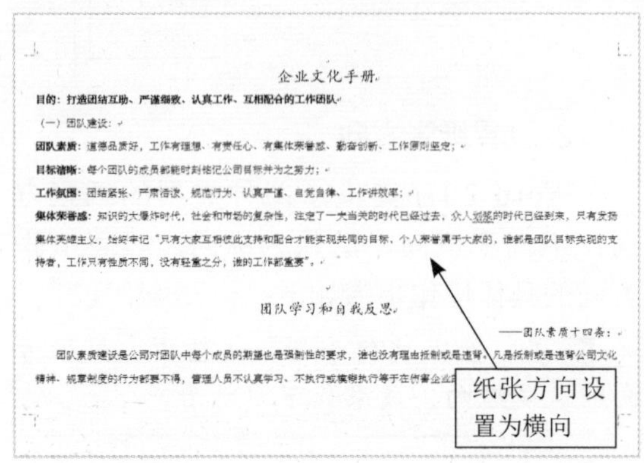

3. 设置纸张大小

创建文档时，默认纸张大小是A4，用户可根据实际需求设置为其他大小。设置纸张大小的具体操作步骤如下：

Step 01 应用预设的纸张大小。单击【布局】选项卡下【页面设置】组中的【纸张大小】按钮，在弹出的下拉列表中可选择预设的纸张大小，如选择【A5】选项。

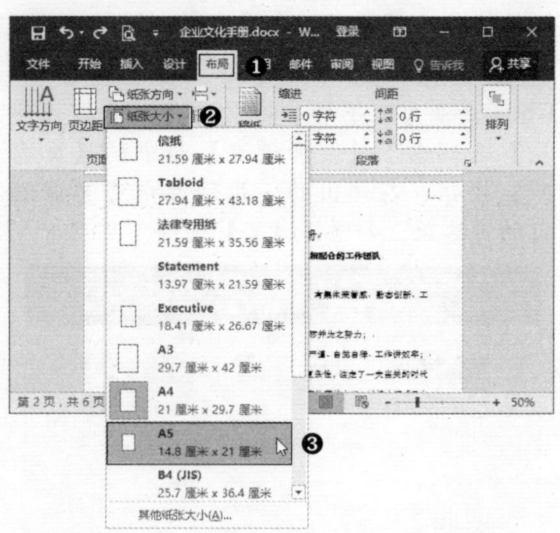

Step 02 即可快速设置纸张大小，效果如下图所示。

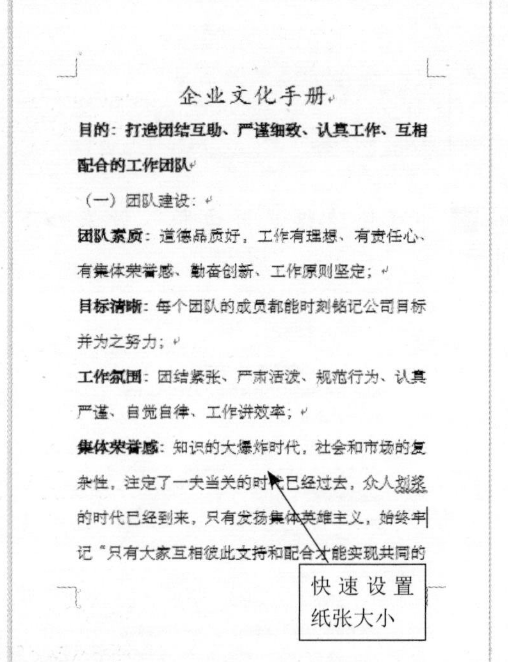

Step 03 自定义纸张大小。在步骤1的下拉列表中选择【其他纸张大小】选项，弹出【页面设置】对话框，在【纸张】选项卡下可自定义纸张大小。如设置【宽度】为“10厘米”，【高度】为“15厘米”，之后单击【确定】按钮。

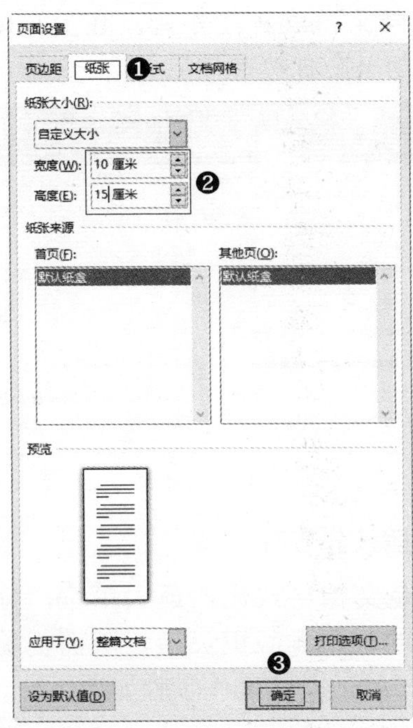

Step 04 即可自定义纸张大小，效果如下图所示。

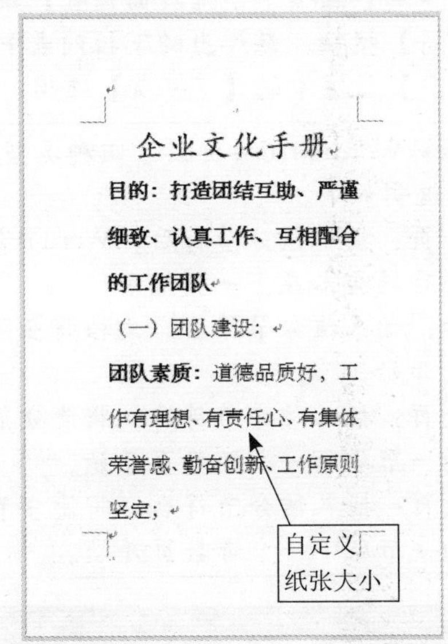

4. 分栏显示

分栏显示是指将整篇文档或者某部分文本分为两栏或两栏以上来显示，具体操作步骤如下：

Step 01 应用预设的分栏。单击【布局】选项卡下【页面设置】组中的【栏】按钮，在弹出的下拉列表中可选择预设的分栏，如选择【两栏】选项。

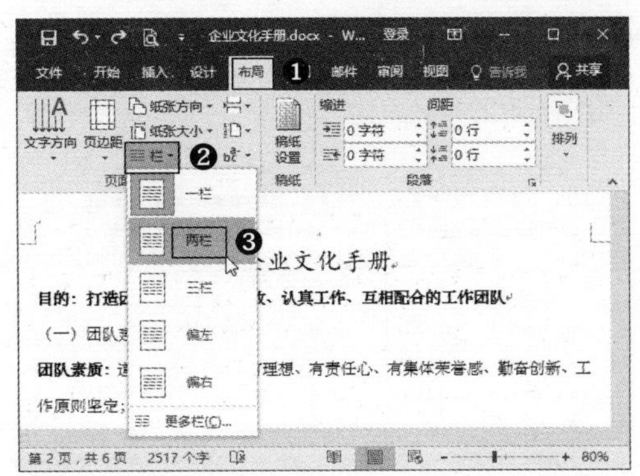

Step 02 即可快速分为两栏，效果如下图所示。

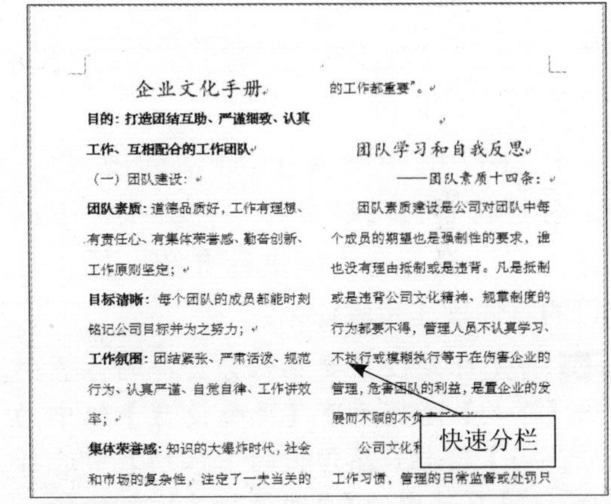

Step 03 自定义分栏。在步骤1的下拉列表中选择【更多栏】选项，弹出【栏】对话框，在其中可自定义分栏。如设置【栏数】为“2”，选择【分隔线】复选框，取消选择【栏宽相等】复选框，之后设置第1栏的【宽度】为“17字符”。设置完成后，单击【确定】按钮。

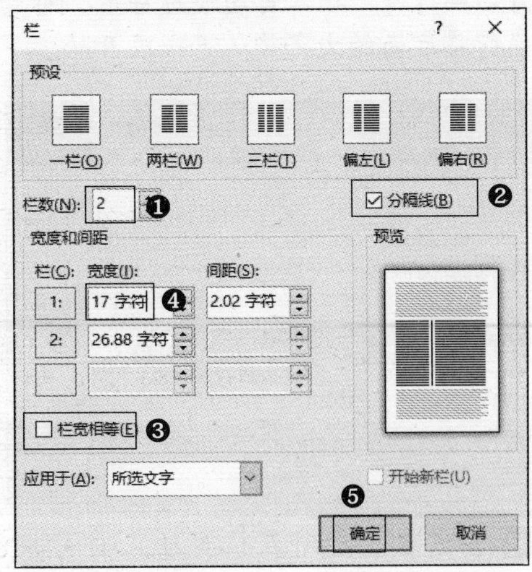

Step 04 即可自定义分栏，效果如下图所示。

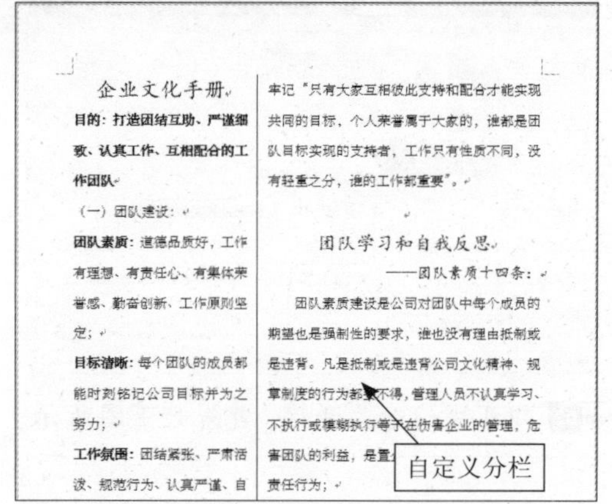

5. 插入分页符

分页符用于分隔页面，包括分页符、分栏符和自动换行符三种类型，下面以插入自动换行符为例进行介绍。插入分页符的具体操作步骤如下：

Step 01 将光标定位至要插入分页符的位置，单击【布局】选项卡下【页面设置】组中的【分隔符】按钮，在弹出的下拉列表中选择【分页符】区域中的【自动换行符】选项。

提示： Word 2016共提供了三种类型的分页符，说明如下。

- 分页符：插入分页符后，标记一页终止并在下一页显示。
- 分栏符：插入分栏符后，分栏符后面的文字将从下一栏开始。
- 自动换行符：插入自动换行符后，自动换行符后面的文字将从下一段开始。

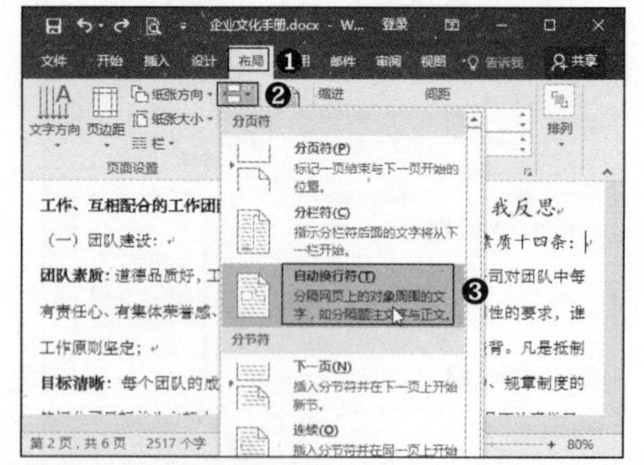

Step 02 即可在光标所在位置插入自行换行符，此时文档以新段开始，且上一段的段尾会添加一个自动换行符。

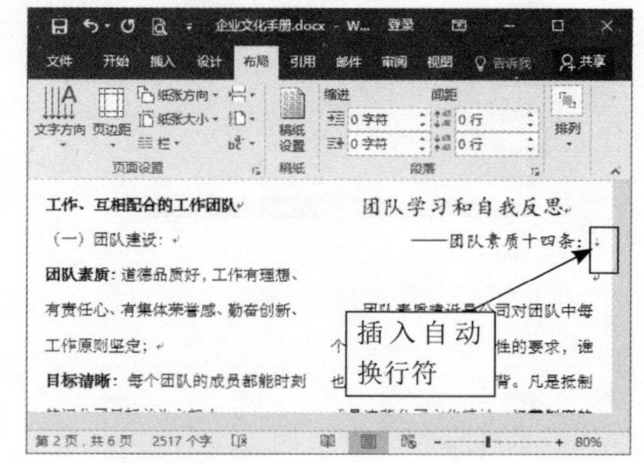

6. 插入分节符

节是文档格式化的最大单位，分节可使文档的编辑排版更灵活，版面更美观，插入分节符的具体操作步骤如下：

Step 01 将光标定位至要插入分节符的位置，单击【布局】选项卡下【页面设置】组中的【分隔符】按钮，在弹出的下拉列表中选择【分节符】区域中的【下一页】选项。

提示： Word 2016共提供了四种类型的分节符，说明如下。

- 下一页：插入该分节符后，Word将使分节符后的文本在下一页显示。
- 连续：插入该分节符后，文档将在同一页上开始新节。
- 偶数页：插入该分节符后，将使分节符后的一节从下一个偶数页开始。
- 奇数页：插入该分节符后，将使分节符后的一节从下一个奇数页开始。

Step 02 即可在光标所在位置插入“下一页”分节符，此时光标后面的文本会在下一页显示。

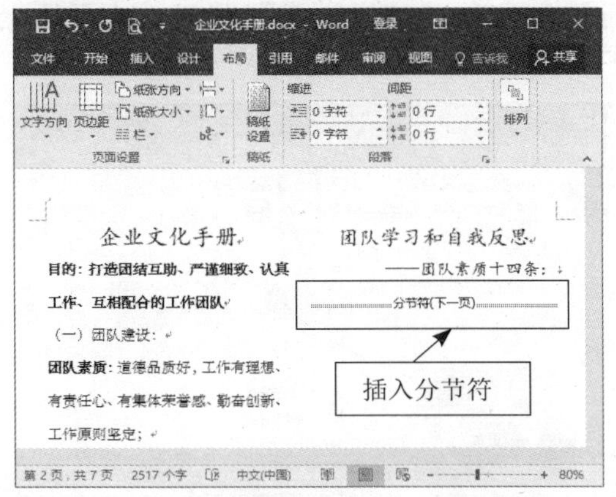

3.1.2 页眉、页脚和页码

页眉和页脚分别是指文档的顶部和底部，用户可以在页眉和页脚中输入文档名称、公司名称、文档的创建时间、页码等基本信息，也可以插入图片，从而使文档更加美观，还能向读者传递文档要表达的信息。

1. 插入页眉

Word 2016提供了多种内置的页眉样式，可使用户快速插入页眉。插入页眉的具体操作步骤如下：

Step 01 单击【插入】选项卡下【页眉和页脚】组中的【页眉】按钮，在弹出的下拉列表中显示了内置的页眉样式，如选择【花丝】选项。

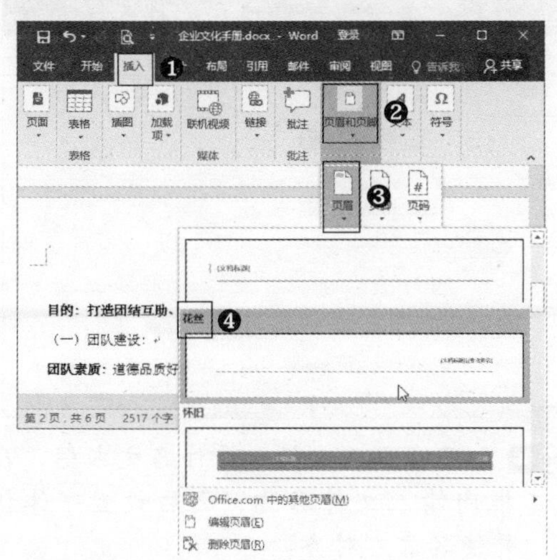

Step 02 进入页眉页脚编辑模式，Word 2016会在文档每一页的顶部插入页眉，并显示【花丝】这一预设页眉样式下的页眉格式。

Step 03 分别在【文档标题】和【作者】文本框中输入文档的标题和作者作为页眉，之后选中输入的文本，设置相应的字体格式。

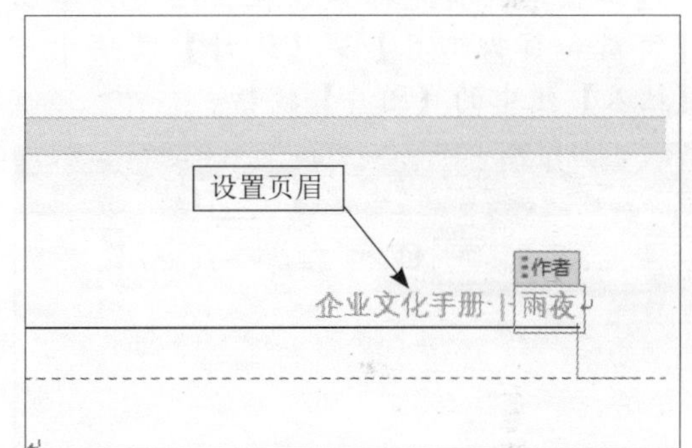

Step 04 设置完成后，单击【页眉和页脚工具】➤【设计】选项卡下【关闭】组中的【关闭页眉和页脚】按钮。

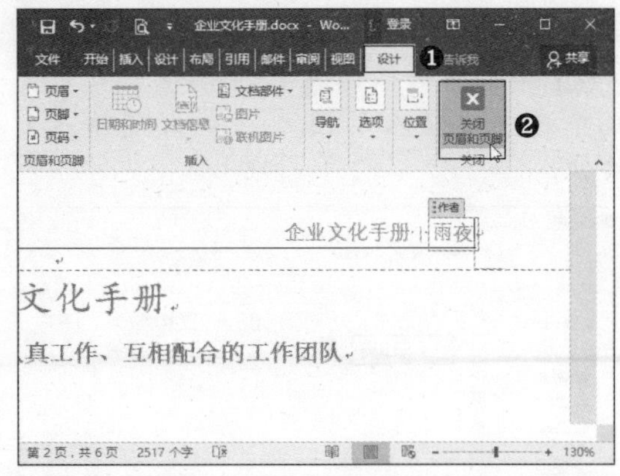

Step 05 即可退出页眉页脚编辑状态，插入页眉后，文档中每个页面的顶部都会显示出相应的页眉信息。

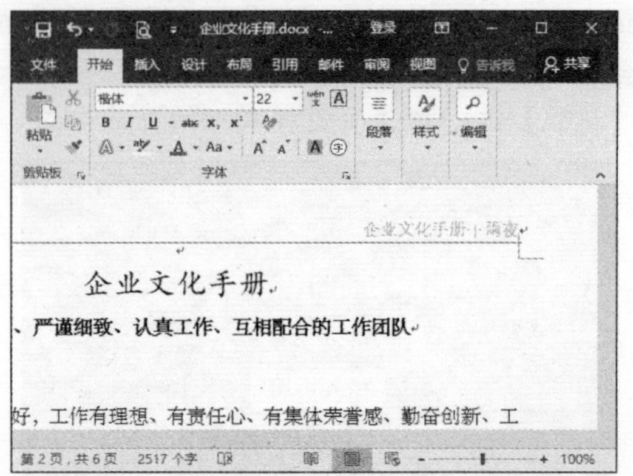

上述方法是使用Word 2016提供的内置页眉样式来快速插入页眉。此外，用户也可自定义页眉。自定义页眉的具体操作步骤如下：

Step 01 双击页面的顶部，可快速进入页眉页脚编辑状态，将光标定位在页眉处，单击【页眉和页脚工具】➢【设计】选项卡下【插入】组中的【图片】按钮。

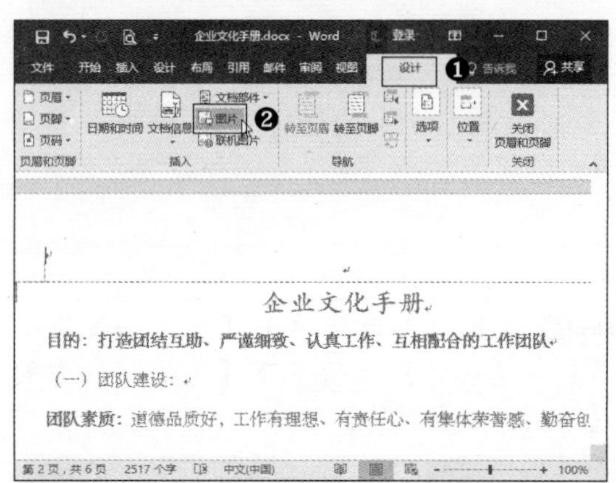

Step 02 弹出【插入图片】对话框，在计算机中选中要插入的图片，单击【插入】按钮。

Step 03 即可在页眉处插入图片，选中图片，单击【图片工具】➢【格式】选项卡下【排列】组中的【环绕文字】按钮，在弹出的下拉列表中选择【浮于文字上方】。

Step 04 即可设置图片的环绕方式，之后调整图片的大小和位置，将其放置在页眉的左侧。

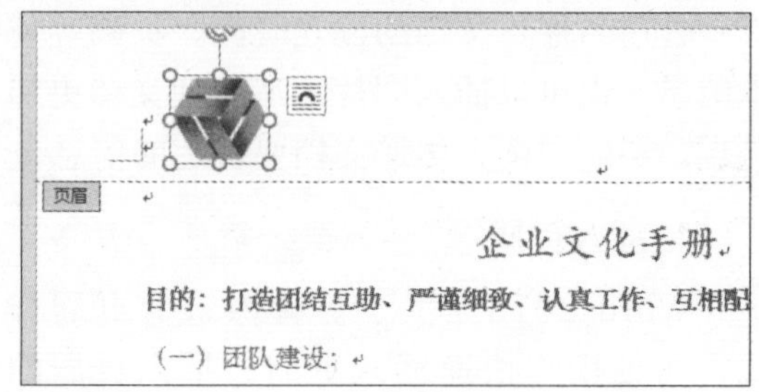

Step 05 单击【页眉和页脚工具】➢【设计】选项卡下【插入】组中的【文档信息】按钮，在弹出的下拉列表中选择【文件名】选项。

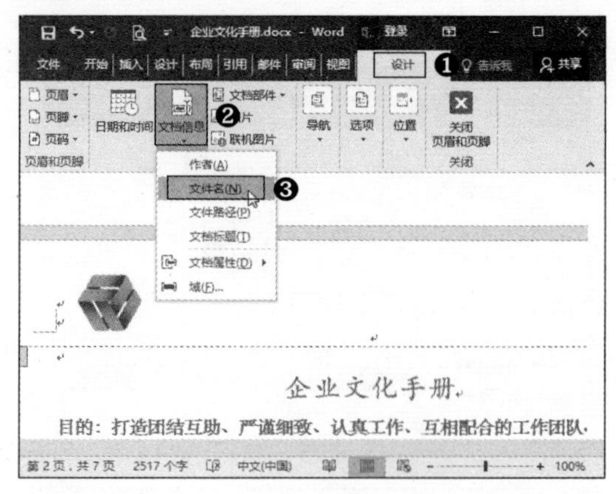

Step 06 即可在页眉中插入文件名文本框，在文本框内输入文件名称，之后设置字体格式，并使其靠右对齐。

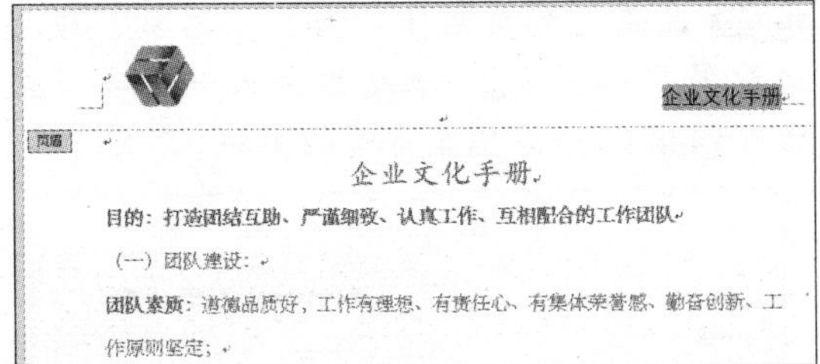

Step 07 设置完成后，单击【页眉和页脚工具】➤【设计】选项卡下【关闭】组中的【关闭页眉和页脚】按钮，退出页眉页脚编辑状态，插入的页眉效果如下图所示。

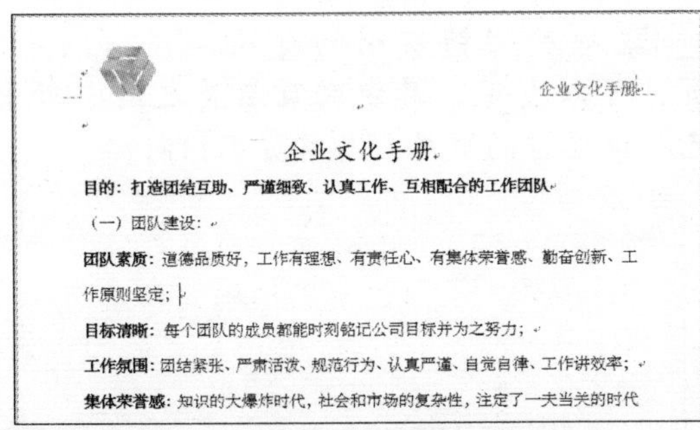

提示：在任意页面的顶部右击，在弹出的快捷菜单中选择【编辑页眉】命令，或者直接在页眉位置处双击，均可进入页眉页脚编辑模式。

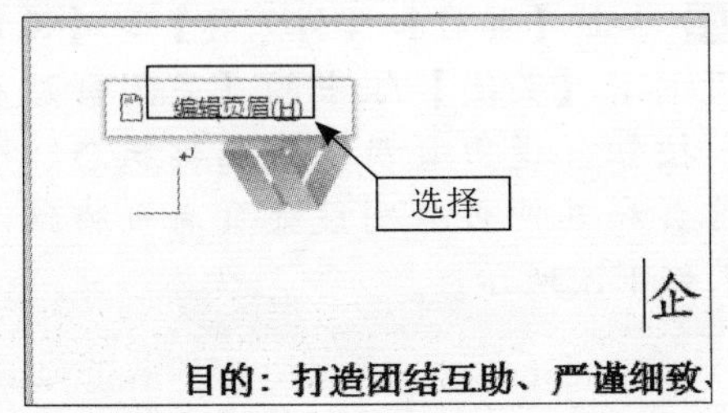

2. 插入页脚

用户既可以使用Word 2016提供的内置页脚样式来快速插入页脚，也可自定义页脚，其方法与插入页眉的方法类似，下面进行简单介绍。插入页脚的具体操作步骤如下：

Step 01 单击【插入】选项卡下【页眉和页脚】组中的【页脚】按钮，在弹出的下拉列表中显示了预设的页脚样式，如选择【积分】选项。

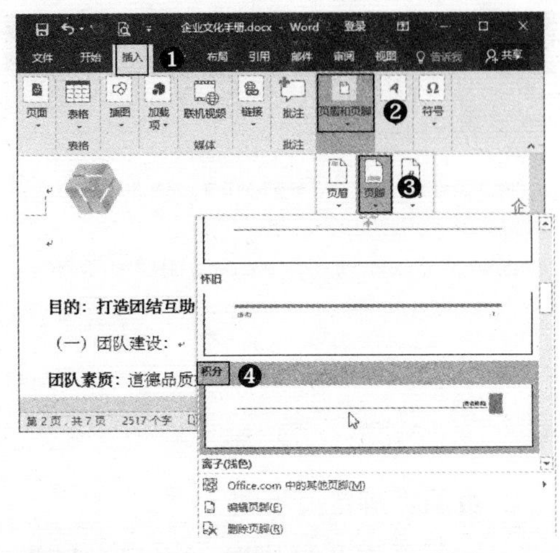

Step 02 进入页眉页脚编辑模式，Word 2016会在文档每一页的底部插入页脚，在其中输入页脚内容。

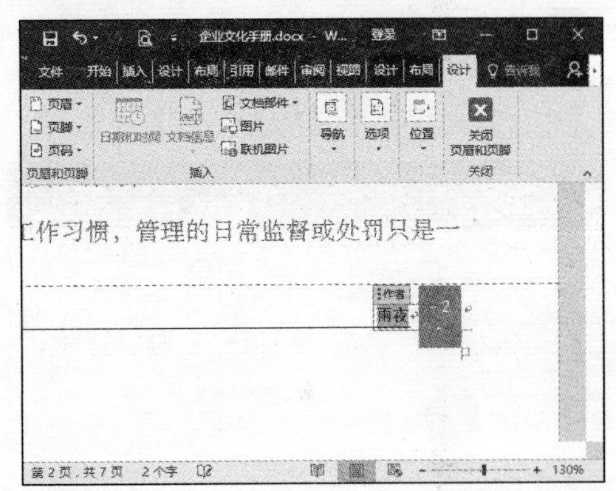

Step 03 设置页脚的字体格式，之后单击【页眉和页脚工具】➤【设计】选项卡下【关闭】组中的【关闭页眉和页脚】按钮。

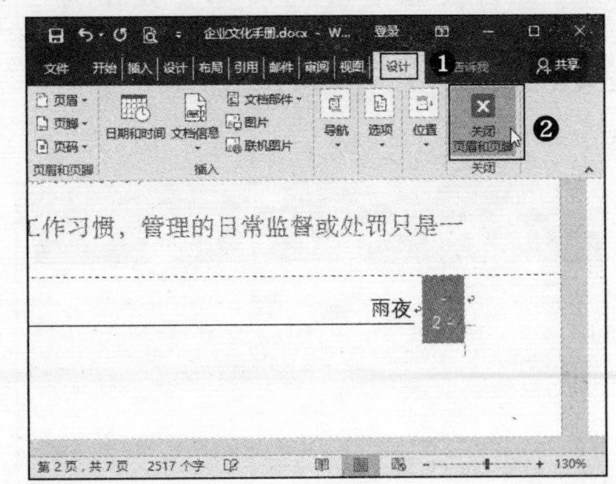

Step 04 即可退出页眉页脚编辑状态，插入页脚后，文档中每个页面的底部都会显示出相应的页脚信息。

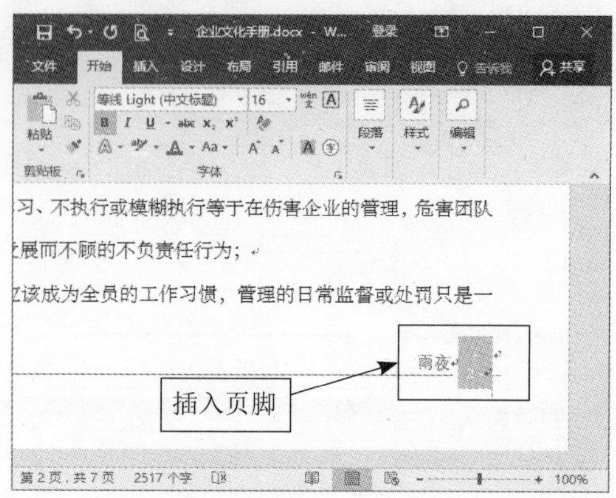

3. 页眉页脚首页不同

在插入页眉和页脚时，用户可以为文档的首页和其他页设置不同的页眉和页脚内容。具体操作步骤如下：

Step 01 双击页眉处，进入页眉页脚编辑模式，在【页眉和页脚工具】➤【设计】选项卡下【选项】组中选择【首页不同】复选框。

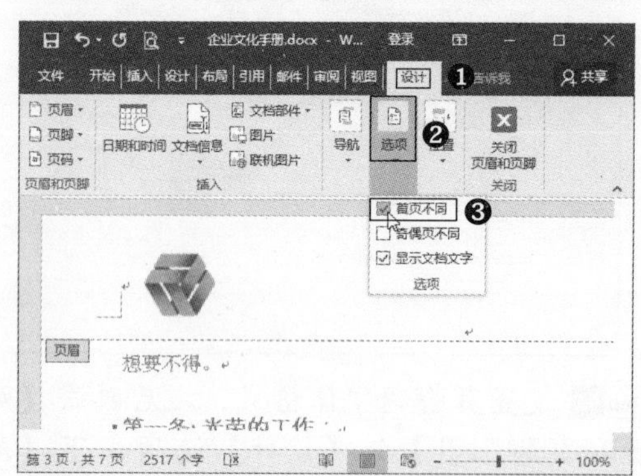

Step 02 此时文档首页的顶部会显示为“首页页眉”字样，底部显示为“首页页脚”字样，其他页的页眉和页脚均显示为“页眉”和“页脚”字样。

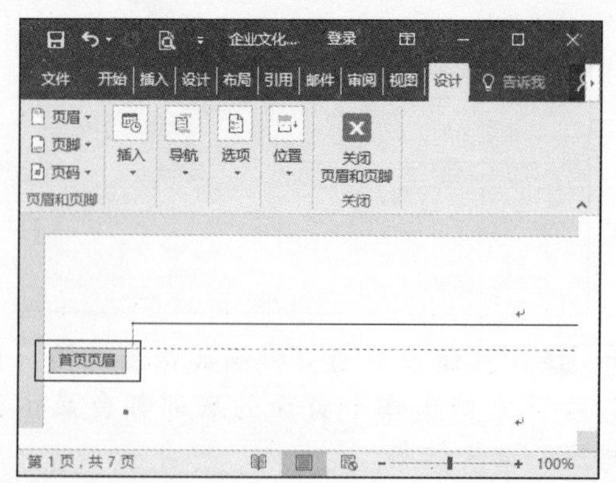

Step 03 在首页的页眉中输入公司名称，设置相应的字体格式，并设置为居中对齐。之后可以根据需要设置首页的页脚。

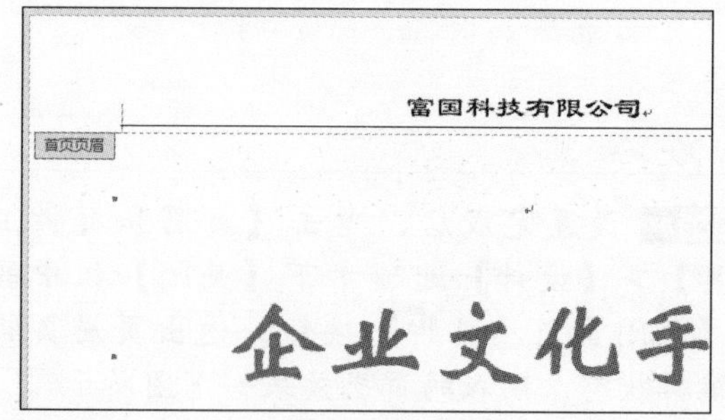

Step 04 拖动文档右侧的滑块，移动到第2页，可以发现，其中的页眉是之前小节中已经设置好的页眉，与首页不相同。

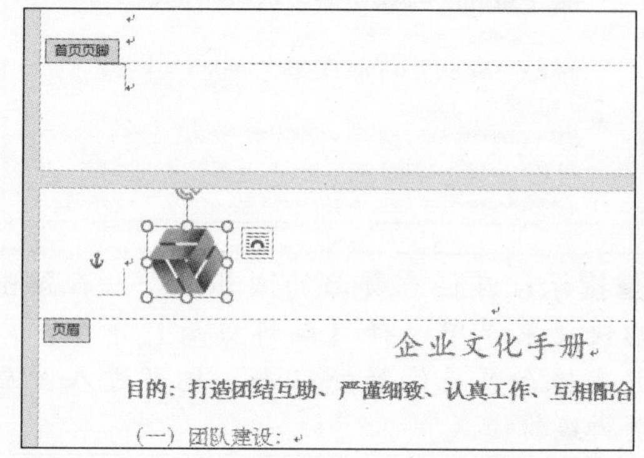

Step 05 单击【页眉和页脚工具】➤【设计】选项卡下【关闭】组中的【关闭页眉和页脚】按钮，退出页眉页脚编辑状态，即可为首页和其他页分别设置页眉页脚信息，效果如下图所示。

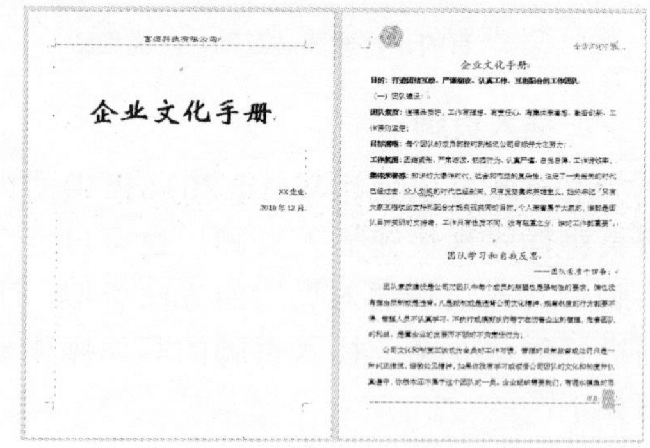

4. 页眉页脚奇偶页不同

除首页不同外，用户还可为文档中的奇数页和偶数页设置不同的页眉页脚，以传达更多信息。具体操作步骤如下：

Step 01 双击页眉处，进入页眉页脚编辑模式，在【页眉和页脚工具】➤【设计】选项卡下【选项】的组中选择【奇偶页不同】复选框。

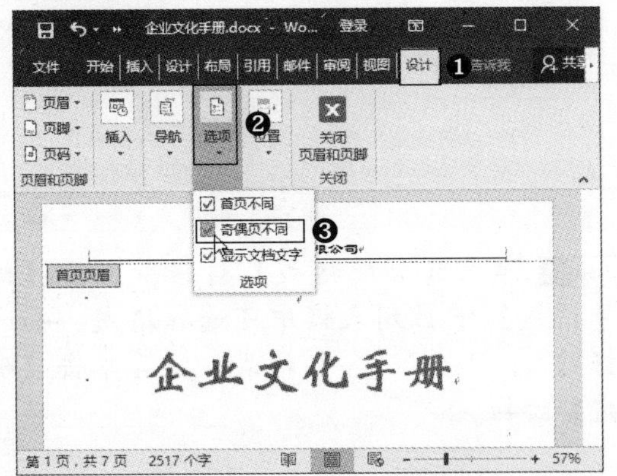

Step 02 此时文档的偶数页（第2页、第4页….）会显示为“偶数页页眉”和“偶数页页脚”字样，奇数页（第3页、第5页….）会显示为“奇数页页眉”和“奇数页页脚”字样，用户需要分别为其设置页眉页脚。

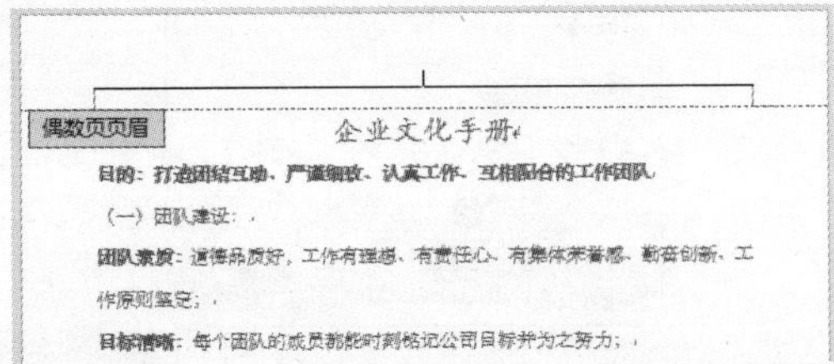

Step 03 将光标定位在偶数页页眉处，单击【页眉和页脚工具】➤【设计】选项卡下【页眉和页脚】组中的【页眉】按钮，在弹出的下拉列表中选择【奥斯汀】选项。

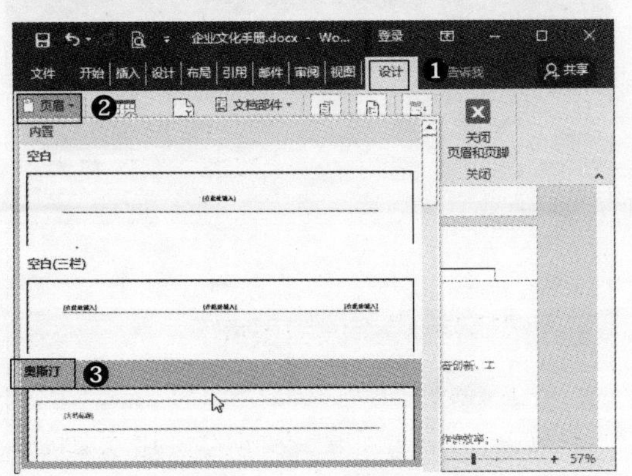

Step 04 即可在偶数页页眉处插入所选的页眉样式，在其中输入文本，并设置字体格式。

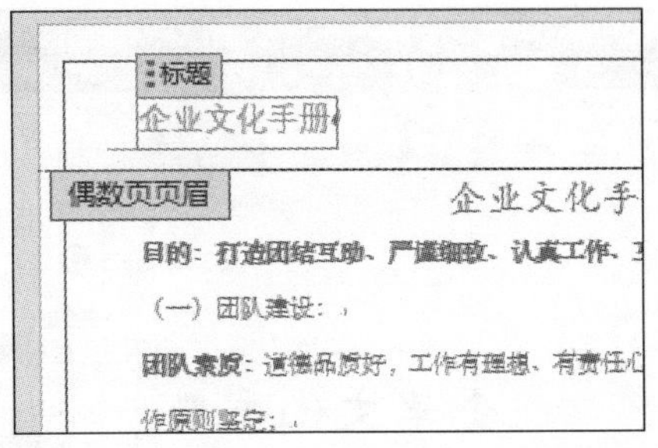

Step 05 移动到奇数页页眉处，可以发现，其中的页眉是之前小节中已经设置好的页眉，与偶数页不相同。

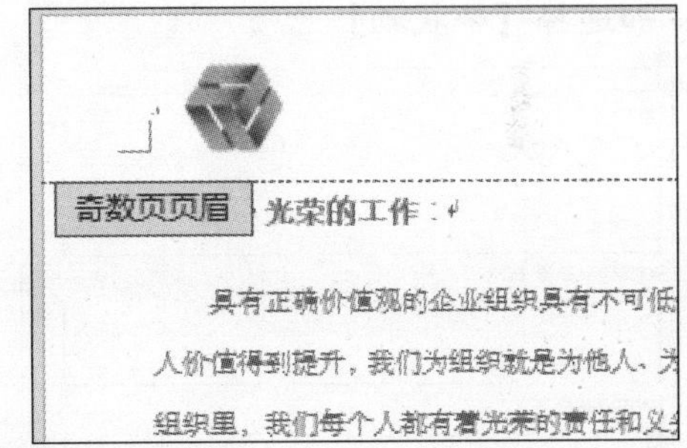

Step 06 单击【页眉和页脚工具】➤【设计】选项卡下【关闭】组中的【关闭页眉和页脚】按钮，退出页眉页脚编辑状态，即可为偶数页和奇数页分别设置页眉页脚信息，效果如下图所示。

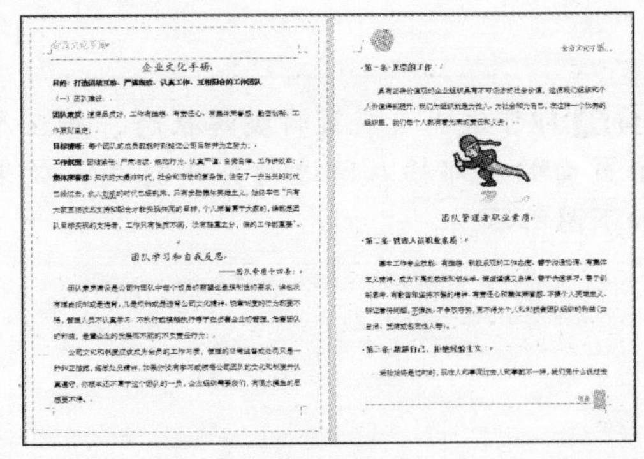

5. 插入页码

用户可以在页面任意处插入页码信息，当文档的页数较多时，使用页码有利于快速标记和定位。插入页码的具体操作步骤如下：

Step 01 单击【插入】选项卡下【页眉和页脚】组中的【页码】按钮，在弹出的下拉列表中选择【页面底端】选项。

Step 02 在弹出的下拉列表中可选择页码样式，如选择【带状物】选项。

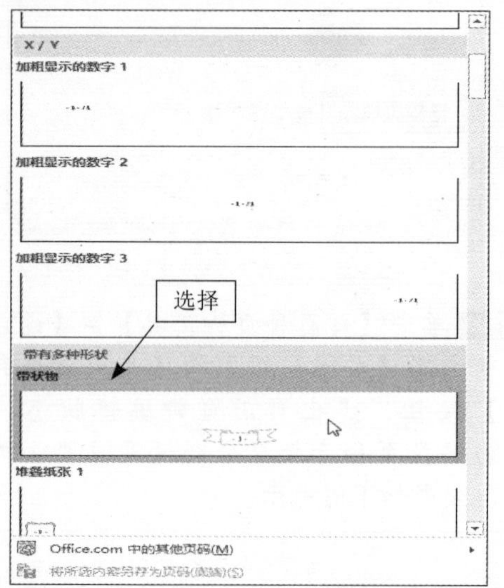

Step 03 即可进入页眉页脚编辑状态，并在每个页面的底部插入所选的页码样式，效果如下图所示。

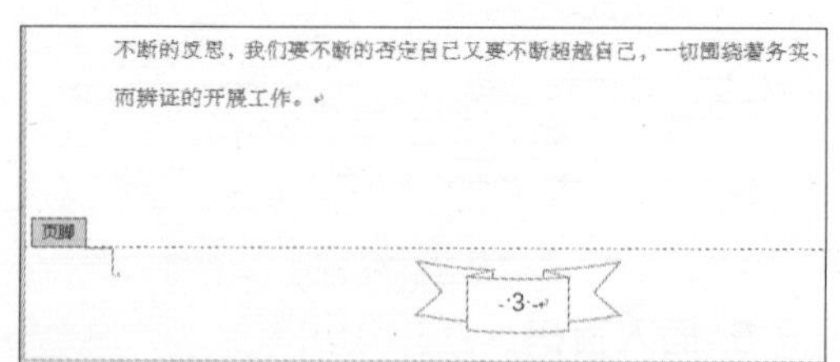

Step 04 单击【页眉和页脚工具】➢【设计】选项卡下【页眉和页脚】组中的【页码】按钮，在弹出的下拉列表中选择【设置页码格式】选项。

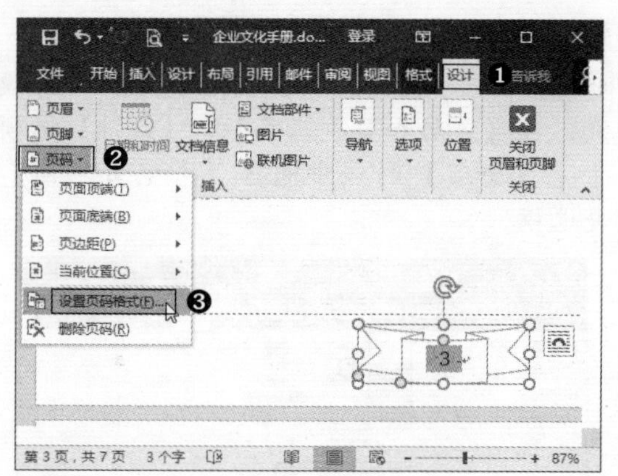

Step 05 弹出【页码格式】对话框，在【编号格式】下拉列表框中可选择格式，如选择【A，B，C，…】格式，之后单击【确定】按钮。

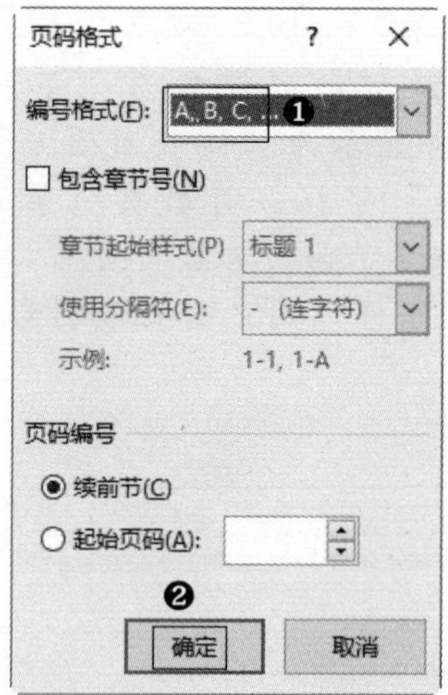

Step 06 即可设置页码的格式，设置完成后，单击【页眉和页脚工具】➢【设计】选项卡下【关闭】组中的【关闭页眉和页脚】按钮，退出页眉页脚编辑状态。

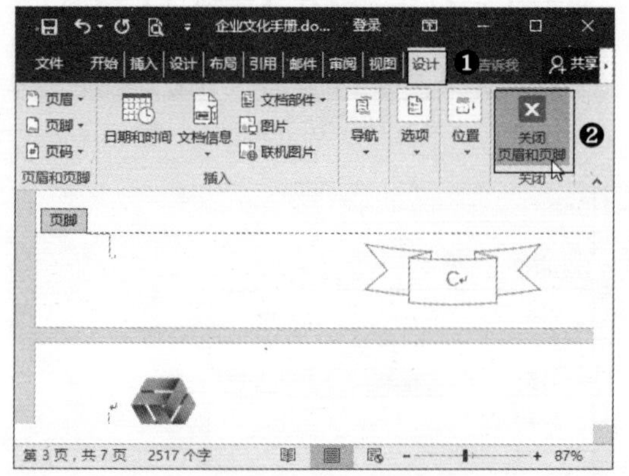

Step 07 插入的页码效果如下图所示。

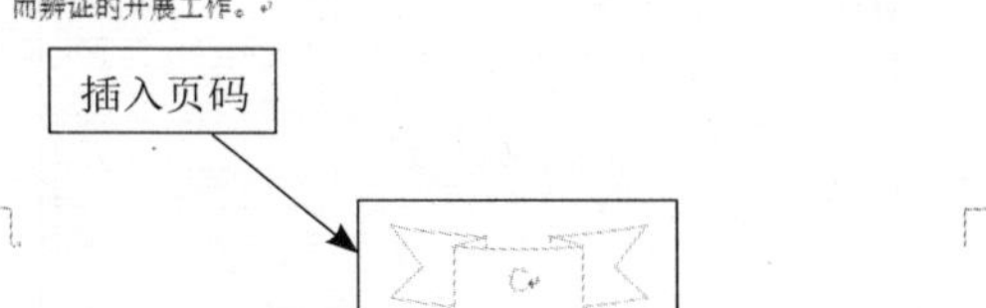

3.1.3 题注、脚注和尾注

为文档插入题注、脚注和尾注，可使文档内容更加详细，利于在排版文档时查找及读者阅读。

1. 插入题注

题注是指添加到文档中的表格、图片、公式等对象上的编号标签，如“图1”或“表1”等。插入题注的具体操作步骤如下：

Step 01 选中要添加题注的图片，单击【引用】选项卡下【题注】组中的【插入题注】按钮。

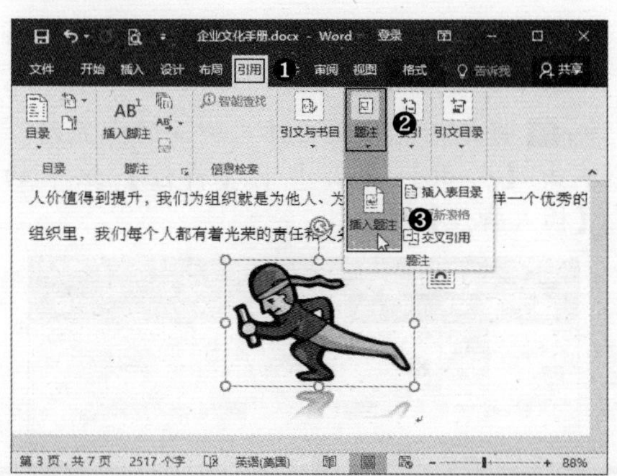

Step 02 弹出【题注】对话框，在【标签】下拉列表框中可选择【Figure】，之后单击【新建标签】按钮。

Step 03 弹出【新建标签】对话框，在【标签】文本框中输入“图”，单击【确定】按钮。

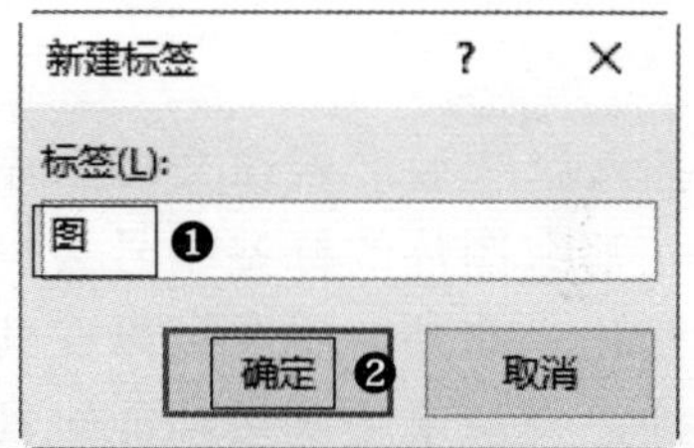

Step 04 返回至【题注】对话框，单击【确定】按钮。

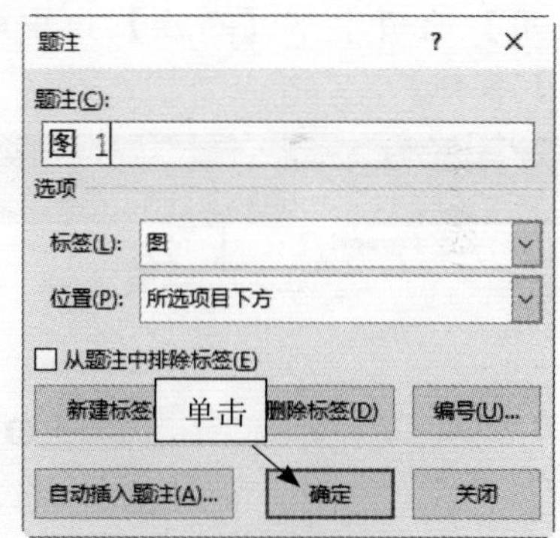

Step 05 即可为所选图片添加题注，图片左下方显示为“图1”字样。

Step 06 使用上述方法，为其他图片添加题注，图片将会按顺序显示编号，效果如下图所示。

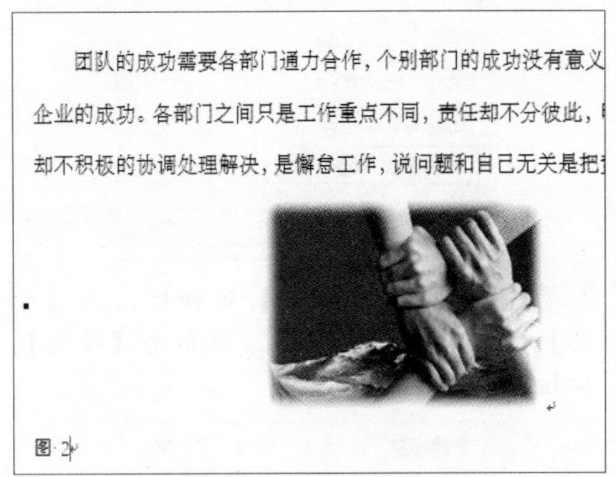

在插入题注后，若在文档中添加或删除图片，那么图片的标签编号会自动发生相应的变化。此外，用户可以在其他位置引用题注，类似于超链接功能。具体操作步骤如下：

Step 01 将光标定位至要引用题注的位置，单击【引用】选项卡下【题注】组中的【交叉引用】按钮。

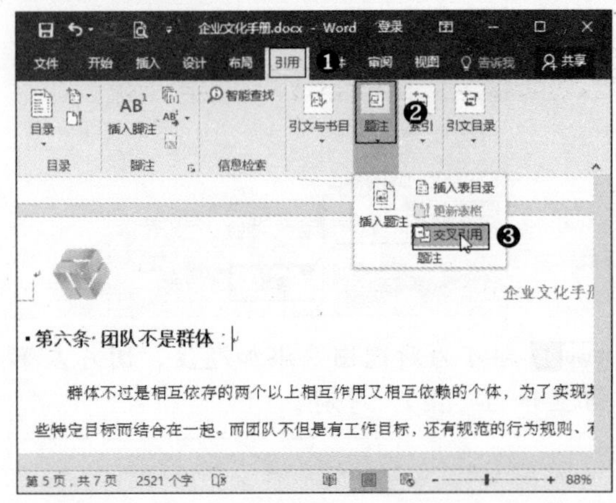

Step 02 弹出【交叉引用】对话框，在【引用类型】下拉列表框中选择【图】选项，在列表框中可选择引用哪一个题注，如选择【图2】，之后单击【插入】按钮。

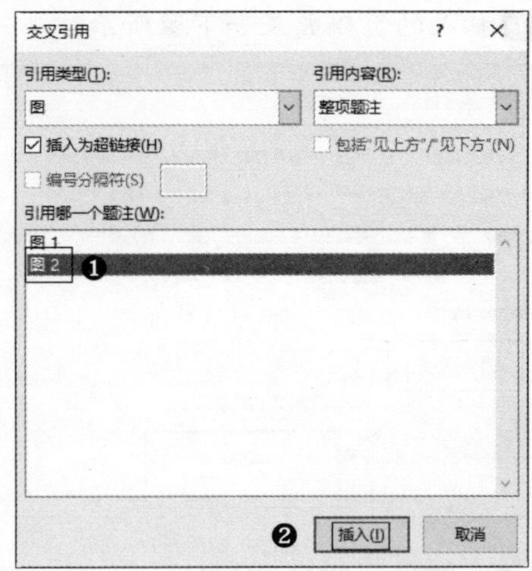

Step 03 即可在光标所在位置引用题注，此时按住【Ctrl】键不放，单击引用了题注的位置，即可快速跳转到对应的图2上面。

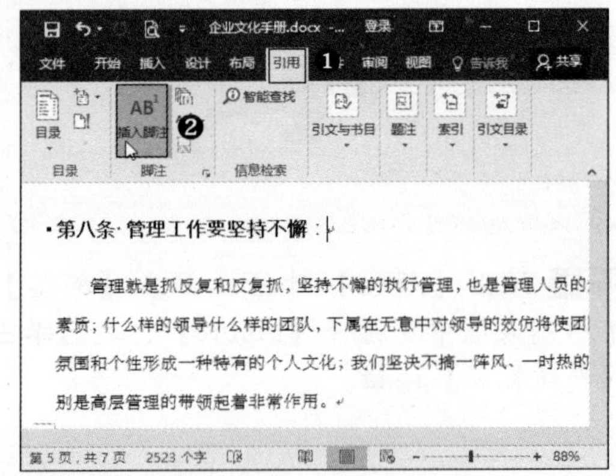

2. 插入脚注

脚注主要用于文档中某处内容的注释说明，一般位于页面底部。插入脚注的具体操作步骤如下：

Step 01 将光标定位至要插入脚注的位置处，单击【引用】选项卡下【脚注】组中的【插入脚注】按钮。

Step 02 此时文本右上角有一个数字编号“1”，文本所在页面的底部则插入了脚注。

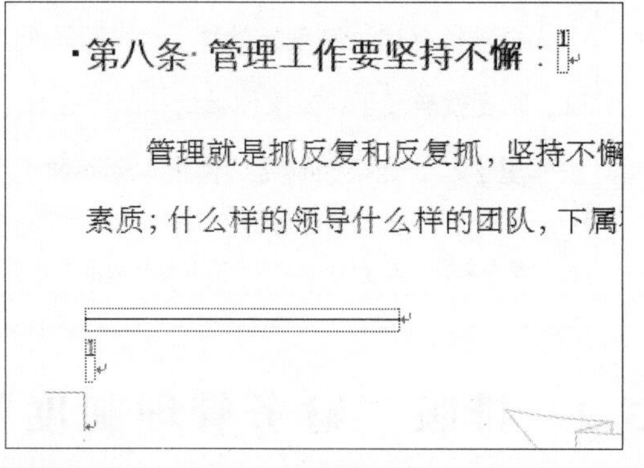

Step 03 在页面底部的脚注中输入相关的说明注释性文本，即完成插入脚注的操作。

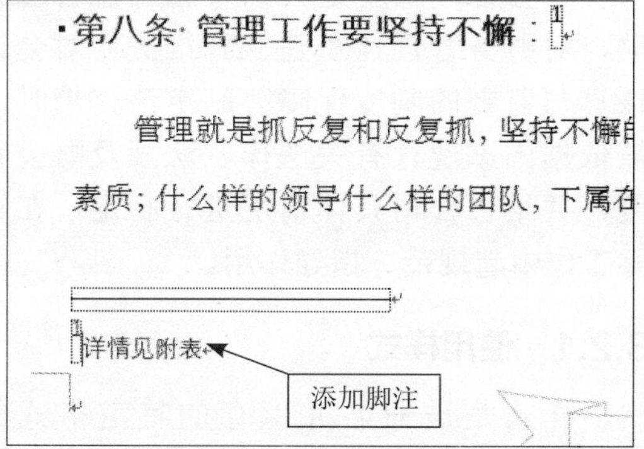

3. 插入尾注

尾注主要用于备注或说明文档中引用的文献，一般位于文档的末尾。插入尾注的具体操作步骤如下：

Step 01 将光标定位至要插入尾注的位置，单击【引用】选项卡下【脚注】组中的【插入尾注】按钮。

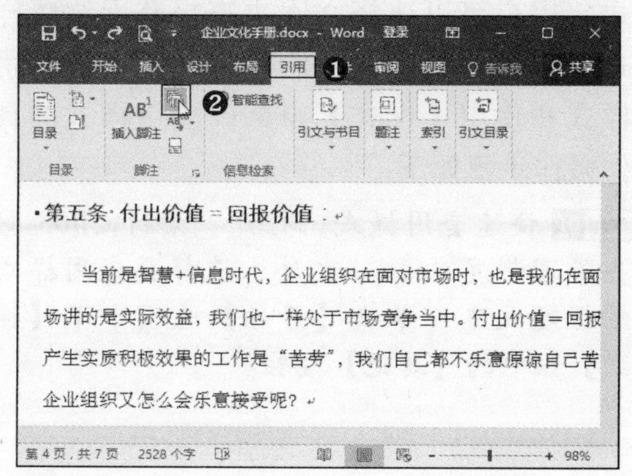

Step 02 此时在文档的末尾左下角会插入尾注，在其中可输入备注或引文内容，效果如下图所示。

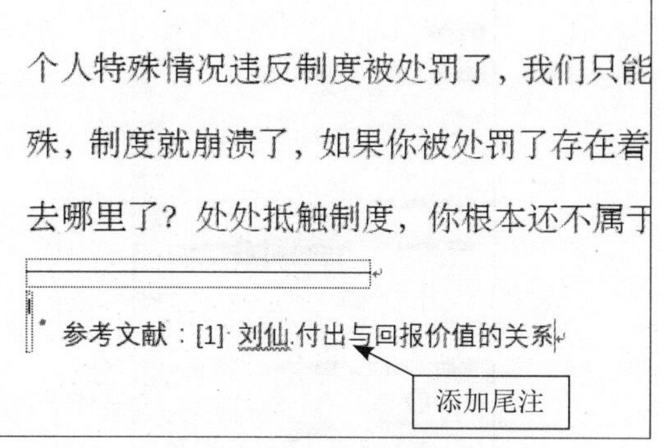

4. 设置脚注与尾注的编号格式

脚注默认的编号格式为1、2、3等，尾注默认的编号格式为i、ii、iii等，用户可根据需要设置为其他的编号格式，具体操作步骤如下：

Step 01 设置脚注的编号格式。将光标定位在任意脚注位置，单击【引用】选项卡下【脚注】组右下角的【脚注和尾注】按钮。

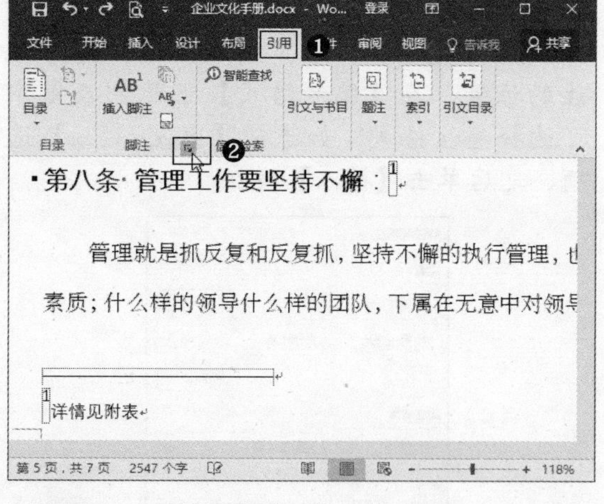

Step 02 弹出【脚注和尾注】对话框，在【脚注】下拉列表中可选择脚注的位置，在【编号格式】下拉列表框中可选择格式，如选择【A,B,C,…】选项，之后单击【插入】按钮。

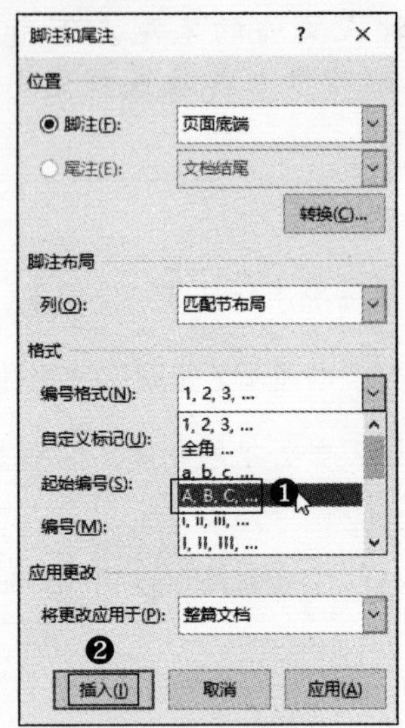

Step 03 返回至文档中，此时脚注的编号格式已发生相应的改变，效果如下图所示。

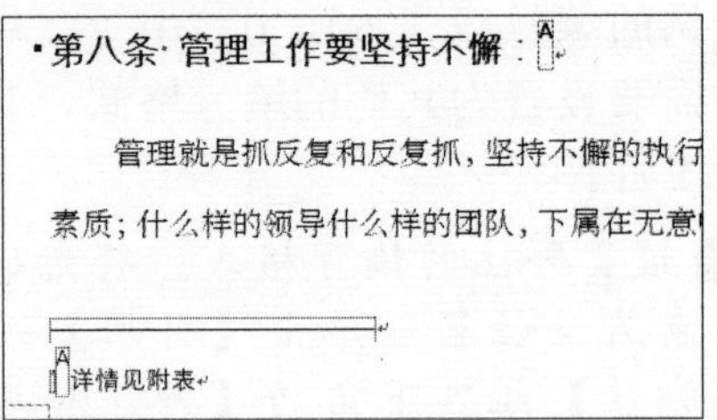

Step 04 设置尾注的编号格式。将光标定位在尾注位置，再次打开【脚注和尾注】对话框，在【尾注】下拉列表框中可选择尾注的位置，在【编号格式】下拉列表框中可选择尾注格式，如选择【甲,乙,丙...】选项，之后单击【插入】按钮。

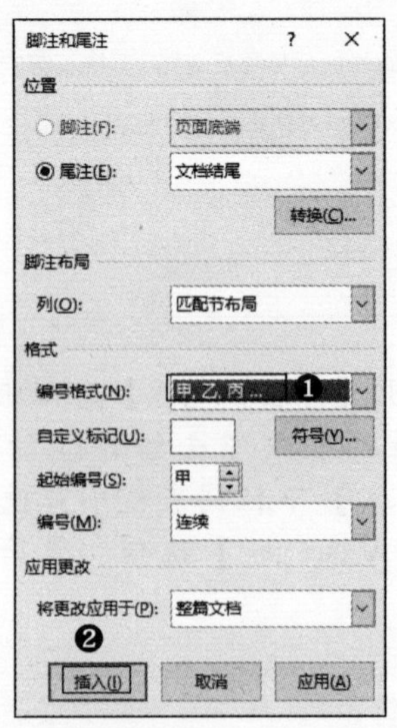

Step 05 即可设置尾注的编号格式，效果如下图所示。

个人特殊情况违反制度被处罚了，我们只能
殊，制度就崩溃了，如果你被处罚了存在着
去哪里了？处处抵触制度，你根本还不属于
甲 参考文献：[1]·刘仙.付出与回报价值的关系

3.2 排版“财务管理制度”文档

财务管理制度是公司实施经营管理活动、对财务管理体系建立和维护、对会计核算与监督的制度保障。制定该文档时，需依据国家现行有关法律、法规及财会制度，并结合公司具体情况进行制定，在实际工作中起规范、指导作用。

3.2.1 使用样式

样式是被命名并保存的特定格式的集合，应用段落样式可快速设置所选段落的格式，大大提高排版效率。此外，用户还可为长文档的每一级标题添加相应的级别，从而使长文档层次结构更加清晰明了。

1. 应用样式

Word 2016提供了多种预设的段落样式，用户可以选择文本来直接套用这些样式。应用样式主要有两种方法：快速套用样式和使用【样式】窗格。应用样式的具体操作步骤如下：

Step 01 快速套用样式。打开“素材\Ch03\财务管理制度.docx”文件，选择要应用样式的标题文本，单击【开始】选项卡下【样式】组中的【其他】按钮▾。

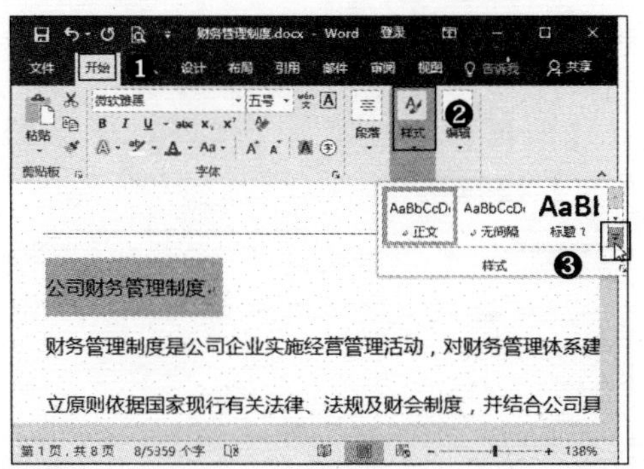

Step 02 在弹出的下拉列表中显示了所有预设的样式，如选择【标题】选项。

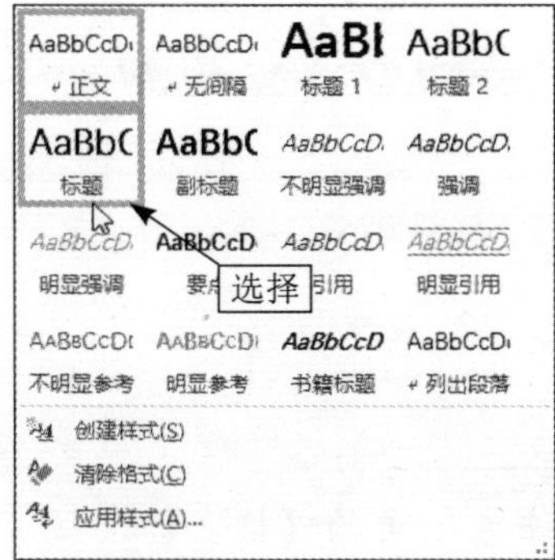

Step 03 即可套用样式，快速设置标题文本的格式，效果如下图所示。

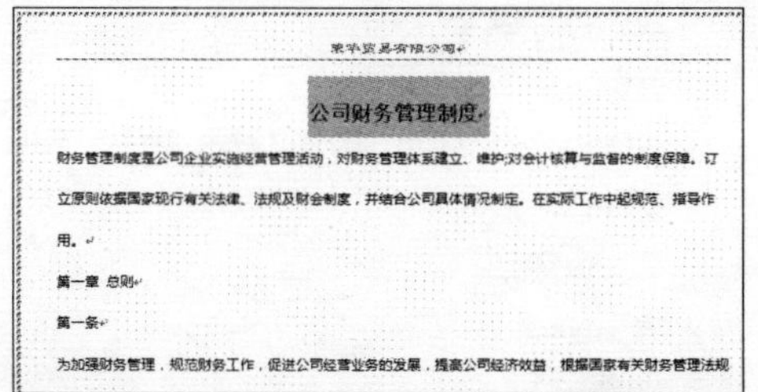

Step 04 使用【样式】窗格。选中标题文本后，单击【开始】选项卡下【样式】组右下角的【样式】按钮。

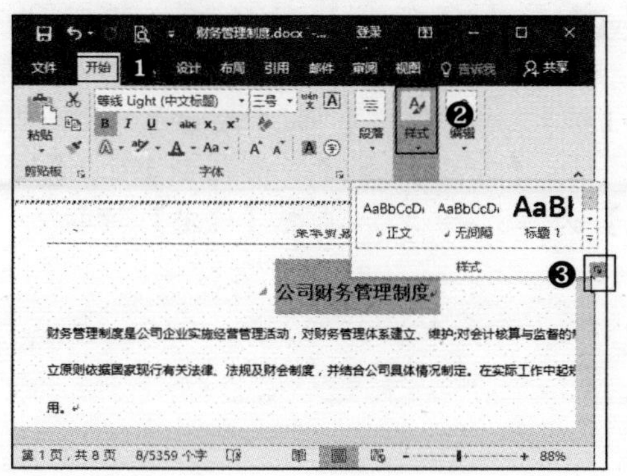

Step 05 弹出【样式】窗格，在列表框中可查看所有预设的样式及标题文本所使用的样式。

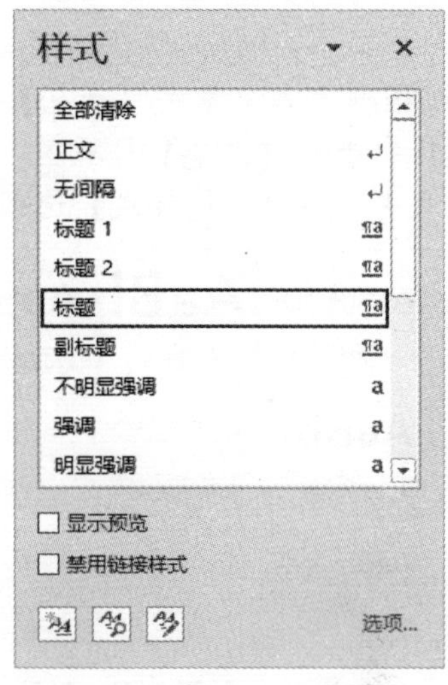

Step 06 在【样式】窗格中单击选中【标题 1】样式。

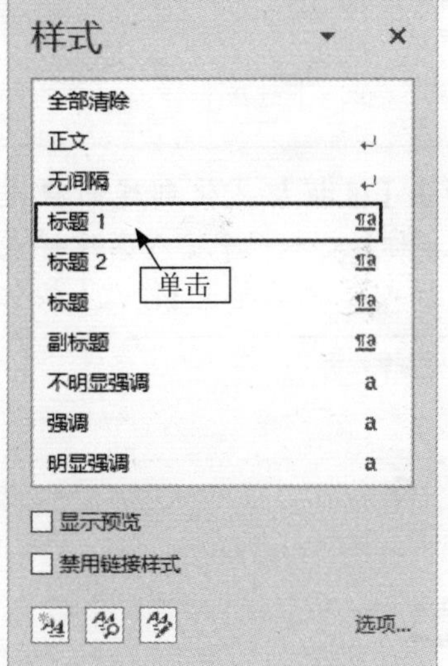

Step 07 即可为标题文本套用所选的样式，效果如下图所示。

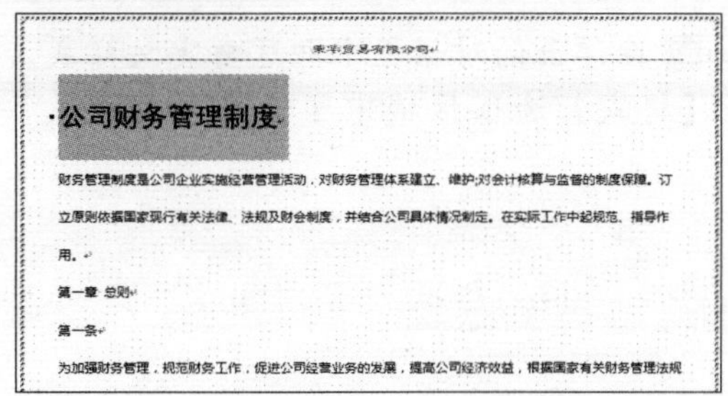

2. 自定义样式

当系统内置的样式不能满足需求时，用户还可以自行创建样式，具体操作步骤如下：

Step 01 选择标题文本，单击【开始】选项卡下【样式】组中的【其他】按钮，在弹出的下拉列表中选择【创建样式】选项。

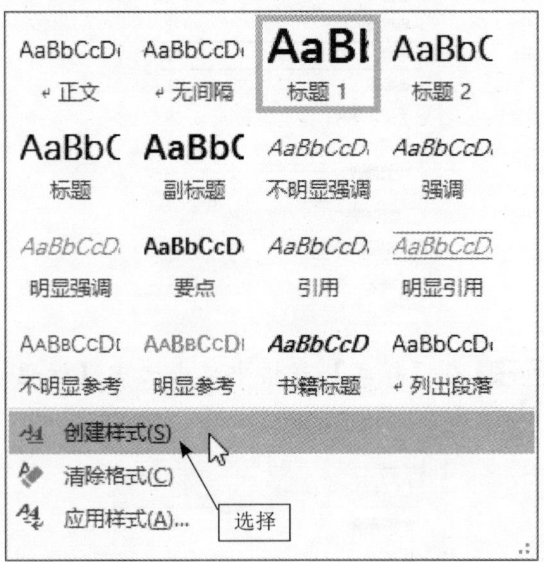

Step 02 弹出【根据格式化创建新样式】对话框，在【名称】文本框中输入新建样式的名称“自定义样式”，之后单击【修改】按钮。

Step 03 在弹出的对话框中即可自定义样式。在【格式】选项区域中可设置字体格式，如设置【字体】为“隶书”，【字号】为“初号”，【字体颜色】为蓝色，之后单击【加粗】按钮、【倾斜】按钮及【居中】按钮。

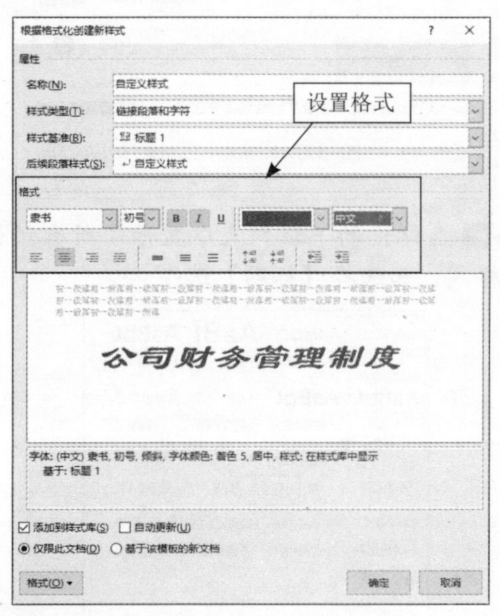

Step 04 单击左下角的【格式】按钮，在弹出的下拉列表中选择【段落】选项。

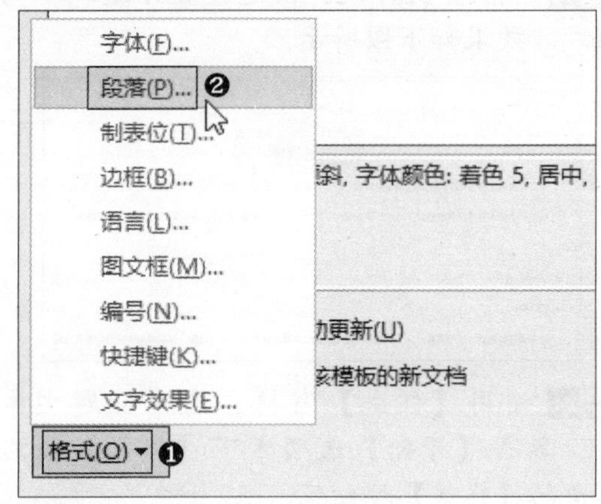

Step 05 弹出【段落】对话框，在其中可设置段落格式，如设置【大纲级别】为【1级】，【段前】和【段后】均为“17磅”，【行距】为【多倍行距】，【设置值】为“3”，之后单击【确定】按钮。

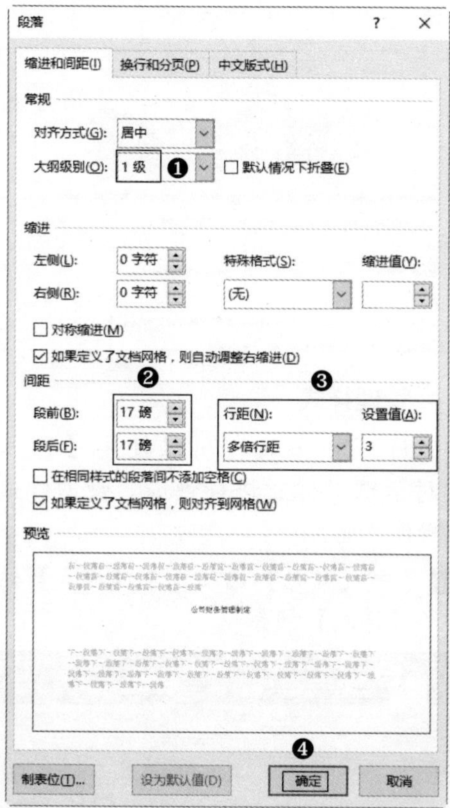

Step 06 返回至【根据格式化创建新样式】对话框，在其中可预览效果，之后单击【确定】按钮。

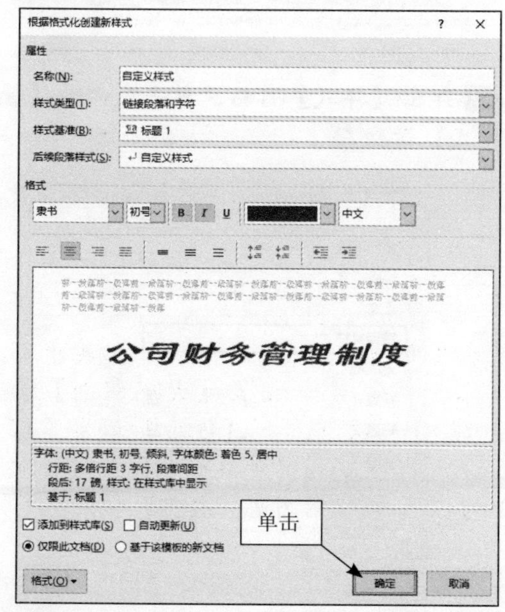

Step 07 返回至文档中，此时标题文本即应用了自定义的样式，效果如下图所示。

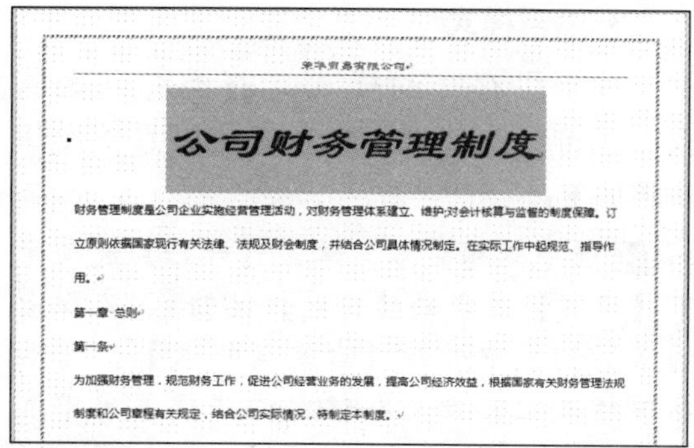

Step 08 再次单击【开始】选项卡下【样式】组中的【其他】按钮，在弹出的下拉列表中可看到自定义的样式。用户可以将该样式应用于其他的段落中。

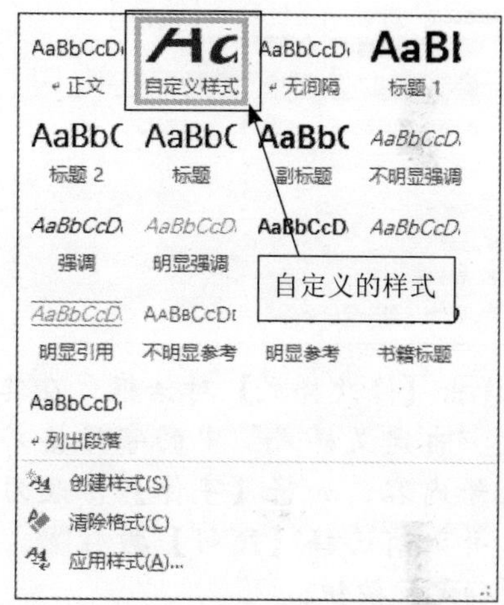

提示：在【样式】窗格左下角单击【新建样式】按钮，也可以打开【根据格式化创建新样式】对话框，从而新建一个样式。

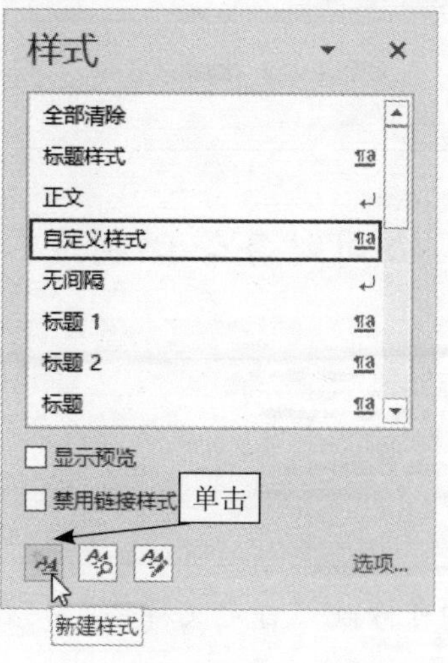

3. 编辑样式

对于已存在的样式，若不能满足需求，还可在此基础上进行修改，具体操作步骤如下：

Step 01 选中标题文本，单击【开始】选项卡下【样式】组中的【其他】按钮，在弹出的下拉列表中选择【自定义样式】，之后在该样式上右击，在弹出的快捷菜单中选择【修改】命令。

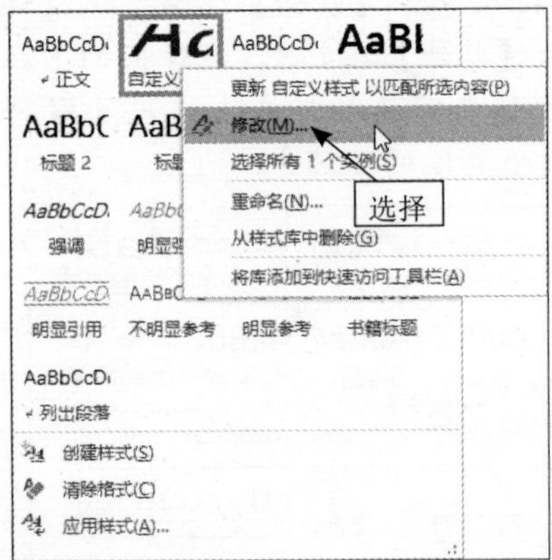

Step 02 弹出【修改样式】对话框，在其中即可修改“自定义样式”中的字体格式、段落格式等内容，如将【字体】修改为【楷体】，并取消选择【倾斜】按钮，之后单击【确定】按钮。

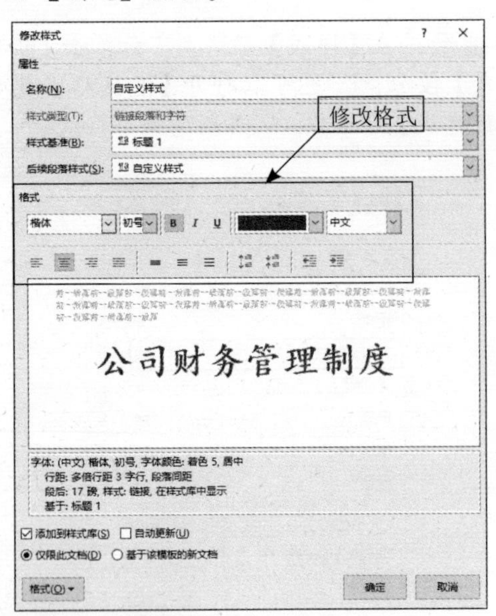

Step 03 即可修改“自定义样式”，效果如下图所示。

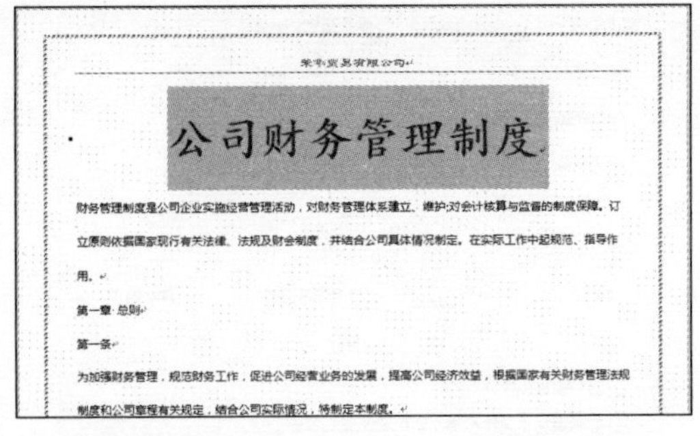

4. 管理样式

当样式较多时，可以使用【管理样式】对话框对样式进行管理。管理样式的具体操作步骤如下：

Step 01 单击【开始】选项卡下【样式】组右下角的【样式】按钮。

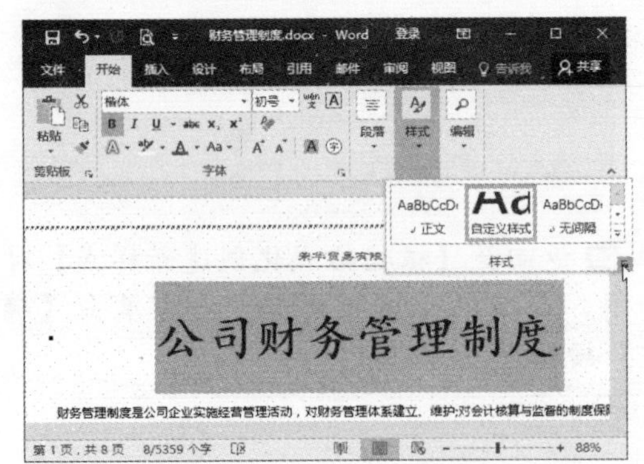

Step 02 弹出【样式】窗格，单击底部的【管理样式】按钮。

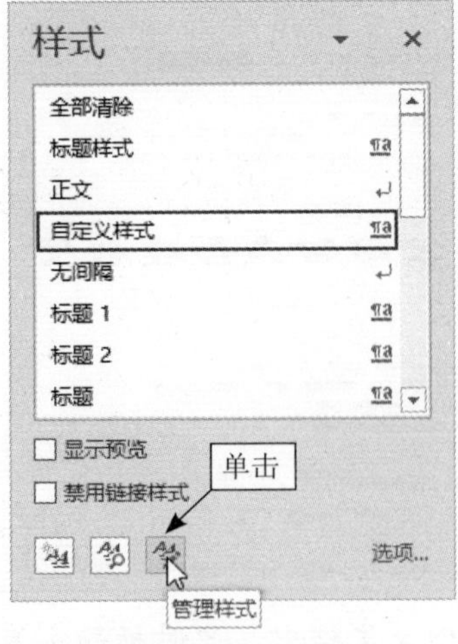

Step 03 弹出【管理样式】对话框，在其中可

对众多样式进行管理，包括进行新建、修改、删除、导入、导出等操作。

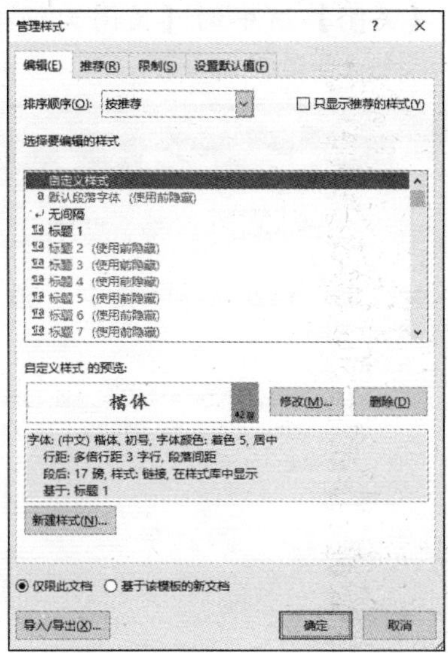

5. 设置标题的级别

设置标题的级别是指依据文档中每个标题的等级，为其设置大纲级别。设置后，利用【导航】窗格可查看并快速定位至标题，从而使文档层次结构清晰明了。设置标题的级别主要有两种方法：利用【段落】对话框和在大纲视图下设置。下面分别介绍。

利用【段落】对话框设置标题级别的具体操作步骤如下：

Step 01 选中"第一章 总则"文本，单击【开始】选项卡下【段落】组右下角的【段落设置】按钮。

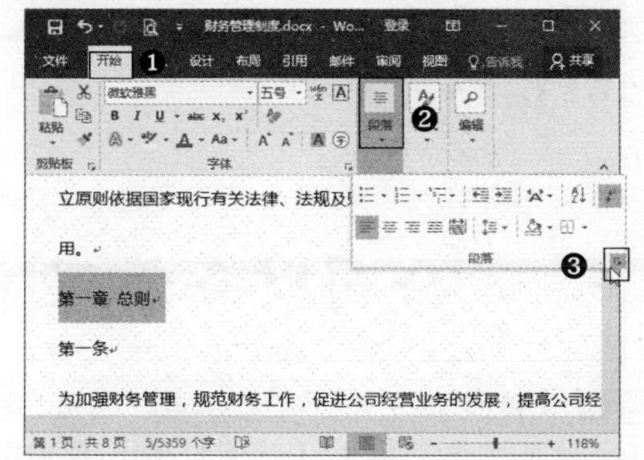

Step 02 弹出【段落】对话框，在【缩进和间距】选项卡下单击【常规】选项区域中【大纲级别】下拉按钮，在弹出的下拉列表中可选择级别，如选择【2级】选项，之后单击【确定】按钮。

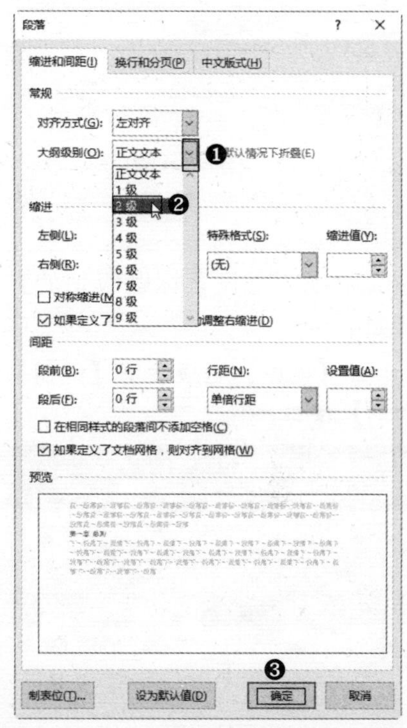

Step 03 即可设置所选文本的级别。在【视图】选项卡下【显示】组中选择【导航】窗格复选框，打开【导航】窗格，在其中可查看设置标题级别后的效果。

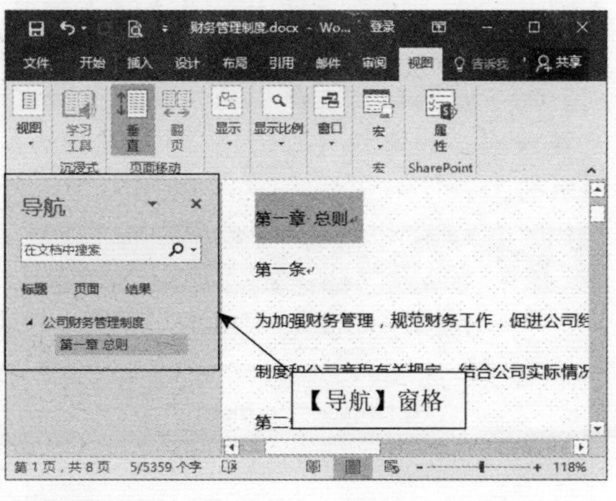

Step 04 使用上述方法，设置其他标题文本的级别，即可在【导航】窗格中按级别显示出来。单击某个标题文本，即可快速跳转至该文本处。

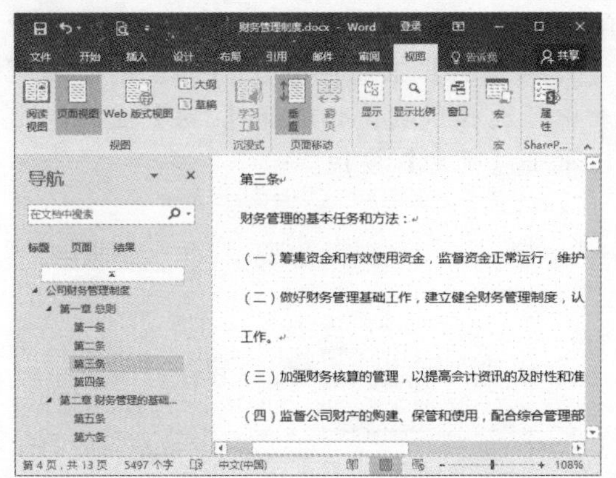

在大纲视图下设置标题级别的具体操作步骤如下：

Step 01 单击【视图】选项卡下【视图】组中的【大纲】按钮。

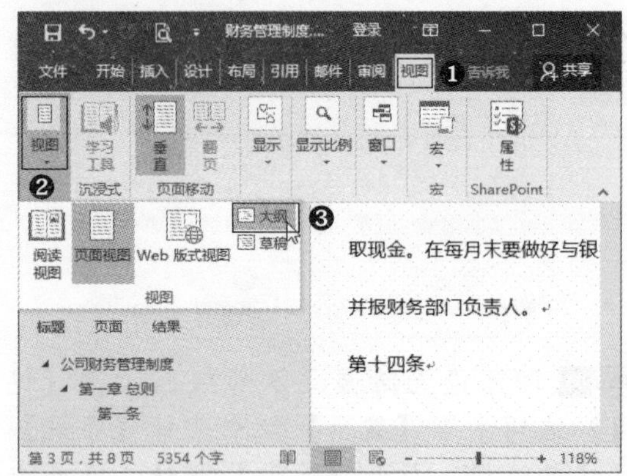

Step 02 切换至大纲视图模式，将光标定位至“第一章 总则”文本处，单击【大纲显示】选项卡下【大纲工具】组中【大纲级别】的下拉按钮，在弹出的下拉列表中可选择级别，如选择【2级】，即可设置为2级级别。

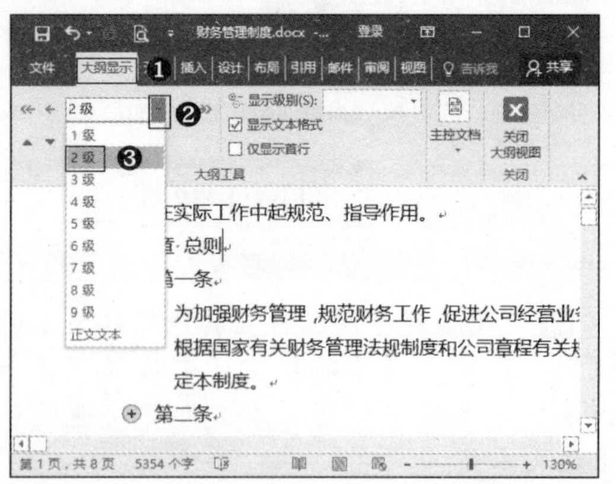

Step 03 使用上述方法，为其他文本设置大纲级别。设置完成后，单击【大纲显示】选项卡下【关闭】组中的【关闭大纲视图】按钮，切换回普通视图即可。

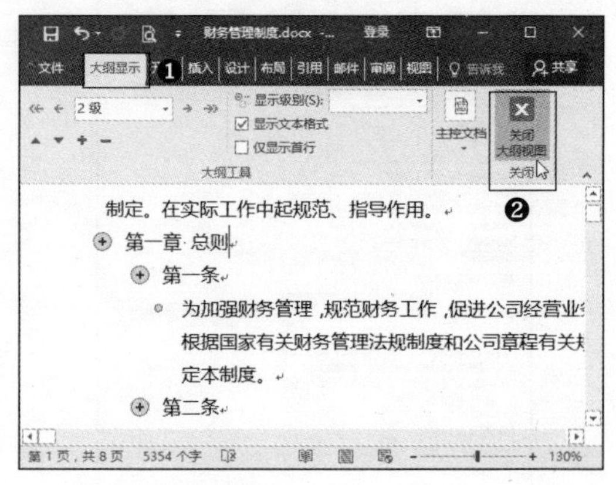

3.2.2 制作目录

在文档中制作目录，可以快速检阅或定位到长文档中感兴趣的位置，同时还有利于了解文档的结构。

1. 提取文档目录

提取文档目录的前提条件是为各级标题设置了相应的大纲级别，换句话说，凡是应用了大纲级别的标题，就能够自动生成目录。提取文档目录的具体操作步骤如下：

Step 01 将光标定位至文档的开头位置，单击【插入】选项卡下【页面】组中的【空白页】选项，插入一个空白页。

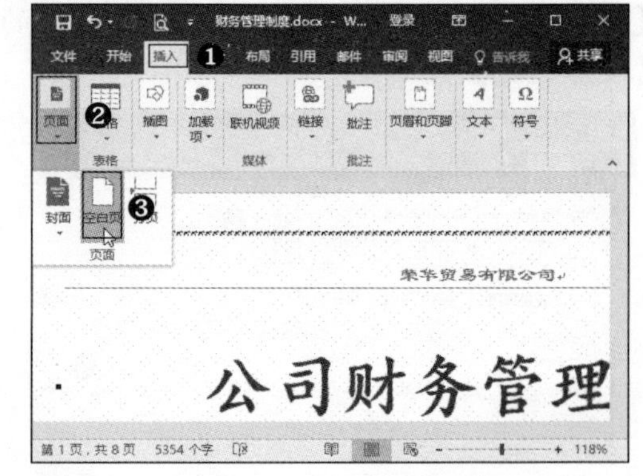

Step 02 快速提取目录。将光标定位在第1页（空白页）中，单击【引用】项卡下【目录】组中的【目录】按钮，在弹出的下拉

列表中可选择内置的目录样式，如选择【自动目录1】选项。

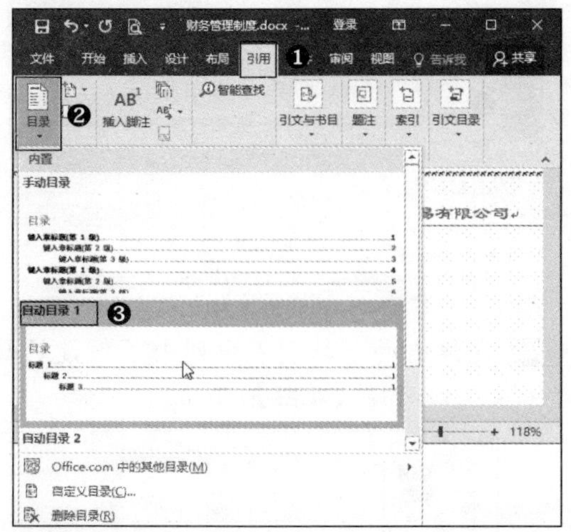

Step 03 即可快速提取出目录，效果如下图所示。

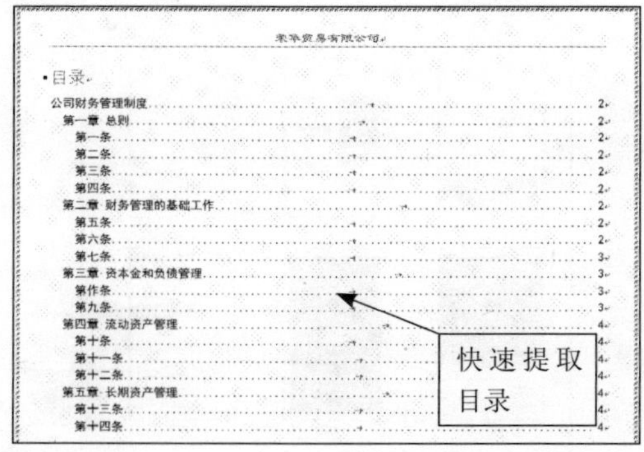

Step 04 自定义目录。在步骤2的下拉列表中选择【自定义目录】选项，弹出【目录】对话框，单击【格式】右侧的下拉按钮，在弹出的下拉列表中可选择目录格式，如选择【正式】选项。

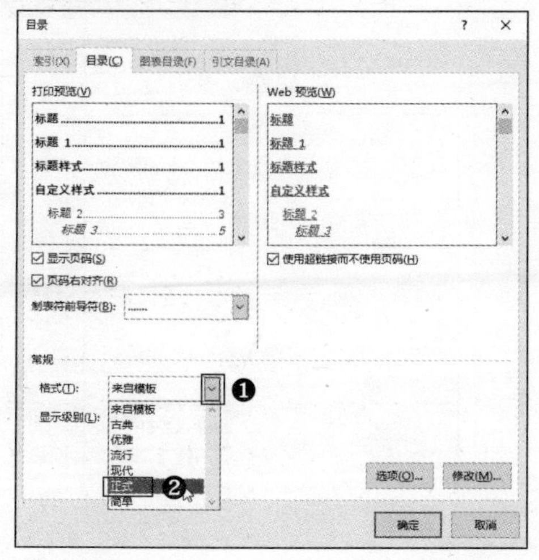

Step 05 在【制表符前导符】下拉列表框中选择前导符的样式，设置【显示级别】为"3"，之后单击【确定】按钮。

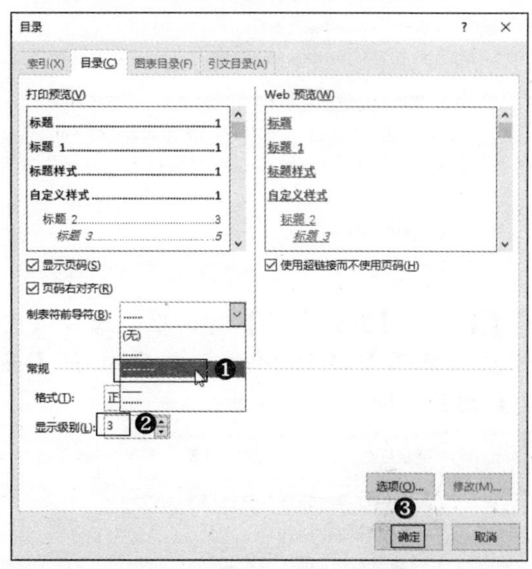

Step 06 即可以自定义的样式来提取目录，效果如下图所示。

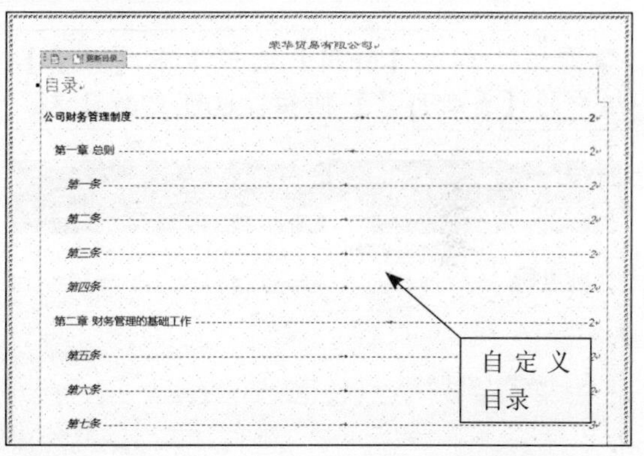

提示：将光标定位在目录的标题处，按住【Ctrl】键，光标会变为小手形状，单击即可跳转到文档中相应标题处。

2. 更新目录

如果更改了标题的大纲级别，或者删除了某个标题，提取的目录并不会自动更新，需要用户手动进行更新，更新目录的具体操作步骤如下：

Step 01 在目录任意位置处单击，选中目录，之后单击目录方框顶部的【更新目录】按钮 更新目录... 。

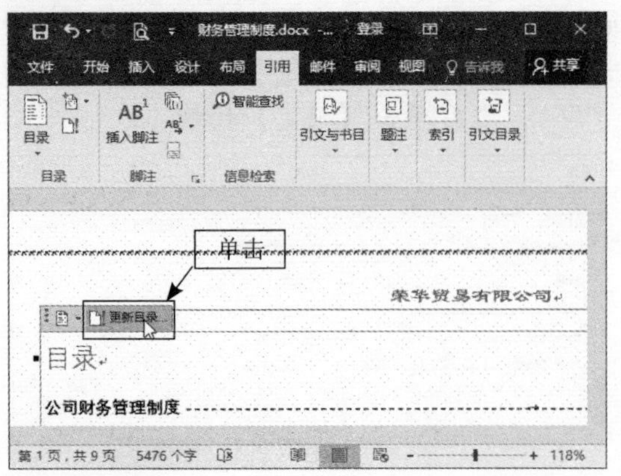

Step 02 弹出【更新目录】对话框，选择【更新整个目录】单选按钮，之后单击【确定】按钮，即可更新目录。

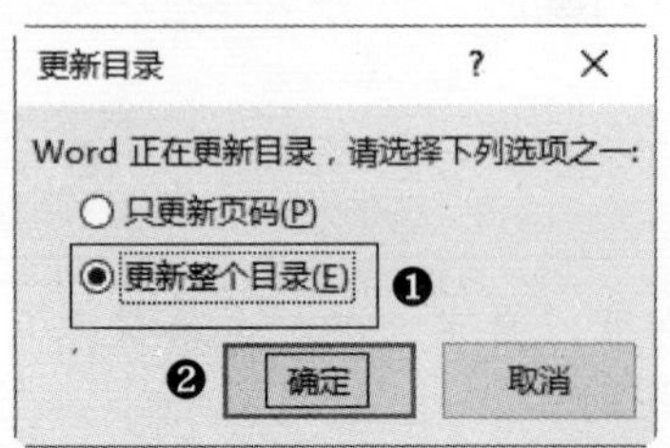

提示：单击【引用】选项卡下【目录】组中的【更新目录】按钮，也可更新目录。

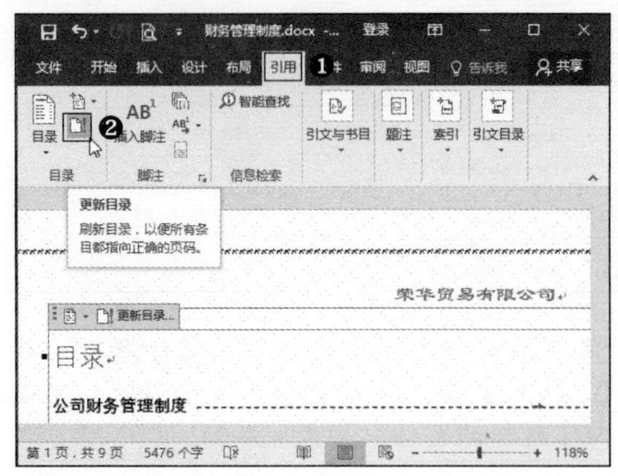

3.2.3 制作封面

Word 2016提供了多个漂亮的封面模板，用户可以直接调用模板作为文档的封面，之后修改相应的文本即可。制作封面的具体操作步骤如下：

Step 01 单击【插入】选项卡下【页面】组中的【封面】按钮。

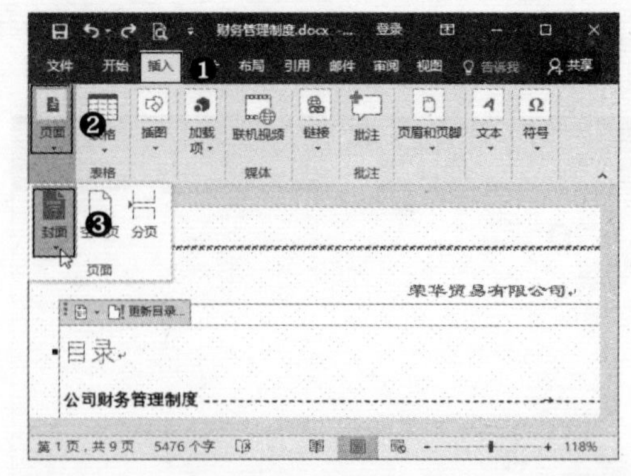

Step 02 在弹出的下拉列表中列出了预设的封面样式，如选择【花丝】选项。

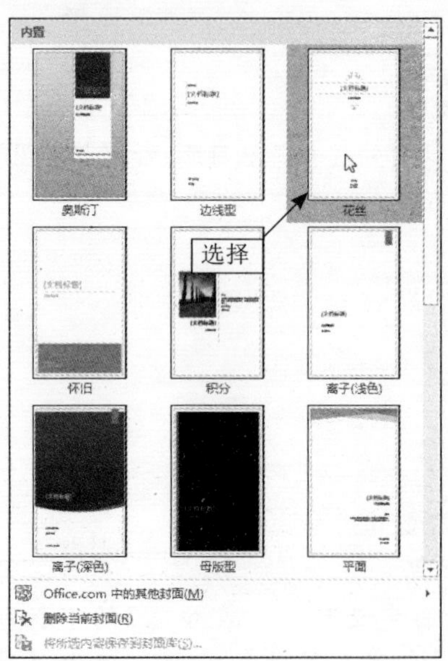

Step 03 即可在文档的开头插入“花丝”样式的封面。

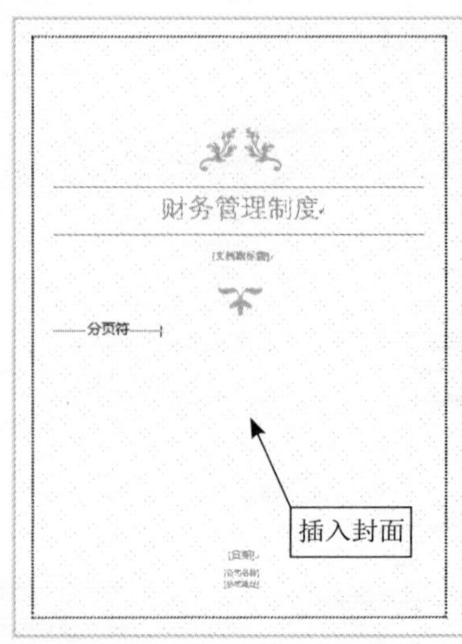

Step 04 根据实际情况在封面中输入副标题、制作日期、公司名称等信息，并设置相应的文本格式，封面即制作完成。

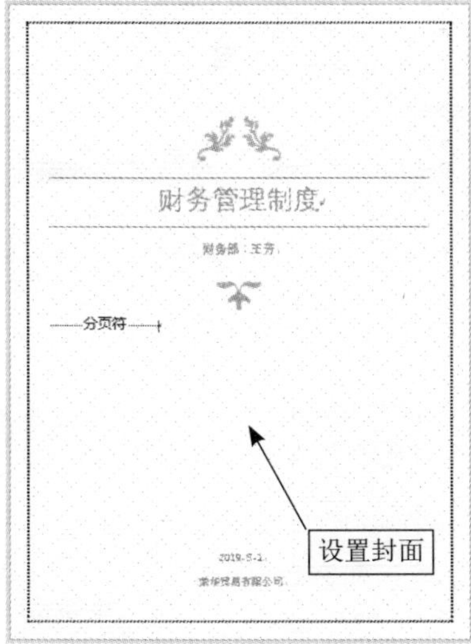

3.3 制作"产品说明书"文档

产品说明书用于介绍公司产品的技术参数、规格、功能等，便于用户正确地使用公司产品，可以起到宣传产品、扩大消息和传播知识的作用。

3.3.1 输入内容

制作"产品说明书"文档的第一步是在文档中输入内容。具体操作步骤如下：

Step 01 新建一个空白文档，命名为"产品说明书"并保存。在文档中输入标题和正文内容，效果如下图所示。

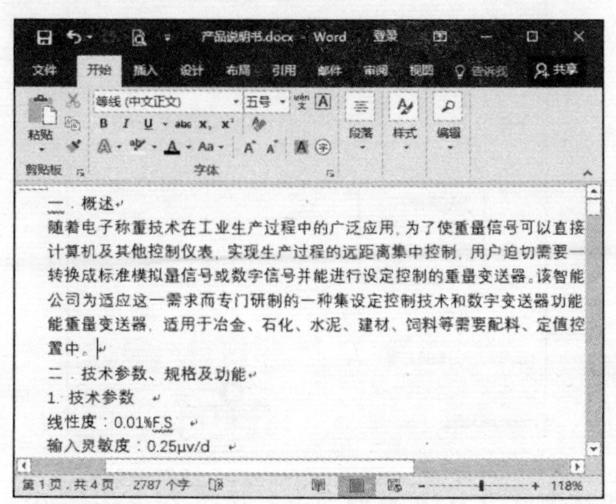

Step 02 将光标定位于第二个段落末尾处，按【Enter】键，另起一行。单击【插入】选项卡下【插图】组中的【图片】按钮。

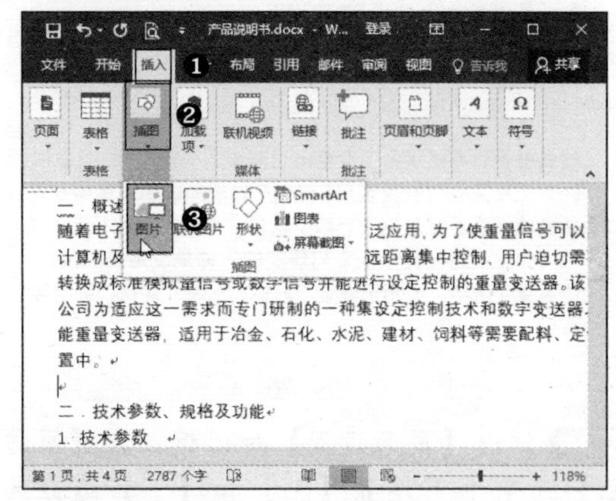

Step 03 弹出【插入图片】对话框，在计算机中选择要插入的图片，单击【插入】按钮。

Step 04 即可插入图片，单击【开始】选项卡下【段落】组中的【居中】按钮，设置为居中对齐。使用上述方法，在其他位置处插入图片。

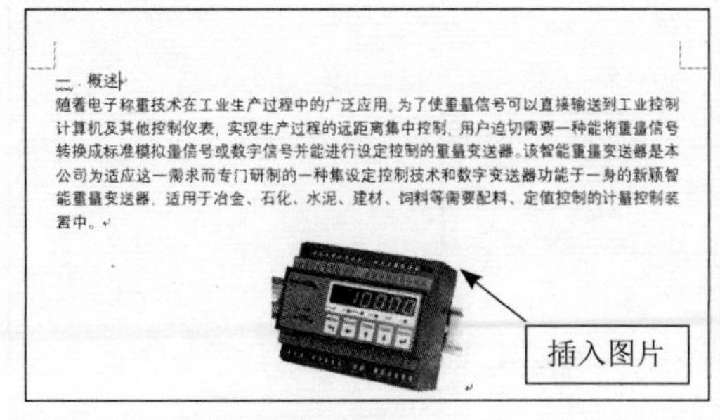

3.3.2 设置页面布局

设置页面布局的具体操作步骤如下：

Step 01 单击【布局】选项卡下【页面设置】

组右下角的【页面设置】按钮 。

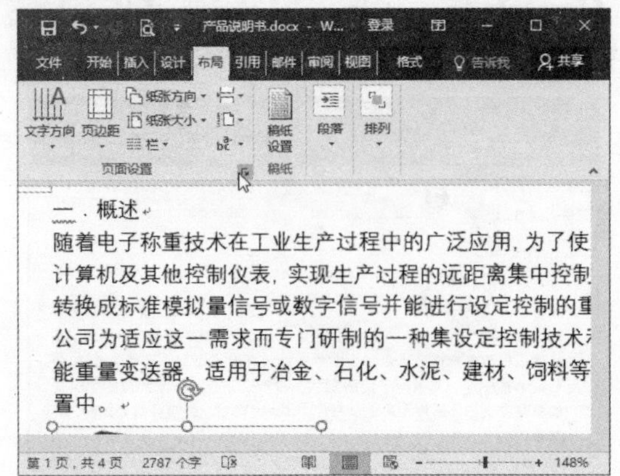

Step 02 弹出【页面设置】对话框，在【页边距】选项卡下设置【上】和【下】边距为“1.5厘米”，【左】和【右】边距为“1.2厘米”，【纸张方向】为“横向”。

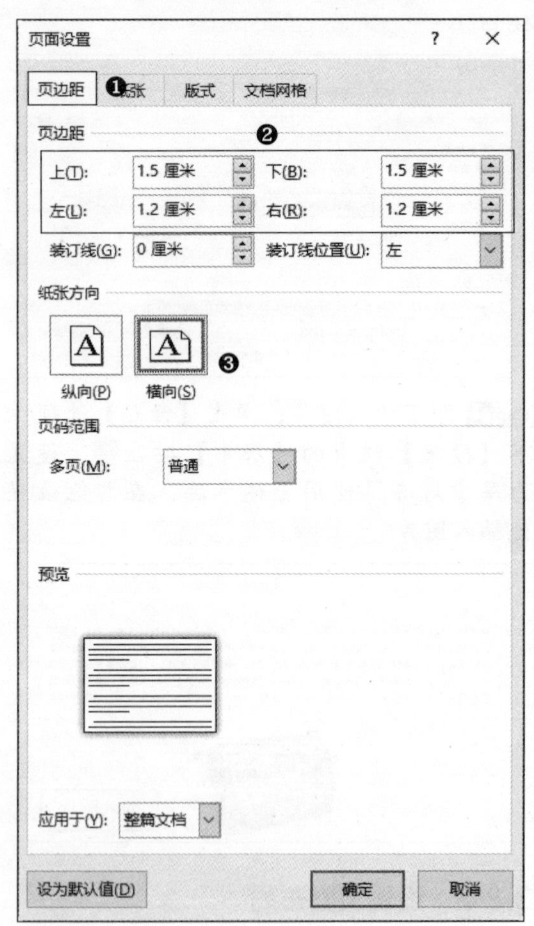

Step 03 切换到【纸张】选项卡下，设置宽度“14.8厘米”，高度为“10.5厘米”。

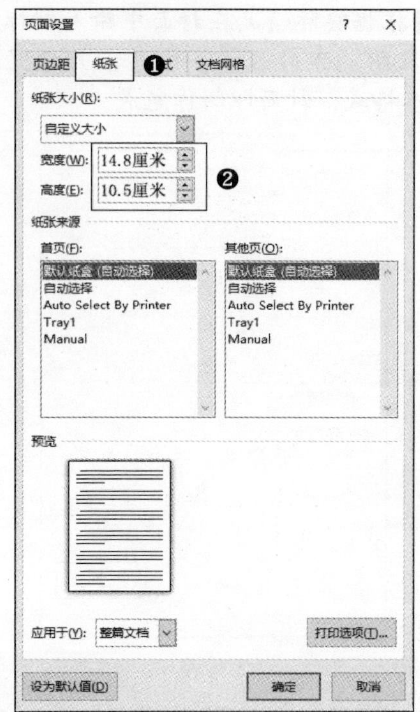

Step 04 切换到【版式】选项卡，在【页眉和页脚】选项区域中选择【首页不同】复选框，设置【页眉】和【页脚】均为“1厘米”，之后单击【确定】按钮。

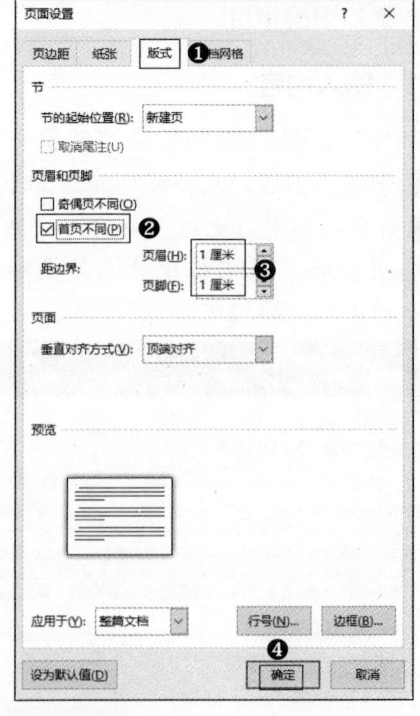

Step 05 即可设置页面布局，效果如下图所示。

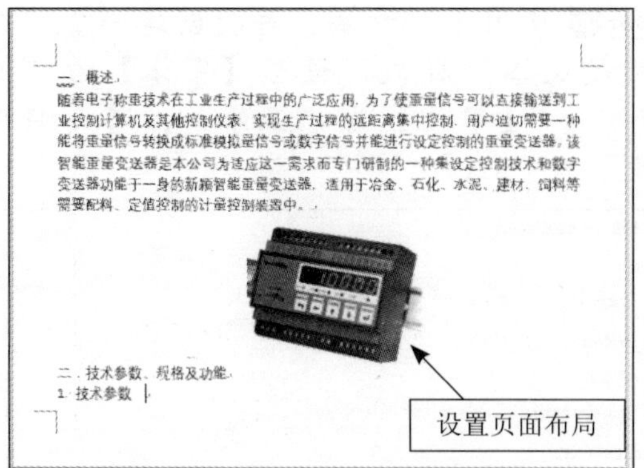

3.3.3 应用样式

下面创建样式，并使标题文本应用样式，从而快速设置格式。具体操作步骤如下：

Step 01 选中“一. 概述”标题文本，单击【开始】选项卡下【样式】组中的【其他】按钮。

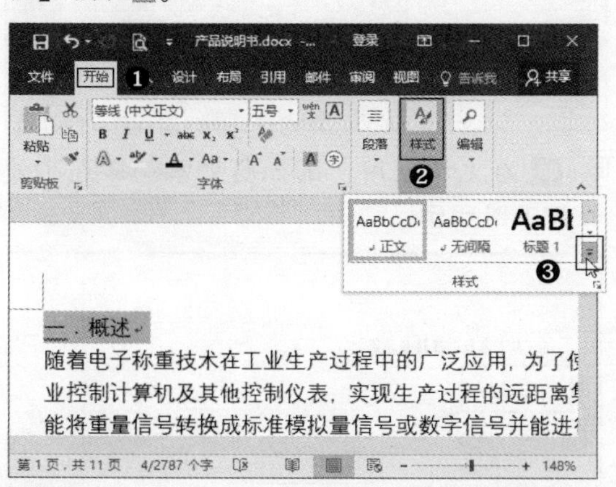

Step 02 在弹出的下拉列表中选择【创建样式】选项。

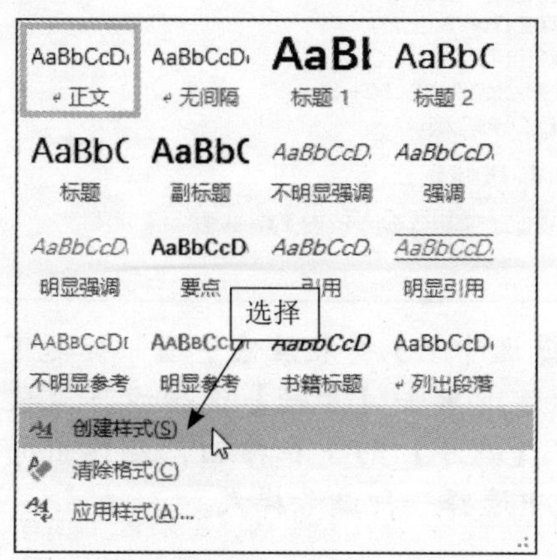

Step 03 弹出【根据格式化创建新样式】对话框，在【名称】文本框中输入“标题样式”，之后单击【修改】按钮。

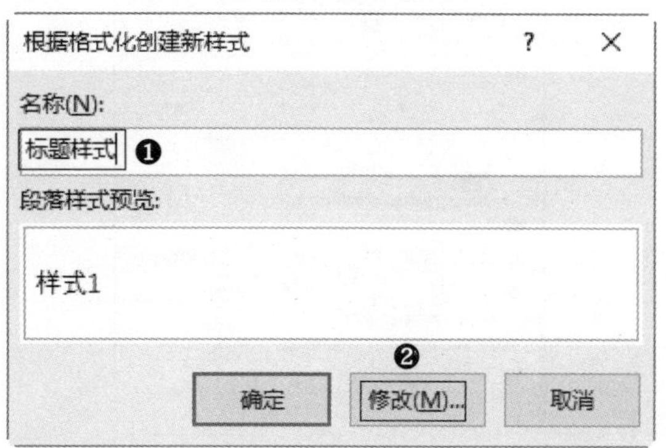

Step 04 在弹出的对话框中设置【字体】为“楷体”，【字号】为“小四”，单击【加粗】按钮B，之后在左下角单击【格式】按钮，在弹出的下拉列表中选择【段落】选项。

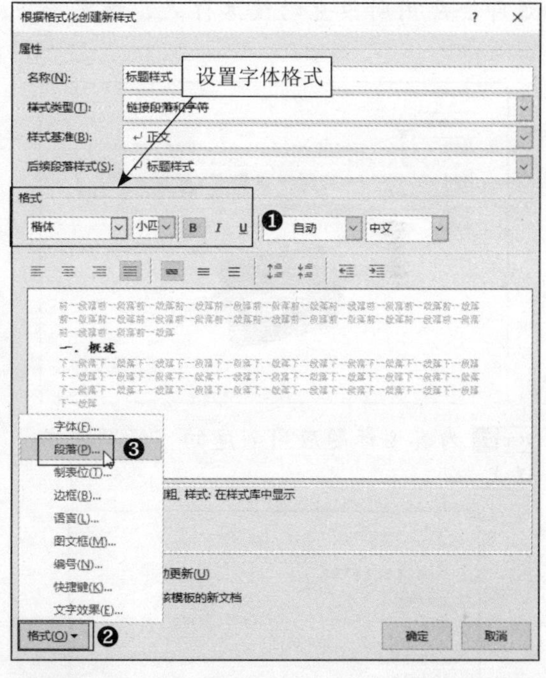

Step 05 弹出【段落】对话框，设置【大纲级别】为“2级”，【段前】和【段后】均为“0.5行”，单击【确定】按钮，返回至【根据格式化创建新样式】对话框中，再次单击【确定】按钮。

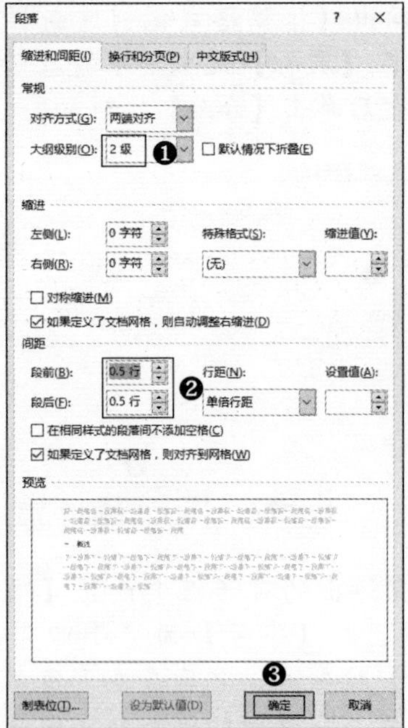

Step 06 返回至文档中，此时“一. 概述”段落即会应用所设置的段落样式，效果如下图所示。

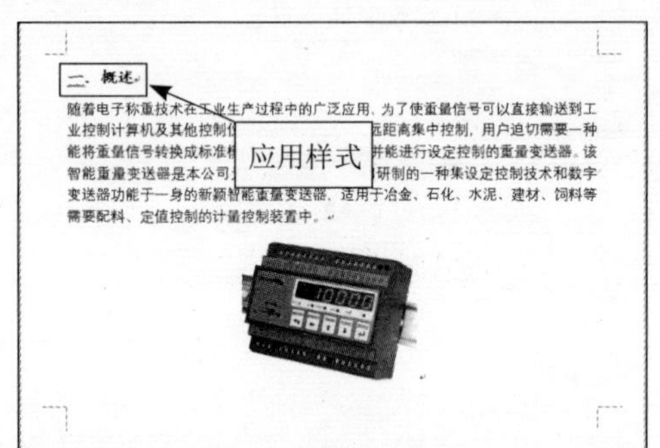

Step 07 为其他标题应用创建的“标题文本”样式。

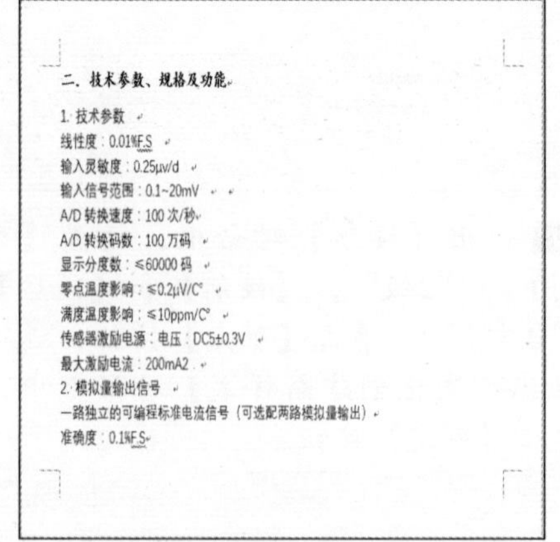

Step 08 使用上述方法，再次创建一个“副标题文本”样式，设置【字体】为“楷体”，【字号】为“五号”，【大纲级别】为“3级”。

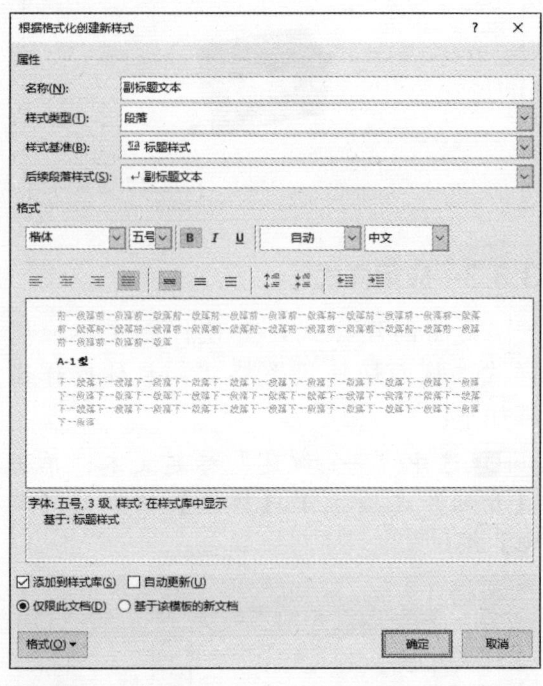

Step 09 为文本应用“副标题文本”样式的效果如下图所示。

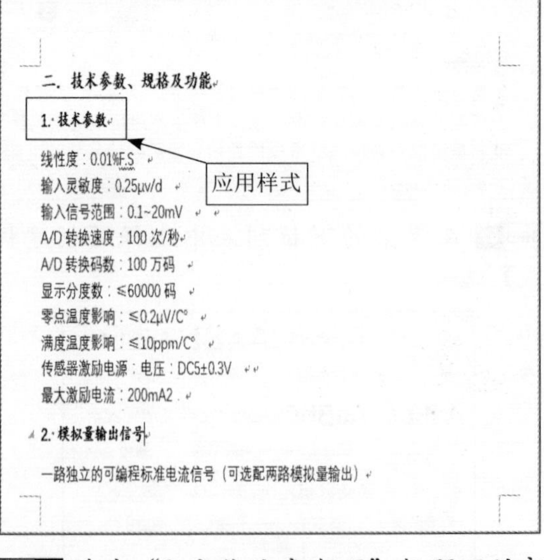

Step 10 选中“3.安装注意事项”标题下的部分段落，单击【开始】选项卡下【段落】组中【编号】的下拉按钮，在弹出的下拉列表中选择一种编号样式。

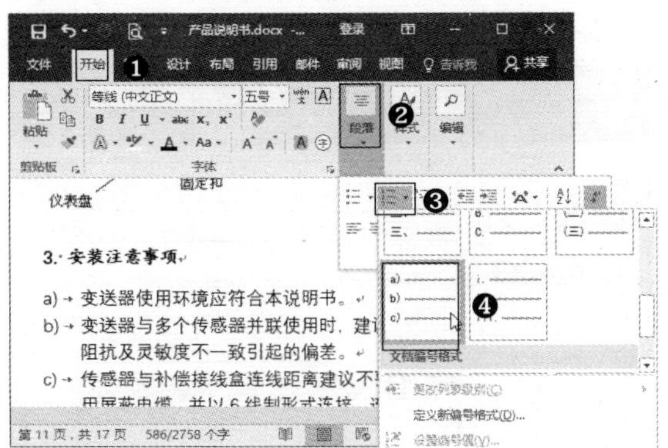

Step 11 添加编号后的效果如下图所示。

3. 安装注意事项

a) 变送器使用环境应符合本说明书。

b) 变送器与多个传感器并联使用时，建议使用补偿接
阻抗及灵敏度不一致引起的偏差。

c) 传感器与补偿接线盒连线距离建议不要超过 10m。
……以 6 线制形式连接，连线距离建议
准确度及稳定性产生影响。

添加编号

Step 12 选择“5.显示器”标题下的部分内容，单击【开始】选项卡下【段落】组中【项目符号】的下拉按钮，在弹出的下拉列表中选择一种项目符号样式。

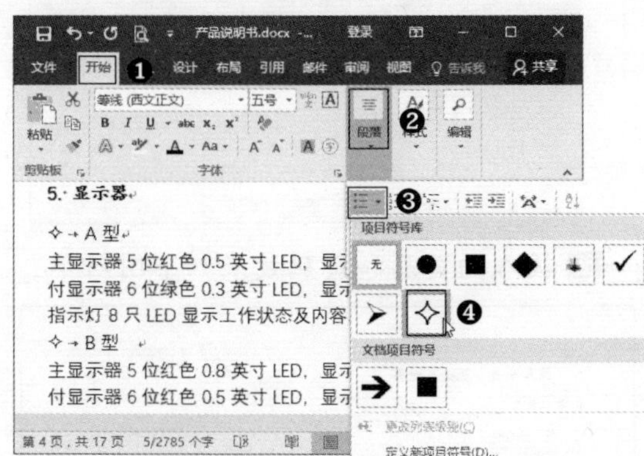

Step 13 添加项目符号后的效果如下图所示。

5. 显示器

✧ A 型

主显示器 5 位红色 0.5 英寸 LED，显示称量值、
付显示器 6 位……，显示累加值。
指示灯 8 只 LE……及内容。

✧ B 型

主显示器 5 位红色 0.8 英寸 LED，显示称量值、
付显示器 6 位红色 0.5 英寸 LED，显示累加值。

添加项目符号

3.3.4 插入页眉和页码

插入页眉和页码的具体操作步骤如下：

Step 01 在第2页页眉处双击，进入页眉页脚编辑状态。单击【页眉和页脚工具】➤【设计】选项卡下【插入】组中的【图片】按钮。

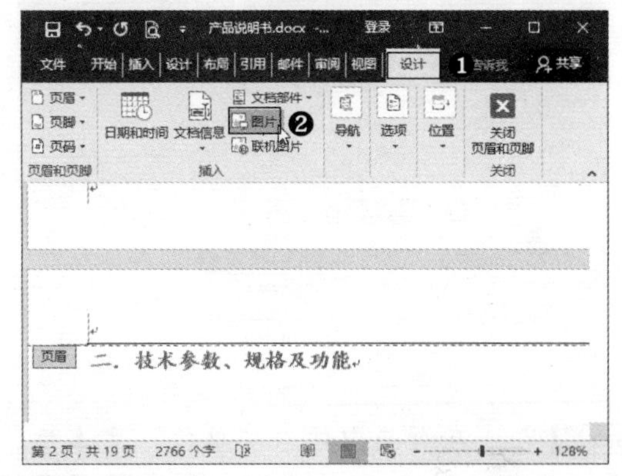

Step 02 弹出【插入图片】对话框，在计算机中选中要插入的图片，单击【插入】按钮。

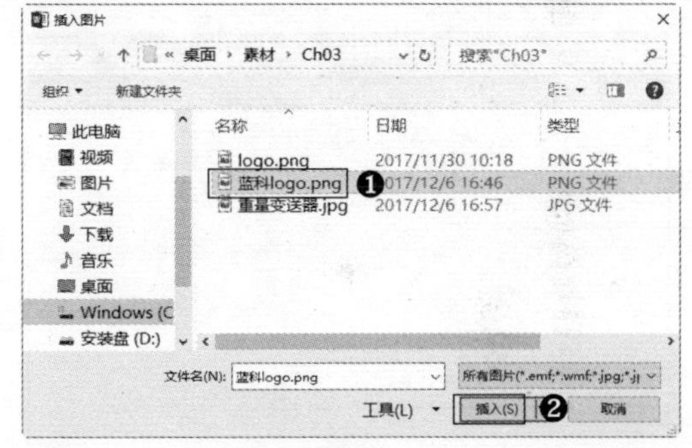

Step 03 即可在页眉处插入图片，调整图片的大小，之后单击【图片工具】➤【格式】选项卡下【排列】组中的【环绕文字】按钮，在弹出的下拉列表中选择【浮于文字上方】，设置图片的环绕方式。

Step 04 单击【页眉和页脚工具】➢【设计】选项卡下【插入】组中的【文档信息】按钮，在弹出的下拉列表中选择【文档属性】➢【单位】选项。

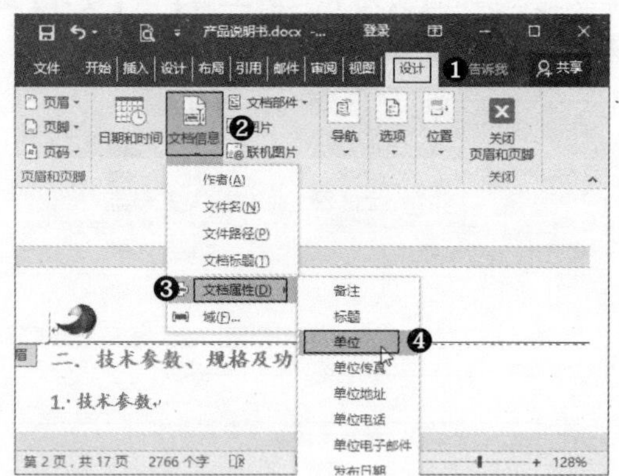

Step 05 即可在页眉中插入“单位”文本框，在文本框中输入公司名称，之后设置字体为“黑体”，字号为“小五”，并使其靠右对齐。

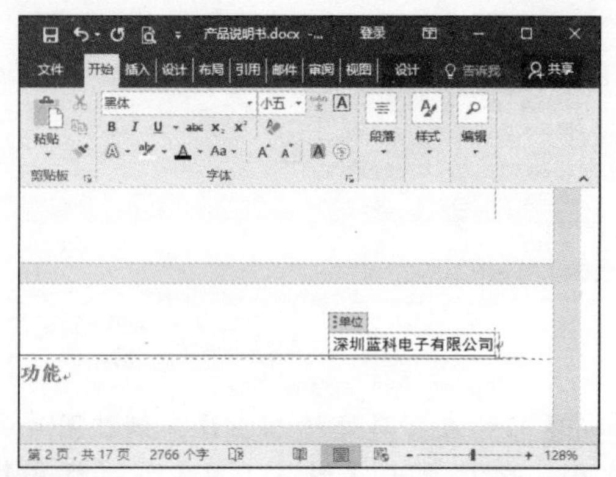

Step 06 在页眉中拖动图片，将其放置在公司名称的左侧，页眉即制作完成。

Step 07 将光标定位至页脚处，单击【页眉和页脚工具】➢【设计】选项卡下【页眉和页脚】组中的【页码】按钮，在弹出的下拉列表中选择【页面底端】选项，在子列表中选择【箭头1】选项。

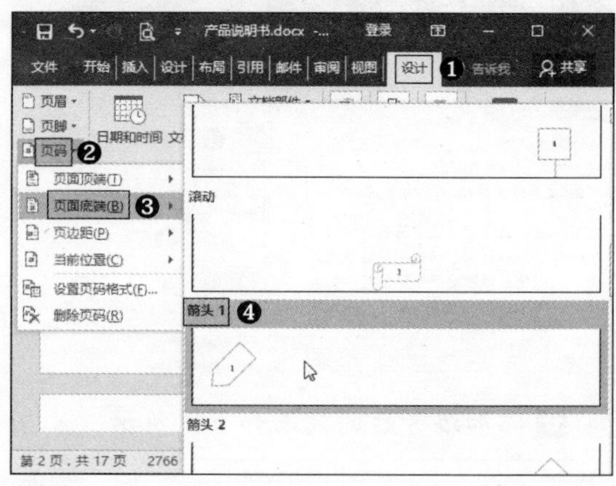

Step 08 即可在页面底端插入页码，调整页码处箭头的大小，页码即制作完成。之后单击【页眉和页脚工具】➢【设计】选项卡下【关闭】组中的【关闭页眉和页脚】按钮，退出页眉页脚编辑状态。

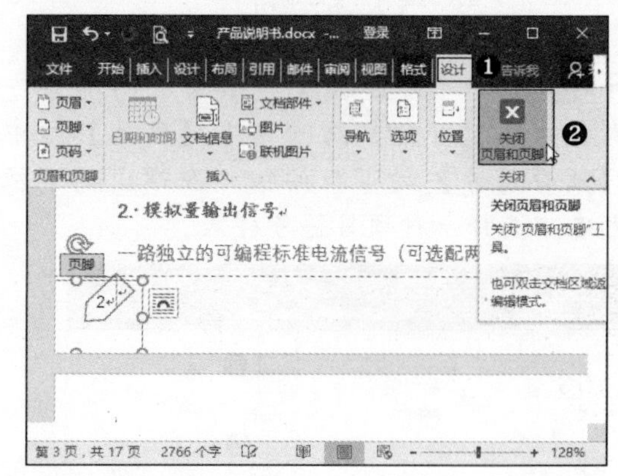

Step 09 插入的页眉和页码效果如下图所示。

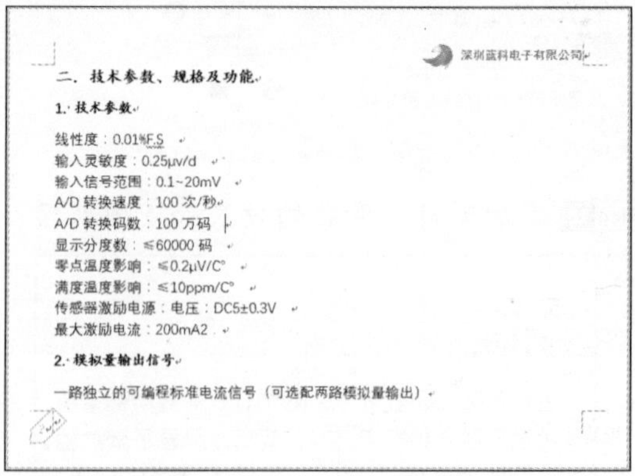

3.3.5 制作目录

制作目录的具体操作步骤如下：

Step 01 将光标定位在第1页第1行开头位置，单击【插入】选项卡下【页面】组中的【空白页】按钮，即可插入一个空白页，在其中输入“目录”文本，设置字体为“楷体”，字号为“三号”，并使其居中显示。

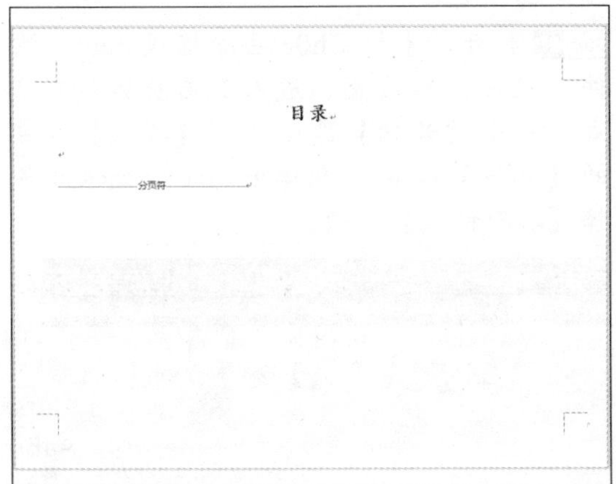

Step 02 将光标定位至“目录”文本右侧，按【Enter】键另起一行。之后单击【引用】选项卡下【目录】组中的【目录】按钮，在弹出的下拉列表中选择【自定义目录】选项。

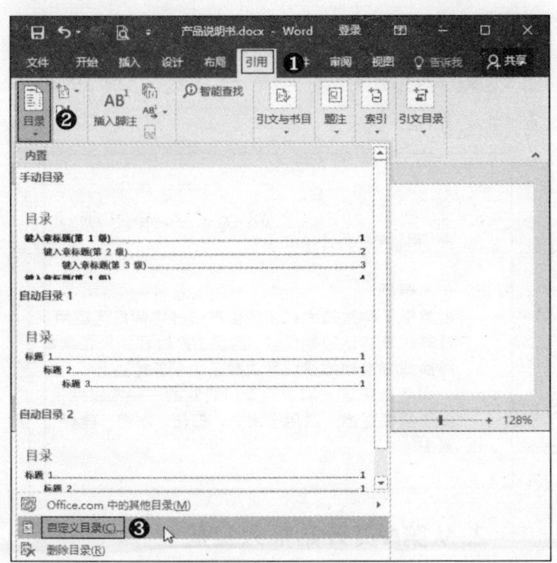

Step 03 弹出【目录】对话框，设置【格式】为“古典”，【显示级别】为“3”，并在【制表符前导符】下拉列表中选择前导符类型。设置完成后，单击【确定】按钮。

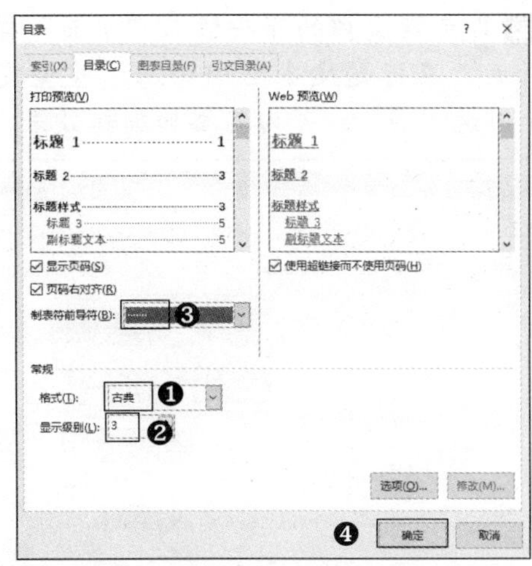

Step 04 即可提取说明书中的目录，效果如下图所示。

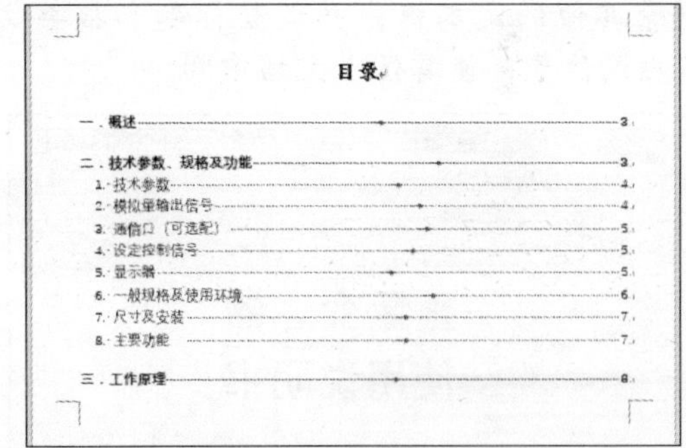

3.3.6 制作封面

制作封面的具体操作步骤如下：

Step 01 单击【插入】选项卡下【页面】组中的【封面】按钮，在弹出的下拉列表中选择【平面】选项。

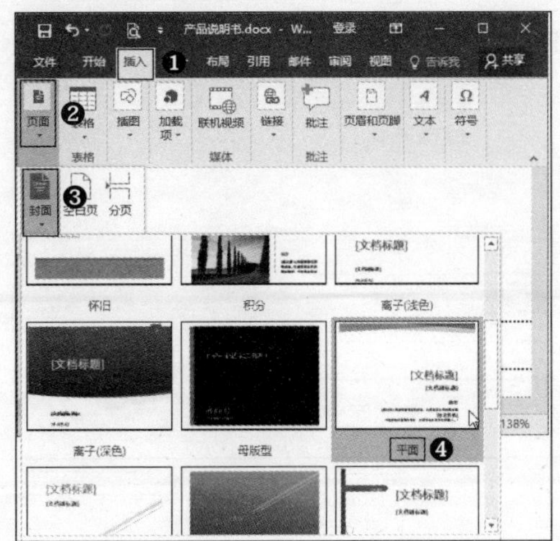

Step 02 即可在文档的开头插入“平面”样式的封面，在标题文本框中输入“重量变送器使用说明书”，并为其添加加粗效果。

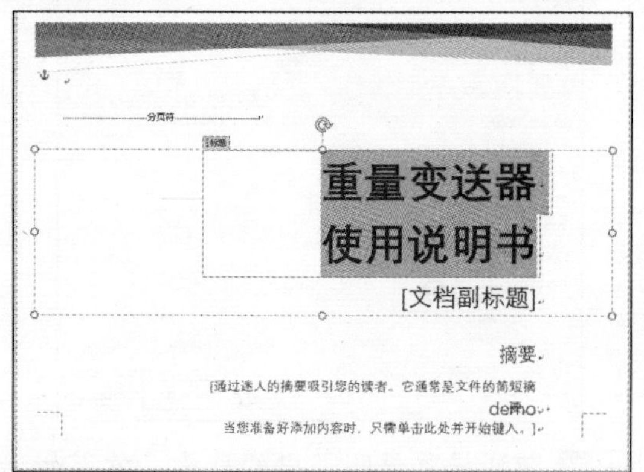

Step 03 在摘要文本框中输入公司名称，之后删除其他的文本框，并调整标题和摘要文本框的位置，使其位于文档中间。

Step 04 在封面中插入公司Logo图片，放置在右上角。按【Ctrl+S】组合键保存。至此，“产品说明书”文档制作完成。

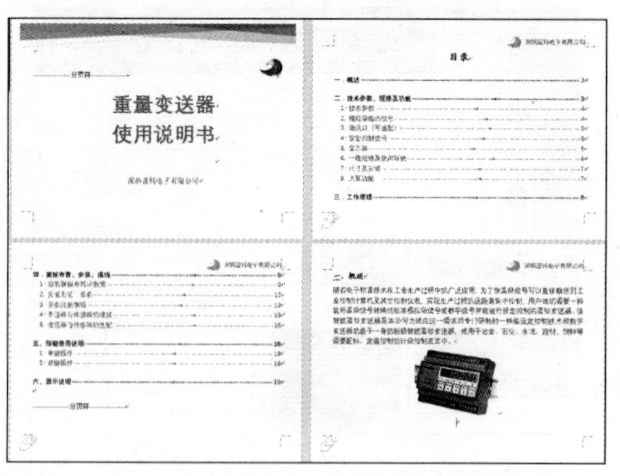

高手支招

1. 去除页眉上的横线

在添加页眉时，经常会看到自动添加的分割线，可去除。去除页眉上横线的操作步骤如下：

Step 01 打开“素材\Ch03\去除横线.docx”文件，双击页眉位置，进入页眉页脚编辑模式。单击【开始】选项卡下【样式】组中的【其他】按钮，在弹出的下拉列表中选择【清除格式】选项。

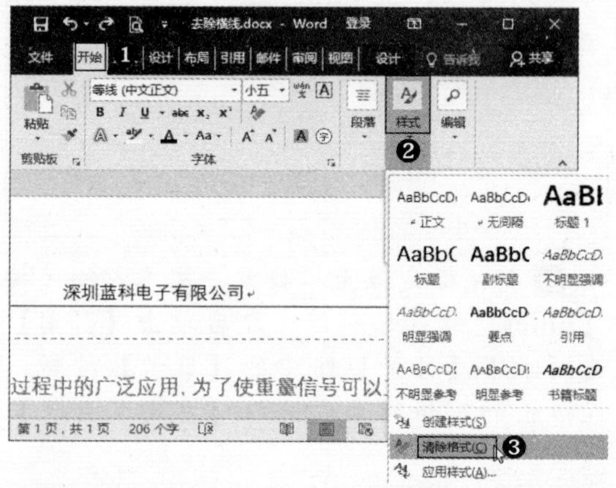

Step 02 即可去除页眉上的分割线，同时页眉上的文本也会恢复为原始状态，用户需要重新设置格式。

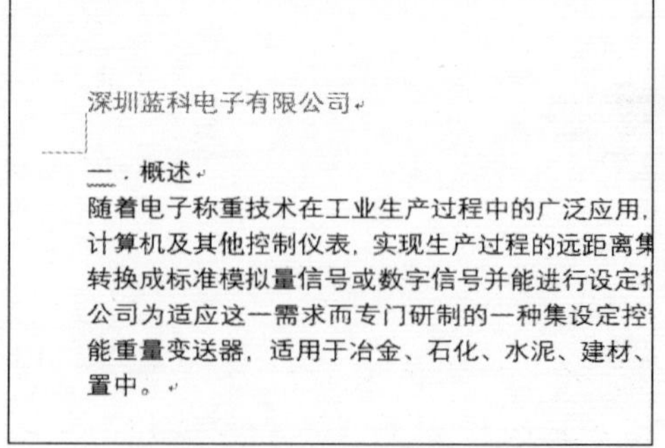

2. 从第N页开始插入页码

对于某些文档，由于说明性文字或者与正文无关的文字篇幅较多，需要从指定的页面开始添加插入页码，具体操作步骤如下：

Step 01 打开“素材\Ch03\从第N页开始插入页码.docx”文件，将光标定位在第8页的末尾，单击【布局】选项卡下【页面设置】组中的【分隔符】按钮，在弹出的下拉列表中选择【分节符】区域中的【下一页】选项。

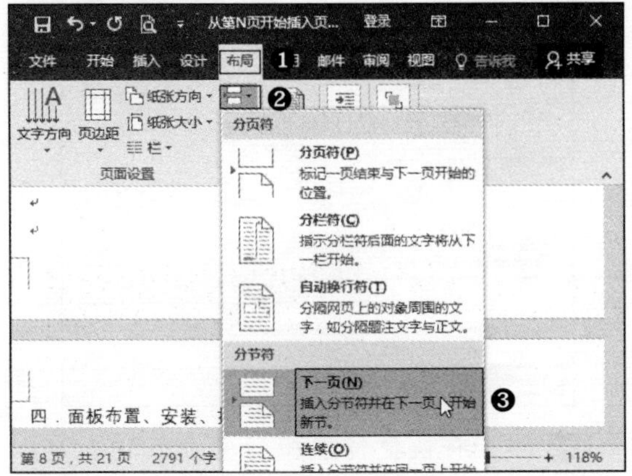

Step 02 即可插入分节符，在第9页的页脚处双击，进入页眉页脚编辑模式，单击【页眉和页脚工具】➤【设计】选项卡下【导航】组中的【链接到前一条页眉】按钮，取消该按钮的选中状态。

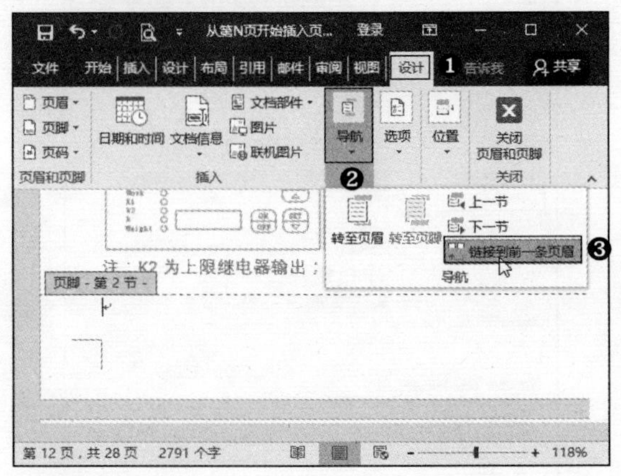

Step 03 将光标定位至第9页的页脚处，单击【插入】选项卡下【页眉和页脚】组中的【页码】按钮，在弹出的下拉列表中选择【页面底端】选项，在子列表中选择【普通数字1】样式。

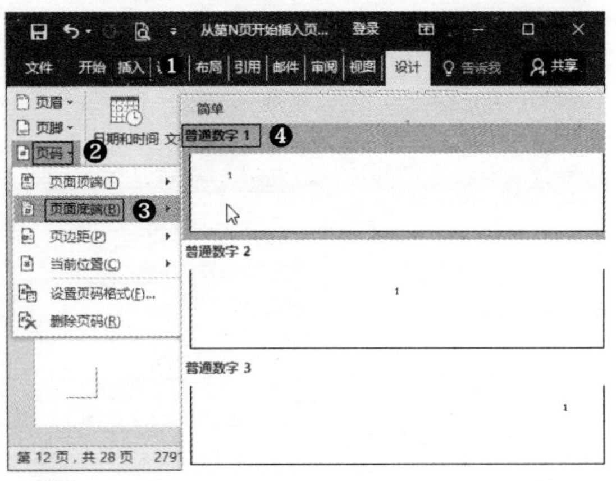

Step 04 即可从当前页（即第9页）开始插入页码，前8页并没有插入页码，效果如下图所示。

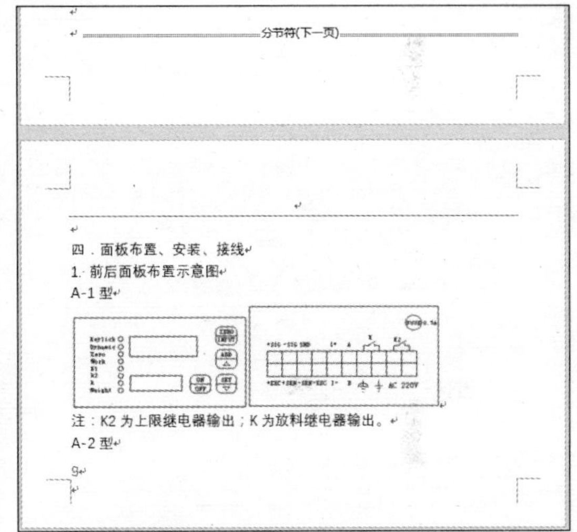

3. 为样式添加快捷键

在为样式添加了快捷键后，只需按下快捷键，即可快速应用样式。为样式添加快捷键的具体操作步骤如下：

Step 01 打开“素材\Ch03\为样式添加快捷键.docx”文件，在【开始】选项卡下【样式】组中的“标题1”样式上右击，在弹出的快捷菜单中选择【修改】命令。

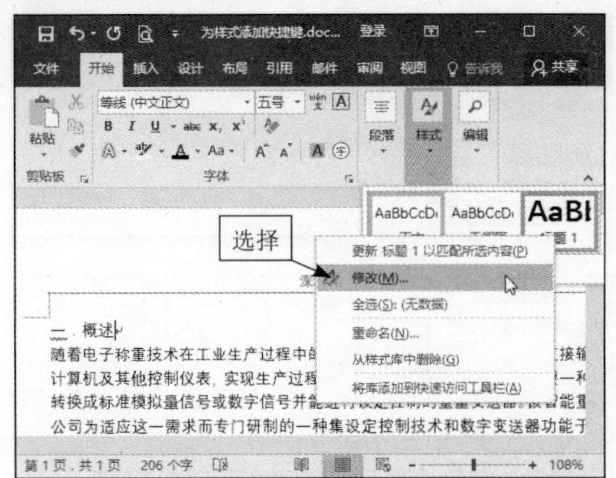

Step 02 弹出【修改样式】对话框，在左下角单击【格式】按钮，在弹出的下拉列表中选择【快捷键】选项。

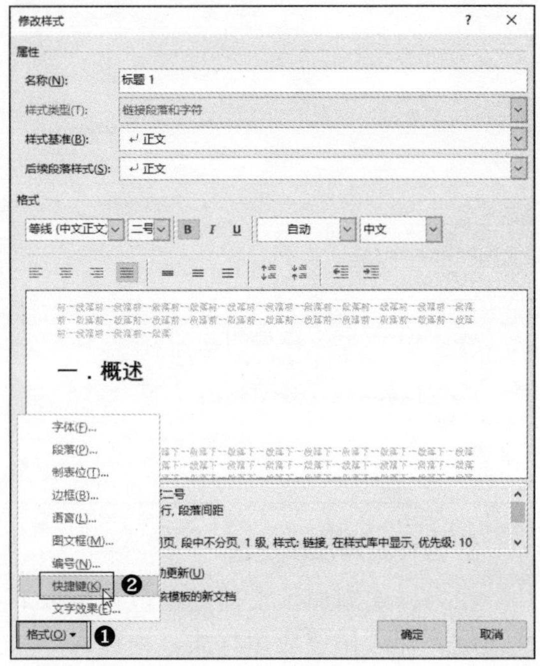

Step 03 弹出【自定义键盘】对话框，在【请按新快捷键】文本框中输入要添加的快捷键，之后单击【指定】按钮。

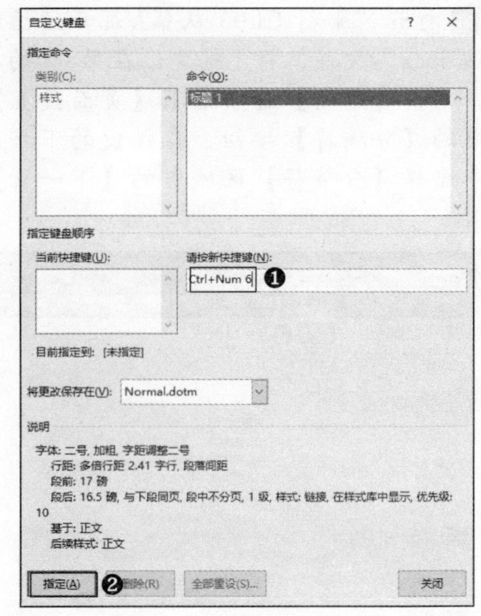

Step 04 即可将快捷键添加到【当前快捷键】列表框内，单击【关闭】按钮，关闭对话框即可。以后只需按该快捷键，即可自动应用“标题1”样式。

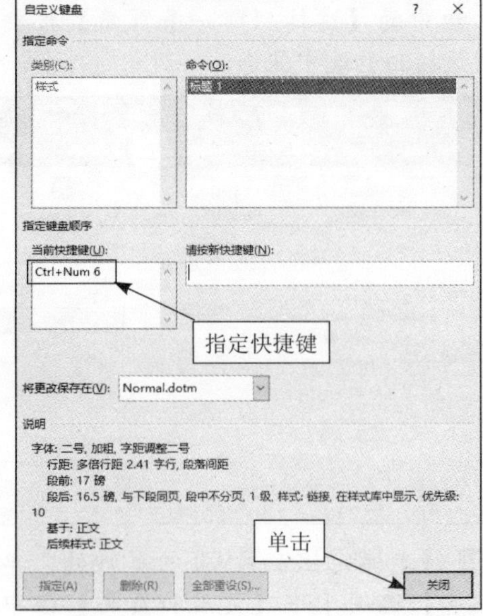

第4章 审阅文档——Word 2016的审阅与批量制作

本章导读：

将文档发送给其他人之前，用户应养成检查和审阅文档的习惯，包括校对文档、统计字数、批注文档、修订文档、设置文档的编辑权限等操作，从而递交出更加专业的文档。通过本章的学习，读者可掌握检查和审阅文档的方法。此外，还可掌握批量制作文档的方法，以提高工作效率。

案例赏析：

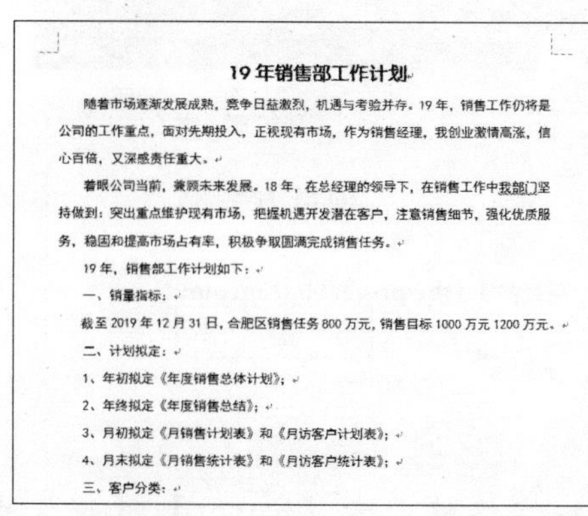

19年销售部工作计划

随着市场逐渐发展成熟，竞争日益激烈，机遇与考验并存。19年，销售工作仍将是公司的工作重点，面对先期投入，正视现有市场，作为销售经理，我创业激情高涨，信心百倍，又深感责任重大。

着眼公司当前，兼顾未来发展。18年，在总经理的领导下，在销售工作中我部门坚持做到：突出重点维护现有市场，把握机遇开发潜在客户，注意销售细节，强化优质服务，稳固和提高市场占有率，积极争取圆满完成销售任务。

19年，销售部工作计划如下：

一、销量指标：

截至2019年12月31日，合肥区销售任务800万元，销售目标1000万元1200万元。

二、计划拟定：

1、年初拟定《年度销售总体计划》；

2、年终拟定《年度销售总结》；

3、月初拟定《月销售计划表》和《月访客户计划表》；

4、月末拟定《月销售统计表》和《月访客户统计表》；

三、客户分类：

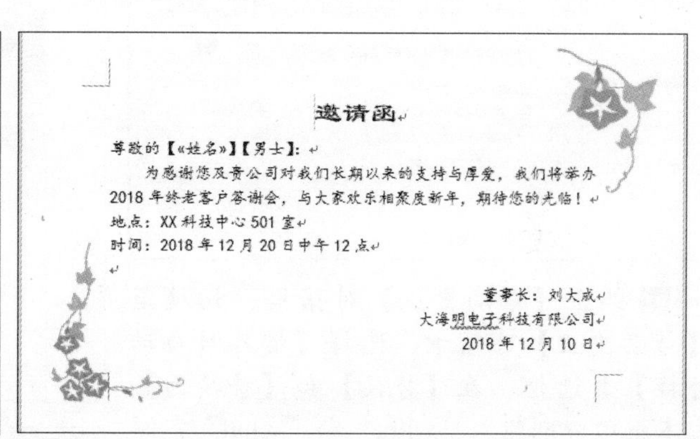

邀请函

尊敬的【«姓名»】【男士】：

为感谢您及贵公司对我们长期以来的支持与厚爱，我们将举办2018年终老客户答谢会，与大家欢乐相聚度新年，期待您的光临！

地点：XX科技中心501室

时间：2018年12月20日中午12点

董事长：刘大成

大海明电子科技有限公司

2018年12月10日

4.1 编辑“项目方案书”文档

一个酝酿中的项目往往是模糊不清的，通过撰写项目方案书，可以使一个完整可行的投资行为跃然纸上，对未来起到指导和控制作用，最终借以达到方案目标。

4.1.1 文档的错误处理

Word 2016提供了强大的错误处理功能，包括拼写语法检查、自动更正等，可以及时检测并更正文档中出现的各类错误。

1. 使用自动更正功能

Word提供了一个自动更正词库，它列出了一些容易出错的常见单词、成语或符号，以此为依据对输入的文本进行自动更正。此外，用户也可自行添加更正内容到词库中。具体操作步骤如下：

Step 01 打开“素材\Ch04\项目方案书.docx”文件，选择【文件】选项卡，在左侧列表中选择【选项】。

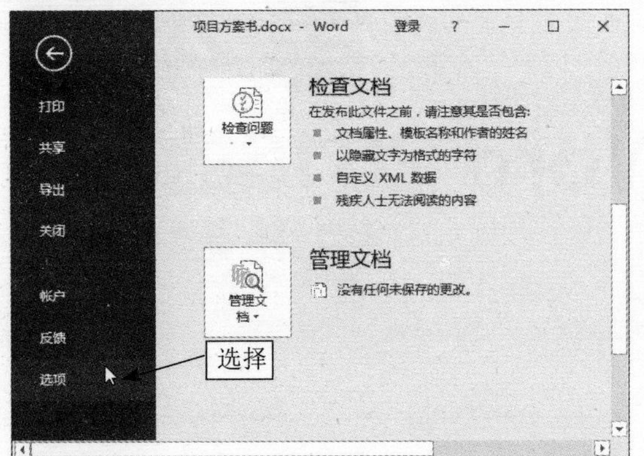

Step 02 弹出【Word选项】对话框，在左侧列表中选择【校对】选项，在右侧单击【自动更正选项】按钮。

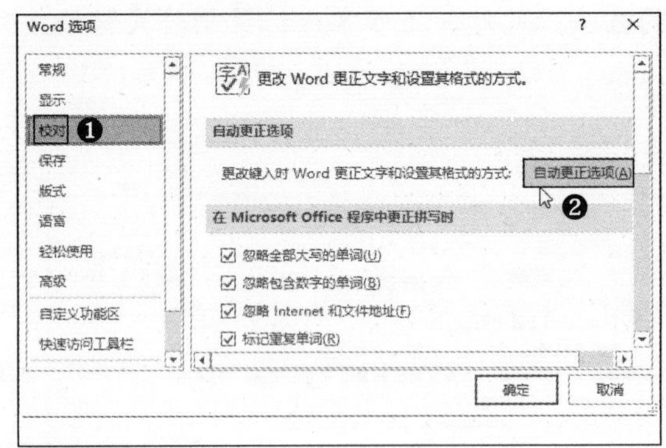

Step 03 弹出【自动更正】对话框，切换至【自动更正】选项卡，选择【键入时自动替换】复选框，在【替换】和【替换为】文本框中分别输入“whta”和“what”，单击【替换】按钮，将其添加到下方列表框中，之后单击【确定】按钮。

提示：【自动更正】选项卡下的列表框中列出了一些常见的错误，当输入左侧的错误文本时，系统会自动更正为右侧正确的文本。

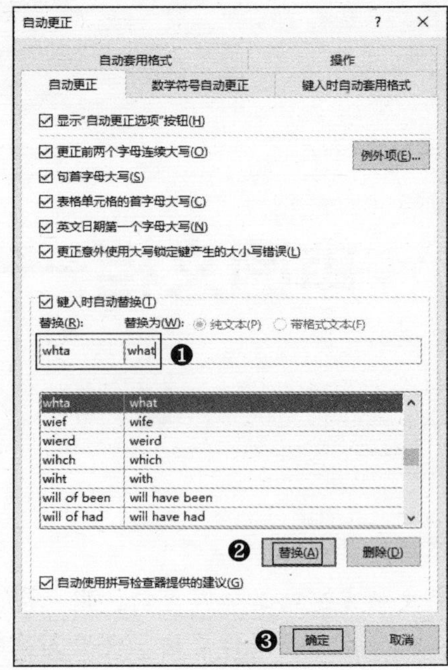

Step 04 返回至【Word选项】对话框，再次单击【确定】按钮。返回至文档中，在其中输入“Whta”这一错误文本。

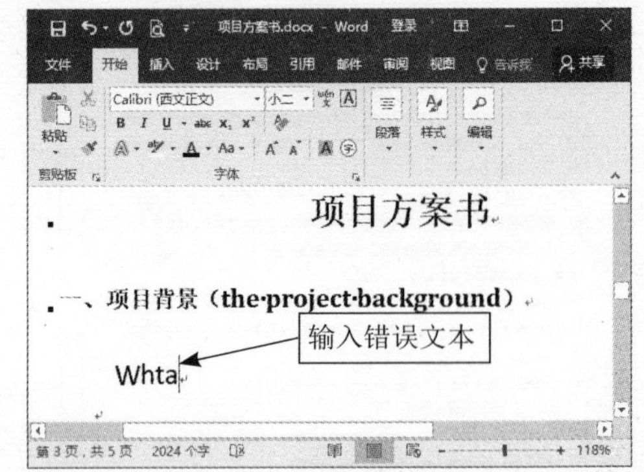

Step 05 按空格键或者【Enter】键确认输入，此时错误文本会自动更正为正确文本“What”。

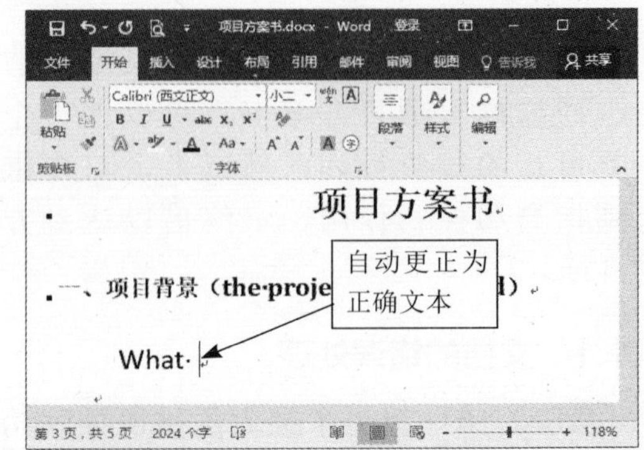

2. 拼写和语法检查

在输入文本时，如果输入了错误或不可识别的单词，Word 2016会自动在该单词下用红色波浪线进行标记；如果是语法错误，则会用绿色波浪线进行标记。

此外，用户也可利用拼写和语法功能手动检查错误，具体操作步骤如下：

Step 01 单击【审阅】选项卡下【校对】组中的【拼写和语法】按钮。

Step 02 弹出【拼写检查】窗格，在上方列出第一处出现了错误的单词，在列表框中则列出了正确的形式，选中要更改的正确单词，单击【更改】按钮。

提示：在【拼写检查】窗格中单击【忽略】按钮，将忽略当前的错误，跳转至下一处出现了错误的位置处。

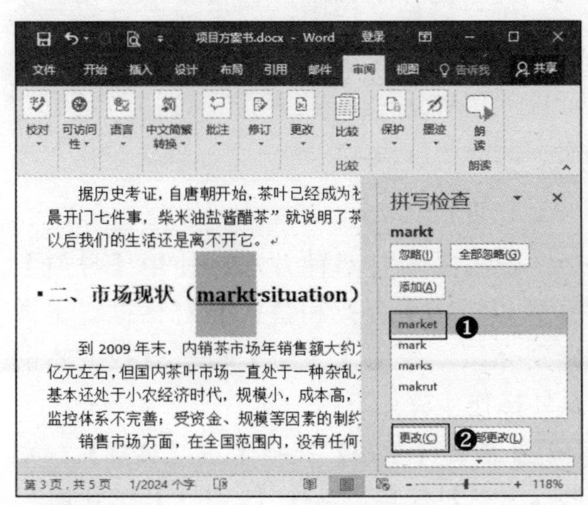

Step 03 即可对错误语句进行更改，标识错误的波浪线消失，同时会跳转至下一处出现了错误的位置处，使用上述方法，继续更改。

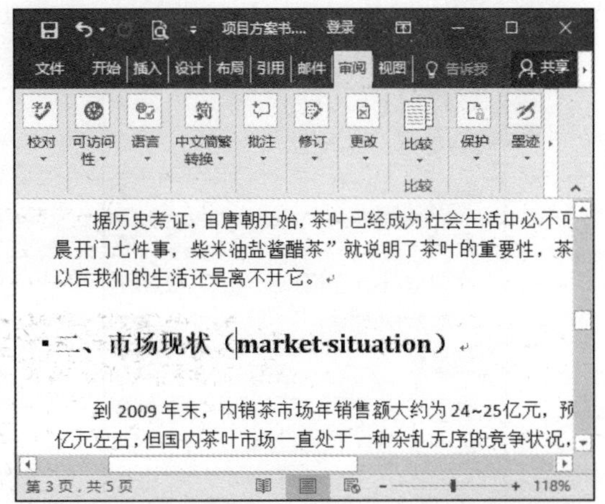

Step 04 更改完成后，弹出【Microsoft Word】对话框，提示用户拼写和语法检查完成，单击【确定】按钮，关闭对话框即可。

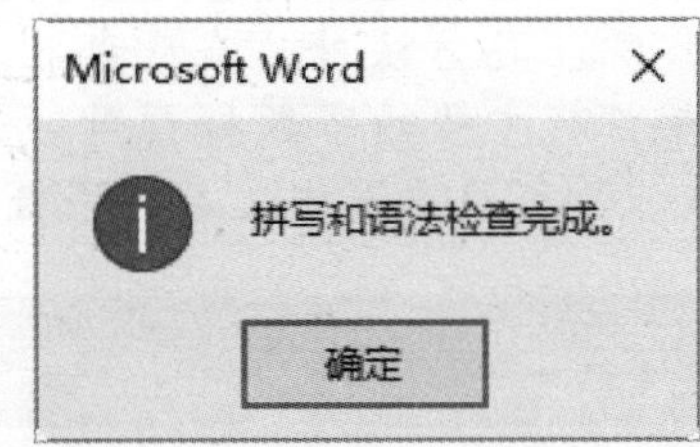

3. 统计文档字数

Word 2016提供了字数统计功能，可以轻松统计出整篇文档或所选文本的页数、字数、段落数、行数等信息。具体操作步骤如下：

Step 01 单击【审阅】选项卡下【校对】组中的【字数统计】按钮。

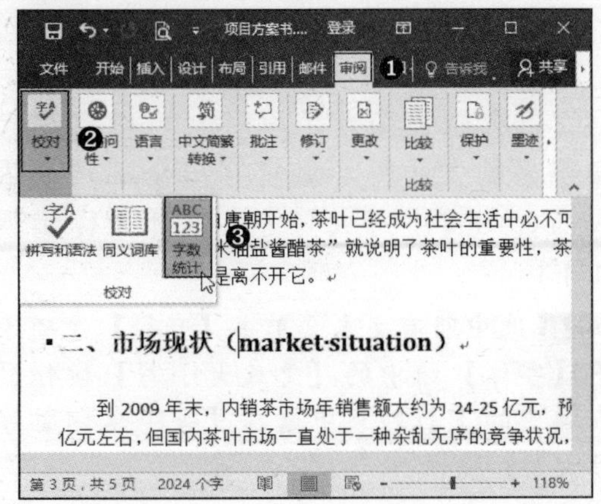

Step 02 弹出【字数统计】对话框，在其中即可查看相关的统计信息。

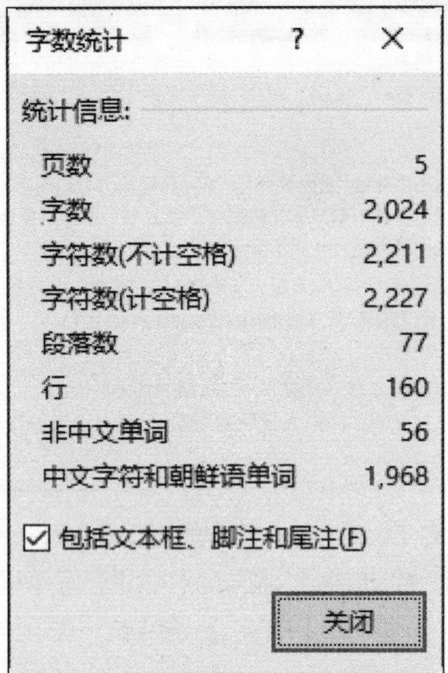

提示：除上述方法外，在底部状态栏中也可查看当前文档的字数和页数。若选中部分文本，则可查看选中文本的字数。

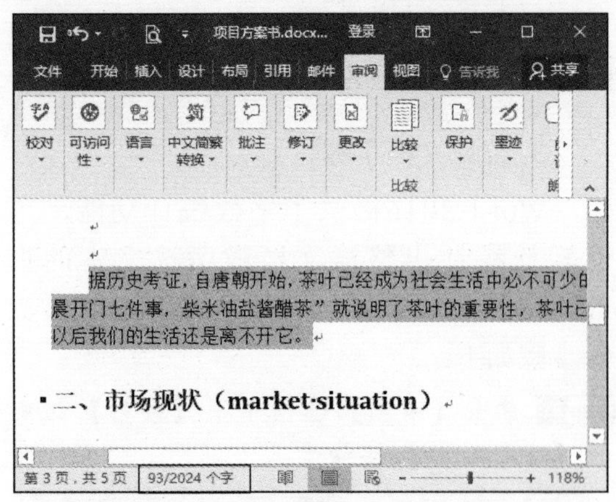

4. 自动更改字母大小写

在文档中输入字母时，可以自动转换字母的大小写，如将字母全部转换为大写、句首字母大写等。具体操作步骤如下：

Step 01 选中所有文本，单击【开始】选项卡下【字体】组中的【更改大小写】按钮，在弹出的下拉列表中选择【每个单词首字母大写】选项。

Step 02 即可将文档中每个单词的首字母大写，效果如下图所示。同理，若选择其他选项，可更改为其他形式的大小写。

4.1.2 查找、替换与定位文本

在一篇长文档中，如果需要查找一个文字或词语，可能会花费很长时间，此时可以利用Word提供的查找、替换与定位功能实现快速查找。

1. 查找文本

查找文本有两种方法：使用【导航】窗格和使用【查找和替换】对话框。下面分别介绍。使用【导航】窗格查找文本的具体操作步骤如下：

Step 01 单击【开始】选项卡下【编辑】组中的【查找】按钮，或按【Ctrl+F】组合键。

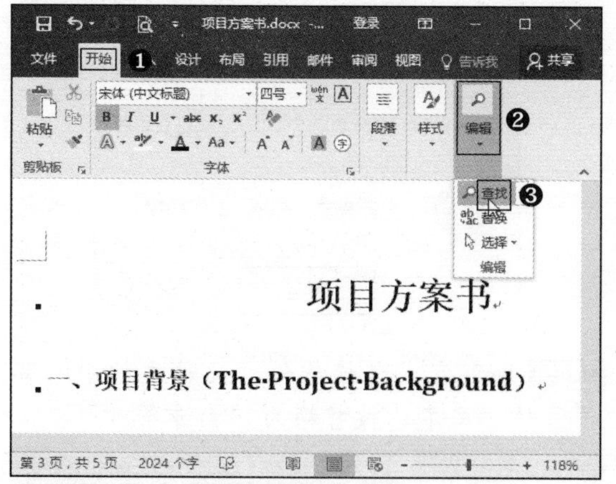

Step 02 弹出【导航】窗格，在下方共有3个选项卡，选择【结果】选项卡。

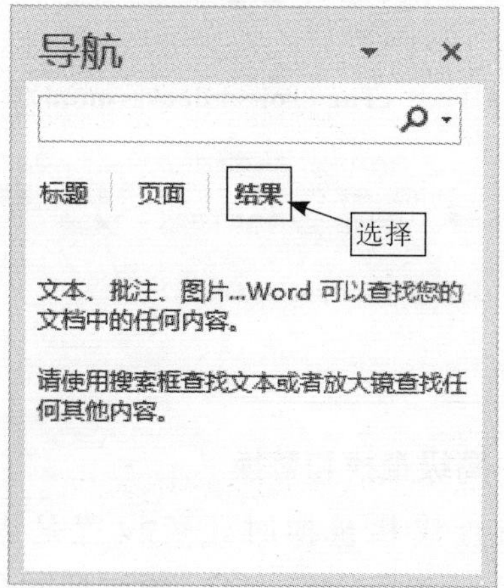

Step 03 在搜索框中输入要查找的文本，如输入“茶叶”，下方会依次列出查找的结果，同时文档中所有的“茶叶”文本均会以黄色突出显示出来。在【导航】窗格中单击【向上】▲或【向下】▼按钮，可快速跳转至文档中相应位置处。

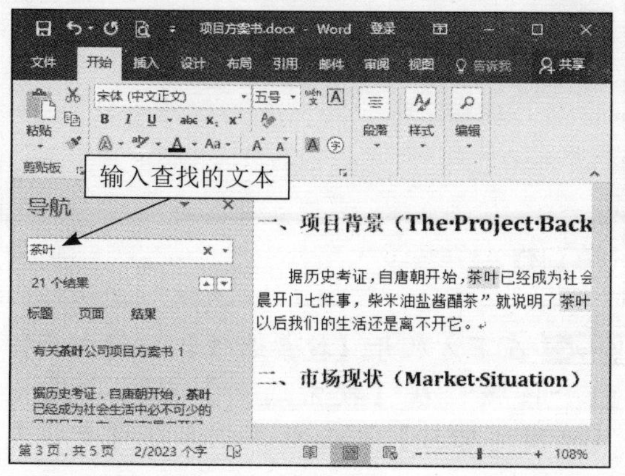

提示：在【导航】窗格中单击搜索框右侧的下拉按钮▾，在弹出的下拉列表中选择【查找】区域中的【图形】选项，可查找出文档中所有的图片。同理，若选择其他选项，则可查找出表格、公式、批注等内容。

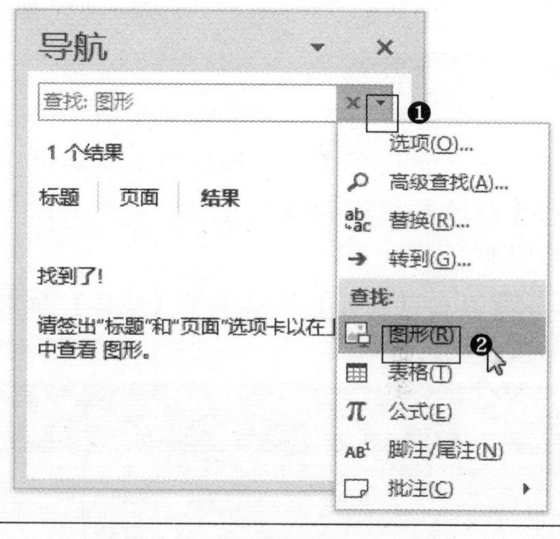

使用【查找和替换】对话框查找文本的具体操作步骤如下：

Step 01 单击【开始】选项卡下【编辑】组中【查找】的下拉按钮，在弹出的下拉列表中选择【高级查找】选项。

Step 02 弹出【查找和替换】对话框，在【查找】选项卡下的【查找内容】文本框中输入要查找的内容“茶叶”，之后单击【查找下一处】按钮，即可查找出符合条件的结果。

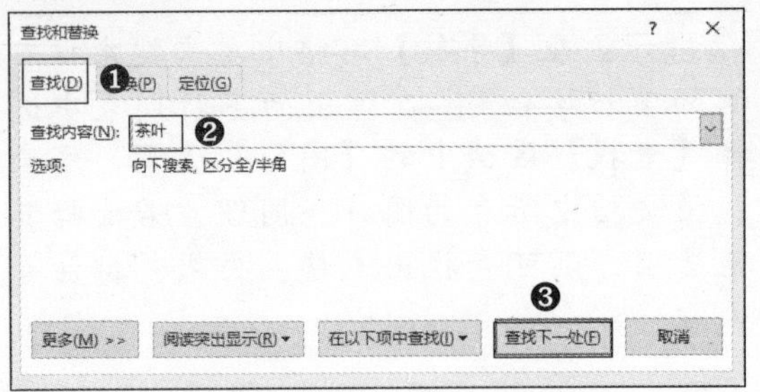

2. 替换文本

利用替换功能可批量修改文档中的文字，该功能是在【查找和替换】对话框中的【替换】选项卡下完成的，具体的操作步骤如下。

Step 01 单击【开始】选项卡下【编辑】组中的【替换】按钮。

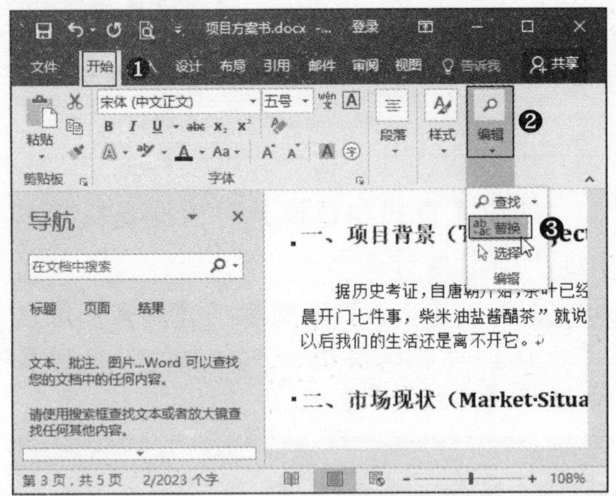

Step 02 弹出【查找和替换】对话框，在【替换】选项卡下的【查找内容】文本框中输入要替换的文本（如“茶叶”），在【替换为】文本框中输入替换后的文本（如“南漳茶叶”），之后单击【全部替换】按钮。

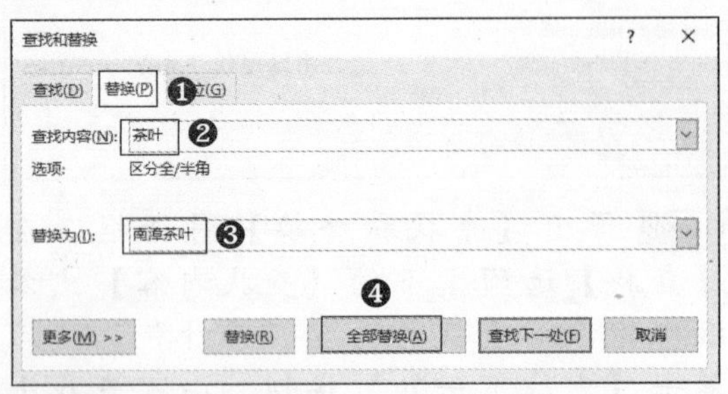

Step 03 弹出【Microsoft Word】对话框，在其中可查看替换的数量，单击【确定】按钮。

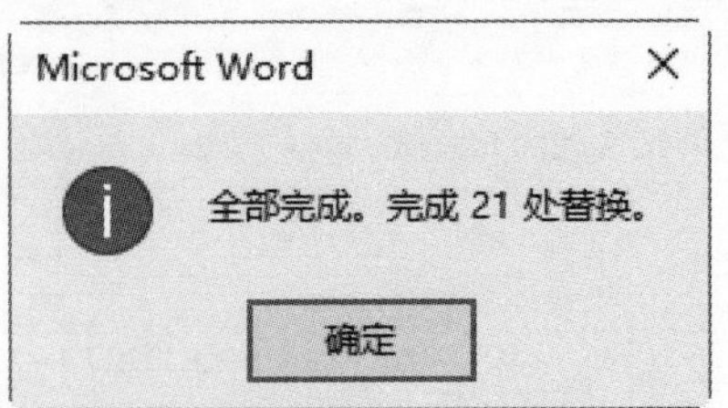

Step 04 即可完成替换操作，此时文档中所有“茶叶”文本均被替换为“南漳茶叶”。

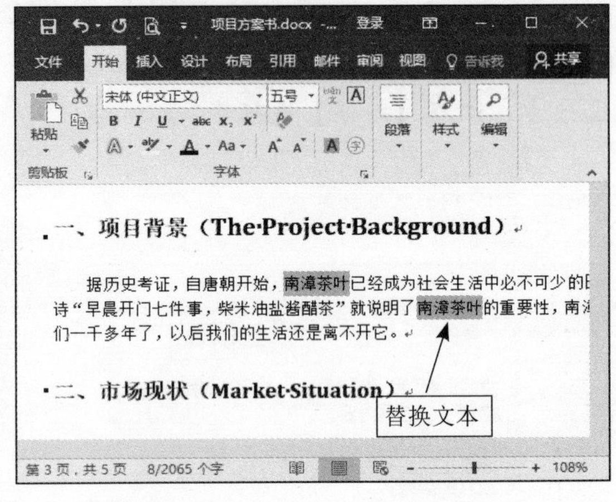

3. 高级查找和替换

在查找和替换时还可设置是否区分大小写、是否忽略空格、使用通配符等选项，从而实现更为精通的查找和替换。具体操作步骤如下。

Step 01 再次打开【查找和替换】对话框，切换至【查找】选项卡下，单击【更多】按钮。

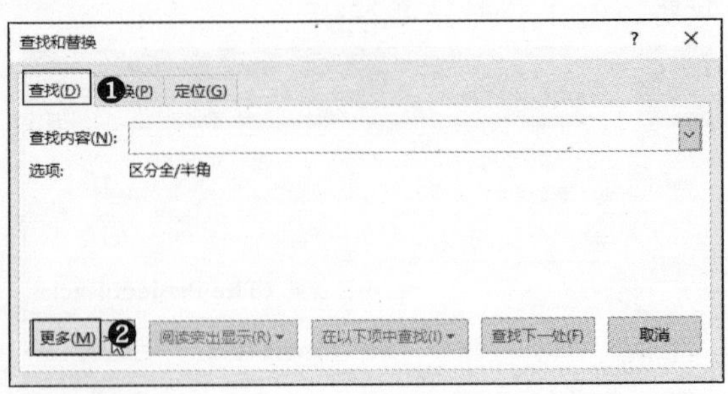

Step 02 在下方展开【搜索选项】和【查找】两个区域，在【搜索选项】区域中选中【使用通配符】复选框，之后在【查找内

容】文本框中输入“(*)”，单击【查找下一处】按钮。

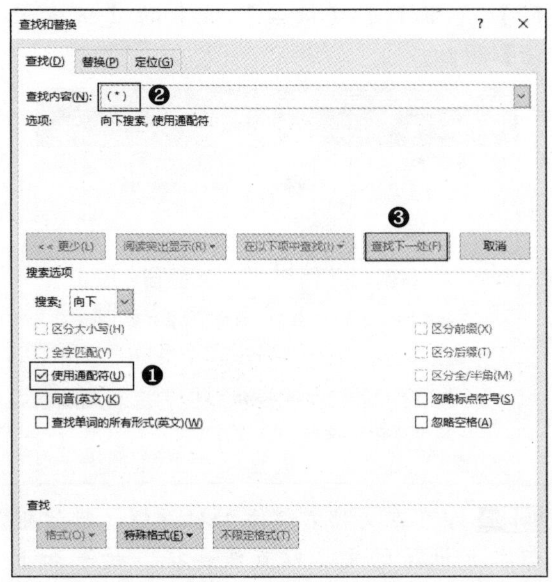

提示：使用通配符可实现模糊查找，常用的通配符包括“?”“*”和“[]”等。其中，“?”表示任意单个字符；“*”表示任意多个字符；“[]”表示框内的字符可以是指定要查找的字符之一。注意，通配符必须在英文状态下输入。

Step 03 即可使用通配符实现更为高级的查找，在文档中查找出包含双括号的内容。

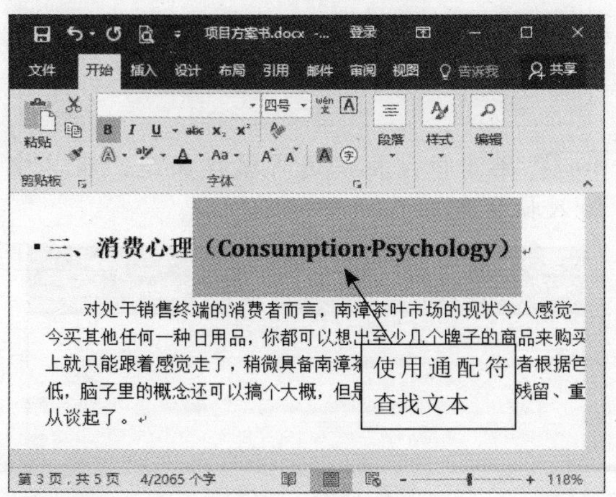

Step 04 切换至【替换】选项卡下，在【替换为】文本框中输入替换后的文本，单击【替换】按钮，即可替换当前查找出的文本。

4. 定位文本

定位也是一种查找，它可以定位到一个指定位置，如某一行、某一页或某一节等。定位文本的具体操作步骤如下：

Step 01 单击【开始】选项卡下【编辑】组中【查找】的下拉按钮，在弹出的下拉列表中选择【转到】选项。

Step 02 弹出【查找和替换】对话框，在【定位】选项卡下的【定位目标】列表框中选择定位方式，如选择【行】，在右侧【输入行号】文本框中输入行号“120”，之后单击【定位】按钮。

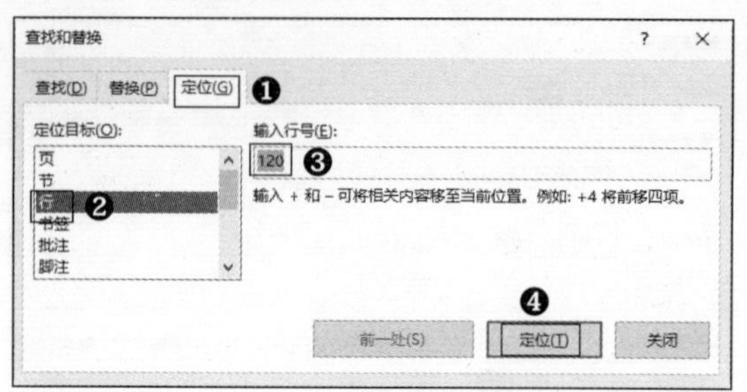

Step 03 此时光标将快速跳转至文档的第120行，从而实现文本的定位。

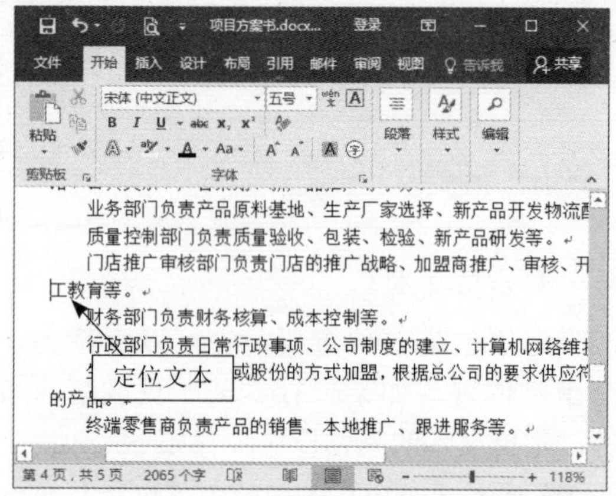

4.2 审阅“工作计划”文档

很多企业都要求员工制订工作计划，包括年度计划、季度计划、月计划、周计划等，从而明确每个时间点应完成的任务，避免盲目性，使工作循序渐进，有条不紊。

4.2.1 批注文档

批注是文档的审阅者为文档添加的注释、说明、建议、意见等信息，利用批注可以方便工作组成员之间的交流。

1. 添加批注

批注也是对文档的特殊说明，添加批注的对象可以是文本、表格或图片等。默认情况下，批注显示在文档页边距外的标记区，批注与被批注的对象使用与批注相同颜色的直线连接。添加批注的具体操作步骤如下：

Step 01 打开“素材\Ch04\工作计划.docx”文件，选择要添加批注的文本，单击【审阅】选项卡下【批注】组中的【新建批注】按钮。

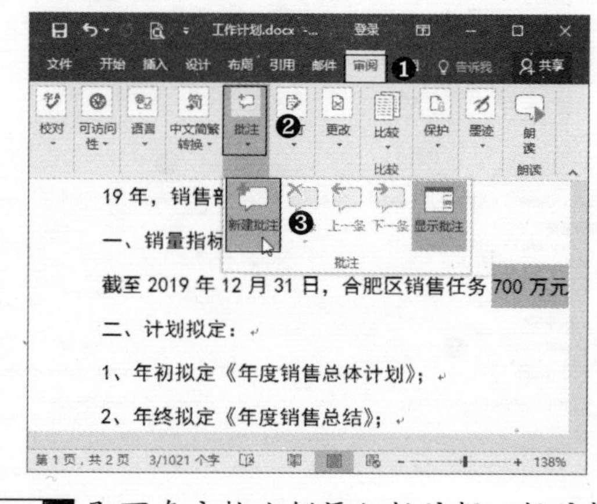

Step 02 即可在文档右侧添加批注框，批注框与添加批注的文本以直线连接，效果如下图所示。

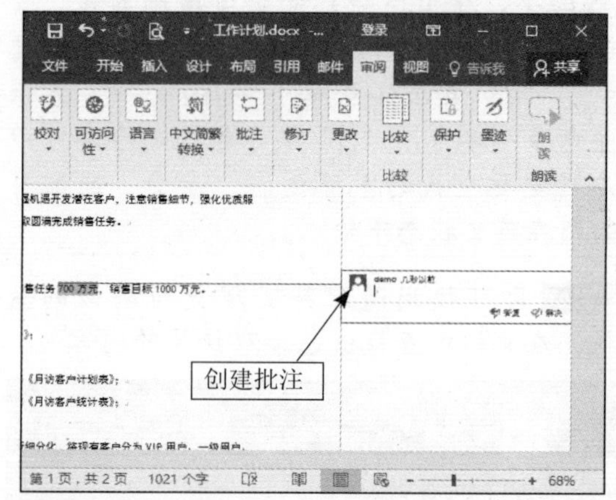

Step 03 单击批注框，进入编辑状态，在其中输入批注内容。

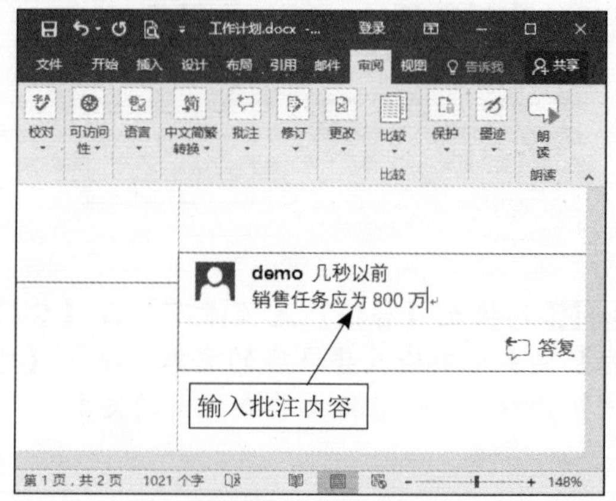

Step 04 使用上述方法，为“工作计划”文档中的其他相关文本添加批注。

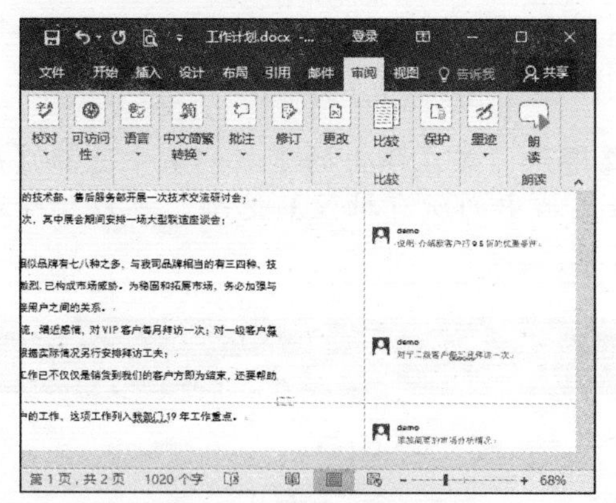

提示：在要添加批注的文本上右击，在弹出的快捷菜单中选择【新建批注】命令，也可添加批注。

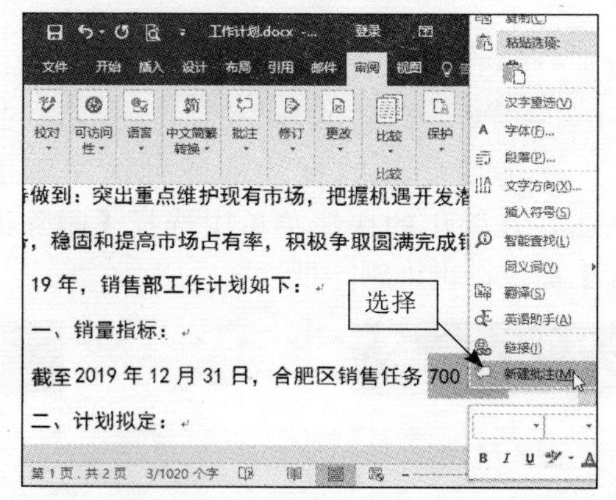

2. 编辑批注

如果对批注的内容不满意，可以重新编辑批注。在需要修改的批注上单击，即可进入编辑模式，在其中重新输入批注内容即可。

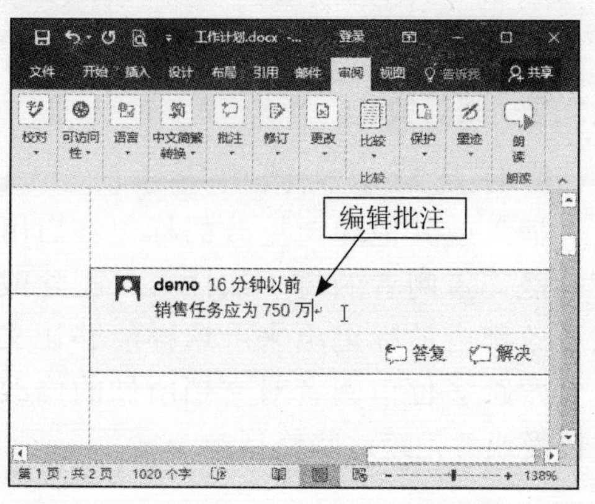

3. 隐藏批注

批注默认处于显示状态，如果不需要显示，可以隐藏起来。隐藏批注的具体操作步骤如下：

Step 01 单击【审阅】选项卡下【修订】组中的【显示标记】按钮，在弹出的下拉列表中取消选择【批注】选项。

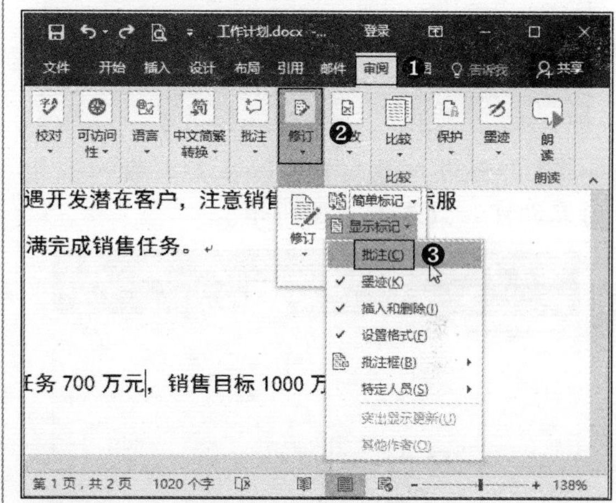

Step 02 即可隐藏所有的批注内容。

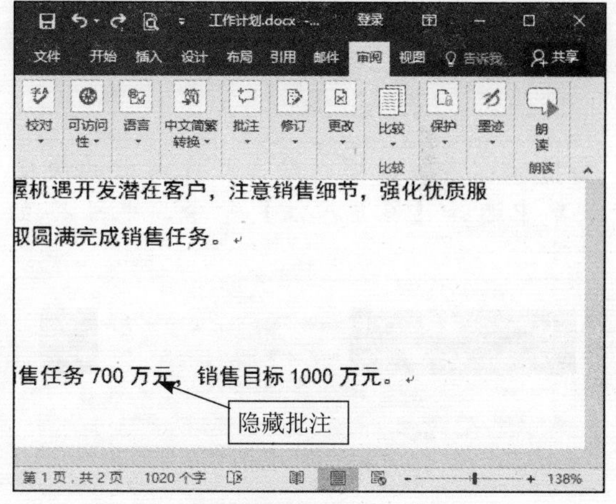

4. 答复批注

添加批注后，可以在批注框内答复批注。答复批注的具体操作步骤如下：

Step 01 单击选中批注框，之后在其中单击【答复】按钮。

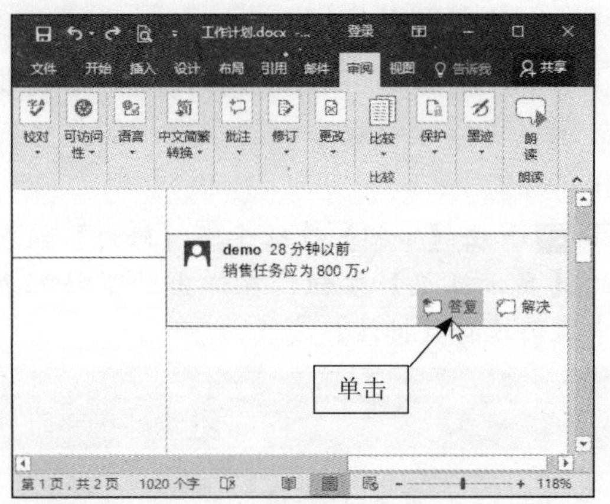

Step 02 即可进入答复状态，在其中输入答复内容即可，效果如下图所示。

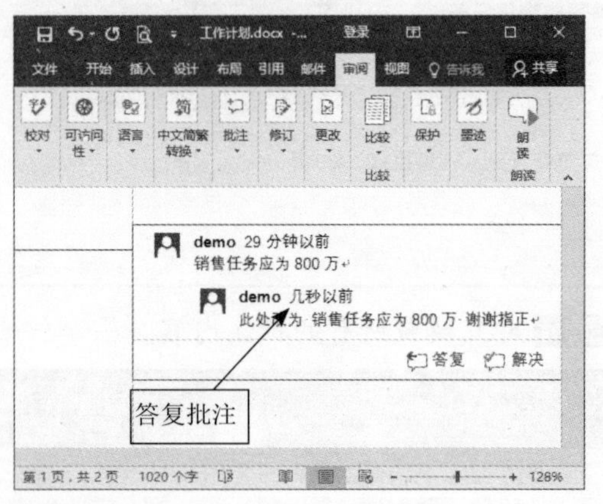

提示：在批注框内右击，在弹出的快捷菜单中选择【答复批注】命令，也可答复批注。

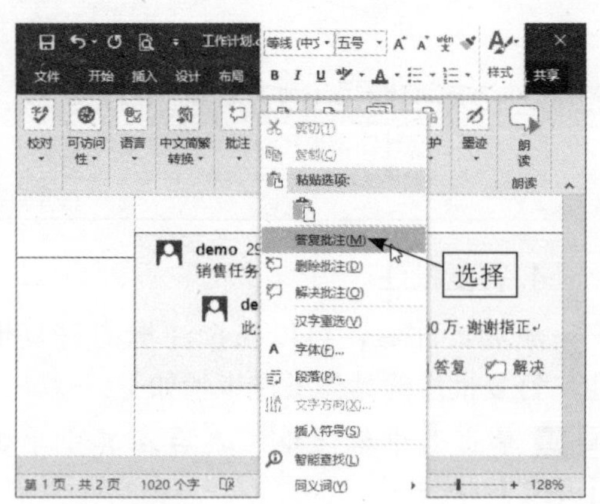

5. 删除批注

当不需要文档中的批注时，可以将其删除，删除批注主要有两种方法。

选择要删除的批注，单击【审阅】选项卡下【批注】组中的【删除】下拉按钮，在弹出的下拉列表中选择【删除】选项，即可删除指定的批注。

提示：若在弹出的下拉列表中选择【删除文档中的所有批注】选项，可以删除所有批注。

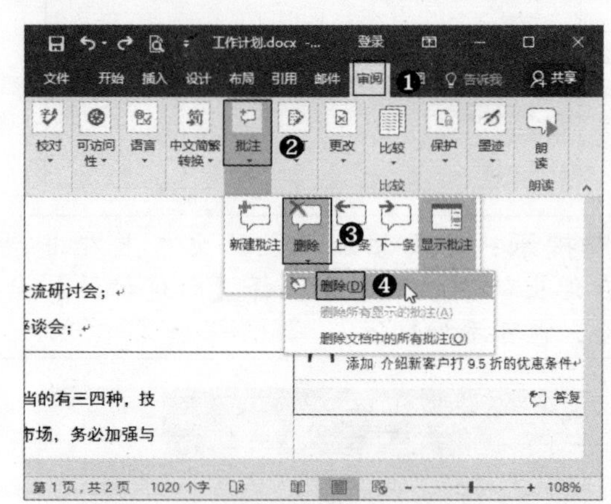

在需要删除的批注框或批注文本上右击，在弹出的快捷菜单中选择【删除批注】命令，也可删除批注。

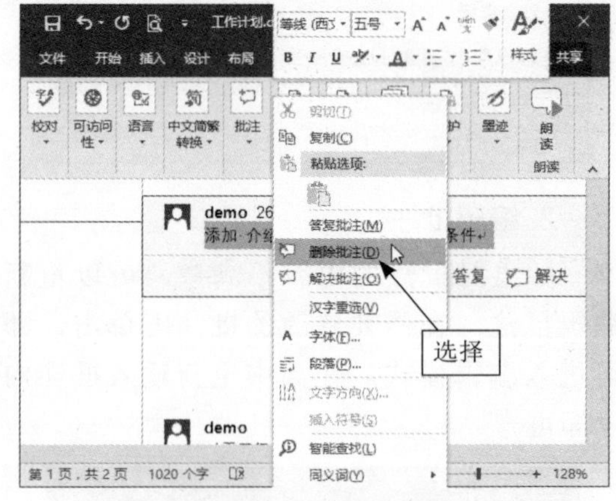

4.2.2 修订文档

修订是显示文档中所做的诸如删除、插入或其他编辑更改的标记。启用修订功能，审阅者的每一次插入、删除或格式更改都会被标记出来。这样能够让文档作者跟踪多位审阅者对文档所做的修改，并接受或者拒绝这些修订。

1. 添加修订信息

为文档添加修订信息，可标记出对文档所做的删除、插入等操作。添加修订信息的具体操作步骤如下：

Step 01 单击【审阅】选项卡下【修订】组中的【修订】按钮，使文档处于修订状态。

提示：再次单击【修订】按钮，取消该按钮的选中状态，那么文档可退出修订状态。

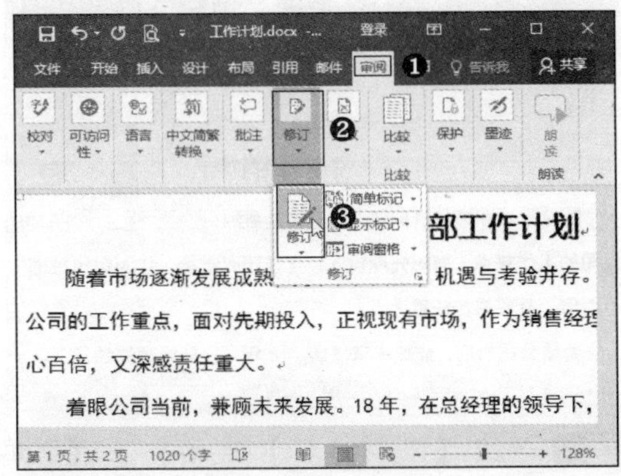

Step 02 处于修订状态时，对文档所做的所有修改均会被记录下来。如将文档中的“700万元”更改为“800万元”文本，效果如下图所示。

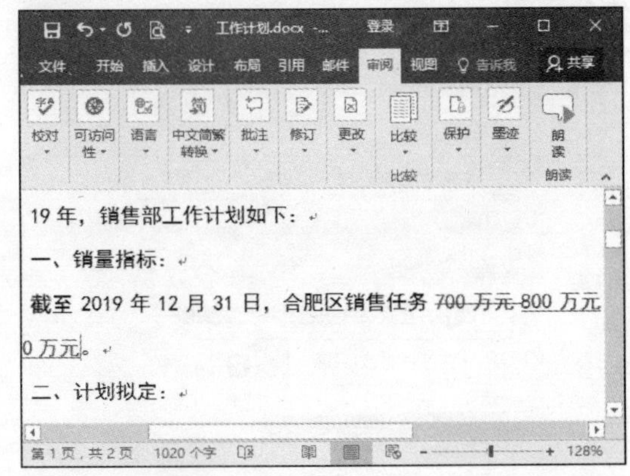

2. 接受修订

如果修订的内容是正确的，那么可以接受修订。接受修订的具体操作步骤如下：

Step 01 将光标定位至要接受修订的文档内，单击【审阅】选项卡下【更改】组中的【接受】按钮。

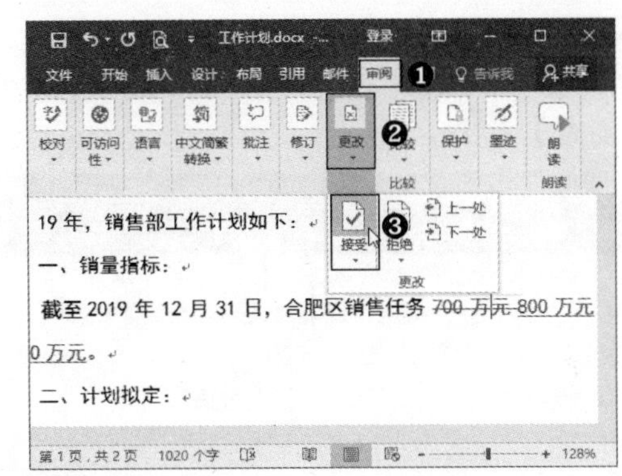

Step 02 即可接受修订，此时文档中的“700万元”文本被更改为“800万元”，同时光标会跳转至下一个修订位置处，效果如下图所示。

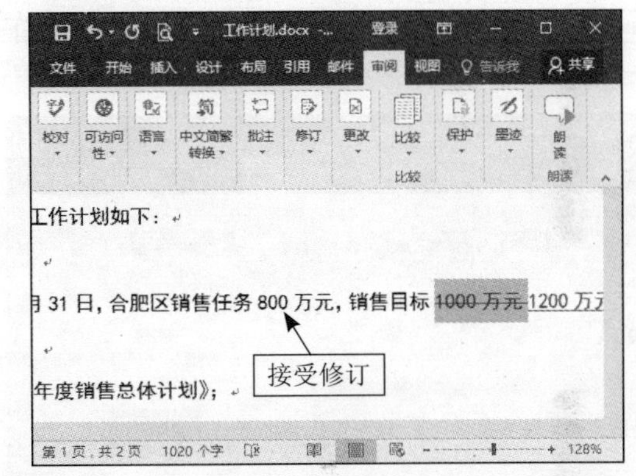

提示：如果所有修订都是正确的，单击【审阅】选项卡下【更改】组中【接受】的下拉按钮，在弹出的下拉列表中选择【接受所有修订】选项即可。

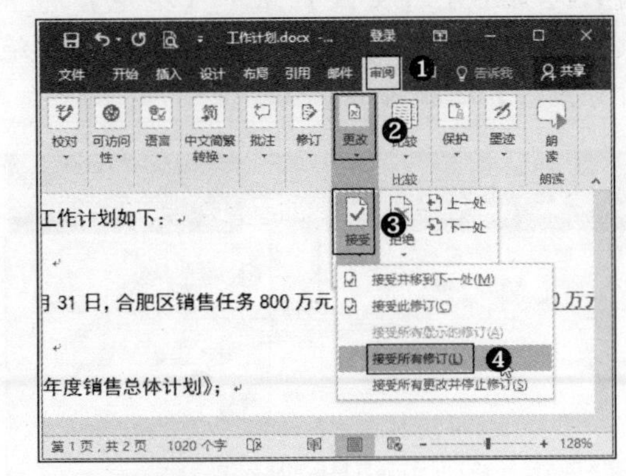

3. 拒绝修订

如果修订的内容不合理，那么可以拒绝修订。拒绝修订的具体操作步骤如下：

Step 01 将光标定位至要拒绝修订的文档内，单击【审阅】选项卡下【更改】组中的【拒绝】按钮。

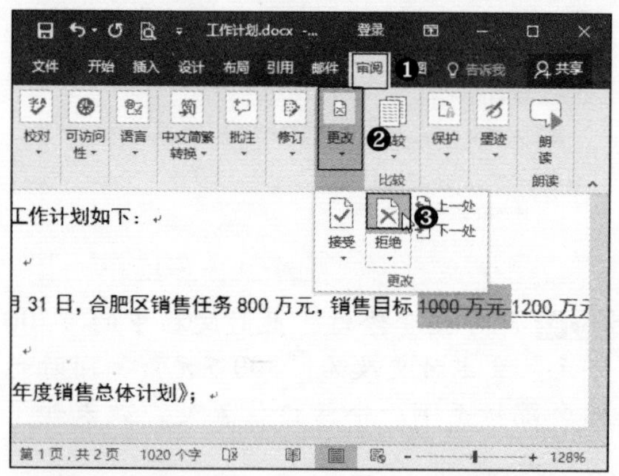

Step 02 即可拒绝修订，同时光标会跳转至下一个修订位置处，效果如下图所示。

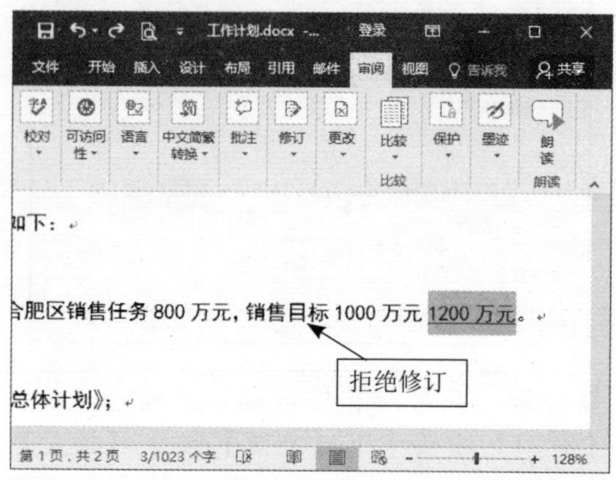

提示：如果要拒绝所有修订，单击【审阅】选项卡下【更改】组中【拒绝】的下拉按钮，在弹出的下拉列表中选择【拒绝所有修订】选项即可。

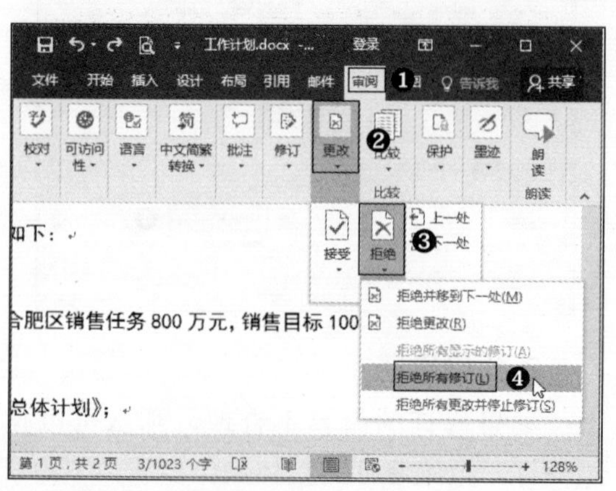

4.2.3 设置文档的权限

将文档发送给其他人之前，用户可以设置文档的编辑权限，从而限制其他人随意修改制作好的文档。设置文档权限的具体操作步骤如下：

Step 01 单击【审阅】选项卡下【保护】组中的【限制编辑】按钮。

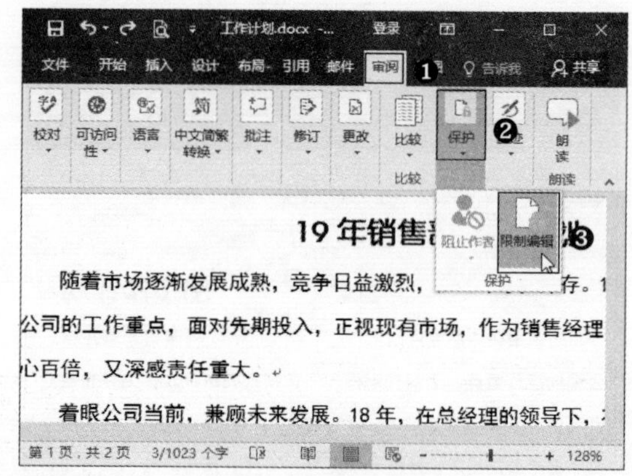

Step 02 弹出【限制编辑】窗格，在【2.编辑限制】选项区域中选择【仅允许在文档中进行此类型的编辑】复选框，之后单击【不允许任何更改(只读)】下拉按钮，在弹出的下拉列表中可选择权限，如选择【批注】选项。

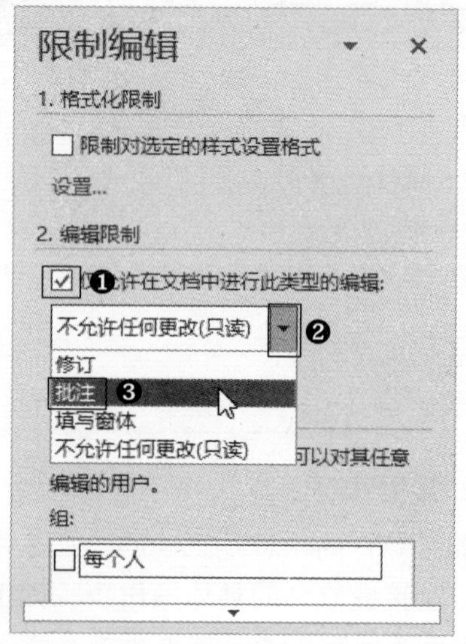

Step 03 设置编辑权限后，在【3.启动强制保护】选项区域中单击【是，启动强制保护】按钮。

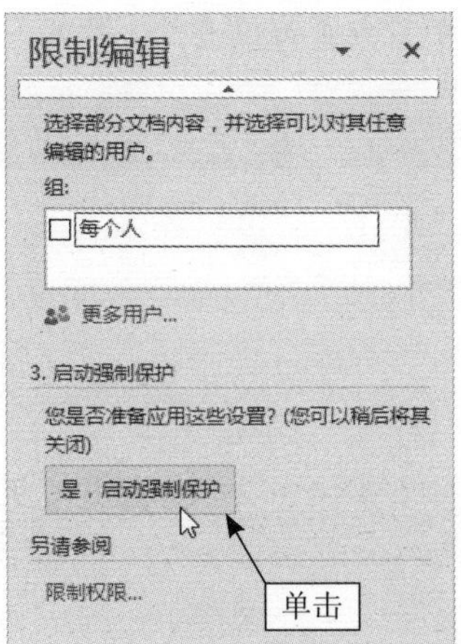

Step 04 弹出【启动强制保护】对话框，在【保护方法】选项区域中选择【密码】单选按钮，在【新密码】和【确认新密码】文本框中输入保护密码，单击【确定】按钮。

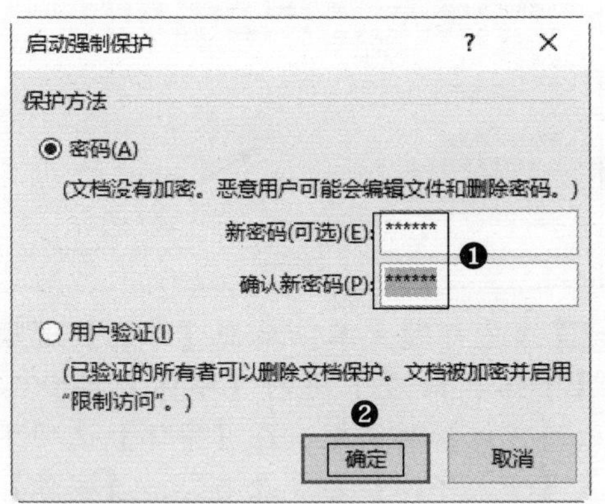

Step 05 即完成设置文档权限的操作。此时【限制编辑】窗格中显示"只能在此区域中插入批注"字样，表示当其他人收到该文件时，不能进行修改、删除等操作，只能在文档中添加批注。

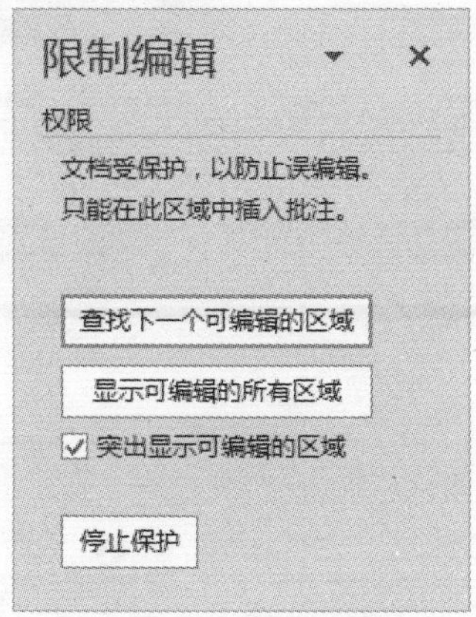

提示：若要解除权限限制，在【限制编辑】窗格中单击【停止保护】按钮，弹出【取消保护文档】对话框，在【密码】文本框中输入步骤4中所设置的密码，单击【确定】按钮即可。

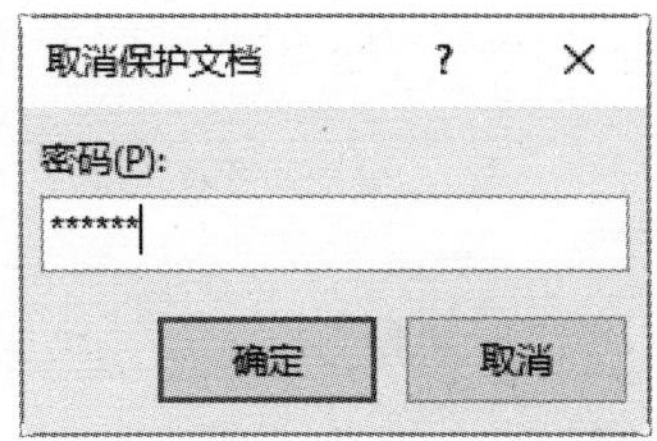

4.3 批量制作"客户邀请函"文档

假设公司需要向所有客户发送一份邀请函，不同邀请函的内容都是相同的，只是称呼有所不同，即可批量制作邀请函，以实现文字处理的灵活性、适应性和自动化。

4.3.1 制作模板

在批量制作"客户邀请函"文档前，用户需要制作邀请函的模板。制作模板的具体操作步骤如下：

Step 01 新建一个空白文档，命名为"客户邀请函"并保存，单击【布局】选项卡下【页面设置】组右下角的【页面设置】按钮。

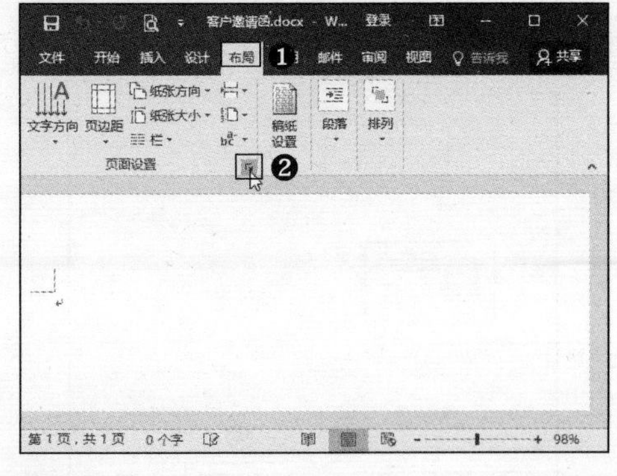

Step 02 弹出【页面设置】对话框，在【页边

距】选项卡下设置【上】和【下】边距为“1.5”，【左】和【右】边距为“2”，【纸张方向】为“横向”。

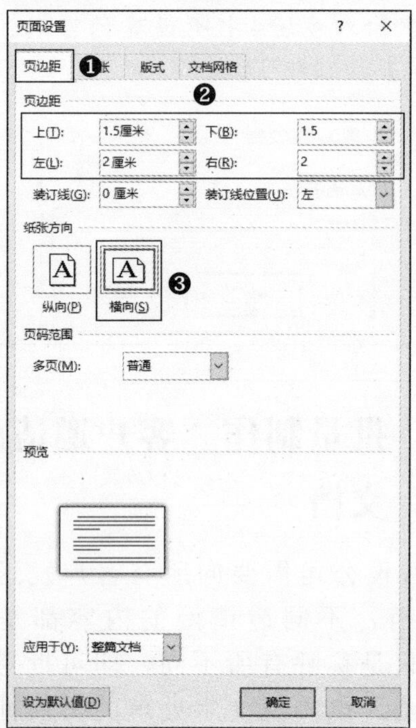

Step 03 切换到【纸张】选项卡，设置宽度“15”，高度为“9.5”，之后单击【确定】按钮。

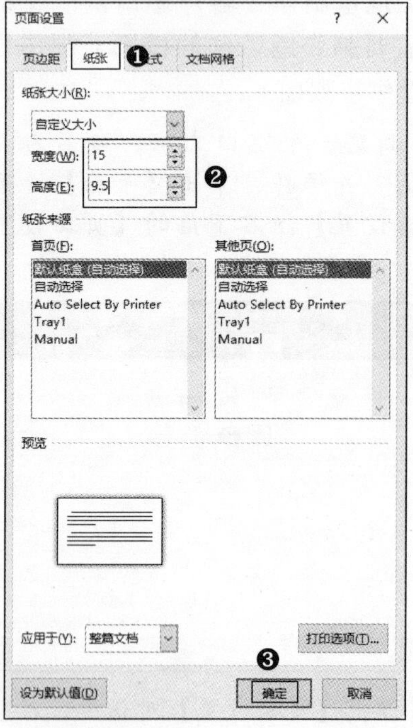

Step 04 即可完成页面设置，效果如下图所示。

Step 05 在文档中输入邀请函的标题和正文内容。

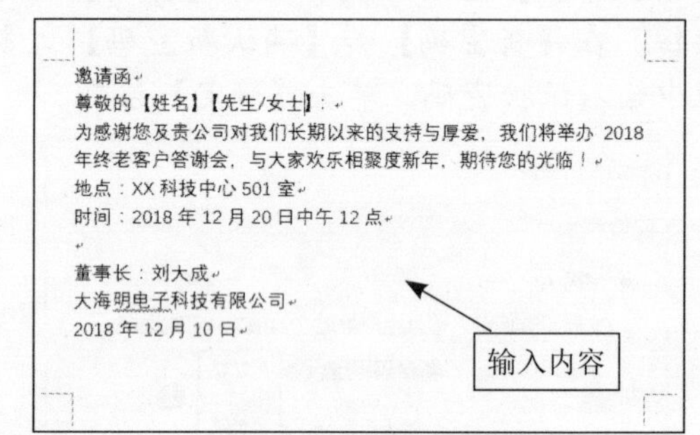

Step 06 选中标题文本，单击【开始】选项卡下【字体】组右下角的【字体】按钮，弹出【字体】对话框，在【字体】选项卡中设置【中文字体】为“隶书”，【字号】为“小二”，之后单击【确定】按钮。

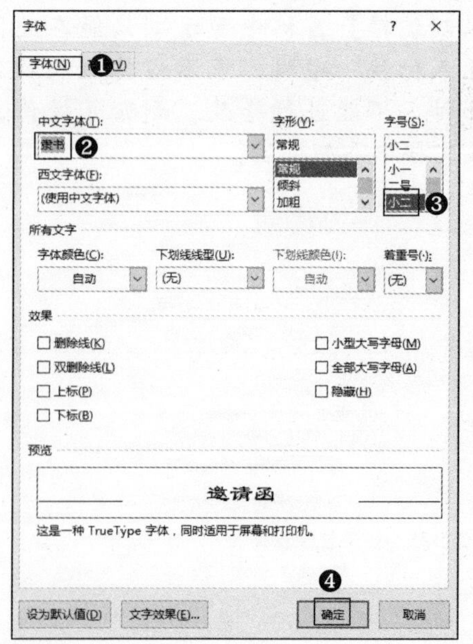

Step 07 即可设置标题文本的字体格式，之后单击【开始】选项卡下【段落】组中的【居中】按钮，设置为居中对齐，效果如下图所示。

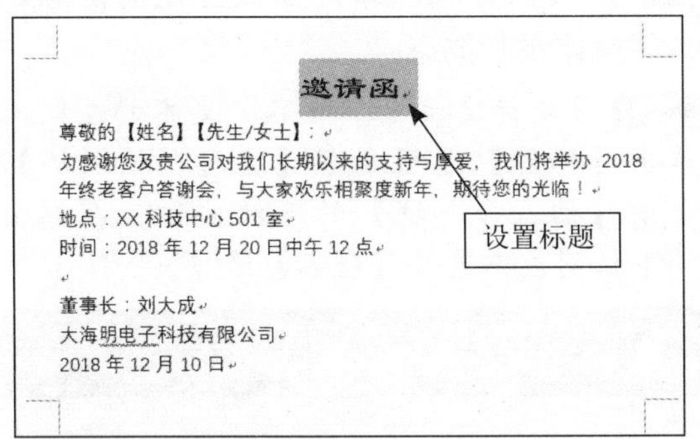

Step 08 选中下方的文本，设置字体为“楷体”，选中第2个段落，设置为首行缩进2个字符，之后选中底部3行，设置为右对齐。

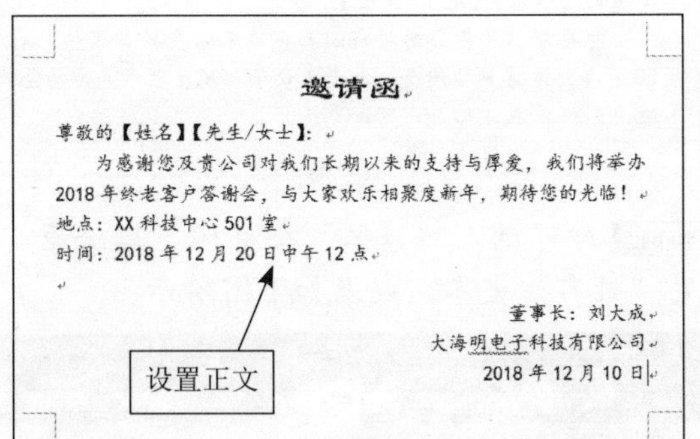

Step 09 单击【插入】选项卡下【插图】组中的【图片】按钮。

Step 10 弹出【插入图片】对话框，在计算机中选中要插入的图片，单击【插入】按钮。

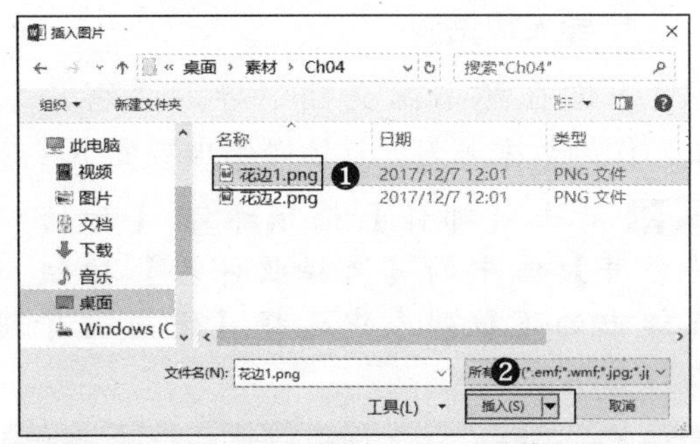

Step 11 选中插入的图片，单击【图片工具】➤【格式】选项卡下【排列】组中的【环绕文字】按钮，在弹出的下拉列表中选择【浮于文字上方】选项，设置图片的环绕方式。

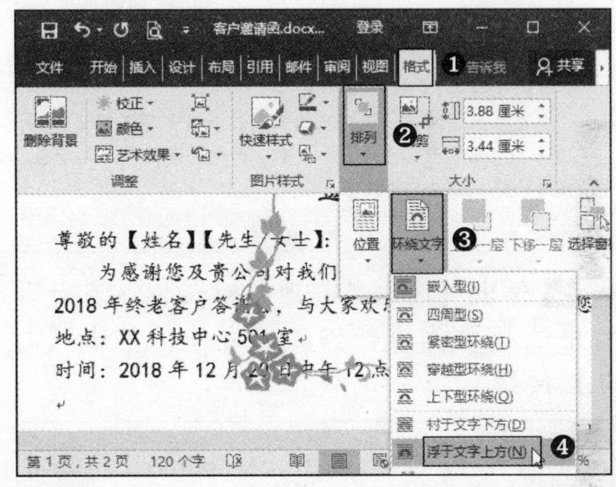

Step 12 调整图片的大小和位置，之后使用上述方法，插入另一张图片，邀请函模板即制作完成。

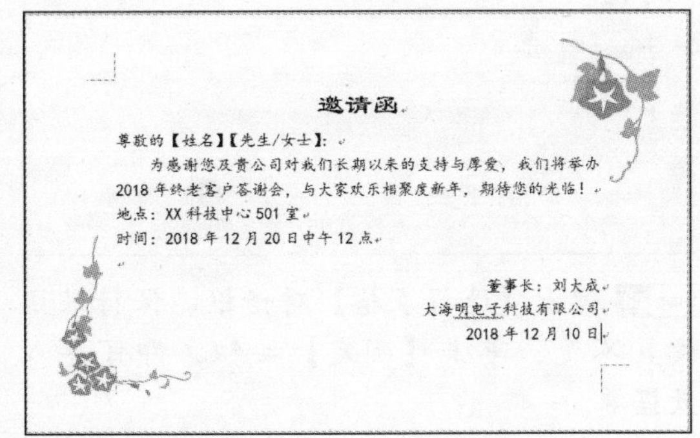

4.3.2 邮件合并

若要向多个客户发送邀请函，邀请函的格式是相同的，只是客户的姓名和性别有所区别，此时可以使用邮件合并功能，在Word文档中插入变化的信息，以实现批量制作。

1. 导入数据源

下面在邀请函文档中导入“客户名单”作为数据源表。具体操作步骤如下：

Step 01 单击【邮件】选项卡下【开始邮件合并】组中的【选择收件人】按钮，在弹出的下拉列表中选择【使用现有列表】选项。

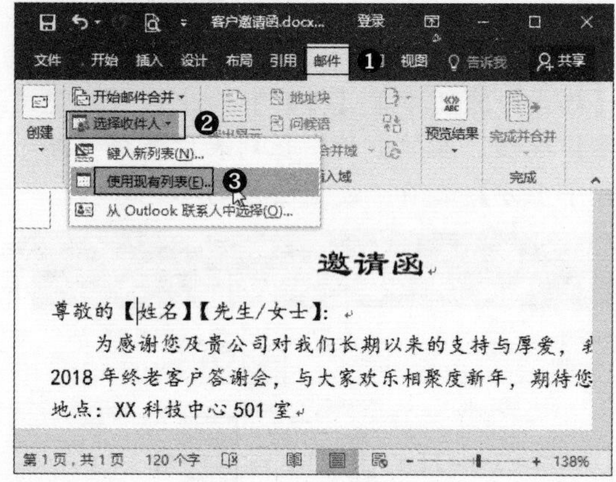

Step 02 弹出【选取数据源】对话框，在计算机中选择要作为数据源的文件，单击【打开】按钮。

Step 03 弹出【选择表格】对话框，保持默认设置不变，单击【确定】按钮，即可导入数据源。

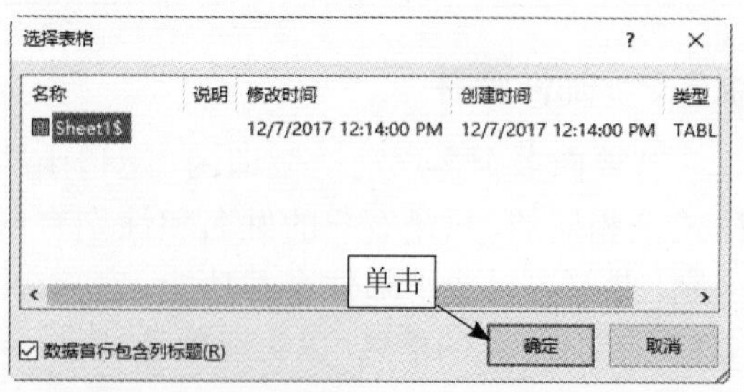

2. 插入域

在导入“客户名单”数据源后，该表中的每个标题字段都是一个合并域，在文档中插入合并域，即可插入变化的信息。具体操作步骤如下：

Step 01 将光标定位至“姓名”文本的左侧，单击【邮件】选项卡下【编写和插入域】组中【插入合并域】的下拉按钮，在弹出的下拉列表中选择【姓名】选项。

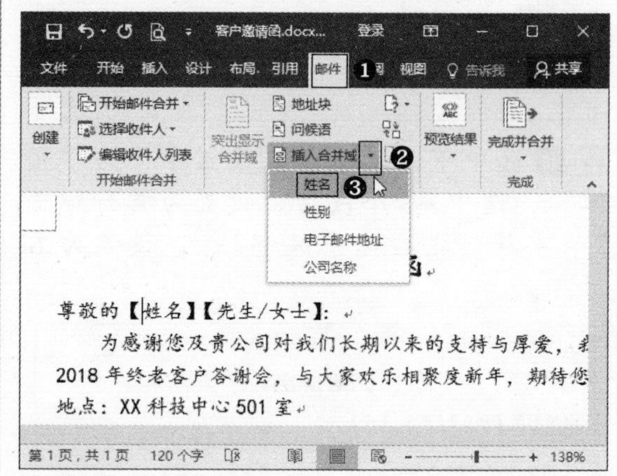

Step 02 即可插入“姓名”合并域，删除原有的“姓名”文本，效果如下图所示。

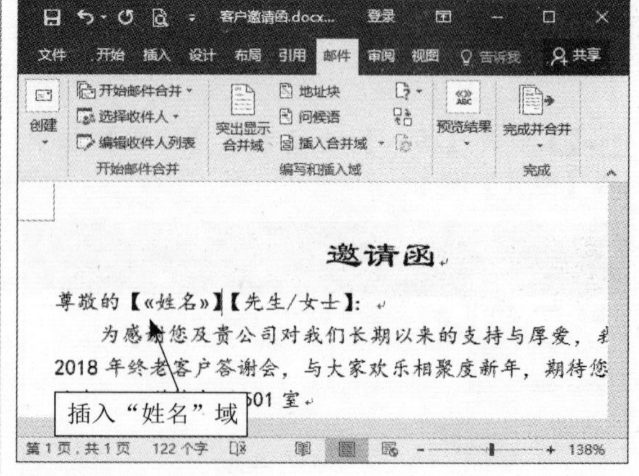

Step 03 将光标定位至“先生/女士”文本的左侧，单击【邮件】选项卡下【编写和插入域】组中的【规则】按钮。

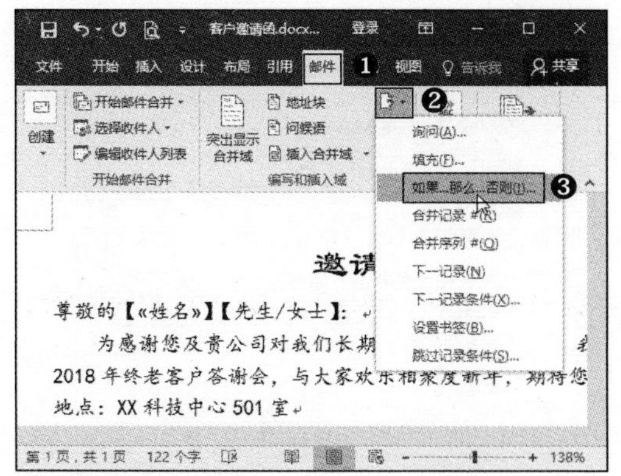

Step 04 弹出【插入Word域：IF】对话框，在【域名】下拉列表框中选择“性别”，在【比较条件】下拉列表框中选择“等于”，在【比较对象】文本框中输入“男”。之后在【则插入此文字】列表框中输入“男士”，在【否则插入此文字】列表框中输入“女士”。设置完成后，单击【确定】按钮。

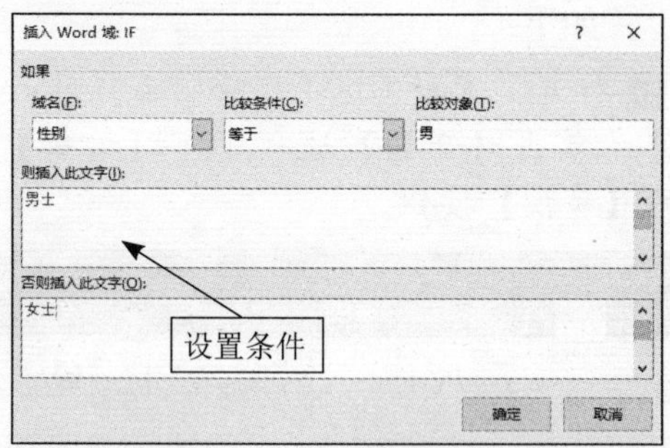

Step 05 即可插入规则域，删除原有的“先生/女士”文本，效果如下图所示。

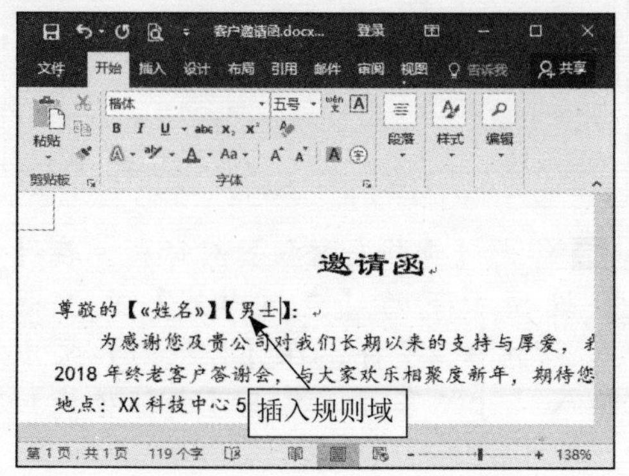

3. 发送邀请函

制作邀请函后，用户可以预览并批量发送邀请函。具体操作步骤如下：

Step 01 单击【邮件】选项卡下【完成】组中的【完成并合并】按钮，在弹出的下拉列表中选择【编辑单个文档】选项。

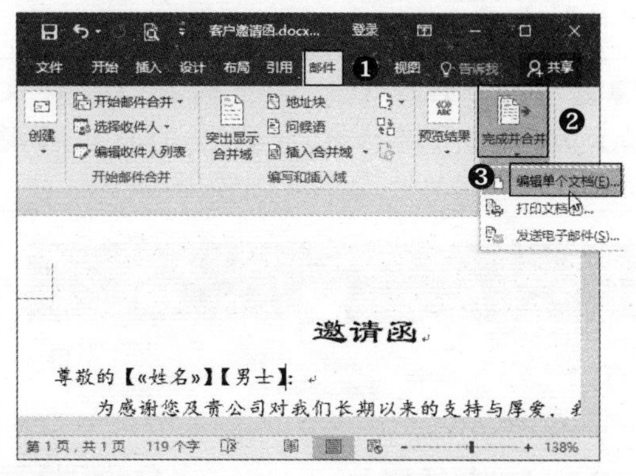

Step 02 弹出【合并到新文档】对话框，选择【全部】单选按钮，单击【确定】按钮。

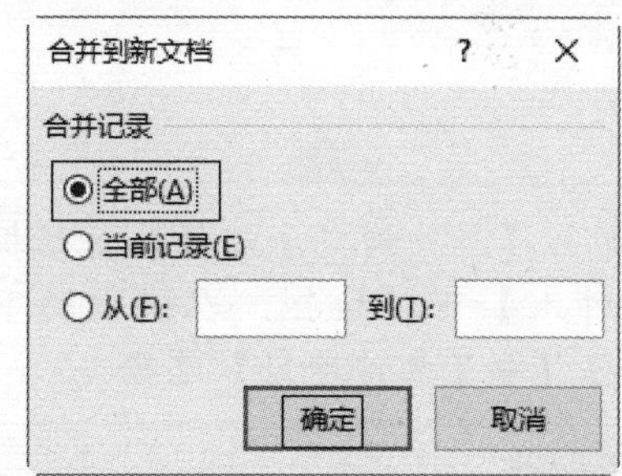

Step 03 此时将新建“信函1”文档，在其中批量生成了邀请函，除了姓名和性别不相同外，其余格式一致，用户可单独编辑每个邀请函。

提示：单击【邮件】选项卡下【预览结果】组中的【预览结果】按钮，可在原文档中预览最终效果，但使用该方法不能单独编辑每个邀请函。

Step 04 预览完成后，再次单击【邮件】选项卡下【完成】组中的【完成并合并】按钮，在弹出的下拉列表中选择【发送电子邮件】选项。

提示：若在下拉列表中选择【打印文档】选项，可批量打印出每个客户的邀请函。

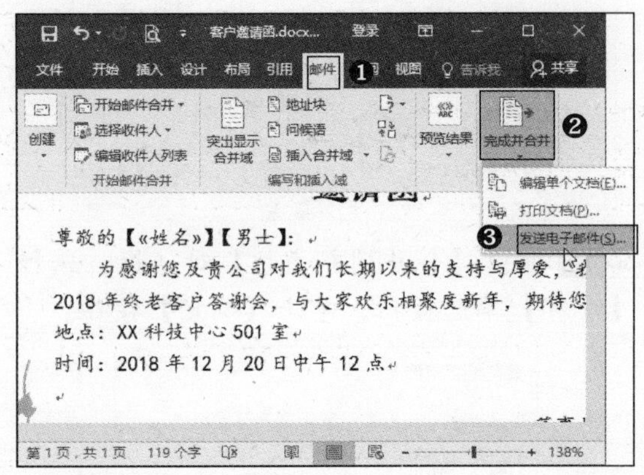

Step 05 弹出【合并到电子邮件】对话框，单击【收件人】下拉按钮，在弹出的下拉列表中选择【电子邮件地址】选项。

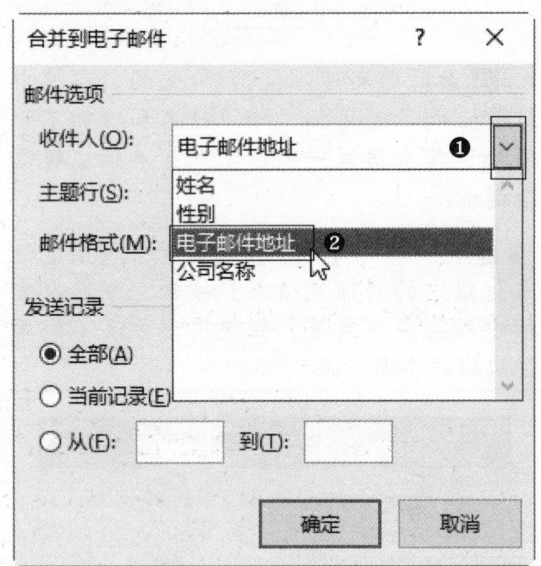

Step 06 在【主题行】文本框中输入“邀请函”，之后单击【确定】按钮，即可打开Outlook软件，开始发送邀请函至每个客户的电子邮件地址中。

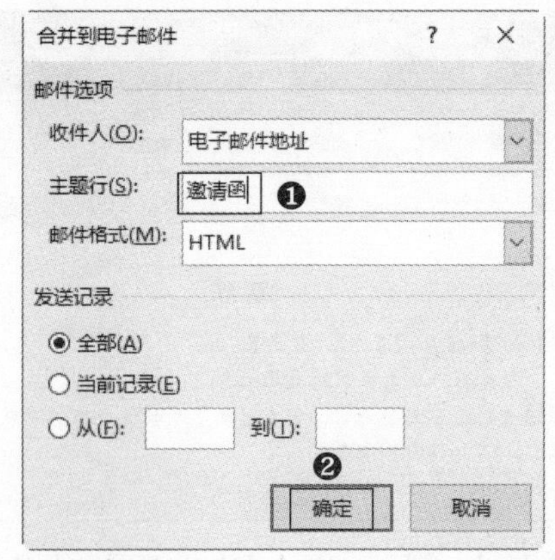

高手支招

1. 快速删除文档中的空白行

如果Word文档中包含大量不连续的空白行，手动删除既麻烦又浪费时间。下面介绍快速批量删除空白行的方法，具体操作步骤如下：

Step 01 打开“素材\Ch04\删除空白行.docx”文件，单击【开始】选项卡下【编辑】组中的【替换】按钮。

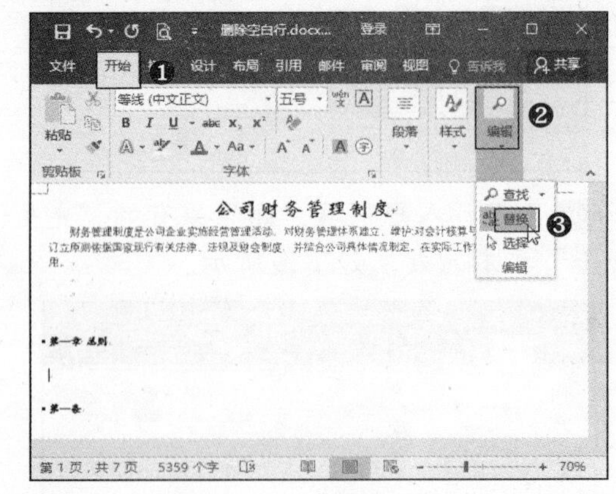

Step 02 弹出【查找与替换】对话框，在【替换】选项卡下的【查找内容】文本框中输入“^p^p”字符，在【替换为】文本框中输入“^p”字符，单击【全部替换】按钮，即可快速删除空白行。

提示：“^p”字符是段落标记符号，当文档中空白行数较多时，可多次单击【全部替换】按钮进行删除。

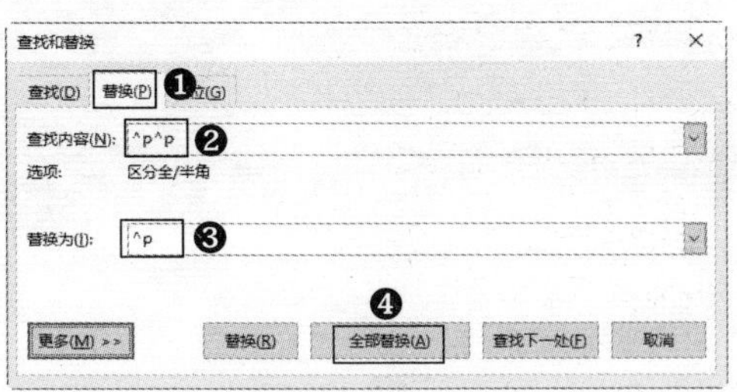

2. 巧用格式刷

在Word中格式刷具有快速复制格式的功能，使用格式刷的具体操作步骤如下：

Step 01 打开“素材\Ch04\巧用格式刷.docx”文件，选择“第一条”文本，单击【开始】选项卡下【剪贴板】组中的【格式刷】按钮。

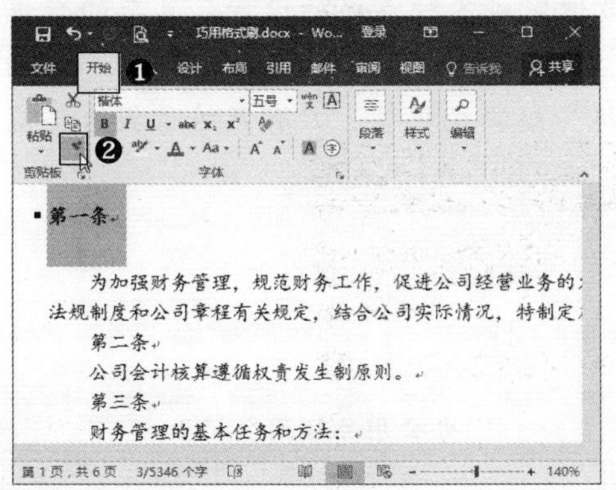

Step 02 此时光标会变为刷子形状，选中“第二条”文本，即可将“第一条”文本的格式复制应用到“第二条”文本上，效果如下图所示。

提示：单击【格式刷】按钮，仅能复制一次样式，双击【格式刷】按钮，可多次复制该样式，直到按【Esc】键退出格式刷状态。

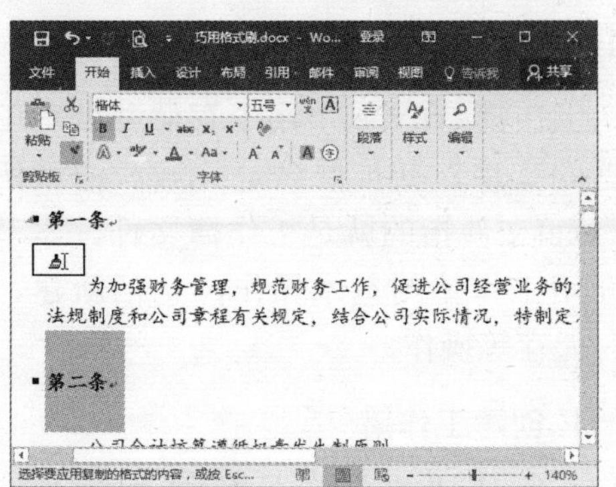

3. 打印部分内容

在打印文档时，默认打印全部内容，用户也可以选择打印文档中的部分内容，从而避免不重要的内容浪费纸张。打印部分内容的具体操作步骤如下：

Step 01 打开“素材\Ch04\打印部分内容.docx”文件，在文档中拖动鼠标选择要打印的内容，之后选择【文件】选项卡。

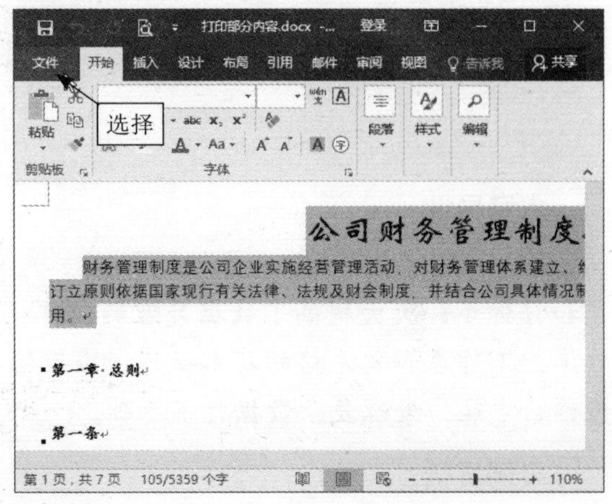

Step 02 在左侧列表中选择【打印】选项，进入到【打印】界面，在【设置】选项区域中单击【打印所有页】按钮，在弹出的下拉列表中选择【打印所选内容】选项，之后单击上方的【打印】按钮，即可只打印出选中的内容。

第 5 章
制表基础——Excel 2016的基本操作

本章导读：

Excel 2016主要用于处理电子表格，可以高效地完成各种表格的设计、复杂的数据计算和分析等，大大提高了数据处理的效率。本章主要介绍Excel 2016的基本操作，包括工作簿、工作表和单元格的基本操作，以及输入数据、编辑数据等。只有熟练掌握这些基本操作，才能为处理复杂数据打下基础。

案例赏析：

来访人员登记表

序号	姓名	所在单位	来访人数	联系方式	是否预约	来访事由	时间		签名
							进入	离开	
1									
2									
3									
4									
5									
6									
7									
8									
9									
10									

办公用品领用登记表

序号	日期	物品名称	数量	领用部门	领用人
1					
2					
3					
4					
5					
6					
7					
8					
9					
10					

5.1 制作“来访人员登记表”工作簿

为了规范公司的管理，当外部机构或人员来访公司时，通常需要在门卫处进行登记，主要登记来访时间、姓名、拜访何人、来访事由等信息，因此，行政部门需要设计相应的“来访人员登记表”工作簿。

5.1.1 工作簿的基本操作

工作簿是Excel中用于存储并处理工作数据的文件，其扩展名是.xlsx。通常所说的Excel文件指的就是工作簿文件。本节主要介绍工作簿的基本操作，包括新建、打开、保存等操作。

1. 创建工作簿

在制作“来访人员登记表”工作簿

前，用户需要创建一个新工作簿，也可以根据需要创建模板工作簿。创建工作簿的具体操作步骤如下：

Step 01 创建空白工作簿。在Excel工作簿中选择【文件】选项卡，在左侧列表中选择【新建】选项，进入到【新建】界面，在其中选择【空白工作簿】选项。

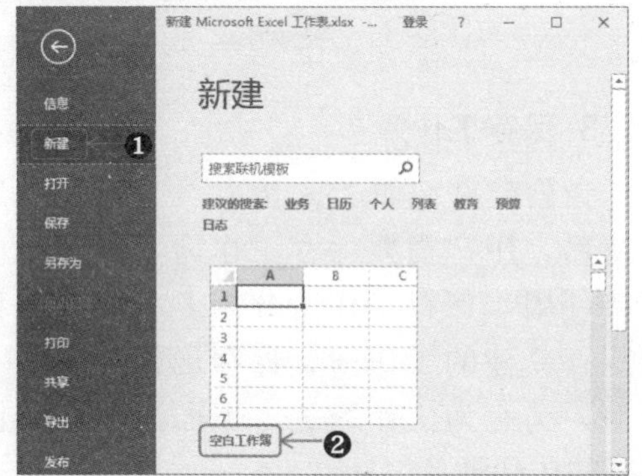

Step 02 即可创建一个空白工作簿，默认名称是“工作簿1”。

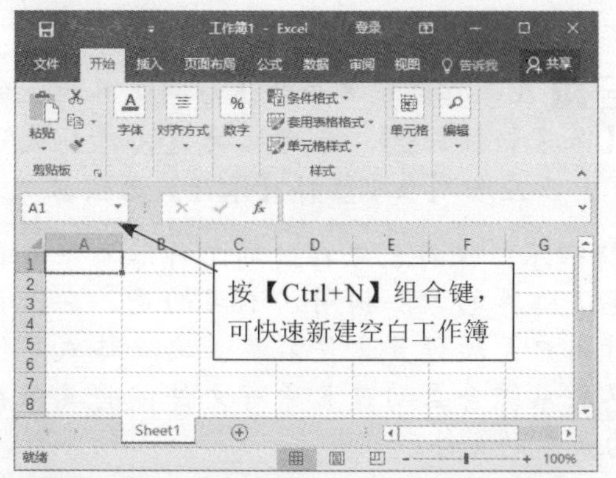

Step 03 创建模板工作簿。在【新建】界面中，除了【空白工作簿】选项外，其他选项均为软件自带的模板选项。选择一个模板，即可创建模板工作簿。

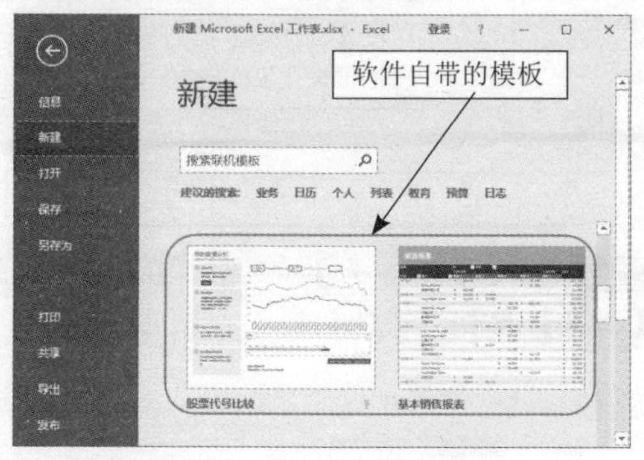

Step 04 若自带的模板不符合需求，在【搜索联机模板】文本框中输入关键字，如输入“登记”，单击【开始搜索】按钮，在下方显示出搜索出来的联机模板，在其中选择需要的模板。

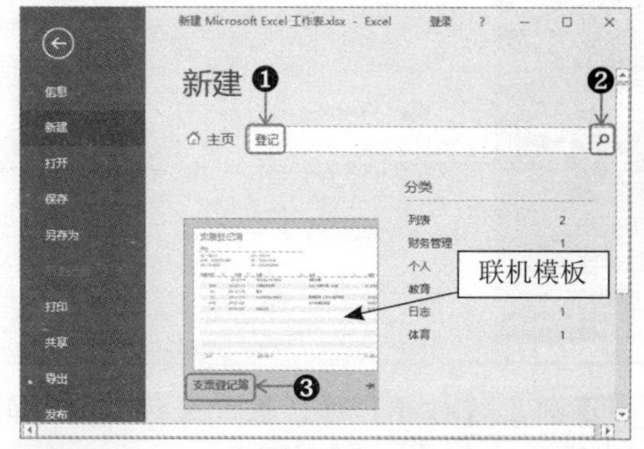

Step 05 将打开模板对话框，单击【创建】按钮。

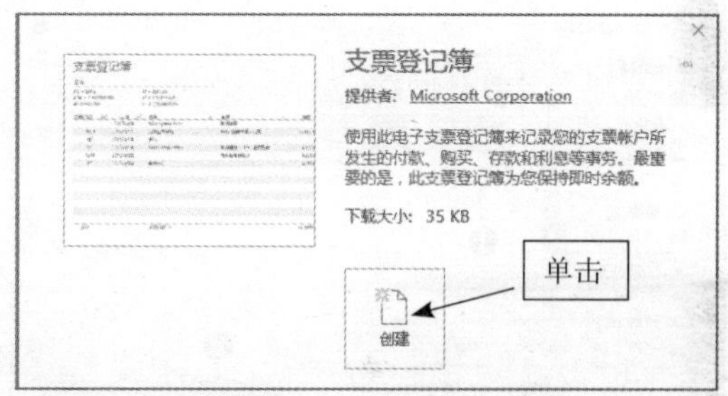

Step 06 即可创建模板工作簿，在此基础上根据实际情况修改工作簿即可。

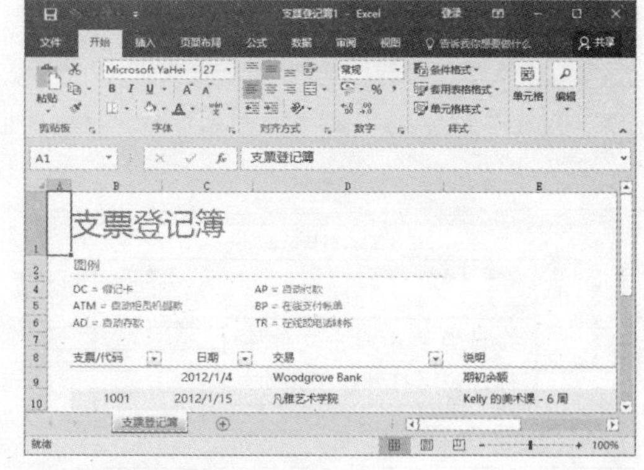

2. 打开工作簿

当要使用Excel文件时，用户需打开工作簿。打开工作簿的具体操作步骤如下：

Step 01 在已打开的Excel工作簿中选择【文件】选项卡，在左侧列表中选择【打开】

选项，进入到【打开】界面，单击【浏览】按钮。

Step 02 弹出【打开】对话框，选择要打开的工作簿，单击【打开】按钮。

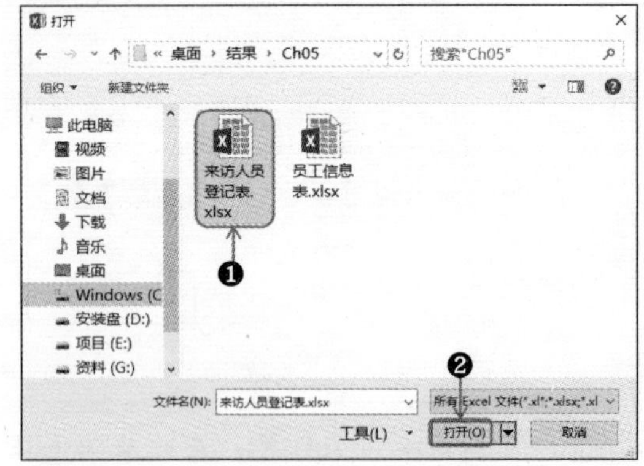

Step 03 即可打开所选的工作簿文件。

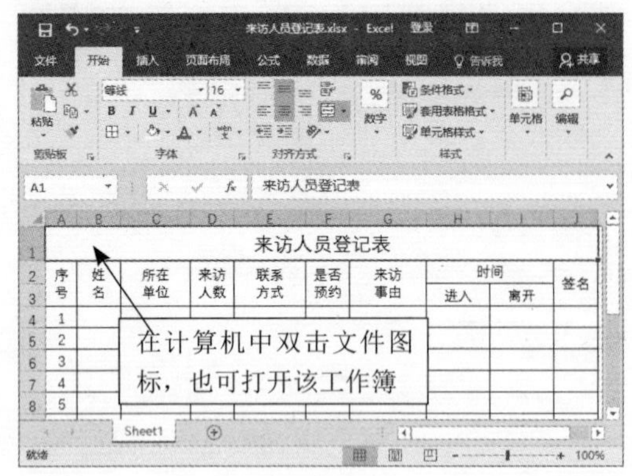

提示：在【打开】对话框中单击【打开】按钮右侧的下拉按钮，在弹出的下拉列表中选择【以只读方式打开】选项，可以只读的方式打开工作簿，从而限制对原始工作簿的编辑和修改，有效地保护文件。

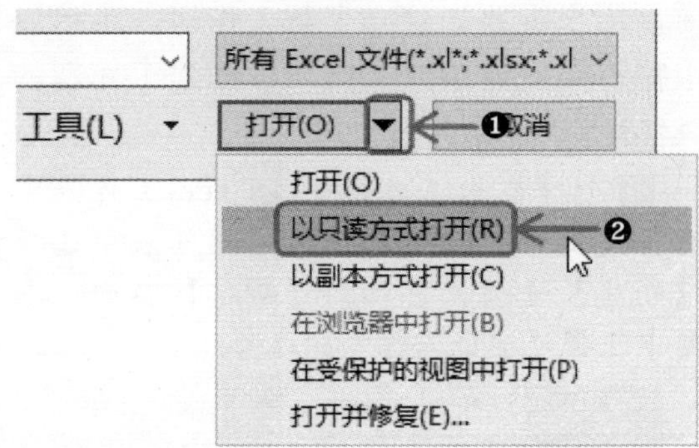

3. 保存工作簿

当创建并编辑“来访人员登记表”工作簿后，用户需要保存工作簿，以便下次直接使用。保存工作簿分为多种情况，包括保存新建的工作簿、保存已保存过的工作簿、另存为工作簿等，下面主要介绍保存新建工作簿的方法。

在保存新建的工作簿时，需要设置工作簿的名称、存储位置和格式等信息。具体操作步骤如下：

Step 01 在工作簿中单击快速访问工具栏上的【保存】按钮，或者选择【文件】选项卡，在左侧列表中选择【保存】选项。

提示：保存已保存过的工作簿与保存新建工作簿的方法相同，不同的是，在保存时用户无须设置文件名称、文件格式等信息，系统会自动覆盖原有文件，将其保存为最新的文件。

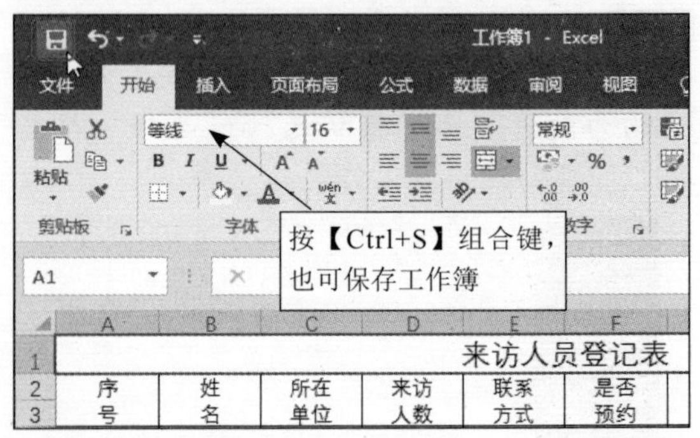

Step 02 进入【另存为】界面，在其中单击【浏览】按钮。

Step 03 弹出【另存为】对话框，在其中设置存储路径，在【文件名】文本框中输入文件名称，之后单击【保存】按钮，即可完成保存新建工作簿的操作。

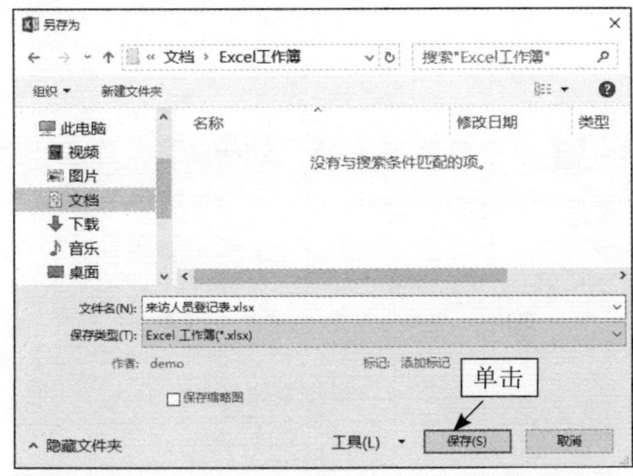

提示：若要另存为工作簿，选择【文件】选项卡，在左侧列表中选择【另存为】选项，进入【另存为】界面，之后操作与上述相同，这里不再赘述。

5.1.2 工作表的基本操作

工作表是工作簿的组成部分，使用工作表可以组织和分析数据。本节主要介绍工作表的基本操作，包括重命名、插入、删除、显示、隐藏等操作。

1. 插入工作表

默认情况下，每个工作簿只包含1个工作表，用户可根据需要在其中插入多个工作表。插入工作表的具体操作步骤如下：

Step 01 在Sheet1工作表标签上右击，在弹出的快捷菜单中选择【插入】命令。

提示：每一个工作簿最多可包含255个工作表。

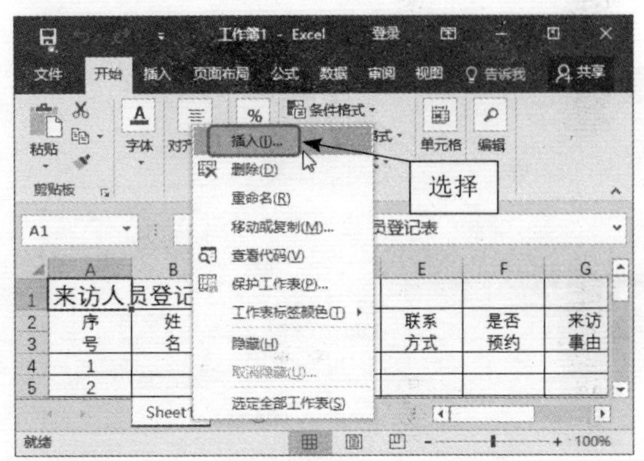

Step 02 弹出【插入】对话框，选择【工作表】选项，单击【确定】按钮。

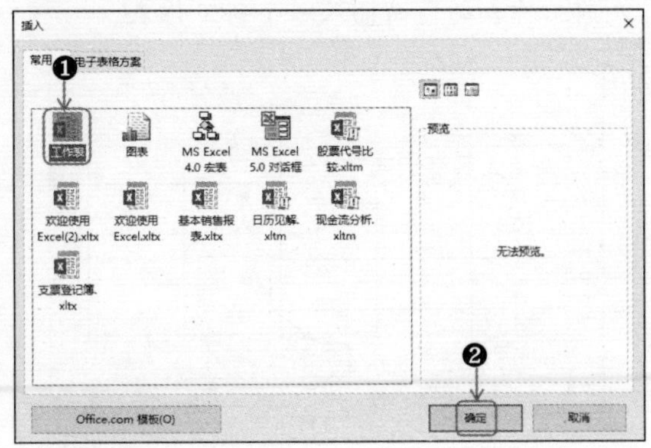

Step 03 即可在当前工作表的前面插入一个新工作表，默认名称是“Sheet2”工作表。

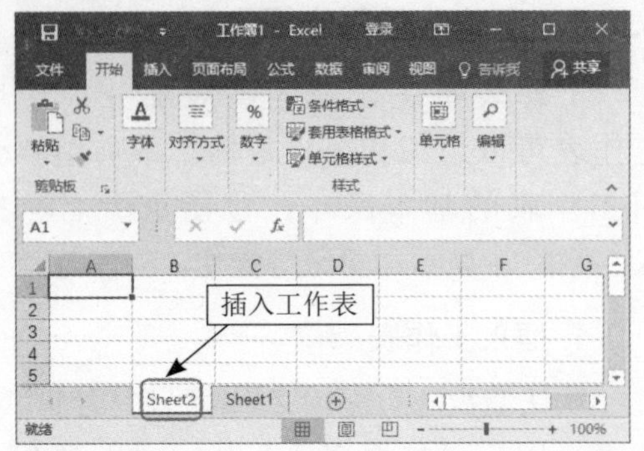

提示：插入工作表还有以下两种方法。

■ 利用功能区插入。单击【开始】选项卡下【单元格】组中的【插入】下拉按钮，在弹出的下拉列表中选择【插入工作表】选项，可在当前工作表的前面插入一个新工作表。

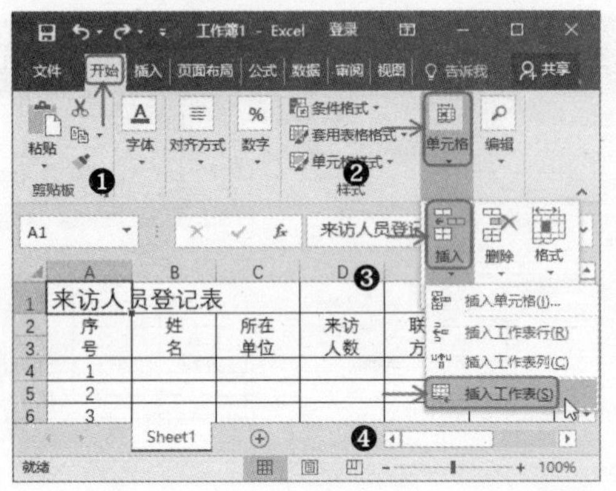

■ 使用【新工作表】按钮插入。单击工作表名称右侧的【新工作表】按钮⊕，可在当前工作表的后面插入一个新工作表。

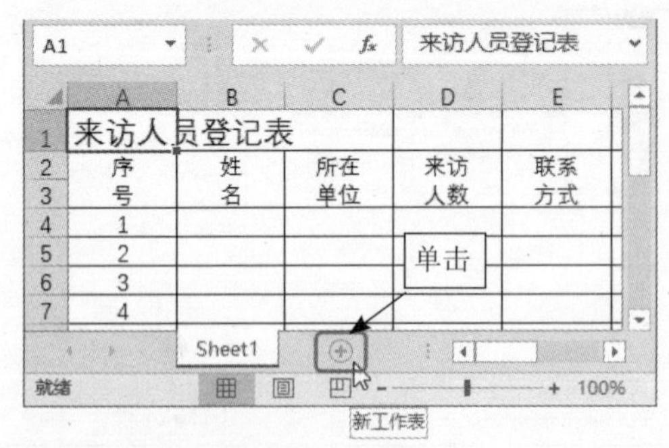

2. 显示和隐藏工作表

隐藏工作表可以更好地保护数据，若需要查看数据，则可以取消隐藏状态，重新将其显示出来。显示和隐藏工作表的具体操作步骤如下：

提示：若要对工作表进行隐藏操作，当前工作簿中必须有两个或两个以上工作表。

Step 01 隐藏工作表。在要隐藏的“Sheet2”工作表标签上右击，在弹出的快捷菜单中选择【隐藏】命令。

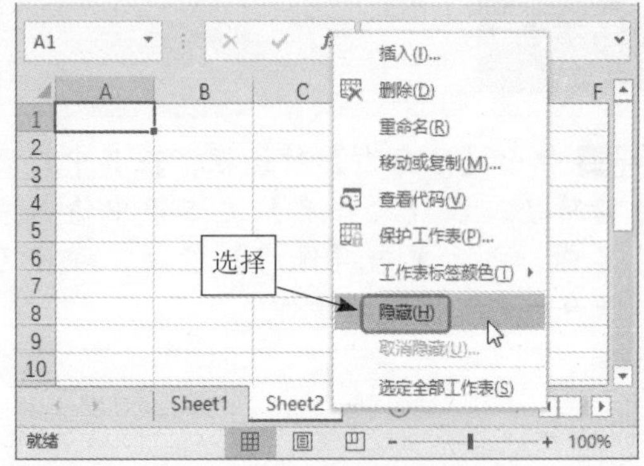

Step 02 即可隐藏所选的“Sheet2”工作表。

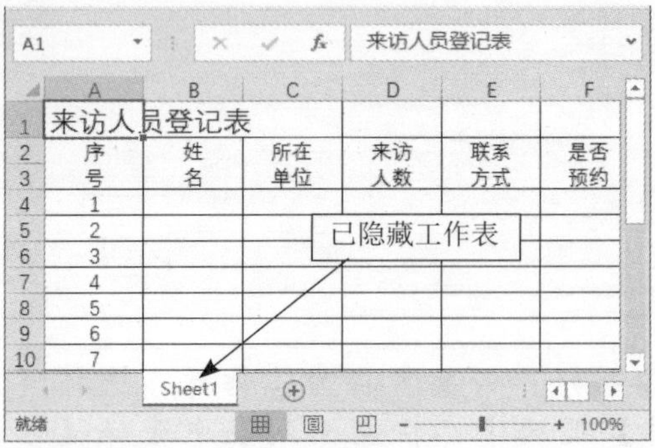

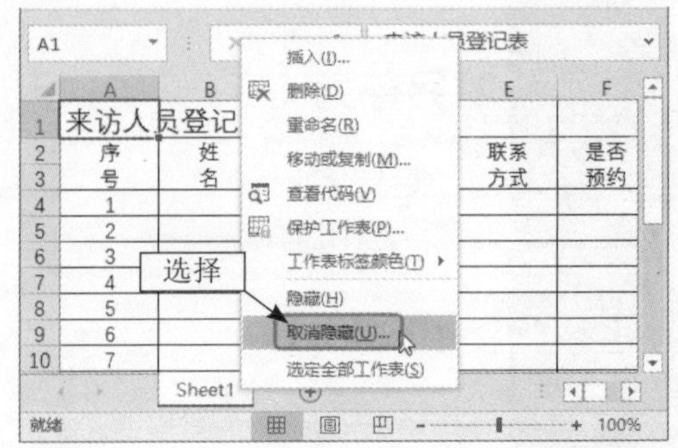

Step 03 显示工作表。在任意工作表标签上右击，在弹出的快捷菜单中选择【取消隐藏】命令。

Step 04 弹出【取消隐藏】对话框，在列表框中选择要显示的工作表，单击【确定】按钮。

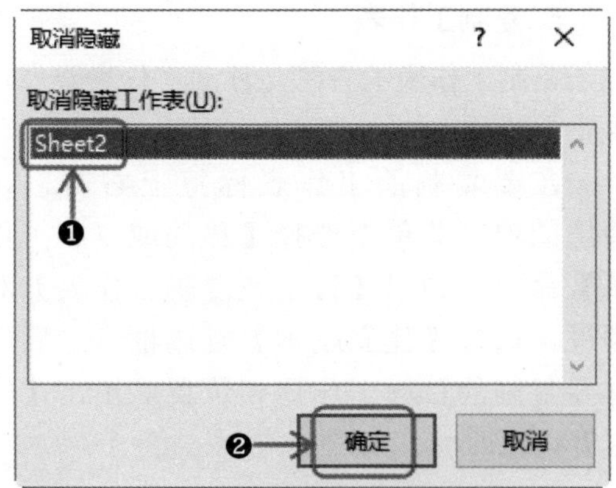

Step 05 即可将隐藏的工作表重新显示出来。

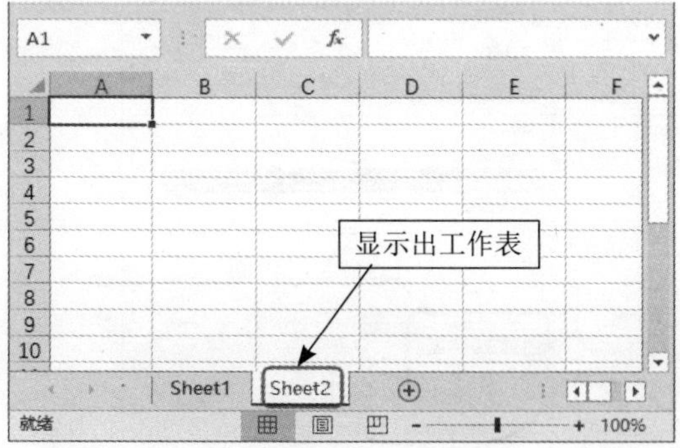

3. 重命名工作表

在工作簿中新建工作表时，默认情况下以Sheet1、Sheet2、Sheet3……命名工作表。为了使工作表更加便于识别，可对工作表重新命名。重命名工作表的具体操作步骤如下：

Step 01 在要重命名的“Sheet1”工作表标签上双击，工作表名称会进入到编辑状态。

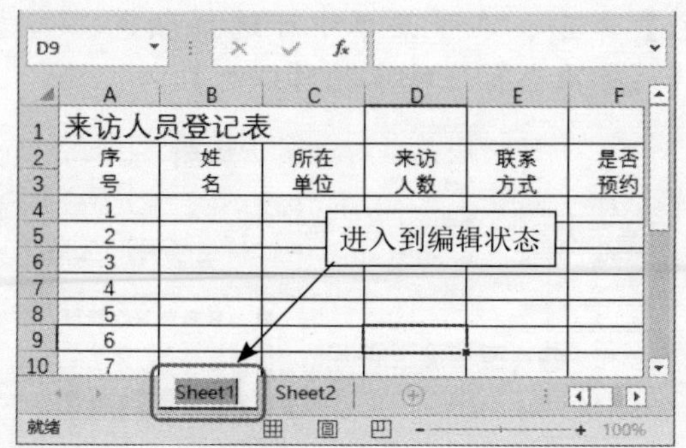

Step 02 在其中输入新名称，按【Enter】键确认，即可为其重命名。

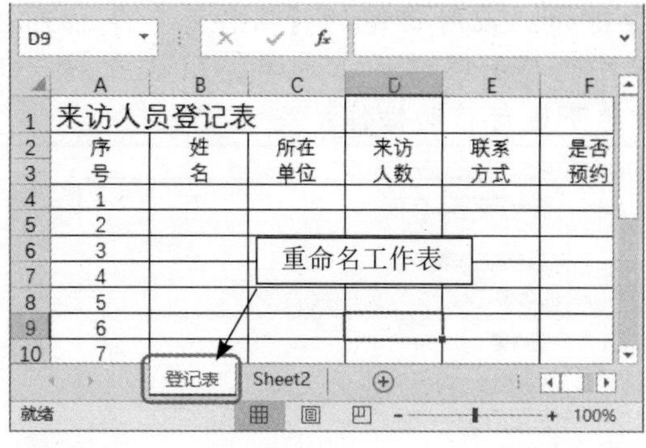

提示：在工作表标签上右击，在弹出的快捷菜单中选择【重命名】命令，工作表名称同样会进入可编辑状态，在其中输入新名称即可。

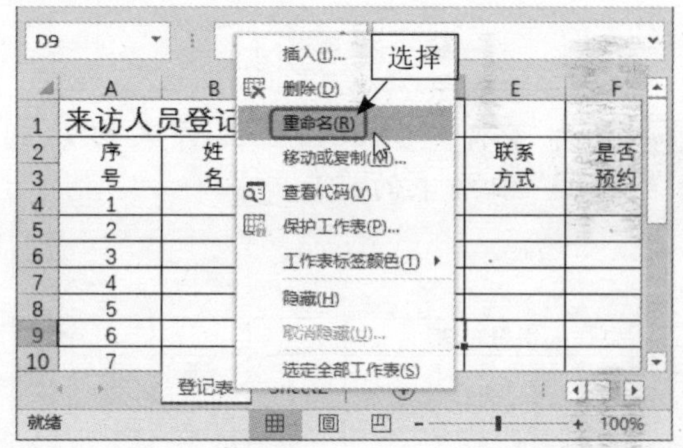

4. 移动工作表

移动工作表的具体操作步骤如下：

Step 01 在要移动的“Sheet1”工作表标签上右击，在弹出的快捷菜单中选择【移动或复制】命令。

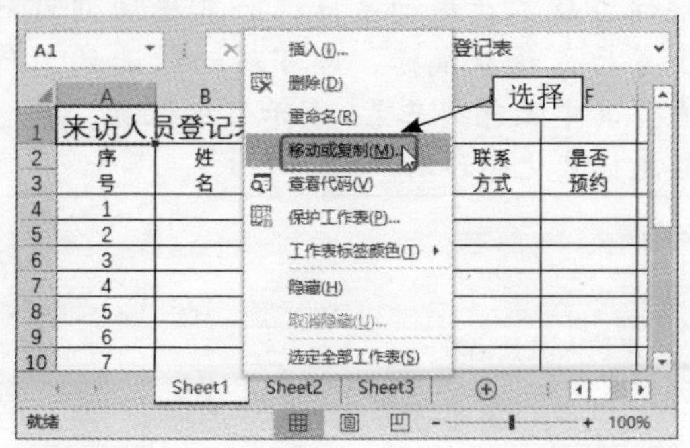

Step 02 弹出【移动或复制工作表】对话框，在【下列选定工作表之前】列表框中选择移动后的位置，如选择【Sheet3】，单击【确定】按钮。

提示：在对话框的【工作簿】下拉列表中可选择要移动的工作簿，默认在同一工作簿下进行移动操作。

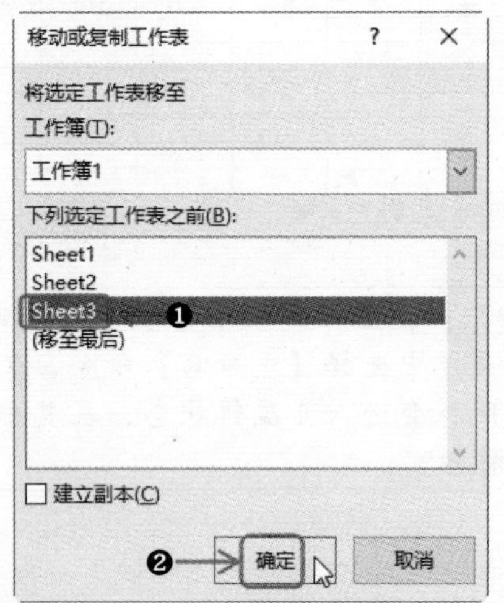

Step 03 即可将“Sheet1”工作表移动到“Sheet3”工作表的前面。

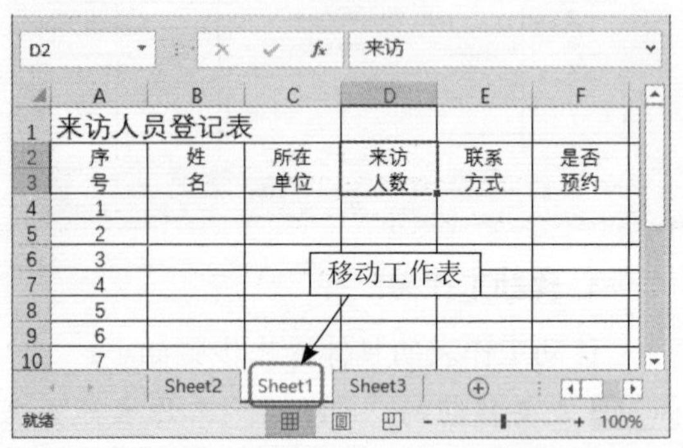

提示：将光标定位在工作表标签上，按住左键不放拖动鼠标，将其拖动到目标位置后，释放鼠标，即可移动所选的工作表。其中黑色倒三角▼表示目标位置，它会随光标变化而移动。

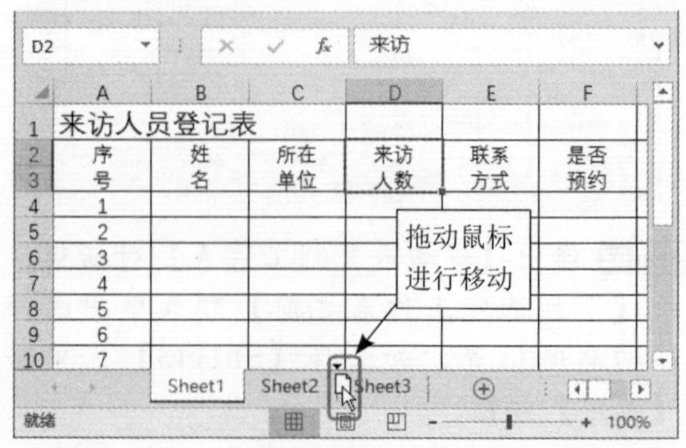

5. 复制工作表

复制工作表的方法与移动工作表类似，主要有两种方法可实现。下面简单介绍。

在要复制的工作表标签上右击，在弹出的快捷菜单中选择【移动或复制工作表】命令，弹出【移动或复制工作表】对话框，选择【建立副本】复选框，之后选择要复制的目标工作簿和位置，单击【确定】按钮即可。

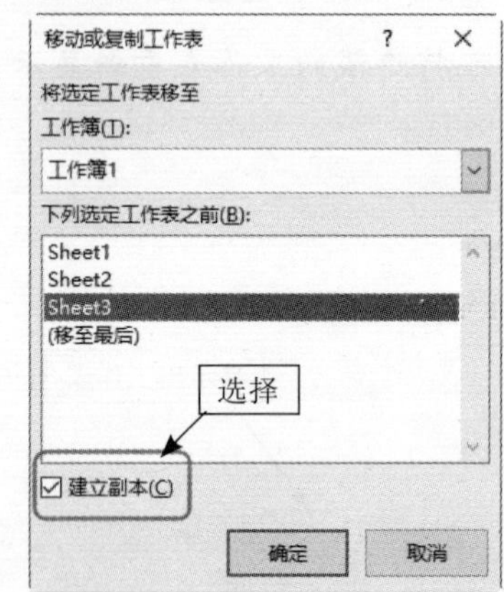

在工作表标签上按住【Ctrl】键和左键不放，拖动鼠标即可复制工作表到指定的位置。

6. 设置工作表标签颜色

当工作簿中包含多个工作表时，可以设置工作表标签的颜色，以便于区分工作表。设置工作表标签颜色的具体操作步骤如下：

Step 01 在“Sheet1”工作表标签上右击，在弹出的快捷菜单中选择【工作表标签颜色】命令，在子菜单中可选择颜色，如选择【标准色】区域中的【红色】。

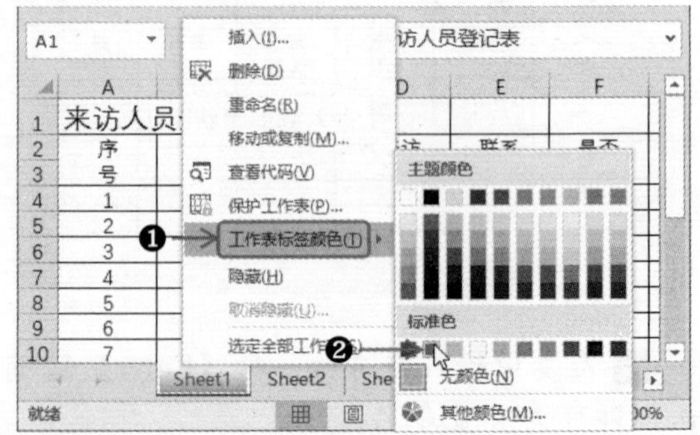

Step 02 即可将"Sheet1"工作表标签的颜色设置为红色。

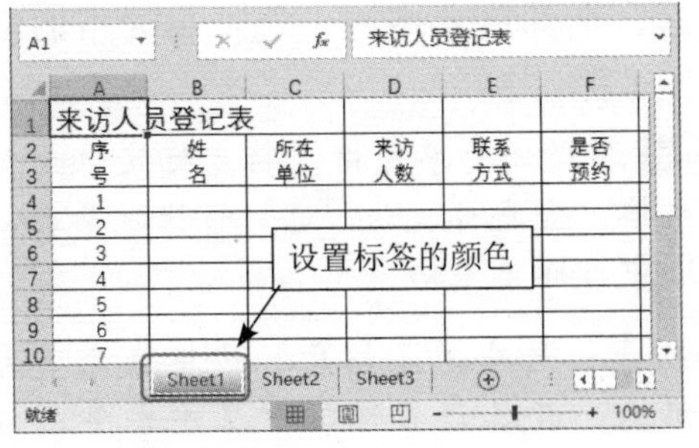

7. 保护工作表

Excel 2016提供了保护工作表的功能，以防止工作表被更改、移动或删除某些重要的数据。保护工作表的具体操作步骤如下：

Step 01 在要保护的"Sheet1"工作表标签上右击，在弹出的快捷菜单中选择【保护工作表】命令。

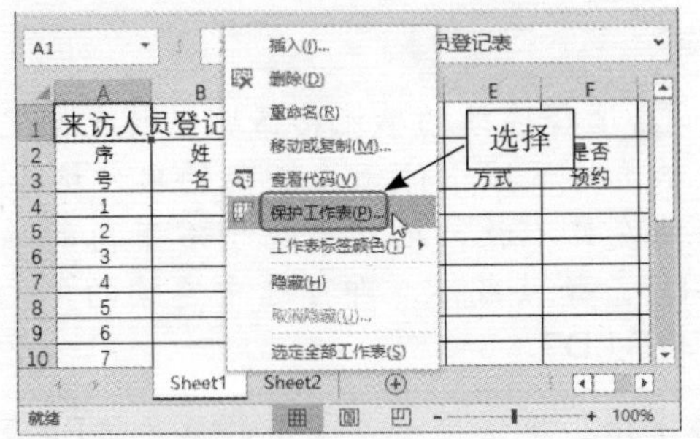

Step 02 弹出【保护工作表】对话框，在【取消工作表保护时使用的密码】文本框中输入密码，在下方的列表框中选择保护后允许用户所做的操作，单击【确定】按钮。

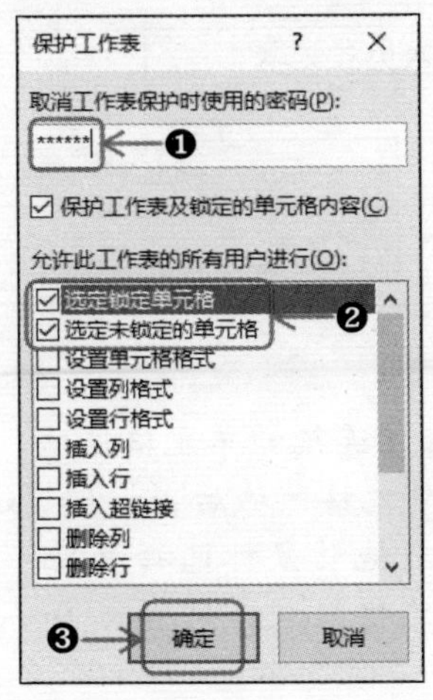

Step 03 弹出【确认密码】对话框，在【重新输入密码】文本框中再次输入步骤2所设置的密码，单击【确定】按钮。

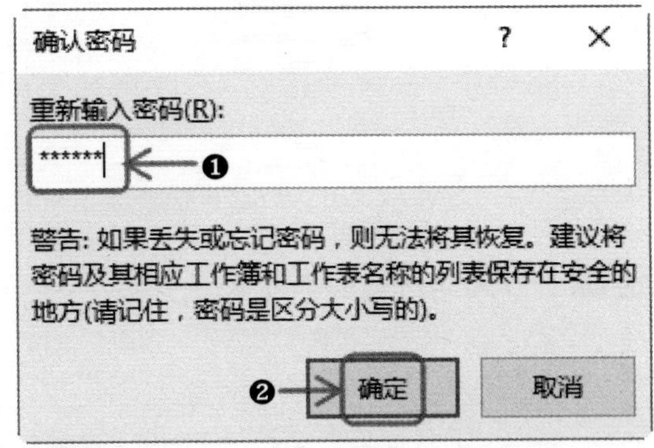

Step 04 即完成保护工作表的操作。当在"Sheet1"工作表中输入或删除数据时，将会弹出提示框，提示单元格或图表位于受保护的工作表中，用户不能对其进行更改操作。

提示：在工作表标签上右击，在弹出的快捷菜单中选择【撤销工作表保护】命令，之后在弹出的对话框中输入所设置的密码，即可撤销保护工作表的操作。

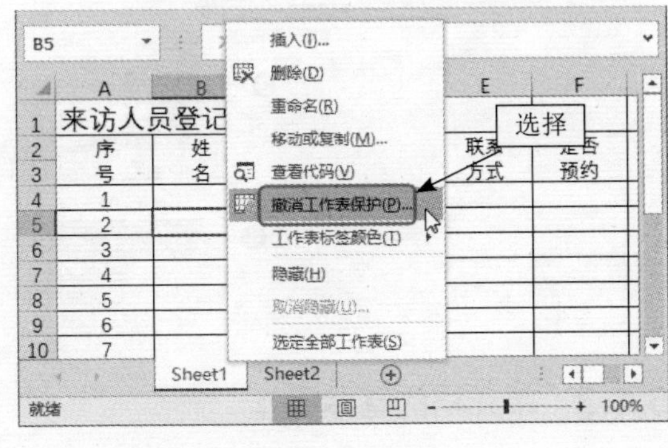

8. 删除工作表

对于不再需要的工作表，可进行删除操作。删除工作表的具体操作步骤如下：

Step 01 在要删除的"Sheet2"工作表标签上右击，在弹出的快捷菜单中选择【删除】命令。

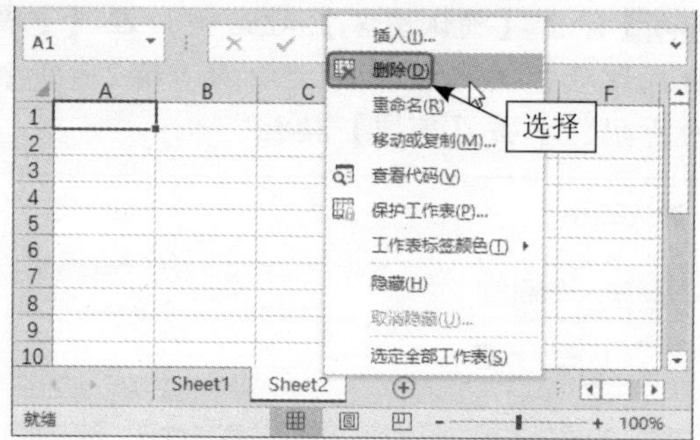

Step 02 即可删除所选的工作表。

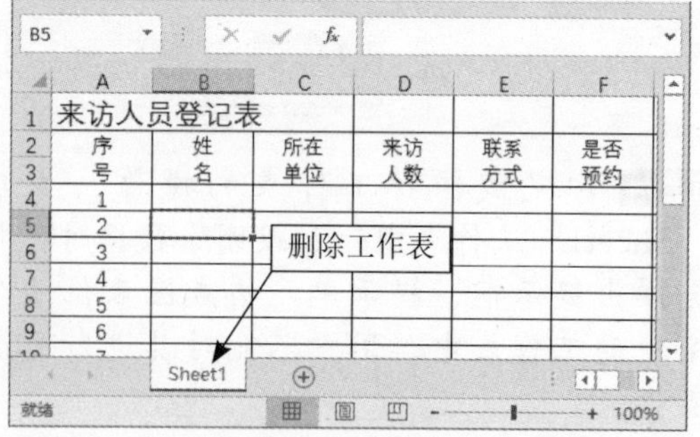

提示：选择工作表后，单击【开始】选项卡下【单元格】组中的【删除】下拉按钮，在弹出的下拉列表中选择【删除工作表】选项，也可删除工作表。

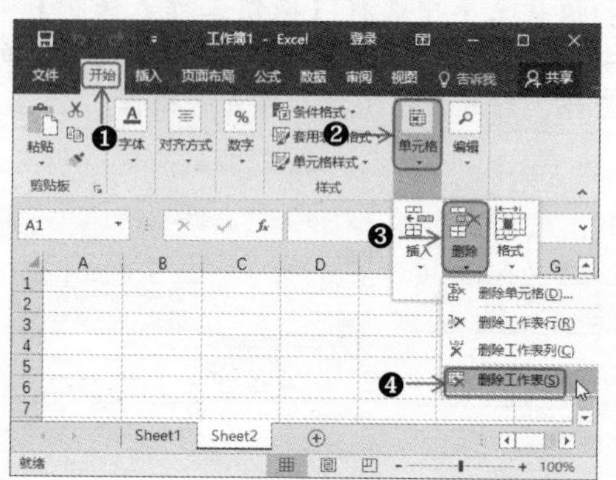

5.1.3 单元格的基本操作

单元格可以保存数据、文字等信息，它是编辑数据的基本元素。本节主要介绍单元格的基本操作，包括选择、插入、复制、移动、合并等操作。

1. 选择单元格

要对单元格进行编辑操作，首先需选中单元格或单元格区域。选择单元格分为多种情况，包括选择一个单元格、多个单元格、全部单元格等。选择单元格的具体操作步骤如下：

Step 01 选择一个单元格。将光标定位至目标单元格，当光标变为“✚”形状时单击，即可选中目标单元格。

提示：选中单元格后，边框线会变为绿色粗线，并且在名称框中显示出单元格的地址，在编辑栏中显示出单元格的内容。

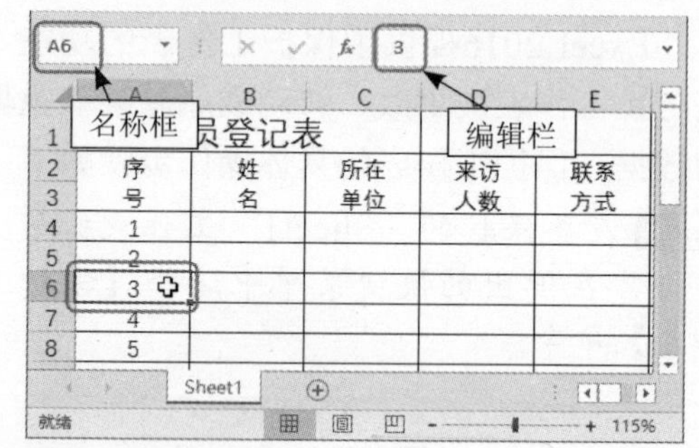

Step 02 选择连续的单元格区域。将光标定位于单元格区域中位于左上角的单元格B4，按住左键不放，拖动至位于右下角的单元格D7，释放鼠标，即可选中连续的单元格区域B4:D7。

提示：单击位于左上角的单元格B4后，按住【Shift】键不放，单击单元格D7，也可选中连续的单元格区域B4:D7。

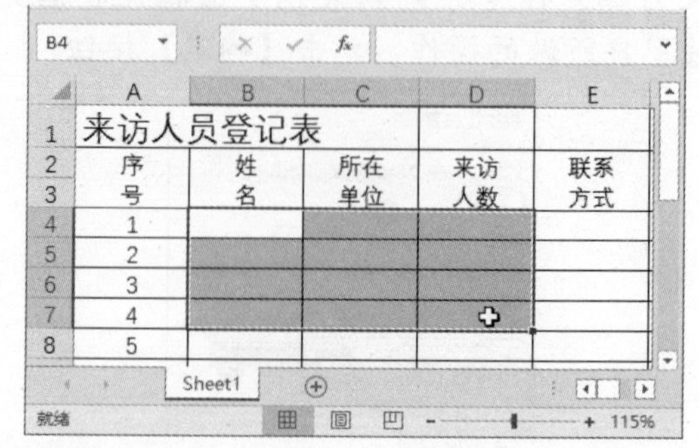

Step 03 选择不连续的单元格区域。选中一个单元格或单元格区域后，按住【Ctrl】键不放，单击或拖动鼠标选择其他不相邻的单元格或单元格区域，即可选择不连续的单元格区域。

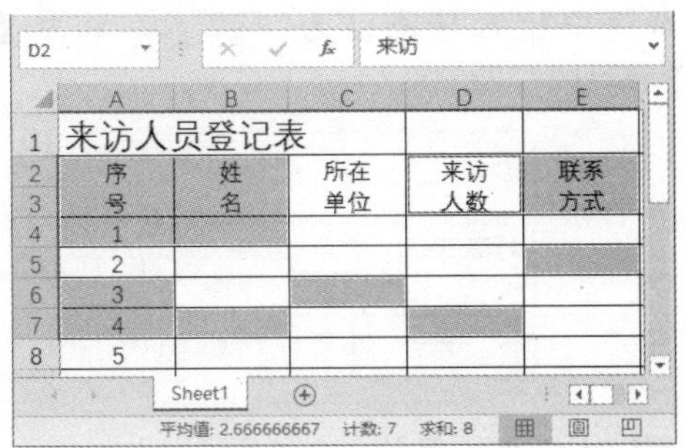

Step 04 选择全部单元格。单击工作表左上角行号与列标相交处的◢按钮，即可选择全部单元格。

提示：按【Ctrl+A】组合键，也可选择全部单元格。

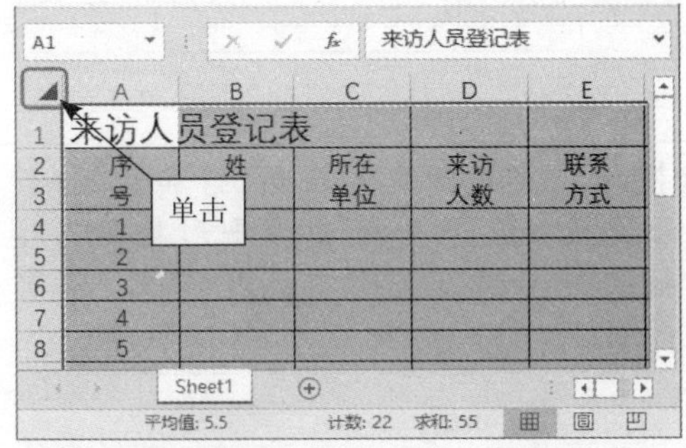

2. 合并单元格

合并单元格是指将单元格区域合并成一个单元格。合并单元格的具体操作步骤如下：

Step 01 选择要合并的单元格区域A1:J1，单击【开始】选项卡下【对齐方式】组中的【合并后居中】按钮。

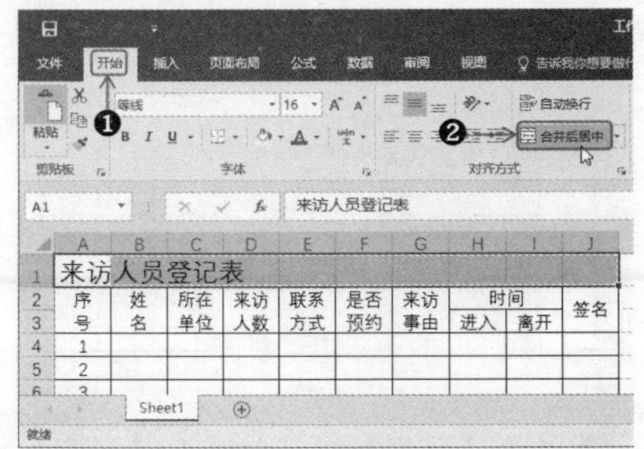

Step 02 即可将选中的单元格区域合并为一个单元格，并使单元格的内容居中显示。

提示：若要合并的多个单元格中均有数据，在操作时会弹出一个提示框，提示合并单元格时只会保留左上角单元格中的数据，而删除其他单元格的数据，单击【确定】按钮即可进行合并。

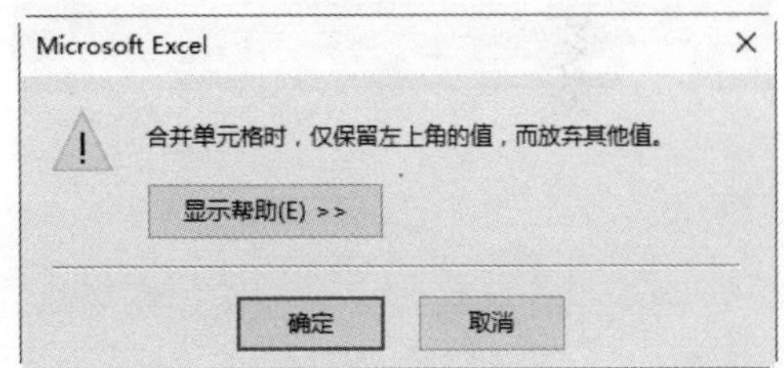

此外，单击【合并后居中】右侧的下拉按钮，在弹出的下拉列表中选择【合并单元格】选项，也可完成合并单元格操作，但合并后单元格的内容并不居中显示。

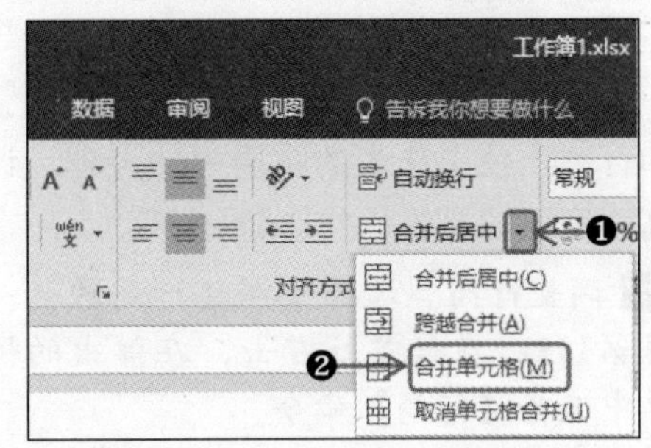

3. 拆分单元格

拆分单元格是指将合并后的一个单元格拆分为多个单元格。拆分单元格的具体操作步骤如下：

Step 01 选择合并后的单元格A1，单击【开始】选项卡下【对齐方式】组中的【合并后居中】下拉按钮，在弹出的下拉列表选择【取消单元格合并】选项。

提示：直接单击【开始】选项卡下【对齐方式】组中的【合并后居中】按钮，也可将合并后的单元格拆分开。

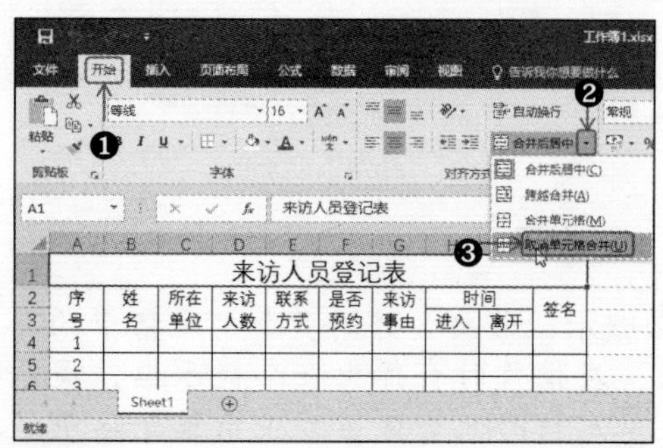

Step 02 即可将单元格A1恢复为合并前的多个单元格。

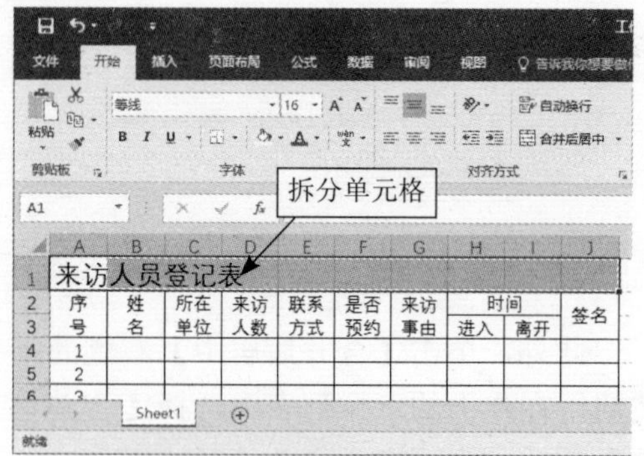

4. 调整行高和列宽

当单元格的宽度或高度不足时，会导致其中的数据显示不完整，此时就需要调整列宽和行高，使工作表的布局更加合理。调整行高和列宽的具体操作步骤如下：

Step 01 调整行高。选择要调整行高的行，如选择第1行，在行首处右击，在弹出的快捷菜单中选择【行高】命令。

Step 02 弹出【行高】对话框，在【行高】文本框中输入行高值为“27”，单击【确定】按钮。

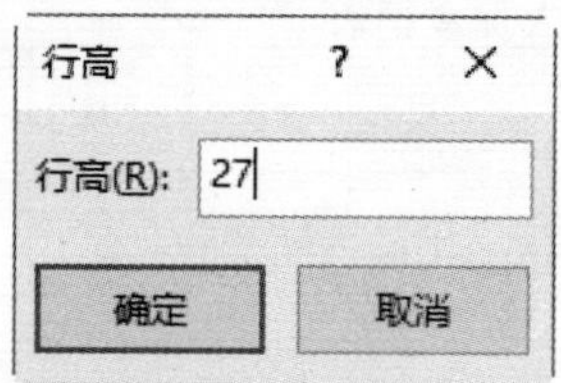

Step 03 即可调整第1行的行高。

提示：将光标定位在第1行和第2行行首的相交位置，当光标变为✛形状时，按住左键不放，向上或向下拖动鼠标，也可调整行高。

Step 04 调整列宽。选择要调整列宽的列，如选择B到G行，在列首处右击，在弹出的快捷菜单中选择【列宽】命令。

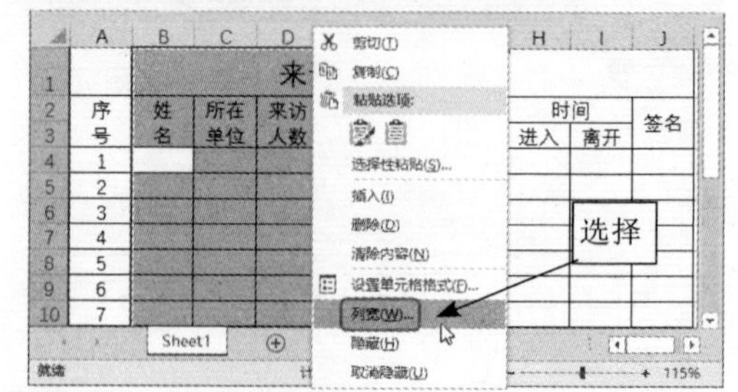

Step 05 弹出【列宽】对话框，在【列宽】文本框中输入列宽值为“6”，单击【确定】按钮。

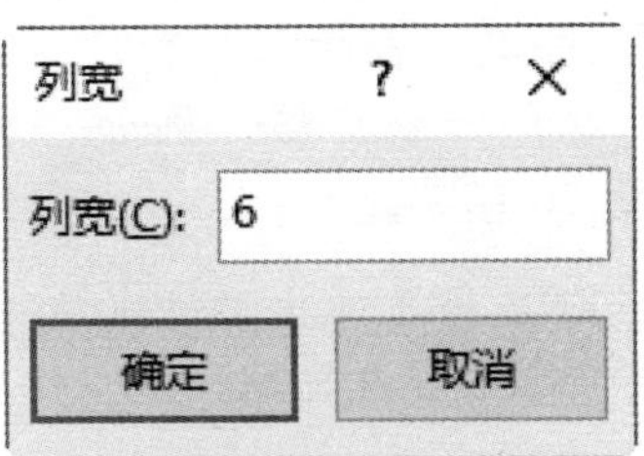

Step 06 即可调整所选列的列宽。

> **提示：**将光标定位在选定列中任意列首的相交位置，当光标变为✛形状时，按住左键不放，向左或向右拖动鼠标，也可调整所选列的列宽。

Step 07 使用上述方法，调整“来访人员登记表”工作簿中其他单元格的行高和列宽。

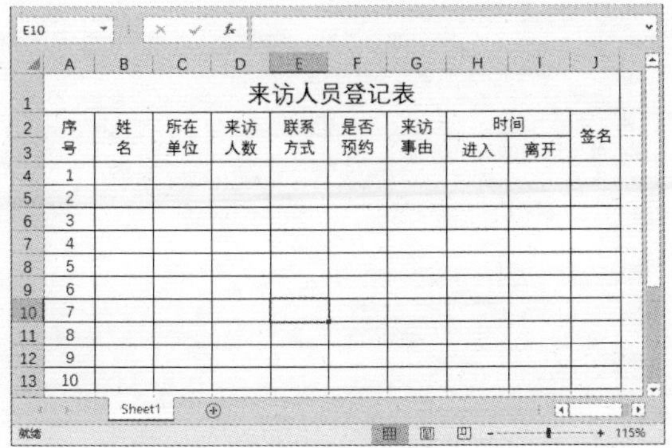

来访人员登记表									
序号	姓名	所在单位	来访人数	联系方式	是否预约	来访事由	时间		签名
							进入	离开	
1									
2									
3									
4									
5									
6									
7									
8									
9									
10									

5.2 制作“员工信息表”工作簿

员工信息表主要用于记录员工的工号、姓名、所属部门、入职日期等基本信息，以方便企业建立相关人事档案，提高人事管理的质量和效率。

5.2.1 输入数据

创建“员工信息表”工作簿后，用户需要向其中输入数据，包括输入文本、数值、日期和时间等类型的数据。

1. 输入文本

文本包括汉字、英文字母、数字和符号等类型。注意，在单元格中输入汉字、英文字母或符号等文本时，Excel会自动将其作为文本处理；若输入数字型文本时，Excel会自动将其作为数值处理。

输入文本的具体操作步骤如下：

Step 01 新建一个空白工作簿，命名为“员工信息表”并保存。之后双击工作表标签，使其进入可编辑状态，在其中输入“员工信息表”，按【Enter】键，重命名工作表。

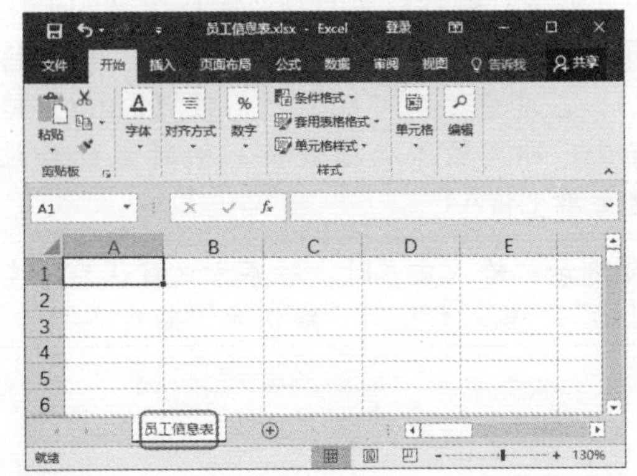

Step 02 单击选中单元格A1，在其中输入“员工信息表”作为标题文本，按【Enter】键确认，光标会跳转至单元格A2。

> **提示：**选中单元格后，在上方的编辑栏中输入文本，按【Enter】键，也可完成在单元格内输入文本的操作。

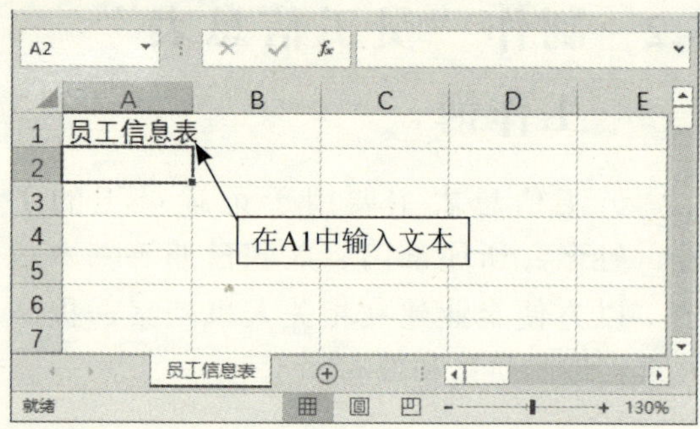

Step 03 继续在单元格A2中输入文本，之后按键盘上的方向键，使光标跳转至目标单元格，在其中输入文本即可。

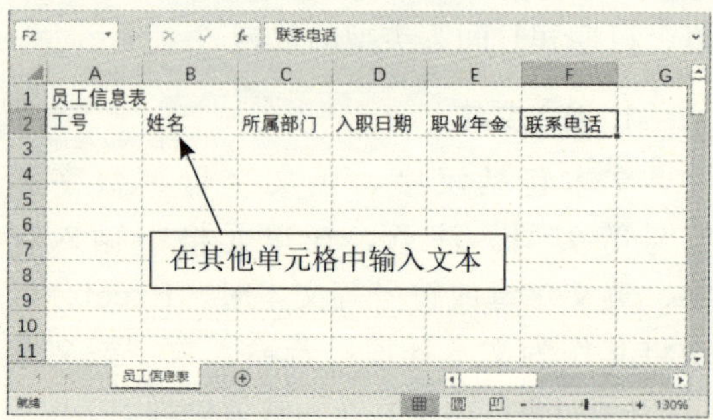

2. 输入数值

在Excel中输入数字是最常见不过的操作了，而且进行数字计算也是Excel最基本的功能。数字可以是整数、小数、分数或科学计数等。输入数值的具体操作步骤如下：

Step 01 输入普通数值。单击选中单元格A3，在其中输入“1001”，按【Enter】键确认，即可输入普通数值，同时光标会跳转至单元格A4。

> 提示：输入文本时，对齐方式默认为“左对齐”；输入数值时，默认为“右对齐”。

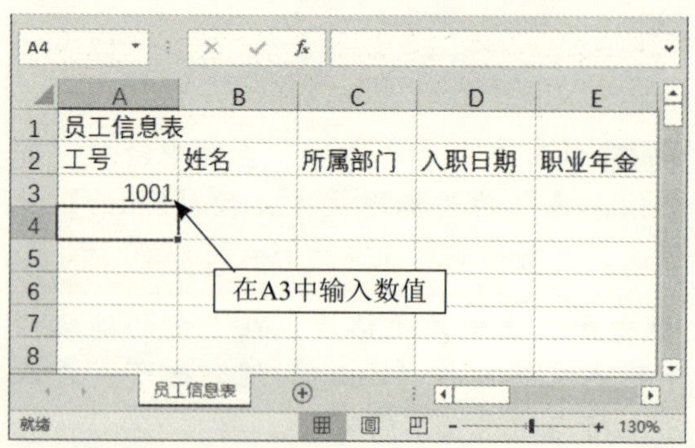

Step 02 输入分数。在输入分数时，需要在前面加一个零和一个空格。例如，在单元格A4中输入“0 1/3”。

> 提示：若直接在单元格中输入分数，系统会自动将其显示为日期。

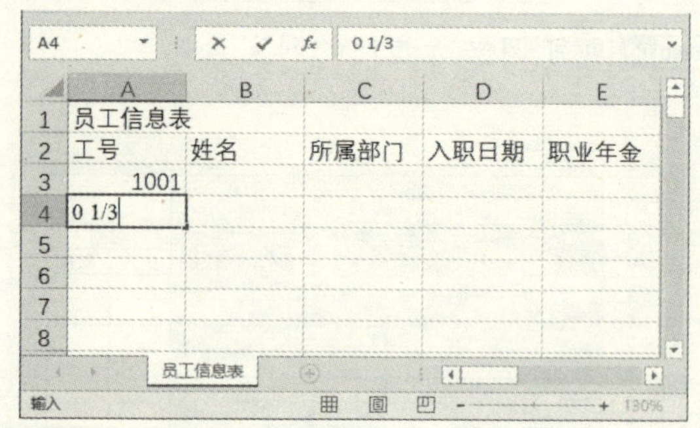

Step 03 按【Enter】键确认，即可成功输入分数“1/3”。

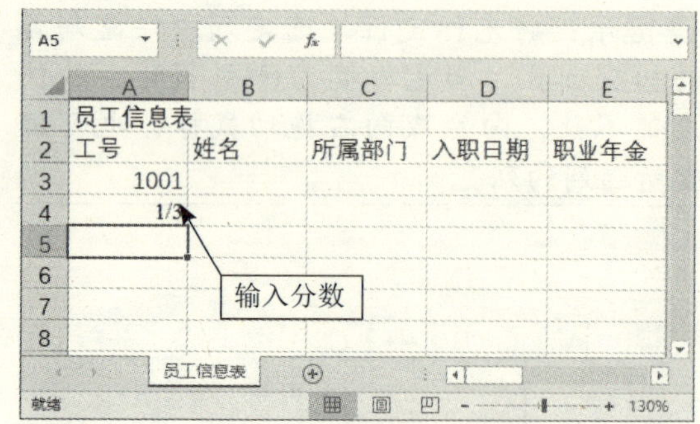

Step 04 输入以0开头的数字。在单元格A5中输入英文状态下的单引号“'”，然后输入以0开头的数字，如输入“001”。

> 提示：若直接在单元格中输入以0开头的数字，Excel会自动省略0。例如，输入“001”，按【Enter】键，单元格中会显示为“1”。

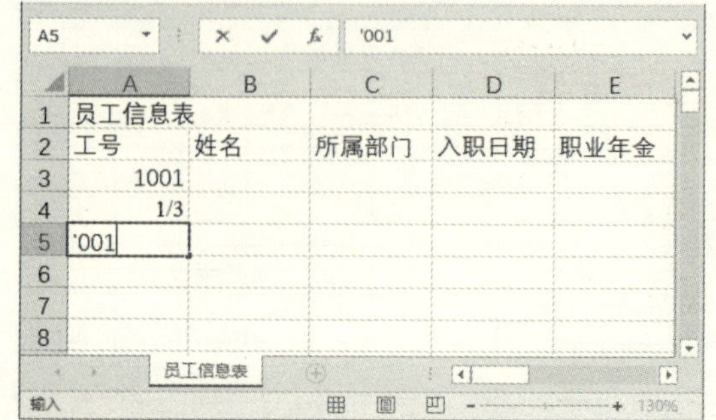

Step 05 按【Enter】键确认，即可成功输入以0开头的数字。

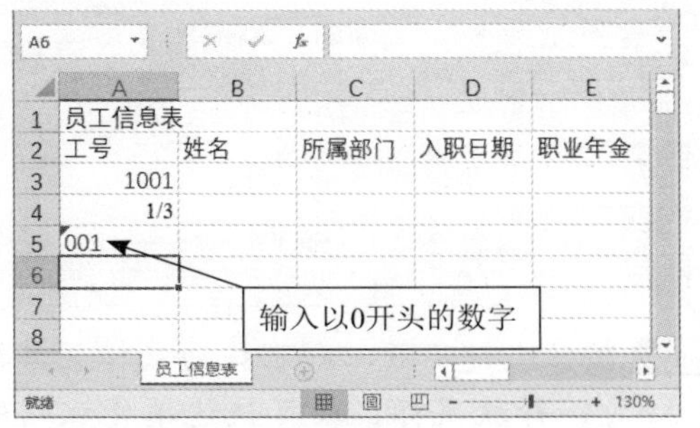

3. 输入日期和时间

日期和时间也是Excel工作表中常见的数据类型之一。输入日期和时间的具体操作步骤如下：

Step 01 输入日期。输入日期时需要使用斜线“/”或者连字符“-”分隔日期的年、月、日。例如，在单元格D3中输入“2018/6/5”。

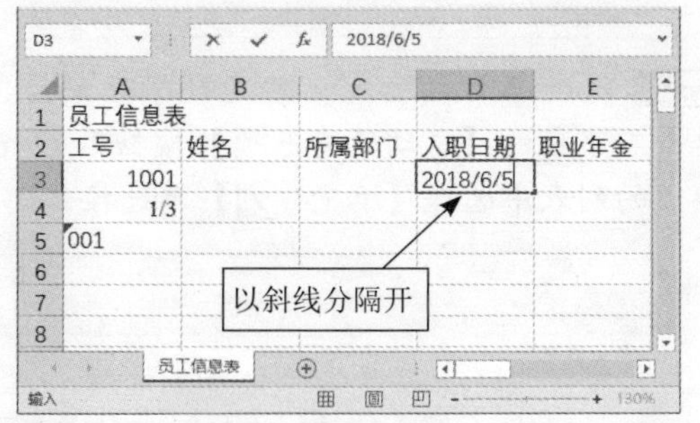

Step 02 按【Enter】键确认，即可成功输入日期。

提示： 如果要获取系统当前的日期，在单元格中按【Ctrl+;】组合键；如果要获取系统当前的时间，按【Ctrl+Shift+;】组合键。

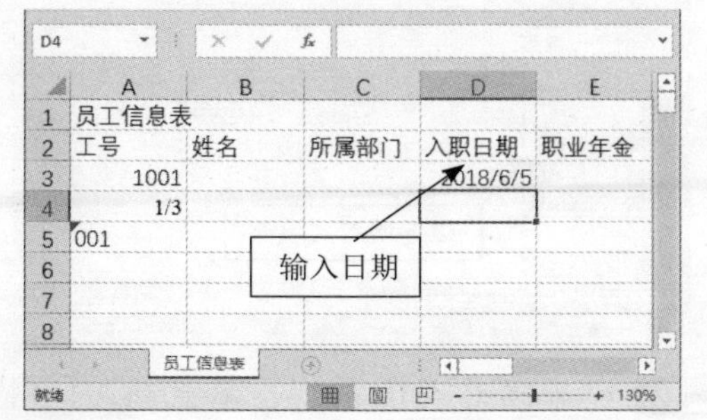

Step 03 输入时间。输入时间时需要使用冒号“:”分隔时间的小时、分、秒。例如，在单元格D4中输入“11:30:21”。

提示： 若要按12小时制表示时间，在时间后面添加一个空格，然后输入am（上午）或pm（下午）即可。

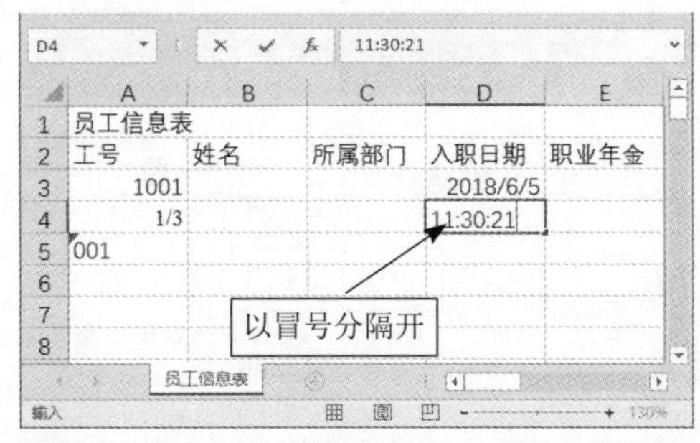

Step 04 按【Enter】键确认，即可成功输入时间。

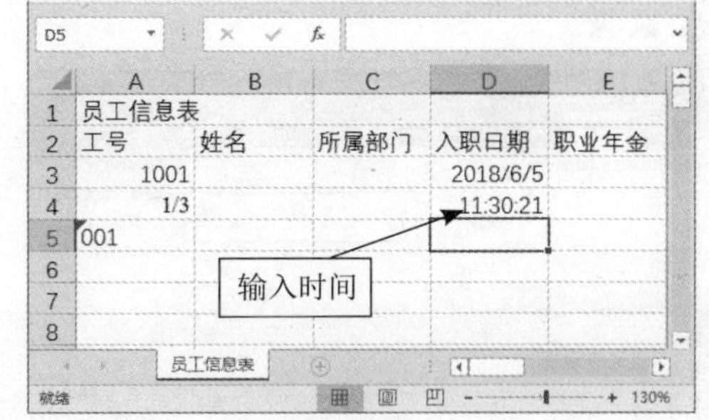

4. 输入货币型数据

货币型数据是指带货币符号的数字，通常用于表示金额。输入货币型数据的具体操作步骤如下：

Step 01 选择单元格E3，单击【开始】选项卡下【数字】组中【数字格式】右侧的下拉按钮，在弹出的下拉列表中选择【货币】选项。

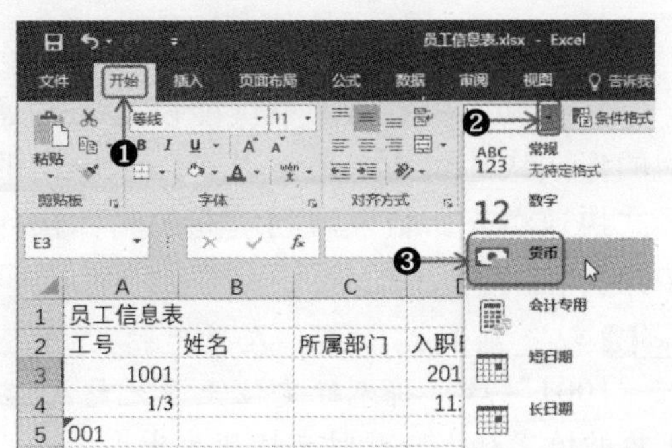

Step 02 设置数字格式后，单击两次【开始】选项卡下【数字】组中的【减少小数位数】按钮，从而设置小数位数为0。

提示：设置数字格式为货币后，货币符号默认为“¥”符号，小数位数默认为2位。

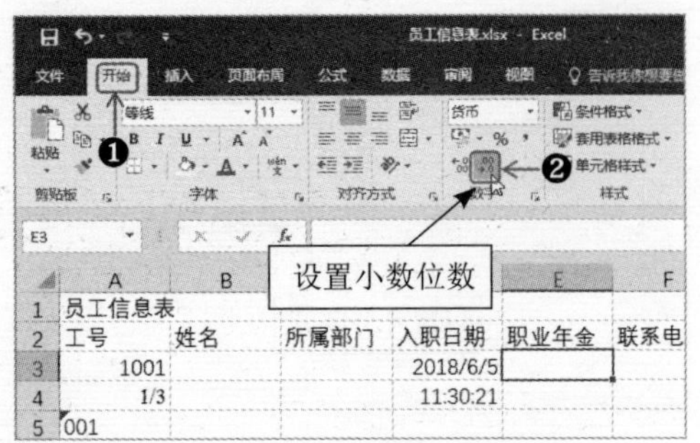

Step 03 在单元格E3中输入数据，按【Enter】键，可以发现，数据会转换为货币型数据。

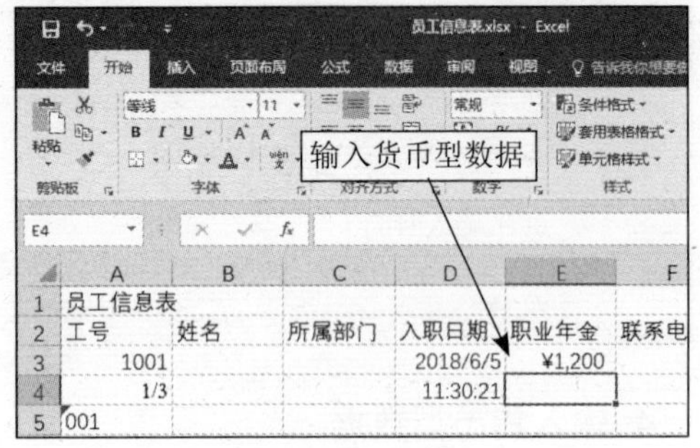

5.2.2 数据的快速填充

在输入数据时，除了常规的输入外，如果输入的数据本身有关联性，用户可以使用填充功能，批量录入数据，从而提高向工作表中输入数据的效率，降低输入错误率。

1. 数值序列填充

对于数字型数据，不仅能以复制、递增的形式快速填充，还能以等差、等比的形式快速填充。数值序列填充的具体操作步骤如下：

Step 01 以复制形式填充。在单元格A3中输入“1001”后，将光标定位至单元格A3右下角的填充柄上，此时光标变为**+**形状。

Step 02 按住左键不放，向下拖动鼠标至单元格A6时，释放鼠标，即可快速填充相同的数字。

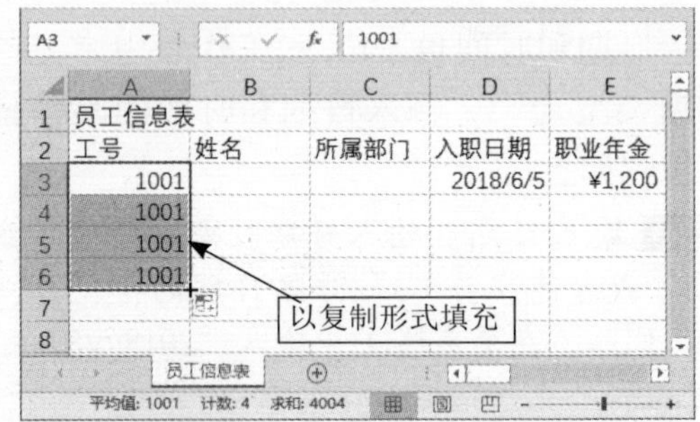

Step 03 以递增形式填充。填充数字序列后，单击右下角的【自动填充选项】按钮，在弹出的列表中选择【填充序列】单选按钮。

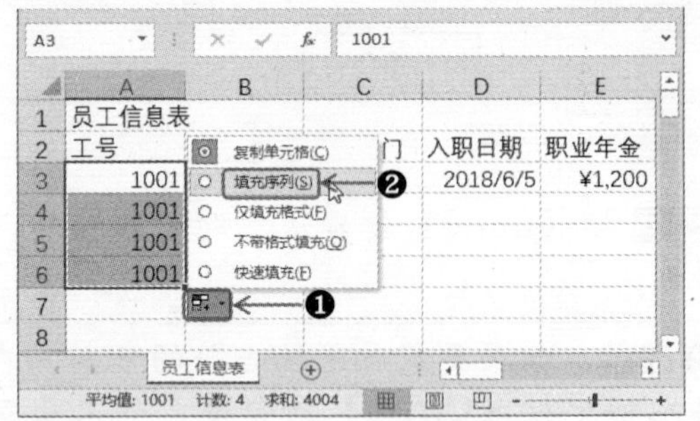

Step 04 即可以递增形式填充数字。

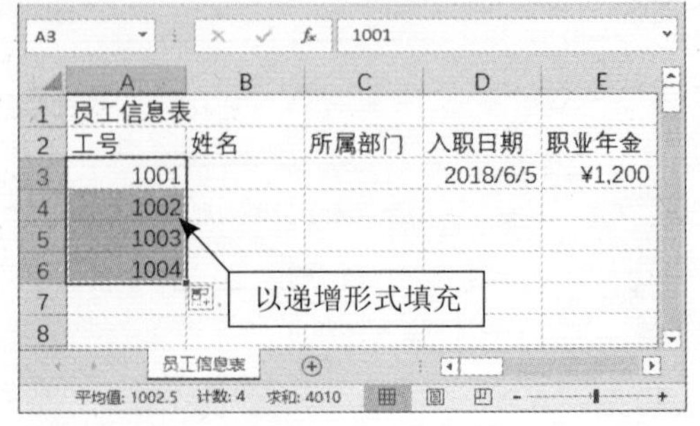

Step 05 以等比形式填充。在单元格A4中输入“2002”，之后选择单元格区域A3:A4，

将光标定位于A4右下角的填充柄上，当光标变为✚形状时，按住右键不放向下拖动鼠标至A7，释放鼠标，在弹出的下拉列表中选择【等比序列】选项。

提示：若在弹出的下拉列表中选择【等差序列】选项，即可以等差形式填充数字。

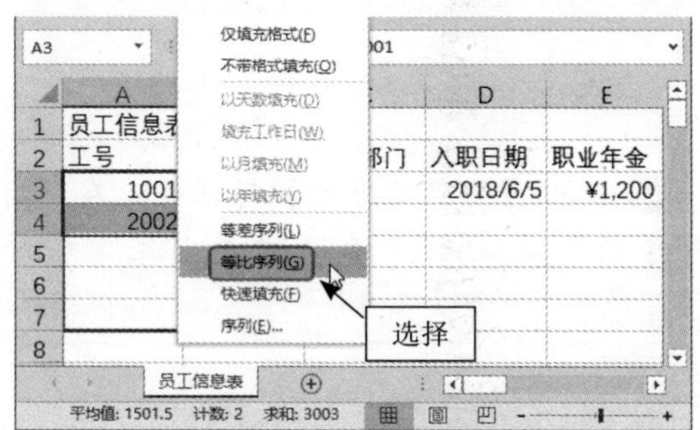

Step 06 即可以等比形式填充数字。

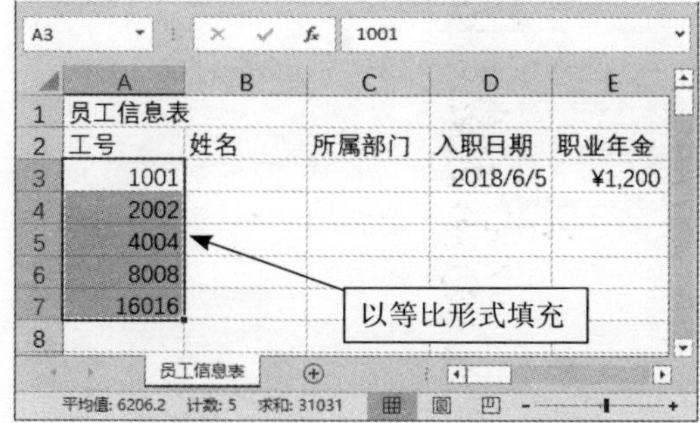

2. 日期序列填充

对于数字类型的数据，默认以复制的形式填充，而对于日期类型的数据，则默认以天数递增的形式填充。日期序列填充的具体操作步骤如下：

Step 01 以天数递增的形式填充。在单元格D3中输入日期后，将光标定位至单元格D3右下角的填充柄上，此时光标变为✚形状。

Step 02 按住左键不放，向下拖动鼠标至单元格D6时，释放鼠标，即可以天数递增的形式快速填充日期。

提示：按住Ctrl键不放，然后拖动鼠标，可以复制的形式快速填充日期。

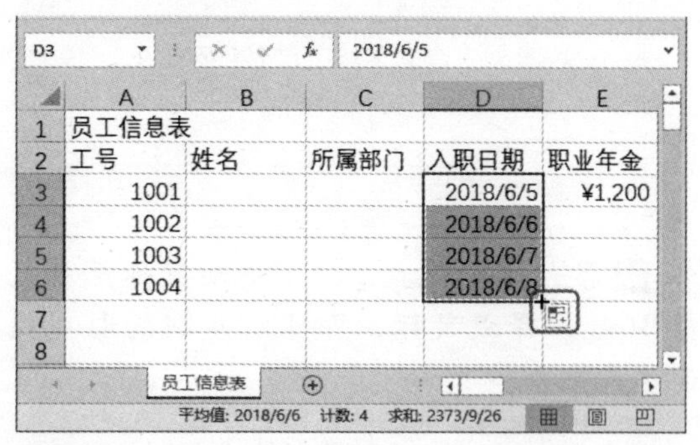

Step 03 以月递增的形式填充。填充日期序列后，单击右下角的【自动填充选项】按钮，在弹出的列表中选择【以月填充】单选按钮。

Step 04 即可以月递增的形式填充日期。

3. 文本填充

对于文本类型的数据，默认以复制的形式填充。文本填充的具体操作步骤如下：

Step 01 在单元格B3中输入姓名，之后将光标定位至B3右下角的填充柄上，此时光标变为＋形状。

Step 02 按住左键不放，向下拖动鼠标至单元格B6时，释放鼠标，即可以复制的形式快速填充文本。

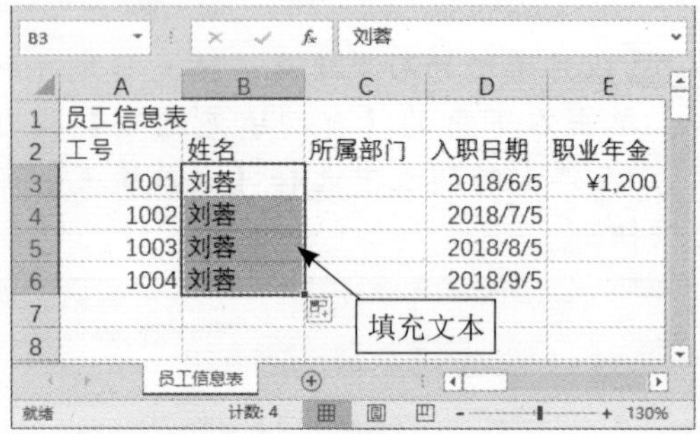

4. 自定义序列填充

在进行一些较特殊的有规律的序列填充时，若以上类型的填充均不能满足需求，用户还可以自定义要填充的序列。具体操作步骤如下：

Step 01 选择【文件】选项卡，在左侧列表中选择【选项】。

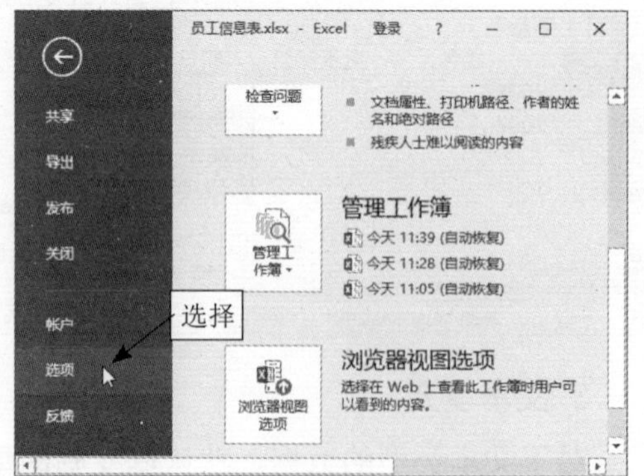

Step 02 弹出【Excel选项】对话框，在左侧选择【高级】选项，在右侧单击【常规】选项区域中的【编辑自定义列表】按钮。

Step 03 弹出【自定义序列】对话框，在【输入序列】文本框中依次输入自定义的序列，单击【添加】按钮。

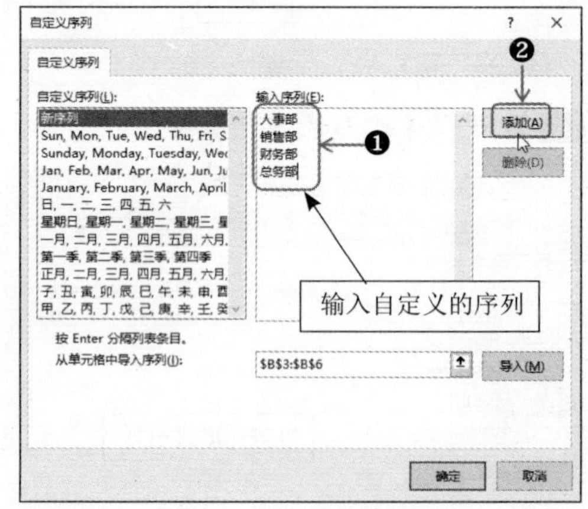

Step 04 操作完成后，在左侧的【自定义序列】列表框中可以看到所添加的自定义序列，之后依次单击【确定】按钮，返回到工作表中。

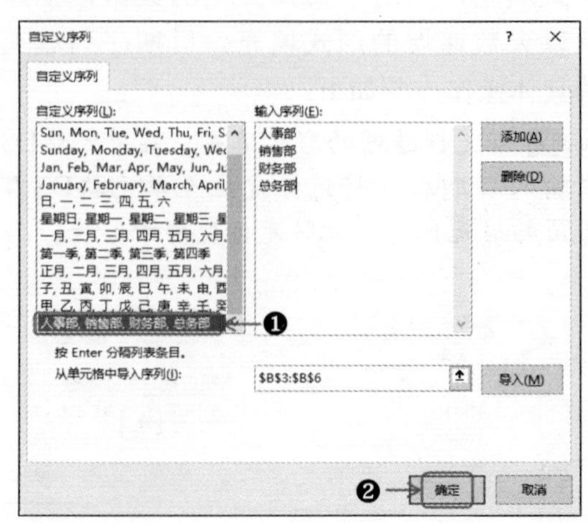

Step 05 在C3中输入“人事部”，之后将光标定位至C3右下角的填充柄上，当光标变为

✚形状时，按住左键不放，向下拖动鼠标至C6，释放鼠标，即可以自定义的序列填充单元格区域。

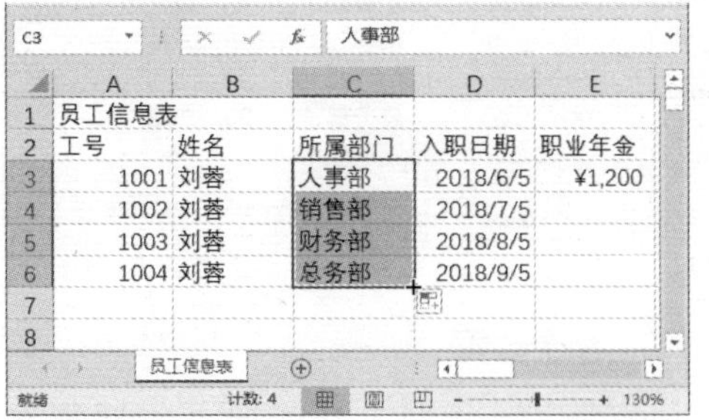

5.2.3 编辑数据

在单元格内输入数据后，用户还可根据需要编辑数据，包括修改数据、查找与替换数据、清除数据等任务。

1. 修改数据

修改数据有两种方法：在单元格中直接修改和在编辑栏中修改。修改数据的具体操作步骤如下：

Step 01 在单元格中直接修改。双击单元格B4，其内部出现闪烁的光标，表示进入编辑状态。

Step 02 按【Backspace】键删除原有的文本，之后输入新的内容，按【Enter】键确认，即可修改单元格B4中的数据。

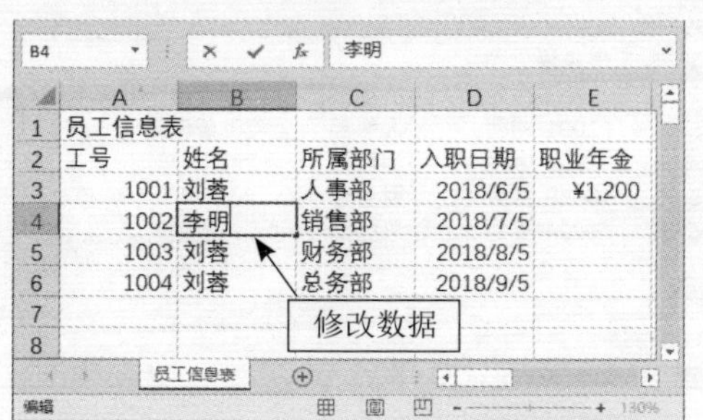

Step 03 通过编辑栏修改。单击选中单元格B5，之后单击编辑栏，进入编辑状态，在其中修改数据后，按【Enter】键，可以发现，单元格的数据同时也会被修改。

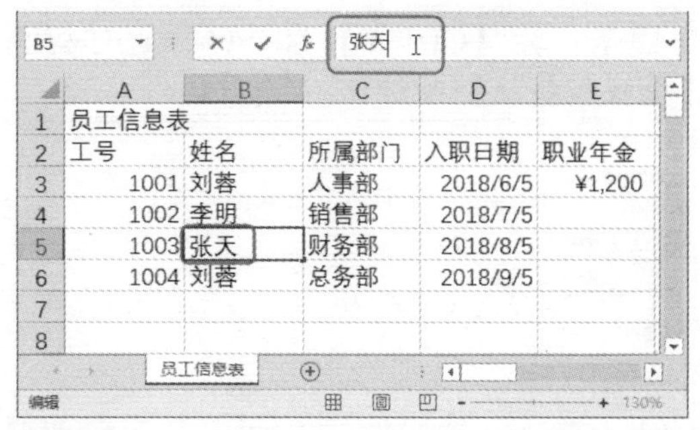

Step 04 使用上述方法，修改其他单元格中的数据。

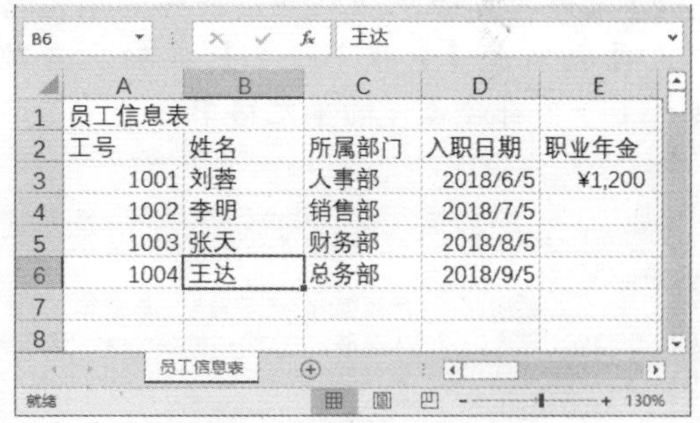

2. 查找与替换数据

通过查找功能可以在大量的数据中快速找到自己需要的信息，而使用替换功能则可以对工作表中大量相同的数据同时替换。查找与替换数据的具体操作步骤如下：

Step 01 查找数据。单击【开始】选项卡下【编辑】组中的【查找和选择】按钮，在弹出的下拉列表中选择【查找】选项。

Step 02 弹出【查找和替换】对话框，在【查找】选项卡下的【查找内容】文本框中输入要查找的内容，如输入“1003”，单击【查找下一个】按钮。

> 提示：按【Ctrl+F】组合键，也可弹出【查找和替换】对话框。

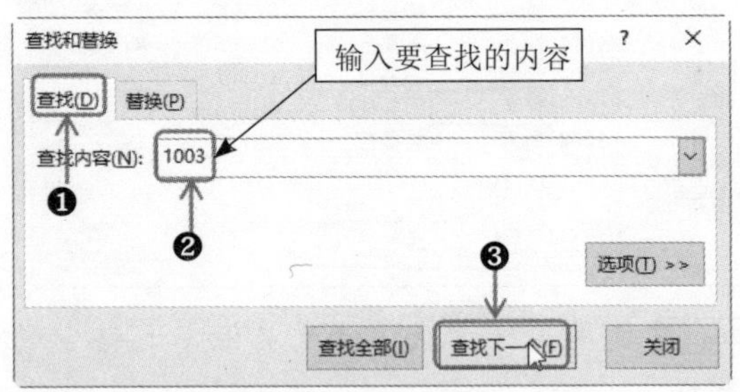

Step 03 此时光标会跳转到符合条件的单元格中。再次单击【查找下一个】按钮，会跳转至下一个符合条件的单元格中。

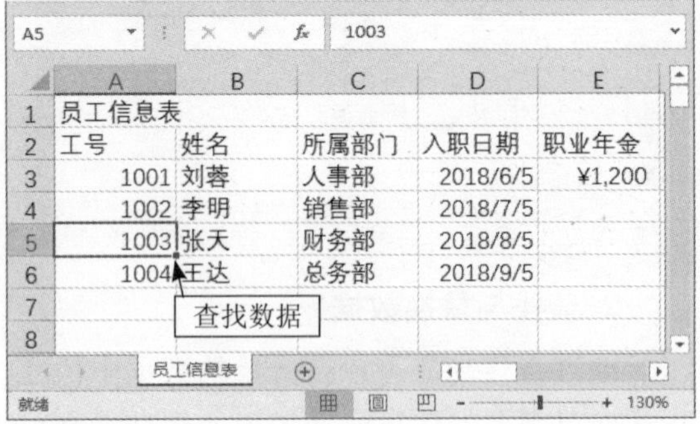

Step 04 替换数据。在【查找和替换】对话框中选择【替换】选项卡，在【查找内容】文本框中输入要查找的内容，在【替换为】文本框中输入替换后的内容，单击【替换】按钮。

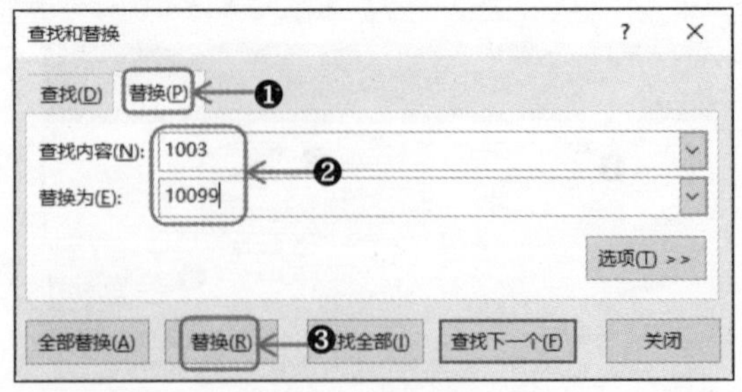

Step 05 即可替换指定的数据，效果如下图所示。

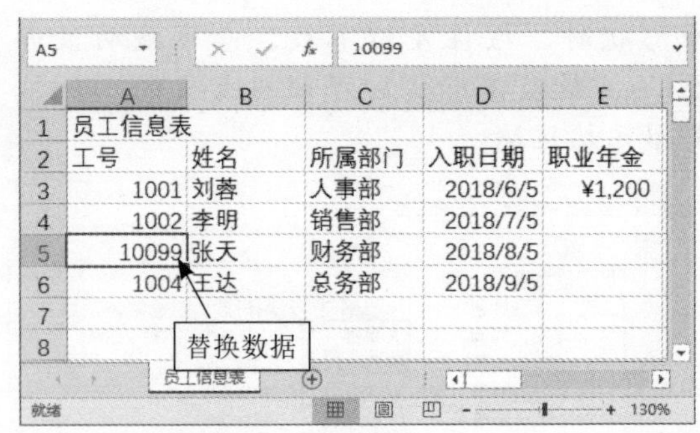

3. 清除数据

清除数据分为多种情况，包括清除内容、清除格式、清除批注、全部清除等。下面以清除内容为例进行介绍。具体操作步骤如下：

Step 01 选择要清除数据的单元格E3，单击【开始】选项卡下【编辑】组中的【清除】按钮，在弹出的下拉列表中选择【清除内容】选项，或者直接按【Delete】键。

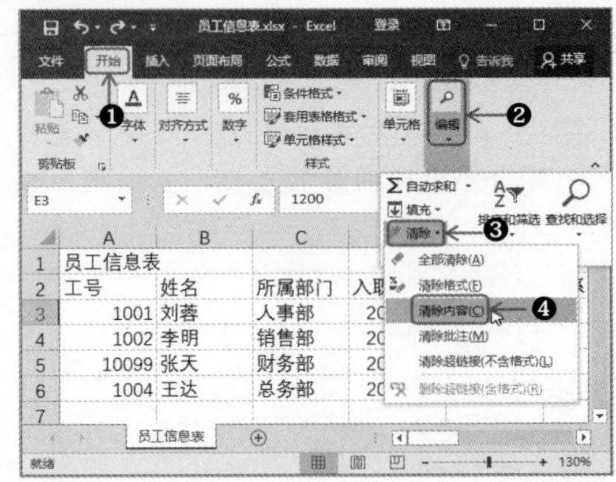

Step 02 即可清除单元格E3的内容，但会保留其格式、超链接等。按【Ctrl+S】组合键保存。至此，“员工信息表”工作簿制作完成。

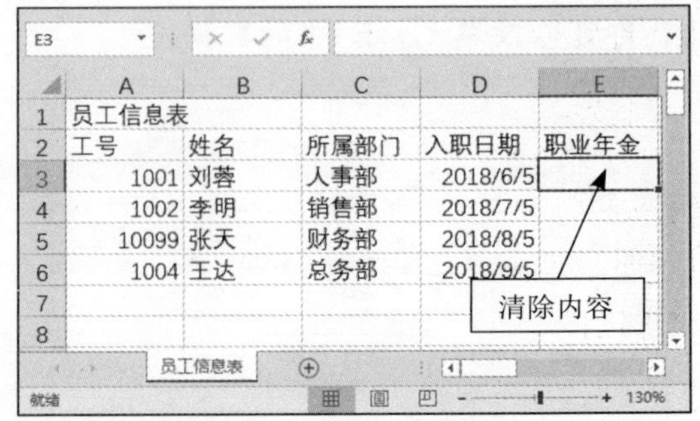

提示：若步骤1中，在弹出的下拉列表中选择【清除格式】选项，将清除单元格E3的格式，只保留内容。

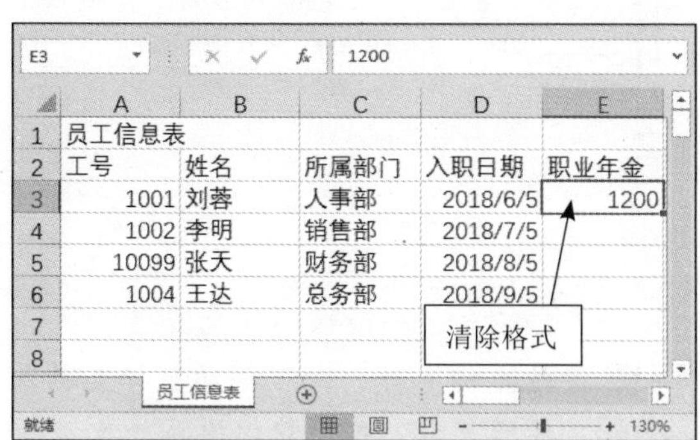

5.3 制作“办公用品领用登记表”工作簿

为加强企业办公用品的管理，控制费用开支，需要制作“办公用品领用登记表”工作簿，以登记办公用品领用的日期、数量、领用人等信息。

5.3.1 创建工作表并保存

制作“办公用品领用登记表”工作簿的第一步就是创建空白工作表并进行保存。具体操作步骤如下：

Step 01 在Excel工作簿中选择【文件】选项卡，在左侧列表中选择【新建】选项，进入【新建】界面，在其中选择【空白工作簿】选项。

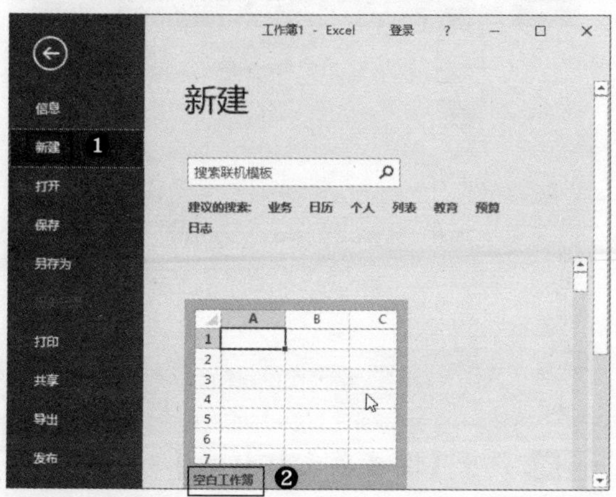

Step 02 即可创建一个空白工作簿，之后单击快速访问工具栏上的【保存】按钮。

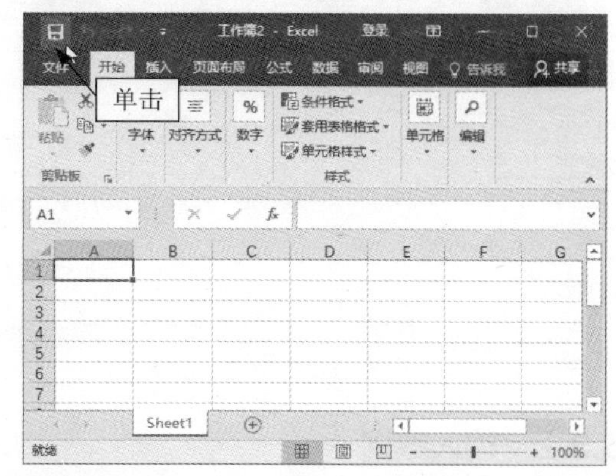

Step 03 进入【另存为】界面，单击【浏览】按钮。

Step 04 弹出【另存为】对话框，选择工作簿在计算机中的存储位置，在【文件名】文本框中输入“办公用品领用登记表”，单击【保存】按钮。

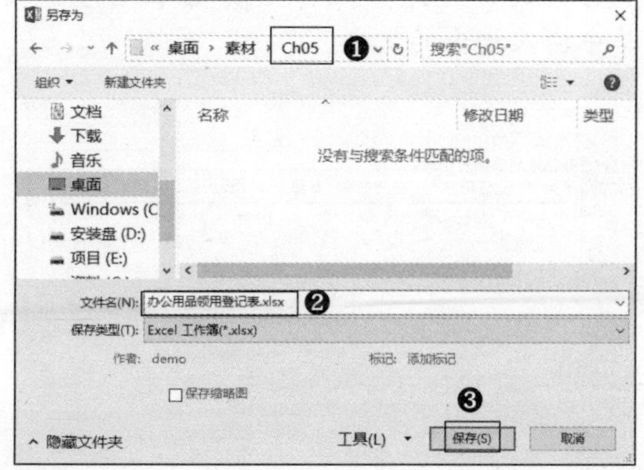

Step 05 即完成新建并保存“办公用品领用登记表”工作簿的操作。

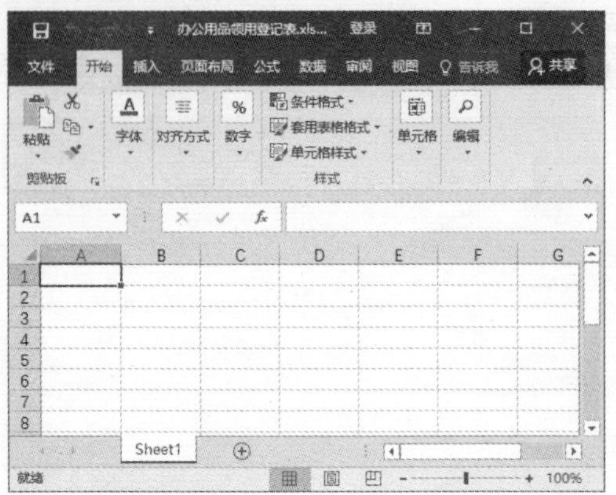

5.3.2 输入数据

创建工作簿后，接下来需要向其中输入内容。在输入时，有时可借助填充柄快速输入数据。具体操作步骤如下：

Step 01 单击选中单元格A1，在其中输入“办公用品领用登记表”文本。

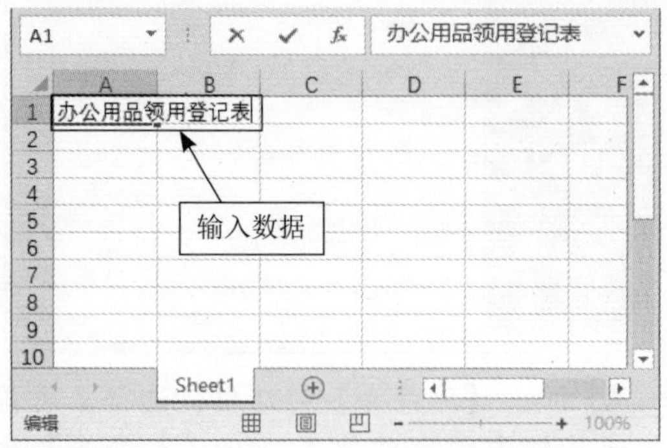

Step 02 按【Enter】键，光标跳转至单元格A2，在其中输入“序号”文本，按键盘上的方向键，使光标跳转至其他单元格，在其中输入相应的文本。

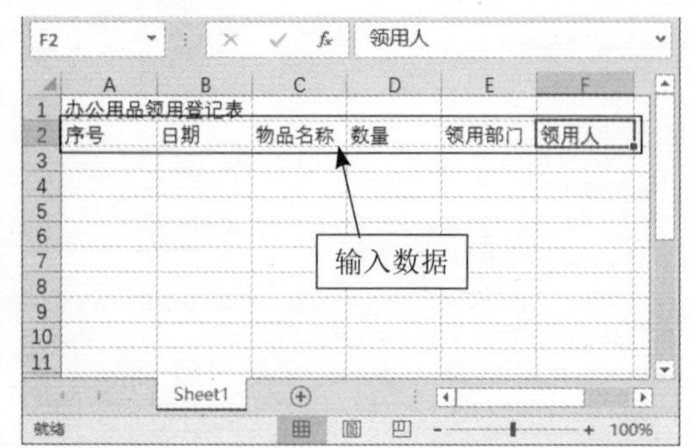

Step 03 在单元格A3和A4中分别输入序号“1”和“2”。选中单元格区域A3:A4，将光标定位至单元格A4右下角的填充柄上，此时光标变为**＋**形状。

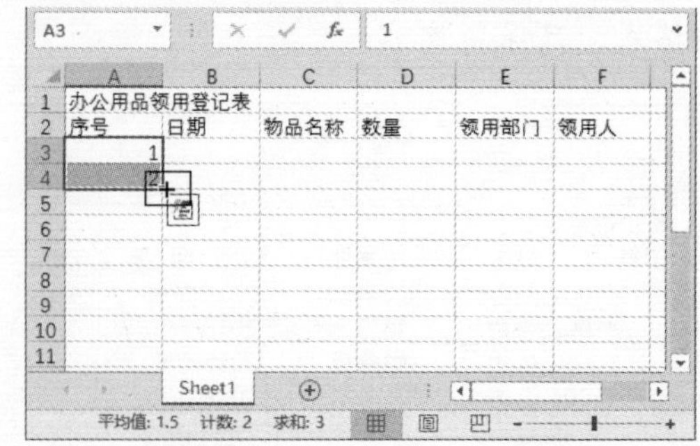

Step 04 按住左键不放，向下拖动鼠标至单元格A12，释放鼠标，即可快速填充序号。

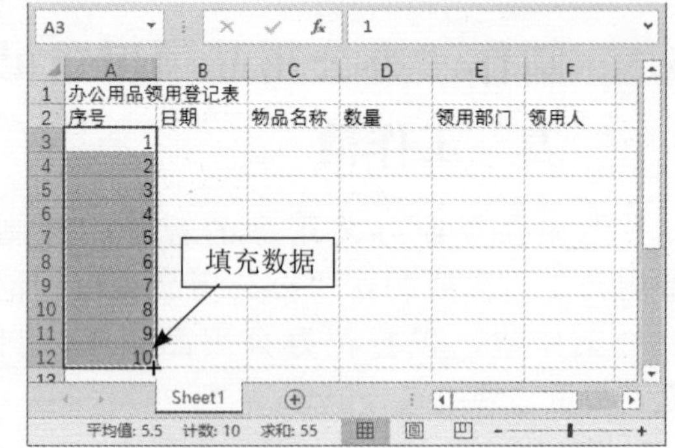

5.3.3 设置格式

通过设置字体格式和段落格式，可使文本更加美观。具体操作步骤如下：

Step 01 选中单元格区域A1:F1，单击【开始】选项卡下【字体】组右下角的【字体设置】按钮。

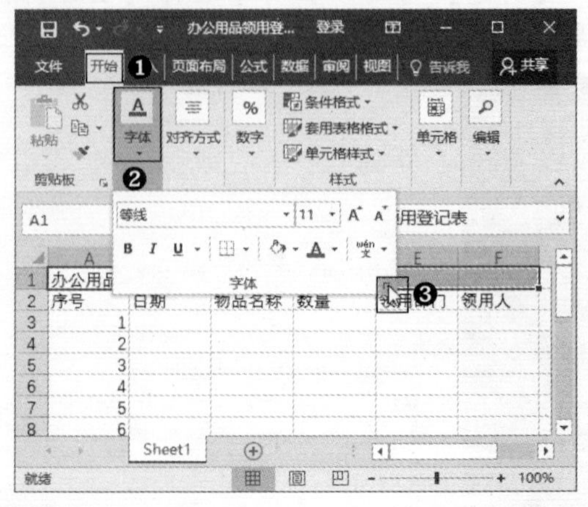

Step 02 弹出【设置单元格格式】对话框，在

【字体】选项卡下设置【字体】为【华文楷体】，【字形】为【加粗】，【字号】为【20】。

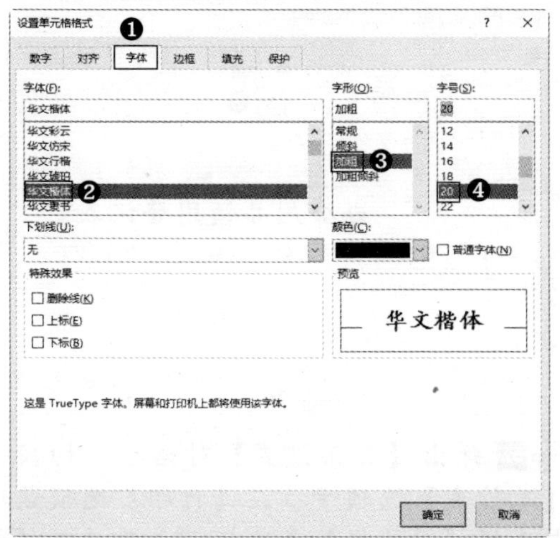

Step 03 切换至【对齐】选项卡下，设置【水平对齐】和【垂直对齐】均为【居中】，在【文本控制】区域中选择【合并单元格】复选框，之后单击【确定】按钮。

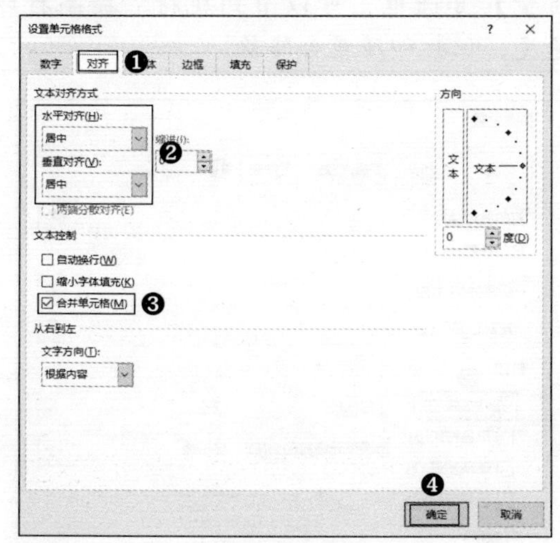

Step 04 即可设置单元格区域A1:F1的格式，效果如下图所示。

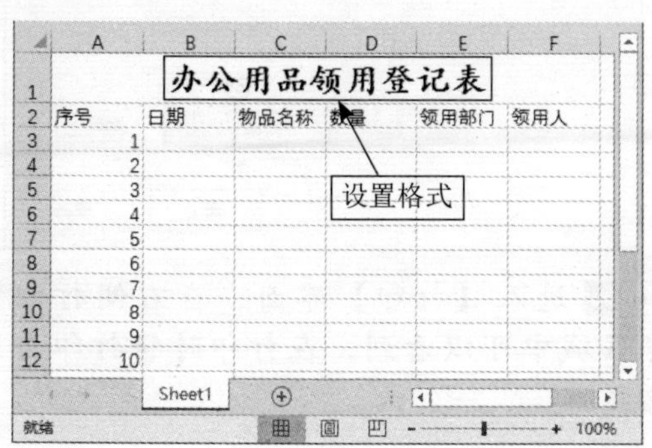

Step 05 使用上述方法，设置其他单元格的格式。

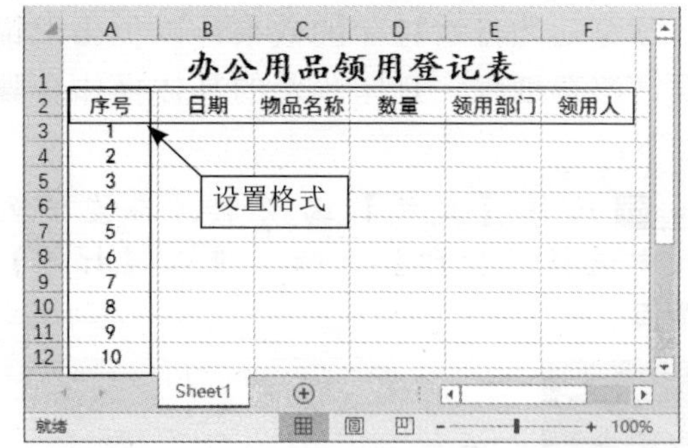

Step 06 将光标定位在第2行和第3行行首的相交位置，当变为✛形状时，向下拖动鼠标，增加第2行的高度。

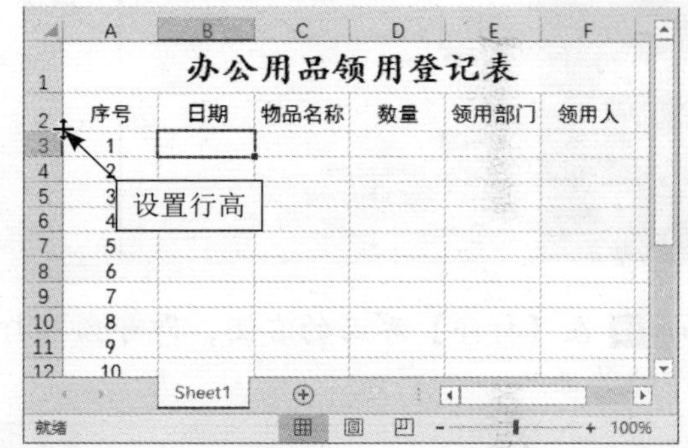

Step 07 将光标定位在第1列和第2列列首的相交位置，当变为✛形状时，向左拖动鼠标，减小第1列的宽度。之后调整其他列的宽度，效果如下图所示。按【Ctrl+S】组合键保存。至此，“办公用品领用登记表”工作簿制作完成。

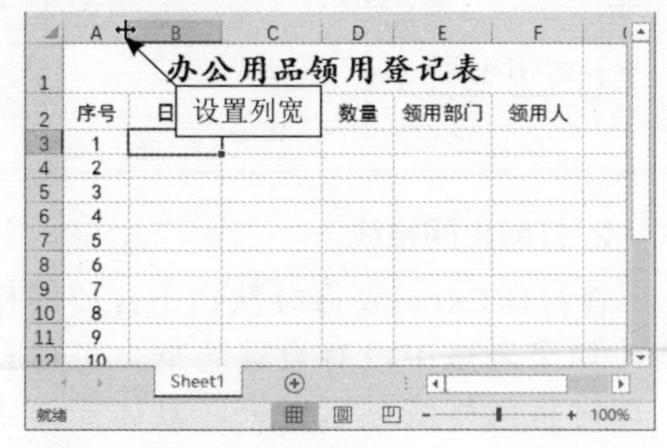

5.3.4 打印工作表

“办公用品领用登记表”工作簿制作完成后，用户可将其打印出来，以方便使用。

1. 打印预览

在打印工作簿之前，最好先使用打印预览功能查看打印的效果，以免出现错误，浪费纸张。打印预览的具体操作步骤如下：

Step 01 选择【文件】选项卡，在左侧列表中选择【打印】选项，进入【打印】界面。

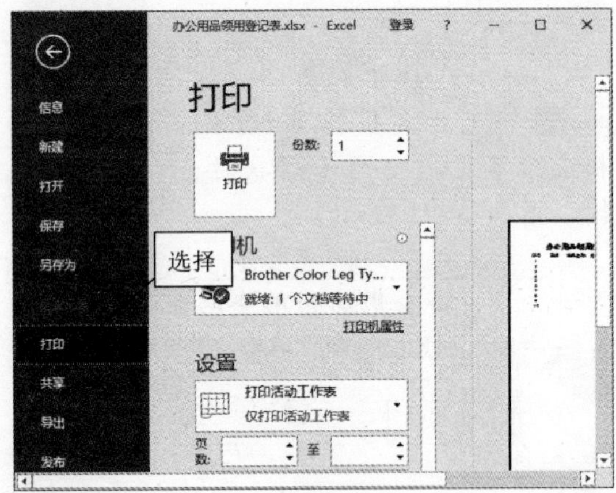

Step 02 在【打印】界面的右侧，即可预览打印的效果。

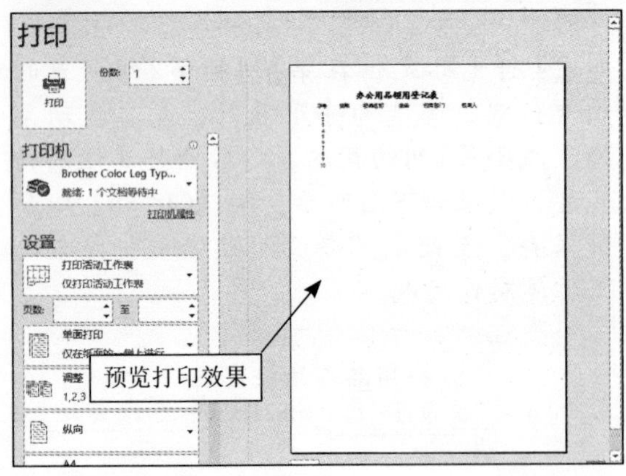

2. 打印出网格线

在打印Excel表格时默认不打印网格线，如果表格中没有设置边框，可以在打印时将网格线显示出来，具体操作步骤如下：

Step 01 单击【页面布局】选项卡下【页面设置】组中右下角的【页面设置】按钮。

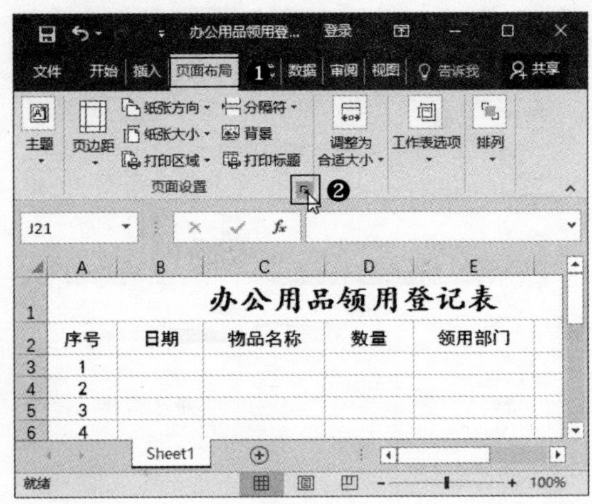

Step 02 弹出【页面设置】对话框，切换至【工作表】选项卡，在【打印】选项区域中选择【网格线】复选框，之后单击【打印预览】按钮。

提示：若选择【单色打印】复选框，可以灰度的形式打印工作表。若选择【草稿质量】复选框，可以节约耗材、提高打印速度，但打印质量会降低。

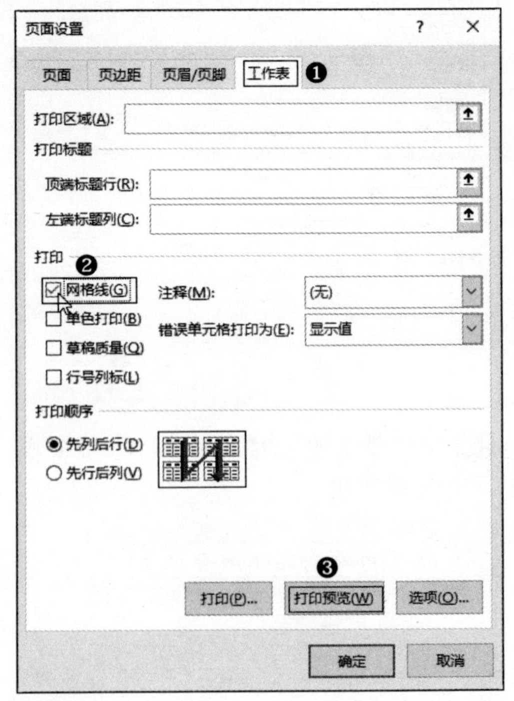

Step 03 进入【打印】界面，在右侧打印预览区域中可以看到，在打印时将打印出网格线。

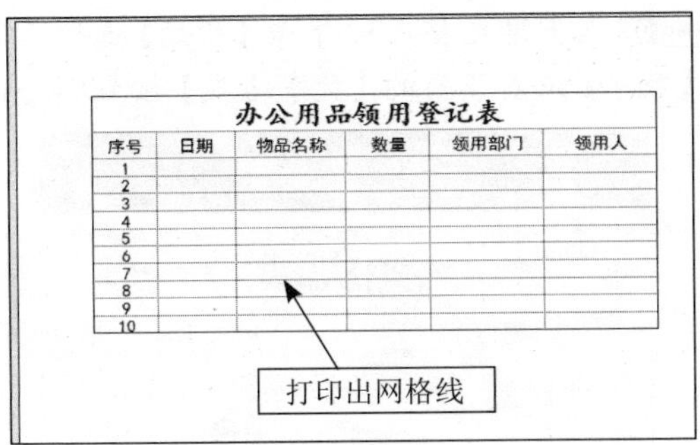

3. 打印出行号和列标

在打印Excel表格时可以根据需要将行号和列标打印出来，具体操作步骤如下：

Step 01 单击【页面布局】选项卡下【页面设置】组中右下角的【页面设置】按钮，弹出【页面设置】对话框，切换至【工作表】选项卡，在【打印】选项区域中选择【行号列标】复选框，之后单击【打印预览】按钮。

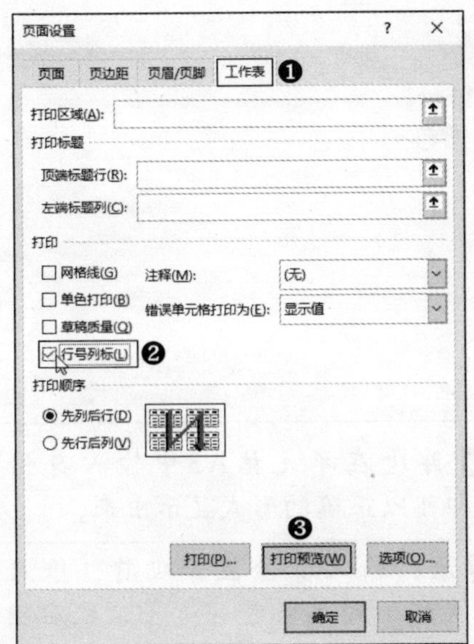

Step 02 进入【打印】界面，在右侧打印预览区域中可以看到，在打印时将打印出行号和列标。

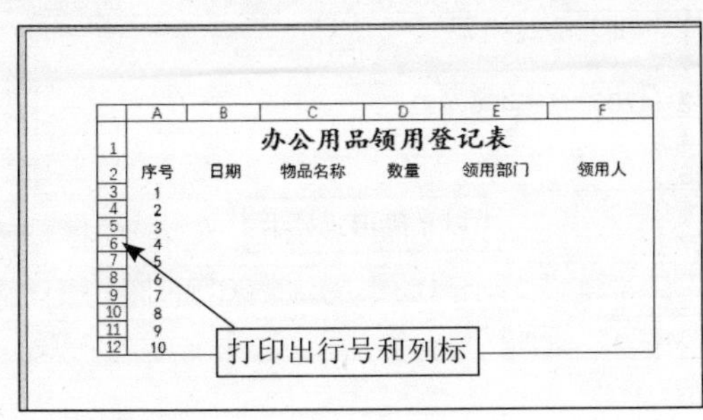

4. 打印指定数据

在打印Excel表格时，可以只打印指定的数据，而非全部数据，具体操作步骤如下：

Step 01 在工作表中选择要打印的数据，如选择单元格区域A2:E8。

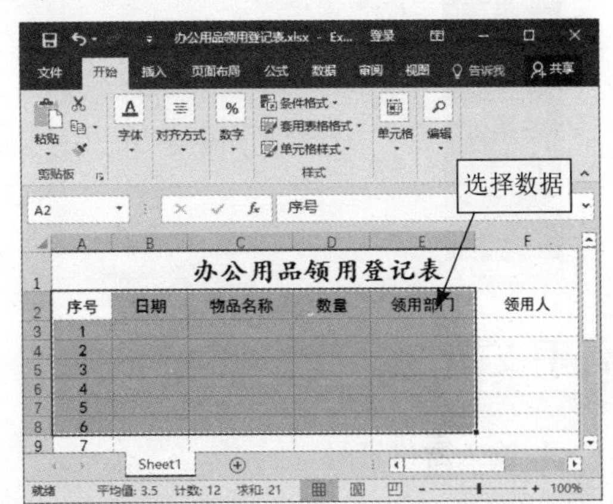

Step 02 选择【文件】选项卡，在左侧列表中选择【打印】选项，进入【打印】界面，单击【打印活动工作表】按钮，在弹出的下拉列表中选择【打印选定区域】选项。

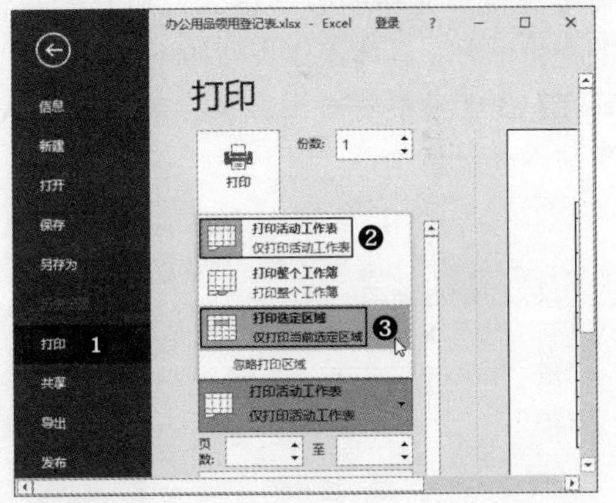

Step 03 在右侧打印预览区域中可以看到，在打印时只会打印出选定的数据。

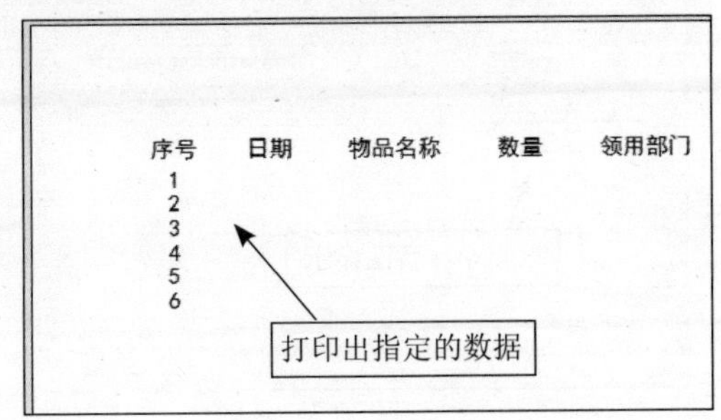

Step 04 在【打印】界面中设置要使用的打印机、打印份数等参数，之后单击【打印】按钮，即可开始打印工作表。

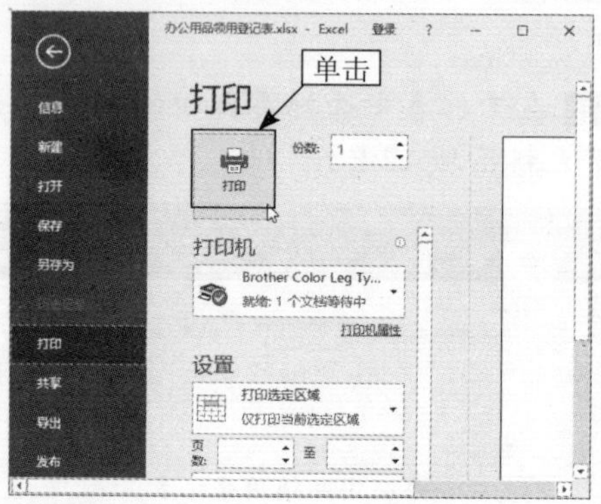

高手支招

1. 输入身份证号

由于身份证号是由一长串数字所组成的文本，若直接输入，系统会自动按数值类型的数据进行存储，以科学计数法显示，而不是身份证号。因此，在输入前，需要设置单元格的数字格式，以显示正确的身份证号。具体操作步骤如下：

Step 01 新建一个空白工作簿，在单元格A1中输入身份证号。

Step 02 按【Enter】键确认，可以发现，身份证号以科学计数法的形式显示。

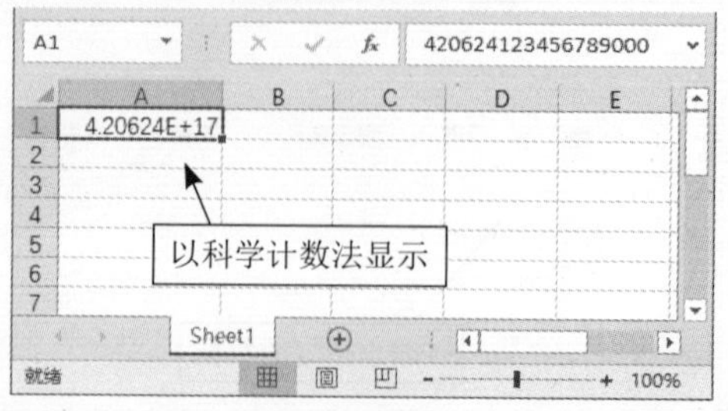

Step 03 选中单元格A3，单击【开始】选项卡下【数字】组右下角的【数字格式】按钮。

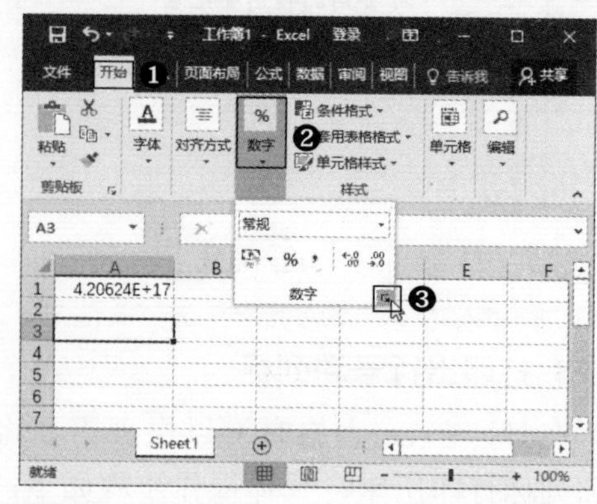

Step 04 弹出【设置单元格格式】对话框，在【数字】选项卡下的【分类】列表框中选择【文本】选项，单击【确定】按钮。

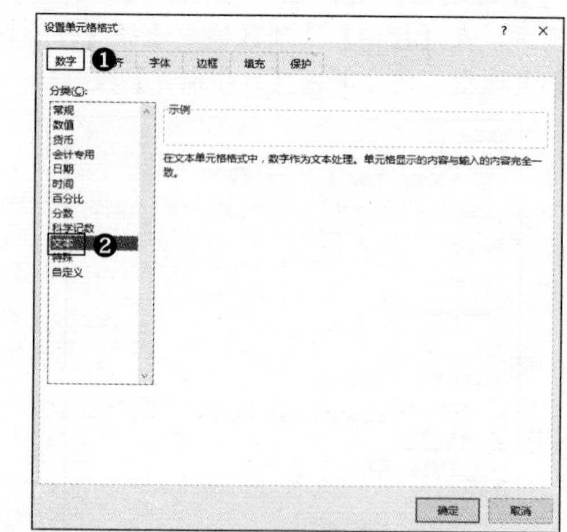

Step 05 再次在单元格A3中输入身份证号码，即可以正确的形式显示出来。

提示：输入身份证号码前，输入一个英文状态下的单引号“’”，之后输入数字，也可输入身份证号。

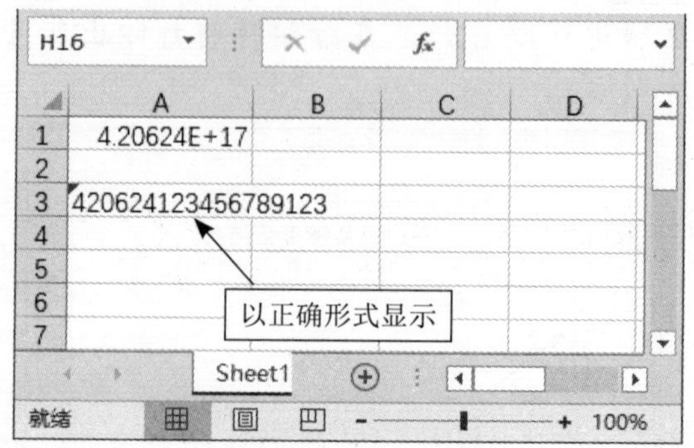

2. 在多个工作表中同时输入相同数据

日常使用Excel的时候，有时需要在多个工作表的相同区域输入相同的数据，如果一个一个数据输入，显然太过烦琐，下面介绍如何在多个工作表中同时输入相同数据。具体操作步骤如下。

Step 01 新建一个空白工作簿，单击底部的【新工作表】按钮⊕，新建“Sheet2”工作表。切换至“Sheet1”工作表，按住【Ctrl】键不放，依次单击工作表标签，同时选中这两个工作表，此时顶部标题栏中显示“组”字样。

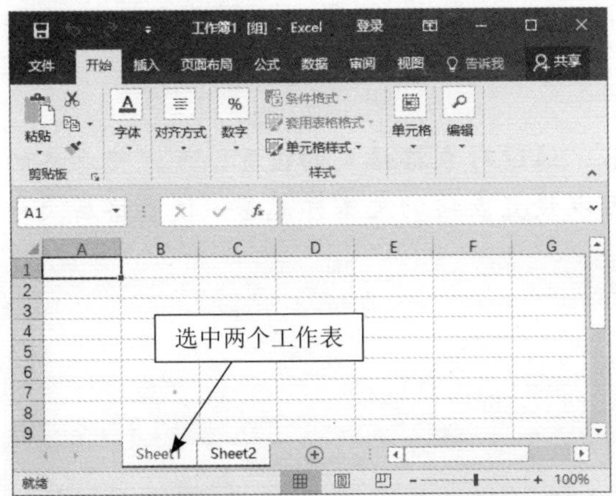

Step 02 在Sheet1工作表中输入相应的数据。

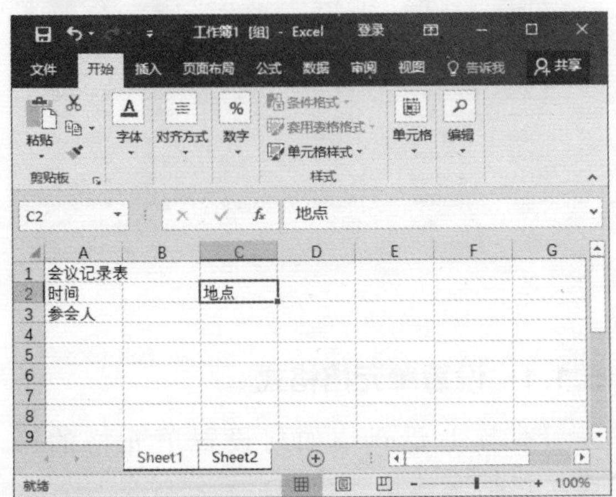

Step 03 切换至“Sheet2”工作表，在其中可以看到，已经输入了与“Sheet1”工作表相同的数据。

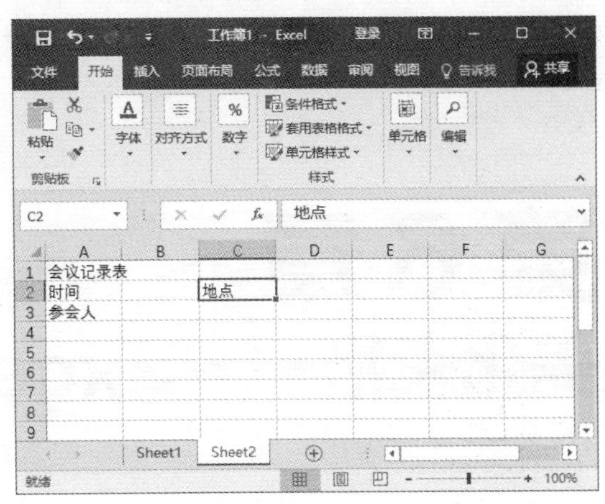

3. 在单元格中实现换行

在单元格中输入数据时，也可实现换行。具体操作步骤如下：

Step 01 新建一个空白工作簿，在单元格A1中输入“办公用品”文本。

Step 02 按【Alt+Enter】组合键，此时光标跳转至下一行，继续输入文本，即可实现换行。

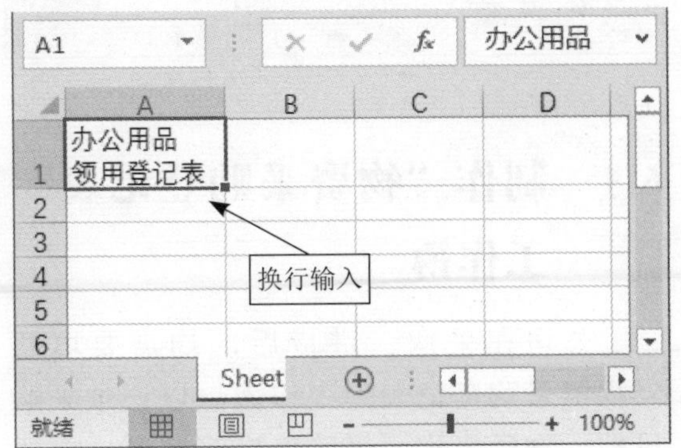

第 6 章
美化表格——Excel 2016的美化操作

本章导读：

工作表的美化是表格制作的一项重要内容，通过对表格格式的设置，可以使表格的框线、底纹以不同的形式表现出来；同时还可以设置表格的文本样式等，使表格层次分明、结构清晰、重点突出显示。

案例赏析：

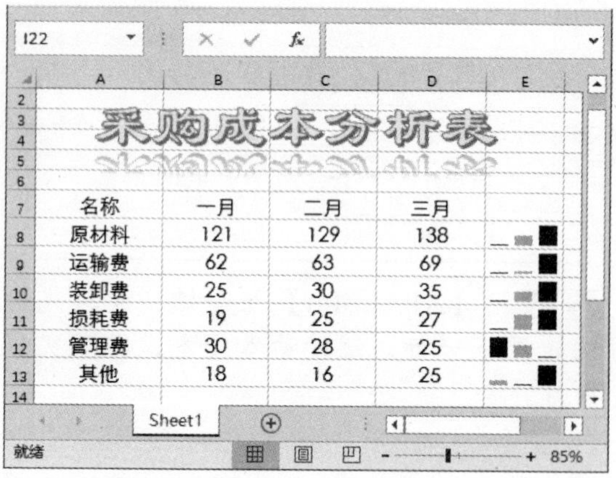

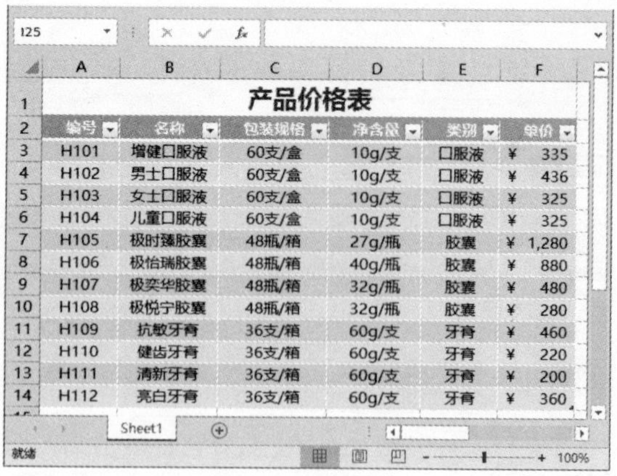

采购成本分析表

名称	一月	二月	三月
原材料	121	129	138
运输费	62	63	69
装卸费	25	30	35
损耗费	19	25	27
管理费	30	28	25
其他	18	16	25

产品价格表

编号	名称	包装规格	净含量	类别	单价
H101	增健口服液	60支/盒	10g/支	口服液	¥ 335
H102	男士口服液	60支/盒	10g/支	口服液	¥ 436
H103	女士口服液	60支/盒	10g/支	口服液	¥ 325
H104	儿童口服液	60支/盒	10g/支	口服液	¥ 325
H105	极时臻胶囊	48瓶/箱	27g/瓶	胶囊	¥ 1,280
H106	极怡瑞胶囊	48瓶/箱	40g/瓶	胶囊	¥ 880
H107	极奕华胶囊	48瓶/箱	32g/瓶	胶囊	¥ 480
H108	极悦宁胶囊	48瓶/箱	32g/瓶	胶囊	¥ 280
H109	抗敏牙膏	36支/箱	60g/支	牙膏	¥ 460
H110	健齿牙膏	36支/箱	60g/支	牙膏	¥ 220
H111	清新牙膏	36支/箱	60g/支	牙膏	¥ 200
H112	亮白牙膏	36支/箱	60g/支	牙膏	¥ 360

6.1 制作“物资采购登记表”工作簿

公司在采购、进货后，均需要填写“物资采购登记表”工作簿，以记录采购日期、物资名称、采购价格等信息，方便财务部门核对。

6.1.1 设置单元格格式

本节主要介绍如何设置单元格的格式，包括字体格式、边框和底纹的设置，从而使单元格更为美观。

1. 设置字体格式

设置字体格式是指设置单元格文本的字体、字号和颜色等内容。设置字体格式的具体操作步骤如下：

Step 01 新建一个空白工作簿，命名为“物资采购登记表”并保存。之后单击选中各单元格，在其中输入相应的文本。

Step 02 设置字体。选中单元格A1，单击【开始】选项卡下【字体】组中【字体】右侧的下拉按钮，在弹出的下拉列表中可设置字体，如选择【华文新魏】。

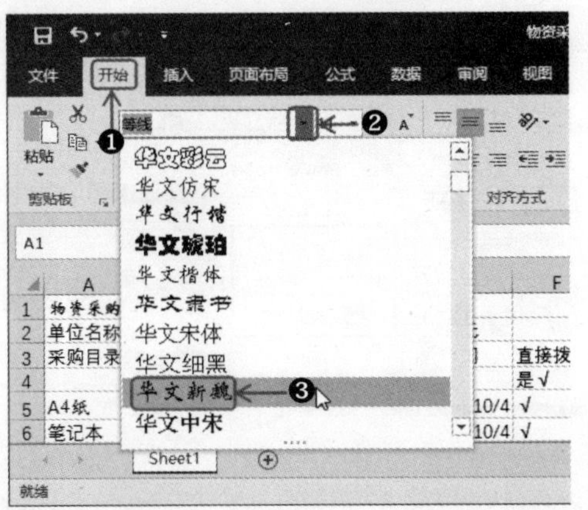

Step 03 设置字号。单击【开始】选项卡下【字体】组中【字号】右侧的下拉按钮，在弹出的下拉列表中可设置字号，如选择【26】。

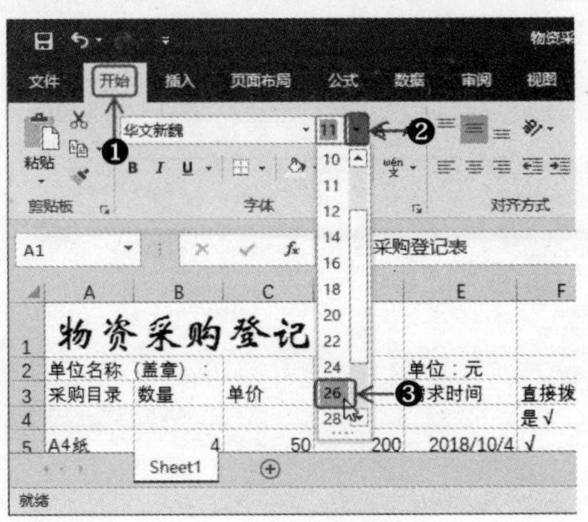

Step 04 设置颜色。单击【开始】选项卡下【字体】组中【字体颜色】右侧的下拉按钮，在弹出的下拉列表中可设置颜色，如选择【蓝色】。

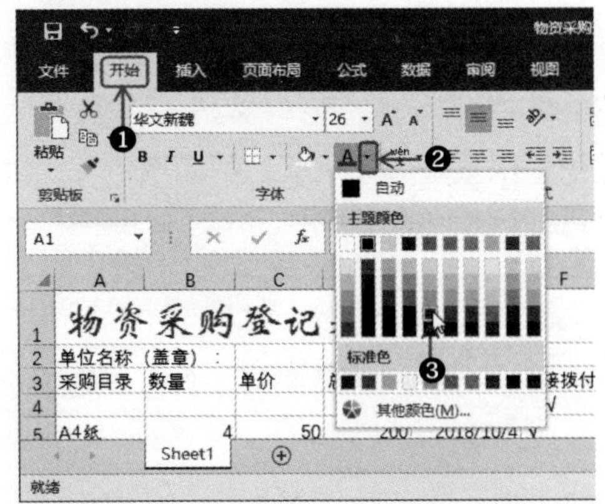

Step 05 设置加粗效果。单击【开始】选项卡下【字体】组中的【加粗】按钮B，可添加加粗效果。

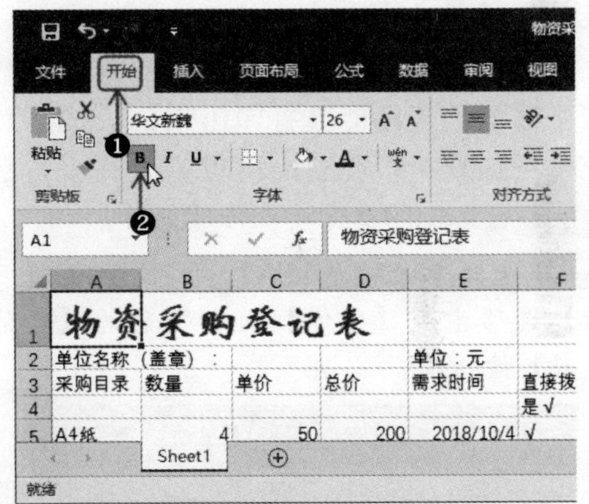

Step 06 选择单元格区域A1:G1，单击【开始】选项卡下【对齐方式】组中的【合并后居中】按钮，将其合并为一个单元格，且文本会居中显示。之后设置单元格，并调整行高和列宽，效果如下图所示。

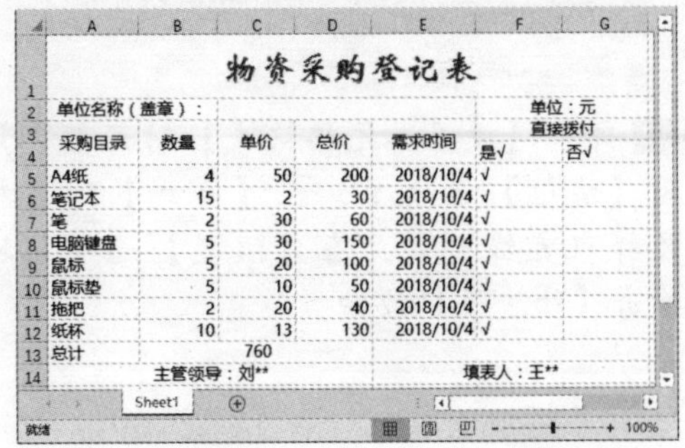

提示：单击【开始】选项卡下【字体】组右下角的【字体设置】按钮，弹出【设置单元格格式】对话框，在【字体】选项卡下也可设置字体、字号、颜色等。

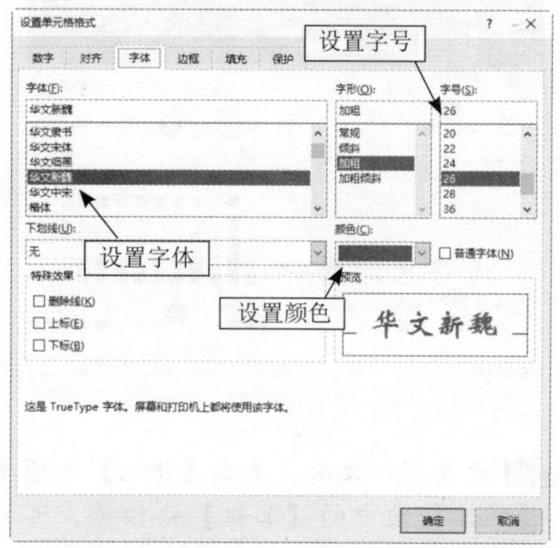

2. 设置边框

在Excel 2016中，单元格四周的灰色网格线默认是不能被打印出来的。为了使表格更加规范、美观，可以为表格设置边框。设置边框的具体操作步骤如下：

Step 01 选择单元格区域A2:G14，单击【开始】选项卡下【字体】组右下角的【字体设置】按钮。

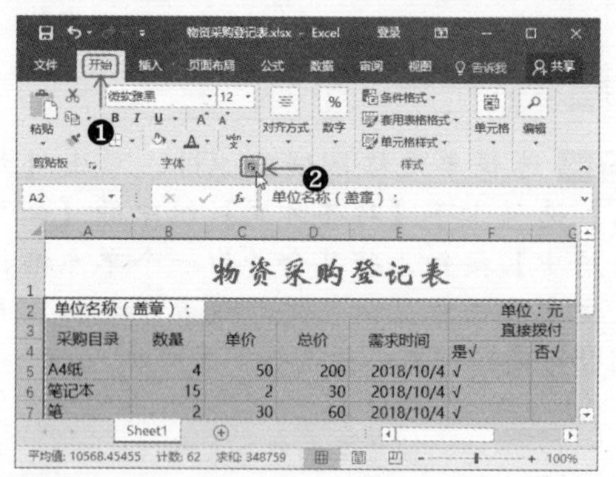

Step 02 弹出【设置单元格格式】对话框，切换至【边框】选项卡，在【样式】列表框中选择双直线样式，在【预置】选项区域中单击【外边框】按钮。

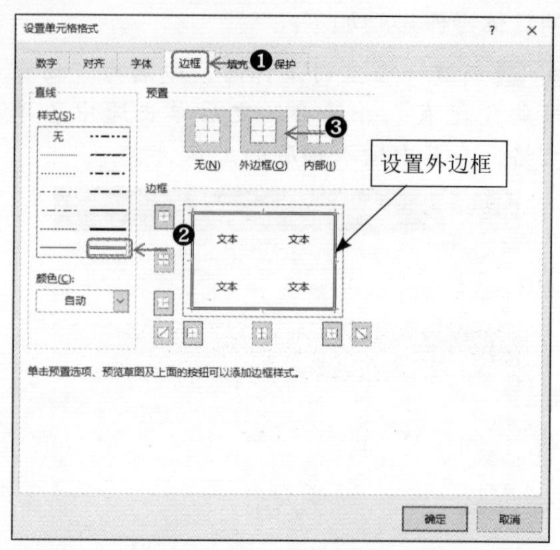

Step 03 在【颜色】下拉列表中选择淡蓝色，之后在【样式】列表框中选择虚线，在【预置】选项区域中单击【内部】按钮。设置完成后，单击【确定】按钮。

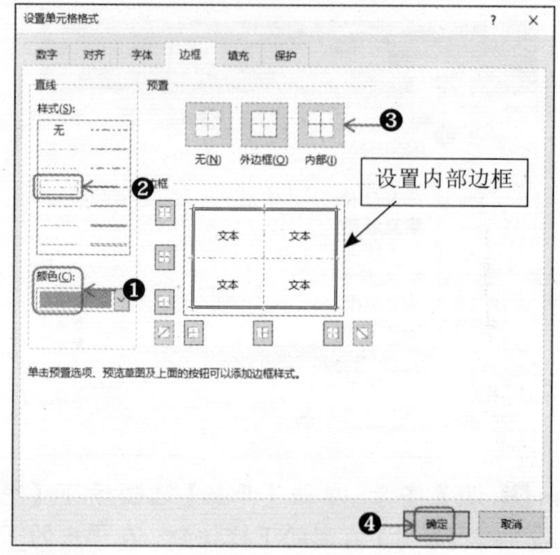

Step 04 即可为单元格区域添加边框，效果如下图所示。

物资采购登记表						
单位名称（盖章）：					单位：元	
采购目录	数量	单价	总价	需求时间	直接拨付	
					是√	否√
A4纸	4	50	200	2018/10/4	√	
笔记本	15	2	30	2018/10/4	√	
笔	2	30	60	2018/10/4	√	
电脑键盘	5	30	150	2018/10/4	√	
鼠标	5	20	100	2018/10/4	√	
鼠标垫	5	10	50	2018/10/4	√	
拖把	2	20	40	2018/10/4	√	
纸杯	10	13	130	2018/10/4	√	
总计		760				
	主管领导：刘**			填表人：王**		

3. 设置底纹

设置底纹颜色可以突出显示单元格。设置底纹的具体操作步骤如下：

Step 01 选择单元格区域A2:G14，单击【开始】选项卡下【字体】组【填充颜色】右侧的下拉按钮，在弹出的下拉列表中可设置底纹颜色，如选择浅黄色。

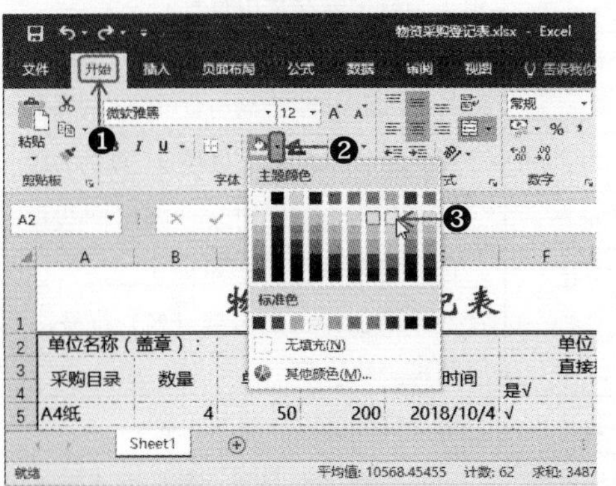

Step 02 即可为单元格区域添加底纹，效果如下图所示。

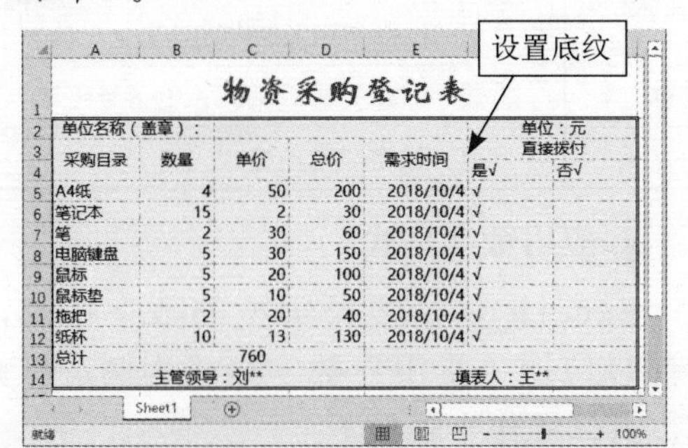

提示：若在步骤1中的下拉列表中选择【其他颜色】选项，将弹出【颜色】对话框，在其中提供了更多的底纹颜色。

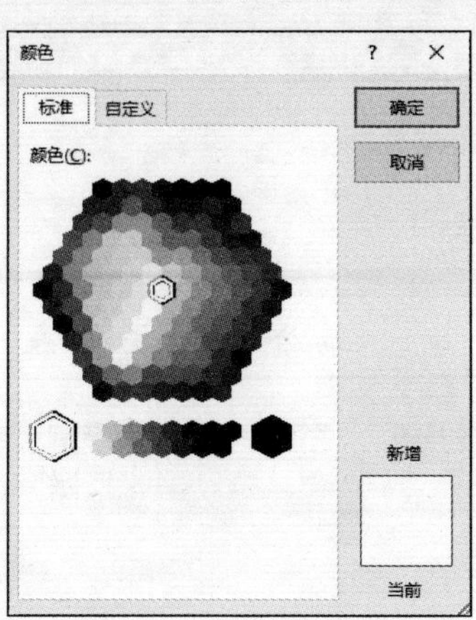

6.1.2 设置对齐方式

在Excel 2016中，用户可以分别设置水平方向和垂直方向上的对齐方式。设置对齐方式的具体操作步骤如下：

Step 01 选择单元格区域A5:F12，单击【开始】选项卡下【对齐方式】组中的【居中】按钮。

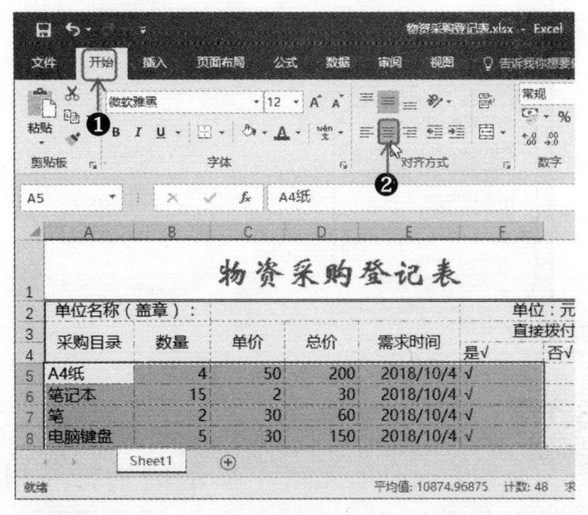

Step 02 即可使单元格区域在水平方向上居中对齐。

Step 03 选择其他单元格，单击【开始】选项卡下【对齐方式】组中的按钮，设置相应的对齐方式。

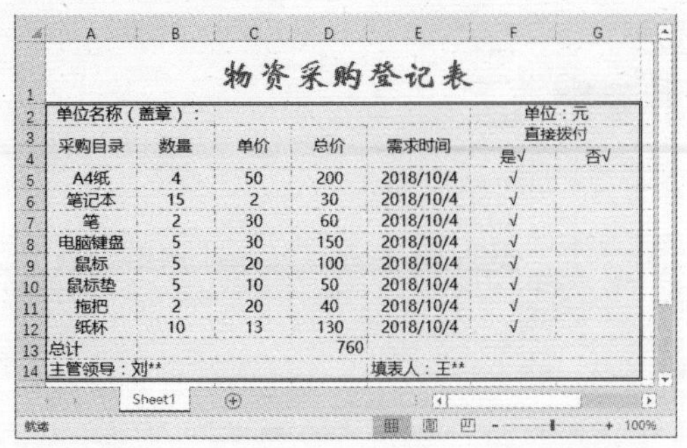

提示：单击【开始】选项卡下【对齐方式】组右下角的【对齐设置】按钮，弹出【设置单元格格式】对话框，在【对齐】选项卡下的【水平对齐】和【垂直对齐】下拉列表中可分别设置水平和垂直方向上的对齐方式。

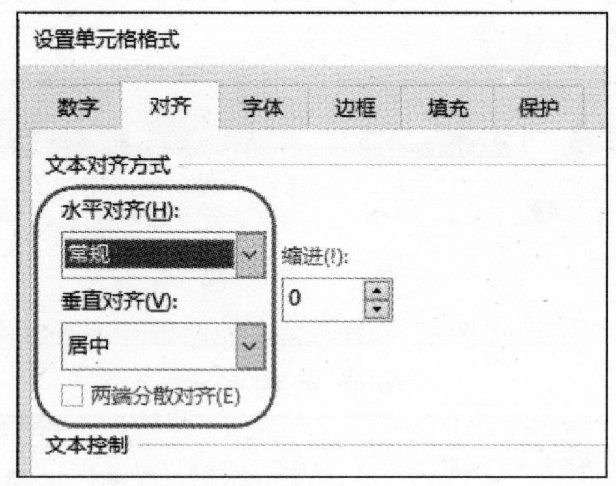

6.1.3 设置数字格式

有时Excel单元格中显示的数据和用户输入的数据不一致，这是由于未设置单元格的数字格式而造成的。通过设置数字格式，可以更改数字的外观而不更改数字本身。

1. 数字格式的分类

单击【开始】选项卡下【数字】组右下角的【数字格式】按钮，弹出【设置单元格格式】对话框，在【数字】选项卡下的【分类】列表框中即可查看Excel提供的所有数字格式，包括常规、数值、货币、会计专用、日期、时间等类型。

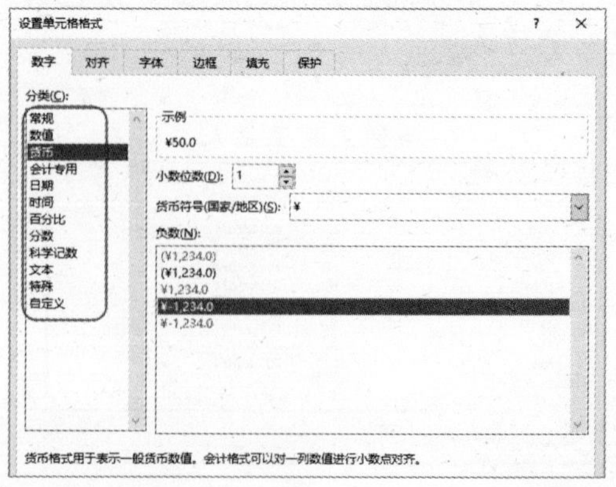

下表列出了数字格式的相关说明信息。

数字格式	说明
常规	默认的数字格式，不包含任何特定格式
数值	用于数字的一般表示。可以指定数字的小数位数、是否使用千位分隔符及负数的显示类型
货币	用于将数字以货币值形式显示，还可以指定小数位数及货币符号的类型
会计专用	也用于以货币值形式显示。与货币格式不同的是，该格式会自动与货币符号对齐显示
日期	用于表示日期值。可以指定日期的表现形式
时间	用于表示时间值。可以指定时间的表现形式
百分比	用于将数字以百分比形式显示，会自动在数字后面添加百分号（%）符号，还可以指定小数位数
分数	用于将数字以分数形式显示
科学记数	用于将数字以科学计数法形式显示，还可以指定小数位数
文本	将单元格的内容视为文本，在输入时单元格显示的内容与输入的内容是完全一致的
特殊	将数字显示为邮政编码、电话号码等
自定义	自定义数字显示的格式

2. 应用数字格式

Excel提供了多种类型的数字格式，下面以应用“货币”数字格式为例进行介绍。具体操作步骤如下：

Step 01 选择单元格区域C5：D12，单击【开始】选项卡下【数字】组右下角的【数字格式】按钮。

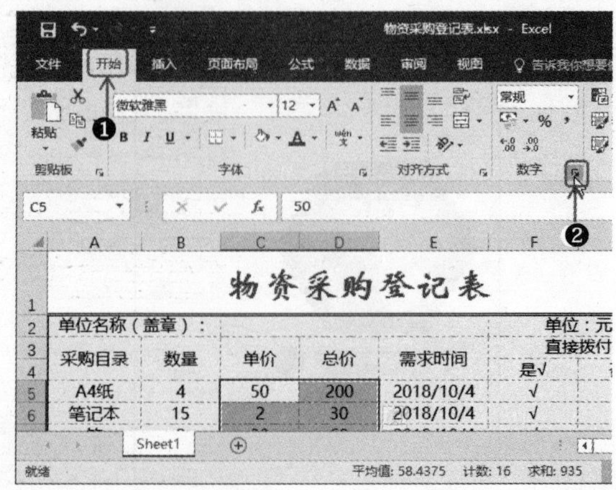

Step 02 弹出【设置单元格格式】对话框，在【数字】选项卡下的【分类】列表框中选择【货币】选项，在右侧设置【小数位数】为“1”，在【货币符号】下拉列表框中选择“¥”，单击【确定】按钮。

提示：在【分类】列表框中选择其他选项，可设置为其他类型的数字格式，包括数值、会计专用、日期、百分比等格式。

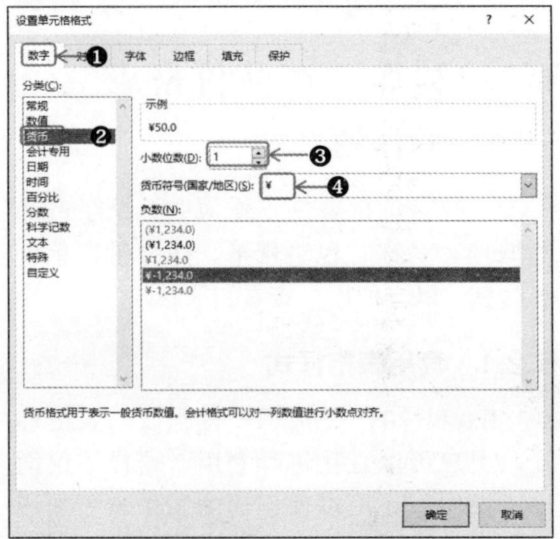

Step 03 即可将单元格区域设置为“货币”数字格式。

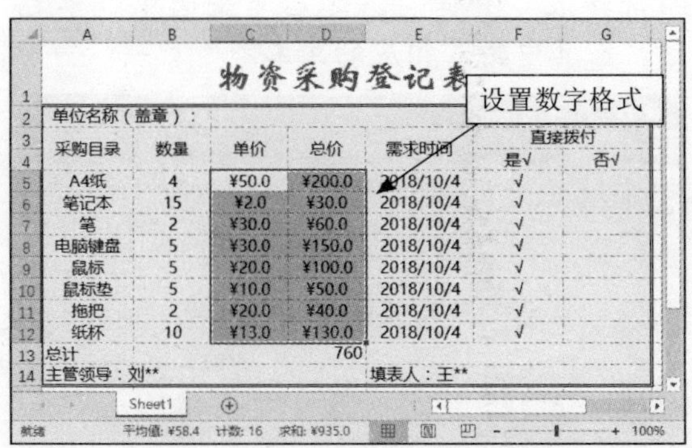

提示：选择单元格区域后，单击【开始】选项卡下【数字】组中【数字格式】右侧的下拉按钮，在弹出的下拉列表中也可设置数字格式。

6.1.4 插入并编辑图片

在工作簿中插入图片，可以丰富并美化工作簿。下面在“物资采购登记表”工作簿中插入一个图片作为Logo。具体操作步骤如下：

Step 01 单击【插入】选项卡下【插图】组中的【图片】按钮。

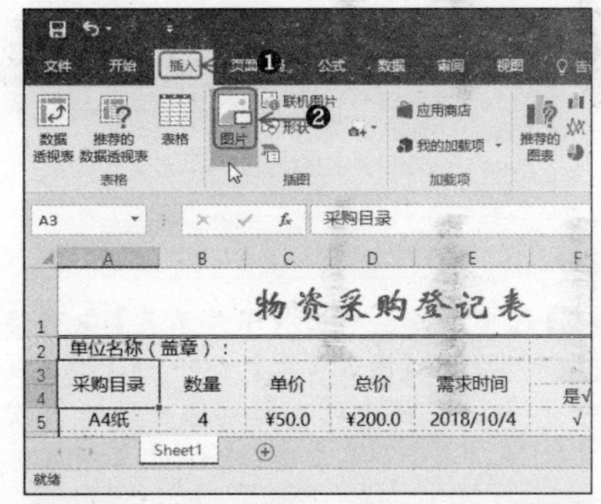

Step 02 弹出【插入图片】对话框，在计算机中选择要插入的图片，单击【插入】按钮。

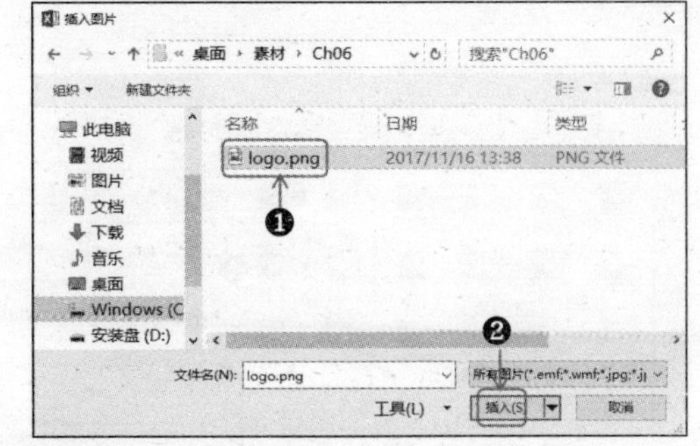

Step 03 即可在工作簿中插入指定的图片，选中图片，功能区中会增加【图片工具】➢【格式】选项卡。

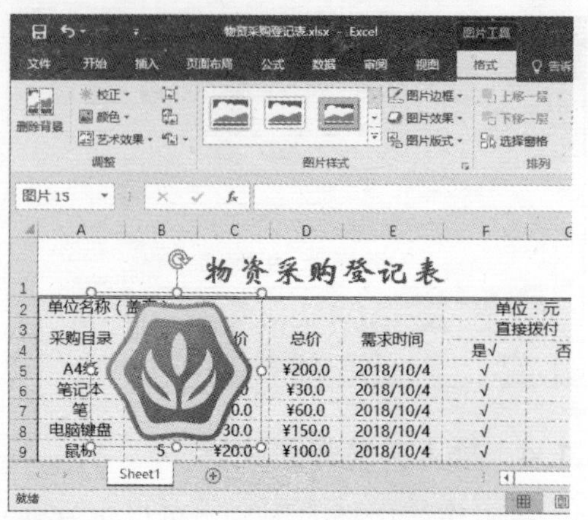

Step 04 拖动图片右下角的控制点，调整图片的大小。拖动图片，调整图片在工作表中的位置，之后适当调整第一行的行高，效果如下图所示。

Step 05 选中图片，单击【图片工具】➢【格式】选项卡下【图片样式】组中的【图片效果】按钮，在弹出的下拉列表中选择【发光】选项，在子列表中选择一种发光效果。

Step 06 即可为图片添加发光效果。按【Ctrl+S】组合键保存。至此，“物资采购登记表”工作簿制作完成。

6.2 制作“产品价格表”工作簿

“产品价格表”工作簿中记录了产品的编号、名称、包装规格、净含量、单价等信息，以方便用户查看和比较。

6.2.1 套用表格样式

Excel 2016提供了多种预设的表格样式，用户可以直接进行套用，这样不仅简化了操作，还可以使创建的工作表更加规范。套用表格样式的具体操作步骤如下：

Step 01 新建一个空白工作簿，命名为“产品价格表”并保存。之后单击选中各单元格，在其中输入相应的文本。

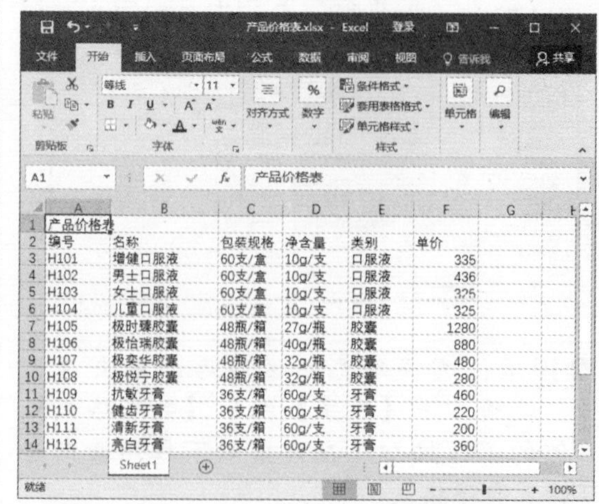

Step 02 选择单元格区域A2:F14，单击【开始】选项卡下【样式】组中的【套用表格格式】按钮。

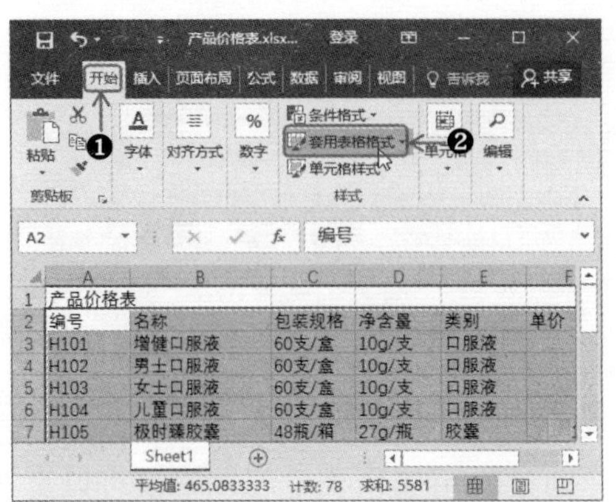

Step 03 在弹出的下拉列表中可选择预设的表格样式。如选择【中等色】区域中的【表样式中等深浅9】格式。

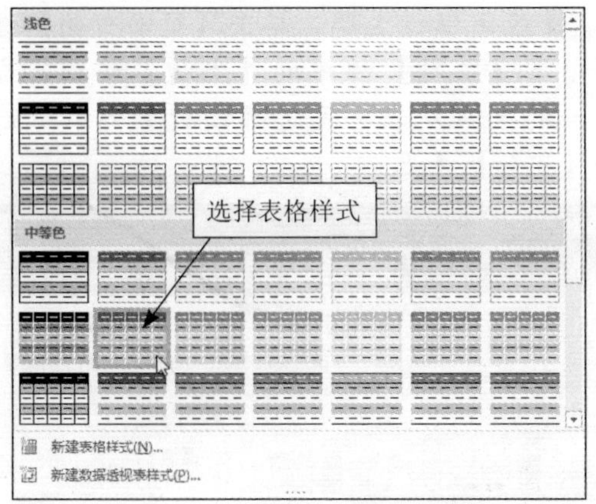

Step 04 弹出【套用表格式】对话框，选择【表包含标题】复选框，单击【确定】按钮。

提示：在对话框的【表数据的来源】文本框中需要设置要套用样式的区域，由于步骤2中已经选择了单元格区域，这里保持默认不变，用户也可输入地址或单击右侧的按钮进行设置。

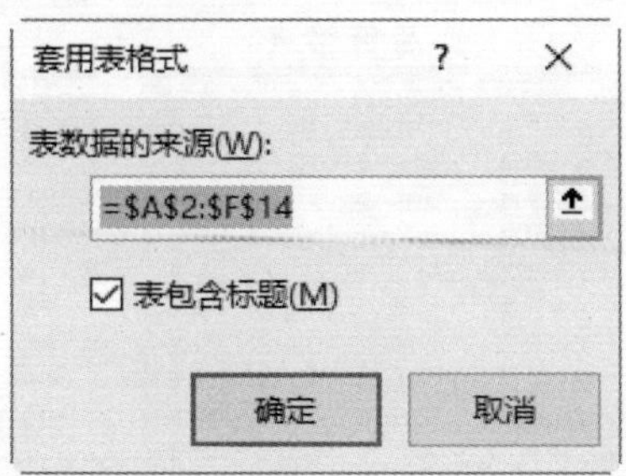

Step 05 即可套用表格样式，从而快速设置表格的格式，效果如下图所示。

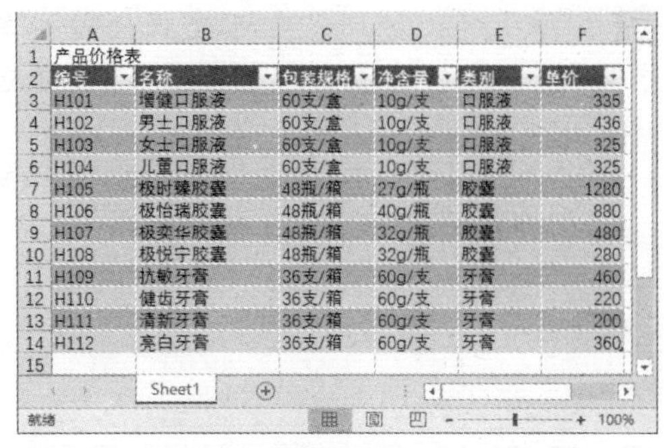

6.2.2 套用单元格样式

单元格样式是一组已定义的格式特征，Excel 2016提供了多种预设的单元格样式。使用这些预设单元格样式可以快速改变文本样式、标题样式、背景样式和数字样式等。套用单元格样式的具体操作步骤如下：

Step 01 选择单元格区域A1:F1，单击【开始】选项卡下【对齐方式】组中的【合并后居中】按钮，将其合并为一个单元格，且文本居中显示。

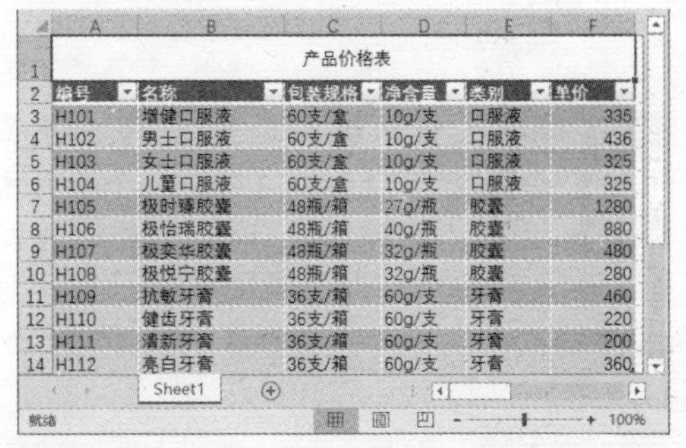

Step 02 选择单元格A1，单击【开始】选项卡下【样式】组中的【单元格样式】按钮。

Step 03 在弹出的下拉列表中可选择预设的单元格样式。如选择【标题】组中的【标题1】样式。

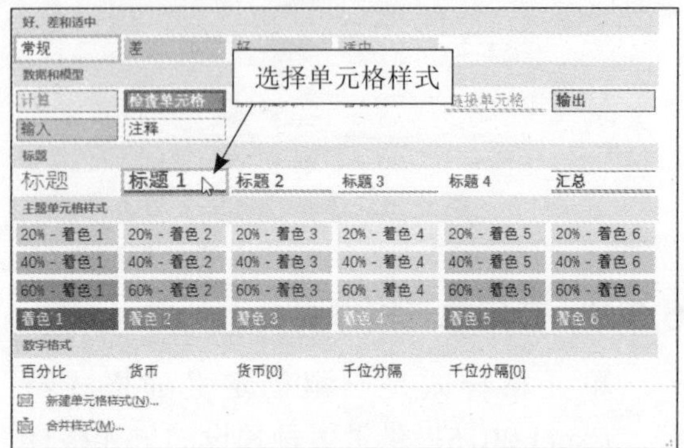

Step 04 即可为单元格A1应用标题样式，效果如下图所示。

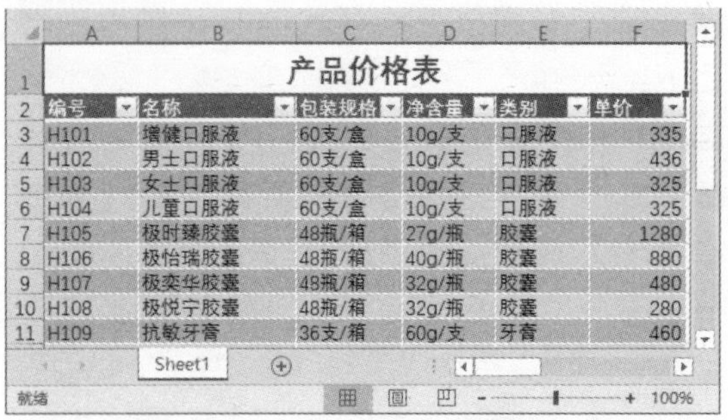

Step 05 选择单元格区域F3:F14，再次单击【开始】选项卡下【样式】组中的【单元格样式】按钮，在弹出的下拉列表中选择【数字格式】组中的【货币[0]】样式。

Step 06 即可为单元格区域F3:F14应用数字格式样式，效果如下图所示。

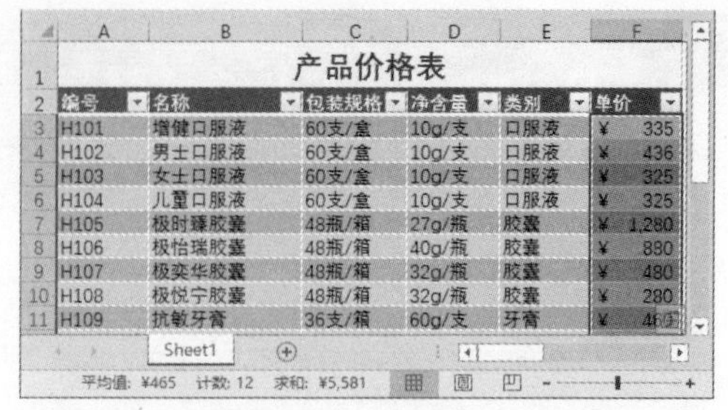

6.2.3 应用工作表主题

通过应用工作表主题，不仅可以更改工作表的字体及颜色，还能够更改工作表行号和列标的样式。应用工作表主题的具体操作步骤如下：

Step 01 应用预设主题。单击【页面布局】选项卡下【主题】组中的【主题】按钮，在弹出的下拉列表中可选择预设主题，如选择【积分】主题。

Step 02 即可应用预设主题样式，效果如下图所示。

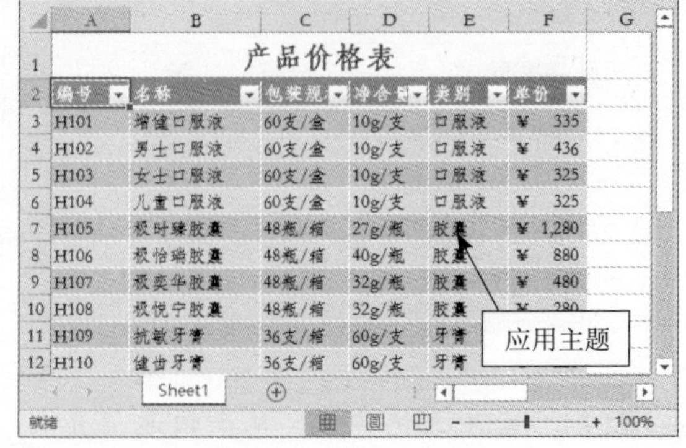

Step 03 设置主题颜色。单击【页面布局】选项卡下【主题】组中的【颜色】按钮，在弹出的下拉列表中可选择主题颜色，如选择【黄绿色】。

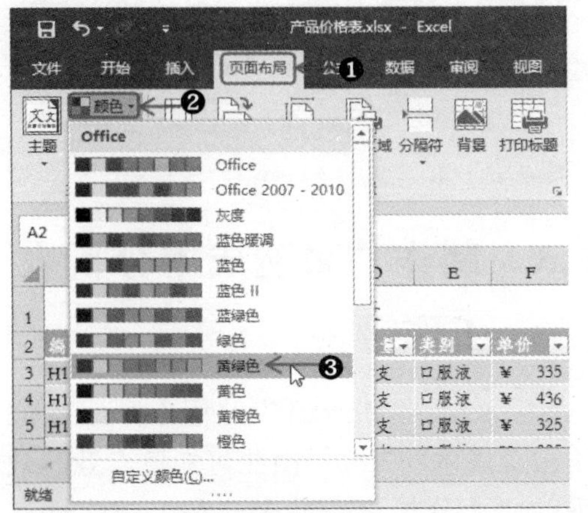

Step 04 即可设置主题的颜色，效果如下图所示。

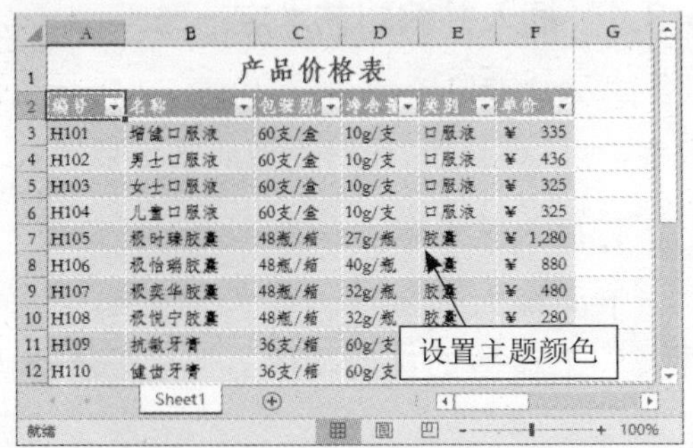

Step 05 设置主题字体。单击【页面布局】选项卡下【主题】组中的【字体】按钮，在弹出的下拉列表中可选择主题字体，如选择【华文楷体、微软雅黑】。

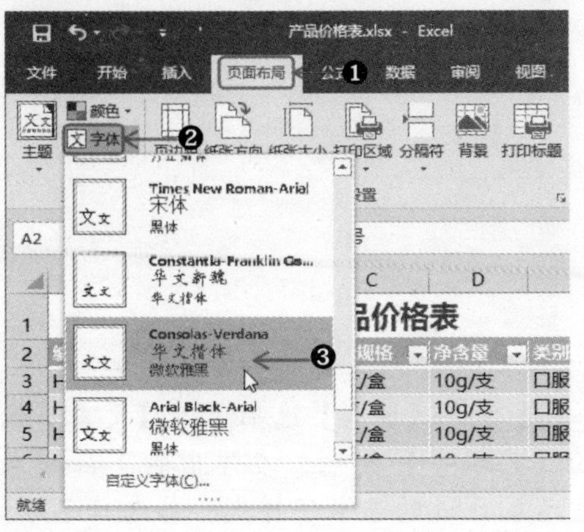

Step 06 即可设置主题的字体，效果如下图所示。

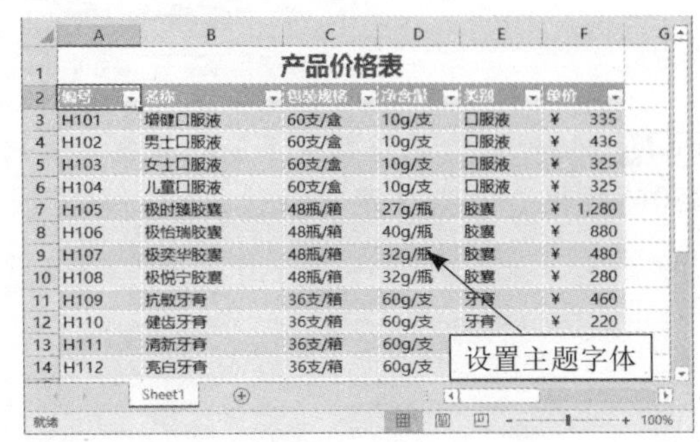

6.2.4 设置条件格式

条件格式是指当条件为真时，目标单元格以指定的格式突出显示出来，而不符合条件的单元格以另一种格式显示。

1. 突出显示满足条件的数据

下面在“产品价格表”工作簿中突出显示出单价大于450的产品，具体操作步骤如下：

Step 01 选择单元格区域F3:F14，单击【开始】选项卡下【样式】组中的【条件格式】按钮，在弹出的下拉列表中选择【突出显示单元格规则】选项，在子列表中选择【大于】选项。

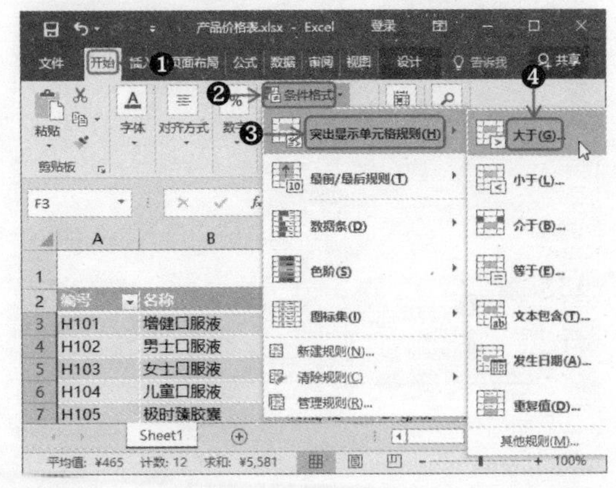

Step 02 弹出【大于】对话框，在【为大于以下值的单元格设置格式】文本框中输入“450”，在【设置为】下拉列表中选择【浅红填充色深红色文本】选项，单击【确定】按钮。

Step 03 此时在单元格区域F3:F14中，大于450的数据会突出显示出来。

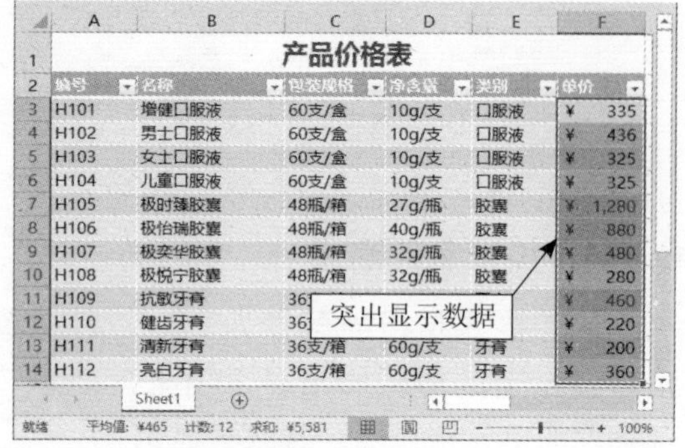

2. 清除条件格式

为单元格设置条件格式后，用户还可清除条件格式。清除条件格式的具体操作步骤如下：

Step 01 选择要清除条件格式的单元格区域F3:F14，单击【开始】选项卡下【样式】组中的【条件格式】按钮，在弹出的下拉列表中选择【清除规则】选项，在其子列表中选择【清除所选单元格的规则】选项。

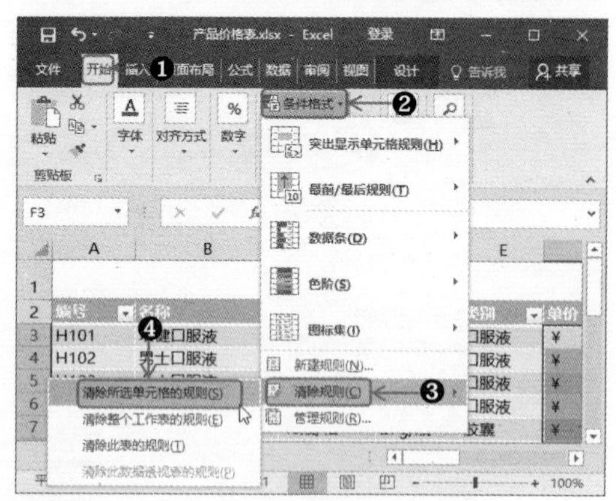

Step 02 即可清除所选区域的条件格式。选择单元格区域A2:F14，设置对齐方式为居中，并适当调整行高和列宽。按【Ctrl+S】组合键保存。至此，“产品价格表”工作簿制作完成。

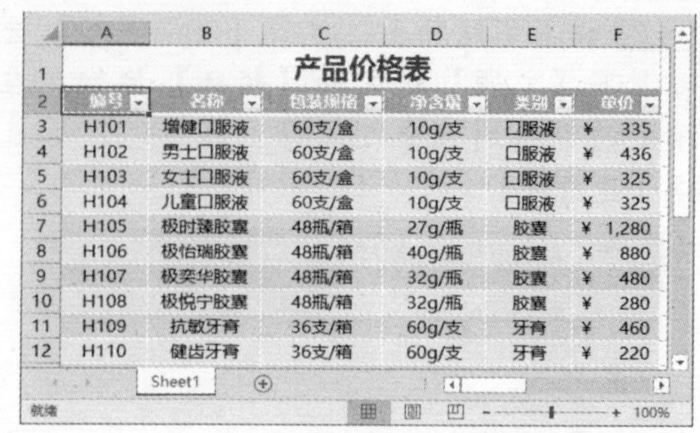

6.3 制作“采购成本分析表”工作簿

在产品的制造销售过程中，采购成本约占总成本的70%。由此可知，专业高效的采购成本分析将帮助企业获得战略性竞争优势。

6.3.1 插入并编辑艺术字

艺术字是一个文字样式库，通过插入艺术字，可以快速制作出美观的文字效果。

1. 插入艺术字

下面插入艺术字，作为“采购成本分析表”工作簿的标题文本。具体操作步骤如下：

Step 01 新建一个空白工作簿，命名为“采购成本分析表”并保存。

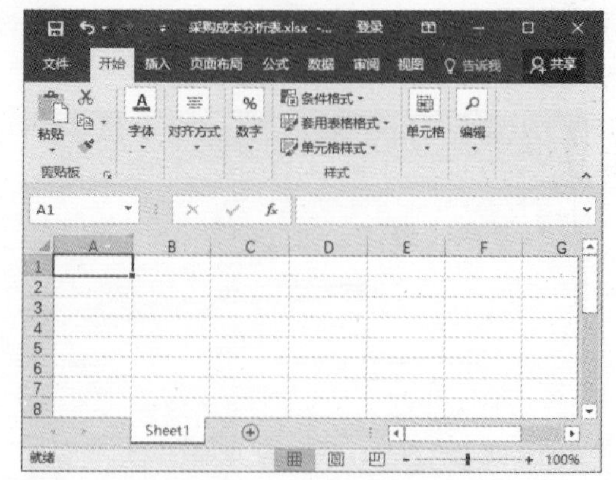

Step 02 单击【插入】选项卡下【文本】组中的【艺术字】按钮，在弹出的下拉列表中显示了预设的艺术字样式，如选择第3行第

4个样式。

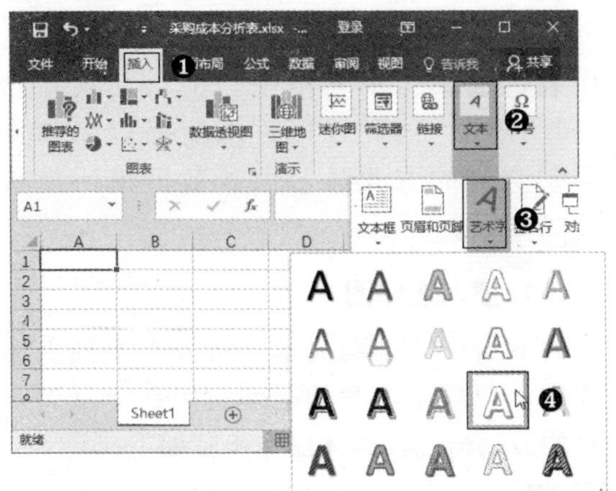

Step 03 即可在工作表中插入一个“请在此放置您的文字”文本框，同时功能区中会增加【绘图工具】➢【格式】选项卡。

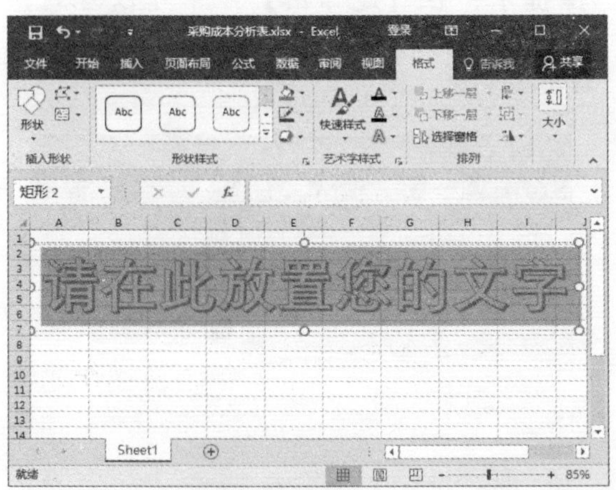

Step 04 在文本框中输入“采购成本分析表”作为标题文本，即完成插入艺术字的操作。

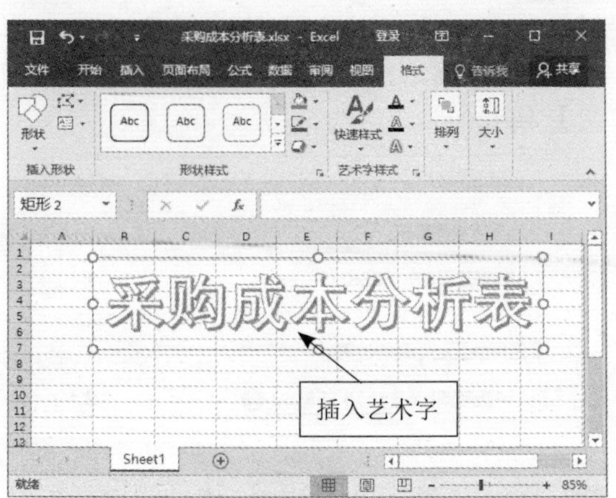

2. 编辑艺术字

插入艺术字后，用户还可重新设置艺术字的字体格式、填充颜色、文本效果等，使其更加美观。编辑艺术字的具体操作步骤如下：

Step 01 选中艺术字文本框，在【开始】选项卡的【字体】组中设置【字体】为“隶书”，【字号】为“40”，之后拖动鼠标，调整艺术字文本框的位置。

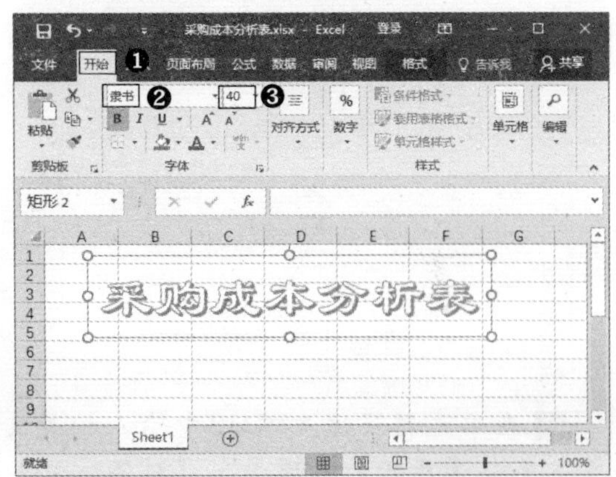

Step 02 选中艺术字文本框，单击【绘图工具】➢【格式】选项卡下【艺术字样式】组中【文本填充】的下拉按钮，在弹出的下拉列表中可设置艺术字的填充颜色，如选择淡黄色。

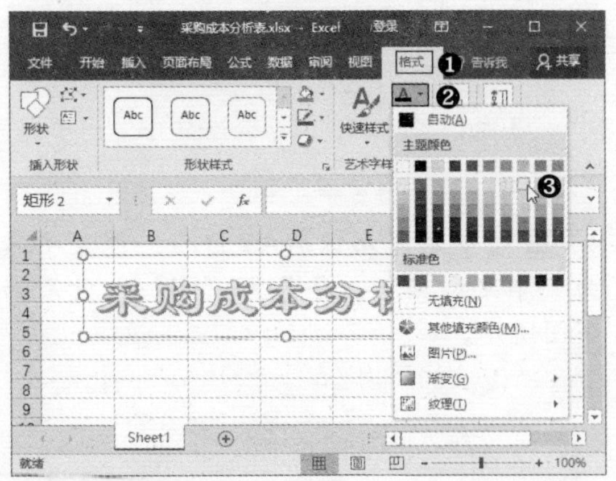

Step 03 单击【绘图工具】➢【格式】选项卡下【艺术字样式】组中的【文本效果】按钮，在弹出的下拉列表选择【映像】选项，在子列表中选择【紧密映像：4磅 偏移量】选项。

Step 04 设置后的效果如下图所示。

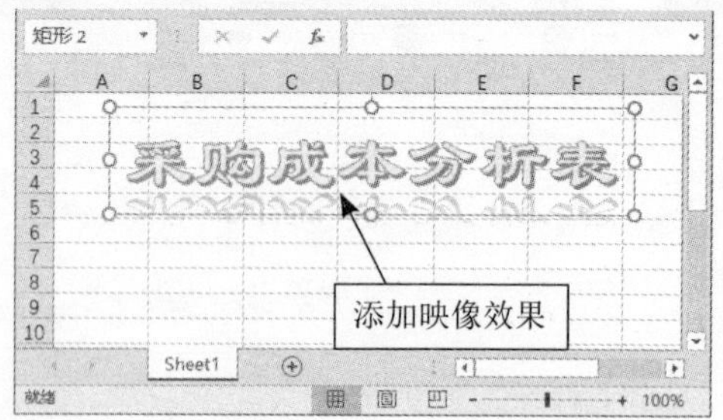

Step 05 在单元格区域A7:D13中输入相关文本，单击【开始】选项卡下【对齐方式】组中的【居中】按钮，使文本居中对齐，之后调整A列到D列的宽度。

Step 06 选中单元格区域A7:D13，设置字体为“华文细黑”，字号为“14”，效果如下图所示。

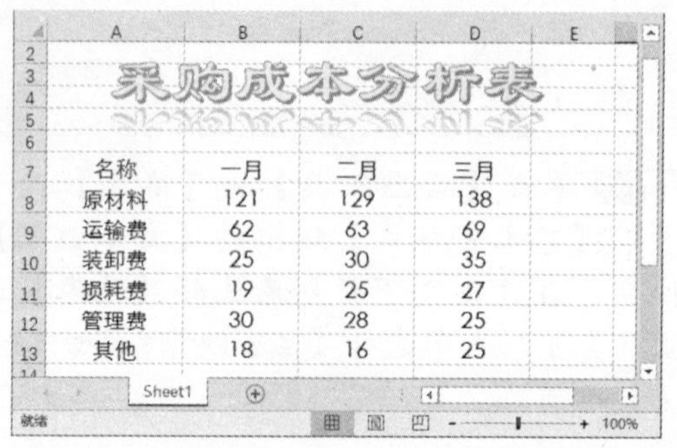

6.3.2 插入并编辑迷你图

迷你图是一种小型图表，可放在工作表内的单个单元格中。由于其尺寸已经过压缩，因此，迷你图能够以简明且非常直观的方式显示大量数据集所反映出的图案。

1. 插入迷你图

下面在“采购成本分析表”中插入迷你图，以显示出各项采购费用在一月到三月的波动情况。具体操作步骤如下：

Step 01 选择单元格区域B8:D13作为迷你图的数据源区域，单击【插入】选项卡下【迷你图】组中的【折线】按钮。

提示：在【迷你图】组中可以看到，Excel 2016提供了折线图、柱形图和盈亏3种类型的迷你图。

Step 02 弹出【创建迷你图】对话框，单击【位置范围】文本框，在工作表中选择单元格区域E8:E13，设置完成后，单击【确定】按钮。

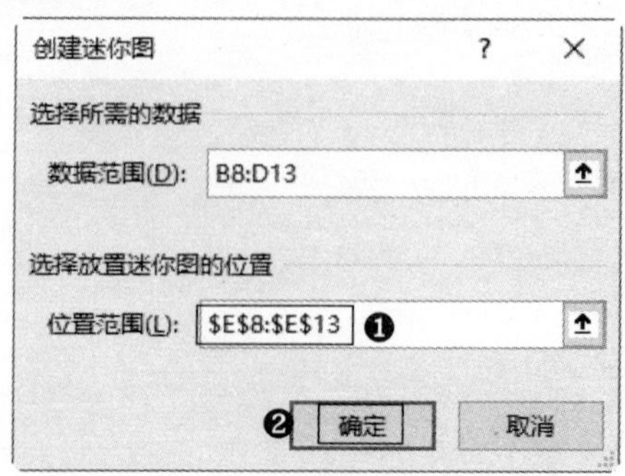

Step 03 即可在单元格区域E8:E13创建迷你折线图，效果如下图所示。

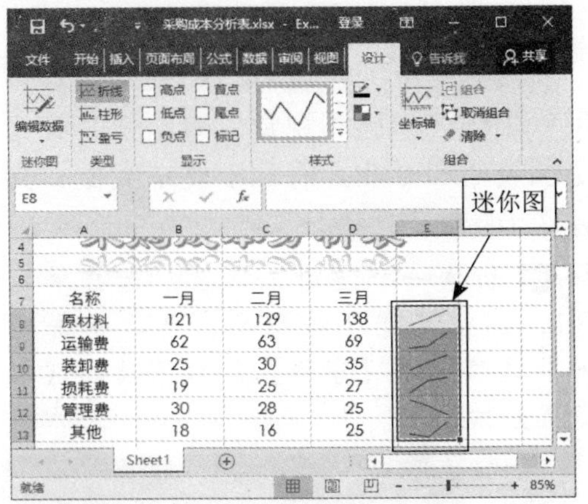

2. 编辑迷你图

插入迷你图后，用户可对迷你图进行更换类型、显示高低点等编辑操作。具体操作步骤如下：

Step 01 选中单元格区域E8:E13，在【迷你图工具】➤【设计】选项卡下的【显示】组中选择【高点】、【低点】和【标记】复选框。

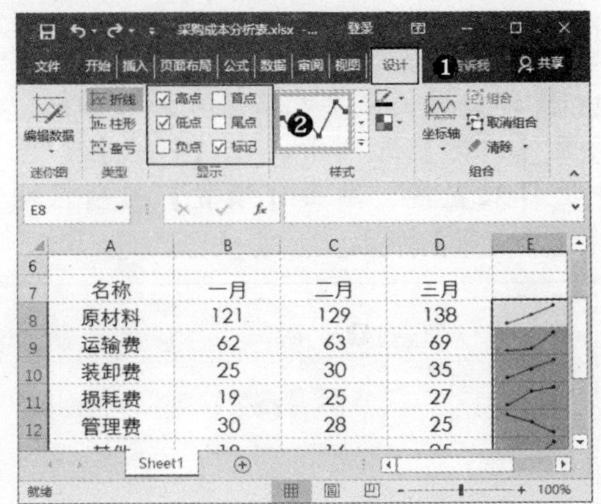

Step 02 即可在迷你图中显示出高低点和标记点，效果如下图所示。

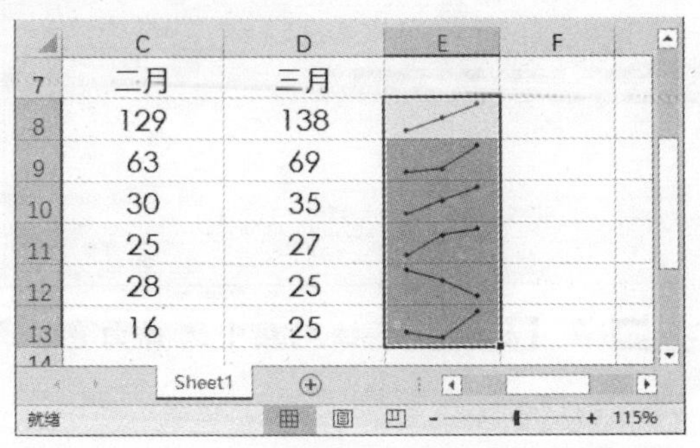

Step 03 单击【迷你图工具】➤【设计】选项卡下【类型】组中的【柱形】按钮，可将迷你图由折线图更改为柱形图。

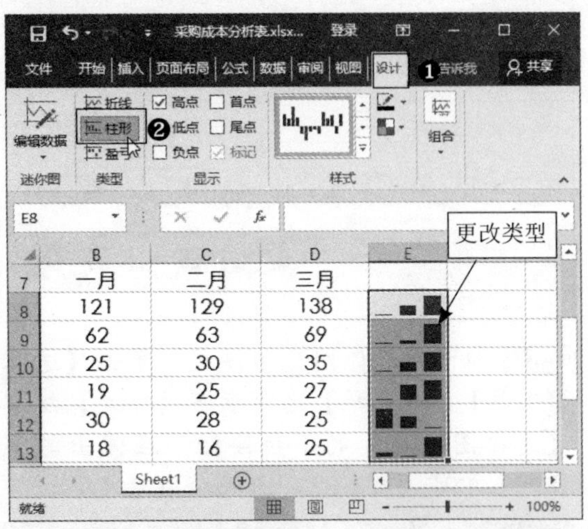

3. 美化迷你图

Excel 2016提供了一系列预设的迷你图样式，可快速美化迷你图。此外，用户也可自定义迷你图的颜色。具体操作步骤如下：

Step 01 选中单元格区域E8:E13，单击【迷你图工具】➤【设计】选项卡下【样式】组中的【其他】按钮。

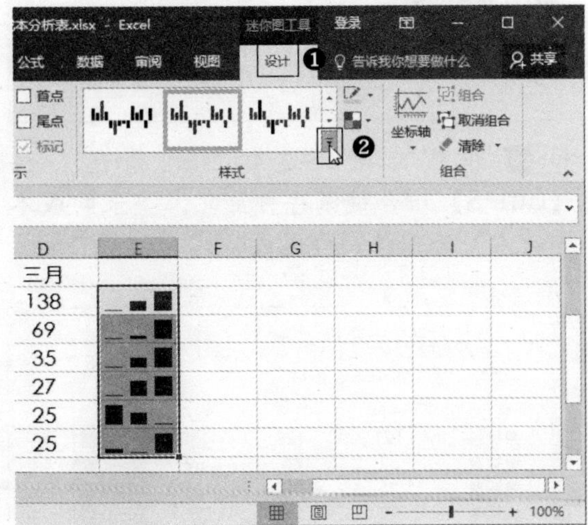

Step 02 在弹出的下拉列表中可选择预设的样式，如选择【深蓝，迷你图样式着色1】选项。

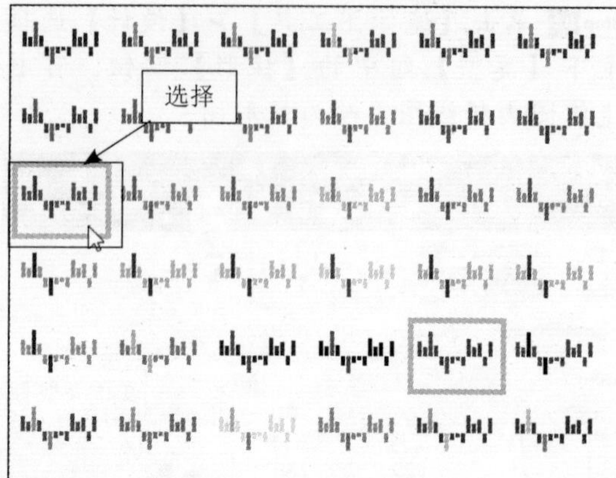

Step 03 即可为迷你图应用样式。单击【迷你图工具】➤【设计】选项卡下【样式】组中【迷你图颜色】的下拉按钮，在弹出的下拉列表中可选择颜色，如选择【绿色】。

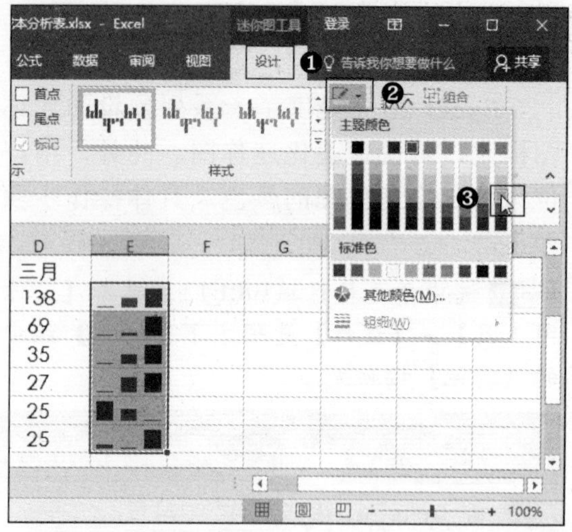

Step 04 即可自定义迷你图的颜色。按【Ctrl+S】组合键保存。至此，“采购成本分析表”工作簿制作完成。

名称	一月	二月	三月
原材料	121	129	138
运输费	62	63	69
装卸费	25	30	35
损耗费	19	25	27
管理费	30	28	25
其他	18	16	25

高手支招

1. 制作立体单元格效果

为单元格制作具有凸起的立体效果，可以增强艺术感和视觉效果，使其看起来更加灵活和专业，有利于展示数据。具体操作步骤如下：

Step 01 新建一个空白工作簿，选择单元格B4，调整其宽度和高度，之后单击【开始】选项卡下【字体】组右下角的【字体设置】按钮。

Step 02 弹出【设置单元格格式】对话框，切换至【边框】选项卡，在【样式】列表框中选择双直线，单击【预置】选项区域中的【外边框】按钮。

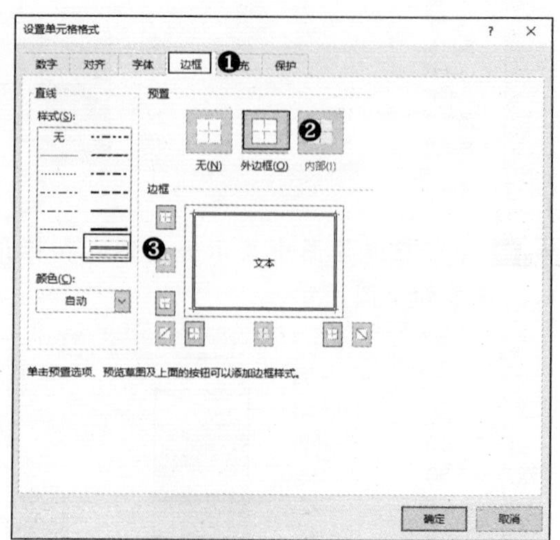

Step 03 在【颜色】下拉列表中选择白色，之

后单击【边框】选项区域中的【上边框】按钮和【左边框】按钮，将这两个边框的颜色设置为白色。

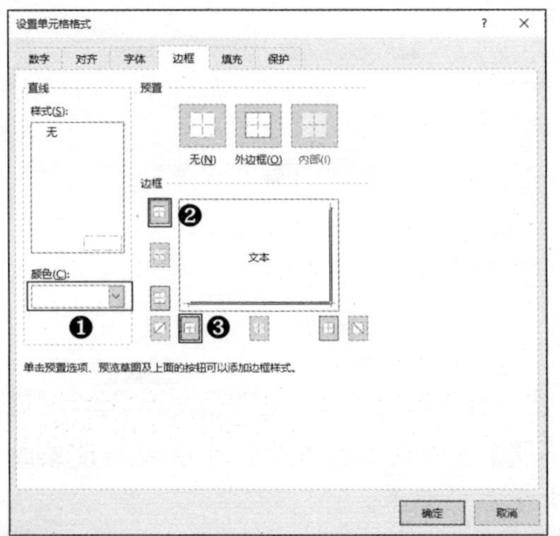

Step 04 切换至【填充】选项卡，在【背景色】区域中选择绿色，之后单击【确定】按钮。

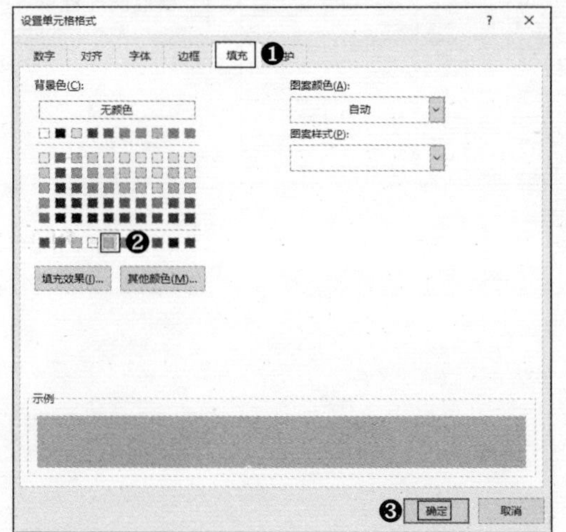

Step 05 即可为单元格添加立体效果，如下图所示。

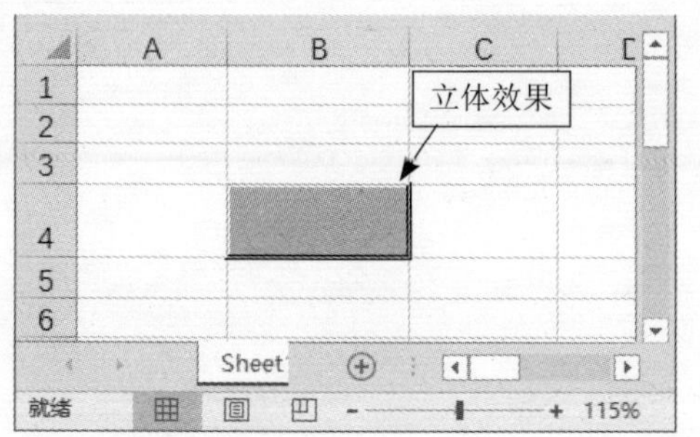

2. 添加斜线表格

添加斜线表格的具体操作步骤如下：

Step 01 新建一个空白工作簿，单击【开始】选项卡下【字体】组中【边框】的下拉按钮，在弹出的下拉列表中选择【绘制边框】选项。

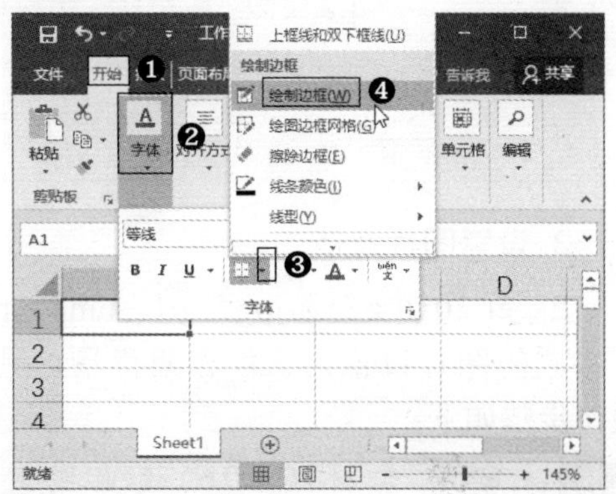

Step 02 此时光标变为笔的形状，在单元格A1中从左上到右下拖动鼠标绘制斜线，释放鼠标，即可完成操作。

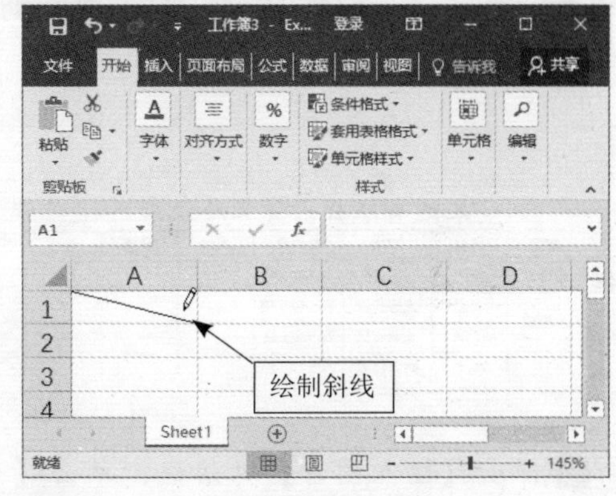

Step 03 在单元格A1中输入“名称”文本，按【Alt+Enter】组合键强制换行，在第二行输入“季度”文本，将光标定位在“名称”文本的左侧，按两次空格键，在左侧添加空格。

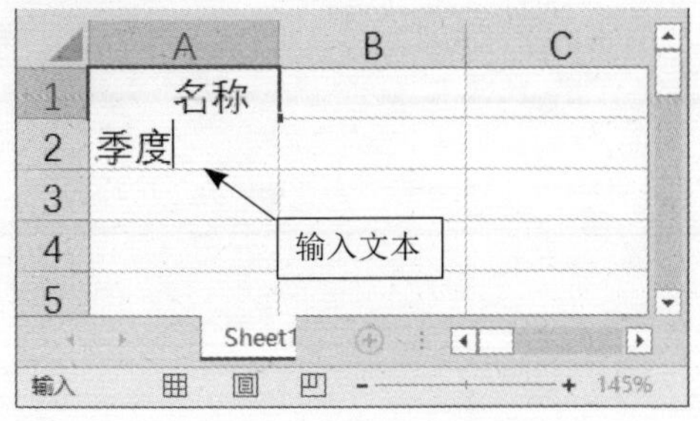

Step 04 输入完成后，按【Enter】键确认，斜线表格即制作完成。

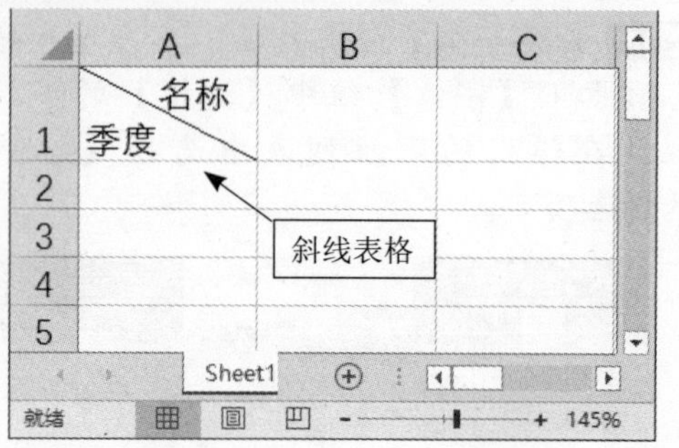

3. 设置图片背景

Excel 2016支持将jpg、gif、bmp、png等格式的图片设置为工作表的背景，具体操作步骤如下：

Step 01 打开“素材\Ch06\设置图片背景.xlsx”文件，单击【页面布局】选项卡下【页面设置】组中的【背景】按钮。

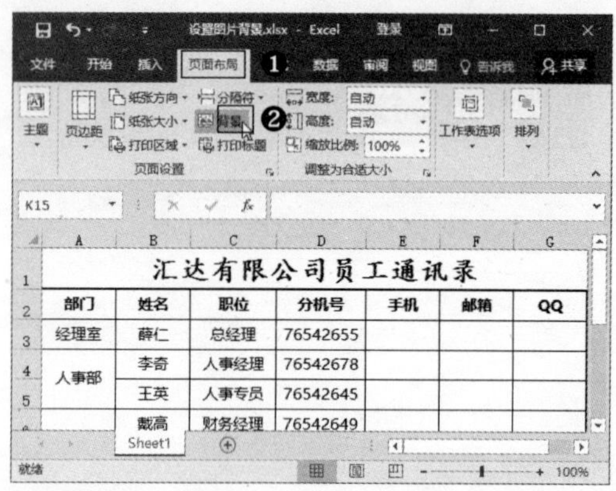

Step 02 弹出【插入图片】对话框，单击【来自文件】右侧的【浏览】按钮。

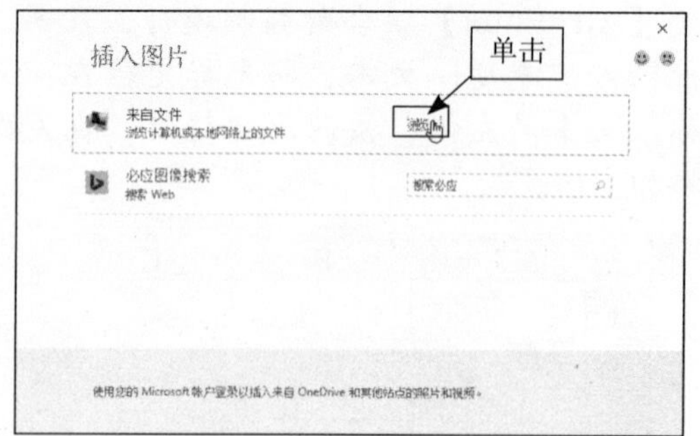

Step 03 弹出【工作表背景】对话框，在计算机中选择要作为背景的图片，之后单击【插入】按钮。

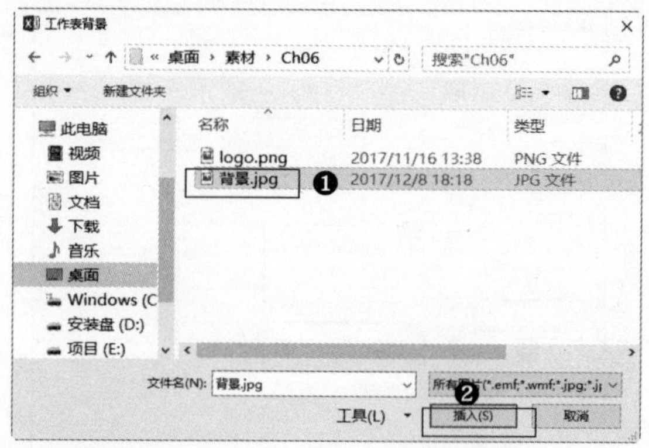

Step 04 返回到工作表中，可以看到设置图片背景后的效果。

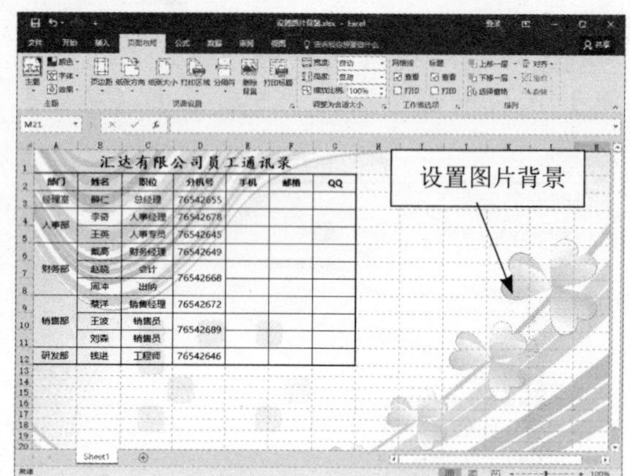

第 7 章
分析数据——Excel 2016的数据处理与分析

本章导读：

在工作中，经常需要对各种类型的数据进行处理和分析。使用Excel 2016可轻松完成这项工作，例如，使用排序功能使数据按照特定的规则排序，使用筛选功能将满足条件的数据单独显示，使用合并计算和分类汇总功能对数据进行分类或汇总等。

案例赏析：

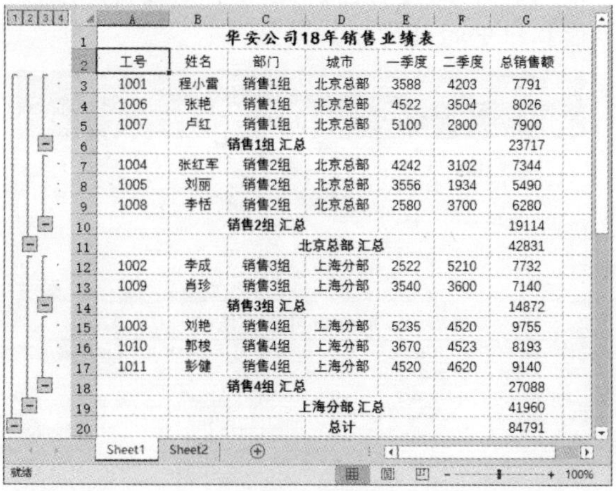
华安公司18年销售业绩表
工号 姓名 部门 城市 一季度 二季度 总销售额
1001 程小雷 销售1组 北京总部 3588 4203 7791
1006 张艳 销售1组 北京总部 4522 3504 8026
1007 卢红 销售1组 北京总部 5100 2800 7900
销售1组 汇总 23717
1004 张红军 销售2组 北京总部 4242 3102 7344
1005 刘丽 销售2组 北京总部 3556 1934 5490
1008 李恬 销售2组 北京总部 2580 3700 6280
销售2组 汇总 19114
北京总部 汇总 42831
1002 李成 销售3组 上海分部 2522 5210 7732
1009 肖珍 销售3组 上海分部 3540 3600 7140
销售3组 汇总 14872
1003 刘艳 销售4组 上海分部 5235 4520 9755
1010 郭梭 销售4组 上海分部 3670 4523 8193
1011 彭健 销售4组 上海分部 4520 4620 9140
销售4组 汇总 27088
上海分部 汇总 41960
总计 84791
Sheet1
Sheet2
就绪
100%

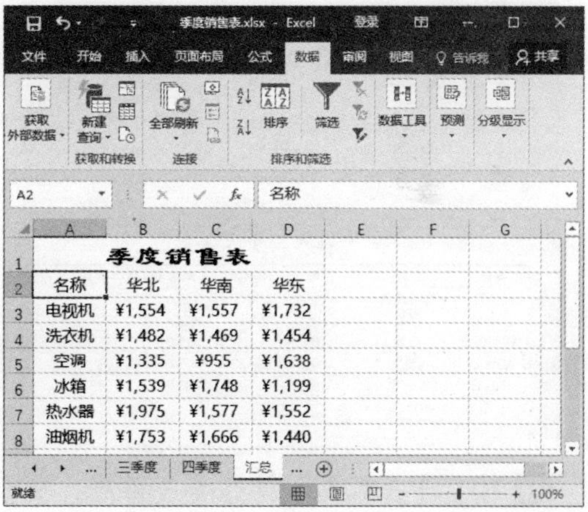
季度销售表.xlsx - Excel
登录
文件 开始 插入 页面布局 公式 数据 审阅 视图 告诉我 共享
获取外部数据
新建查询
获取和转换
全部刷新
连接
排序
筛选
排序和筛选
数据工具
预测
分级显示
A2
名称
季度销售表
名称 华北 华南 华东
电视机 ¥1,554 ¥1,557 ¥1,732
洗衣机 ¥1,482 ¥1,469 ¥1,454
空调 ¥1,335 ¥955 ¥1,638
冰箱 ¥1,539 ¥1,748 ¥1,199
热水器 ¥1,975 ¥1,577 ¥1,552
油烟机 ¥1,753 ¥1,666 ¥1,440
三季度
四季度
汇总
就绪
100%

7.1 分析“仓库库存表”工作簿

“仓库库存表”工作簿用于对各类货物的状况进行分类记录，以保证货物的库存充足，确保生产经营活动的正常进行。

7.1.1 数据的排序

通过排序功能可以将数据表中的内容按照特定的规则进行排序。Excel 2016提供了多种排序方法，包括单条件排序、多条件排序和自定义排序等，下面分别介绍。

1. 单条件排序

单条件排序是依据一个条件对数据进行排序。下面在“仓库库存表”工作簿中，对“库存数量”字段进行排序，具体操作步骤如下：

Step 01 打开“素材\Ch07\仓库库存表.xlsx”文件，将光标定位至F（库存数量）列的任意单元格内。

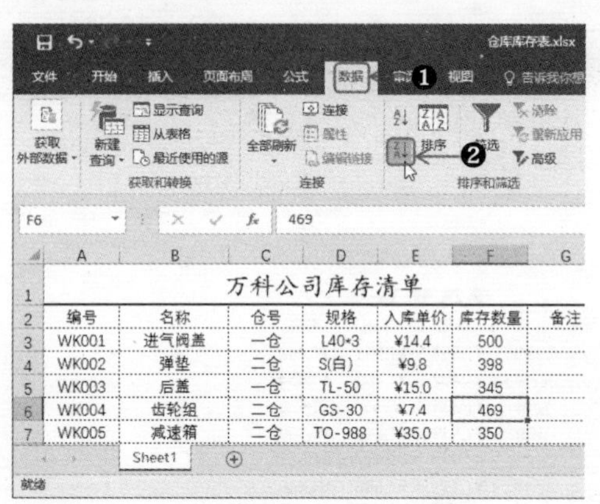

Step 02 单击【数据】选项卡下【排序和筛选】组中的【降序】按钮。

提示：若单击【升序】按钮，可以对数据进行升序排序。

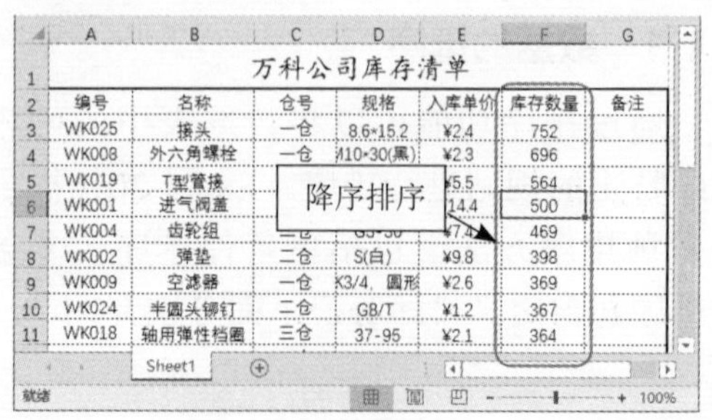

Step 03 对“库存数量”进行降序排序，从而使数据按由高到低的顺序显示出来，效果如下图所示。

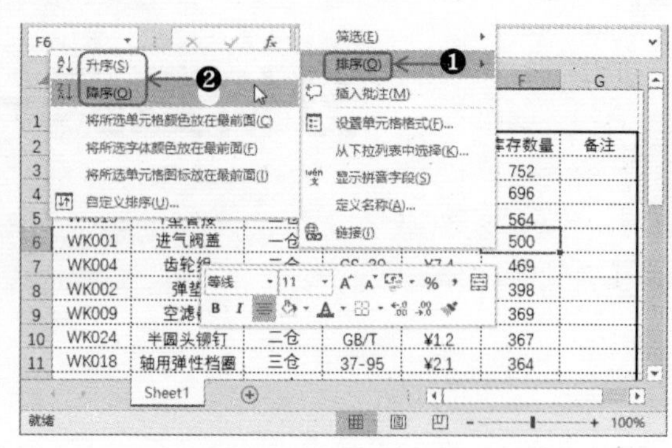

提示：在单元格内右击，在弹出的快捷菜单中选择【排序】命令，在子菜单中选择【升序】或【降序】，也可进行单条件排序。

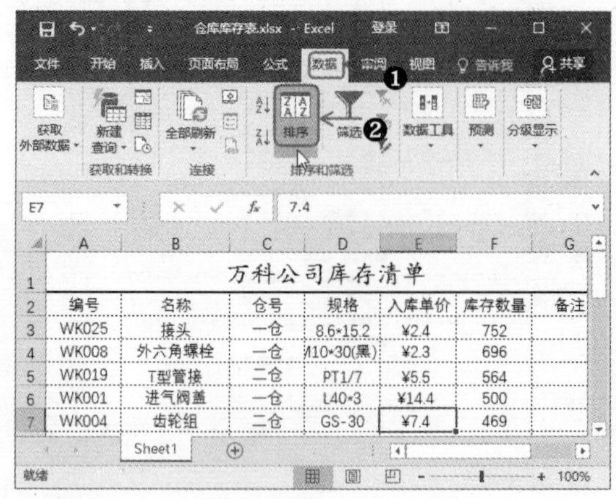

2. 多条件排序

多条件排序是依据多个条件对数据进行排序。下面在“仓库库存表”工作簿中，对“入库单价”和“库存数量”两个字段进行排序，具体操作步骤如下：

Step 01 将光标定位至数据区域的任意单元格内，单击【数据】选项卡下【排序和筛选】组中的【排序】按钮。

Step 02 弹出【排序】对话框，在【主要关键字】的下拉列表中选择【入库单价】字段，将【次序】设置为【降序】，之后单击【添加条件】按钮。

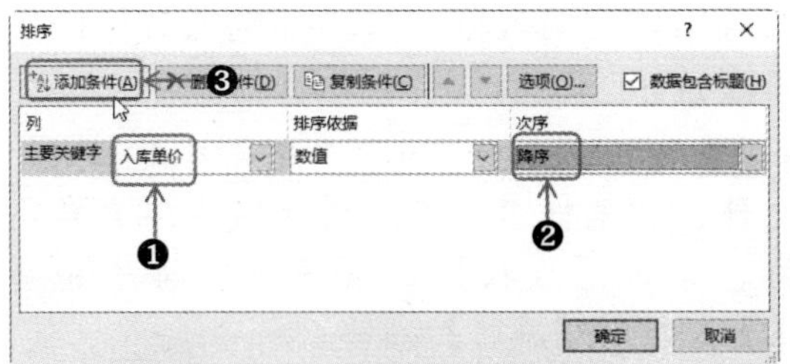

Step 03 添加一个排序条件，在【次要关键字】的下拉列表中选择【库存数量】字段，将【次序】设置为【降序】，之后单击【确定】按钮。

提示：在Excel 2016中，多条件排序最多可设置64个排序条件。

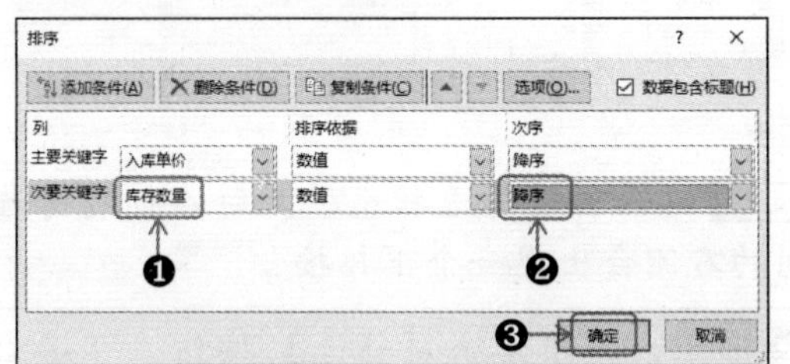

Step 04 对工作表进行多条件排序，首先对“入库单价”字段进行降序排序，当字段值相等时，则对“库存数量”进行降序排序。

万科公司库存清单

编号	名称	仓号	规格	入库单价	库存数量	备注
WK017	轴承	三仓	6504	¥43.0	361	
WK005	[illegible]	[illegible]	TO-988	¥35.0	350	
WK013	[illegible]	[illegible]	90*117	¥23.0	146	
WK006	缸盖	一仓	T-90	¥15.4	298	
WK003	后盖	一仓	TL-50	¥15.0	345	
WK012	尼龙滑轮	三仓	10*5	¥15.0	156	
WK001	进气阀盖	一仓	L40*3	¥14.4	500	
WK016	曲轴箱	一仓	TL-50	¥12.0	251	
WK002	弹垫	二仓	S(白)	¥9.8	398	

多条件排序

3. 自定义排序

当要排序的字段值为文本时，对其进行升序或降序的排序可能无法满足需求，此时可以根据需要自定义排序序列。下面在“仓库库存表”工作簿中，对“仓号”字段进行自定义排序，具体操作步骤如下：

Step 01 将光标定位至数据区域的任意单元格内，单击【数据】选项卡下【排序和筛选】组中的【排序】按钮。

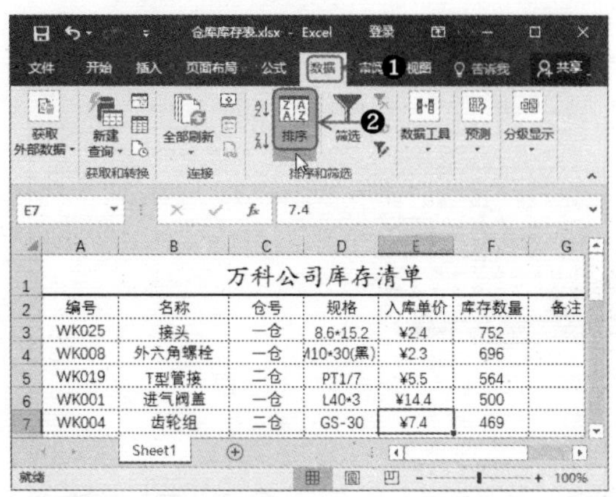

Step 02 弹出【排序】对话框，在【主要关键字】下拉列表中选择【仓号】选项，在【次序】下拉列表中选择【自定义序列】选项。

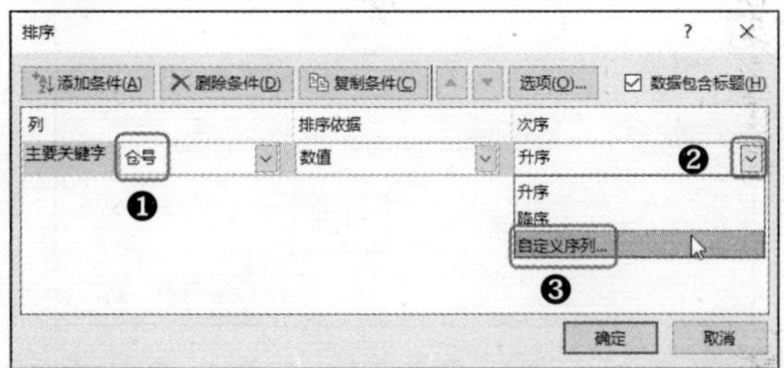

Step 03 弹出【自定义序列】对话框，在【输入序列】列表框中输入自定义的序列，单击【添加】按钮。

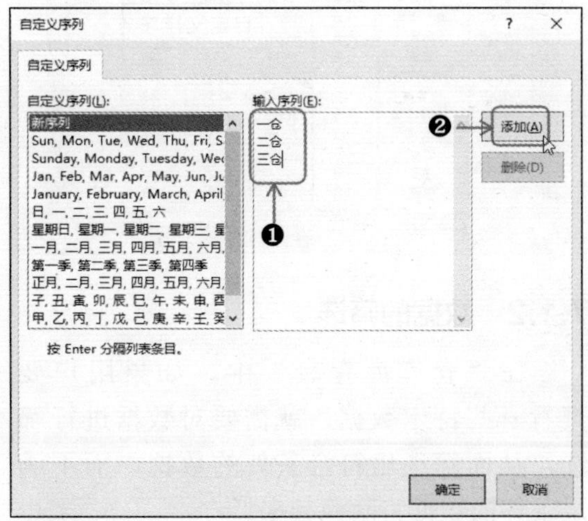

Step 04 将自定义的序列添加到左侧的【自定义序列】列表框中，选中该序列，单击【确定】按钮。

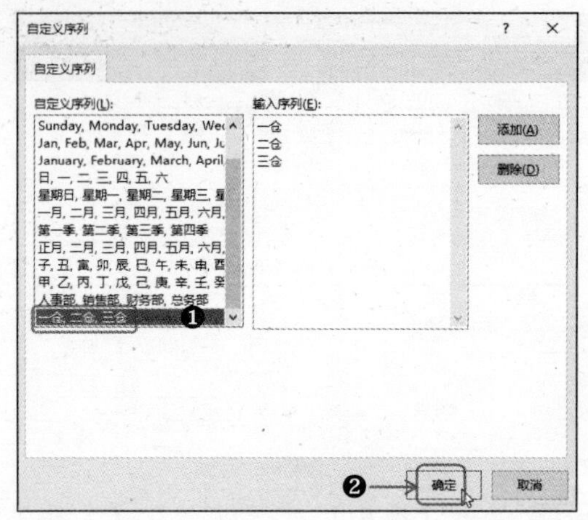

Step 05 返回到【排序】对话框，在【次序】列表框中可以看到自定义序列，之后单击【确定】按钮。

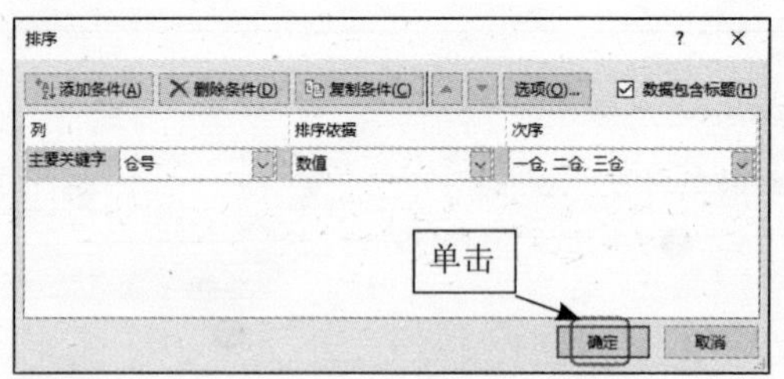

Step 06 对“仓号”字段按照自定义序列进行排序。

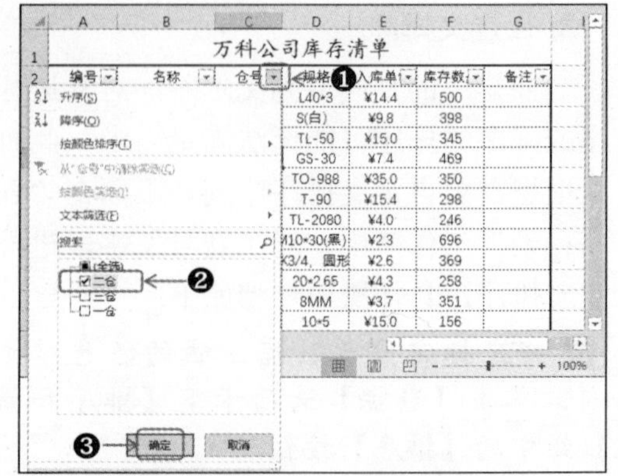

7.1.2 数据的筛选

在“仓库库存表”中，如果用户要查看一些特定数据，就需要对数据进行筛选，从而筛选出符合条件的数据，而不满足条件的数据将隐藏起来。

1. 自动筛选

进入到自动筛选状态后，每一项不重复的数据都有一个项目，选中项目，即可筛选出相应的数据。自动筛选的具体操作步骤如下：

Step 01 打开“素材\Ch07\仓库库存表.xlsx”文件，将光标定位至数据区域内任意单元格，单击【数据】选项卡下【排序和筛选】组中的【筛选】按钮。

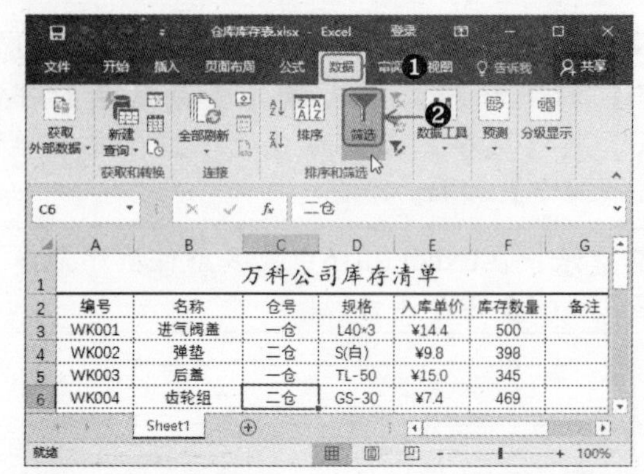

Step 02 进入自动筛选状态，此时在标题行每列的右侧会出现一个下拉按钮。

提示：再次单击【筛选】按钮，可退出自动筛选状态。

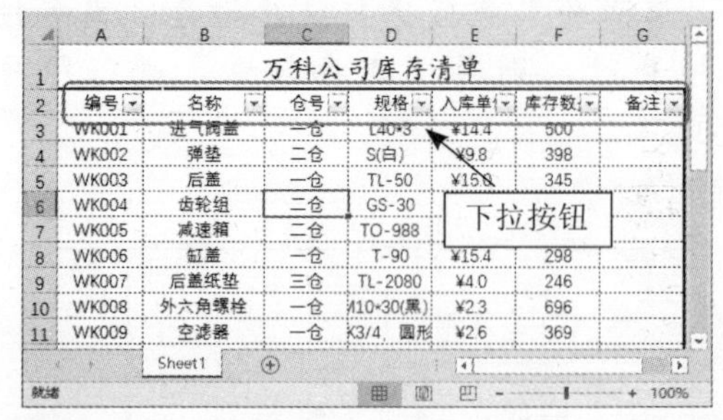

Step 03 单击【仓号】列右侧的下拉按钮，在弹出的下拉列表框中选中【二仓】复选框，之后单击【确定】按钮。

Step 04 即可筛选出仓号为“二仓”的记录，其他记录被隐藏起来。

2. 自定义筛选

除了自动筛选外，用户还可自定义筛选条件。自定义筛选的具体操作步骤如下：

Step 01 将光标定位至数据区域的任意单元格内，单击【数据】选项卡下【排序和筛选】组中的【筛选】按钮，进入自动筛选状态。

Step 02 单击【入库单价】列右侧的下拉按钮，在弹出的下拉列表框中选择【数字筛选】选项，在子列表中选择【介于】选项。

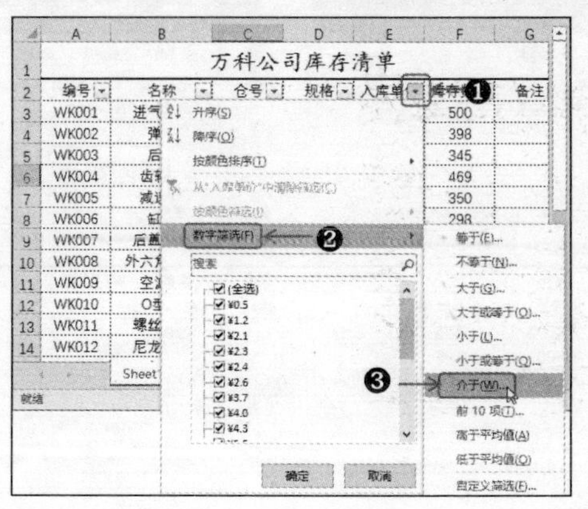

Step 03 弹出【自定义自动筛选方式】对话框，在第一行左侧下拉列表中选择【大于】选项，在右侧设置数值为“7”。之后在第二行左侧下拉列表中选择【小于】选项，在右侧设置数值为“14”。设置完成后，单击【确定】按钮。

提示： 在步骤2的子列表中选择任意选项，均会打开【自定义自动筛选方式】对话框，在其中即可自定义筛选方式。

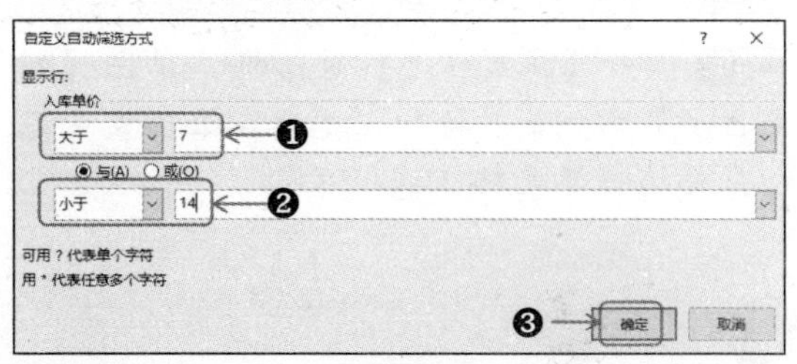

Step 04 即可筛选出入库单价大于7并且小于14的记录，其他不符筛选条件的记录均被隐藏起来。

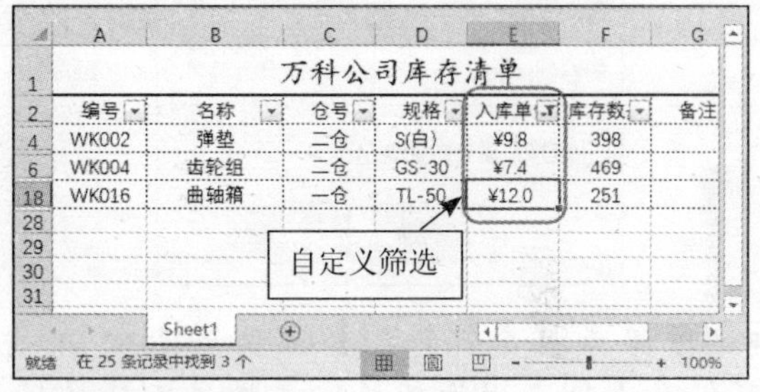

3. 高级筛选

如果要对多个字段设置复杂的筛选条件，可以使用Excel提供的高级筛选功能。使用高级筛选功能之前应先建立一个条件区域，用于指定筛选的数据必须满足的条件。高级筛选的具体操作步骤如下：

Step 01 在单元格区域I2:J3中输入筛选条件，之后单击【数据】选项卡下【排序和筛选】组中的【高级】按钮。

提示： 在条件区域中要求包含两个元素：字段名和筛选条件。此外，条件区域和数据区域间最好分隔开，以便区分。

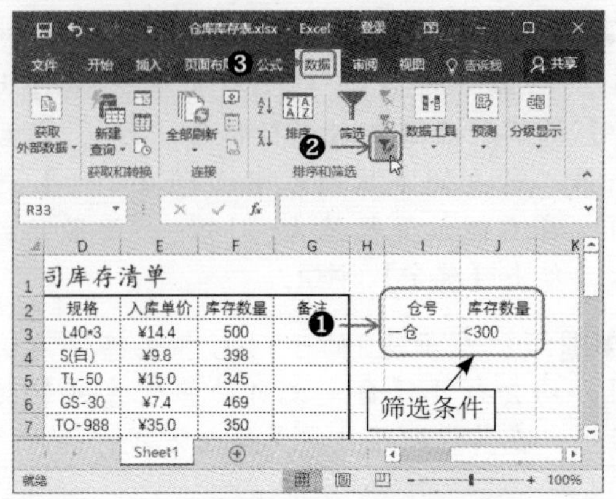

Step 02 弹出【高级筛选】对话框，单击【列表区域】右侧的按钮，之后在工作表中拖动鼠标选择单元格区域A2:G27。

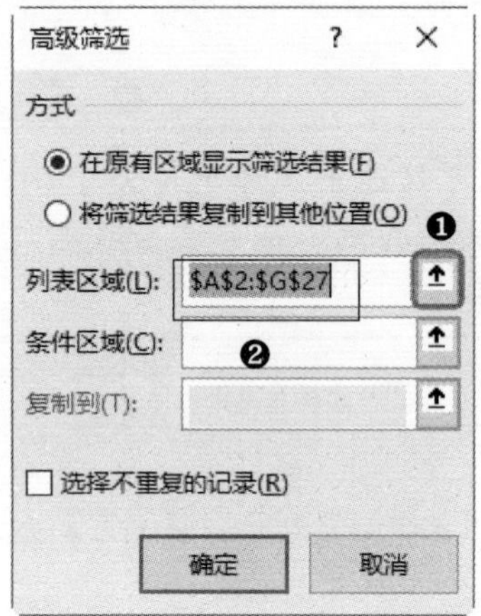

Step 03 单击【条件区域】右侧的按钮，之后在工作表中拖动鼠标选择单元格区域I2:J3。设置完成后，单击【确定】按钮。

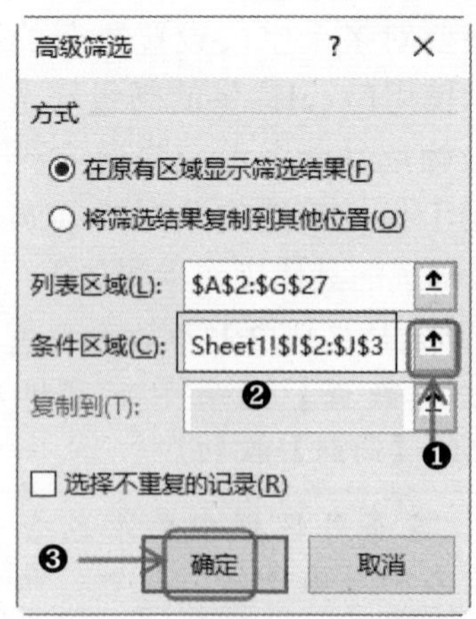

Step 04 即可筛选出符合条件区域的记录，效果如下图所示。

提示：在步骤1中已经设置了筛选条件为仓号是“一仓”，并且库存数量小于“300”。

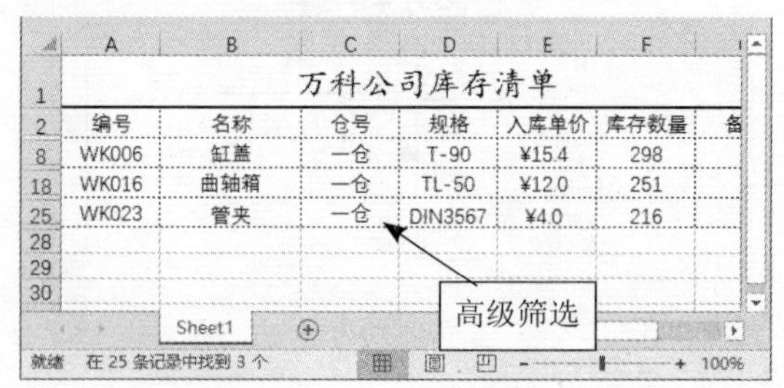

4. 清除筛选

清除筛选是指清除数据区域内的筛选状态。清除筛选的具体操作步骤如下：

Step 01 接上一小节的操作，单击【数据】选项卡下【排序和筛选】组中的【清除】按钮。

Step 02 即可清除筛选状态，使记录恢复为原始状态。

7.1.3 数据验证

在向工作表中输入数据时，为了防止输入错误的数据，可以为单元格设置数据验证，限制用户只能输入特定范围内的数据，从而提高处理数据的效率。

1. 数据验证的验证条件

假设“库存数量”字段值只能大于300，下面为该字段设置验证条件，如果输入的数据不符合条件，系统就会禁止输入。设置验证条件的具体操作步骤如下：

Step 01 打开“素材\Ch07\仓库库存表.xlsx”文件，删除单元格区域F3:F27的数据，之后选中该区域，单击【数据】选项卡下【数据工具】组中的【数据验证】按钮。

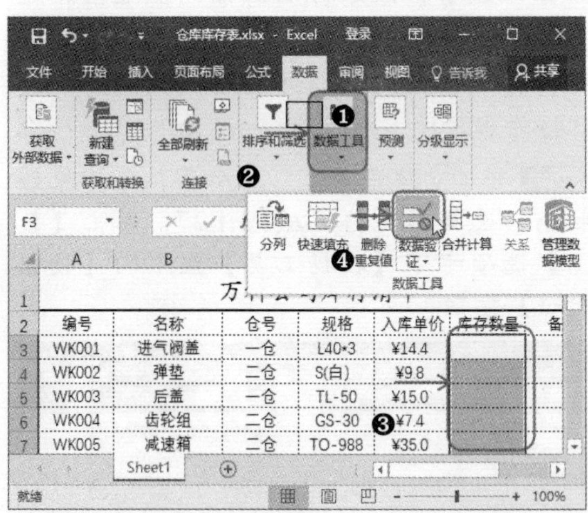

Step 02 弹出【数据验证】对话框，在【设置】选项卡的【允许】下拉列表中选择【整数】选项，在【数据】下拉列表中选择【大于】选项，在【最小值】文本框中输入“300”，单击【确定】按钮。

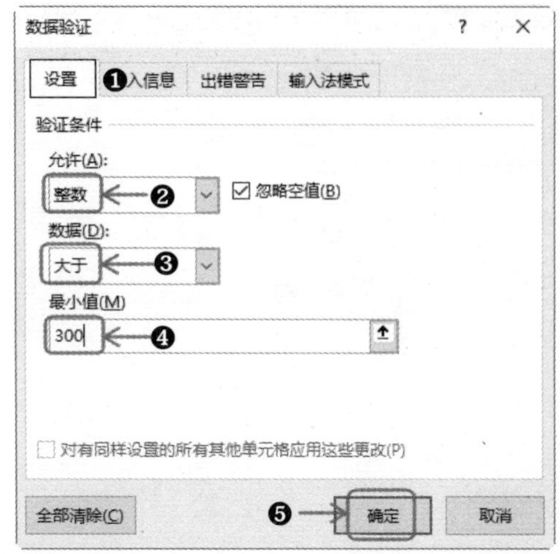

> 提示：在【数据验证】对话框中单击左下角的【全部清除】按钮，可清除所设置的验证条件。

Step 03 返回至工作表，假设在单元格F3中输入不符合条件的数据“250”，按【Enter】键，会弹出一个警告框，提示输入值不匹配，单击【重试】按钮，可重新输入符合验证条件的数据，单击【取消】按钮，可取消输入操作。

2. 设置输入信息和出错警告信息

在输入数据前为其设置相关的输入提示信息，可以降低输入数据的错误率。而在输入了错误的信息后，还可以设置出错警告信息，以此提示用户出现错误的原因及解决方案。具体操作步骤如下：

Step 01 设置输入信息。接上一小节的操作，再次选择单元格区域F3:F27，单击【数据】选项卡下【数据工具】组中的【数据验证】按钮，弹出【数据验证】对话框，切换至【输入信息】选项卡，在【标题】文本框中输入“请输入库存数量”，在【输入信息】列表框中输入“库存信息不能小于300”。

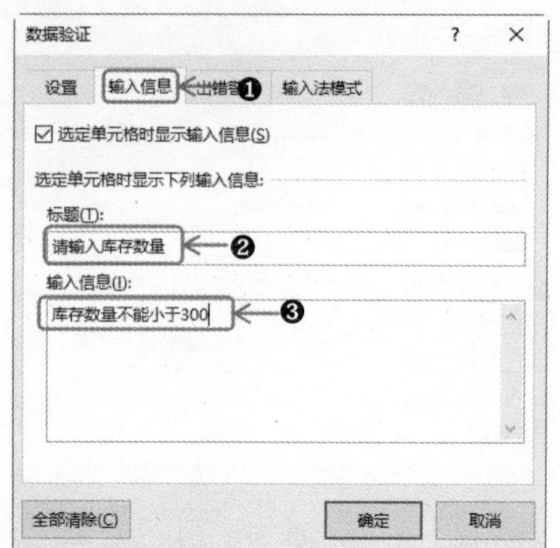

Step 02 设置出错警告信息。切换至【出错警告】选项卡，在【样式】下拉列表中选择【警告】选项，在【标题】文本框中输入“库存数量太小”，在【错误信息】列表框中输入“库存数量不能小于300”。设置完成后，单击【确定】按钮完成设置。

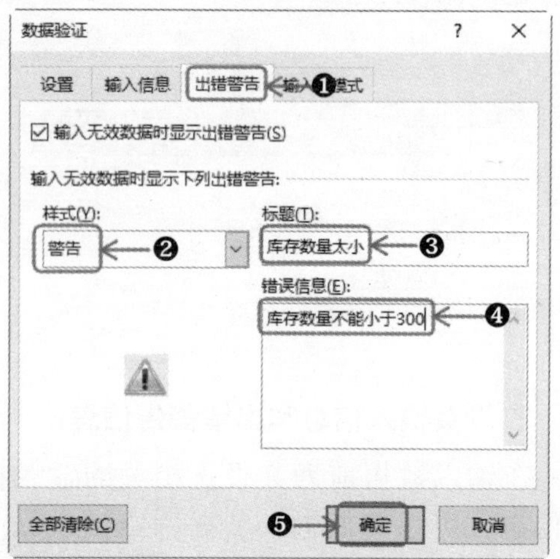

Step 03 返回至工作表，将光标定位在F3:F27区域中的任意单元格，在输入前都会显示出相应的提示信息。

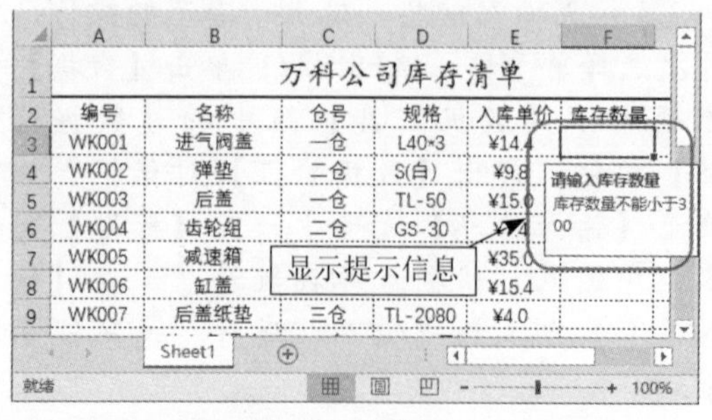

Step 04 在输入错误后，会弹出【库存数量太小】对话框，警告用户“库存数量不能小于300”，单击【否】按钮，可重新输入符合条件的数据。

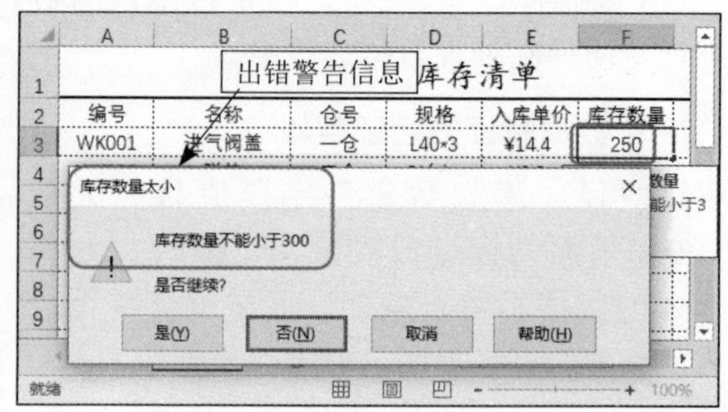

3. 检测无效的数据

如果在单元格中已经输入了数据，那么在设置了验证条件后，如何快速检测这些数据是否符合条件呢？Excel 2016提供的圈释无效数据的功能即可解决该问题。具体操作步骤如下：

Step 01 将“仓库库存表”工作簿恢复为原始状态，选择单元格区域F3:F27，单击【数据】选项卡下【数据工具】组中的【数据验证】按钮。

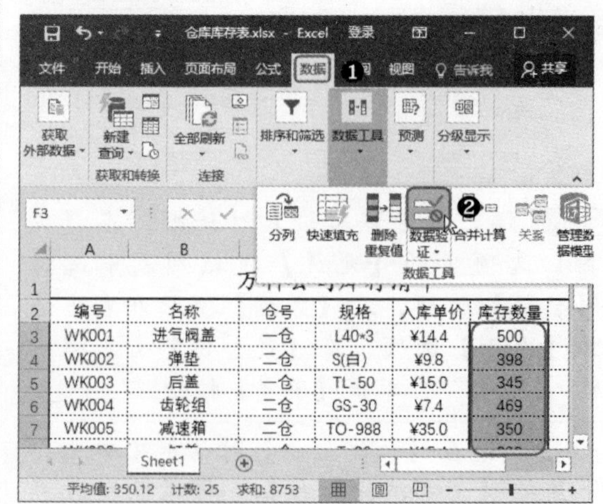

Step 02 弹出【数据验证】对话框，在【设置】选项卡下设置相应的验证条件，之后单击【确定】按钮。

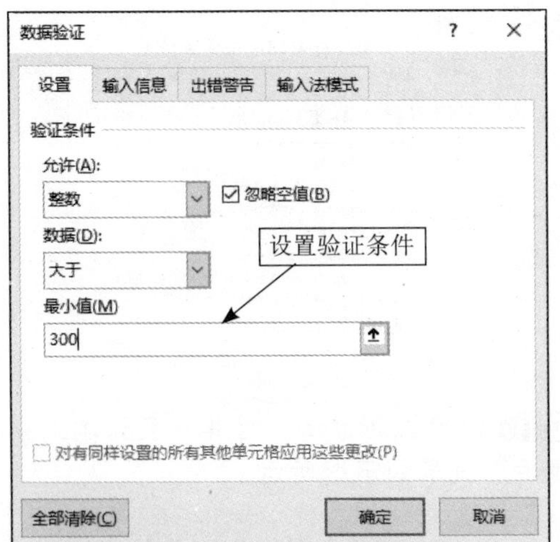

Step 03 返回至工作表，现在已设置了验证条件，下面开始圈释无效数据。选择单元格区域F3:F27，单击【数据】选项卡下【数据工具】组中的【数据验证】下拉按钮，在弹出的下拉列表中选择【圈释无效数据】选项。

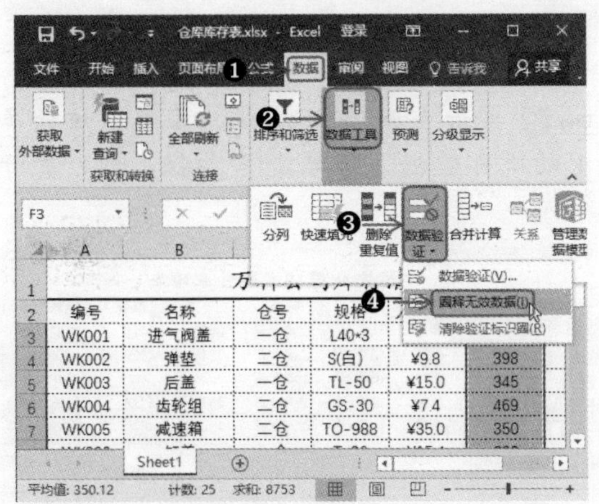

Step 04 此时选定区域中的无效数据会以红色的椭圆形标识出来，以此表示这些数据不符合验证条件，是无效数据。

万科公司库存清单						
编号	名称	仓号	规格	入库单价	库存数量	备注
WK001	进气阀盖	一仓	L40*3	¥14.4	500	
WK002	弹垫	二仓	S(白)	¥9.8	398	
WK003	后盖			5.0	345	
WK004	齿轮组			.4	469	
WK005	减速箱	二仓	TO-988	¥35.0	350	
WK006	缸盖	一仓	T-90	¥15.4	298	
WK007	后盖纸垫	三仓	TL-2080	¥4.0	246	
WK008	外六角螺栓	一仓	M10*30(黑)	¥2.3	696	
WK009	空滤器	一仓	K3/4，圆形	¥2.6	369	

标识无效数据

提示：选择单元格区域后，单击【数据】选项卡下【数据工具】组中的【数据验证】下拉按钮，在弹出的下拉列表中选择【清除验证标识圈】选项，可以清除椭圆形标识。

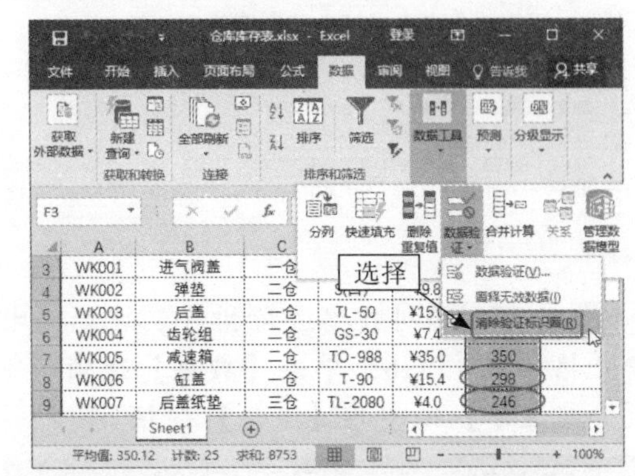

7.2 处理“区域销售汇总表”工作簿

通过处理“区域销售汇总表”工作簿中的数据，可以计算出各区域销售小组的销售情况，以此分析出销售人员的销售水平和工作积极性。

7.2.1 分类显示

分类显示是指将数据清单中的数据按指定的类型分类显示出来。本节主要介绍在“区域销售汇总表”中建立分类显示和清除分类显示的方法。

1. 建立分类显示

在建立分类显示前，用户需要对要分类的数据进行排序，从而将同类型的数据排列在一起。建立分类显示的具体操作步骤如下：

Step 01 打开“素材/Ch07/区域销售汇总表.xlsx”文件，将光标定位至D列数据区域内任意单元格中，单击【数据】选项卡下【排序和筛选】组中的【升序】按钮。

Step 02 即可对D列数据进行排序，之后选择单元格区域A3:G8，单击【数据】选项卡下【分级显示】组中的【组合】按钮。

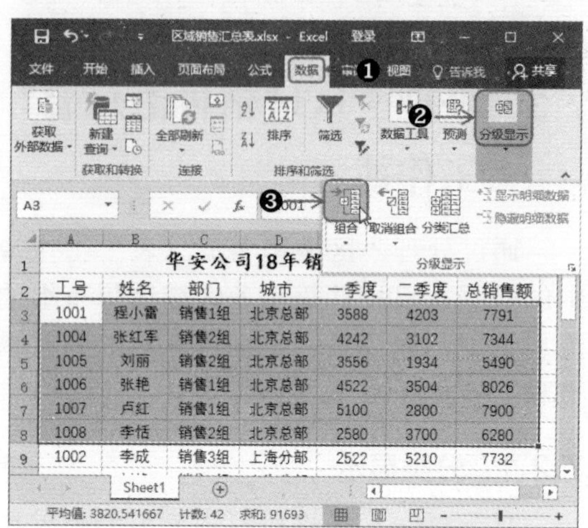

Step 03 弹出【组合】对话框，选择【行】单选按钮，单击【确定】按钮。

提示：若选择【列】单选按钮，则可创建列。

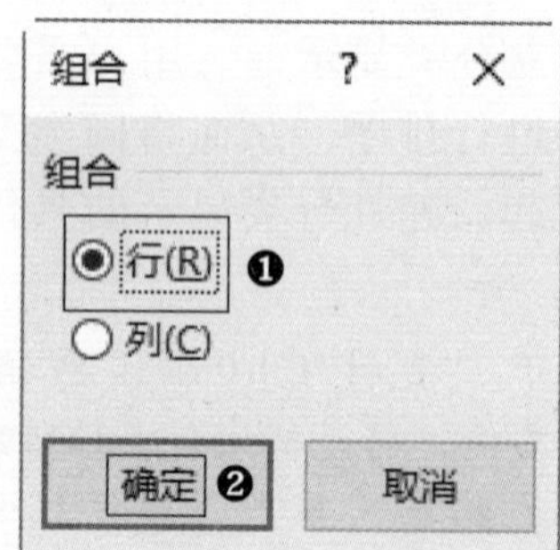

Step 04 即可对所选的区域建立分类显示，左上角会显示出分类级别。

Step 05 使用上述方法，对其他数据建立分类显示，效果如下图所示。

Step 06 单击左侧的[-]按钮，可隐藏该分类下的所有数据，若单击[+]按钮，则可展开数据。

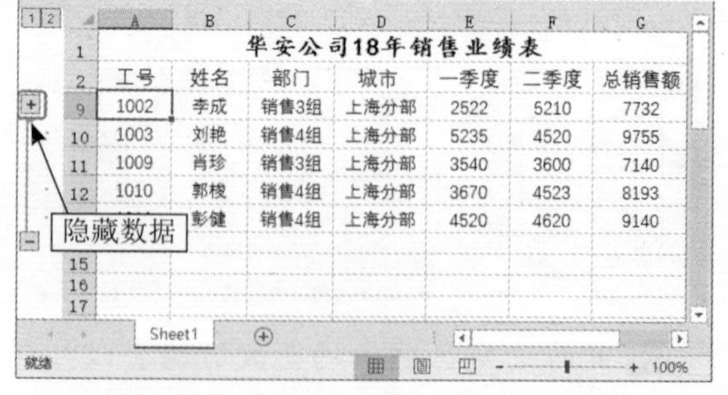

2. 清除分类显示

如果不再需要分类显示数据，可以将其清除。清除分类显示的具体操作步骤如下：

Step 01 单击【数据】选项卡下【分级显示】组中的【取消组合】下拉按钮，在弹出的下拉列表中选择【清除分级显示】选项。

Step 02 即可清除分类显示，使数据恢复为排序后的状态。

	A	B	C	D	E	F	G
1	华安公司18年销售业绩表						
2	工号	姓名	部门	城市			总销售额
3	1001	程小雷	销售1组	北京总部		[illegible]	7791
4	1004	张红军	销售2组	北京总部	4242	3102	7344
5	1005	刘丽	销售2组	北京总部	3556	1934	5490
6	1006	张艳	销售1组	北京总部	4522	3504	8026
7	1007	卢红	销售1组	北京总部	5100	2800	7900
8	1008	李恬	销售2组	北京总部	2580	3700	6280
9	1002	李成	销售3组	上海分部	2522	5210	7732
10	1003	刘艳	销售4组	上海分部	5235	4520	9755
11	1009	肖珍	销售3组	上海分部	3540	3600	7140

清除分类显示

7.2.2 分类汇总

分类汇总是先对数据进行分类，然后在分类的基础上进行汇总。分类汇总时，用户不需要创建公式，系统会自动创建公式，对数据清单中的字段进行求和、求平均值和求最大值等函数运算。

1. 简单分类汇总

在建立分类汇总前，用户同样需要对要分类的数据进行排序，从而将同类型的数据排列在一起。创建简单分类汇总的具体操作步骤如下：

Step 01 打开“素材/Ch07/区域销售汇总表.xlsx”文件，将光标定位至D列数据区域内任意单元格中，单击【数据】选项卡下【排序和筛选】组中的【升序】按钮。

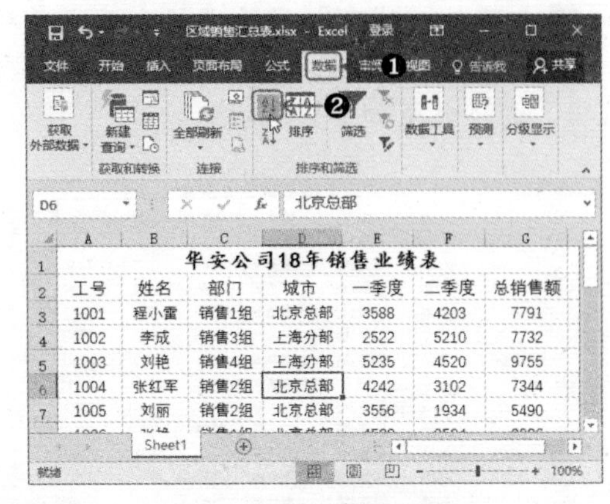

Step 02 即可对D列数据进行排序，之后单击【数据】选项卡下【分级显示】组中的【分类汇总】按钮。

Step 03 弹出【分类汇总】对话框，在【分类字段】下拉列表中选择【城市】字段，在【汇总方式】下拉列表中选择【求和】选项，在【选定汇总项】列表框中选择【总销售额】复选框，单击【确定】按钮。

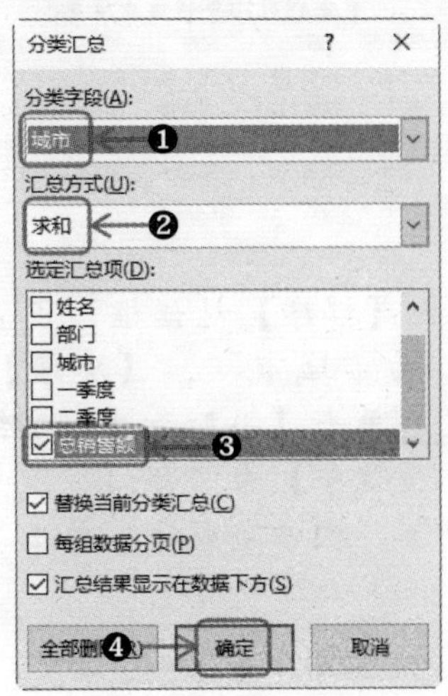

Step 04 即可按“城市”字段进行分类，并对“总销售额”字段进行求和的方式来汇总数据，最终效果如下图所示。

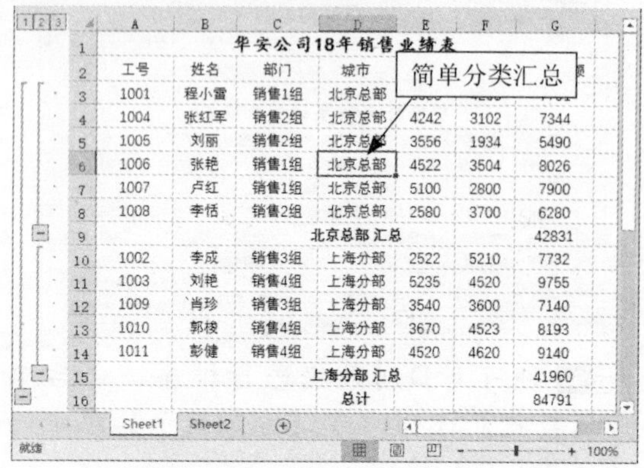

2. 多重分类汇总

用户不仅可以创建简单的分类汇总，还可创建多重分类汇总。注意，在创建多重分类汇总前，同样需要对相关字段进行排序。创建多重分类汇总的具体操作步骤如下：

Step 01 将光标定位至数据区域内任意单元格，单击【数据】选项卡下【排序和筛选】组中的【排序】按钮。

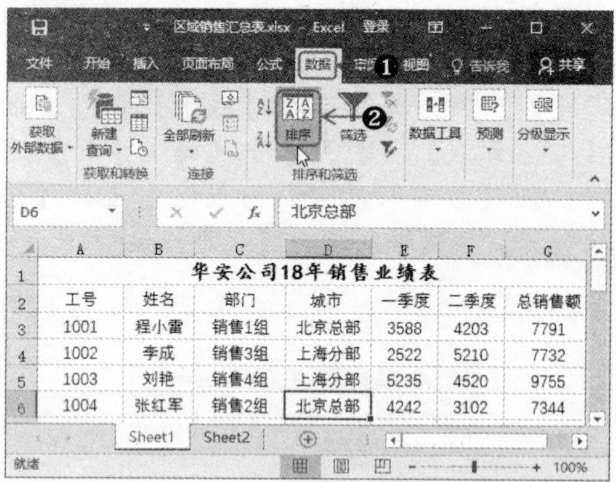

Step 02 弹出【排序】对话框，设置【主要关键字】为“城市”，【次序】为“升序”，之后单击【添加条件】按钮，并设置【次要关键字】为“部门”，【次序】为“升序”。操作完成后，单击【确定】按钮。

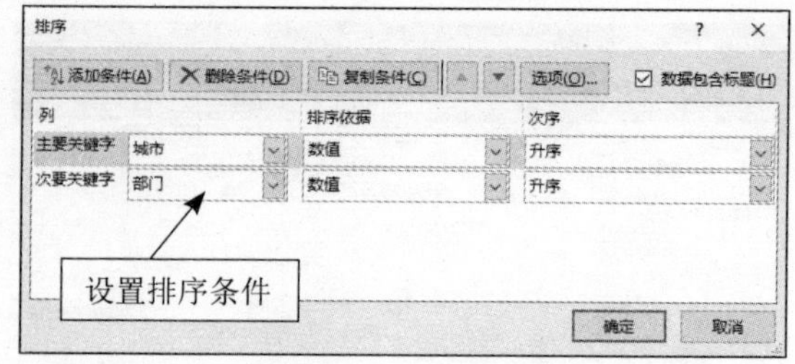

Step 03 排序后的数据如下图所示。

Step 04 单击【数据】选项卡下【分级显示】组中的【分类汇总】按钮，弹出【分类汇总】对话框。在【分类字段】下拉列表中选择【城市】字段，在【汇总方式】下拉列表中选择【求和】选项，在【选定汇总项】列表框中选择【总销售额】复选框，单击【确定】按钮。

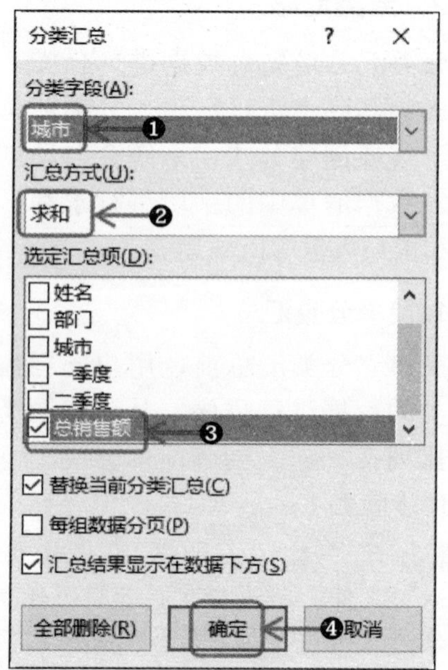

Step 05 即创建了简单分类汇总，效果如下图所示。

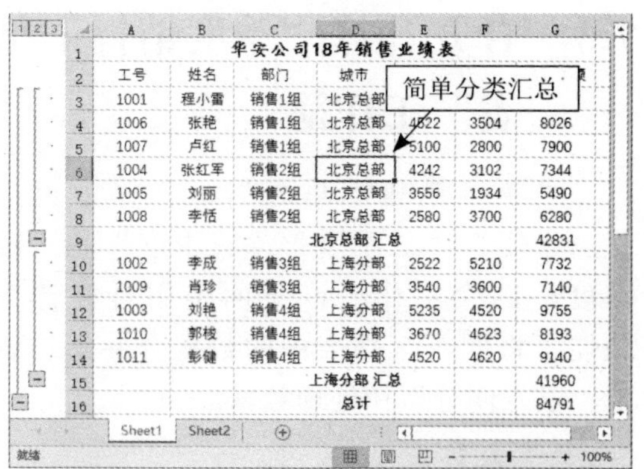

Step 06 再次单击【分类汇总】按钮，弹出【分类汇总】对话框。在【分类字段】下拉列表中选择【部门】字段，取消选择【替换当前分类汇总】复选框，单击【确定】按钮。

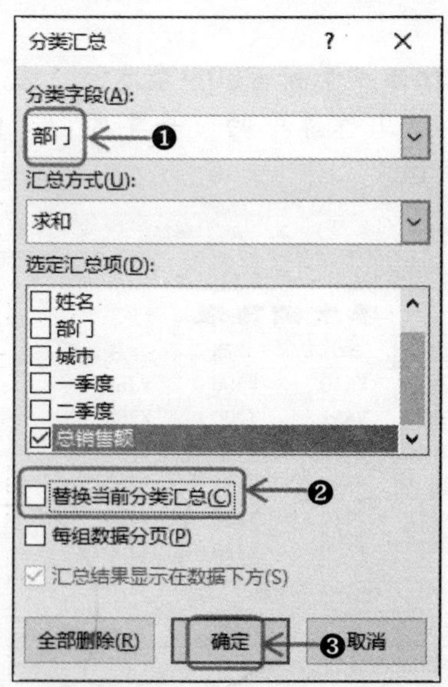

Step 07 即建立了两重分类汇总，效果如下图所示。

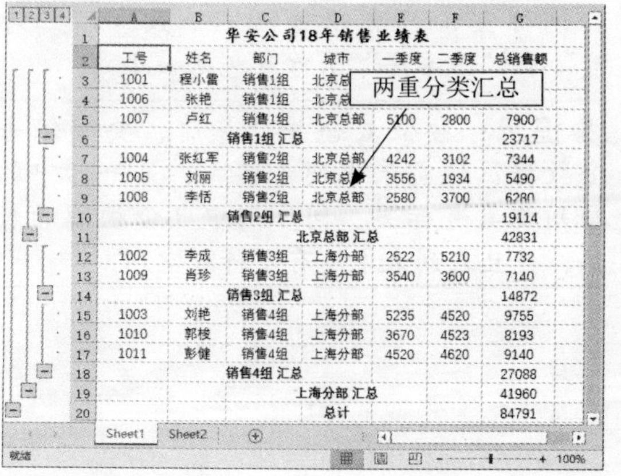

3. 分级显示数据

建立了分类汇总后，工作表中的数据是分级显示的，并在左侧显示级别。例如，上一小节中建立了两重分类汇总，在工作表的左侧列表中显示了4个级别。

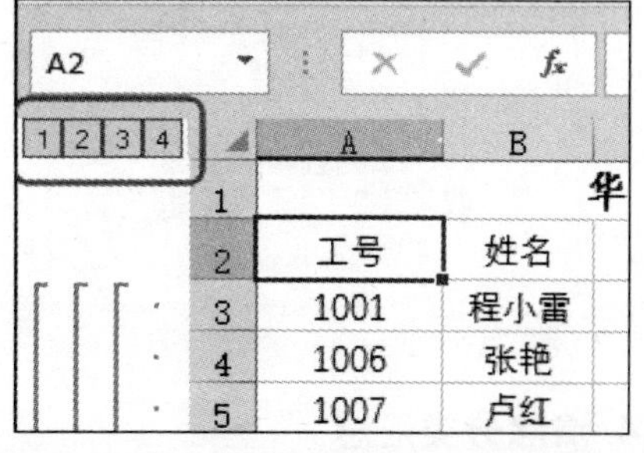

分级显示数据的具体操作步骤如下。

Step 01 单击 1 按钮，则显示一级数据，即销售额的总和。

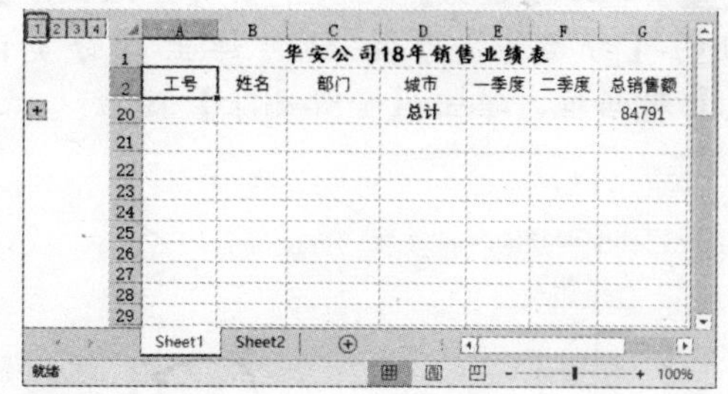

Step 02 单击 2 按钮，则显示一级和二级数据，即总计和城市汇总。

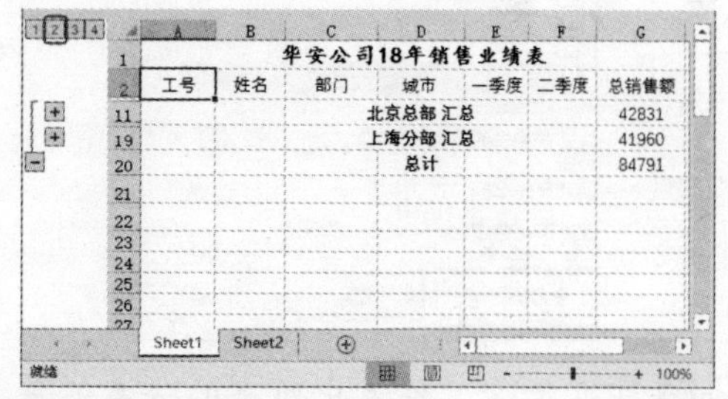

Step 03 单击 3 按钮，则显示一二三级数据，即总计、城市和部门汇总。

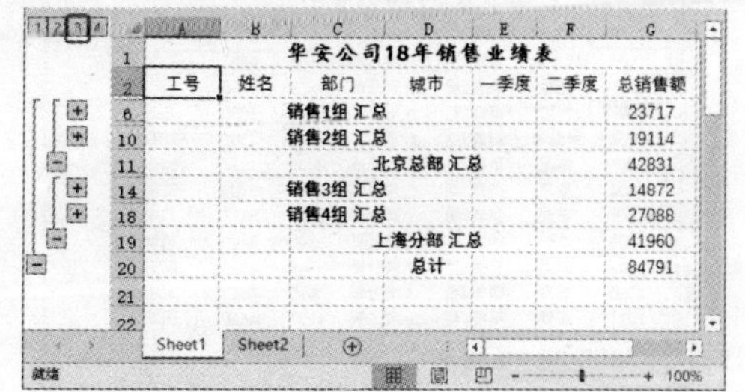

Step 04 单击[4]按钮，则显示所有汇总的详细信息。

4. 清除分类汇总

如果不再需要分类汇总，可以将其清除。清除分类汇总的具体操作步骤如下：

Step 01 单击【数据】选项卡下【分级显示】组的【分类汇总】按钮，弹出【分类汇总】对话框，单击【全部删除】按钮。

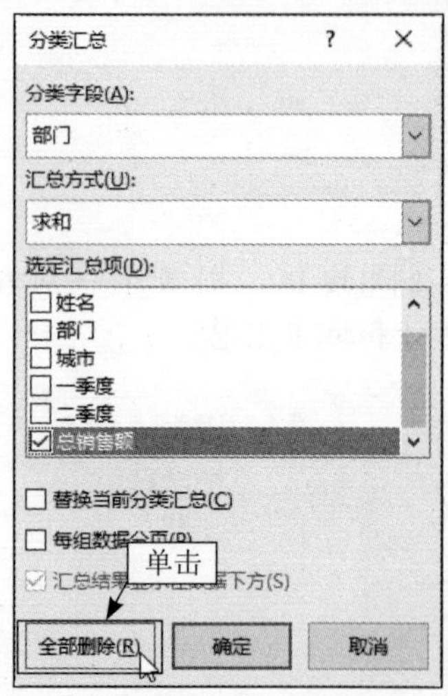

Step 02 即可清除工作表中所有的分类汇总，使数据恢复为排序后的状态。

7.3 合并计算“季度销售汇总表”工作簿

“季度销售汇总表”工作簿中包括“一季度”“二季度”“三季度”和“四季度”四个工作表，下面使用合并计算功能，将四个工作表中的数据合并到总表中，以方便分析和处理数据。

7.3.1 按位置合并计算

当多个工作表中的数据按照相同的顺序排列，并使用相同的行和列标签时，可使用按位置合并计算。具体操作步骤如下：

Step 01 打开“素材\Ch07\季度销售表.xlsx”文件，该工作簿中的“一季度”工作表如下图所示。

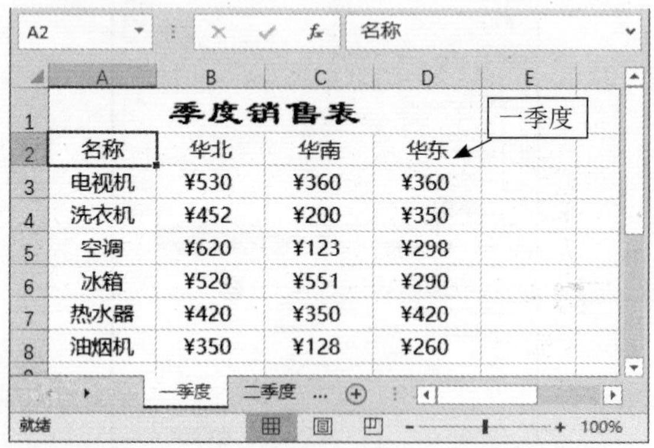

Step 02 切换到“二季度”工作表，可以看到，该表中的数据与“一季度”工作表的数据按照相同的顺序排列，且有相同的行和列标签，只有销售额不一致。“三季度”和“四季度”工作表也是如此。

提示：按位置合并计算前，要确保每个数据区域都采用列表格式，第一行中的每列都具有标签，同一列中包含相似的数据，并且在列表中没有空行或空列。

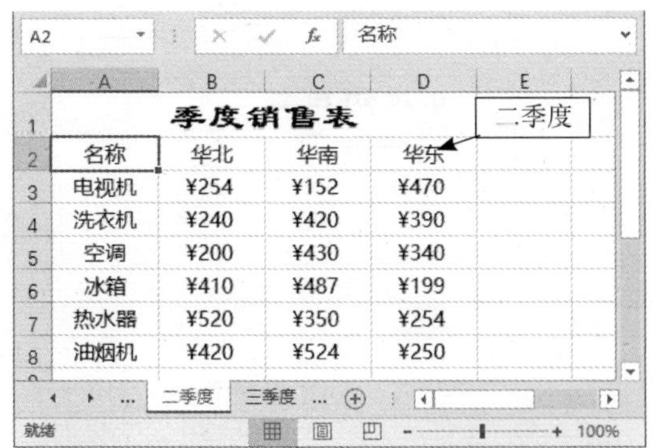

Step 03 在“一季度”工作表中选择单元格区域B3:D8，单击【公式】选项卡下【定义的名称】组中的【定义名称】按钮。

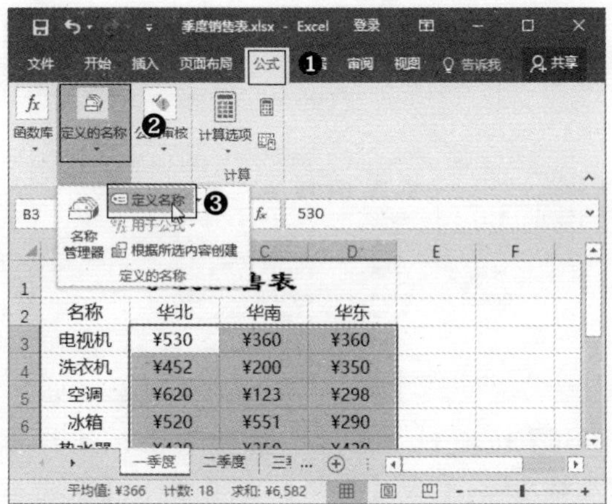

Step 04 弹出【新建名称】对话框，在【名称】文本框中输入“一季度”，单击【确定】按钮，即可为所选单元格区域创建名称。

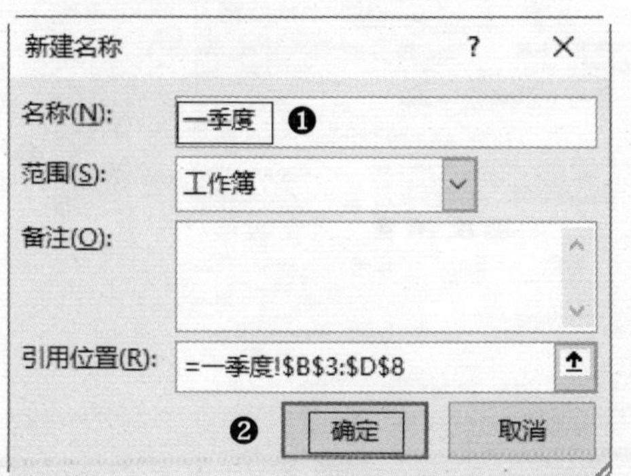

Step 05 切换至“二季度”工作表，使用上述方法，为其中的单元格区域B3:D8创建名称“二季度”。之后为“三季度”和“四季度”工作表中的单元格区域B3:D8创建名称。

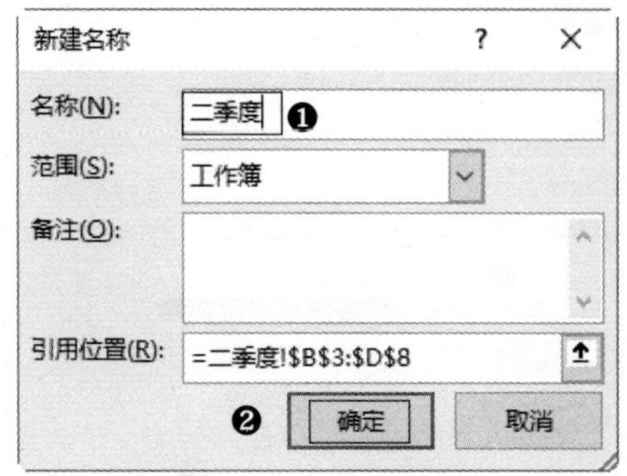

Step 06 切换到“汇总”工作表中，选择单元格B3，单击【数据】选项卡下【数据工具】组的【合并计算】按钮。

Step 07 弹出【合并计算】对话框，在【引用位置】文本框中输入“一季度”，单击【添加】按钮，将其添加到【所有引用位置】列表框中。

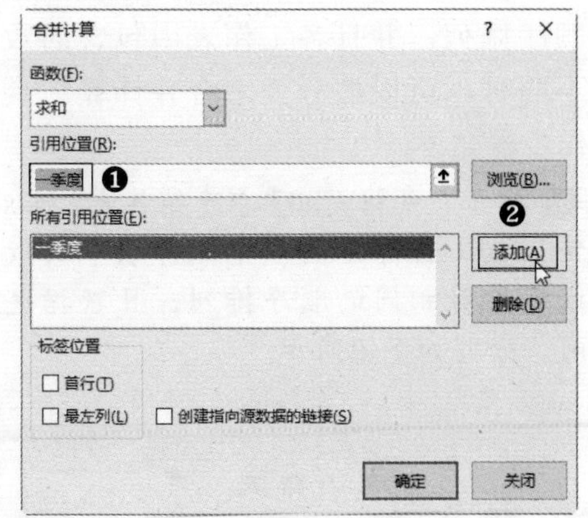

Step 08 使用同样的方法，将“二季度”“三季度”和“四季度”名称也添加到【所有引用位置】列表框中，之后单击【确定】按钮。

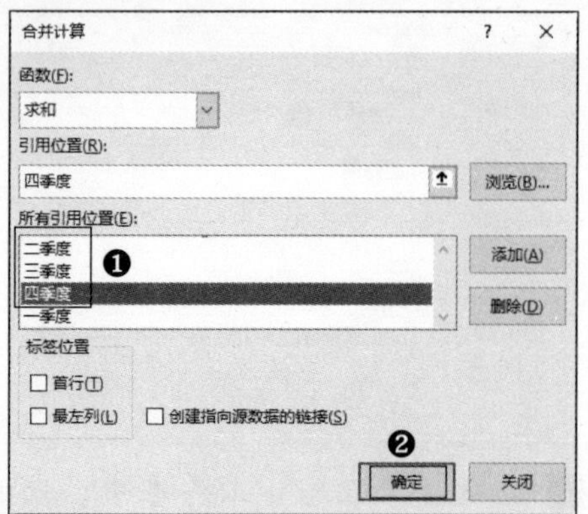

Step 09 返回至工作表，此时“汇总”工作表中将计算出四个季度各电器的总销售额，效果如下图所示。

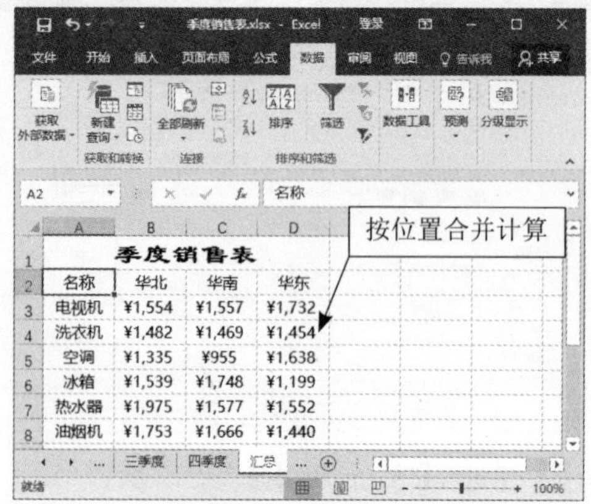

名称	华北	华南	华东
电视机	¥1,554	¥1,557	¥1,732
洗衣机	¥1,482	¥1,469	¥1,454
空调	¥1,335	¥955	¥1,638
冰箱	¥1,539	¥1,748	¥1,199
热水器	¥1,975	¥1,577	¥1,552
油烟机	¥1,753	¥1,666	¥1,440

7.3.2 按分类合并计算

当多个工作表中的数据没有按照相同的顺序排列，并且各工作表中包含的数据也不同时，可以按分类来合并计算。具体操作步骤如下：

Step 01 打开“素材\Ch07\季度销售表2.xlsx”文件，该工作簿中前四个工作表中的数据并没有按照相同的顺序排列，且数据也不相同，分别如下图所示。

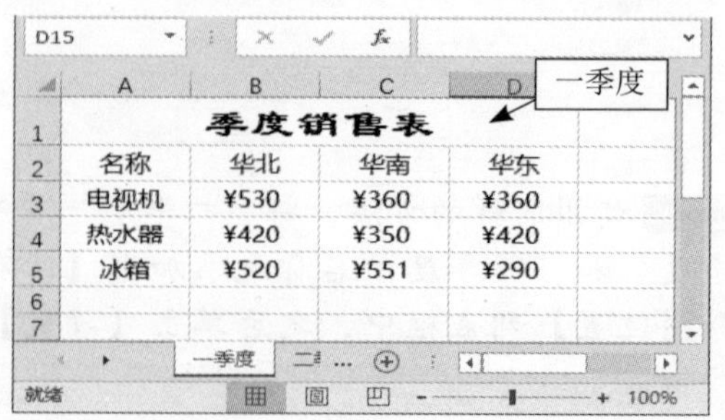

名称	华北	华南	华东
电视机	¥530	¥360	¥360
热水器	¥420	¥350	¥420
冰箱	¥520	¥551	¥290

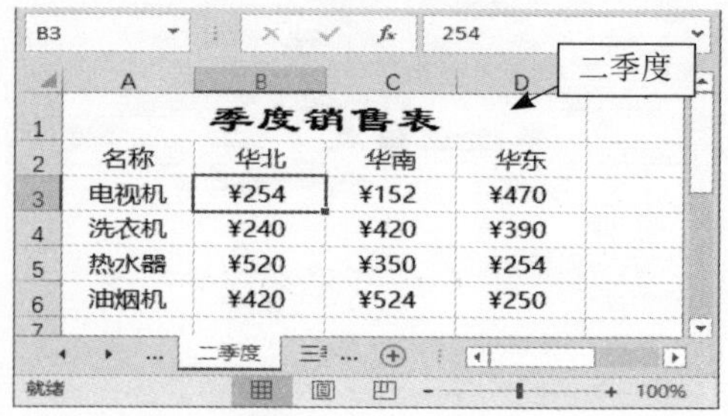

名称	华北	华南	华东
电视机	¥254	¥152	¥470
洗衣机	¥240	¥420	¥390
热水器	¥520	¥350	¥254
油烟机	¥420	¥524	¥250

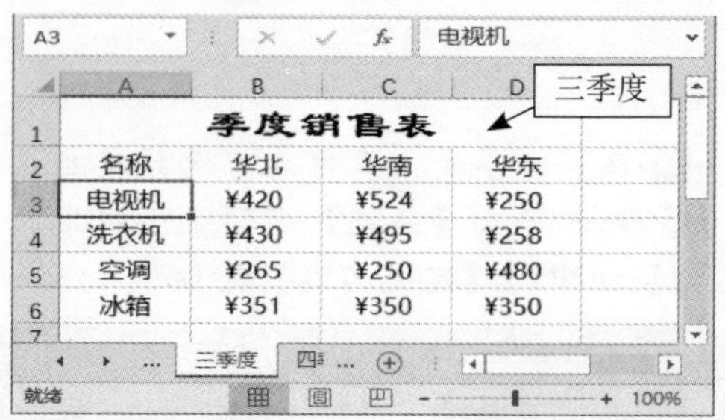

名称	华北	华南	华东
电视机	¥420	¥524	¥250
洗衣机	¥430	¥495	¥258
空调	¥265	¥250	¥480
冰箱	¥351	¥350	¥350

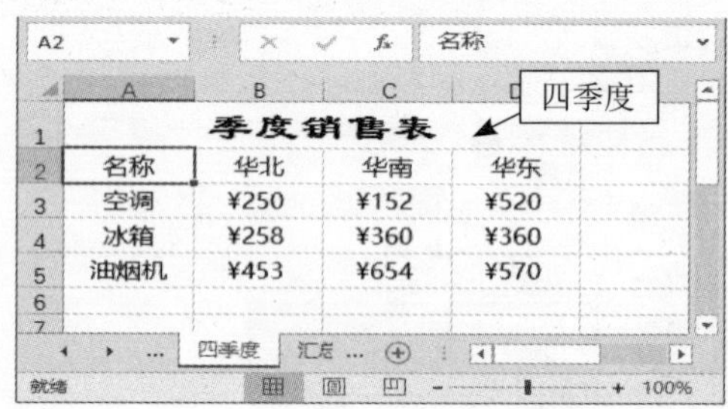

名称	华北	华南	华东
空调	¥250	¥152	¥520
冰箱	¥258	¥360	¥360
油烟机	¥453	¥654	¥570

Step 02 切换到“汇总”工作表中，选择单元格A3，单击【数据】选项卡下【数据工具】组中的【合并计算】按钮。

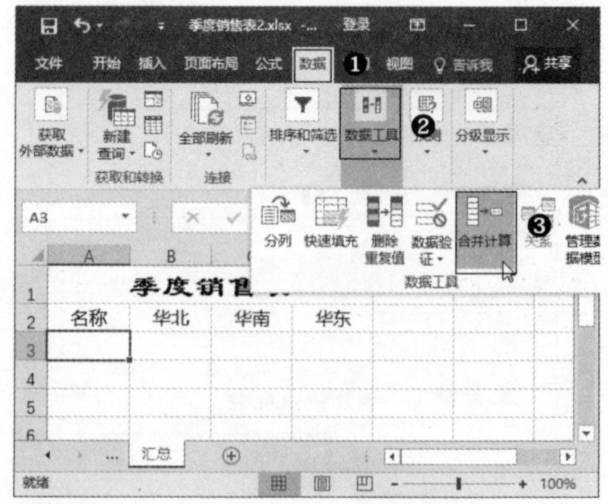

Step 03 弹出【合并计算】对话框，将光标定位在“引用位置”文本框中，之后选择“一季度”工作表中的单元格区域A3:D5，单击【添加】按钮，将其添加到【所有引用位置】列表框中。

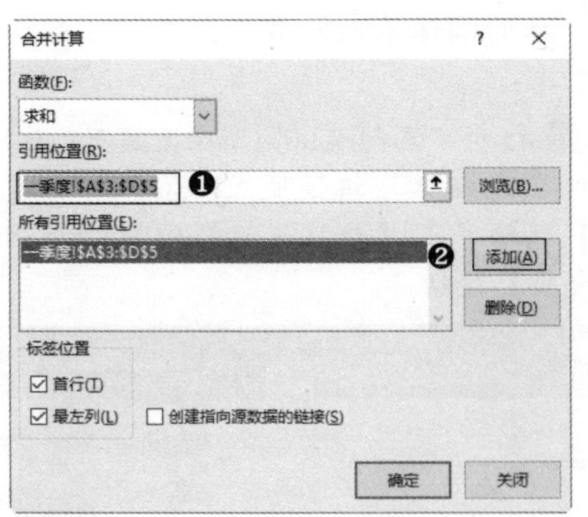

Step 04 使用上述方法，将“二季度”“三季度”和“四季度”三个工作表中的数据区域也添加到【所有引用位置】列表框中，在【标签位置】区域中取消选择【首行】复选框，选择【最左列】复选框，之后单击【确定】按钮。

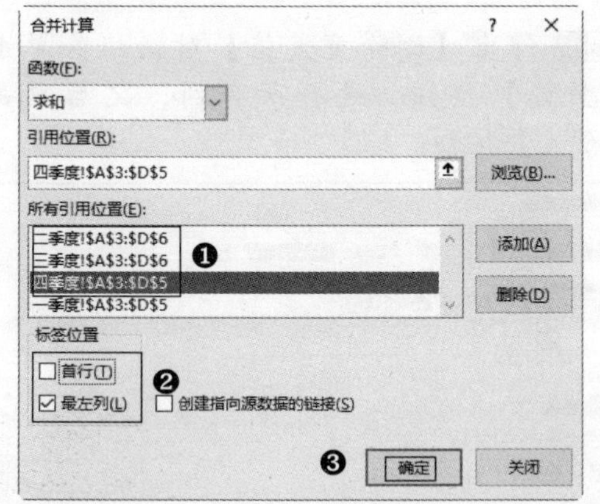

Step 05 返回至工作表，此时“汇总”工作表中将汇总并计算出四个季度各电器的总销售额，效果如下图所示。

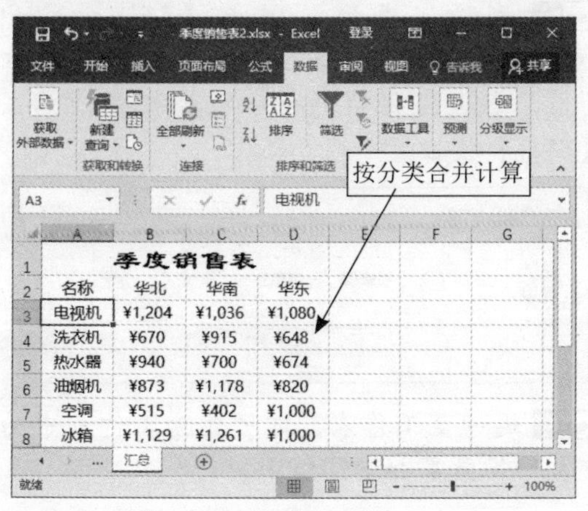

高手支招

1. 按颜色排序

通常情况下，用户是按数值的高低进行排序的。此外，也可以按颜色进行排序，该颜色可以是单元格的背景颜色，也可以是字体颜色。按颜色排序的具体操作步骤如下：

Step 01 打开“素材\Ch07\按颜色排序.xlsx”工作簿，将光标定位在数据区域内的任意单元格，单击【数据】选项卡下【排序和筛选】组中的【排序】按钮。

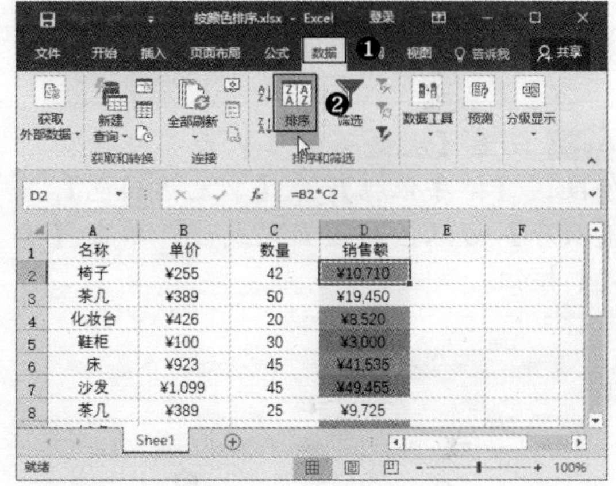

Step 02 弹出【排序】对话框，在【主要关键字】下拉列表中选择【销售额】选项，在【排序依据】下拉列表中选择【单元格颜色】选项，表示按单元格的背景颜色进行排序。

提示：若在【排序依据】下拉列表中选择【字体颜色】选项，表示按字体的颜色进行排序。

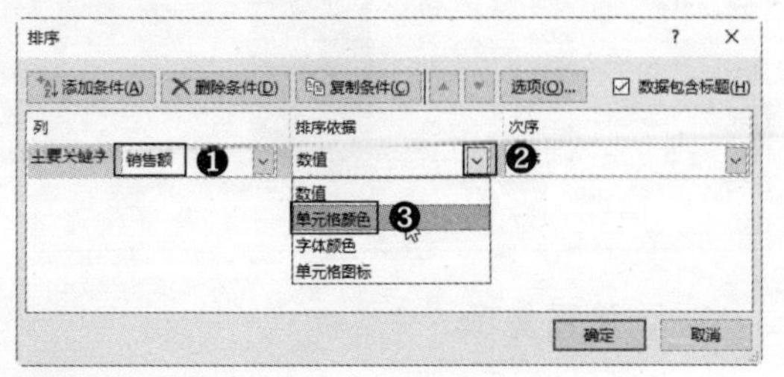

Step 03 在【次序】下拉列表中列出了“销售额”列中所有的颜色，在其中选择黄色，

使其在排序时位于顶端。

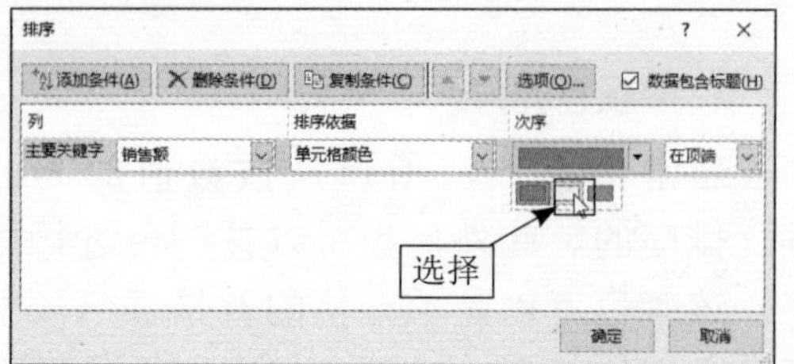

Step 04 单击【添加条件】按钮，添加一个排序条件。

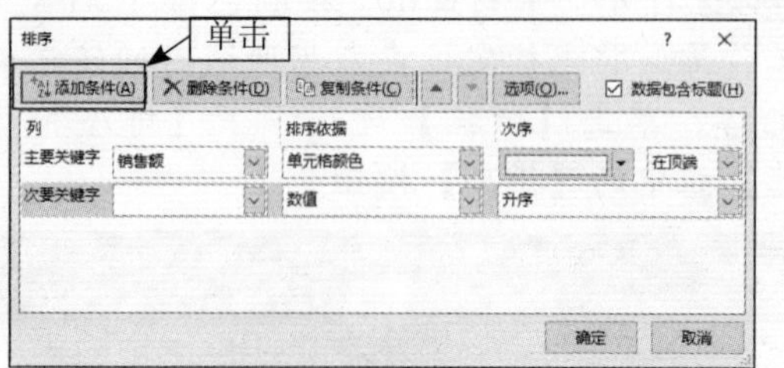

Step 05 设置【次要关键字】为“销售额”字段，【排序依据】为【单元格颜色】，【次序】为绿色。设置完成后，单击【确定】按钮。

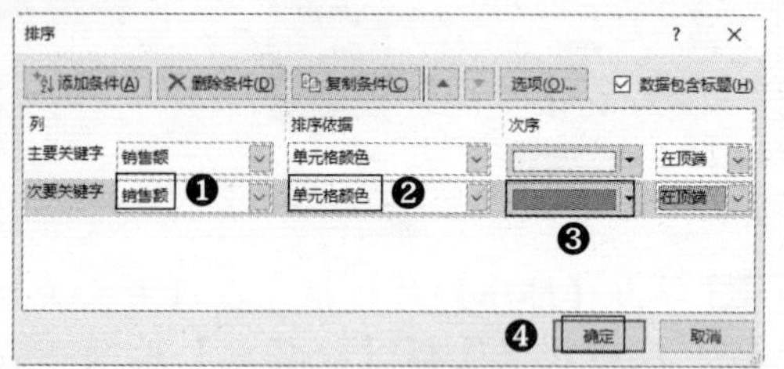

Step 06 返回至工作表，此时“销售额”列会按照设置的颜色顺序进行排序。

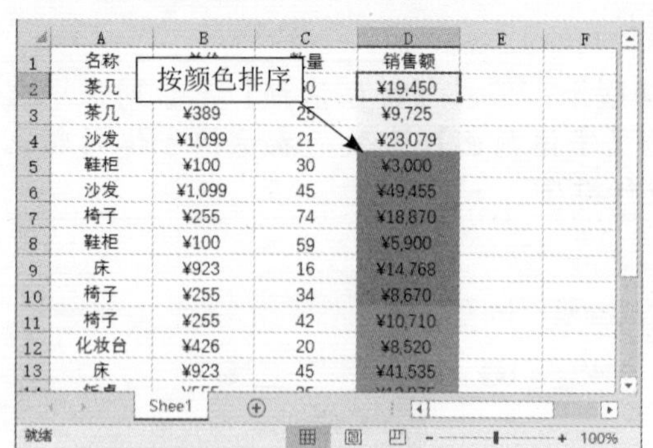

2. 删除重复项

如果工作表包含重复项，可以使用Excel 2016提供的删除重复项功能将其删除，从而确保数据的唯一性。具体操作步骤如下：

Step 01 打开“素材/Ch07/删除重复项.xlsx”文件，选择单元格区域A2:C8，单击【数据】选项卡下【数据工具】组中的【删除重复值】按钮。

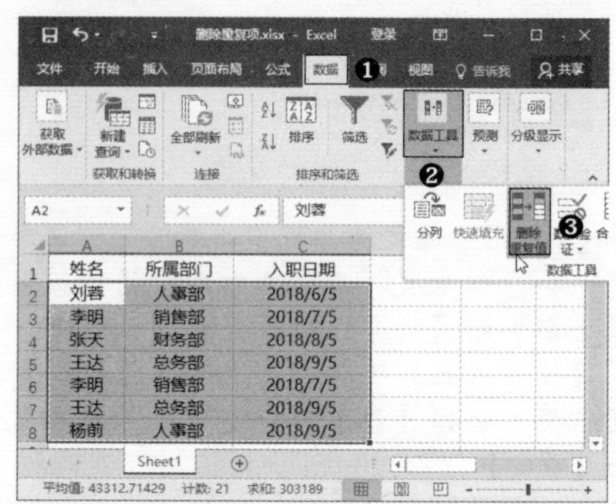

Step 02 弹出【删除重复值】对话框，单击【全选】按钮，选择所有列，之后单击【确定】按钮。

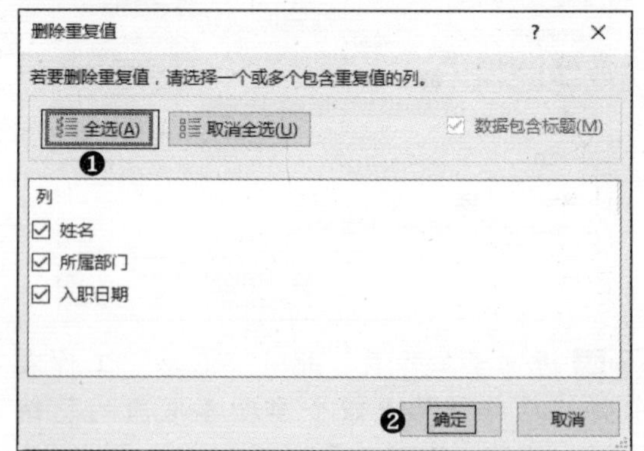

Step 03 删除完成后，弹出【Microsoft Excel】对话框，在其中显示出已删除的重复值的数量及保留的唯一值的数量，单击【确定】按钮。

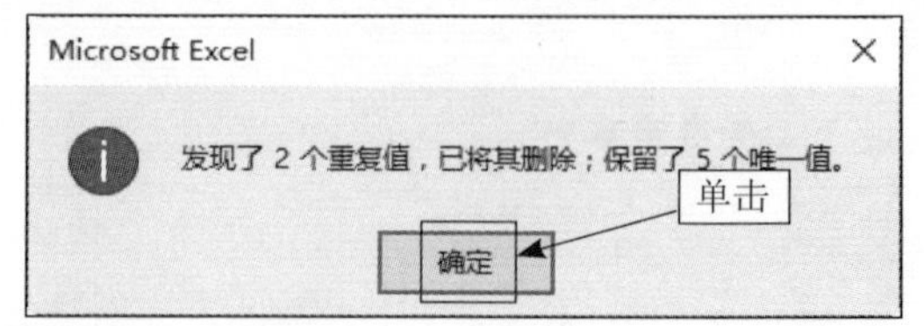

Step 04 返回至工作表，即可删除工作表中的重复项，效果如下图所示。

3. 让表中序号不参与排序

让表中序号不参与排序的具体操作步骤如下：

Step 01 打开“素材\Ch07\让表中序号不参与排序.xlsx”文件，选择单元格区域D3:D12，单击【数据】选项卡【排序和筛选】组中的【降序】按钮。

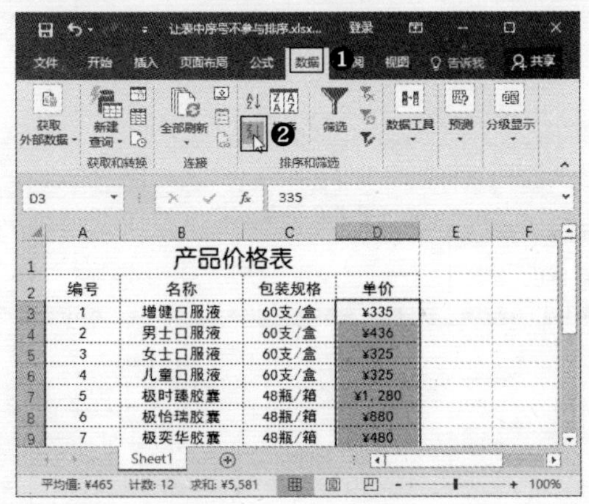

Step 02 弹出【排序提醒】对话框，在其中选择【以当前选定区域排序】单选按钮，之后单击【排序】按钮。

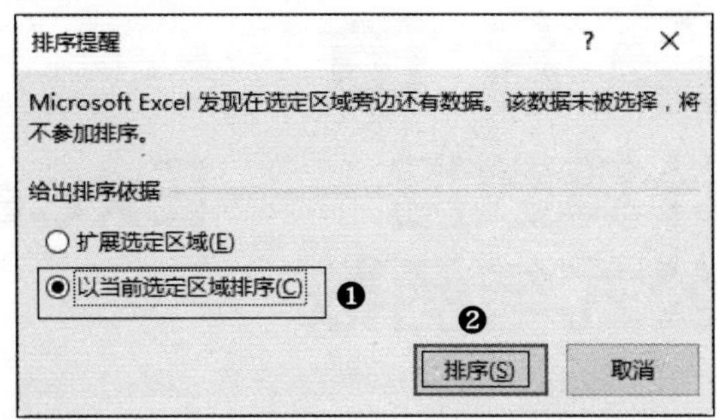

Step 03 此时只对选定的“单价”列进行降序排序，“编号”列并不参与排序，效果如下图所示。

第 8 章 计算数据——Excel 2016的公式与函数

本章导读：

公式和函数是Excel的重要组成部分，有着强大的计算能力，为用户分析和处理工作表中的数据提供了极大的方便。此外，使用公式和函数可以节省处理数据的时间，降低在处理大量数据时的出错率。

案例赏析：

销售提成管理表

总销售额	提成率	销售奖金	最佳销售奖	排名	是否完成目标
52140	10%	5214	0	4	TRUE
47840	10%	4784	0	5	TRUE
62720	12%	7526.4	0	2	TRUE
52200	10%	5220	0	3	TRUE
42250	10%	4225	0	6	TRUE
22770	8%	1821.6	0	7	FALSE
64850	12%	7782	300	1	TRUE

销售提成标准

销售额	0	30001	60001	90001
	30000	60000	90000	
提成率	8%	10%	12%	13%

贷款分析表

贷款金额	2000000
年利率	0.061
期限（年）	10

期限（年）	应还利息	应还本金	应还总额	已还本金	待还本金	总计还款
1	¥-122,000	¥-151,025	¥-273,025	¥-151,025	¥1,848,975	¥-2,730,248
2	¥-112,787	¥-160,237	¥-273,025	¥-311,262	¥1,688,738	
3	¥-103,013	¥-170,012	¥-273,025	¥-481,274	¥1,518,726	
4	¥-92,642	¥-180,382	¥-273,025	¥-661,656	¥1,338,344	
5	¥-81,639	¥-191,386	¥-273,025	¥-853,042	¥1,146,958	
6	¥-69,964	¥-203,060	¥-273,025	¥-1,056,103	¥943,897	
7	¥-57,578	¥-215,447	¥-273,025	¥-1,271,550	¥728,450	
8	¥-44,435	¥-228,589	¥-273,025	¥-1,500,139	¥499,861	
9	¥-30,492	¥-242,533	¥-273,025	¥-1,742,672	¥257,328	
10	¥-15,697	¥-257,328	¥-273,025	¥-2,000,000	¥0	

8.1 计算“员工培训成绩统计表”工作簿

“员工培训成绩统计表”工作簿中记录了每位员工的笔试成绩和实操成绩，通过计算该工作簿，可以统计出每位员工的总成绩。

8.1.1 运算符的类型及含义

运算符用于指明对公式中元素所做的计算的类型，在Excel中，运算符可以分为算术运算符、比较运算符、文本运算符和引用运算符4种。

1. 算术运算符

算术运算符用于完成基本的数学运算，

即加、减、乘、除、求幂、百分号等。

算术运算符	用途	示例
+（加号）	加	5+6
-（减号）	减，也可以表示负数	9-1，-9
*（星号）	乘	6*6
/（斜杠）	除	9/2
%（百分号）	百分比	90%
^（脱字符）	求幂	4^2（相当于4*4）

2. 比较运算符

比较运算符用于比较两个值，结果为一个逻辑值，即TRUE（真）或FALSE（假）。这类运算符常用于判断，根据判断结果决定下一步进行何种操作。

比较运算符	用途	示例
=（等号）	等于	A5=B5
＞（大于号）	大于	A5>B5
＜（小于号）	小于	A5<B5
>=（大于等于号）	大于等于	A5>=B5
<=（小于等于号）	小于等于	A5<=B5
<>（不等号）	不等于	A5<>B5

3. 文本运算符

Excel中的文本运算符只有一个文本串联符“&”，用于将两个或更多个字符串连接在一起。

文本运算符	用途	示例
&（连字符）	将两个文本连接起来产生连续的文本	“天天”&“向上”产生“天天向上”

4.引用运算符

引用运算符用于合并单元格区域，各引用运算符的名称与用途如下表所示。

续表

引用运算符	用途	示例
:（冒号）	引用单元格区域	A1:D1（引用从A1到D1的所有单元格）
,（逗号）	合并多个单元格引用	SUM(A2:C2,B4:D4)将A2:C2和B4:D4这两个合并为一个
（空格）	将两个单元格区域进行相交	SUM(A1:F1 B1:B3)只有B1同时属于两个引用A1:F1和B1:B3

8.1.2 运算符的优先级

在Excel中，一个公式中同时可以包含多个运算符，这时就需要按照一定的优先顺序进行计算，对于相同优先级的运算符，将从左到右进行计算。另外，把需要先计算的部分用括号括起来，可提高优先顺序。

运算符（优先级从高到低）	名称
:（冒号）	引用运算符
,（逗号）	联合运算符
（空格）	交叉运算符
－（负号）	负号
%（百分号）	百分比
^（脱字符）	乘幂
*和/	乘和除
+和-	加和减
&	文本运算符
=、>、<、>=、<=、<>	比较运算符

8.1.3 输入公式

使用公式计算数据的首要条件就是在Excel表格中输入公式，常见的输入公式的方法有手动输入和单击输入两种。其中，手动输入是指利用键盘手动来输入公式，而单击输入是指在工作表中单击单元格引用，而不完全靠手动输入，后者更为简单、快速，也不容易出问题。

下面在“员工培训成绩统计表”工

作簿中输入公式，来计算员工培训的总成绩。输入公式的具体操作步骤如下：

Step 01 手动输入。打开“素材\Ch08\员工培训成绩统计表.xlsx”文件，选择单元格F3，在其中输入等号“=”。

提示：公式就是一个等式，是由一组数据和运算符组成的序列。使用公式时必须以等号“=”开头，后面紧接数据和运算符。

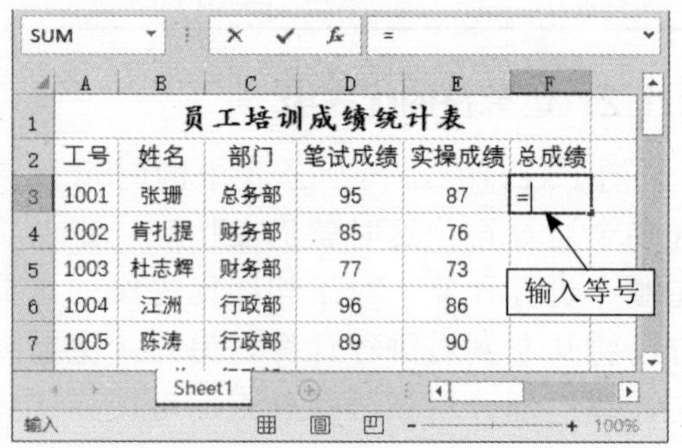

Step 02 在等号后面输入公式“D3+E3”，输入时，字符会同时出现在单元格和编辑栏中。

Step 03 按【Enter】键确认输入，该单元格即会显示出运算结果“182”。

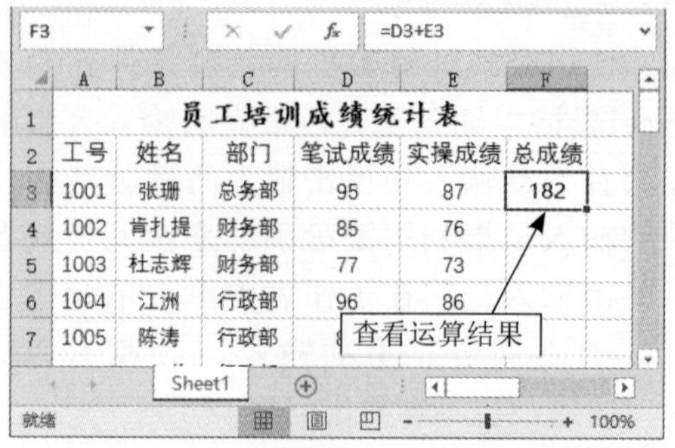

Step 04 单击输入。选择单元格F4，输入等号“=”。之后单击单元格D4，此时单元格D4的周围会显示一个活动虚框，同时单元格引用地址出现在单元格F4和编辑栏中。

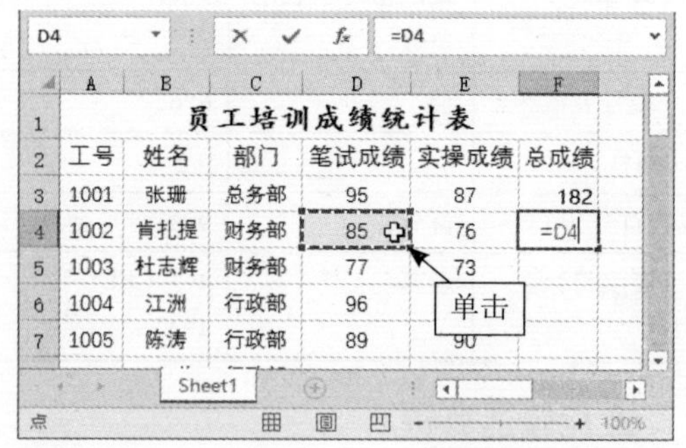

Step 05 输入加号“+”，并单击单元格E4，将其添加到公式中。此时单元格D4的虚线边框会变为实线边框，而单元格E4周围会显示一个活动虚框。

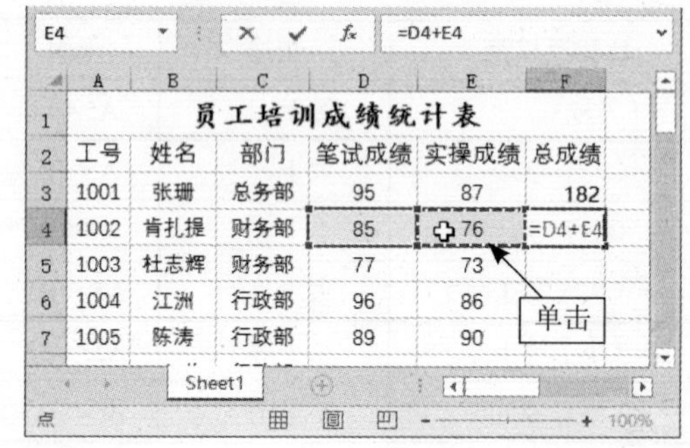

Step 06 单击编辑栏中的【输入】按钮✓或按【Enter】键，即可计算出该员工的培训总成绩。

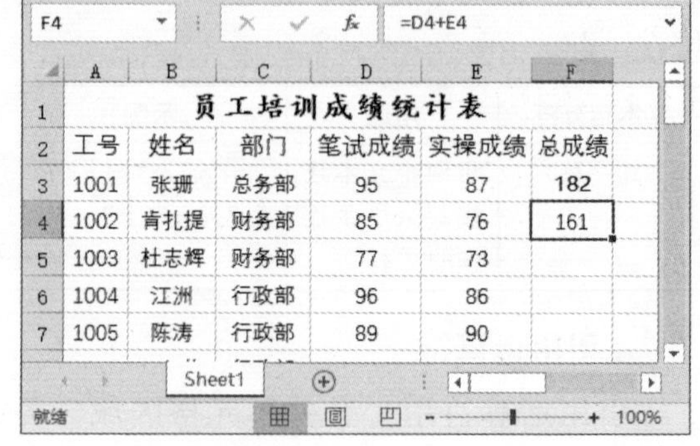

8.1.4 修改公式

在进行数据运算时，如果发现输入的公式有误，可对其进行修改。修改公式主要有两种方法：在单元格中修改和在编辑栏中修改。具体操作步骤如下：

Step 01 在单元格中修改。双击要修改公式的单元格F4，进入到编辑状态，单元格中会显示出公式，此时可对公式进行修改，修改完成后按【Enter】键即可。

	A	B	C	D	E	F
1	员工培训成绩统计表					
2	工号	姓名	部门	笔试成绩	实操成绩	总成绩
3	1001	张珊	总务部	95	87	182
4	1002	肯扎提	财务部	85	76	=D4*0.6+E4
5	1003	杜志辉	财务部	77	73	
6	1004	江洲	行政部	96	86	
7	1005	陈涛	行政部			

Step 02 在编辑栏中修改。单击选择要修改公式的单元格F4，之后单击编辑栏，进入到编辑状态，在其中可对公式进行修改，修改完成后按【Enter】键即可。

	A	B	C	D	E	F
1	员工培训成绩统计表					
2	工号	姓名	部门	笔试成绩	实操成绩	总成绩
3	1001	张珊	总务部	95	87	182
4	1002	肯扎提	财务部	85	76	=D4*0.6
5	1003	杜志辉	财务部	77	73	
6	1004	江洲	行政部	96	86	
7	1005	陈涛	行政部	89	90	

8.1.5 编辑公式

本节主要编辑公式的方法，包括移动公式、复制公式和隐藏公式等操作。

1. 移动公式

移动公式是指将创建好的公式移动到其他单元格中，移动公式的具体操作步骤如下：

Step 01 选择要移动公式的单元格F3，在单元格边框上按住左键不放，将其拖动到目标单元格F7。

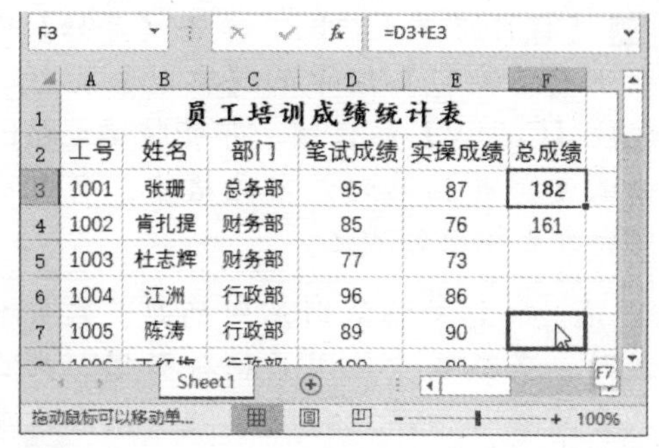

	A	B	C	D	E	F
1	员工培训成绩统计表					
2	工号	姓名	部门	笔试成绩	实操成绩	总成绩
3	1001	张珊	总务部	95	87	182
4	1002	肯扎提	财务部	85	76	161
5	1003	杜志辉	财务部	77	73	
6	1004	江洲	行政部	96	86	
7	1005	陈涛	行政部	89	90	

Step 02 释放左键，即可将单元格F3的公式移动到F7中。移动公式后，其公式和值均不会改变。

提示：在单元格中移动公式时，无论公式中使用何种单元格引用，移动后，公式中的单元格引用均不会变化，即公式和值不会发生改变。

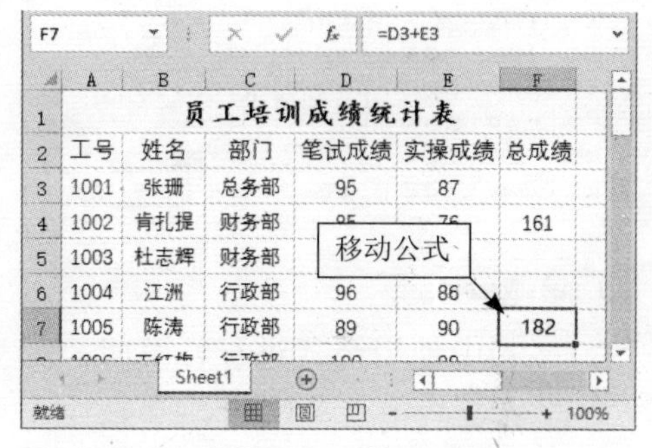

	A	B	C	D	E	F
1	员工培训成绩统计表					
2	工号	姓名	部门	笔试成绩	实操成绩	总成绩
3	1001	张珊	总务部	95	87	
4	1002	肯扎提	财务部	85	76	161
5	1003	杜志辉	财务部			
6	1004	江洲	行政部	96	86	
7	1005	陈涛	行政部	89	90	182

2. 复制公式

复制公式是将创建好的公式复制到其他单元格中，复制公式的具体操作步骤如下：

Step 01 选择要复制公式的单元格F3，单击【开始】选项卡下【剪贴板】组中的【复制】按钮，或者按【Ctrl+C】组合键，此时单元格边框显示为虚线。

	A	B	C	D	E	F
1	员工培训成绩统计表					
2	工号	姓名	部门	笔试成绩	实操成绩	总成绩
3	1001	张珊	总务部	95	87	182
4	1002	肯扎提	财务部	85	76	161
5	1003	杜志辉	财务部	77	73	
6	1004	江洲	行政部	96	86	
7	1005	陈涛	行政部	89	90	

Step 02 选择目标单元格F7，单击【开始】选项卡下【剪贴板】组中的【粘贴】按钮，或者按【Ctrl+V】组合键，即可将单元格F3的公式复制并粘贴到该单元格中，并且公式中会发生相应的变化。

提示：与移动公式所不同的是，在复制公式时，若公式中使用了相对引用，那么公式会随着目标单元格地址的变化而发生相应的改变。

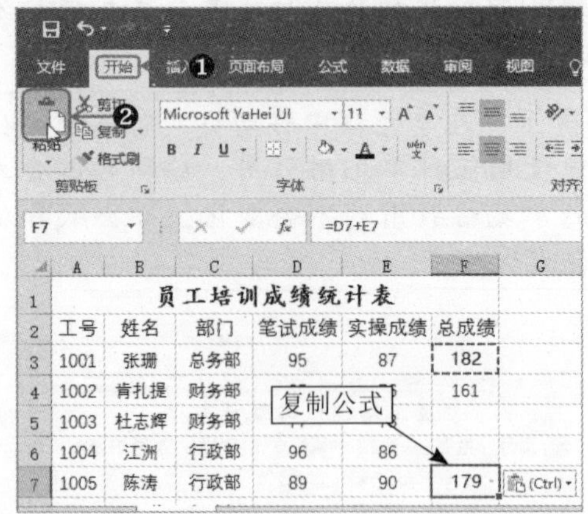

3. 隐藏公式

在Excel中使用公式进行计算时，如果不小心改动了其中一个字母，那么结果可能有天壤之别。因此，为了保护创建的公式，可以将其隐藏起来。隐藏公式的具体的操作步骤如下：

Step 01 选择要隐藏公式的单元格F3，单击【开始】选项卡下【字体】组右下角的【字体设置】按钮。

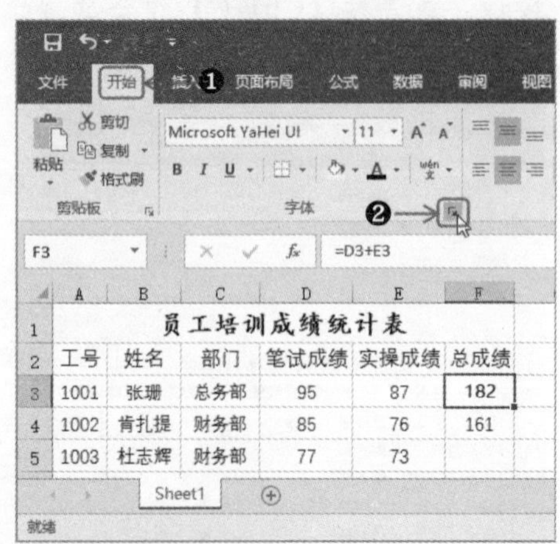

Step 02 弹出【设置单元格格式】对话框，切换至【保护】选项卡，选中【隐藏】复选框，单击【确定】按钮。

Step 03 返回到工作表中，单击【审阅】选项卡下【保护】组的【保护工作表】按钮。

Step 04 弹出【保护工作表】对话框，保持默认设置不变，单击【确定】按钮。

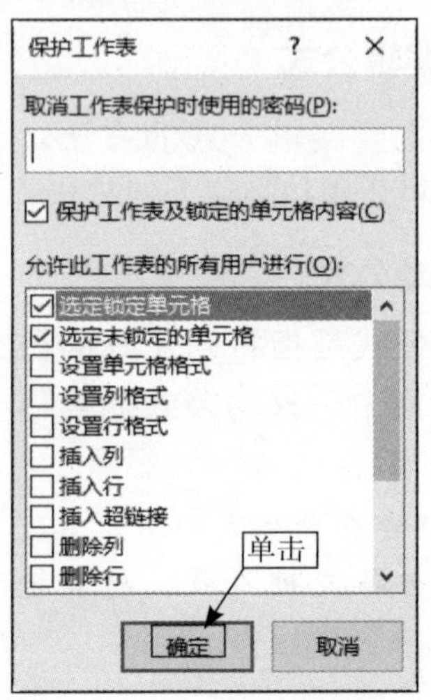

Step 05 选择单元格F3，可以看到，编辑栏中是空白的，已经将公式隐藏起来，但可以查看其计算结果。

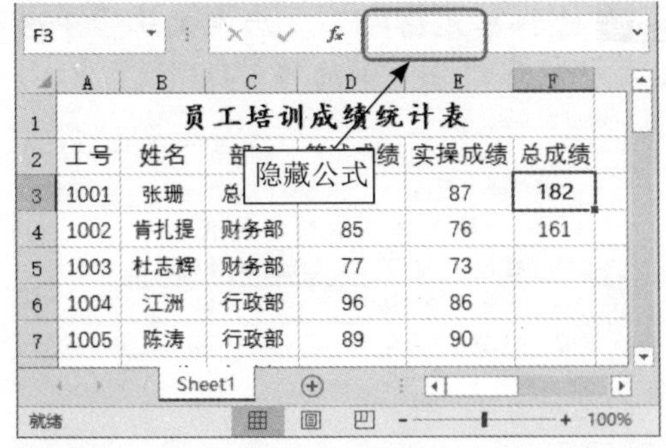

提示：若要取消隐藏，单击【审阅】选项卡下【保护】组中的【撤销工作表保护】按钮即可。

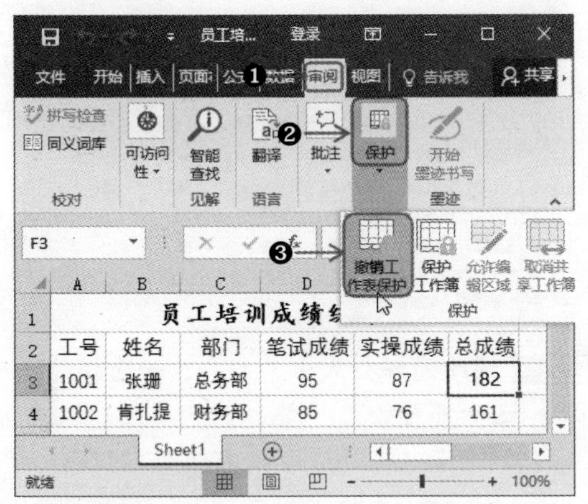

8.1.6 审核公式

审核公式是指将复杂的公式拆分，然后追踪每一部分的计算结果，从而查找单元格之间的引用关系，验证公式的正确性。审核公式有两种方法可实现：使用【公式求值】对话框和使用快捷键【F9】，下面分别介绍。

1. 使用【公式求值】对话框

使用【公式求值】对话框审核公式的具体操作步骤如下：

Step 01 选择单元格F3，单击【公式】选项卡下【公式审核】组中的【公式求值】按钮。

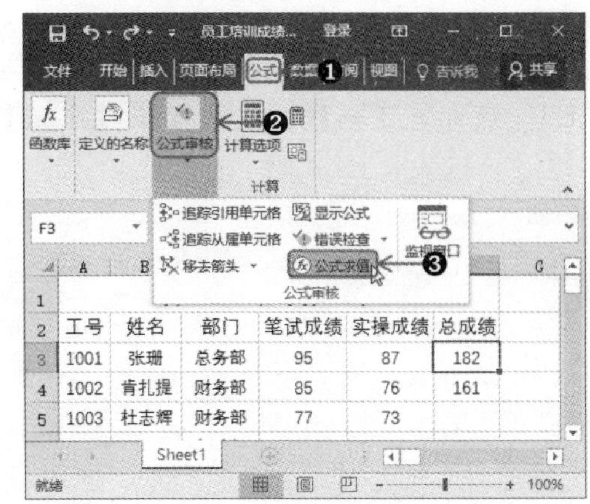

Step 02 弹出【公式求值】对话框，在【引用】下显示了公式所在的单元格。在【求值】列表框中显示了公式，并且公式中第一个值“D3”底部有下划线，单击【步入】按钮。

提示：单击【求值】按钮将直接计算公式中表达式的值；单击【步入】按钮会单独显示出表达式中引用单元格的具体数据；单击【步出】按钮会将引用的单元格地址替换为此单元格的具体数据。

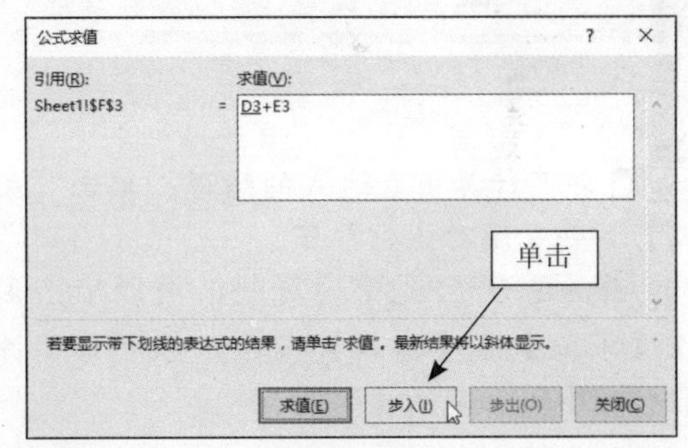

Step 03 此时【求值】列表框分为两部分，下方显示出单元格D3的值，之后单击【步出】按钮。

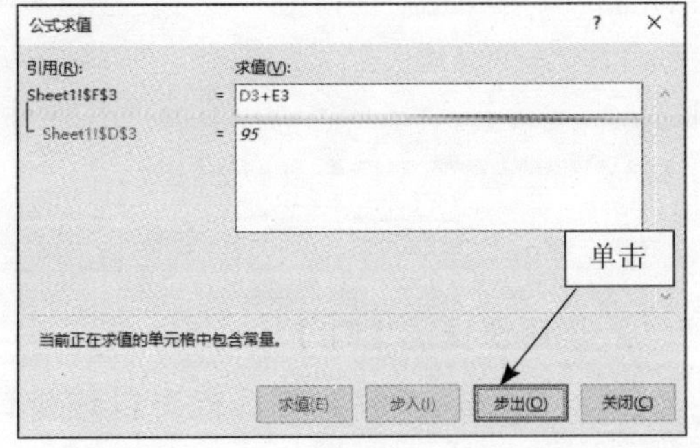

Step 04 此时公式中单元格D3的值会替换原本的单元格地址“D3”，并且下一个值“E3”底部有下划线，之后单击【求值】按钮。

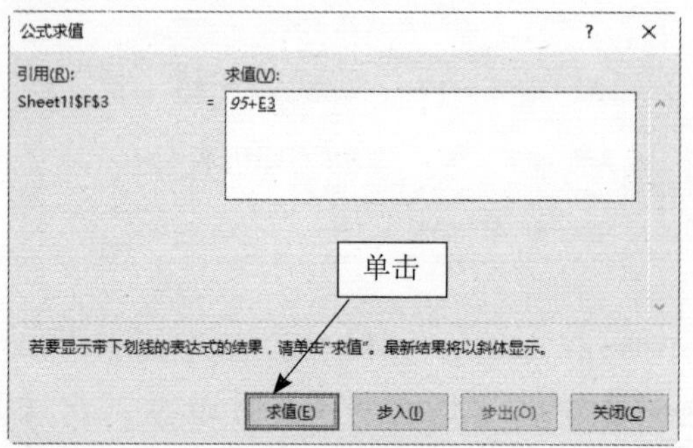

Step 05 此时表达式底部有下划线，并且表达式中单元格地址均会变为相应的值，再次单击【求值】按钮。

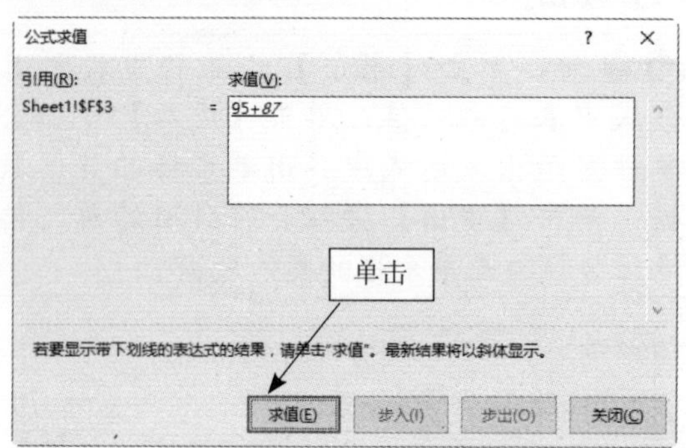

Step 06 即可计算出表达式的结果，单击【关闭】按钮关闭对话框即可。

提示：若公式更为复杂，可以单击多次【求值】或【步入】按钮，从而分步计算公式中每个表达式的值。

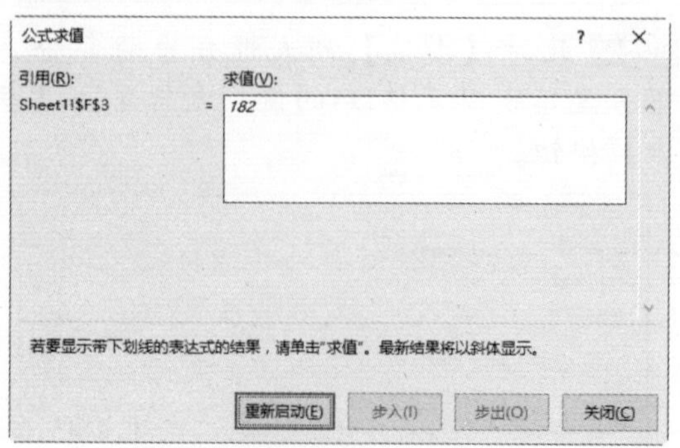

2. 使用快捷键【F9】

使用【公式求值】对话框可以逐步计算结果，但不能计算任意部分的结果。如果要显示任意部分公式的计算结果，可以使用【F9】键进行审核。具体操作步骤如下：

Step 01 选择单元格F3，之后在编辑栏中选择公式中任意部分，如选择“D3”。

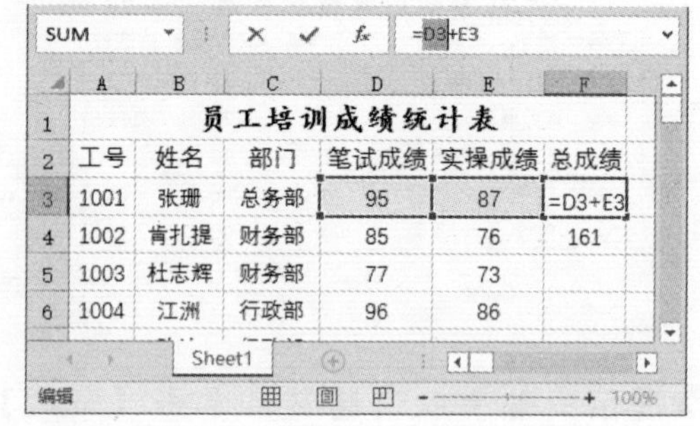

Step 02 按【F9】键，即可计算出“D3”这一部分的结果。

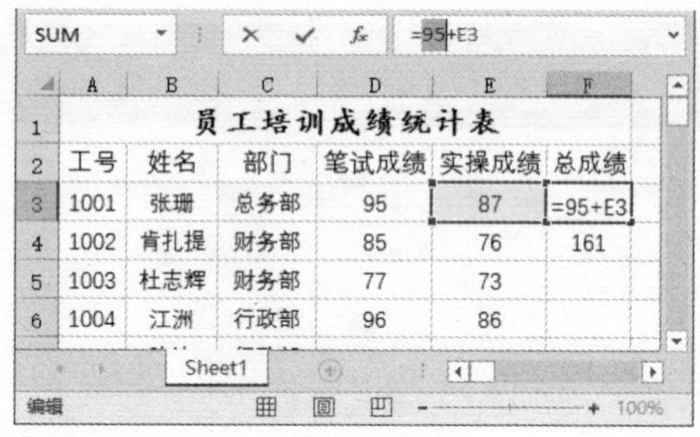

Step 03 继续选择公式中某部分，如选择“D3+E3”这一部分。

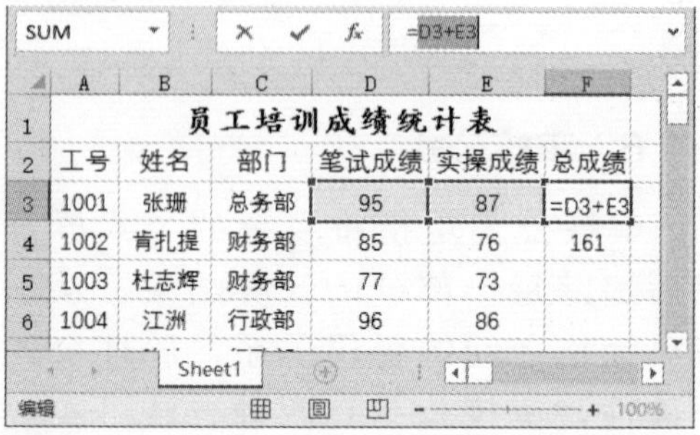

Step 04 按【F9】键，即可计算出该部分的结果。

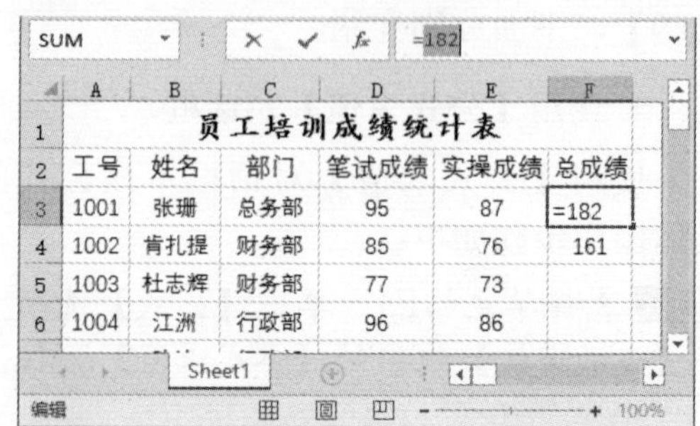

8.1.7 单元格引用

单元格的引用就是单元格的地址的引用，所谓单元格的引用就是把单元格的数据和公式联系起来。

1. 相对引用

相对引用是指单元格的引用会随公式所在单元格的位置的变更而改变。复制公式时，系统不是把原来的单元格地址原样照搬，而是根据公式原来的位置和复制的目标位置来推算出公式中单元格地址相对原来位置的变化。

默认情况下，公式使用的是相对引用。相对引用的具体操作步骤如下：

Step 01 在单元格F3中输入公式“=D3+E3”，按【Enter】键计算出总成绩。

F3 =D3+E3

员工培训成绩统计表					
工号	姓名	部门	笔试成绩	实操成绩	总成绩
1001	张珊	总务部	95	87	182
1002	肯扎提	财务部	85	76	
1003	杜志辉	财务部	77	73	
1004	江洲	行政部	96	86	
1005	陈涛	行政部	89	90	
1006	王红梅	行政部	100	88	

Step 02 将光标定位在单元格F3右下角的填充柄上，当变为“+”形状时按住左键不放，向下拖动至单元格F4进行填充，此时单元格F4的公式变为“=D4+E4”，即公式中引用的单元格地址随着位置的变化而变化，为相对引用。

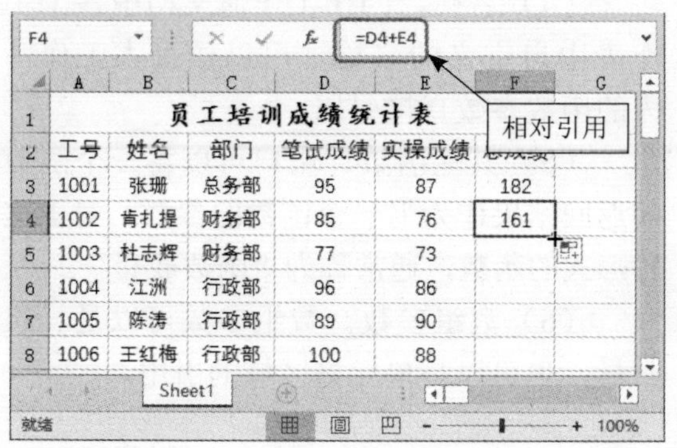

F4 =D4+E4

员工培训成绩统计表					
工号	姓名	部门	笔试成绩	实操成绩	总成绩
1001	张珊	总务部	95	87	182
1002	肯扎提	财务部	85	76	161
1003	杜志辉	财务部	77	73	
1004	江洲	行政部	96	86	
1005	陈涛	行政部	89	90	
1006	王红梅	行政部	100	88	

2. 绝对引用

绝对引用是指在复制公式时，无论如何改变公式的位置，其引用单元格的地址都不会改变。绝对引用的表示形式是在普通地址的前面加“$”，如单元格C1的绝对引用形式是$C$1。绝对引用的具体操作步骤如下：

Step 01 在单元格F3中输入公式“=$D$3+$E$3”，按【Enter】键计算出总成绩。

F3 =$D$3+$E$3

员工培训成绩统计表					
工号	姓名	部门	笔试成绩	实操成绩	总成绩
1001	张珊	总务部	95	87	182
1002	肯扎提	财务部	85	76	
1003	杜志辉	财务部	77	73	
1004	江洲	行政部	96	86	
1005	陈涛	行政部	89	90	
1006	王红梅	行政部	100	88	

Step 02 将光标定位在单元格F3右下角的填充柄上，当变为“+”形状时按住左键不放，向下拖动至单元格F4进行填充，此时单元格F4的公式仍然为“=$D$3+$E$3”，即为绝对引用。

F4 =$D$3+$E$3

员工培训成绩统计表					
工号	姓名	部门	笔试成绩	实操成绩	总成绩
1001	张珊	总务部	95	87	182
1002	肯扎提	财务部	85	76	182
1003	杜志辉	财务部	77	73	
1004	江洲	行政部	96	86	
1005	陈涛	行政部	89	90	
1006	王红梅	行政部	100	88	

3. 混合引用

除了相对引用和绝对引用，还有混合引用，也就是相对引用和绝对引用的共同引用。当需要固定行引用而改变列引用，或者固定列引用而改变行引用时，就要用到混合引用，即相对引用部分发生改变，绝对引用部分不变。例如，$B5、B$5都是混合引用。混合引用的具体操作步骤如下：

Step 01 在单元格F3中输入公式“=D$3+E3”，按【Enter】键计算出总成绩。

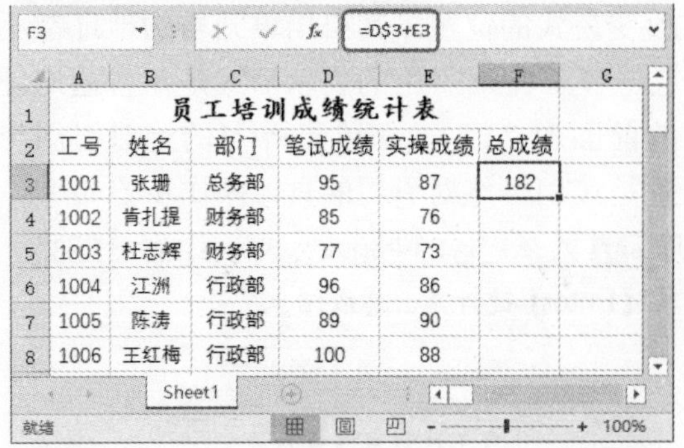

F3 =D$3+E3

	A	B	C	D	E	F	G
1	员工培训成绩统计表						
2	工号	姓名	部门	笔试成绩	实操成绩	总成绩	
3	1001	张珊	总务部	95	87	182	
4	1002	肯扎提	财务部	85	76		
5	1003	杜志辉	财务部	77	73		
6	1004	江洲	行政部	96	86		
7	1005	陈涛	行政部	89	90		
8	1006	王红梅	行政部	100	88		

Step 02 将光标定位在单元格F3右下角的填充柄上，当变为“**+**”形状时按住左键不放，向下拖动至单元格F4进行填充，此时单元格F4的公式变为“=D$3+E4”，即为混合引用。

F4 =D$3+E4 混合引用

	A	B	C	D	E	F	G
1	员工培训成绩统计表						
2	工号	姓名	部门	笔试成绩	实操成绩	总成绩	
3	1001	张珊	总务部	95	87	182	
4	1002	肯扎提	财务部	85	76	171	
5	1003	杜志辉	财务部	77	73		
6	1004	江洲	行政部	96	86		
7	1005	陈涛	行政部	89	90		
8	1006	王红梅	行政部	100	88		

提示：工作簿和工作表中的引用都是绝对引用，没有相对引用；在编辑栏中输入单元格地址后，可以按【F4】键来切换“绝对引用”“混合引用”和“相对引用”3个状态。

8.2 计算“加班统计表”工作簿

“加班统计表”工作簿中记录了每位员工在周一到周五的加班情况，通过计算该工作簿，可以统计出员工的总加班数，从而为发放工资提供依据。

8.2.1 函数的组成

在Excel中，一个完整的函数通常由3部分组成：标识符、函数名称和函数参数。其格式如下：

```
标识符 函数名（参数1，参数2，……）
```

1. 标识符

在单元格中输入函数时，必须先输入一个等号“=”，这个等号是函数的标识符。如果不输入等号，Excel通常将输入的函数视为文本处理，不会返回计算结果。

2. 函数名称

函数名称是函数标识符后面的英文。大多数函数名称对应英文单词的缩写，有些函数名称是由多个英文单词（或缩写）组合而成的。例如，条件求和函数SUMIF是由求和函数SUM和条件函数IF组合的。

3. 函数参数

函数名称后面括号内的内容称之为参数。一个函数可以不带参数，或者有一个或几个参数。参数主要分为以下几种类型。

（1）常量。常量参数主要包括数值（如123.45）、文本（如“计算机”）和日期（如2016-12-25）等。

（2）逻辑值。逻辑值参数主要包括逻辑真（TRUE）、逻辑假（FALSE），以及逻辑判断表达式（例如，单元格A3不等于空表示为“A3<>()”）的结果等。

（3）单元格引用。单元格引用参数主要包括单个单元格的引用和单元格区域的引用，它是函数中最常见的参数，例如，“=SUM(A1:A3)”。

（4）名称。为在工作簿文档中各个工作表中自定义的名称，可以作为本工作簿内的函数参数直接引用。

（5）其他函数。用户可以将一个函数的返回结果作为另一个函数的参数。对于这种形式的函数，通常称为“函数嵌套”。

（6）数组参数。数组参数可以是一组常量，也可以是单元格区域的引用。

8.2.2 函数的类型

Excel 2016提供了丰富的内置函数，按照函数的应用领域分为十三大类，用户可以根据需要直接进行调用，函数类型及其作用如下表所示。

函数类别	功能	示例
文本函数	用于在公式中处理字符串	FIND、LEFT
日期和时间函数	用于在公式中计算和处理日期/时间值	DATE、YEAR
统计函数	用于对数据进行统计分析、筛选等	AVERAGE、MAX
财务函数	用于财务或会计核算	PMT、DB
数据库函数	用于分析数据清单中的数值是否符合条件	DMAX、DCOUNT
逻辑函数	用于进行真假值判断或进行复合检验	IF、AND、OR
查找与引用函数	在数据清单或表格中查找特定的数值，或查找某一单元格的引用时使用	VLOOKUP、INDEX
数学与三角函数	用于进行数学和三角计算	ABS、SIN
工程函数	用于工程分析	DEC2BIN、DELTA
信息函数	用于确定存储在单元格中数据的类型	INFO、ISERR
多维数据集函数	用于从多维数据库中提取数据集和数值	CUBESET
兼容性函数	这些函数已由新函数替换，新函数可以提供更好的精确度，且名称更好地反映其用法	FINV
Web函数	通过网页链接直接用公式获取数据	ENCODEURL

8.2.3 输入函数

在Excel 2016中，输入函数的方法有手动输入和使用函数向导输入两种方法。其中，手动输入函数与手动输入公式一样，这里不再赘述。下面介绍如何使用函数向导输入函数，具体的操作步骤如下：

Step 01 打开“素材\Ch08\加班统计表.xlsx”文件，选择单元格H3，单击编辑栏中的【插入函数】按钮f_x。

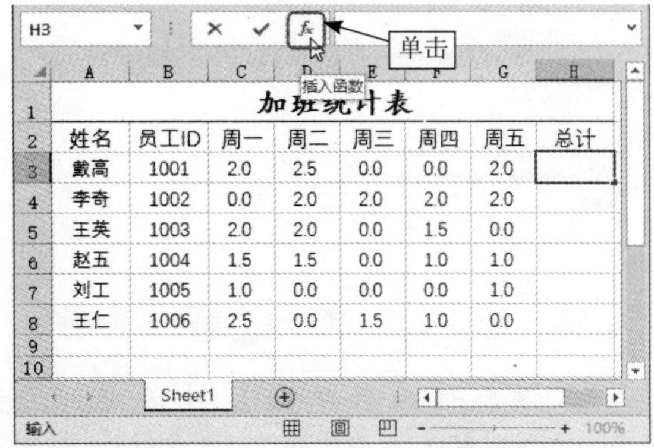

Step 02 弹出【插入函数】对话框，单击【或选择类别】右侧的下拉按钮，在弹出的下拉列表中显示了函数的所有类别，如选择【数学与三角函数】选项。

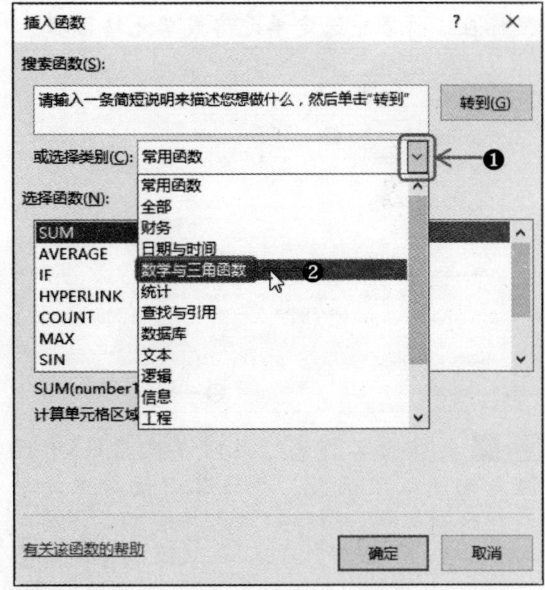

Step 03 在【选择函数】列表框中列出了所有的数学与三角函数，选择【SUM】选项（求和函数），下方会出现关于该函数的简单提示，单击【确定】按钮。

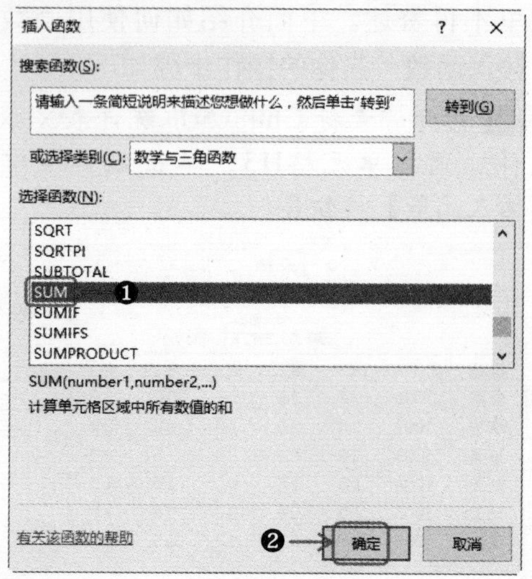

Step 04 弹出【函数参数】对话框，在【Number1】文本框中输入“C3:G3”作为参数，单击【确定】按钮。

提示：【Number1】和【Number2】表示SUM函数的参数，用户可以直接在其中输入数值、单元格或单元格区域引用，也可以用鼠标在工作表中选定单元格或单元格区域。

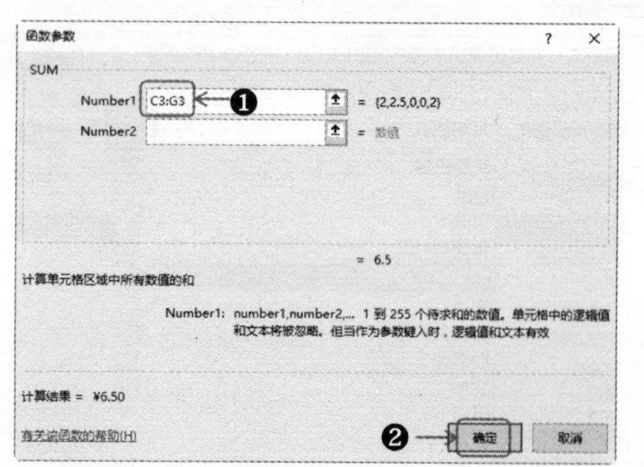

Step 05 返回至工作表，此时单元格H3中已经自动输入了函数，并计算出该员工的加班总时间。

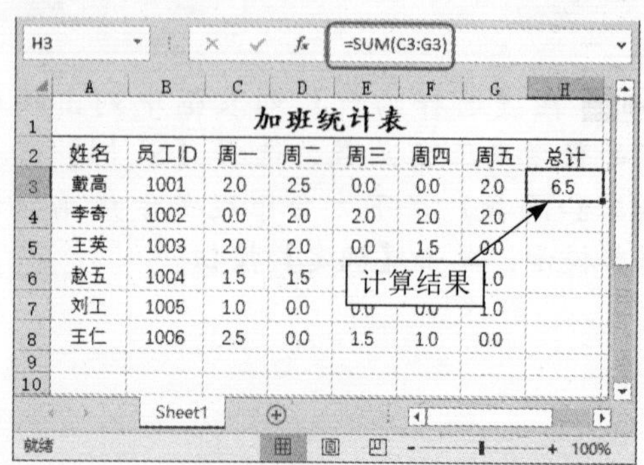

Step 06 将光标定位在单元格H3右下角的填充柄上，当变为“+”形状时按住左键不放，向下拖动鼠标至单元格H8，即可填充函数，从而计算出每个员工的加班总时间。

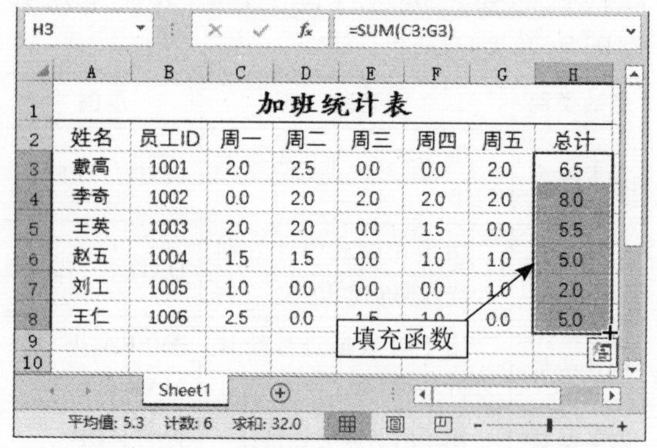

提示：选中要输入函数的单元格后，单击【公式】选项卡下【函数库】组中的【输入函数】按钮，也可打开【输入函数】对话框。此外，单击【函数库】组中的其他按钮，可直接在单元格中输入相应类型的函数。

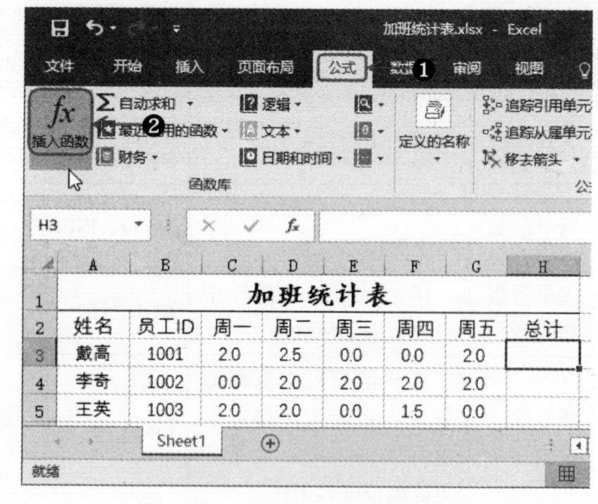

8.3 计算“会员管理系统”工作簿

通过计算“会员管理系统”工作簿，可以轻松统计出每位会员的性别、出生日期、注册年限、注册月份等信息，以提高工作效率。

8.3.1 文本函数

文本函数是在公式中处理文字串的函数，主要用于查找、提取文本中的特定字符，转换数据类型，以及结合相关的文本内容等。常用的文本函数包括LEN、MID、LOWER、LEFT等。

1. LEN函数

假设在“会员管理系统”工作簿中需要输入每位会员的编号，长度为5，下面使用LEN函数获取会员编号的位数是否为5，以确定输入是否正确。

- 语法结构：LEN(text)
- 功能：又称为返回字符串长度函数，可以返回文本字符串中的字符个数。
- 参数：text是必选参数，表示要查找其长度的文本，也可以是文本的引用，其中空格作为字符计数。

使用LEN函数的具体操作步骤如下：

Step 01 打开“素材\Ch08\会员管理系统.xlsx”文件，选择单元格B3，在其中输入“=LEN(A3)”，按【Enter】键，即可获取该会员编号的位数。

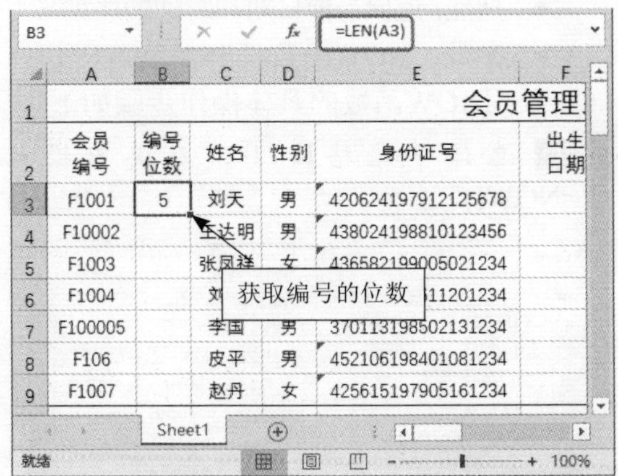

Step 02 使用填充柄的快速填充功能，计算其他会员编号的位数。

2. MID函数

新一代的身份证号码为18位，其中，第7位到第14位代表的是出生日期，下面使用MID函数通过会员的身份证号码将会员的出生日期提取出来。

- 语法结构：MID(text，start_num，num_chars)
- 功能：返回文本字符串中从指定位置开始的特定个数的字符，该个数由用户指定。
- 参数：text是必选参数，包含要提取字符的文本字符串，也可以是单元格引用；start_num是必选参数，表示字符串中要提取字符的起始位置；num_chars也是必选参数，指定MID从文本中返回字符的个数。

使用MID函数的具体操作步骤如下：

Step 01 选择单元格F3，在其中输入“=MID(E3,7,8)”，按【Enter】键，即可获取该会员的出生日期。

Step 02 使用填充柄的快速填充功能，提取出其他会员的出生日期。

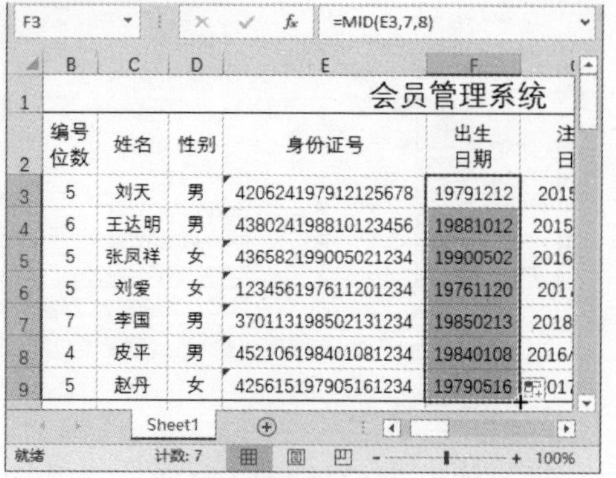

3. LOWER函数

假设在“会员管理系统”工作簿中记录了会员登录系统的密码，密码由大小写字母和数字所组成，系统对密码并不区分大小写，下面为了简便，使用LOWER函数将其统一转换为小写。

- 语法结构：LOWER(text)
- 功能：将一个文本字符串中的所有大写字母均转换为小写字母。注意，它不改变文本中非字母的字符。
- 参数：text是必选参数，表示要转换为小写字母的文本。

使用LOWER函数的具体操作步骤如下：

Step 01 选择单元格K3，在其中输入“=LOWER(J3)”，按【Enter】键，即可将登录密码全部转换为小写。

提示：使用UPPER函数，可将小写字母全部转换为大写字母。

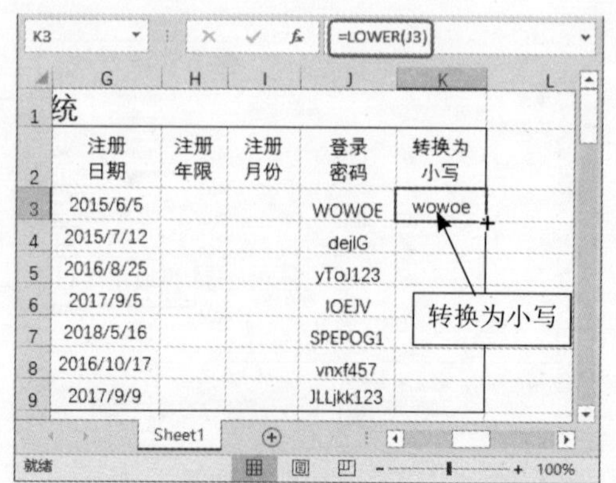

Step 02 使用填充柄的快速填充功能，转换其他会员的登录密码。

8.3.2 日期与时间函数

日期和时间函数主要用来获取相关的日期和时间信息，经常用于处理与日期和时间有关的运算。常用的日期和时间函数包括NOW、YEAR、MONTH等。

1. NOW函数

假设在“会员管理系统”工作簿中需要获取系统当前的日期和时间，下面使用NOW函数来完成。

- 语法结构：NOW()。
- 功能：返回当前日期和时间的序列号。
- 参数：NOW函数没有参数。

使用NOW函数的具体操作步骤如下：

Step 01 选择单元格K10，在其中输入“=NOW()”。

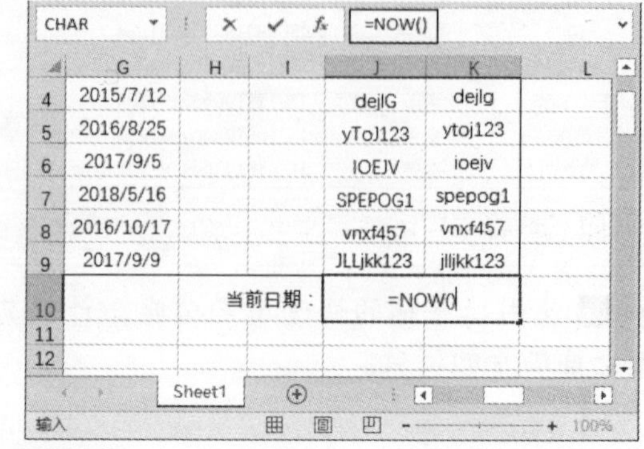

Step 02 按【Enter】键，即可获取系统当前的日期和时间。

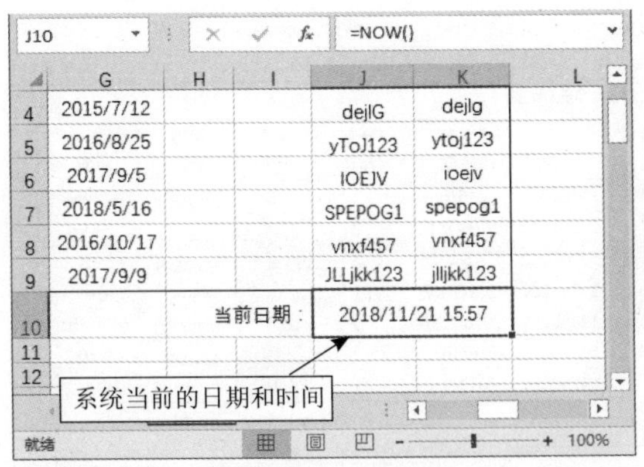

提示：使用TODAY函数可以获取系统当前的日期，效果如下图所示。

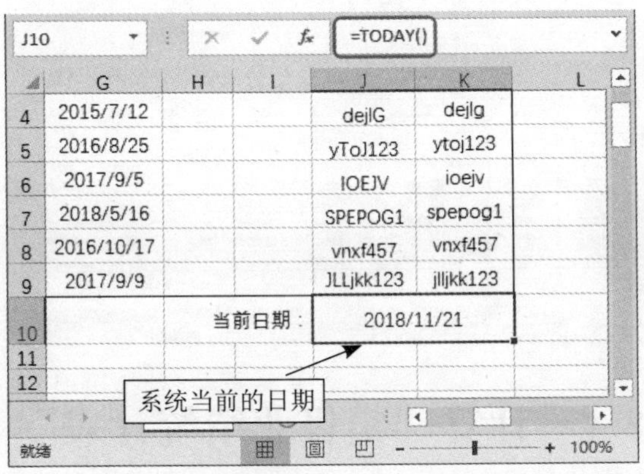

2. YEAR函数

假设在“会员管理系统”工作簿中记录了会员注册系统的日期，下面使用YEAR函数来计算注册的年限，只需使用当前的年份减去注册日期的年份即可。

- 语法结构：YEAR(serial_number)。
- 功能：返回日期中的年份。
- 参数：serial_number是必选参数，表示要获取年份的日期。

使用YEAR函数的具体操作步骤如下：

Step 01 选择单元格H3，在其中输入“=YEAR(NOW())-YEAR(G3)”，按【Enter】键，即可获取该会员的注册年限，默认以日期形式显示。

Step 02 单击【开始】选项卡下【数字】组右下角的【数字格式】按钮，弹出【设置单元格格式】对话框，在【数字】选项卡下【分类】列表框中选择【常规】选项，之后单击【确定】按钮。

Step 03 即可设置单元格H3的数字格式，使其以数字形式显示。

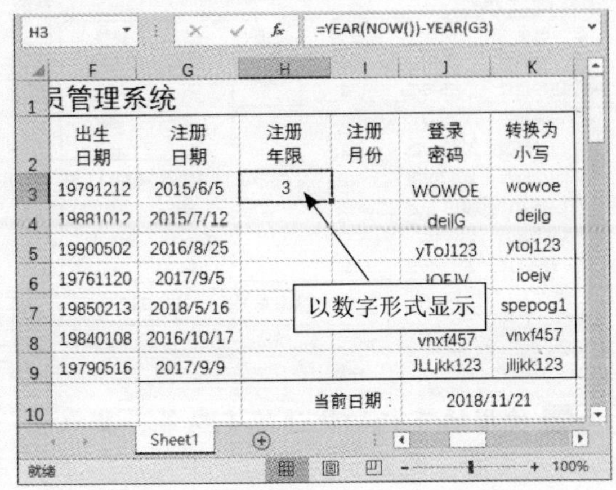

Step 04 使用填充柄的快速填充功能，计算出其他会员的注册年限。

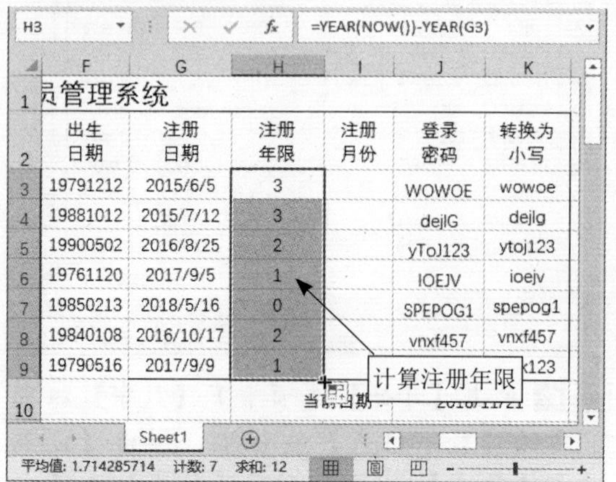

3. MONTH函数

假设在“会员管理系统”工作簿中记录了会员注册系统的日期，下面使用MONTH函数来获取注册日期的月份。

- 语法结构：MONTH(serial_number)。
- 功能：返回日期中的月份。月份是介于1（一月）到12（十二月）的整数。
- 参数：serial_number是必选参数，表示要获取月份的日期。

使用MONTH函数的具体操作步骤如下：

Step 01 选择单元格I3，在其中输入“=MONTH(G3)”，按【Enter】键，即可获取该会员的注册月份。

Step 02 使用填充柄的快速填充功能，提取出其他会员的注册月份。

Step 03 至此，“会员管理系统”工作簿计算完毕，效果如下图所示。

8.4 计算“销售业绩统计表”工作簿

销售部门每个月都需要制作销售业绩表，以统计分析每位销售员本月的销售奖金、是否完成工作等信息，并以此为依据发放工资。

8.4.1 逻辑函数

逻辑函数是根据不同条件进行不同处理的函数，条件格式中使用比较运算符指定逻辑式，并用逻辑值表示结果。常用的逻辑函数包括AND、IF、NOT和OR等。

1. IF函数

假设公司规定，不同级别的销售人员，其底薪和交通补贴也不同，具体如下图所示。下面使用IF函数根据级别来判断销售人员的底薪和交通补贴情况。

基本工资标准		
职位级别	底薪	交通补贴
经理	5700	400
职员	4800	300

- 语法结构：IF(Logical,[Value_if_true],[Value_if_false])。
- 功能：根据逻辑判断的真假结果，返回相对应的内容。
- 参数：Logical是必选参数，表示逻辑判断表达式；Value_if_true是可选参数，表示当判断条件为逻辑“真（TRUE）”时的显示内容，如果忽略该参数，则返回“0”；Value_if_false是可选参数，表示当判断条件为逻辑“假（FALSE）”时的显示内容，如果忽略该参数，若其前面有逗号“,”，则默认返回0，若没有，则返回FALSE。

使用IF函数的具体操作步骤如下：

Step 01 选择单元格C3，在其中输入“=IF(B3="经理",5700,4800)”，按【Enter】键，即可根据该员工的级别计算出他的底薪。

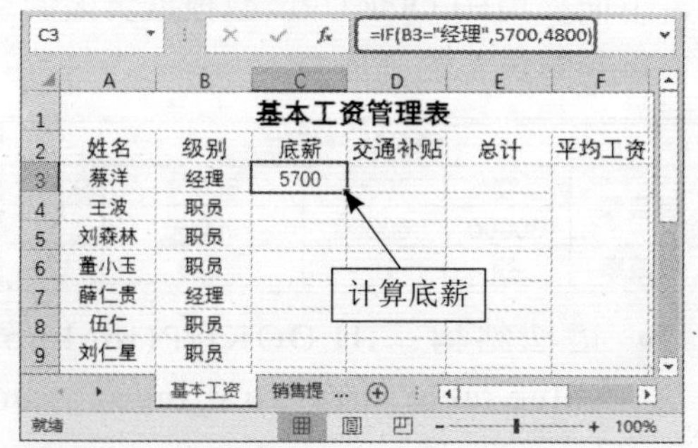

Step 02 使用填充柄的快速填充功能，计算出其他员工的底薪。

Step 03 选择单元格D3，在其中输入“=IF(B3="经理",400,300)”，按【Enter】键，即可根据该员工的级别计算出他的交通补贴金额。

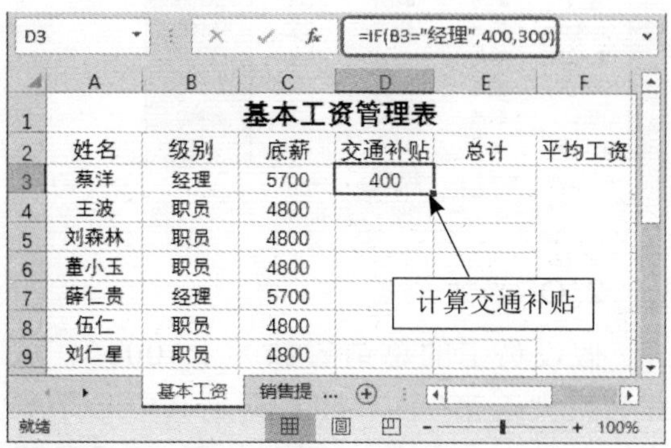

Step 04 使用填充柄的快速填充功能，计算出其他员工的交通补贴金额。

Step 05 选择单元格E3，在其中输入“=C3+D3”，按【Enter】键，即可计算出该员工的总计金额。

Step 06 使用填充柄的快速填充功能，计算出其他员工的总计金额。

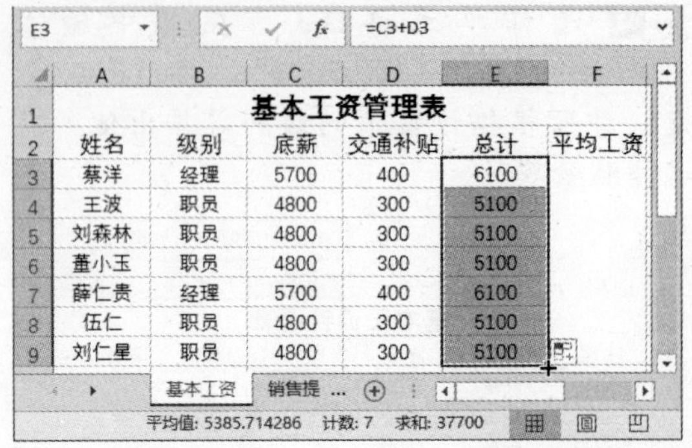

2. OR函数

假设员工的总销售额大于30000，或者名次大于第7名，只需满足其中一个条件，业绩即为达标，下面使用OR函数进行判断。

- 语法结构：OR(logical1,logical2,...)。
- 功能：返回逻辑值。如果所有的参数值均为“假（FALSE）”，则返回逻辑“假（FALSE）”；反之，返回逻辑值“真（TRUE）”。
- 参数：Logical1,Logical2,Logical3…表示待测试的条件值或表达式，最多为255个。

使用OR函数的具体操作步骤如下：

Step 01 单击底部的“销售提成”标签，切换至“销售提成”工作表。选择单元格G3，在其中输入“=OR(B3>30000,F3>7)”，按【Enter】键，即可判断该员工的业绩是否达标。

提示：若返回结果为TRUE，表示员工的业绩达标；若返回结果为FALSE，表示员工的业绩不达标。

Step 02 使用填充柄的快速填充功能，判断其他员工的业绩是否达标。

8.4.2 查找与引用函数

查找和引用函数可以在单元格区域查找或引用满足条件的数据，特别是在数据较多的工作表中，用户不需要指定具体的数据位置，让单元格数据的操作变得更加灵活。常用的查找和引用函数包括VLOOKUP、HLOOKUP、INDEX、CHOOSE等。本节主要介绍HLOOKUP函数的使用。

假设公司的销售提成标准如下图所示，下面使用HLOOKUP函数根据员工的总销售额判断员工的提成率。

销售提成标准				
销售额	0	30001	60001	90001
	30000	60000	90000	
提成率	8%	10%	12%	13%

- 语法结构：HLOOKUP(lookup_value,table_array,row_index_num,[range_lookup])。
- 功能介绍：在表格的首行或数值数组中查找指定的数值，然后返回表格和数组中指定行所在列中的值。
- 参数含义：lookup_value是必选参数，表示要在表格的第一行中查找的数值，可以是数值、引用或文本字符串；table_array是必选参数，表示需要在其中查找数据的数据表，可以是区域或区域名称的引用；row_index_num是必选参数，表示

table_array中待返回的匹配值的行号；range_lookup是可选参数，为一个逻辑值，指定希望HLOOKUP函数查找精确匹配值还是近似匹配值，若省略，则返回近似匹配值。

提示：VLOOKUP函数和HLOOKUP函数的用法和功能类似，区别在于查找方向的不同。前者用于在一列中查找；后者用于在一行中查找。

使用HLOOKUP函数的具体操作步骤如下：

Step 01 选择单元格C3，在其中输入“=HLOOKUP(B3,$C$12:$F$14,3)”，按【Enter】键，即可获得该员工的提成率。

提示：“=HLOOKUP(B3,$C$12:$F$14,3)”表示在单元格区域C12:F14中查找单元格B3的值，并返回匹配项所在列的第3行的值。

C3 =HLOOKUP(B3,$C$12:$F$14,3)

销售提成管理表						
姓名	总销售额	提成率	销售奖金	最佳销售奖	排名	是否完成目标
蔡洋	52140	10%				TRUE
王波	47840					TRUE
刘森林	62720					TRUE
董小玉	52200					TRUE
薛仁贵	42250					TRUE
伍仁	22770					FALSE
刘仁星	64850					TRUE

销售提成标准				
销售额	0	30001	60001	90001
	30000	60000	90000	
提成率	8%	10%	12%	13%

计算提成率

Step 02 使用填充柄的快速填充功能，获取其他员工的提成率。

C3 =HLOOKUP(B3,$C$12:$F$14,3)

销售提成管理表						
姓名	总销售额	提成率	销售奖金	最佳销售奖	排名	是否完成目标
蔡洋	52140	10%				TRUE
王波	47840	10%				TRUE
刘森林	62720	12%				TRUE
董小玉	52200	10%				TRUE
薛仁贵	42250	10%				TRUE
伍仁	22770	8%				FALSE
刘仁星	64850	12%				TRUE

销售提成标准				
销售额	0	30001	60001	90001
	30000	60000	90000	
提成率	8%	10%	12%	13%

Step 03 选择单元格D3，在其中输入“=B3*C3”，按【Enter】键，即可计算该员工的销售资金。

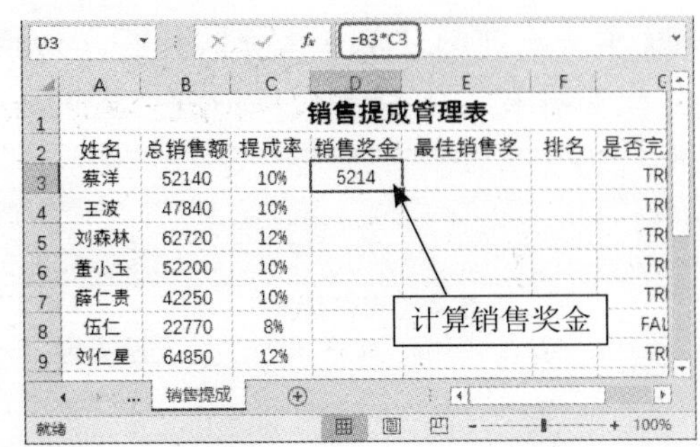

Step 04 使用填充柄的快速填充功能，计算其他员工的销售资金。

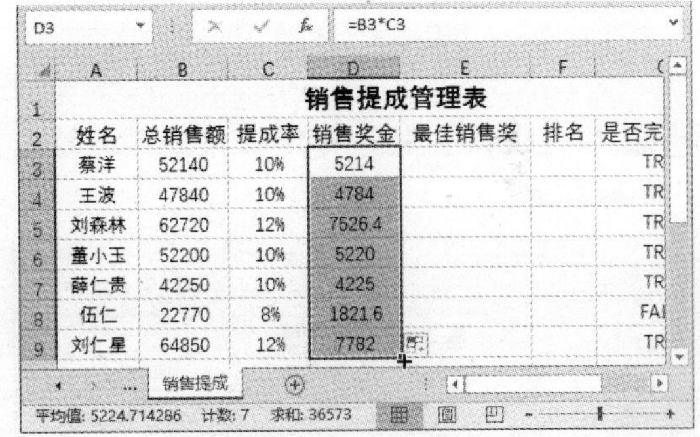

8.4.3 统计函数

统计函数是对数据进行统计分析及筛选的函数。它的出现方便了用户从复杂的数据中筛选出有效的数据。常用的统计函数包括AVERAGE、MAXRANK、MIN和COUNT等。

1. AVERAGE函数

下面使用AVERAGE函数计算出员工的平均基本工资。

- 语法结构：AVERAGE(number1, number2, …)。
- 功能介绍：又称为求平均值函数，计算选中区域中所有包含数值单元格的平均值。
- 参数含义：number1,number2,…是需要求平均值的数值或引用单元格（单元格区域），该参数必须有1个，但不能超过255个。

使用AVERAGE函数的具体操作步骤如下：

Step 01 单击底部的“基本工资”标签，切换至“基本工资”工作表。选择单元格F3，在其中输入“=AVERAGE(E3:E9)”。

CHAR =AVERAGE(E3:E9)

基本工资管理表					
姓名	级别	底薪	交通补贴	总计	平均工资
蔡洋	经理	5700	400	6100	
王波	职员	4800	300	5100	
刘森林	职员	4800	300	5100	
董小玉	职员	4800	300	5100	=AVERAGE(E3:E9)
薛仁贵	经理	5700	400	6100	
伍仁	职员	4800	300	5100	
刘仁星	职员	4800	300	5100	

Step 02 按【Enter】键，即可计算出员工的平均基本工资。

F3 =AVERAGE(E3:E9)

基本工资管理表					
姓名	级别	底薪	交通补贴	总计	平均工资
蔡洋	经理	5700	400	6100	5386
王波	职员	4800	300	5100	
刘森林	职员	4800	300	5100	
董小玉	职员	4800	300	5100	
薛仁贵	经理	5700	400	6100	
伍仁	职员	4800	300	5100	
刘仁星	职员			5100	

计算平均工资

2. MAX函数

假设公司会根据每位员工的总销售额来筛选出本月最高销售额的员工，并给予该员工最佳销售奖300元，下面使用MAX函数来计算。

- 语法结构：MAX(number1,number2,…)。
- 功能介绍：返回一组值中的最大值。
- 参数含义：number1,number2,…中，number1是必选参数，其余是可选参数，表示要从中查找出最大值的1到255个数字。

使用MAX函数的具体操作步骤如下：

Step 01 选择单元格E3，在其中输入“=IF(MAX(B$3:B$9)=B3,300,0)”，按【Enter】键，若单元格中没有返回任何信息，则说明该销售人员不符合奖励的条件。

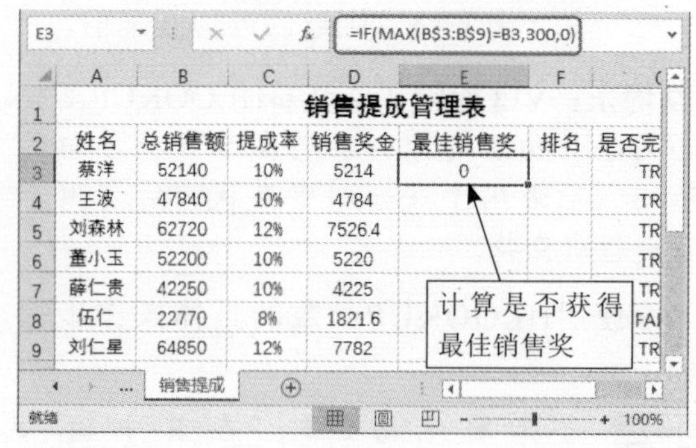
E3 =IF(MAX(B$3:B$9)=B3,300,0)

销售提成管理表						
姓名	总销售额	提成率	销售奖金	最佳销售奖	排名	是否完
蔡洋	52140	10%	5214	0		TR
王波	47840	10%	4784			TR
刘森林	62720	12%	7526.4			TR
董小玉	52200	10%	5220			TR
薛仁贵	42250	10%	4225			TR
伍仁	22770	8%	1821.6			FAI
刘仁星	64850	12%	7782			TR

Step 02 使用填充柄的快速填充功能，计算出本月最佳销售奖的获得者，并显示出具体的奖金信息。

E3 =IF(MAX(B$3:B$9)=B3,300,0)

销售提成管理表						
姓名	总销售额	提成率	销售奖金	最佳销售奖	排名	是否完
蔡洋	52140	10%	5214	0		TR
王波	47840	10%	4784	0		TR
刘森林	62720	12%	7526.4	0		TR
董小玉	52200	10%	5220	0		TR
薛仁贵	42250	10%	4225	0		TR
伍仁	22770	8%	1821.6	0		FAI
刘仁星	64850	12%	7782	300		TR

3. RANK函数

下面使用RANK函数根据总销售额对销售人员进行排名。

- 语法结构：RANK(number,ref,[order])。
- 功能介绍：返回一列数字的数字排位。数字的排位是其相对于列表中其他值的大小。
- 参数含义：Number是必选参数，表示要进行排名的数字；ref是必选参数，表示排名的参照数值区域；order是可选参数，默认为0，表示进行从大到小的排名，若设置为1，表示进行从小到大的排名。

使用RANK函数的具体操作步骤如下：

Step 01 选择单元格F3，在其中输入"=RANK(B3,$B$3:$B$9)"，按【Enter】键，即可计算出该员工的排名。

Step 02 使用填充柄的快速填充功能，计算出其他员工的排名。

8.5 计算"贷款分析表"工作簿

利用Excel 2016提供的财务函数和数学与三角函数，可依据公司的贷款总额、年利率、期限等参数，轻松计算出每年应偿还的本金、应还利息、应还总额等数据，为财务人员带来极大的便利。

8.5.1 财务函数

财务函数作为Excel中最常用函数之一，为财务和会计核算（记账、算账和报账）提供了诸多便利。常用的财务函数包括IPMT、PPMT、PMT和CUMPRINC等。

1. IPMT函数

假设公司贷款总额为20万元，年利率6.1%，期限为10年，按等额本息的方式每年年末还款，下面使用IPMT函数计算出每年的应还利息。

- 语法结构：IPMT(rate, per, nper, pv, [fv], [type])。
- 功能介绍：基于固定利率及等额分期付款方式，返回给定期数内对投资的利息偿还额。
- 参数含义：rate是必选参数，表示期间内的贷款利率；per是必选参数，表示当前期数；nper是必选参数，表示该项贷款的付款总期数；pv也是必选参数，表示现值或一系列未来付款的当前值的累积和，也叫本金；fv是可选参数，表示未来值，或最后一次付款后希望得到的现金余额，如果省略则默认为0；type是可选参数，表示付款时间的类型，如果是0（默认），表示各期付款时间为期末，如果是1，表示期初。

使用IPMT函数的具体操作步骤如下：

Step 01 选择单元格B7，在其中输入"=IPMT($B$3,A7,$B$4,$B$2)"，按【Enter】键，即可计算出第一年的应还利息。

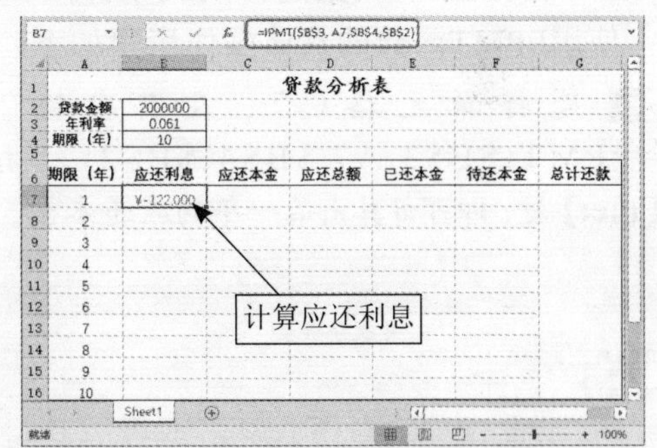

Step 02 使用填充柄的快速填充功能，计算出其余年份的应还利息。

2. PPMT函数

假设公司贷款总额为20万元，年利率6.1%，期限为10年，按等额本息的方式每年年末还款，下面使用PPMT函数计算出每年的应还本金。

- 语法结构：PPMT(rate, per, nper, pv, [fv], [type])。
- 功能：返回根据定期固定付款和固定利率而定的投资在已知期间内的本金偿付额。
- 参数含义：rate是必选参数，表示期间内的贷款利率；per是必选参数，表示当前期数；nper是必选参数，表示该项贷款的付款总期数；pv也是必选参数，表示现值或一系列未来付款的当前值的累积和，也叫本金；fv是可选参数，表示未来值，或最后一次付款后希望得到的现金余额，如果省略则默认为0；type是可选参数，表示付款时间的类型，如果是0（默认），表示各期付款时间为期末，如果是1，表示期初。

使用PPMT函数的具体操作步骤如下：

Step 01 选择单元格C7，在其中输入“=PPMT($B$3,A7,$B$4,$B$2)”，按【Enter】键，即可计算出第一年的应还本金。

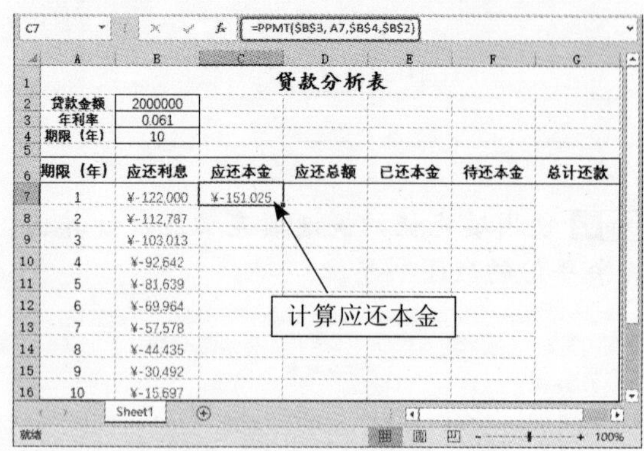

=PPMT($B$3, A7,$B$4,$B$2)

贷款分析表

贷款金额	2000000
年利率	0.061
期限（年）	10

期限（年）	应还利息	应还本金	应还总额	已还本金	待还本金	总计还款
1	¥-122,000	¥-151,025				
2	¥-112,787					
3	¥-103,013					
4	¥-92,642					
5	¥-81,639					
6	¥-69,964					
7	¥-57,578					
8	¥-44,435					
9	¥-30,492					
10	¥-15,697					

Step 02 使用填充柄的快速填充功能，计算出其余年份的应还本金。

=PPMT($B$3, A7,$B$4,$B$2)

贷款分析表

贷款金额	2000000
年利率	0.061
期限（年）	10

期限（年）	应还利息	应还本金	应还总额	已还本金	待还本金	总计还款
1	¥-122,000	¥-151,025				
2	¥-112,787	¥-160,237				
3	¥-103,013	¥-170,012				
4	¥-92,642	¥-180,382				
5	¥-81,639	¥-191,386				
6	¥-69,964	¥-203,060				
7	¥-57,578	¥-215,447				
8	¥-44,435	¥-228,589				
9	¥-30,492	¥-242,533				
10	¥-15,697	¥-257,328				

平均值: ¥-200,000 计数: 10 求和: ¥-2,000,000

3. PMT函数

假设公司贷款总额为20万，年利率6.1%，期限为10年，按等额本息的方式每年年末还款，下面使用PMT函数计算出每年的应还款额。

- 语法结构：PMT(rate, nper, pv, [fv], [type])。
- 功能：基于固定利率及等额分期付款方式，计算贷款的每期付款额。
- 参数含义：rate是必选参数，表示期间内的贷款利率；nper是必选参数，表示该项贷款的付款总期数；pv也是必选参数，表示现值或一系列未来付款的当前值的累积和，也叫本金；fv是可选参数，表示未来值，或最后一次付款后希望得到的现金余额，如果省略则默认为0；type是可选参数，表示付款时间的类型，如果是0（默认），表示各期付款时间为期末，如果是1，表示期初。

使用PMT函数的具体操作步骤如下：

Step 01 选择单元格D7，在其中输入“=PMT($B$3,$B$4,$B$2)”，按【Enter】键，即可计算出第一年的应还款额。

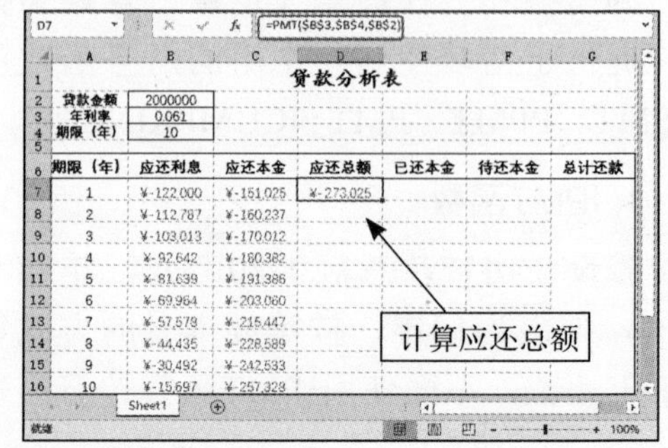

=PMT($B$3,$B$4,$B$2)

贷款分析表

贷款金额	2000000
年利率	0.061
期限（年）	10

期限（年）	应还利息	应还本金	应还总额	已还本金	待还本金	总计还款
1	¥-122,000	¥-151,025	¥-273,025			
2	¥-112,787	¥-160,237				
3	¥-103,013	¥-170,012				
4	¥-92,642	¥-180,382				
5	¥-81,639	¥-191,386				
6	¥-69,964	¥-203,060				
7	¥-57,578	¥-215,447				
8	¥-44,435	¥-228,589				
9	¥-30,492	¥-242,533				
10	¥-15,697	¥-257,328				

Step 02 使用填充柄的快速填充功能，计算出其余年份的应还款额。

4. CUMPRINC函数

假设公司贷款总额为20万元，年利率6.1%，期限为10年，按等额本息的方式每年年末还款，下面使用CUMPRINC函数计算出每年的已还本金。

- 语法结构：CUMPRINC(rate, nper, pv, start_period, end_period, type)。
- 功能：返回一笔贷款在给定的start_period到end_period期间累计偿还的本金数额。
- 参数含义：rate是必选参数，表示期间内的贷款利率；nper是必选参数，表示该项贷款的付款总期数；pv也是必选参数，表示现值或一系列未来付款的当前值的累积和，也叫本金；Start_period是必选参数，表示首期，付款期数通常从1开始计数；End_period是必选参数，表示当前还款的期数；type是可选参数，表示付款时间的类型，如果是0（默认），表示各期付款时间为期末，如果是1，表示期初

使用CUMPRINC函数的具体操作步骤如下：

Step 01 选择单元格E7，在其中输入“=CUMPRINC($B$3,$B$4,$B$2,1,A7,0)”，按【Enter】键，即可计算出第一年的已还本金。

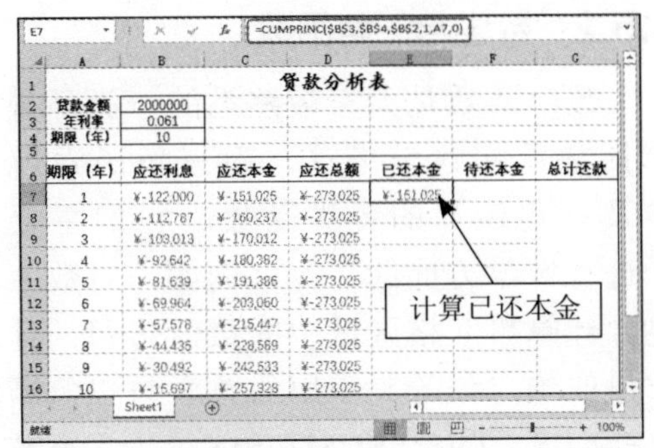

Step 02 使用填充柄的快速填充功能，计算出其余年份的已还本金。

Step 03 选择单元格F7，在其中输入“=$B$2+E7”，按【Enter】键，即可计算出第一年的待还本金。

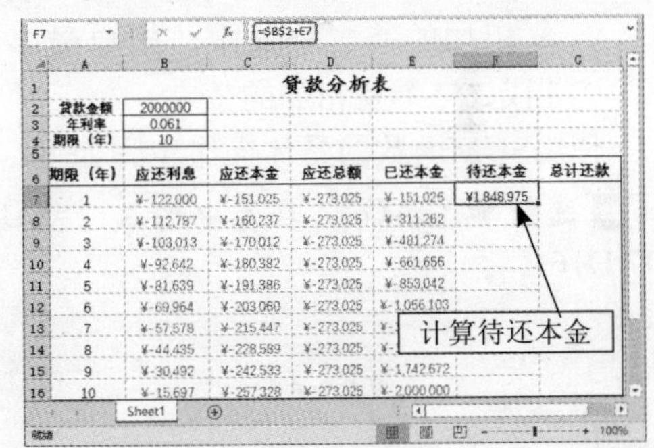

Step 04 使用填充柄的快速填充功能，计算出其余年份的待还本金。

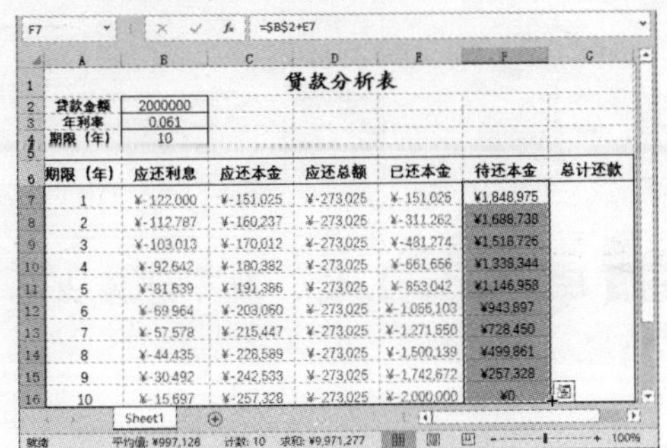

8.5.2 数学与三角函数

数学函数是大家最熟悉的一类函数，包括常见的数学运算，而三角函数就是涉及三角运算的各类函数。它们主要用于进行数学方面的计算，例如，对数字取整、计算单元格区域中的数值总和、计算数值的绝对值等。常用的数学与三角函数包括ABS、INF、SUM和SIN等。本小节主要介绍SUM函数的使用。

假设公司贷款总额为20万元，年利率6.1%，期限为10年，按等额本息的方式每年年末还款，下面使用SUM函数计算出总还款额。

- 语法结构：SUM(number1,[number2],...)。
- 功能：对所选的单元格或单元格区域进行求和运算。
- 参数含义：number1是必选参数，表示要相加的第一个数字，该参数可以是数字、单元格引用或单元格区域引用；number2是可选参数，表示要相加的第二个数字，用户最多可指定255个要相加的数字。

使用SUM函数的具体操作步骤如下：

Step 01 选择单元格G7，在其中输入“=SUM(D7:D16)”。

CHAR　=SUM(D7:D16)

	A	B	C	D	E	F	G
1	贷款分析表						
2	贷款金额	2000000					
3	年利率	0.061					
4	期限（年）	10					
5							
6	期限（年）	应还利息	应还本金	应还总额	已还本金	待还本金	总计还款
7	1	¥-122,000	¥-151,025	¥-273,025	¥-151,025	¥1,848,975	
8	2	¥-112,787	¥-160,237	¥-273,025	¥-311,262	¥1,688,738	
9	3	¥-103,013	¥-170,012	¥-273,025	¥-481,274	¥1,518,726	
10	4	¥-92,642	¥-180,382	¥-273,025	¥-661,656	¥1,338,344	
11	5	¥-81,639	¥-191,386	¥-273,025	¥-853,042	¥1,146,958	=SUM(D7:D16)
12	6	¥-69,964	¥-203,060	¥-273,025	¥-1,056,103	¥943,897	
13	7	¥-57,578	¥-215,447	¥-273,025	¥-1,271,550	¥728,450	
14	8	¥-44,435	¥-228,589	¥-273,025	¥-1,500,139	¥499,861	
15	9	¥-30,492	¥-242,533	¥-273,025	¥-1,742,672	¥257,328	
16	10	¥-15,697	¥-257,328	¥-273,025	¥-2,000,000	¥0	

Step 02 按【Enter】键，即可计算出总还款额。

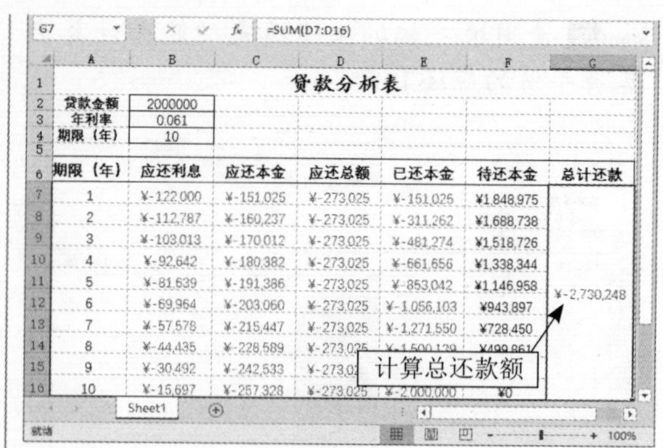

G7　=SUM(D7:D16)

	A	B	C	D	E	F	G
1	贷款分析表						
2	贷款金额	2000000					
3	年利率	0.061					
4	期限（年）	10					
5							
6	期限（年）	应还利息	应还本金	应还总额	已还本金	待还本金	总计还款
7	1	¥-122,000	¥-151,025	¥-273,025	¥-151,025	¥1,848,975	¥-2,730,248
8	2	¥-112,787	¥-160,237	¥-273,025	¥-311,262	¥1,688,738	
9	3	¥-103,013	¥-170,012	¥-273,025	¥-481,274	¥1,518,726	
10	4	¥-92,642	¥-180,382	¥-273,025	¥-661,656	¥1,338,344	
11	5	¥-81,639	¥-191,386	¥-273,025	¥-853,042	¥1,146,958	
12	6	¥-69,964	¥-203,060	¥-273,025	¥-1,056,103	¥943,897	
13	7	¥-57,578	¥-215,447	¥-273,025	¥-1,271,550	¥728,450	
14	8	¥-44,435	¥-228,589	¥-273,025			
15	9	¥-30,492	¥-242,533				
16	10	¥-15,697	¥-257,328	¥-273,025	¥-2,000,000	¥0	

高手支招

1. 巧妙转换大小写字母

使用PROPER函数可以将字符串中的第一个字母转换为大写字母，其余的字母转换为小写字母，具体操作步骤如下：

Step 01 打开“素材\Ch09\PROPER函数.xlsx”文件，下面对单元格区域A1:A3的字符串进行转换。

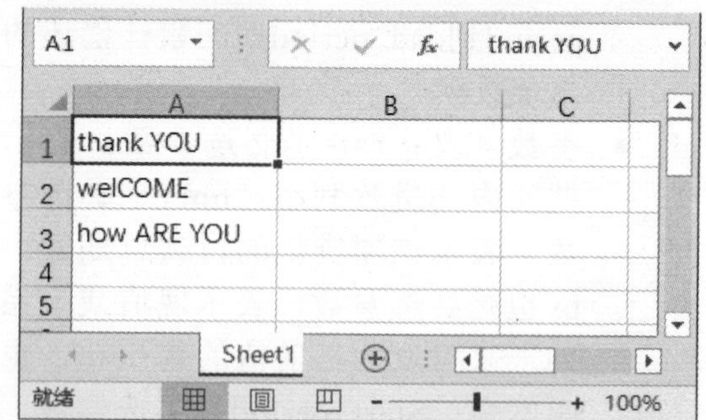

A1　thank YOU

	A	B	C
1	thank YOU		
2	welCOME		
3	how ARE YOU		
4			
5			

Step 02 选择单元格A1，在其中输入函数“=PROPER(A1)”，按【Enter】键，即可将字符串中的第一个字母转换为大写，其余转换为小写。

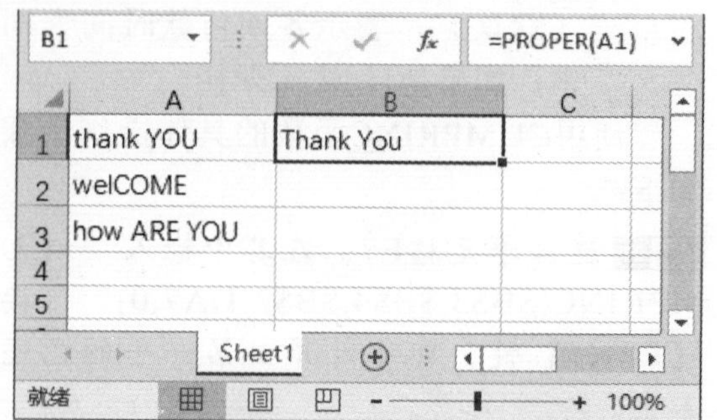

B1　=PROPER(A1)

	A	B	C
1	thank YOU	Thank You	
2	welCOME		
3	how ARE YOU		
4			
5			

Step 03 使用填充柄的快速填充功能，转换单元格A2和A3中的字符串，效果如下图所示。

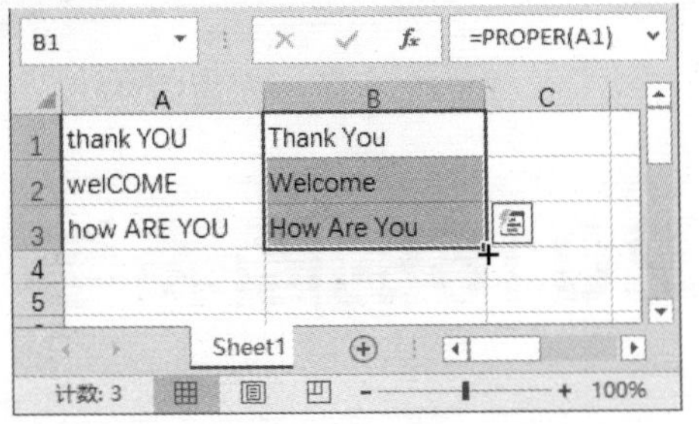

2. 显示所有单元格中的公式

在单元格中输入公式后，按【Enter】键，会显示出计算结果，而非公式，下面介绍如何在单元格中显示出公式，具体操作步骤如下：

Step 01 打开"素材\Ch08\显示公式.xlsx"文件，单击【公式】选项卡下【公式审核】组中的【显示公式】按钮。

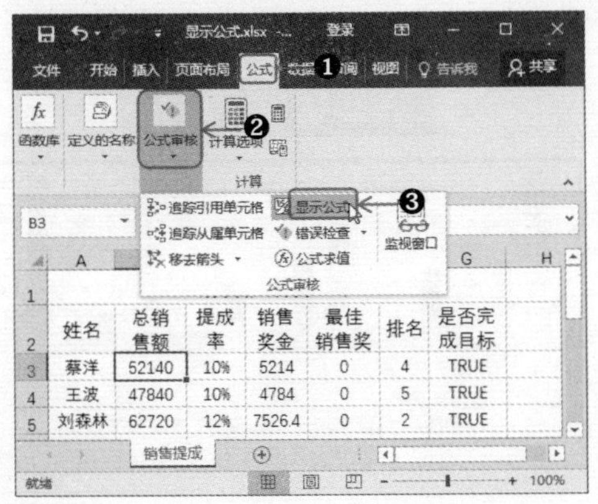

Step 02 即可显示出所有单元格中的公式，而非计算结果。

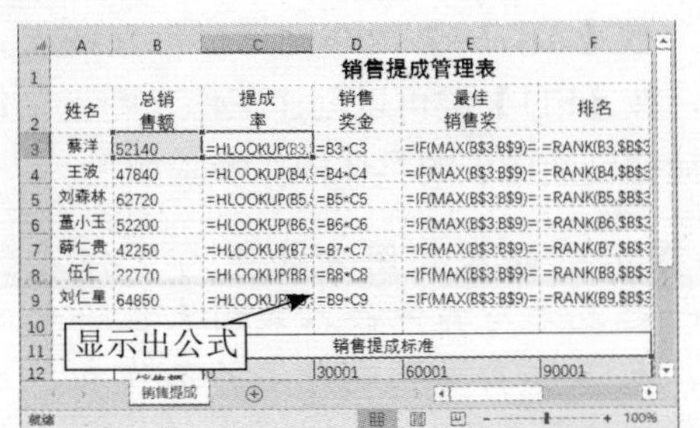

3. 避开单元格中的错误值求和

使用SUM函数可以轻松实现单元格的数值求和。然而，当单元格中包含错误值时，使用SUM函数求和的结果也是错误值，此时就需要使用SUMIF函数进行计算。该函数可以对单元格区域中符合指定条件的值求和。具体的操作步骤如下。

Step 01 打开"素材\Ch08\错误值求和.xlsx"文件，单元格区域A1:B3中包含2个错误值。

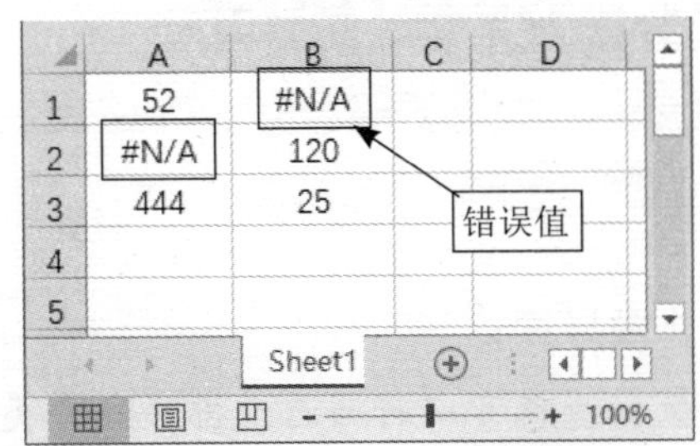

Step 02 若在单元格D1中输入函数"=SUM(A1:B3)"，按【Enter】键，此时求和结果也为错误值。

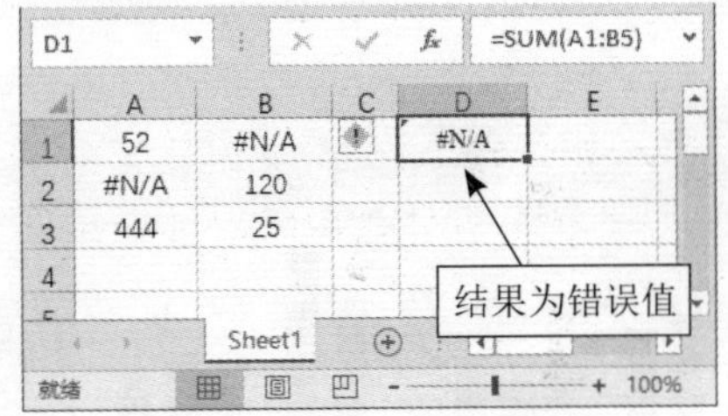

Step 03 在单元格D1中输入正确的函数"=SUMIF(A1:B3,"<9.99E+307")"，按【Enter】键，即可避开单元格区域中的错误值对其求和，结果如下图所示。

> 提示：SUMIF函数的第2个参数""<9.99E+307""表示对单元格区域A1:B5中小于9.99E+307的所有数值进行求和。其中9.99E+307即9.99乘以10的307次方，是一般工作中用不到的大数。

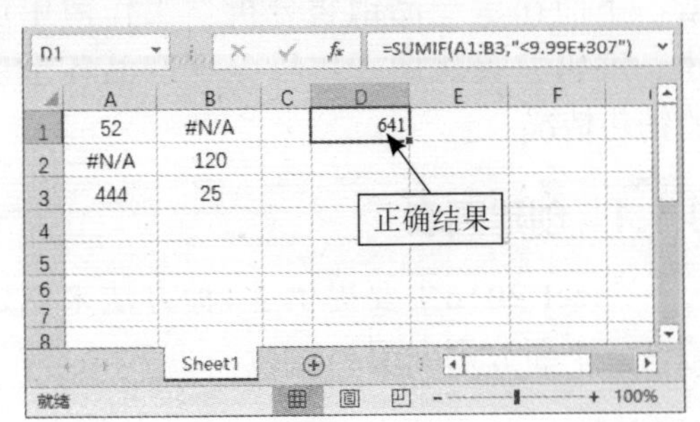

第9章 展示数据——Excel 2016的图表与数据透视图表

本章导读：

数据透视可以将筛选、排序和分类汇总等操作依次完成，并生成汇总表格，对数据的分析和处理有很大的帮助。熟练掌握数据透视表和透视图的运用，可以在处理大量数据时发挥巨大的作用。

案例赏析：

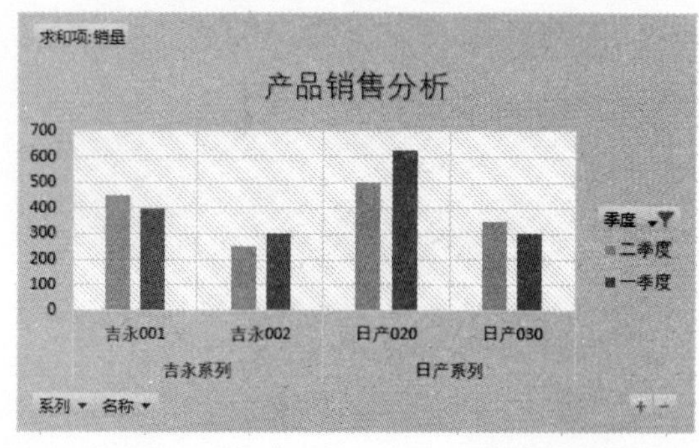

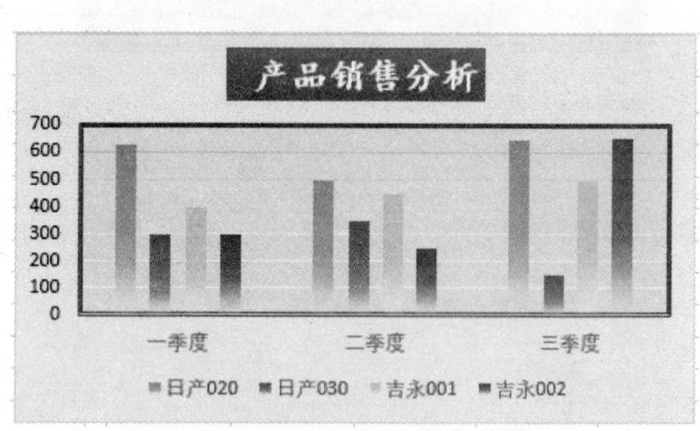

9.1 制作“产品销售分析”图表

利用图表可以非常直观地显示数据，下面在“产品销售分析”工作簿中创建、编辑并美化图表，以分析产品各季度的销售情况。

9.1.1 创建图表

Excel 2016主要提供了3种方法来创建图表，下面分别介绍。

1. 使用快捷键创建图表

按【Alt+F1】组合键可以创建嵌入式图表，按【F11】键可以创建工作表图表。使用快捷键创建图表的具体操作步骤如下：

提示： 嵌入式图表就是与工作表数据在一起或者与其他嵌入式图表在一起的图表，而工作表图表是特定的工作表，只包含单独的图表。

Step 01 打开“素材\Ch09\产品销售分析.xlsx”文件，选择单元格区域B2:E6。

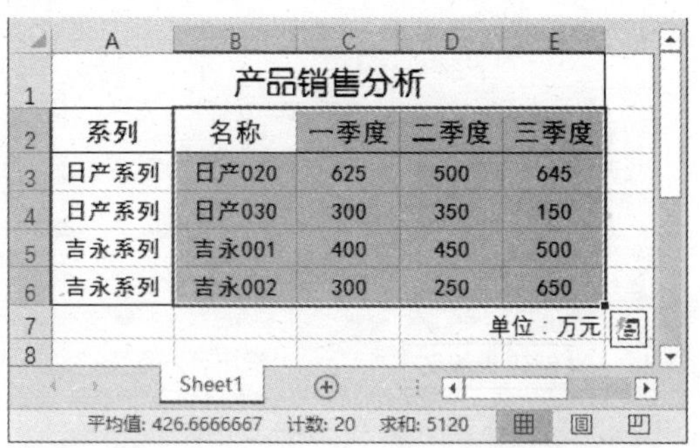

系列	名称	一季度	二季度	三季度
日产系列	日产020	625	500	645
日产系列	日产030	300	350	150
吉永系列	吉永001	400	450	500
吉永系列	吉永002	300	250	650

Step 02 按【Alt+F1】组合键，可在当前工作表中快速插入簇状柱形图类型的图表。

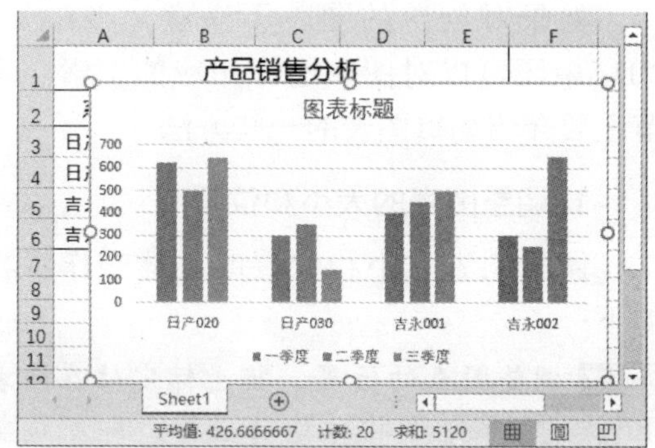

Step 03 选择单元格区域后，按【F11】键，可插入一个名为“Chart1”的工作表，并在其中创建图表。

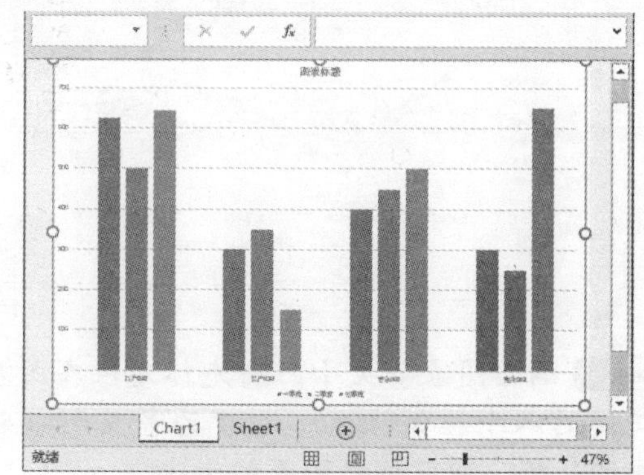

2. 使用功能区创建图表

在Excel 2016的功能区中也可以方便地创建图表，具体的操作步骤如下。

Step 01 选择单元格区域B2:E6，单击【插入】选项卡下【图表】组中的【插入柱形图或条形图】按钮，在弹出的下拉列表中选择【三维柱形图】选项区域的【三维簇状柱形图】选项。

提示：Excel 2016提供了多种类型的图表，包括柱形图、条形图、折线图、饼图、股价图等。单击【图表】组中相应的按钮，即可创建对应类型的图表。

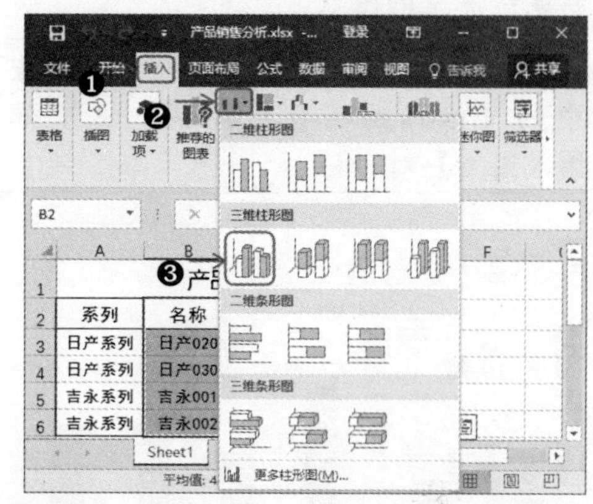

Step 02 即可创建一个三维簇状柱形图，效果如下图所示。

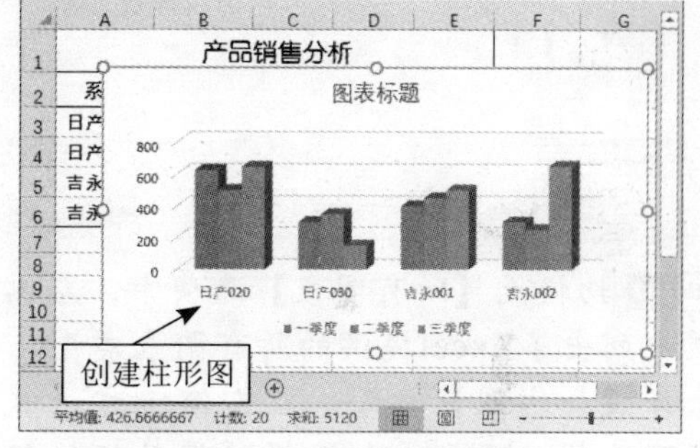

3. 使用图表向导创建图表

使用图表向导创建图表的具体操作步骤如下：

Step 01 选择单元格区域B2:E6，单击【插入】选项卡下【图表】组右下角的【查看所有图表】按钮。

系列	名称	一季度	二季度	三季度
日产系列	日产020	625	500	645
日产系列	日产030	300	350	150
吉永系列	吉永001	400	450	500
吉永系列	吉永002	300	250	650

Step 02 弹出【插入图表】对话框，在【推荐的图表】选项卡下列出了软件所推荐的图表，在左侧列表中选择类型后，在右侧可预览图表效果，之后单击【确定】按钮即可创建该类型的图表。

提示：单击【插入】选项卡下【图表】组中的【推荐的图表】按钮，也可弹出【插入图表】对话框。

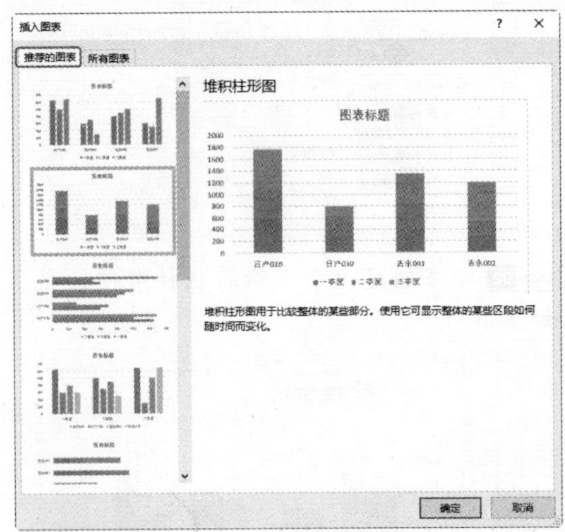

Step 03 切换至【所有图表】选项卡，左侧列表中列出了Excel提供的所有图表类型，如选择【折线图】类型，在右侧上方区域中还可选择子类型，如选择【带数据标记的折线图】，之后单击【确定】按钮。

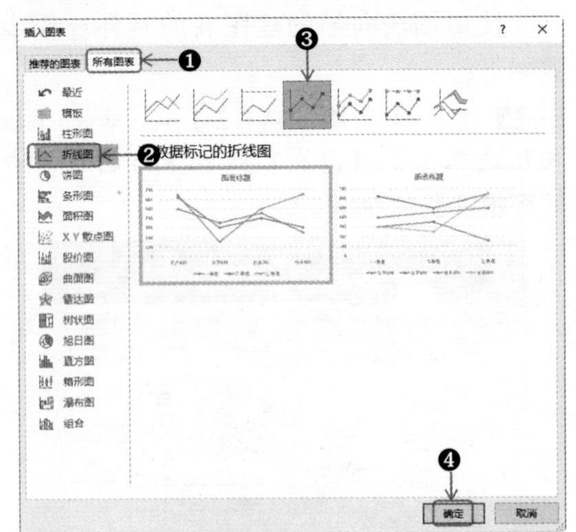

Step 04 即可创建带数据标记的折线图类型的图表，效果如下图所示。

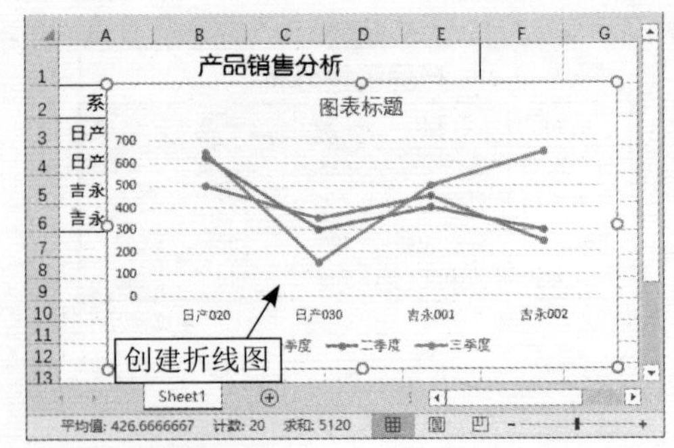

9.1.2 编辑图表

如果对创建的图表不满意，在Excel 2016中还可以对图表进行相应的编辑。本节主要介绍编辑图表的一些方法。

1. 调整图表的大小和位置

调整图表大小和位置的具体操作步骤如下：

Step 01 调整图表的位置。将光标定位在图表上，当变为 ✥ 形状时拖动鼠标，即可调整图表在当前工作表中的位置。

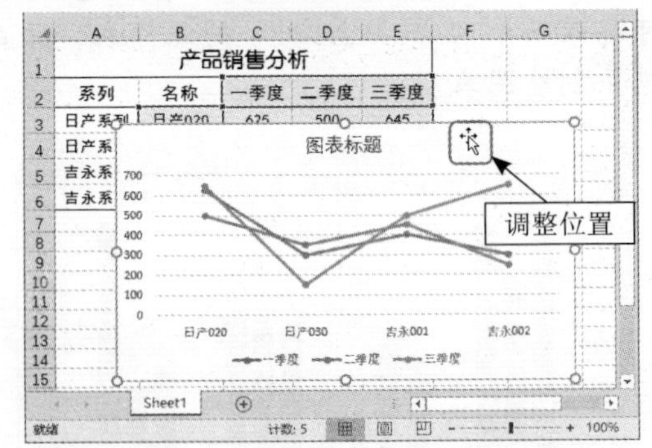

Step 02 调整图表的大小。将光标定位在图表四周的八个控制点上，当变为箭头形状时拖动鼠标，即可调整图表的大小。

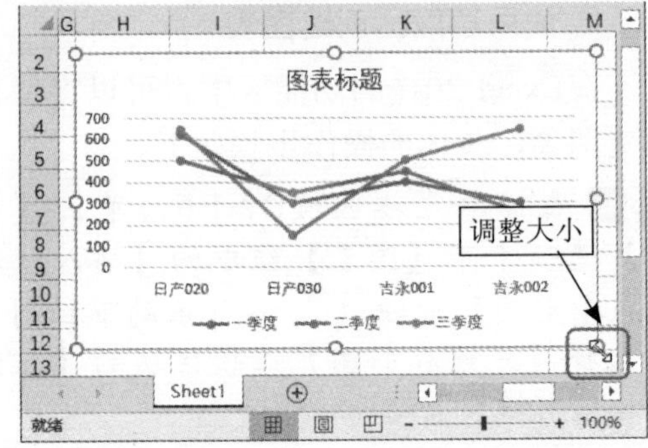

提示：在图表上右击，在弹出的快捷菜单中选择【移动图表】命令，将弹出【移动图表】对话框，在其中可设置将图表移动到新工作表中。

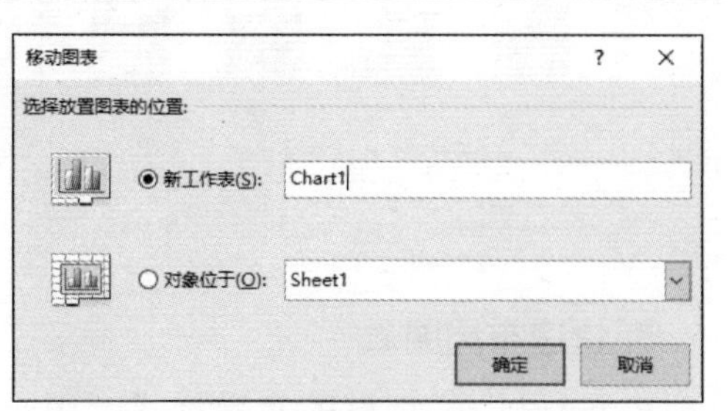

2. 更改图表的类型

创建图表后，用户还可根据更改图表的类型。具体操作步骤如下：

Step 01 选中图表，单击【图表工具】➤【设计】选项卡下【类型】组中的【更改图表类型】按钮。

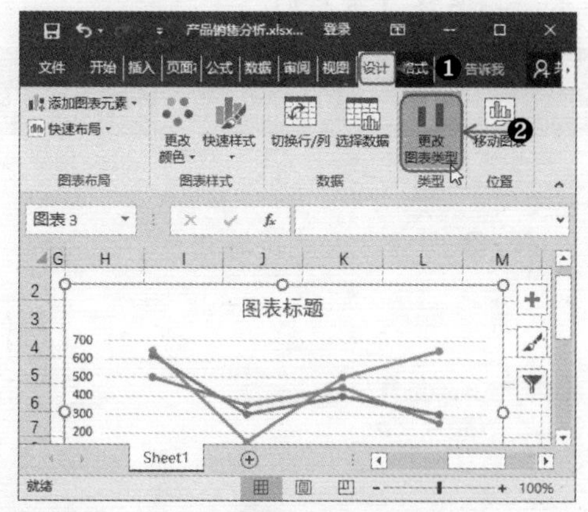

Step 02 弹出【更改图表类型】对话框，切换至【所有图表】选项卡，在左侧列表中可选择其他类型，如选择【柱形图】，之后单击【确定】按钮。

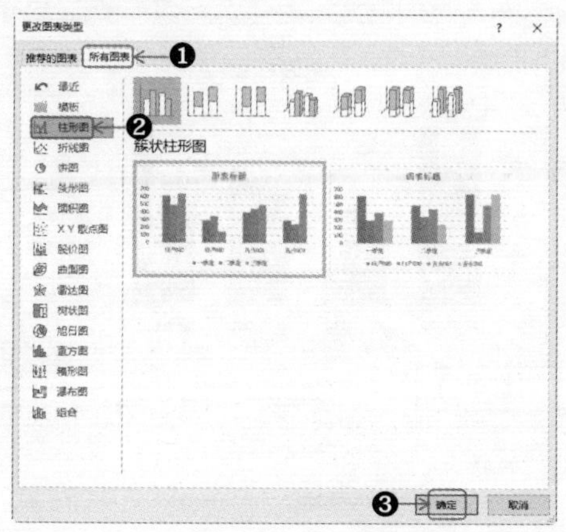

Step 03 即可将图表由折线图更改为柱形图。

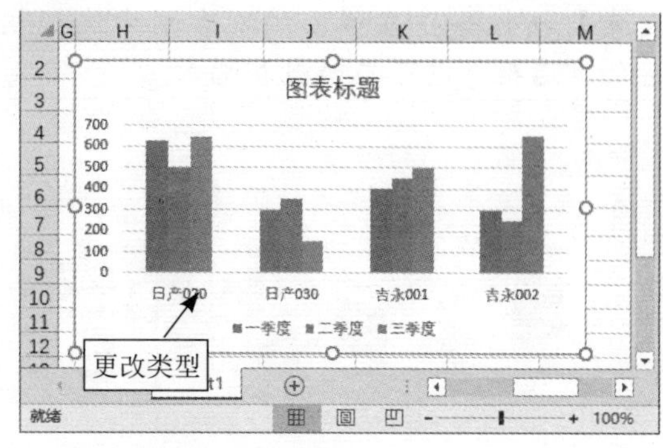

3. 添加图表元素

图表元素包括图表标题、坐标轴、数据标签、数据表、图例项等。下面以添加数据标签为例，介绍如何在图表中添加图表元素。具体操作步骤如下：

Step 01 选中图表，单击【图表工具】➤【设计】选项卡下【图表布局】组中的【添加图表元素】按钮，在弹出的下拉列表中选择【数据标签】➤【数据标签外】选项。

Step 02 即可在图表中添加数据标签。使用同样的方法，还可添加其他的图表元素。

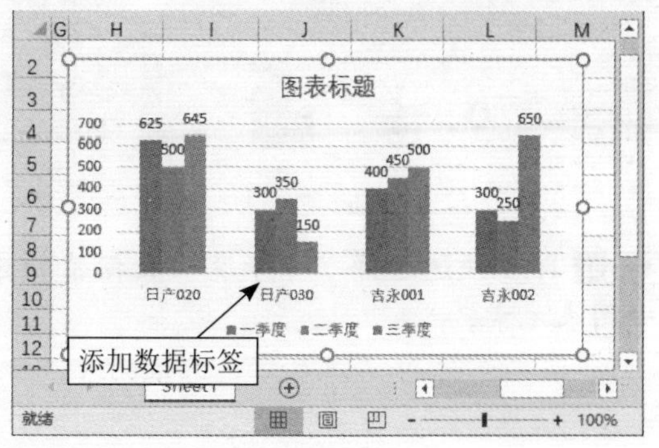

提示：选中图表后，单击右侧的【图表元素】按钮，在弹出的列表框中选择相应的复选框，也可添加图表元素。

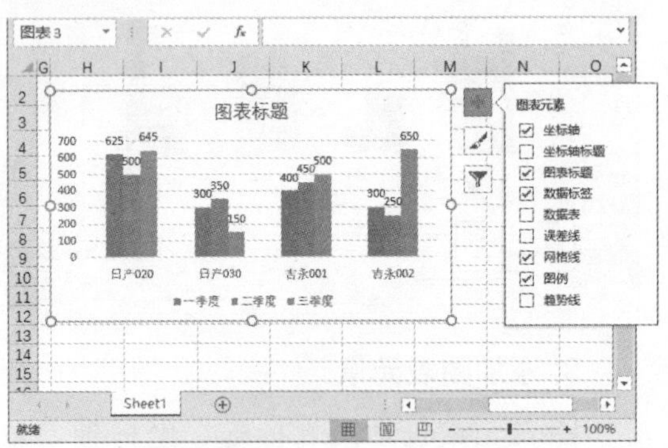

4. 快速选择图表元素

图表是由各个图表元素组成的，要想设置图表元素，首先需选中相应的模块。通常情况下，单击图表中某一模块，即可直接选中该元素，但是当图表中数据较多时该方法并不简便。下面介绍一种快速选择图表元素的方法，具体操作步骤如下：

Step 01 选中图表，单击【图表工具】➤【格式】选项卡下【当前所选内容】组中【图表区】右侧的下拉按钮，在弹出的下拉列表中选择【系列‘一季度’】选项。

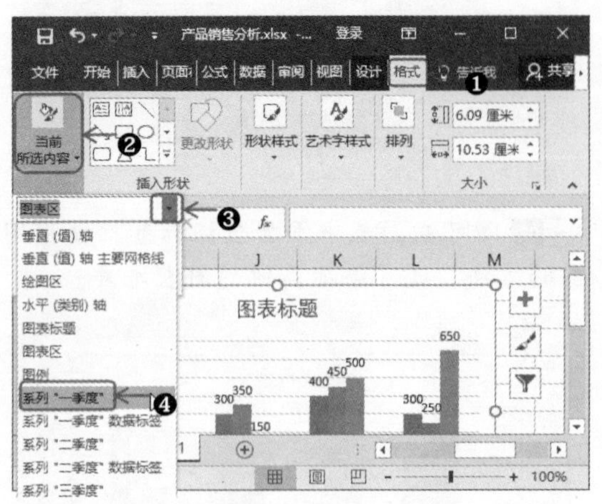

Step 02 即可快速选择‘一季度’数据系列这一图表元素。

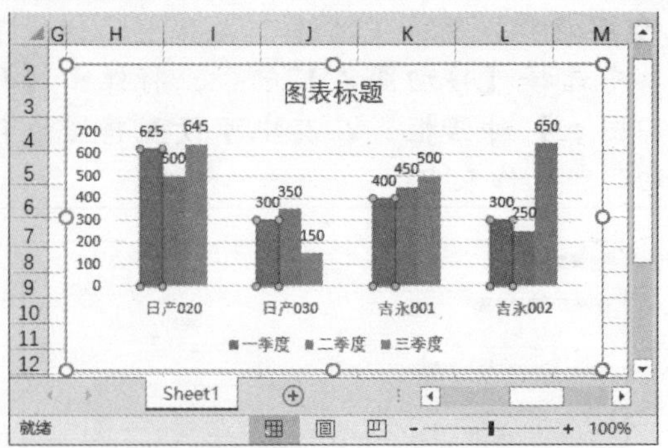

5. 快速布局图表

Excel提供了预设的布局样式，用户可根据需要快速调整图表的布局，快速布局图表的具体操作步骤如下：

Step 01 选中图表，单击【图表工具】【设计】选项卡下【图表布局】组中的【快速布局】按钮，在弹出的下拉列表中可选择布局，如选择【布局1】。

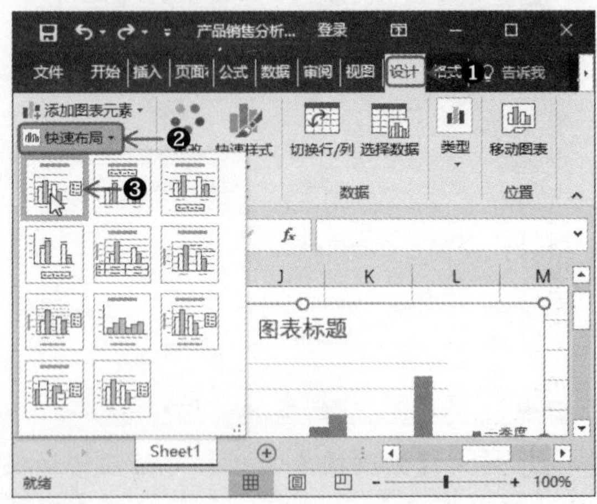

Step 02 即可快速调整图表的布局，效果如下图所示。

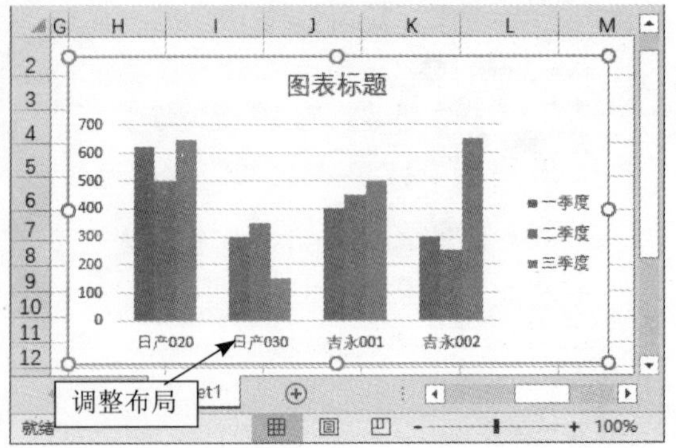

6. 切换图表的行/列

切换图表的行/列是指将图表X轴和Y轴的数据互换。切换图表行/列的具体操作步骤如下：

Step 01 选中图表，单击【图表工具】➢【设计】选项卡下【数据】组中的【切换行/列】按钮。

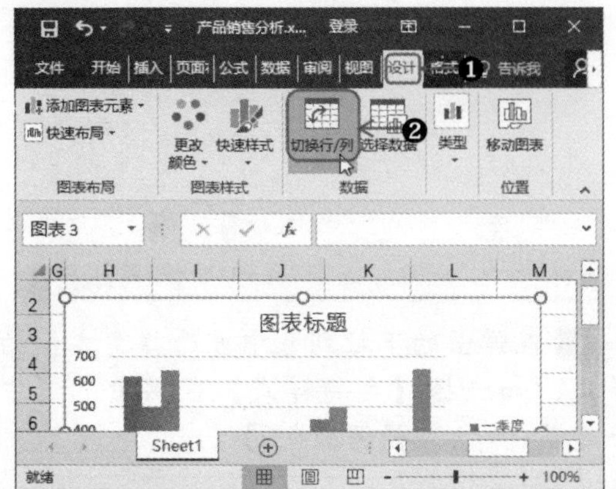

Step 02 即可切换图表的行/列，效果如下图所示。

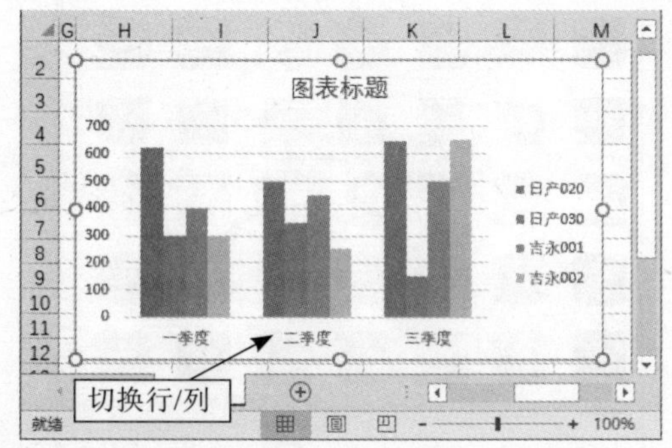

9.1.3 美化图表

除了对图表进行编辑操作外，用户还可以美化图表，包括设置图表的颜色、样式、字体格式等操作。

1. 套用图表样式

Excel 2016提供了多种预设的图表样式，套用这些样式，可快速美化图表。套用图表样式的具体操作步骤如下：

Step 01 选中图表，单击【图表工具】➢【设计】选项卡下【图表样式】组中的【其他】按钮。

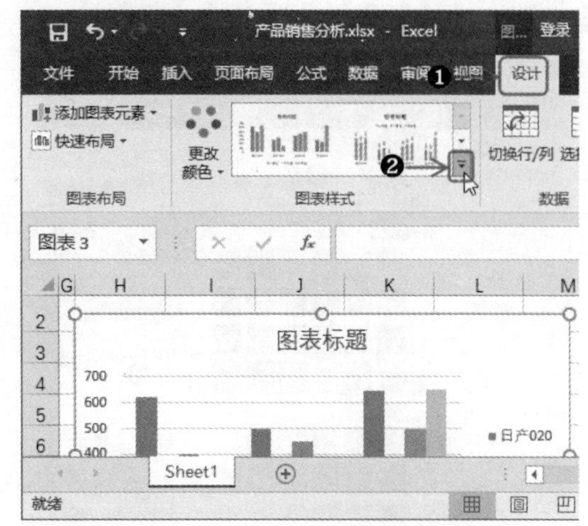

Step 02 在弹出的下拉列表中可选择样式，如选择【样式9】。

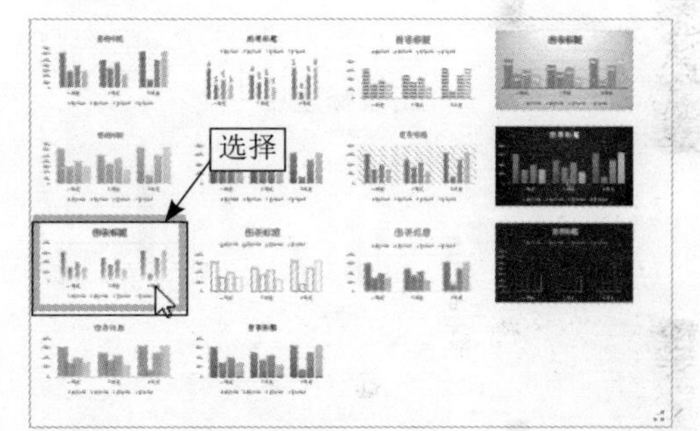

Step 03 即可套用图表样式，从而快速美化图表，效果如下图所示。

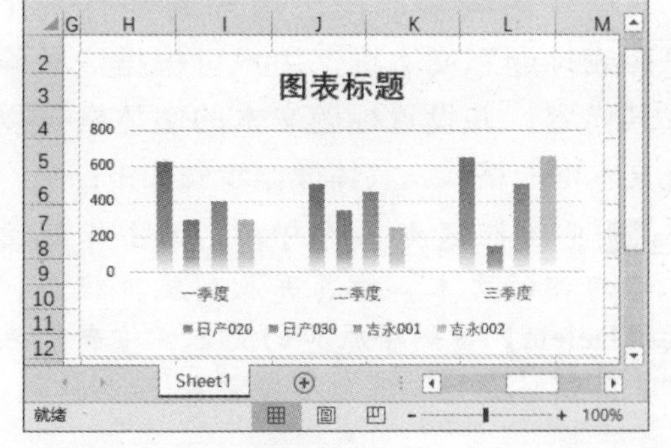

2. 更改图表的颜色

Excel提供了预设的图表颜色，用户可根据需要快速更改图表的颜色，具体操作步骤如下：

Step 01 选中图表，单击【图表工具】➢【设计】选项卡下【图表样式】组中的【更改颜色】按钮，在弹出的下拉列表中可选择颜色，如选择【彩色】区域中的【颜色4】。

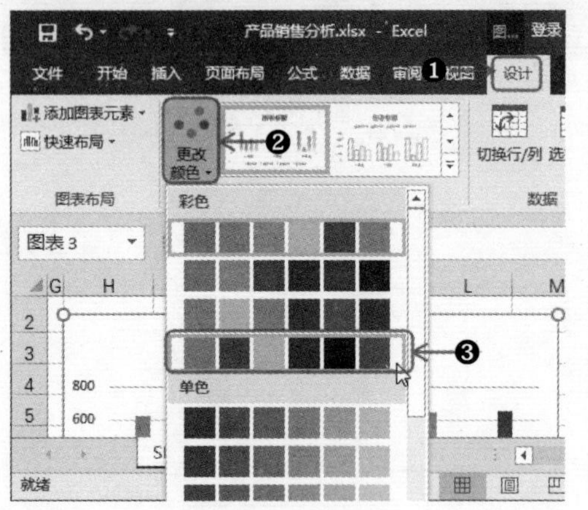

Step 02 即可更改图表的颜色，效果如下图所示。

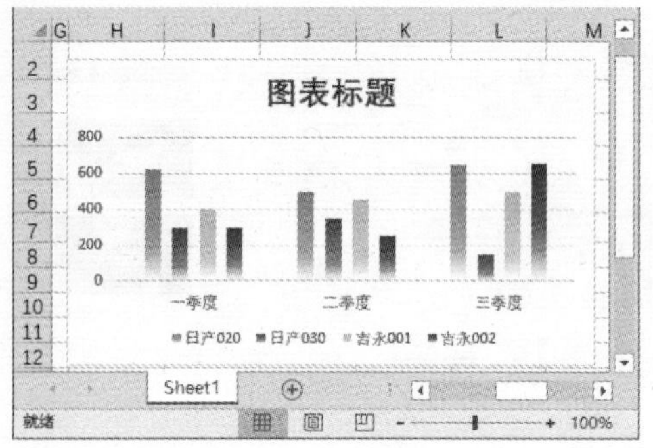

3. 设置图表标题的格式

创建图表后，图表顶部通常有一个“图表标题”文本框，用户可根据需求修改其内容，并设置标题文本的字体格式以及文本框的格式。具体操作步骤如下：

Step 01 更改标题文本的内容。单击标题文本框内部的文本，使其进入到编辑状态，按【Delete】键删除原有的文本，重新输入“产品销售分析”作为标题文本。

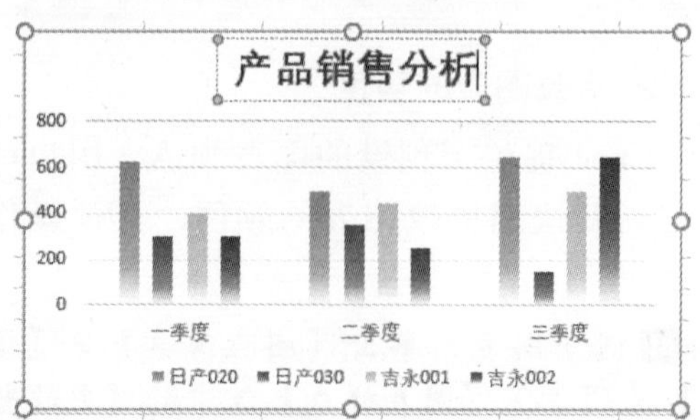

Step 02 设置标题文本框的样式。选中图表的标题文本框，单击【图表工具】➢【格式】选项卡下【形状样式】组中的【其他】按钮。

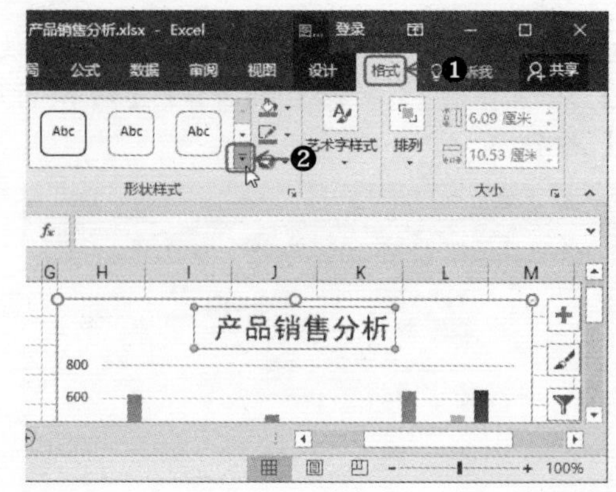

Step 03 在弹出的下拉列表中可选择文本框的样式，如选择【主题样式】区域中的【中等效果--蓝色，强调颜色5】。

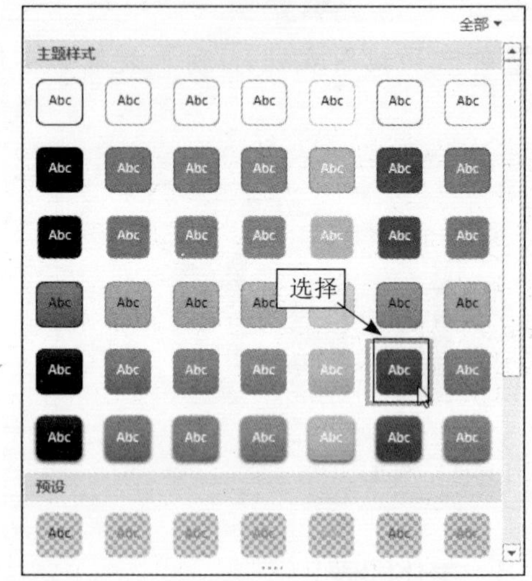

Step 04 即可快速设置标题文本框的样式，效果如下图所示。

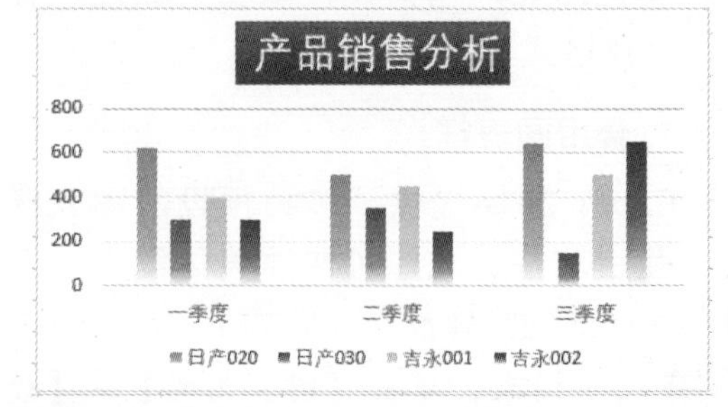

Step 05 设置标题文本的字体格式。选中标

题文本框，在【开始】选项卡下的【字体】组中设置字体为“楷体”，字号为“16”，并单击【加粗】按钮 B，添加加粗效果。

4. 设置图表区的格式

整个图表及图表中的数据称为图表区。设置图表区格式的具体操作步骤如下：

Step 01 选中图表区，单击【图表工具】➤【格式】选项卡下【形状样式】组中【形状填充】的下拉按钮，在弹出的下拉列表中可选择填充颜色，如选择淡绿色。

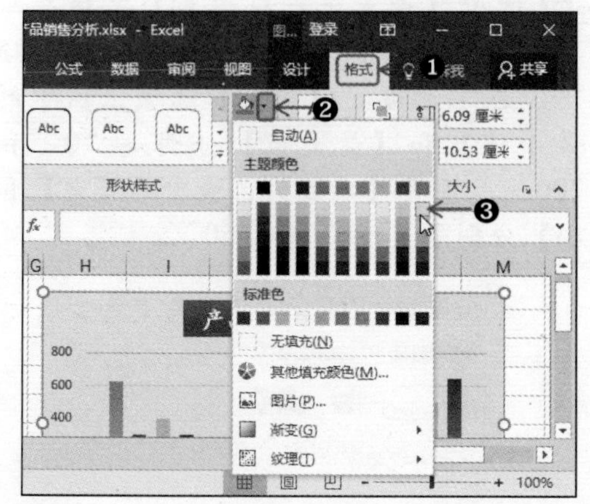

Step 02 即可设置图表区的填充颜色，效果如下图所示。

提示：单击【形状样式】组中的其他按钮，还可设置图表区的轮廓颜色、轮廓粗细、形状效果等格式。

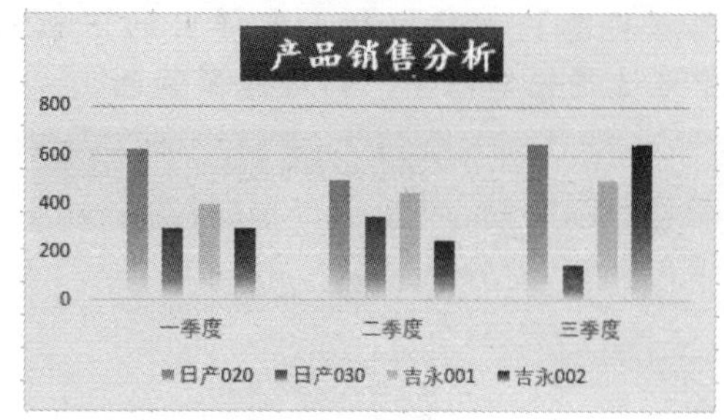

5. 设置绘图区的格式

绘图区主要用于显示数据表中的数据，其数据会随着工作表中数据的更新而更新。设置绘图区格式的具体操作步骤如下：

Step 01 设置填充颜色。选中绘图区，单击【图表工具】➤【格式】选项卡下【形状样式】组中的【形状填充】下拉按钮，在弹出的下拉列表中可选择填充颜色，如选择淡蓝色。

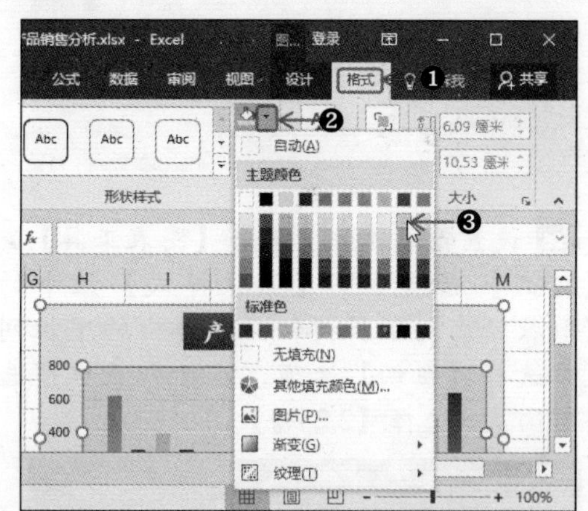

Step 02 即可设置绘图区的填充颜色，效果如下图所示。

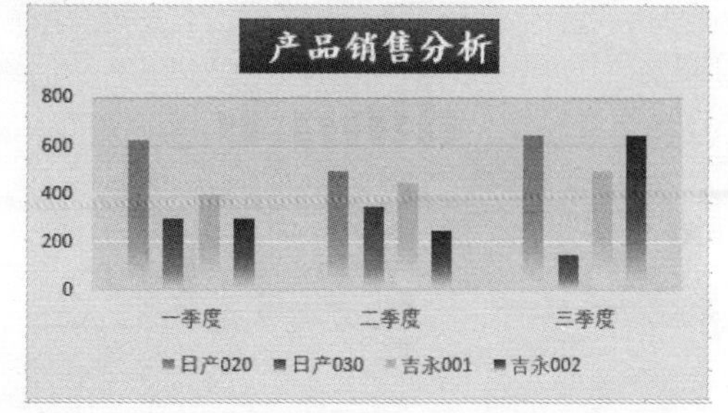

Step 03 设置轮廓颜色。单击【图表工具】➤【格式】选项卡下【形状样式】组中的

【形状轮廓】下拉按钮，在弹出的下拉列表中可选择轮廓颜色，如选择深蓝色。

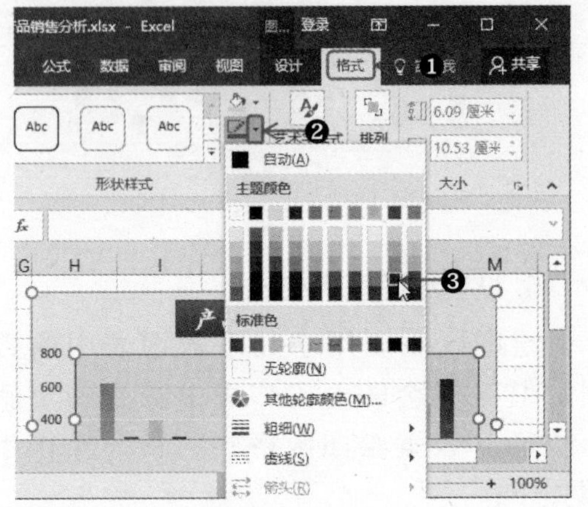

Step 04 即可设置绘图区的轮廓颜色，效果如下图所示。

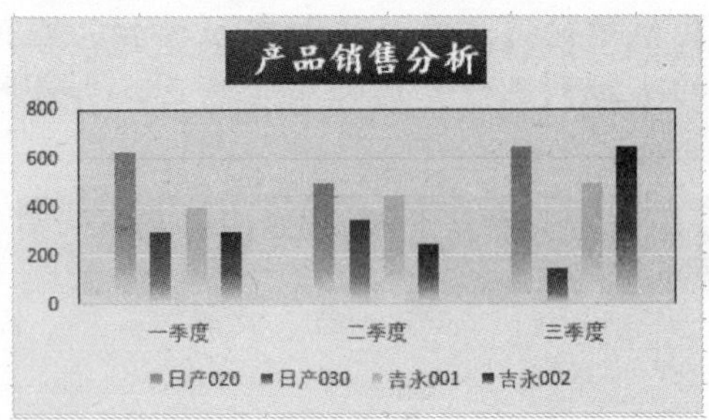

Step 05 设置轮廓粗细。单击【图表工具】➢【格式】选项卡下【形状样式】组中的【形状轮廓】下拉按钮，在弹出的下拉列表中选择【粗细】选项，在子列表中可选择粗细，如选择【2.25磅】。

Step 06 即可设置绘图区的轮廓粗细，效果如下图所示。

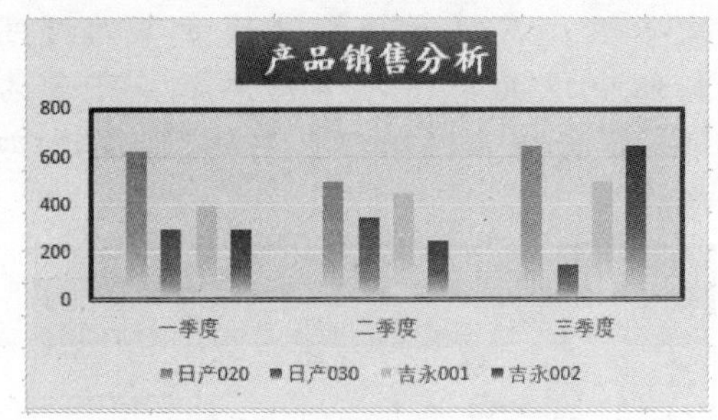

6. 设置坐标轴的格式

默认情况下，Excel会自动确定坐标轴中的刻度值，用户也可以自定义刻度，以满足需求。设置坐标轴格式的具体操作步骤如下：

Step 01 在垂直坐标轴上右击，在弹出的下拉列表中选择【设置坐标轴格式】命令。

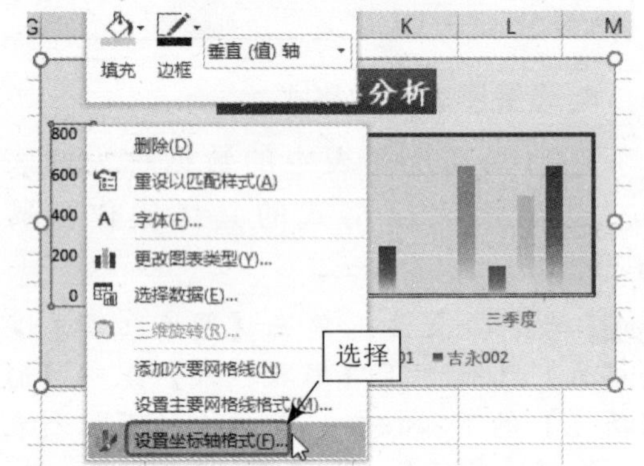

Step 02 弹出【设置坐标轴格式】窗格，单击【坐标轴选项】按钮，切换至该选项卡下，在下方设置【边界】选项区域中的【最小值】和【最大值】分别是“0”和“700”，设置【单位】区域中的【大】和【小】分别是“100”和“50”。

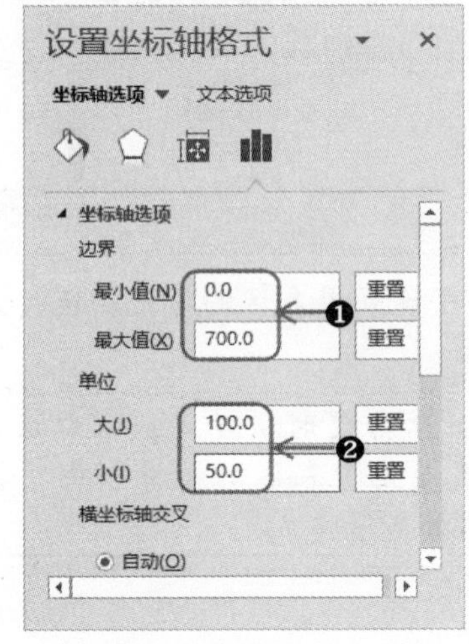

Step 03 即可设置垂直坐标轴的刻度和单位，效果如下图所示。至此，“产品销售分析”图表制作完成。

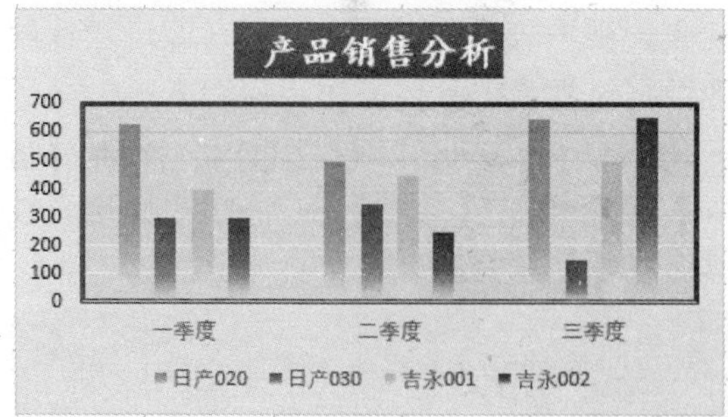

9.2 制作“产品销售分析”数据透视表

数据透视表是一种对大量数据快速汇总和建立交叉列表的交互式动态表格，是Excel中的数据分析利器。下面在“产品销售分析”工作簿中创建、编辑并美化数据透视表，以帮助用户分析、组织当前的数据。

9.2.1 创建数据透视表

Excel 2016主要提供了两种方法来创建数据透视表，下面分别介绍。

1. 手动创建数据透视表

在创建数据透视表时，默认是空白的数据透视表，用户需要添加字段，才能达到理想的效果。手动创建数据透视表的具体操作步骤如下：

Step 01 打开“素材\Ch09\产品销售分析(透视).xlsx”文件，选择单元格区域A2:D14作为数据源，单击【插入】选项卡下【表格】组中的【数据透视表】按钮。

提示：在实际工作中，数据往往是以二维表格的形式存在的，这样的数据表无法创建理想的数据透视表。只有将二维的数据表格转换为一维表格，才能作为数据透视表的理想数据源。

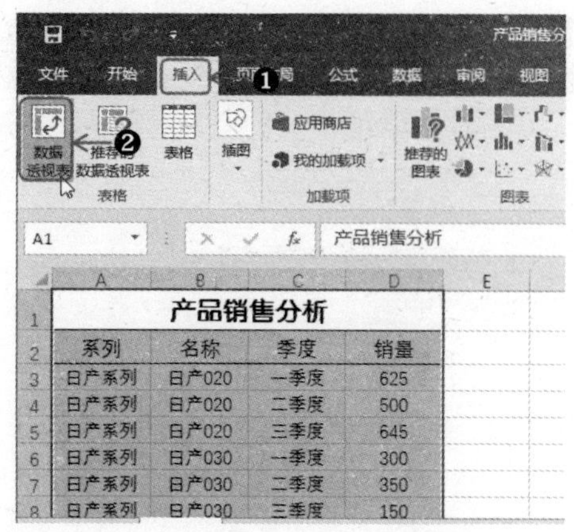

产品销售分析			
系列	名称	季度	销量
日产系列	日产020	一季度	625
日产系列	日产020	二季度	500
日产系列	日产020	三季度	645
日产系列	日产030	一季度	300
日产系列	日产030	二季度	350
日产系列	日产030	三季度	150

Step 02 弹出【创建数据透视表】对话框，在【表/区域】文本框中会显示出所选的数据区域，在【选择放置数据透视表的位置】选项区域中选择【新工作表】单选按钮，单击【确定】按钮。

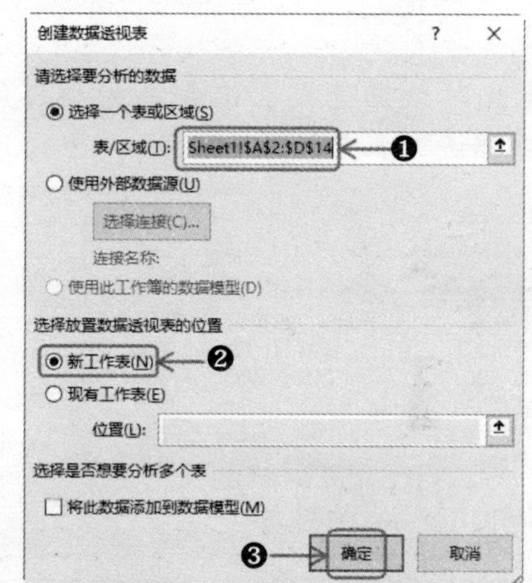

Step 03 即可新建工作表，在其中包含一个空白的数据透视表，窗口右侧是【数据透视表字段】窗格，在功能区会出现【数据透视表工具】➤【分析】和【设计】两个选项卡。

Step 04 在【数据透视表字段】窗格的列表框中选中字段，将其拖动至下方相应的区域中，从而添加字段。

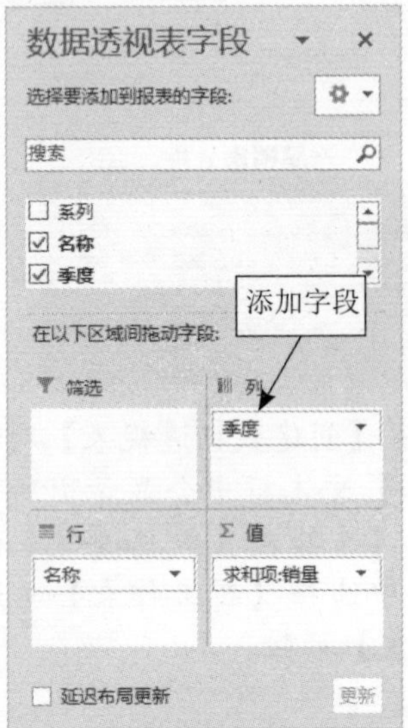

Step 05 此时数据透视表中会添加相应的字段，数据透视表即创建完成。

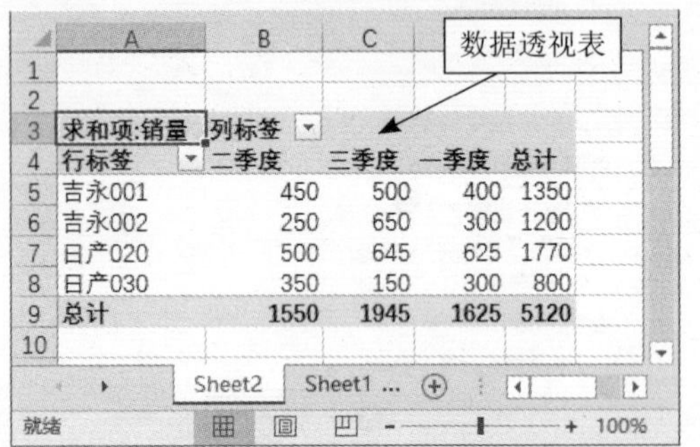

提示：在创建数据透视表时，经常会出现下图所示的对话框，提示数据透视表字段名无效。

当用于创建数据透视表的数据源的首行没有标题、有空单元格或者有合并了的单元格时，通常会出现该错误提示，从而无法成功创建数据透视表。要想解决该问题，用户只需将标题行中没有标题或为空的单元格添加标题，或者将合并的单元格拆分即可。

2. 快速创建数据透视表

利用“推荐的数据透视表”功能，系统将快速扫描数据，并列出可供选择的数据透视表，用户只需选择其中一种，即可快速创建数据透视表，具体操作步骤如下：

Step 01 选择单元格区域A2:D14，单击【插入】选项卡下【表格】组中的【推荐的数据透视表】按钮。

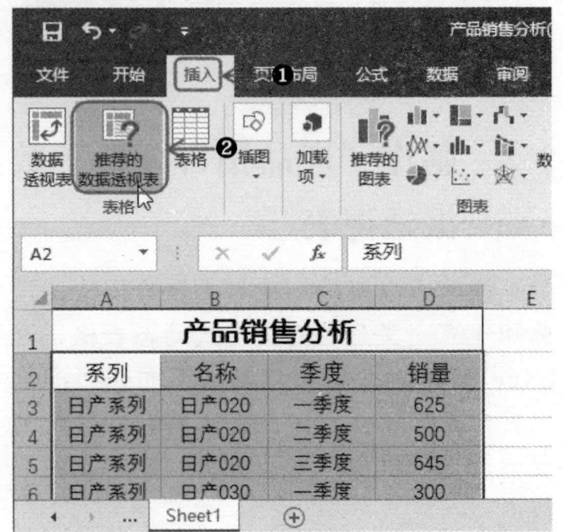

Step 02 弹出【推荐的数据透视表】对话框，在左侧列表框中选择类型，在右侧可预览效果，如选择第一个，之后单击【确定】按钮。

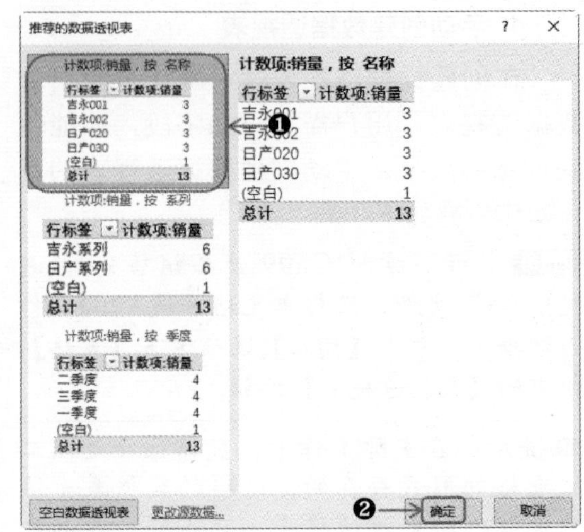

Step 03 此时系统会根据所选的类型快速创建数据透视表。

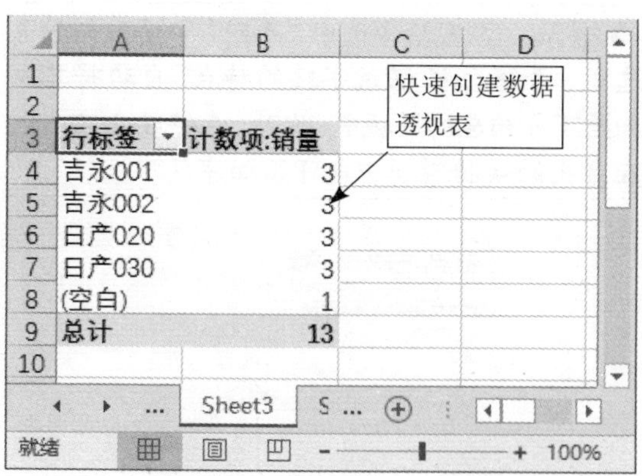

行标签	计数项:销量
吉永001	3
吉永002	3
日产020	3
日产030	3
(空白)	1
总计	13

9.2.2 编辑数据透视表

创建数据透视表后，还可以编辑数据透视表，包括对其进行移动、修改及刷新等操作。

1. 移动数据透视表

用户可以将数据透视表移动到当前工作表的其他单元格中，也可以移动到不同的工作表中。移动数据透视表的具体操作步骤如下：

Step 01 将光标定位至数据透视表的任意单元格中，单击【数据透视表工具】➤【分析】选项卡下【操作】组中的【移动数据透视表】按钮。

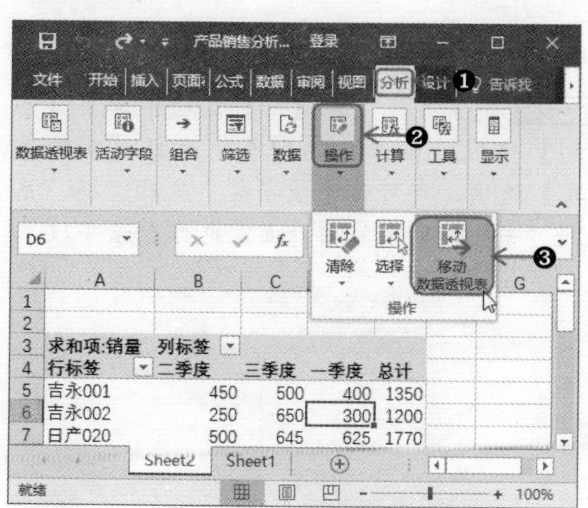

Step 02 弹出【移动数据透视表】对话框，选择【现有工作表】单选按钮，在【位置】文本框中输入目标单元格地址，之后单击【确定】按钮。

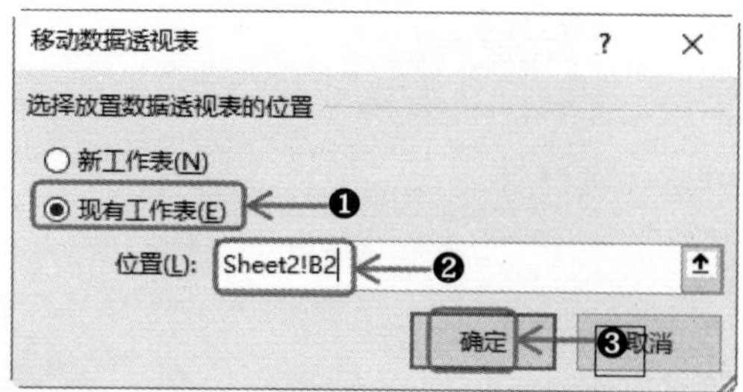

Step 03 即可将数据透视表移动到目标单元格内，效果如下图所示。

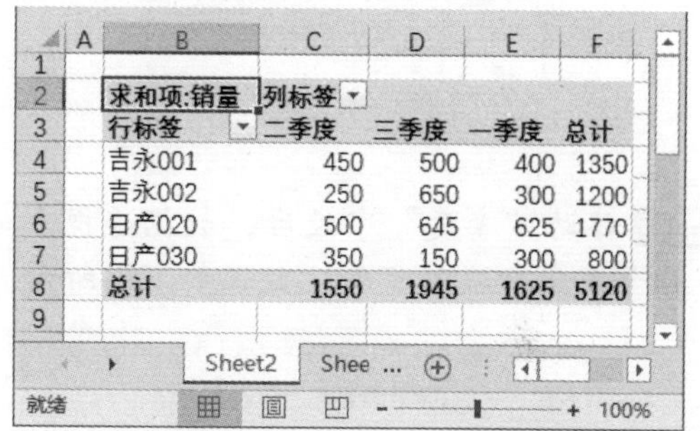

求和项:销量	列标签			
行标签	二季度	三季度	一季度	总计
吉永001	450	500	400	1350
吉永002	250	650	300	1200
日产020	500	645	625	1770
日产030	350	150	300	800
总计	1550	1945	1625	5120

2. 设置数据透视表的字段

设置数据透视表的字段包括添加字段、移动字段、删除字段等操作，通过这些操作，可以修改数据透视表的布局，重组数据透视表。具体操作步骤如下：

Step 01 移动字段。将光标定位至数据透视表的任意单元格中，在【数据透视表字段】窗格的【列】区域内，按住左键不放，将“季度”字段拖动至【行】区域内。

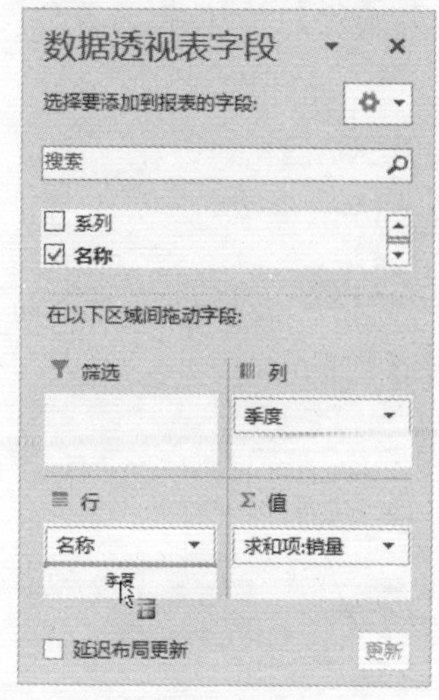

Step 02 释放鼠标，即可移动“季度”字段。

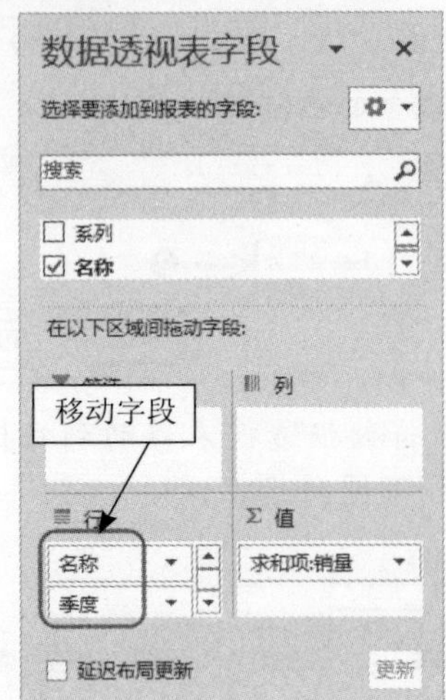

Step 03 移动“季度”字段后，数据透视表的布局会发生相应的变化，效果如下图所示。

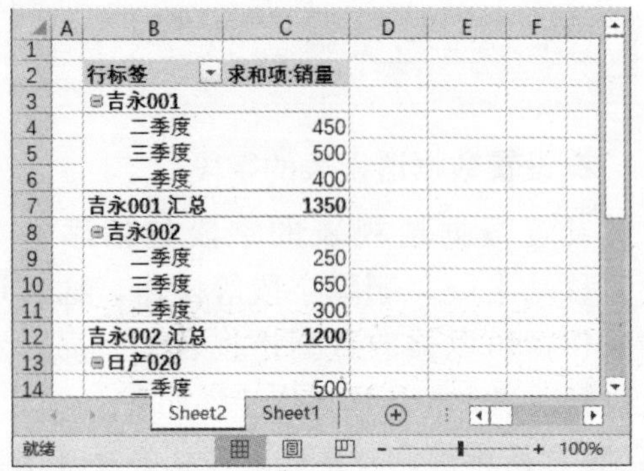

	A	B	C	D	E	F
1						
2		行标签	求和项:销量			
3		⊟吉永001				
4		二季度	450			
5		三季度	500			
6		一季度	400			
7		吉永001 汇总	1350			
8		⊟吉永002				
9		二季度	250			
10		三季度	650			
11		一季度	300			
12		吉永002 汇总	1200			
13		⊟日产020				
14		二季度	500			

Step 04 添加字段。按【Ctrl+Z】组合键撤销移动字段的操作，之后在【数据透视表字段】窗格的列表框中选中“系列”字段，将其拖动至【行】区域中“名称”字段的上方。

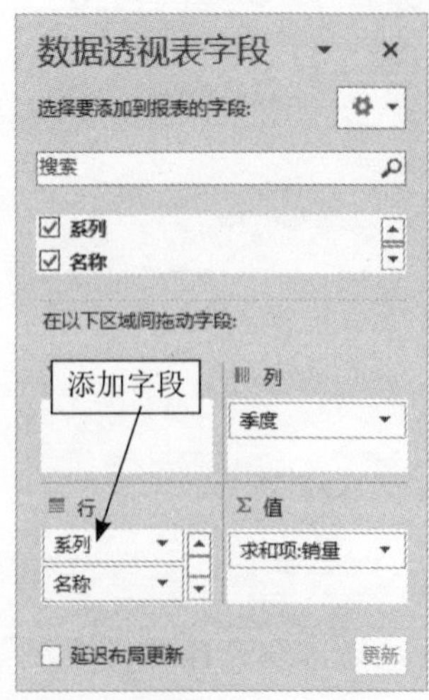

提示： 在窗格中选中“系列”字段前面的复选框，系统会根据该字段的特点，自动将其添加至下方相应的区域中。此外，在字段上右击，在弹出的快捷菜单中也可添加字段。

Step 05 即可添加“系列”字段，数据透视表也会发生相应的变化，效果如下图所示。

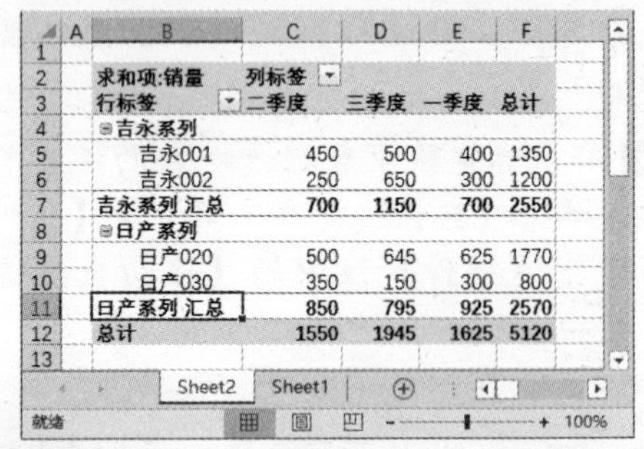

	A	B	C	D	E	F
1						
2		求和项:销量	列标签			
3		行标签	二季度	三季度	一季度	总计
4		⊟吉永系列				
5		吉永001	450	500	400	1350
6		吉永002	250	650	300	1200
7		吉永系列 汇总	700	1150	700	2550
8		⊟日产系列				
9		日产020	500	645	625	1770
10		日产030	350	150	300	800
11		日产系列 汇总	850	795	925	2570
12		总计	1550	1945	1625	5120
13						

Step 06 删除字段。在【行】区域中单击【系列】字段，在弹出的列表中选择【删除字段】选项，即可删除该字段。此外，将“系列”字段拖动至窗格外面，也可删除字段。

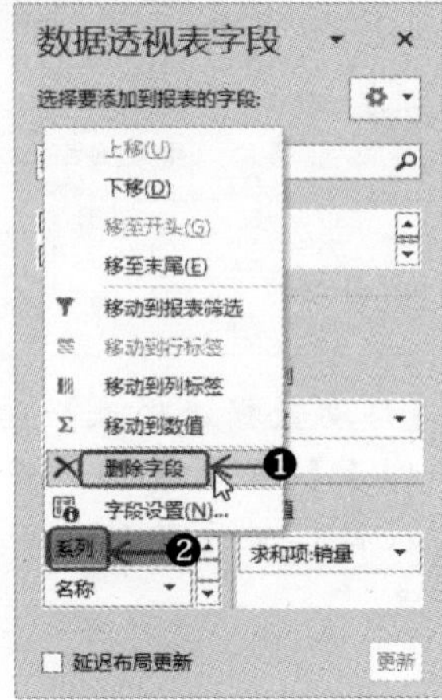

3. 查看数据透视表数据明细

在数据透视表的基础上，用户还可以查看更详细的数据明细信息。查看数据透视表数据明细的具体操作步骤如下：

Step 01 在数据透视表中双击单元格B4。

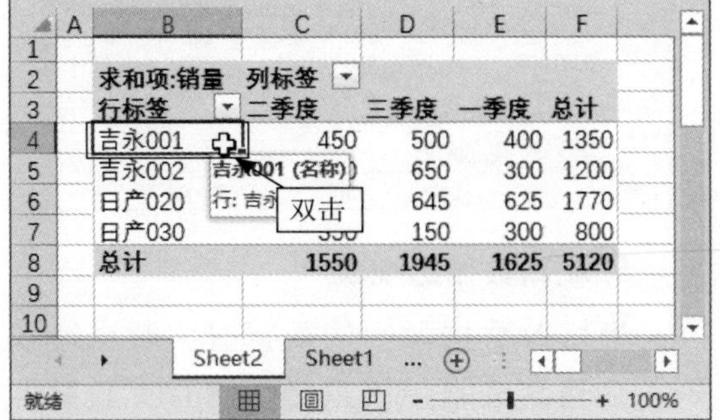

Step 02 弹出【显示明细数据】对话框，在其中可选择要显示的明细数据所在的字段，如选择【系列】字段，单击【确定】按钮。

提示：选择单元格后，单击【数据透视表工具】➤【分析】选项卡下【活动字段】组中的【展开字段】按钮，同样可弹出【显示明细数据】对话框。

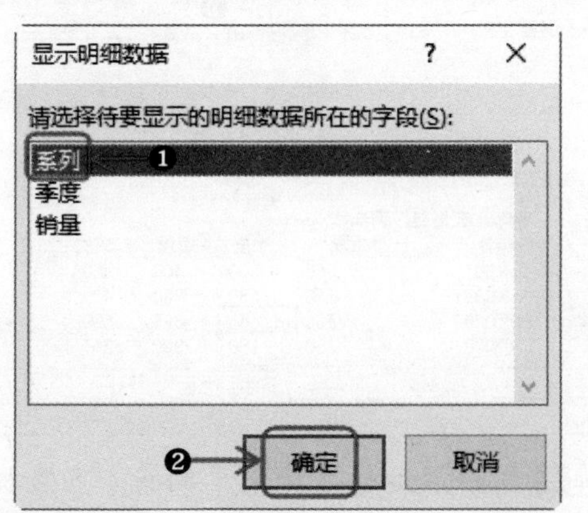

Step 03 即可查看详细信息，效果如下图所示。

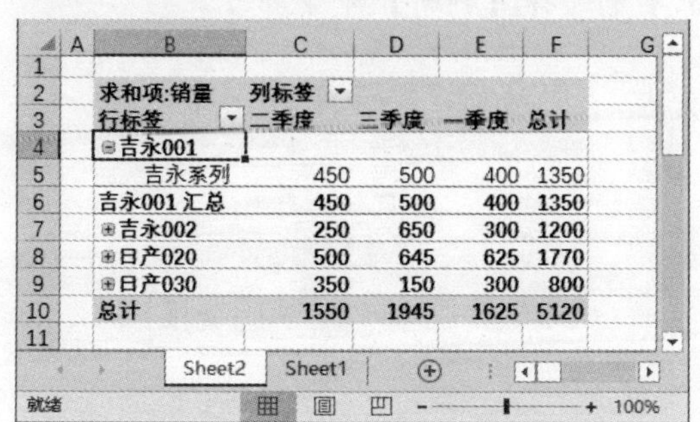

提示：若双击数据项所在的单元格（如单元格C4），将会新建一个工作表，并在其中显示出该数据的明细信息。

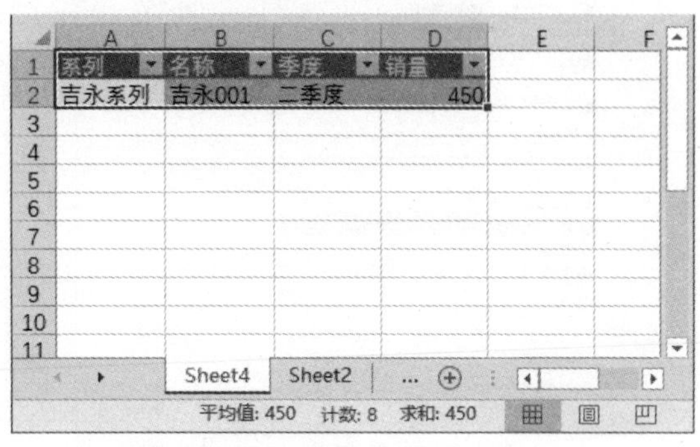

4. 修改数据透视表数字的计算类型

数据透视表默认的计算类型是求和，用户可以根据需要修改数据透视表中数字的计算类型。具体操作步骤如下：

Step 01 选择单元格F3，单击【数据透视表工具】➤【分析】选项卡下【活动字段】组中的【字段设置】按钮。

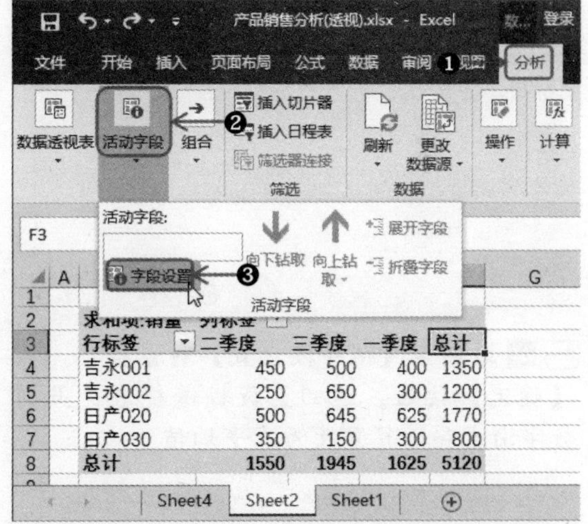

Step 02 弹出【值字段设置】对话框，在列表框中选择计算类型，如选择【平均值】，之后单击【数字格式】按钮。

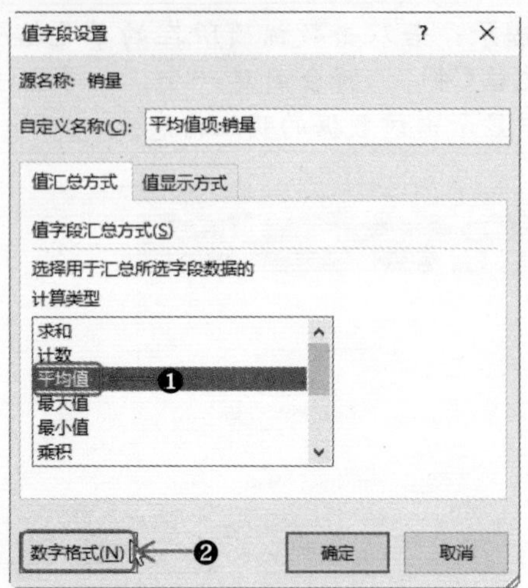

Step 03 弹出【设置单元格格式】对话框，在【分类】列表框中选择【数值】选项，设置【小数位数】为0，单击【确定】按钮。

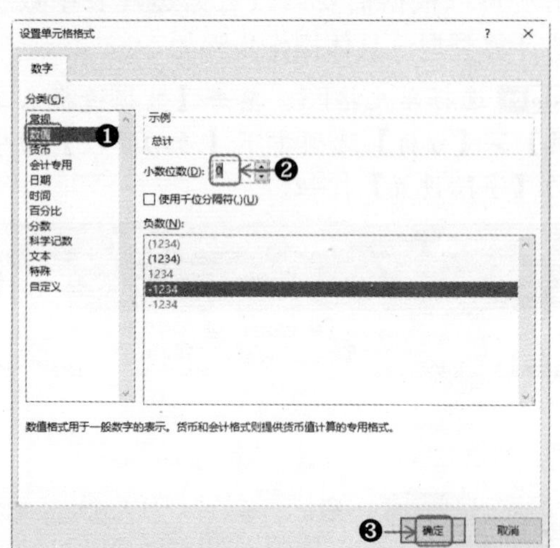

Step 04 返回至【值字段设置】对话框，单击【确定】按钮。返回至数据透视表，此时数字由求和运算更改为求平均值。

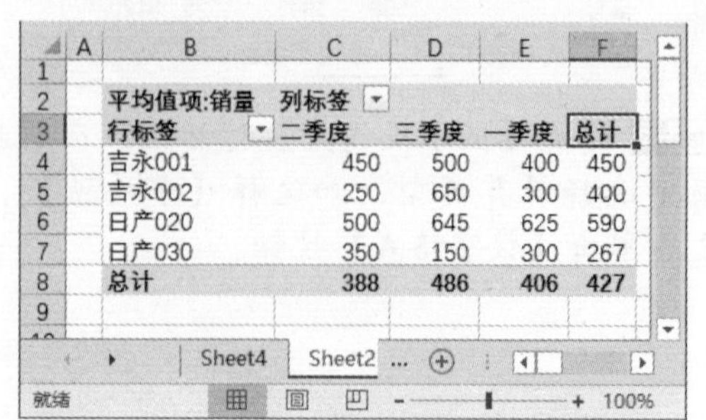

平均值项:销量	列标签			
行标签	二季度	三季度	一季度	总计
吉永001	450	500	400	450
吉永002	250	650	300	400
日产020	500	645	625	590
日产030	350	150	300	267
总计	388	486	406	427

Step 05 选中单元格F3，在编辑栏中将“总计”文本更改为“平均值”，单元格B8中的文本也会发生相应的变化，表示数据透视表中计算了各季度的销售平均值。

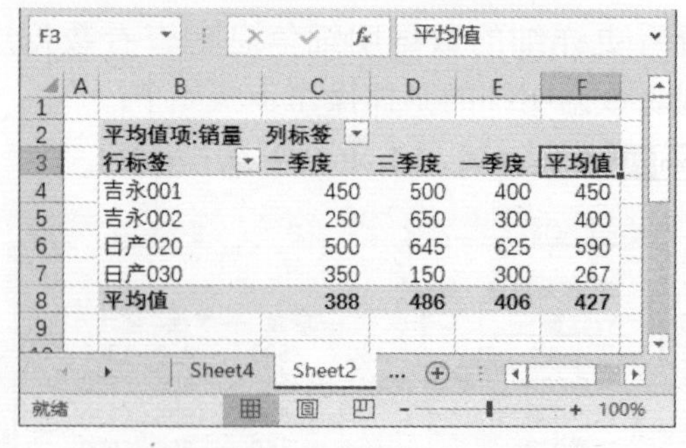

平均值项:销量	列标签			
行标签	二季度	三季度	一季度	平均值
吉永001	450	500	400	450
吉永002	250	650	300	400
日产020	500	645	625	590
日产030	350	150	300	267
平均值	388	486	406	427

5. 刷新数据透视表

当修改数据源中的数据时，数据透视表不会自动更新，用户必须执行更新数据操作才能刷新数据透视表。刷新数据透视表的具体操作步骤如下：

Step 01 利用功能区刷新。单击【数据透视表工具】➢【分析】选项卡下【数据】组中的【刷新】按钮，可以刷新数据透视表。

Step 02 利用右键的快捷菜单刷新。在数据区域中的任意单元格上右击，在弹出的快捷菜单中选择【刷新】命令即可。

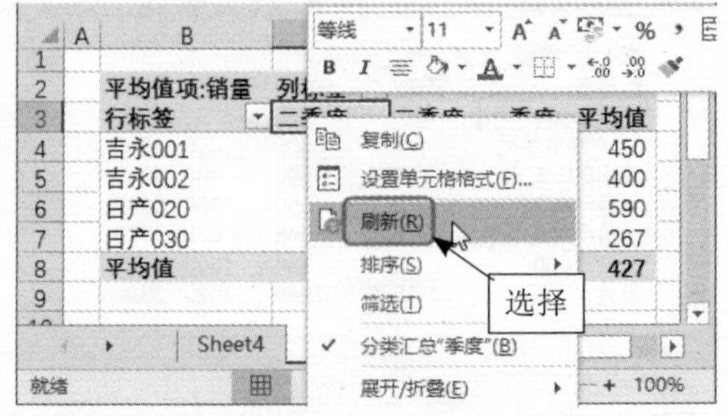

6. 设置数据透视表的布局

设置数据透视表的布局包括设置分类汇总的方式、总计的方式、报表布局的方式等内容。具体操作步骤如下：

Step 01 将光标定位至数据透视表的任意单元格中，单击【数据透视表工具】➤【设计】选项卡下【布局】组中的【总计】按钮，在弹出的下拉列表中选择【仅对行启用】选项。

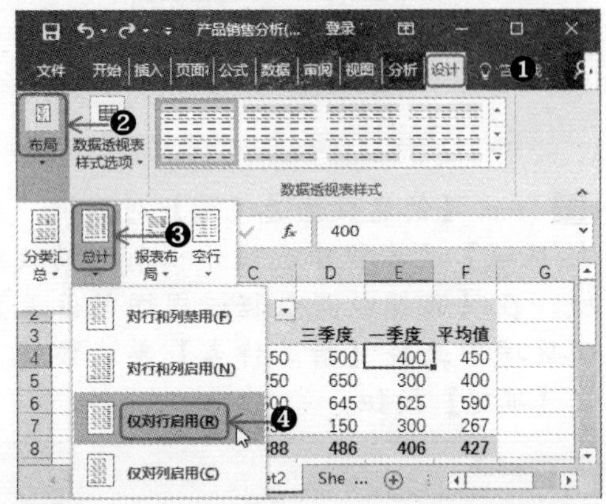

Step 02 即可设置总计方式，效果如下图所示。

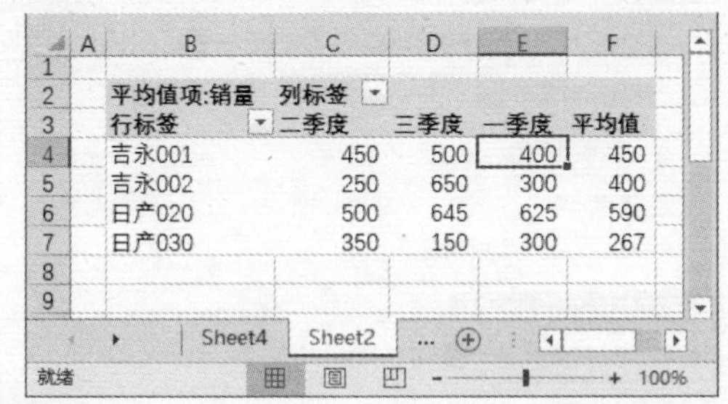

Step 03 单击【数据透视表工具】➤【设计】选项卡下【布局】组中的【报表布局】按钮，在弹出的下拉列表中选择【以大纲形式显示】选项。

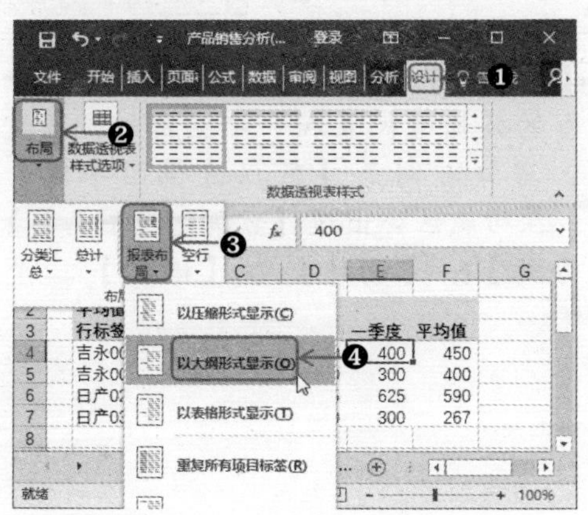

Step 04 数据透视表将以大纲形式显示出来，效果如下图所示。

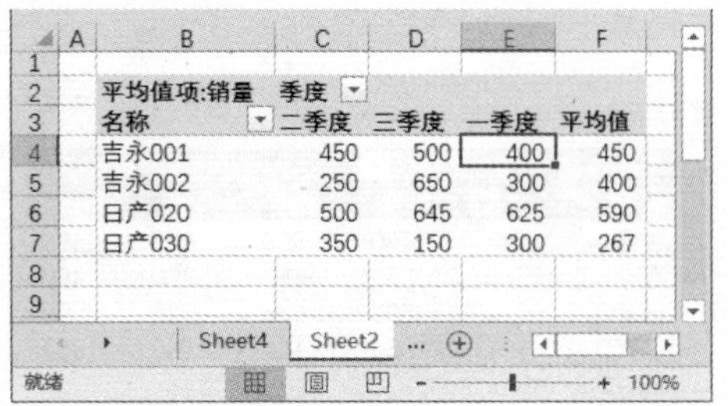

9.2.3 美化数据透视表

通过套用数据透视表样式，可以快速美化数据透视表。具体操作步骤如下：

Step 01 将光标定位至数据透视表的任意单元格中，单击【数据透视表工具】➤【设计】选项卡下【数据透视表样式】组中的【其他】按钮 。

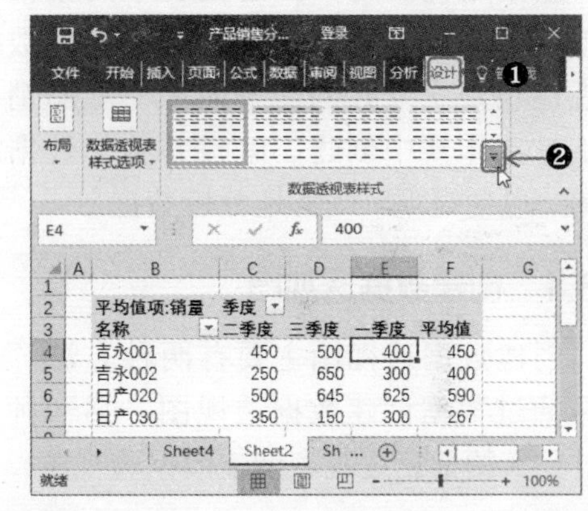

Step 02 在弹出的下拉列表中显示了预设的样式，如选择【深色】选择区域中的【浅黄数据透视表样式深色5】选项。

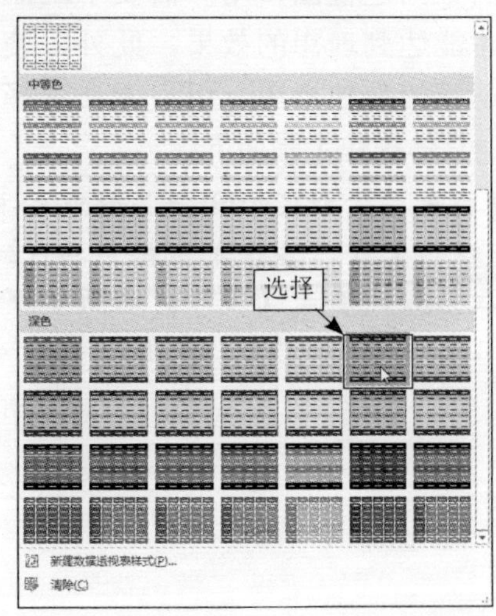

Step 03 即可套用样式，快速美化数据透视表。至此，“产品销售分析”数据透视表制作完成。

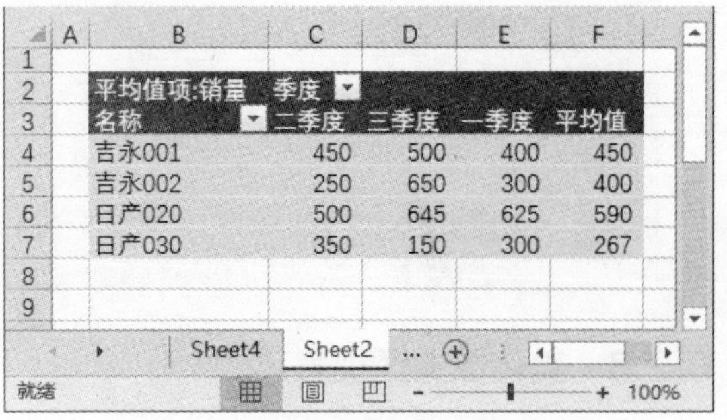

9.3 制作“产品销售分析”数据透视图

数据透视图是数据透视表中的数据的图形表示形式。与数据透视表一样，数据透视图也是交互式的。下面在“产品销售分析”工作簿中创建、编辑并美化数据透视图，以便直观、动态地分析数据。

9.3.1 创建数据透视图

创建数据透视图主要有两种方法，一种是通过数据创建数据透视图，另一种是通过已有的数据透视表创建数据透视图。

1. 通过数据创建数据透视图

通过数据创建数据透视图时，默认是空白的数据透视图，用户需要手动添加字段，才能达到理想的效果。此外，使用该方法创建的是柱形图，用户无法选择图表类型，具体操作步骤如下：

Step 01 打开“素材\Ch09\产品销售分析(透视).xlsx”文件，选择单元格区域A2:D14作为数据源，单击【插入】选项卡下【图表】组中的【数据透视图】按钮。

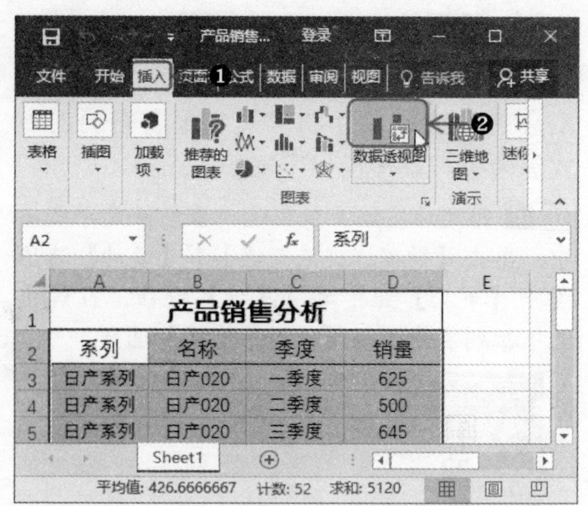

Step 02 弹出【创建数据透视图】对话框，在【表/区域】文本框中会显示出所选的数据区域，在【选择放置数据透视图的位置】选项区域中选择【新工作表】单选按钮，单击【确定】按钮。

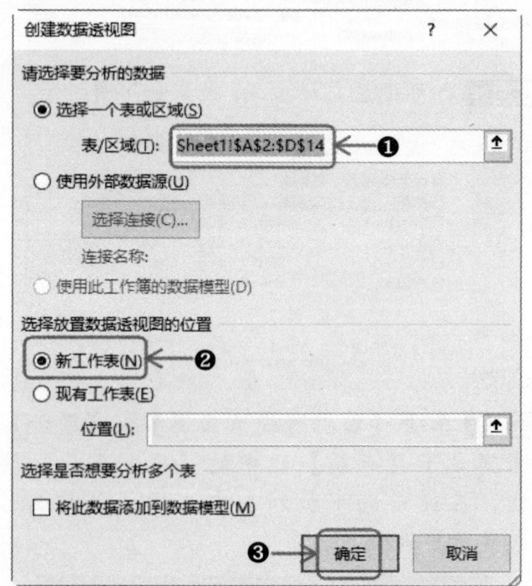

Step 03 即可新建工作表，在其中包含一个空白的数据透视表和一个空白的数据透视图，窗口右侧是【数据透视图字段】窗格，在功能区会出现【数据透视图工具】➤【分析】、【设计】和【格式】三个选项卡。

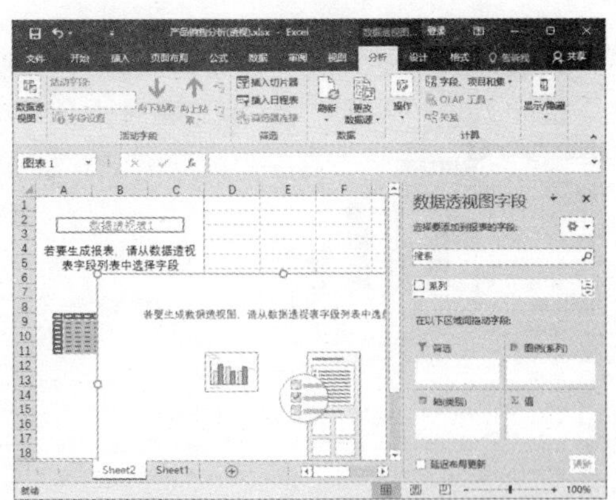

Step 04 在【数据透视图字段】窗格的列表框中选中字段，将其拖动至下方相应的区域中，从而添加字段。

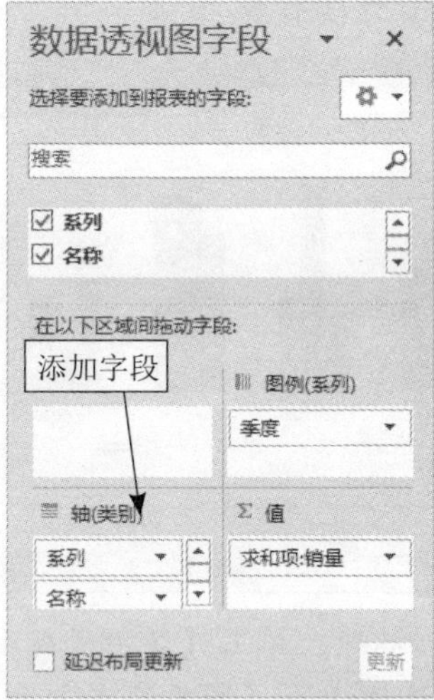

Step 05 此时数据透视表和数据透视图中即会添加相应的字段，数据透视图默认是柱形图。

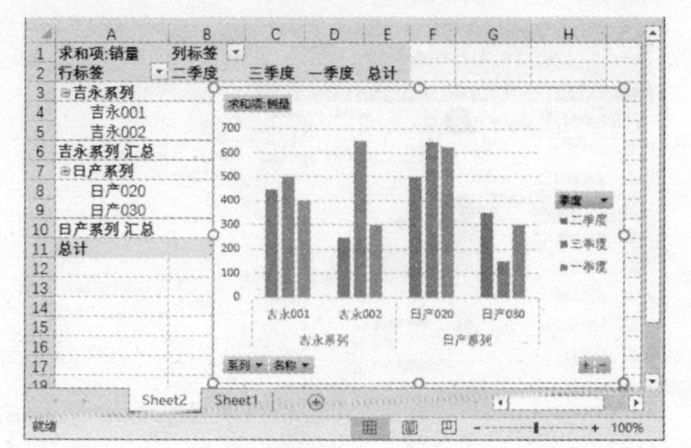

2. 通过已有的数据透视表创建数据透视图

通过已有的数据透视表，用户无须手动添加字段，可以快速创建数据透视图，并且还可设置图表类型。具体操作步骤如下：

Step 01 打开“素材\Ch09\产品销售分析(透视).xlsx”文件，使用9.2.1节介绍的方法，创建一个数据透视表。

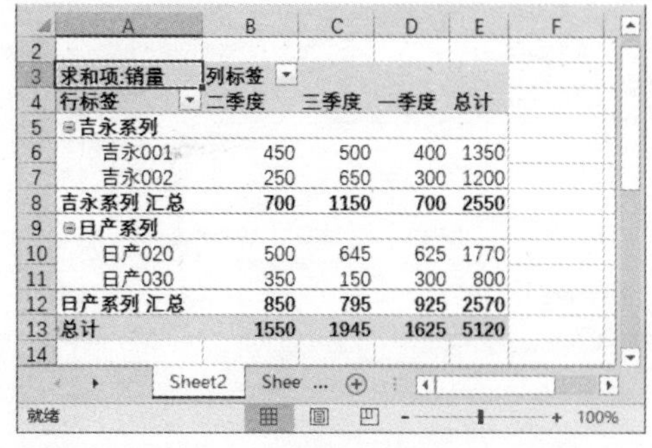

求和项:销量	列标签			
行标签	二季度	三季度	一季度	总计
⊟吉永系列				
吉永001	450	500	400	1350
吉永002	250	650	300	1200
吉永系列 汇总	700	1150	700	2550
⊟日产系列				
日产020	500	645	625	1770
日产030	350	150	300	800
日产系列 汇总	850	795	925	2570
总计	1550	1945	1625	5120

Step 02 将光标定位至数据透视表的任意单元格中，单击【数据透视表工具】➢【分析】选项卡下【工具】组的【数据透视图】按钮。

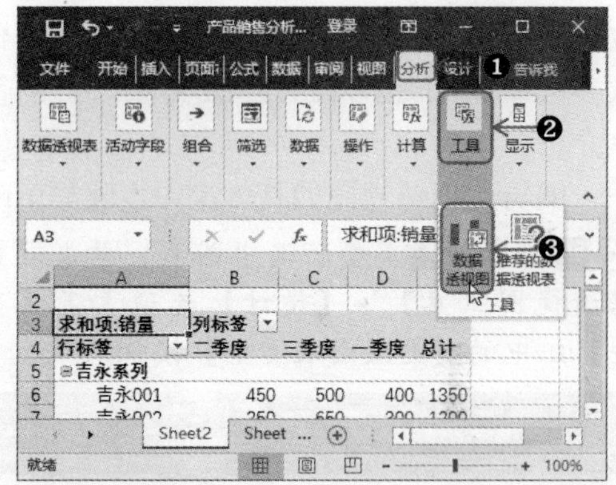

Step 03 弹出【插入图表】对话框，在左侧列表中选择数据透视图的类型，如选择【折线图】，在右侧上方区域中还可选择子类型，如选择【带数据标记的折线图】，之后单击【确定】按钮。

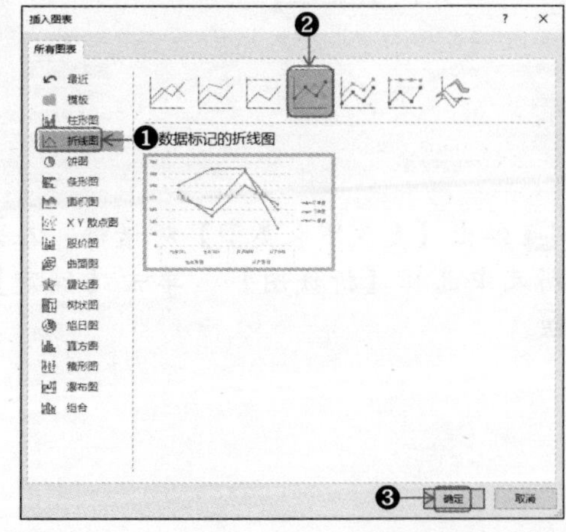

Step 04 即可创建折线图类型的数据透视图，效果如下图所示。

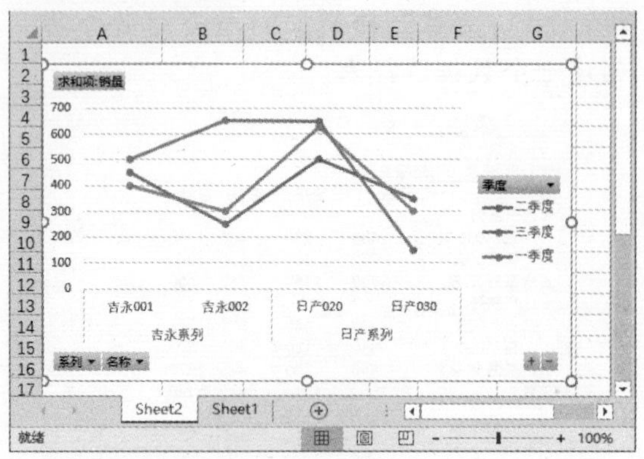

9.3.2 编辑数据透视图

编辑数据透视图包括添加图表元素、修改图表布局、更改图表类型、修改数据在透视图中的显示等操作。这些操作大多与编辑普通图表的方法类似，下面简单介绍。

编辑数据透视图的具体操作步骤如下：

Step 01 更改图表类型。选中图表，单击【数据透视图工具】➢【设计】选项卡下【类型】组中的【更改图表类型】按钮。

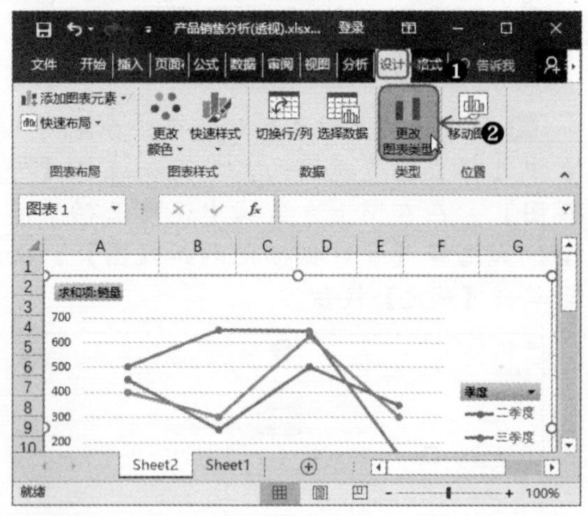

Step 02 弹出【更改图表类型】对话框，在左侧列表中选择【折线图】，单击【确定】按钮。

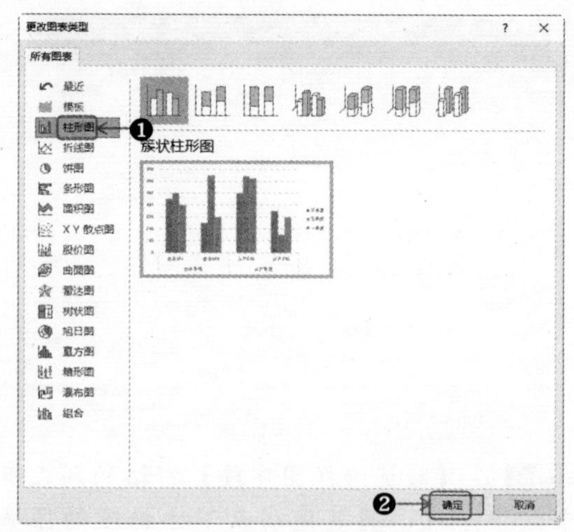

Step 03 即可更改数据透视图的图表类型，由折线图更改为柱形图。

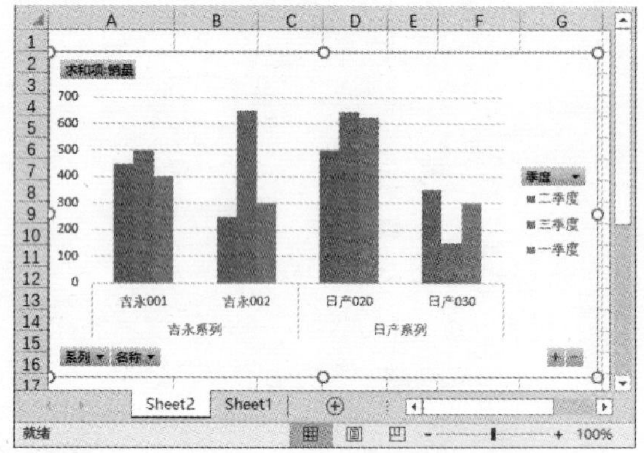

Step 04 添加标题。单击【数据透视图工具】➢【设计】选项卡下【图表布局】组中的【添加图表元素】按钮，在弹出的下拉列表中选择【图表标题】➢【图表上方】选项。

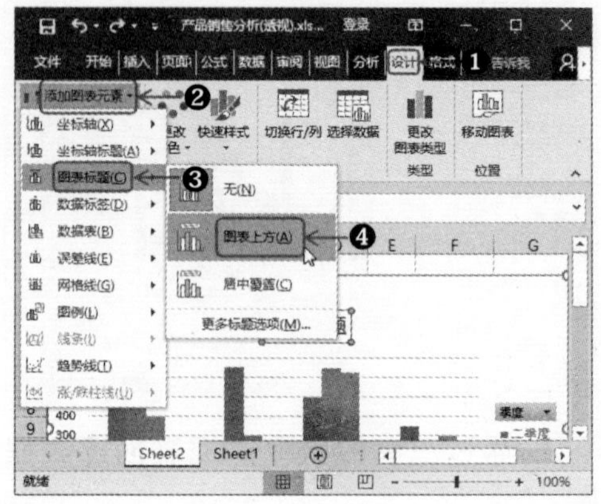

Step 05 即可在图表上方添加标题文本框，单击文本框，按【Delete】键删除原有的内

容，输入“产品销售分析”作为图表的标题文本。

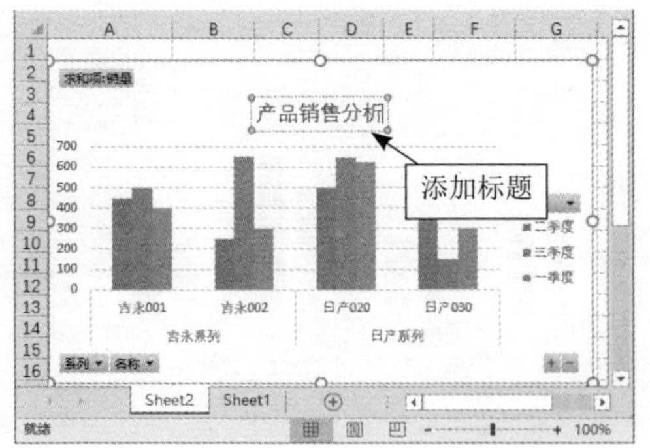

Step 06 筛选数据。单击图表中的【季度】按钮，在弹出的下拉列表中取消选择【三季度】复选框，之后单击【确定】按钮。

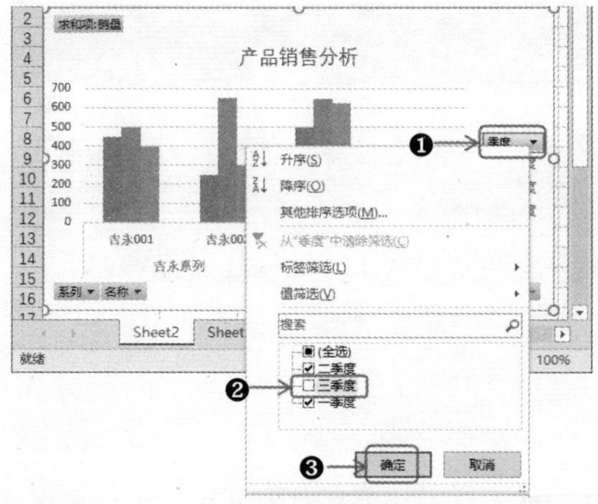

Step 07 即可在数据透视图中筛选数据，效果如下图所示。

提示：在图表中单击左下角的【系列】和【名称】按钮，也可筛选出相应的数据。

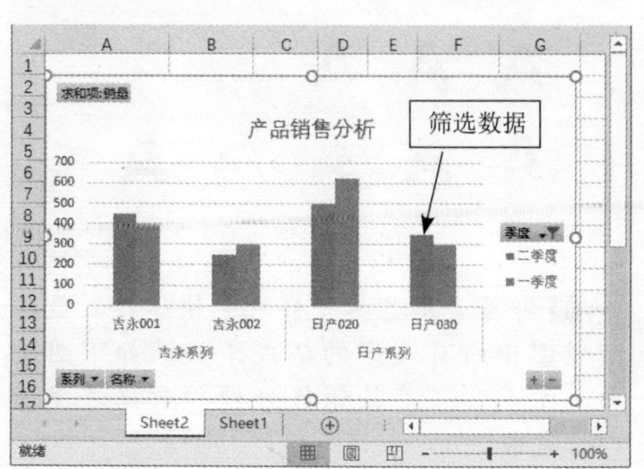

9.3.3 美化数据透视图

美化数据透视图包括更改图表颜色、设置图表样式、设置图表的填充颜色及形状效果、设置字体和字号等操作。这些操作与美化普通图表的方法类似，下面简单介绍。

美化数据透视图的具体操作步骤如下：

Step 01 套用图表样式。选中图表，单击【数据透视图工具】➤【设计】选项卡下【图表样式】组中的【其他】按钮。

Step 02 在弹出的下拉列表中显示了预设的样式，如选择【样式7】。

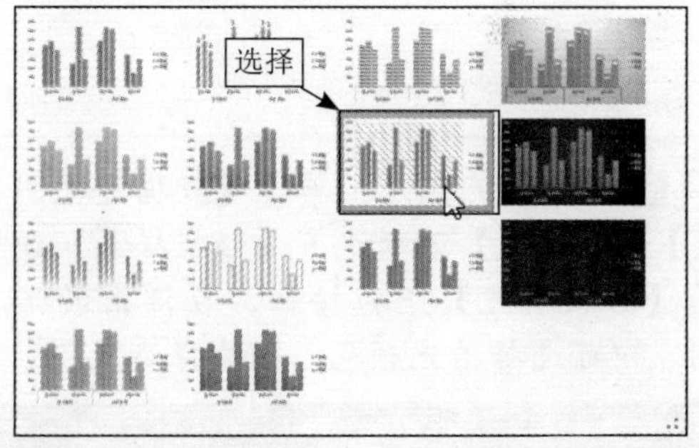

Step 03 即可套用图表样式，快速美化数据透视图。

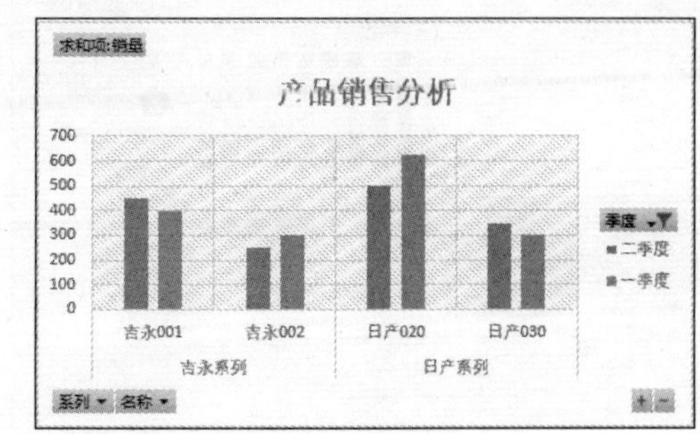

Step 04 设置图表颜色。单击【数据透视图工具】➤【设计】选项卡下【图表样式】组中的【更改颜色】按钮，在弹出的下拉列表中可选择颜色，如选择【彩色】选项区域中的【颜色4】选项。

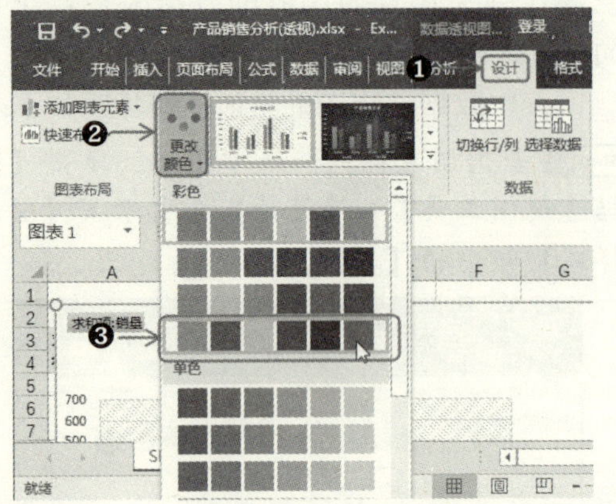

Step 05 即可设置数据透视图的颜色，效果如下图所示。

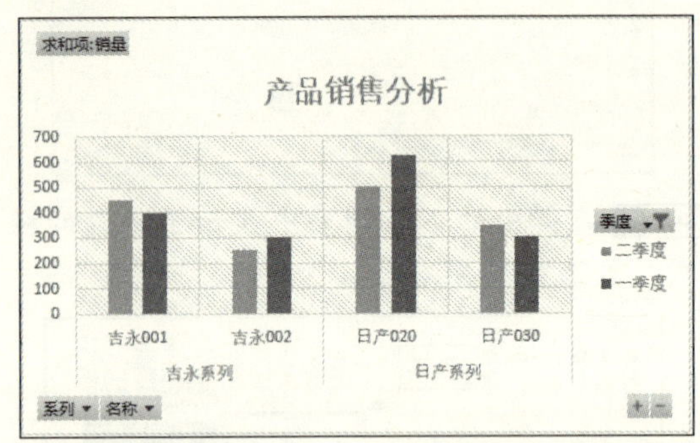

Step 06 设置填充颜色。单击【数据透视图工具】➤【格式】选项卡下【形状样式】组中的【形状填充】下拉按钮，在弹出的下拉列表中可选择填充颜色，如选择淡蓝色。

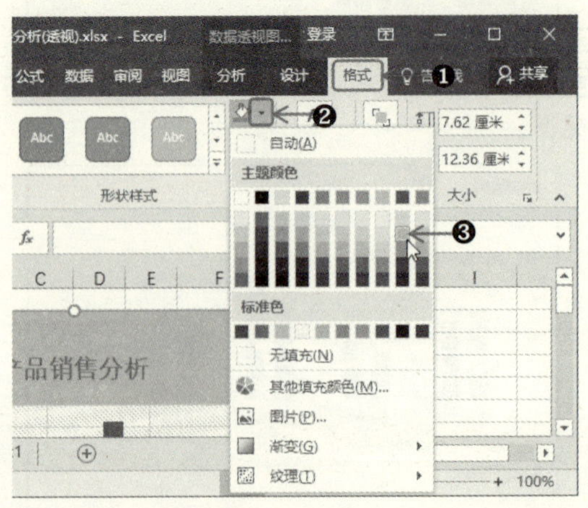

Step 07 即可设置数据透视图的填充颜色，效果如下图所示。

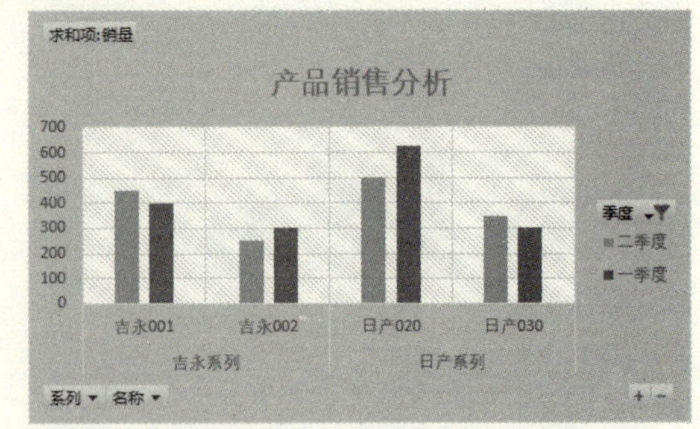

Step 08 设置文字格式。单击【数据透视图工具】➤【格式】选项卡下【艺术字样式】组中的【其他】按钮。

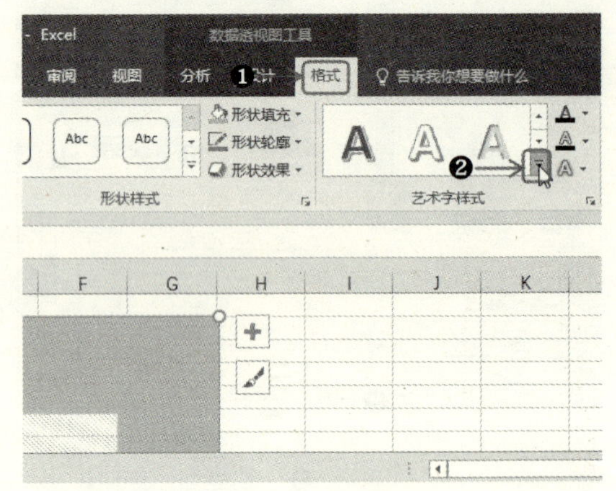

Step 09 在弹出的下拉列表中显示了预设的艺术字样式，如选择第一个样式。

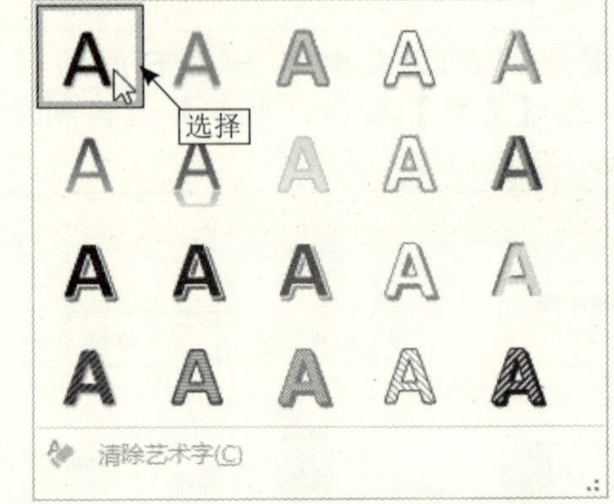

Step 10 即可套用艺术字样式，快速设置数据透视图中所有文字的格式，效果如下图所示。至此，“产品销售分析”数据透视图制作完成。

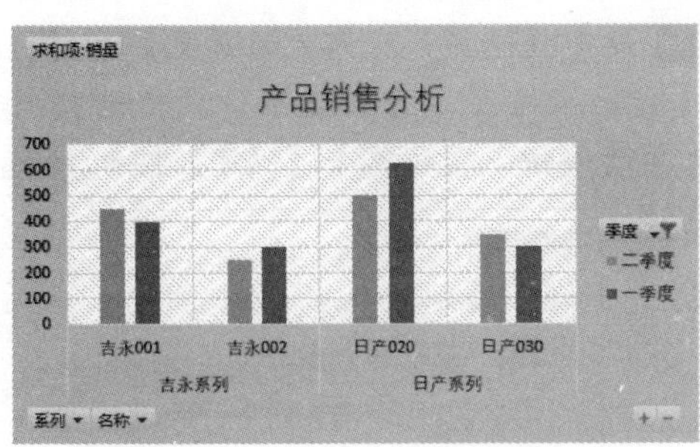

高手支招

1. 将图表转换为图片

在Excel中生成的图表可以图片的格式保存下来。将图表转换为图片的具体操作步骤如下：

Step 01 打开“素材\Ch09\图片.xlsx”文件，选中图表，按【Ctrl+C】组合键进行复制。

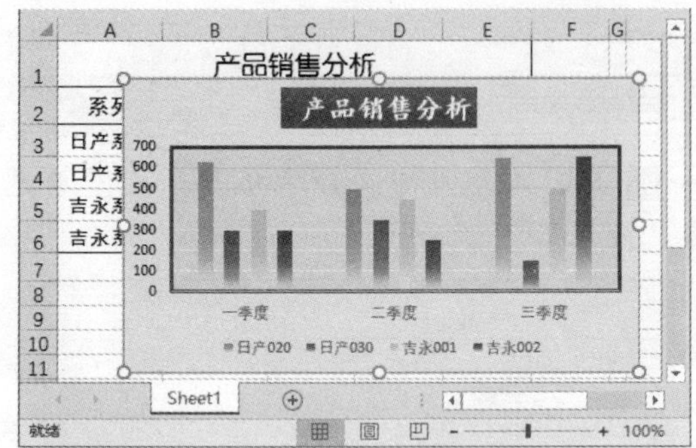

Step 02 启动Word 2016，新建一个空白文档，单击【开始】选项卡下【剪贴板】组中【粘贴】的下拉按钮，在弹出的下拉列表中选择【图片】选项。

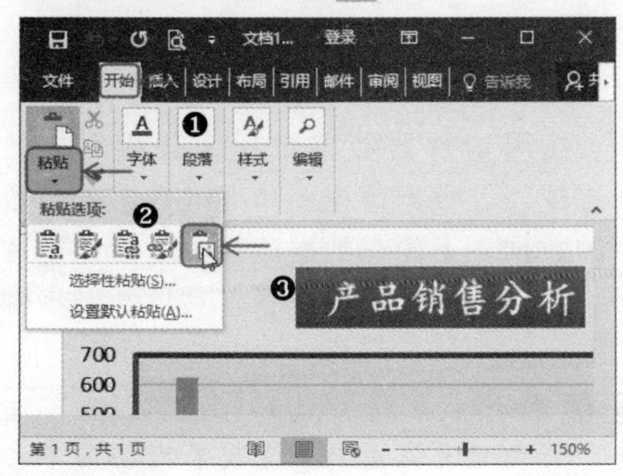

Step 03 图表将以图片的形式粘贴在文档中，之后在图表上右击，在弹出的快捷菜单中选择【另存为图片】命令。

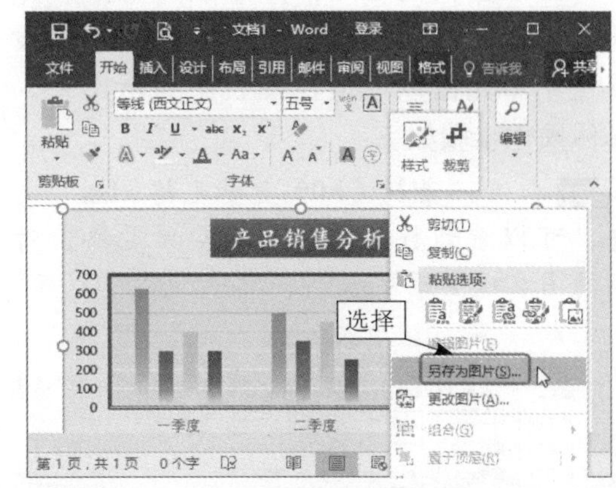

Step 04 弹出【保存文件】对话框，在计算机中选择图片的保存位置，在【文件名】文本框中输入图片名称“产品销售分析”，单击【保存】按钮。

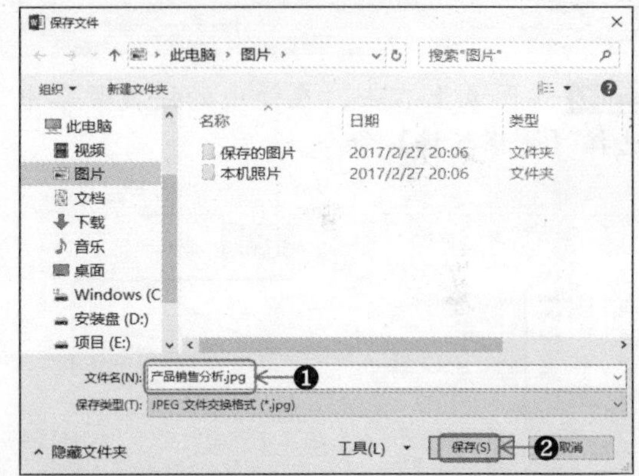

Step 05 即可将图表转换为图片。在计算机中找到保存后的图片文件，效果如下图所示。

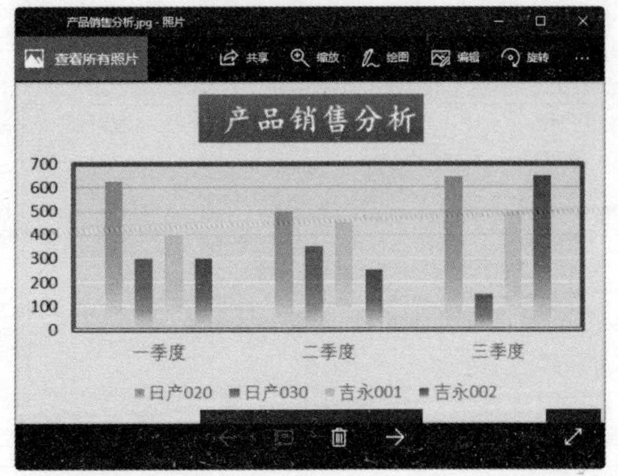

2. 在图表中显示出空单元格

当图表引用的数据源中包含空单元格时，图表会自动忽略，并以空距显示。如果需要在图表中显示出空单元格，可以设置让空单元格以零值在图表中显示出来。具体操作步骤如下：

Step 01 打开“素材\Ch09\空单元格.xlsx”文件，可以看到数据源中存在空单元格，对应的图表以空距显示。

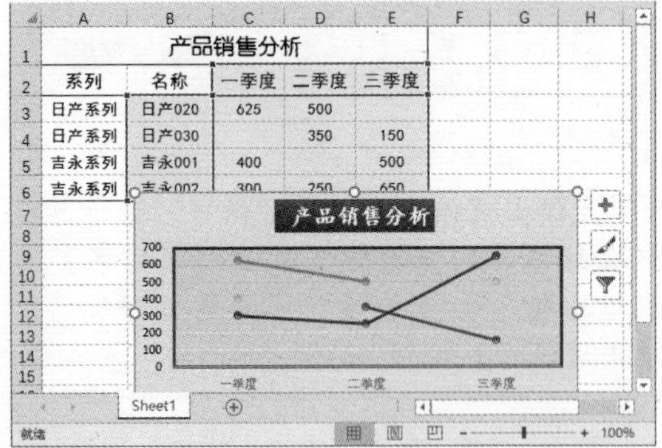

Step 02 在图表上右击，在弹出的快捷菜单中选择【选择数据】命令。

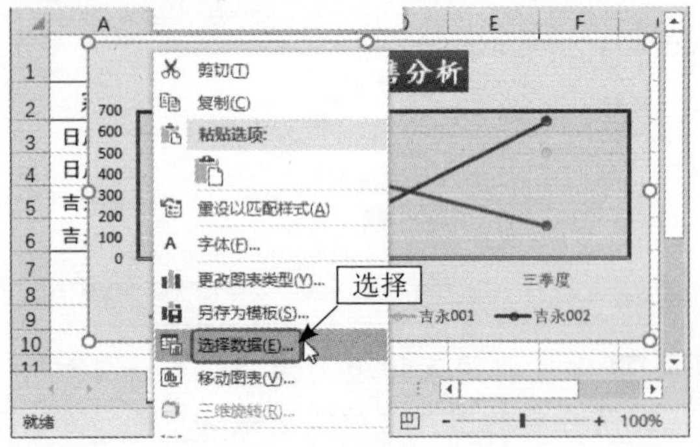

Step 03 弹出【选择数据源】对话框，单击左下角的【隐藏的单元格和空单元格】按钮。

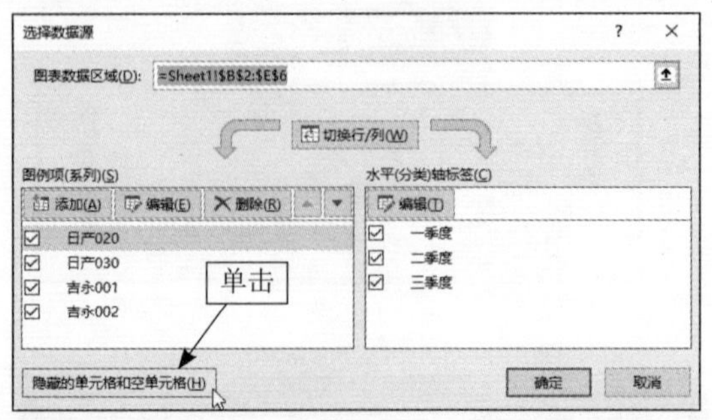

Step 04 弹出【隐藏和空单元格设置】对话框，在【空单元格显示为】选项区域中选择【零值】单选按钮，之后单击【确定】按钮。

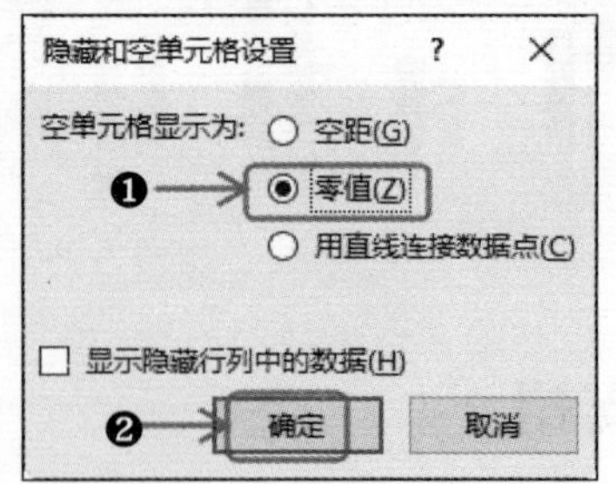

Step 05 返回至【选择数据源】对话框，单击【确定】按钮。

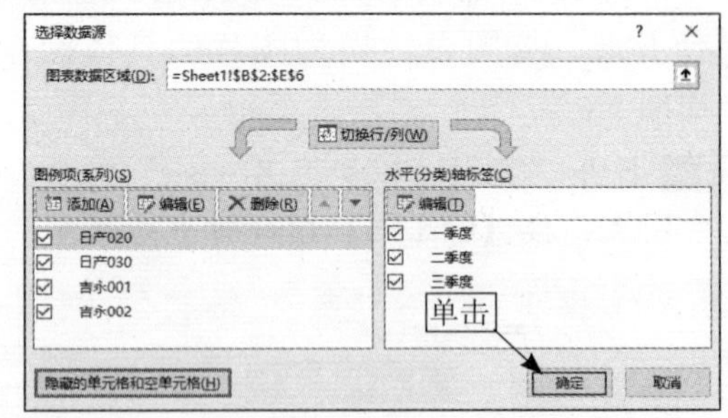

Step 06 此时在图表中会以零值显示出空单元格，效果如下图所示。

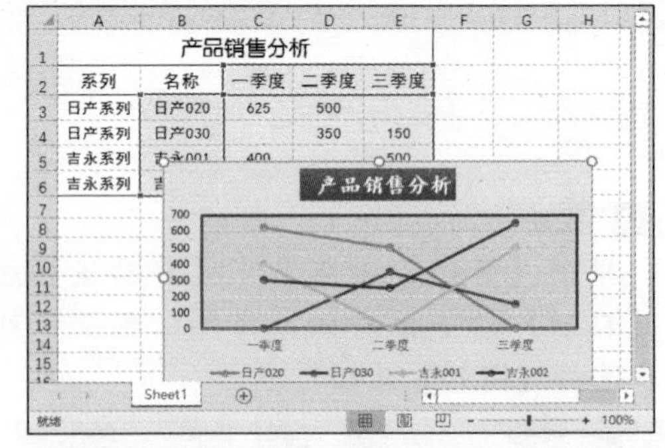

3. 利用切片器筛选数据透视表

使用切片器能够直观地筛选表、数据透视表、数据透视图和多维数据集函数中的数据。下面在数据透视表中创建切片器，从而筛选数据透视表。具体操作步骤如下：

Step 01 打开“素材\Ch09切片器.xlsx”文件，将光标定位至数据透视表内任意单元格中，单击【数据透视表工具】➤【分析】

选项卡下【筛选】组中的【插入切片器】按钮。

Step 02 弹出【插入切片器】对话框，在其中可选择切片器的相关字段，如选择【季度】复选框，单击【确定】按钮。

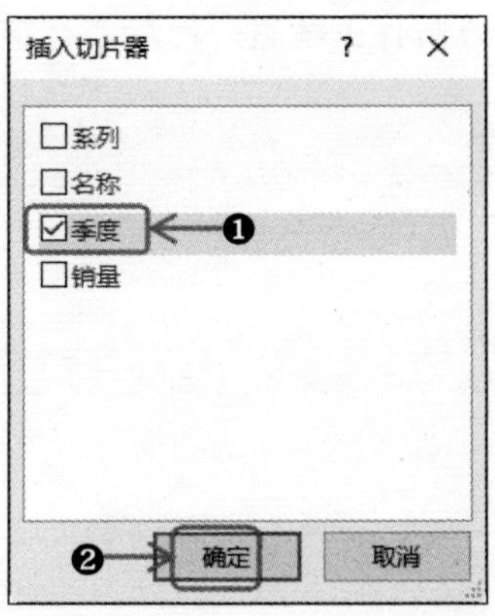

Step 03 即可创建【季度】切片器，按住左键不放，拖动鼠标可调整切片器在数据透视表中的位置。

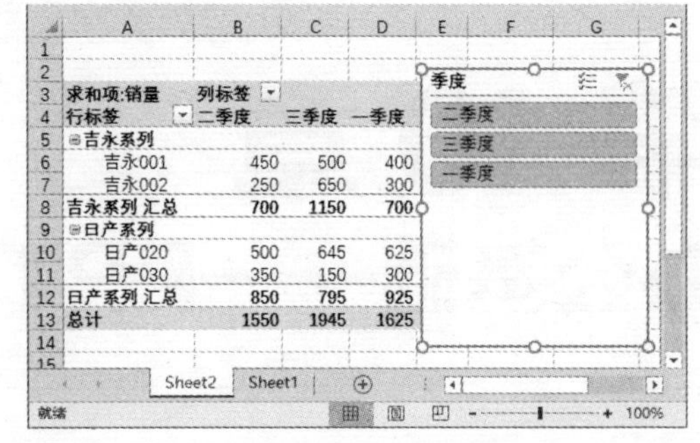

Step 04 在切片器中单击【三季度】选项，即可在数据透视表中筛选出该季度的相关信息，而隐藏其他信息。

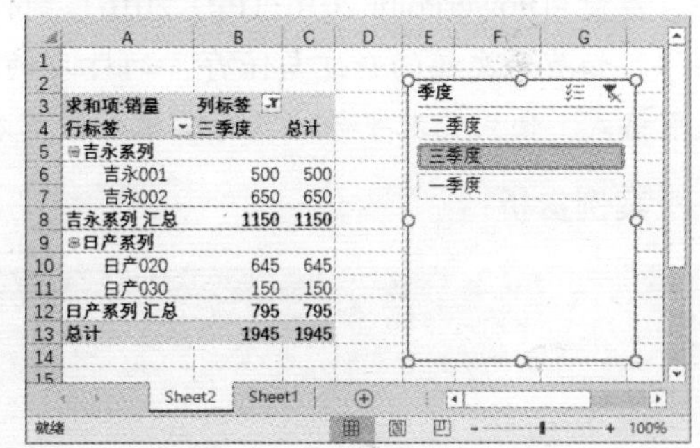

第 10 章 办公基础——PPT 2016的基本操作

本章导读：

在使用PowerPoint 2016（PPT 2016）制作幻灯片之前，首先要熟悉PowerPoint 2016的基本操作，如演示文稿的新建与保存、幻灯片的基本操作、输入和编辑文本的方法、设置字体及段落格式、使用艺术字等。只有掌握这些基本操作，才能为制作出精彩的幻灯片打下基础。

案例赏析：

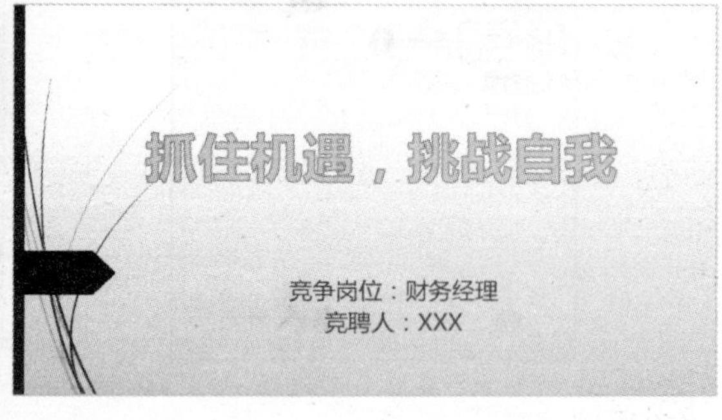

10.1 制作“项目计划书”演示文稿

通过制作“项目计划书”演示文稿，可以预防偏离目标，及时发现问题，做出修正，以确保项目按计划完成。

10.1.1 演示文稿的基本操作

使用PowerPoint 2016制作幻灯片之前，需要掌握演示文稿的基本操作，包括创建、保存等操作。

1. 创建演示文稿

制作项目计划书的第一步就是创建演示文稿，通常情况下，创建的是空白演示文稿，用户也可根据需要来创建模板演示文稿。创建演示文稿的具体操作步骤如下：

Step 01 创建空白演示文稿。在PowerPoint演示文稿中选择【文件】选项卡，在左侧列表中选择【新建】选项，进入【新建】界面，在其中选择【空白演示文稿】选项。

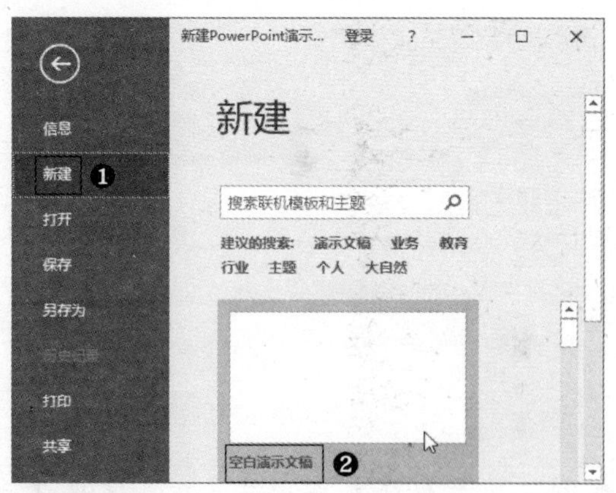

Step 02 即可创建一个空白演示文稿，默认名称是“演示文稿1”。

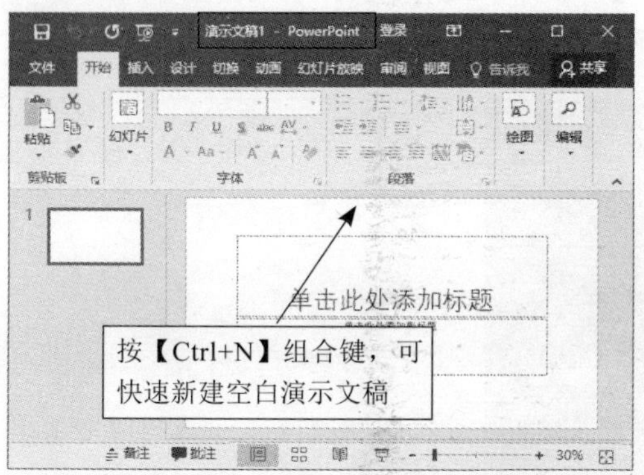

Step 03 创建模板演示文稿。在【新建】界面中，除了【空白演示文稿】选项外，其他选项均为软件自带的模板选项。选择一个模板，即可创建模板演示文稿。

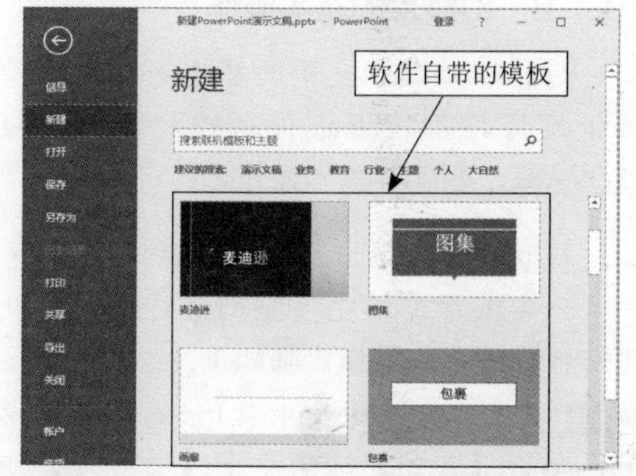

Step 04 若自带的模板不符合需求，在【搜索联机模板和主题】文本框中输入关键字，如输入“项目计划”，单击【开始搜索】按钮，在下方显示出搜索出来的联机模板，在其中选择需要的模板。

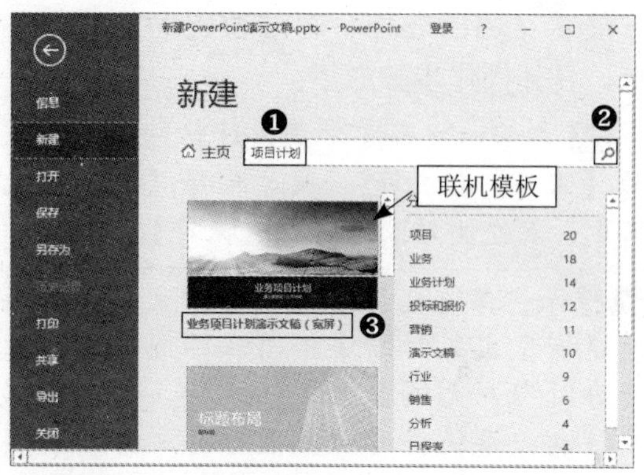

Step 05 将打开模板对话框，单击【创建】按钮。

Step 06 即可创建模板演示文稿，在此基础上根据实际情况修改演示文稿即可。

2. 保存演示文稿

当创建并编辑“项目计划书”演示文稿后，用户需要保存演示文稿，以便下次直接使用。保存演示文稿分为多种情况，包括保存新建的演示文稿、保存已保存过的演示文稿、另存为演示文稿等，下面主要介绍保存新建演示文稿的方法。

在保存新建的演示文稿时，需要设

置演示文稿的名称、存储位置和格式等信息。具体操作步骤如下：

Step 01 在演示文稿中单击快速访问工具栏上的【保存】按钮，或者选择【文件】选项卡，在左侧列表中选择【保存】选项。

提示：保存已保存过的演示文稿与保存新建演示文稿的方法相同，不同的是，在保存时用户无须设置文件名称、文件格式等信息，系统会自动覆盖原有文件，将其保存为最新的文件。

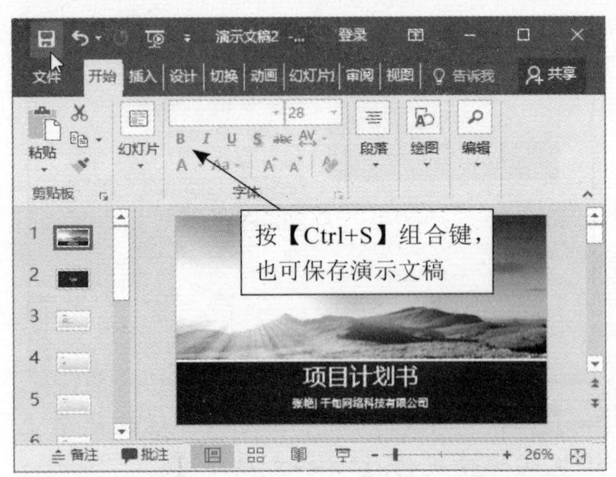

Step 02 进入【另存为】界面，在其中单击【浏览】按钮。

Step 03 弹出【另存为】对话框，在其中设置存储路径，在【文件名】文本框中输入文件名称，之后单击【保存】按钮，即可完成保存新建演示文稿的操作。

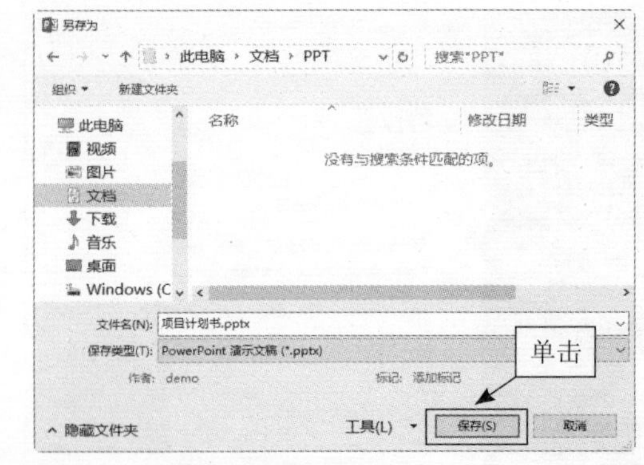

提示：若要另存为演示文稿，选择【文件】选项卡，在左侧列表中选择【另存为】选项，进入【另存为】界面，之后操作与上述相同，这里不再赘述。

10.1.2 幻灯片的基本操作

幻灯片是演示文稿的基本组成元素，每张幻灯片都可以进行新建、移动、复制、隐藏、删除等基本操作。

1. 新建幻灯片

一个演示文稿由多张幻灯片组成，新建幻灯片的具体操作步骤如下：

Step 01 在左侧窗格中选中第1张幻灯片缩略图，单击【开始】选项卡下【幻灯片】组中的【新建幻灯片】下拉按钮，在弹出的列表中显示了所有的幻灯片版式，如选择【两栏内容】选项。

Step 02 即可在第1张幻灯片下方新建一个两栏内容版式的空白幻灯片。

提示：在第1张幻灯片缩略图上右击，在弹出的快捷菜单中选择【新建幻灯片】命令，也可在其下方新建一个空白幻灯片，默认版式是标题和内容。

2. 移动幻灯片

移动幻灯片是指改变幻灯片在演示文稿中的位置。移动幻灯片主要有两种方法：拖动鼠标移动和以剪切粘贴的方式移动，下面分别介绍。具体操作步骤如下：

Step 01 拖动鼠标移动。在左侧窗格中选中要移动的第1张幻灯片缩略图，按住左键不放，将其拖动至目标位置。

Step 02 释放鼠标，即可移动第1张幻灯片。

Step 03 以剪切并粘贴的方式移动。在要移动的幻灯片缩略图上右击，在弹出的快捷菜单中单击【剪切】命令，剪切该幻灯片。

提示：单击【开始】选项卡下【剪贴板】组中的【剪切】按钮，也可剪切幻灯片。

Step 04 在移动后的目标位置上右击，在弹出的快捷菜单中单击【粘贴选项】区域中的【保留源格式】按钮。

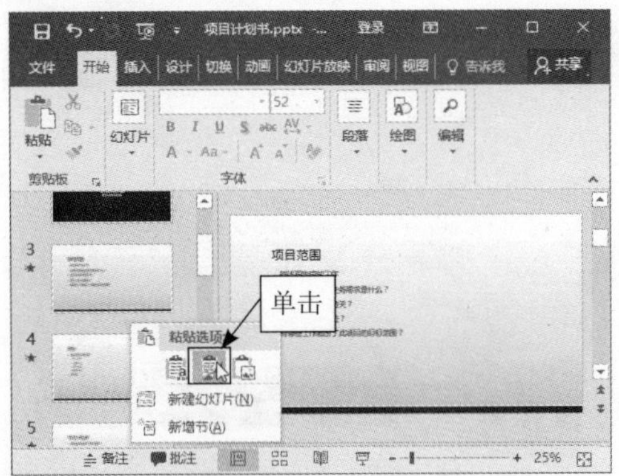

Step 05 即可在目标位置上粘贴幻灯片，从而达到移动幻灯片的目的。

3. 复制幻灯片

通过复制幻灯片可以快速创建相同的幻灯片。复制幻灯片的具体操作步骤如下：

Step 01 在要复制的第2张幻灯片缩略图上右击，在弹出的快捷菜单中选择【复制】命令。

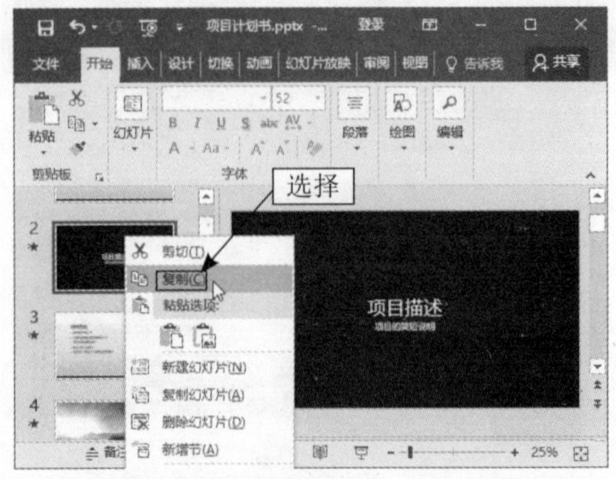

Step 02 在复制后的目标位置上右击，在弹出的快捷菜单中单击【粘贴选项】区域中的【保留源格式】按钮。

Step 03 即可在目标位置上复制并粘贴第2张幻灯片，效果如下图所示。

提示：在幻灯片缩略图上右击，在弹出的快捷菜单中选择【复制幻灯片】命令，可直接在当前幻灯片下方创建相同的幻灯片。

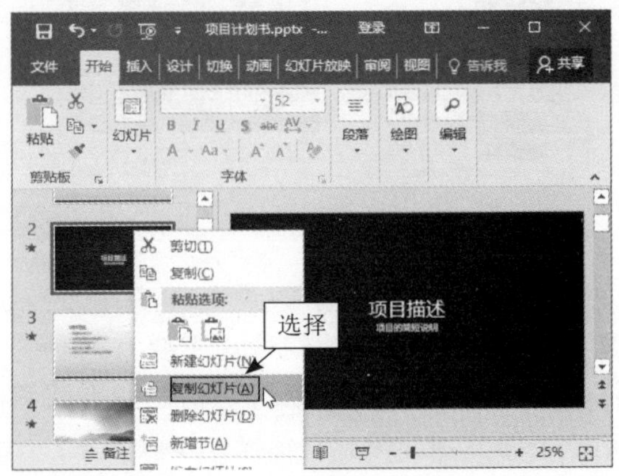

4. 隐藏和显示幻灯片

隐藏幻灯片后，在放映时不会放映出所隐藏的幻灯片。若要放映该幻灯片，将其显示出来即可。隐藏和显示幻灯片的具体操作步骤如下：

Step 01 隐藏幻灯片。在要隐藏的第2张幻灯片缩略图上右击，在弹出的快捷菜单中选择【隐藏幻灯片】命令。

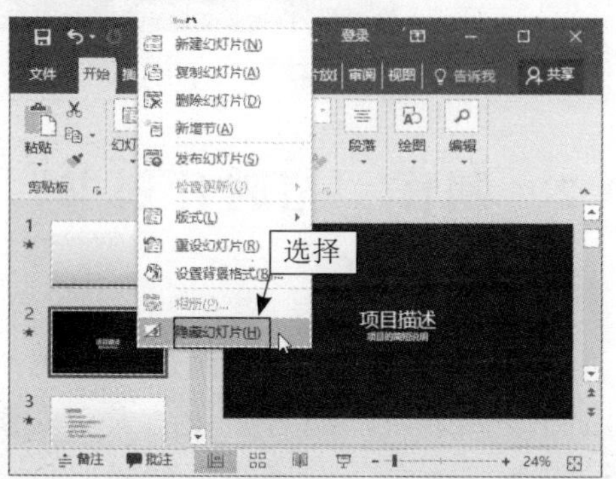

Step 02 此时第2张幻灯片缩略图的编号上有斜线，表示已隐藏该幻灯片。

Step 03 显示幻灯片。在已隐藏的幻灯片缩略图上右击，在弹出的快捷菜单中再次选择【隐藏幻灯片】命令，即可显示出幻灯片。

5. 设置幻灯片版式

PPT 2016提供了多种版式的幻灯片，用户可根据实际情况设置幻灯片版式。设置幻灯片版式的具体操作步骤如下：

Step 01 在左侧窗格中选中第1张幻灯片缩略图，在右侧可以看到，其版式为两栏内容。

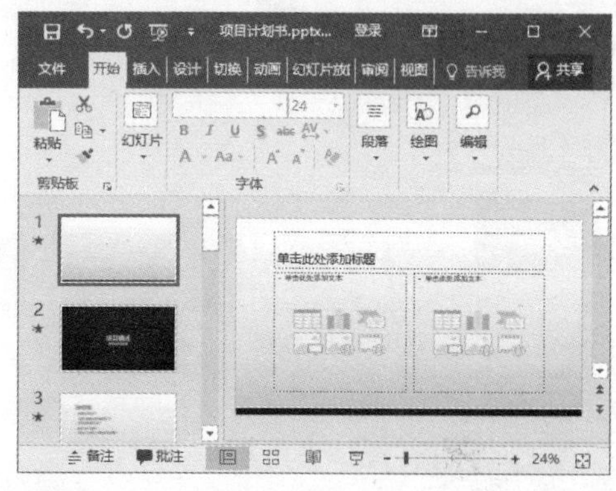

Step 02 单击【开始】选项卡下【幻灯片】组中的【版式】按钮，在弹出的下拉列表中可设置相应的版式，如选择【标题和内容】选项。

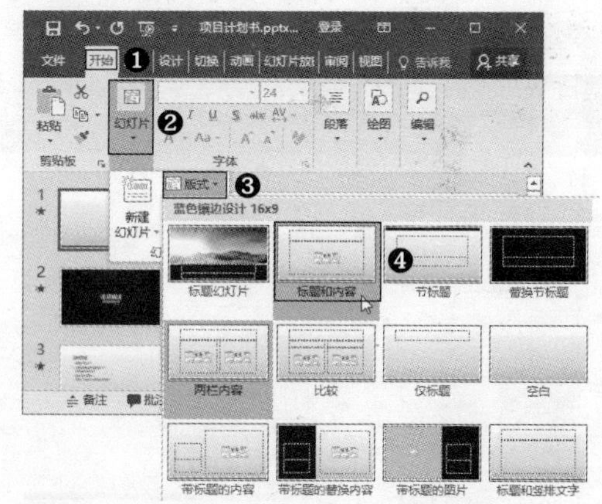

Step 03 即可将第1张幻灯片的版式设置为标题和内容。

提示：在幻灯片缩略图上右击，在弹出的快捷菜单中选择【版式】命令，在子菜单中也可设置幻灯片的版式。

6. 删除幻灯片

对于无用的幻灯片，可将其删除。删除幻灯片的具体操作步骤如下：

Step 01 在要删除的幻灯片缩略图上右击，在弹出的快捷菜单中选择【删除幻灯片】命令。

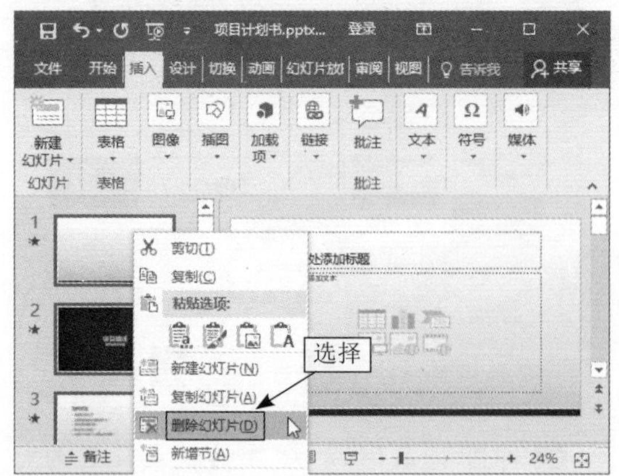

Step 02 即可删除所选的幻灯片。至此，“项目计划书”演示文稿制作完成。

提示：选中幻灯片缩略图后，按【Delete】键可快速删除。

10.2 制作“招聘计划书”演示文稿

招聘计划书是人力资源部门根据用人部门的增员申请，结合企业的人力资源规划和职务描述书，明确需招聘的职位、人员数量、资质要求等因素，并制定具体的招聘活动的执行方案。

10.2.1 输入文本

创建演示文稿后，用户就可以向其中输入文本了。输入文本主要有两种方法：使用占位符输入和使用文本框输入，下面分别介绍。

1. 使用占位符输入文本

在占位符中输入文本是最基本、最方便的一种输入方式。使用占位符输入文本的具体操作步骤如下：

Step 01 新建一个空白演示文稿，命名为“招聘计划书”并保存。在幻灯片中可以发现，默认包含“单击此处添加标题”和“单击此处添加副标题”两个提示文本框，这类文本框统称为文本占位符。

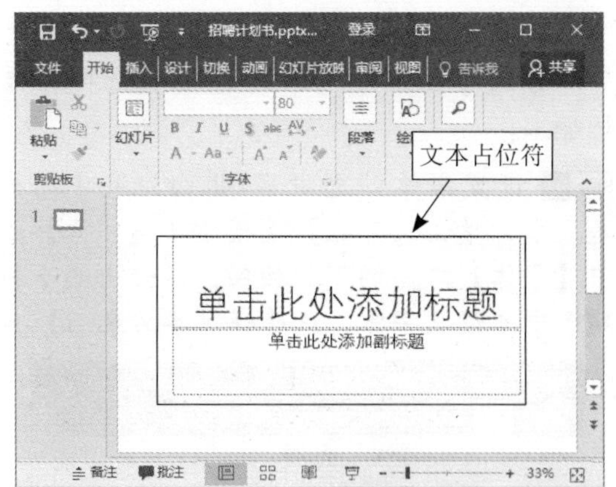

Step 02 在“单击此处添加标题”文本占位符内部单击，其内部显示有闪烁的光标，表示进入编辑状态。

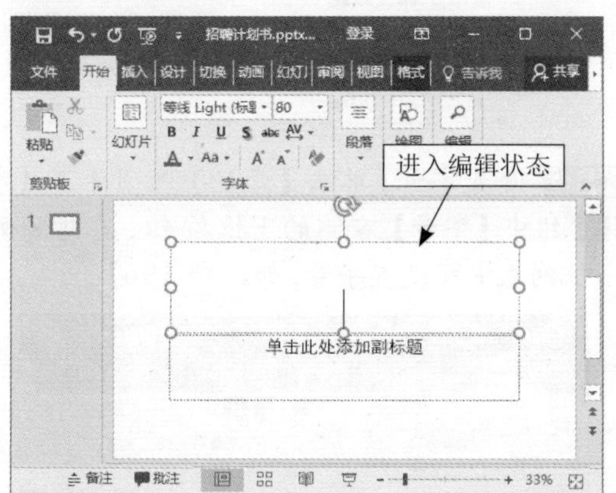

Step 03 在其中输入“招聘计划书”作为标题文本，之后在幻灯片其他空白位置处单击即可。

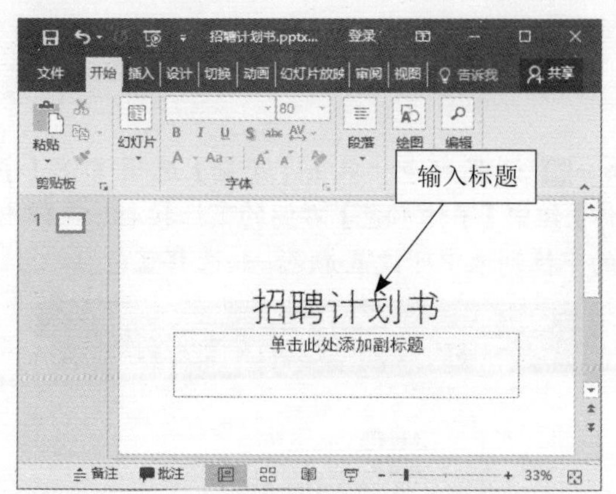

Step 04 在“单击此处添加副标题”占位符内单击，进入编辑状态，输入“制作人：王通”作为副标题文本。

2. 使用文本框输入文本

幻灯片中文本占位符的位置是固定的，如果想在幻灯片的其他位置添加文本，可以绘制一个横排或竖排文本框来实现。使用文本框输入文本的具体操作步骤如下：

Step 01 新建一个空白版式的幻灯片。单击【插入】选项卡下【文本】组中【文本框】的下拉按钮，在弹出的下拉列表中选择【绘制横排文本框】选项。

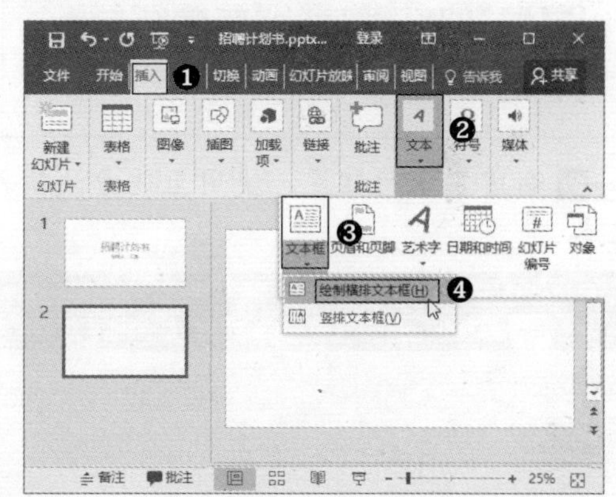

Step 02 在幻灯片中按住左键不放，拖动鼠标绘制一个横排文本框。

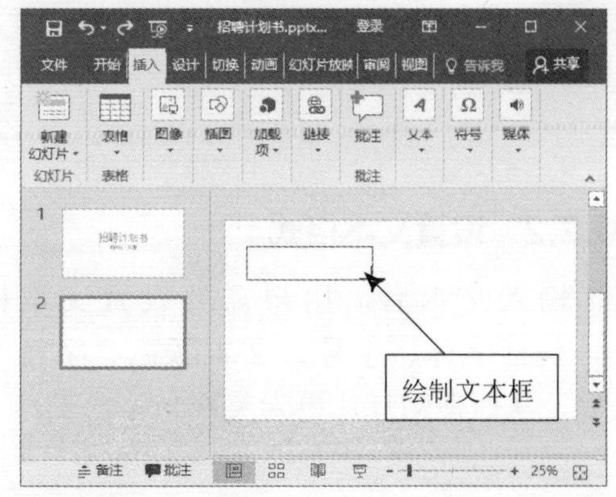

Step 03 释放鼠标后，文本框内显示有闪烁的光标，在其中输入“公司背景”文本。

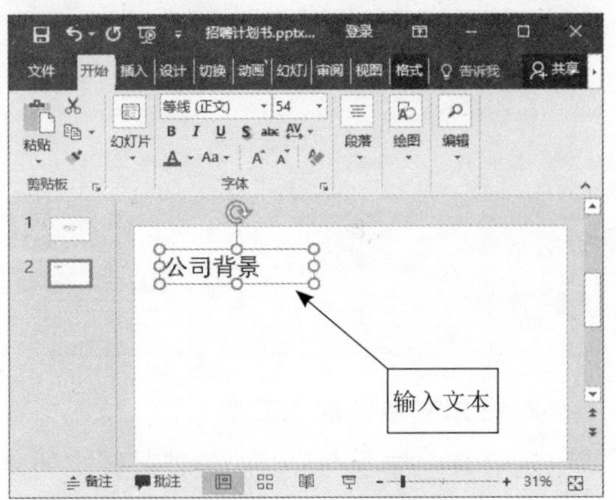

Step 04 在下方继续绘制横排文本框，在其中输入相应的文本。

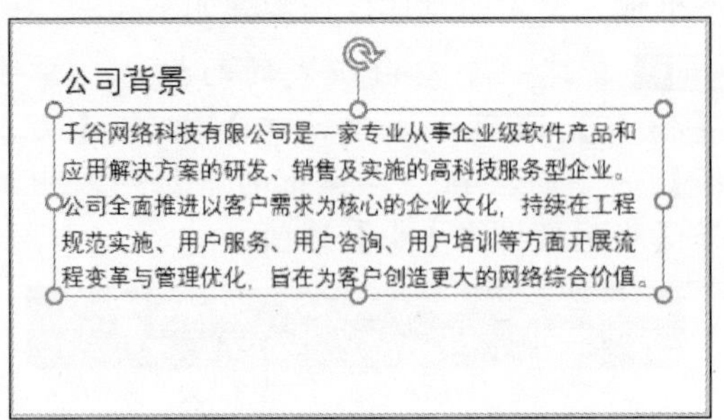

Step 05 新建多张幻灯片，使用上述方法输入文本。

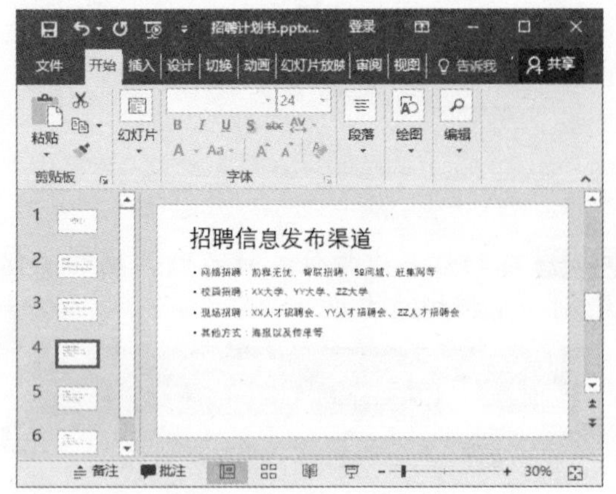

10.2.2 设置文本格式

输入文本后，用户需要设置文本格式，包括字体、字号、文本颜色、字符间距等，从而使幻灯片更为美观。

1. 设置字体、字号和颜色

设置字体、字号和颜色的具体操作步骤如下：

Step 01 设置字体。选中第1张幻灯片中的标题文本，单击【开始】选项卡下【字体】组中【字体】右侧的下拉按钮，在弹出的下拉列表中可设置字体，如选择【华文隶书】。

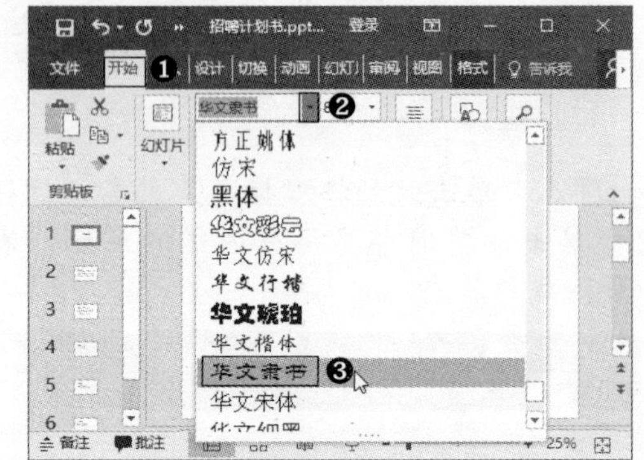

Step 02 设置字号。单击【开始】选项卡下【字体】组中【字号】右侧的下拉按钮，在弹出的下拉列表中可设置字号，如选择【96】。

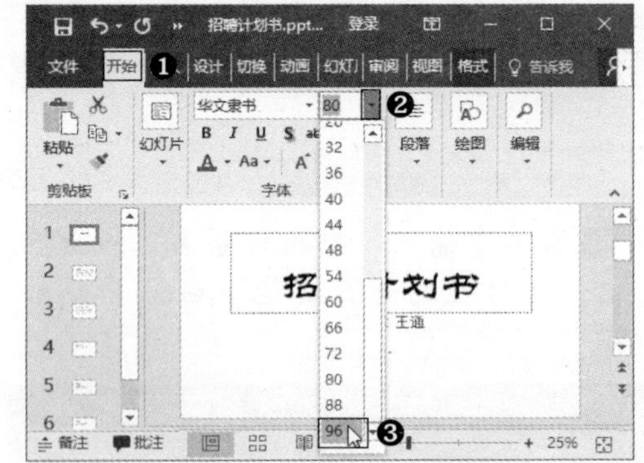

Step 03 设置颜色。单击【开始】选项卡下【字体】组中【字体颜色】右侧的下拉按钮，在弹出的下拉列表中可设置颜色，如选择蓝色。

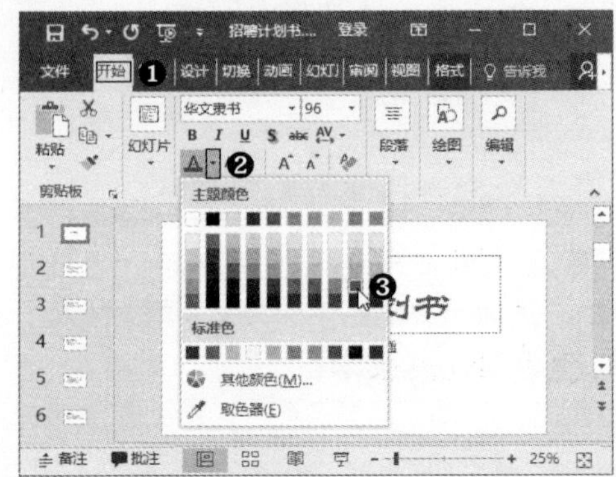

Step 04 设置后的效果如下图所示。

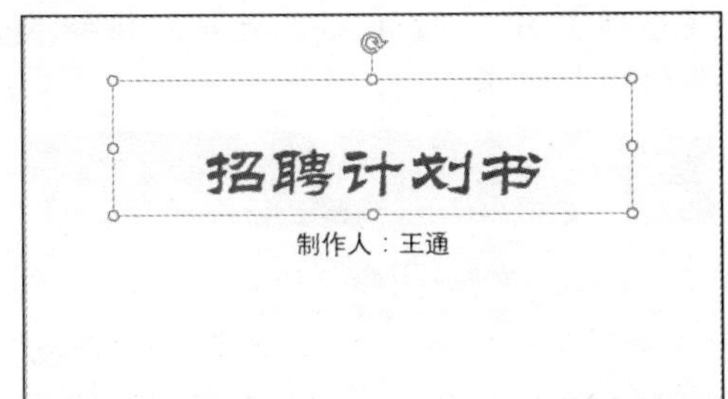

Step 05 使用上述方法，设置其他幻灯片中文本的字体、字号和颜色。

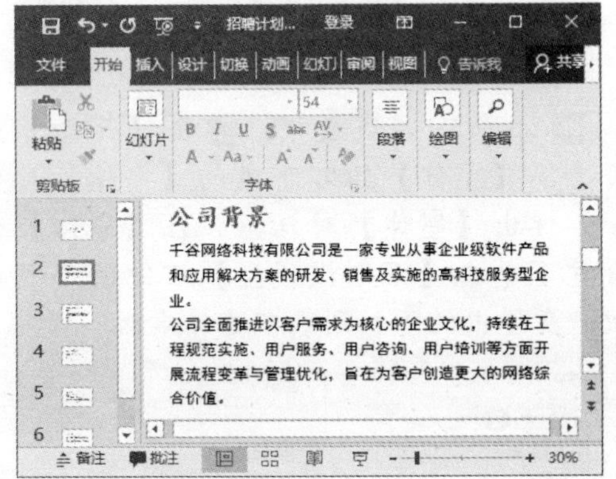

提示：单击【开始】选项卡下【字体】组右下角的【字体】按钮，弹出【字体】对话框，在【字体】选项卡中也可设置字体、字号、颜色等。

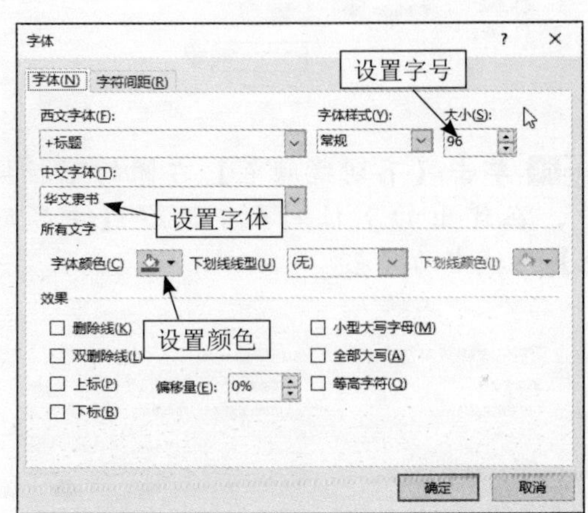

2. 设置字符间距

字符间距是指单个字符之间的距离，设置字符间距的具体操作步骤如下：

Step 01 选中第1张幻灯片中的标题文本，单击【开始】选项卡下【字体】组右下角的【字体】按钮。

Step 02 弹出【字体】对话框，切换至【字符间距】选项卡。在【间距】下拉列表框中选择【加宽】选项，设置右侧的【度量值】为“10”，单击【确定】按钮。

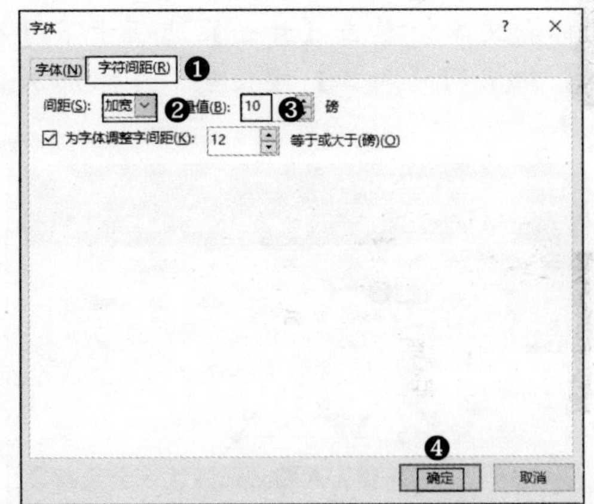

Step 03 即可设置标题文本的字符间距，效果如下图所示。

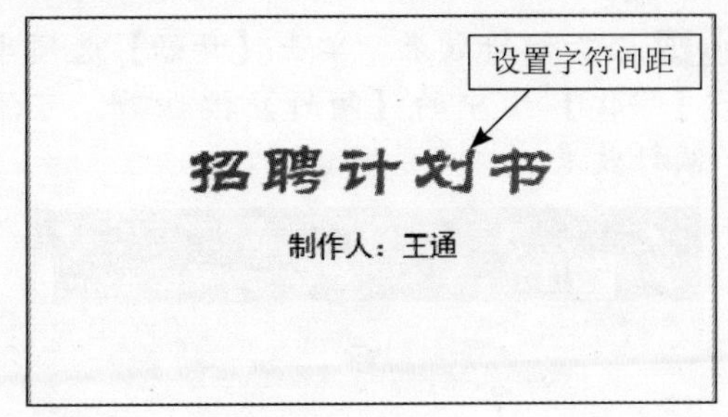

提示：选中标题文本后，单击【开始】选项卡下【字体】组中的【字符间距】按钮，在弹出的下拉列表中可选择预设的间距选项，若选择【其他间距】选项，将打开【字体】对话框，在其中可自定义间距。

3. 设置文本特殊效果

设置文本特殊效果是指为文本添加倾斜、加粗、阴影等效果。设置文本特殊效果的具体操作步骤如下：

Step 01 添加加粗效果。选中第6张幻灯片的标题文本，单击【开始】选项卡下【字体】组中的【加粗】按钮B，可添加加粗效果。

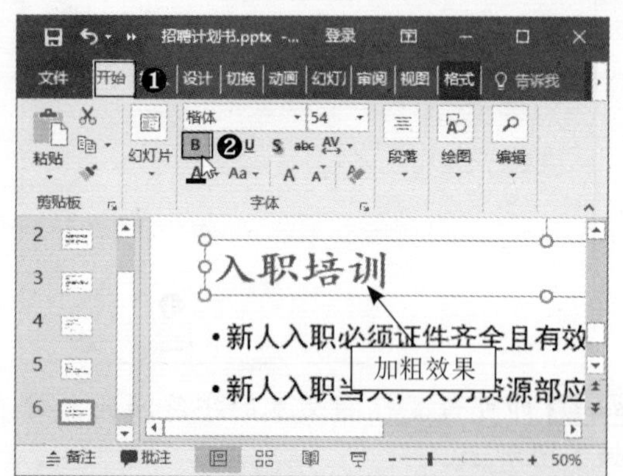

Step 02 添加倾斜效果。单击【开始】选项卡下【字体】组中的【倾斜】按钮I，可添加倾斜效果。

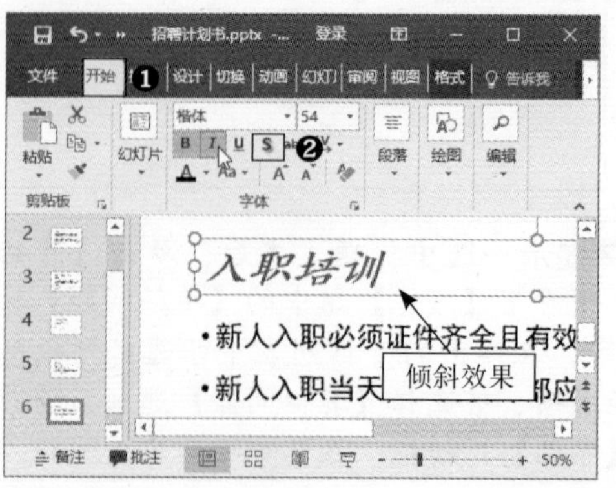

Step 03 添加阴影效果。单击【开始】选项卡下【字体】组中的【文字阴影】按钮S，可添加阴影效果。

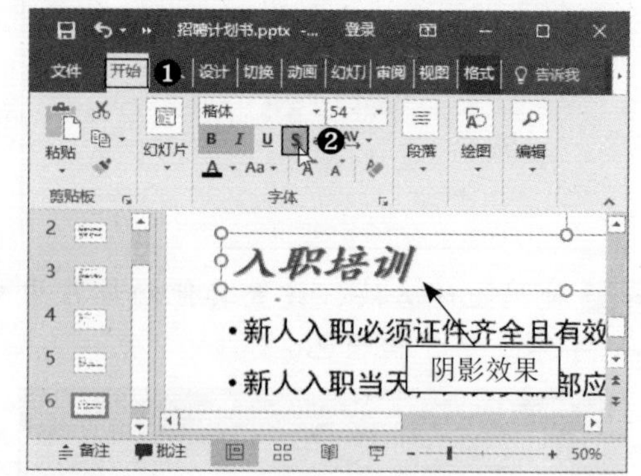

Step 04 添加下划线效果。单击【开始】选项卡下【字体】组右下角的【字体】按钮，弹出【字体】对话框，在【字体】选项卡下单击【下划线线型】右侧的下拉按钮，在弹出的下拉列表中选择虚线。

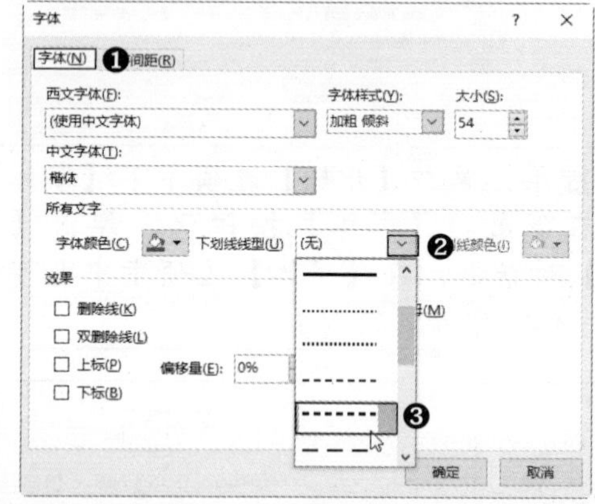

Step 05 单击【下划线颜色】右侧的下拉按钮，在弹出的下拉列表中选择【主题颜色】区域中的橙色。

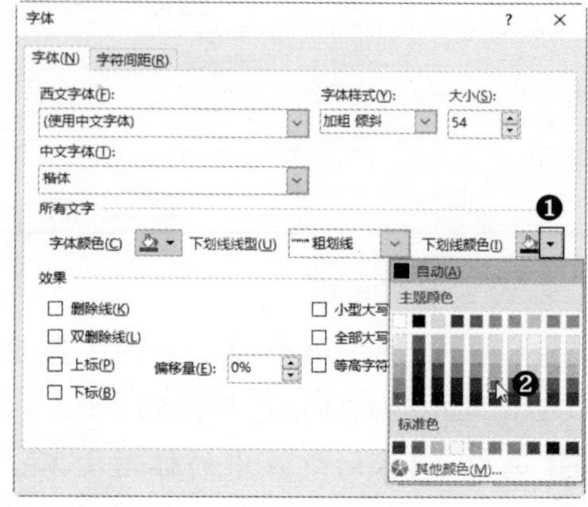

Step 06 设置完成后，单击【确定】按钮，即可为标题文本添加下划线效果。

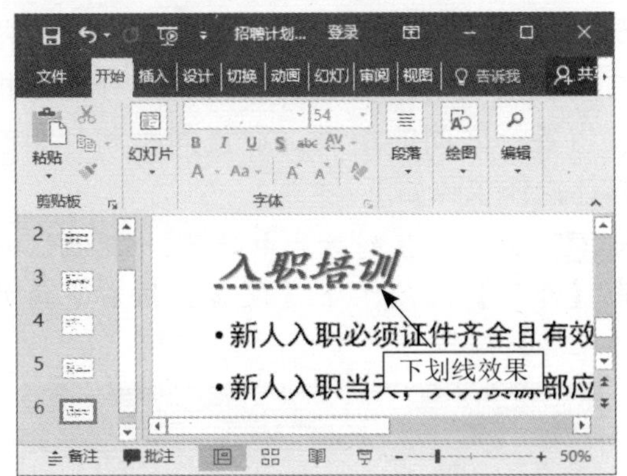

10.2.3 设置段落格式

设置段落格式包括设置段落的对齐方式、段落缩进、段落间距及段落行距等，合理地设置段落格式可以美化幻灯片。

1. 设置对齐方式

对齐方式包括左对齐、右对齐、居中对齐、两端对齐和分散对齐等。不同的对齐方式可以达到不同的效果，设置段落对齐方式的具体操作步骤如下：

Step 01 选中第2张幻灯片中的段落文本框，单击【开始】选项卡下【段落】组中的【居中】按钮，即可设置段落文本居中对齐，效果如下图所示。

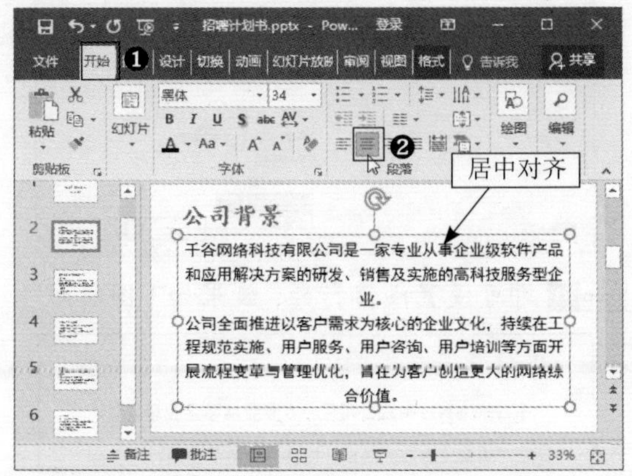

Step 02 单击【开始】选项卡下【段落】组中的【左对齐】按钮，即可设置段落文本靠左对齐。

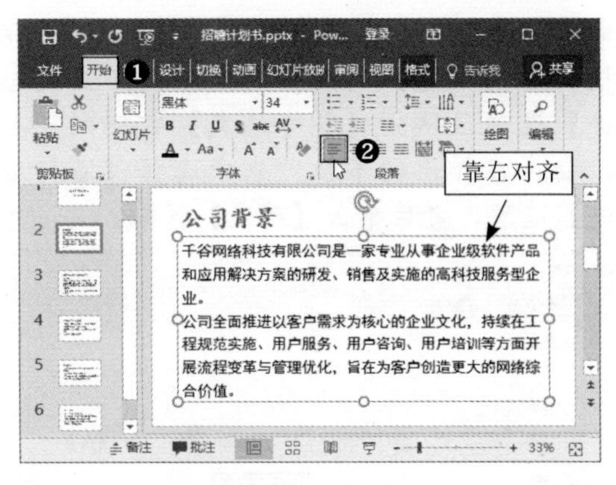

提示：单击【开始】选项卡【段落】组右下角的【段落】按钮，弹出【段落】对话框，单击【对齐方式】右侧的下拉按钮，在弹出的下拉列表中也可设置对齐方式。

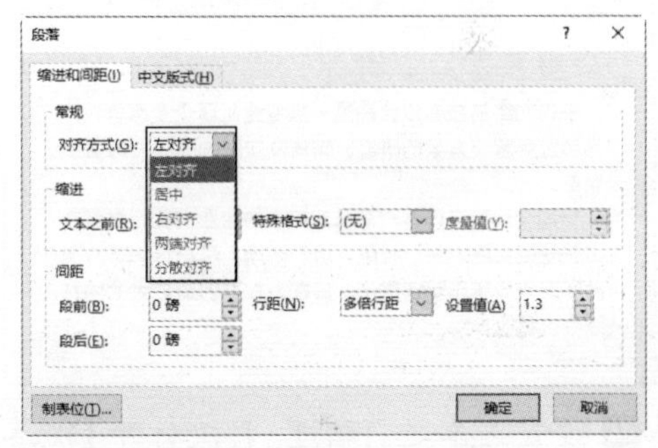

2. 设置段落缩进方式

段落缩进是指段落中的行相对于文本框左边界或右边界的位置，段落文本缩进的方式有文本之前缩进、首行缩进和悬挂缩进3种。设置段落缩进方式的具体操作步骤如下：

Step 01 选中第2张幻灯片中的段落文本框，单击【开始】选项卡【段落】组右下角的【段落】按钮。

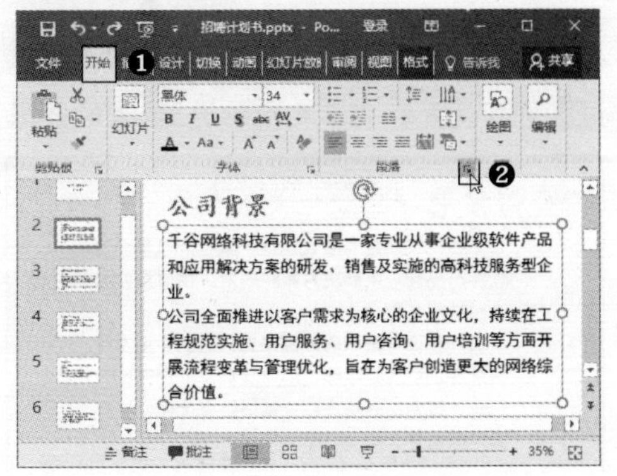

Step 02 设置首行缩进。弹出【段落】对话框，在【缩进和间距】选项卡下单击【缩进】选项区域中【特殊格式】右侧的下拉按钮，在弹出的下拉列表中选择【首行缩进】选项，之后单击【确定】按钮。

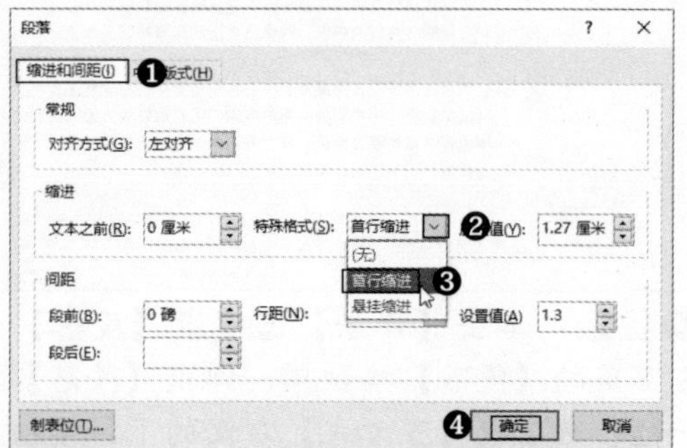

Step 03 即可设置首行缩进效果。

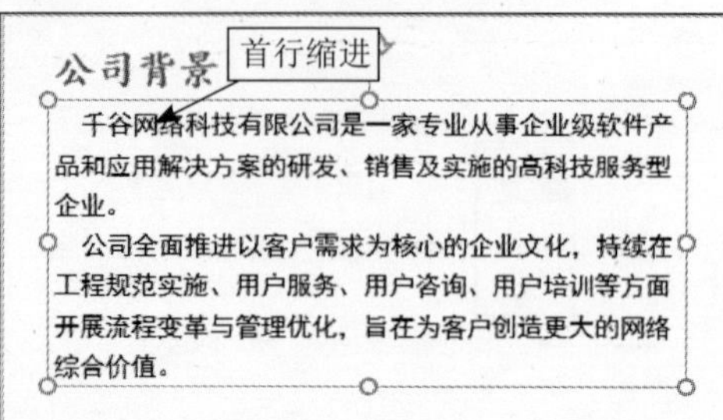

Step 04 设置文本之前缩进。再次打开【段落】对话框，在【缩进】选项区域的【文本之前】数值框中输入“3”，单击【确定】按钮。

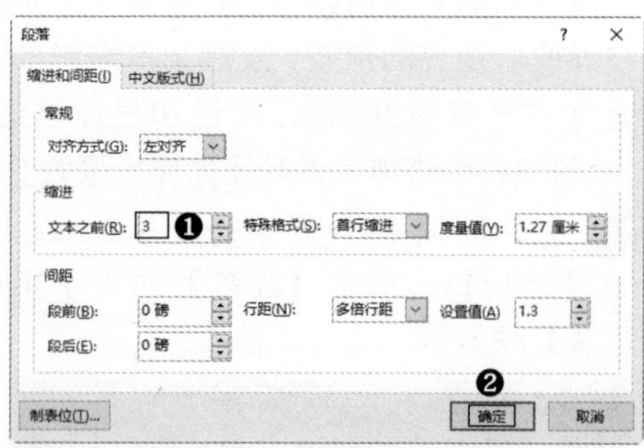

Step 05 即可设置在文本之前缩进3厘米的效果。

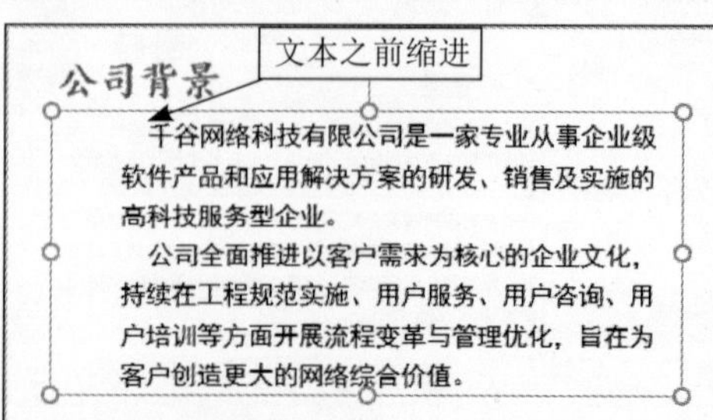

3. 设置间距和行距

段落间距包括段前距、段后距和行距。其中，段前距和段后距是指当前段落与上一段或下一段之间的间距，行距是指段内各行之间的距离。设置间距和行距的具体操作步骤如下：

Step 01 选中第2张幻灯片中的第1个段落，单击【开始】选项卡下【段落】组右下角的【段落】按钮。

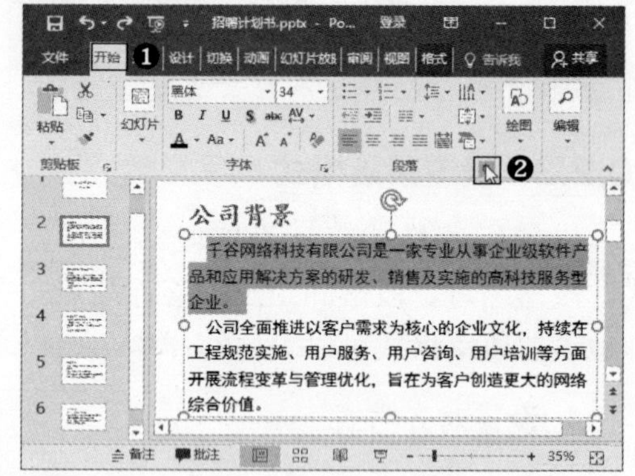

Step 02 设置行距。弹出【段落】对话框，在【缩进和间距】选项卡下单击【间距】区域中【行距】右侧的下拉按钮，在弹出的下拉列表中选择【双倍行距】选项，之后单击【确定】按钮。

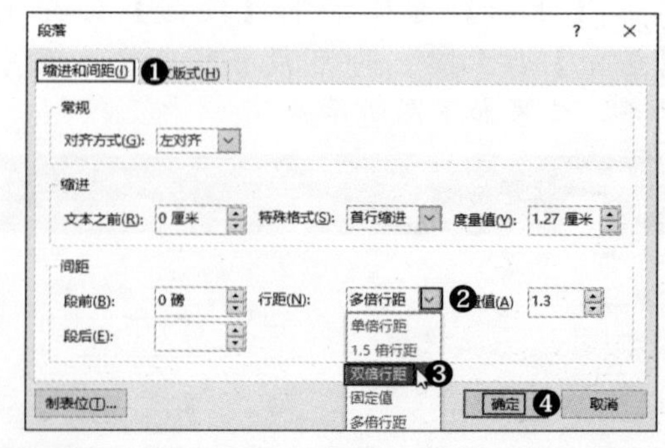

Step 03 即可设置段落行距，效果如下图所示。

Step 04 设置间距。再次打开【段落】对话框，在【缩进和间距】选项区域的【段后】数值框中输入“30磅”，单击【确定】按钮。

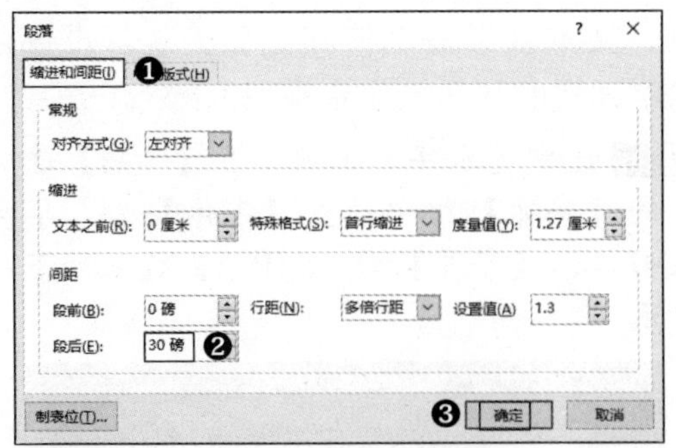

Step 05 即可设置段后间距，效果如下图所示。

公司背景

设置间距

千谷网络科技有限公司是一家专业从事企业级软件产品和应用解决方案的研发、销售及实施的高科技服务型企业。

公司全面推进以客户需求为核心的企业文化，持续在工程规范实施、用户服务、用户咨询、用户培训等方面开展流程变革与管理优化，旨在为客户创造更大的网络综合价值。

4. 添加项目符号和编号

精美的项目符号、统一的编号样式可以使单调的文本内容变得更生动、专业。添加项目符号和编号的具体操作步骤如下：

Step 01 添加项目符号。选中第4张幻灯片中的段落文本框，单击【开始】选项卡下【段落】组中【项目符号】右侧的下拉按钮，在弹出的下拉列表中选择【带填充效果的钻石形项目符号】样式。

Step 02 即可为段落添加相应样式的项目符号，效果如下图所示。

招聘信息发布渠道

◆网络招聘：前程无忧、智联招聘、58同城、赶集网等

◆校园招聘：XX大学、YY大学、ZZ大学

◆现场招聘：XX人才招聘会、YY人才招聘会、ZZ人才招聘会

添加项目符号

◆其他方式：……

Step 03 添加编号。选中第5张幻灯片中的部分段落，单击【开始】选项卡下【段落】组中【编号】的下拉按钮，在弹出的下拉列表中选择【带圆圈编号】样式。

Step 04 即可为段落添加相应样式的编号，效果如下图所示。

招聘实施

• 以现场招聘和校园招聘为主，高度重视网络招聘，具体方案如下：

①积极参加现场招聘会，保持月月参加。

②积极参加各人才市场的专场以及相关院校的免费招聘会。

③联系各大……负责推荐和信息告知。

添加编号

Step 05 使用上述方法，为其他幻灯片中的文本添加项目符号和编号。

入职培训

■ 新人入职必须证件齐全且有效；

■ 新人入职当天，人力资源部应告知基本日常管理规定；

■ 办理好入职手续后，即安排相关培训行程；

■ 转正时，人力资源部应严格按培训计划进行审核把关，对不理想者，可沟通延迟转正。

10.2.4 使用艺术字

PPT 2016提供了多种预设的艺术字样式，利用这些艺术字样式可以快速添加相应的艺术字，从而美化幻灯片。

1. 插入艺术字

下面在“招聘计划书”演示文稿中插入艺术字作为尾页幻灯片。插入艺术字的具体操作步骤如下：

Step 01 在第6张幻灯片下方新建一个空白版式的幻灯片，单击【插入】选项卡下【文本】组中的【艺术字】按钮，在弹出的下拉列表中选择艺术字样式。

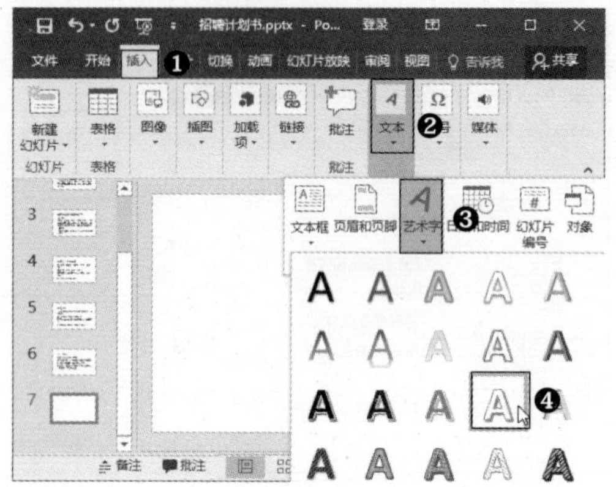

Step 02 即可在幻灯片中插入“请在此放置您的文字”艺术字文本框。

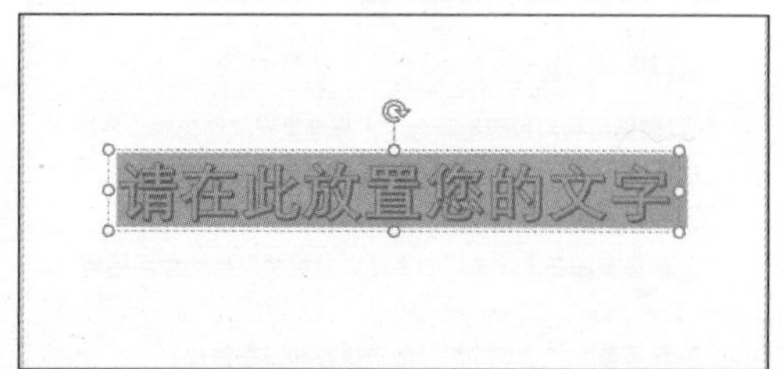

Step 03 在文本框中输入“谢谢观看”，之后在其他空白位置处单击，即完成插入艺术字的操作。

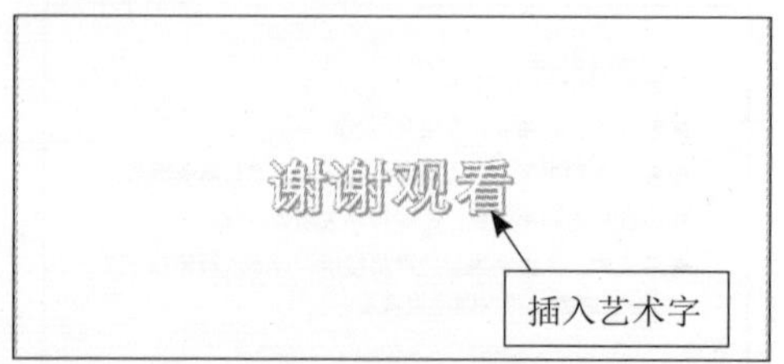

2. 设置艺术字的样式

在幻灯片中插入艺术字后，用户还可重新设置艺术字的字体格式、填充颜色、文本效果等，使其更加美观。设置艺术字样式的具体操作步骤如下：

Step 01 选中艺术字文本框，在【开始】选项卡的【字体】组中设置【字体】为“华文隶书”，【字号】为“110”，效果如下图所示。

Step 02 单击【绘图工具】➢【格式】选项卡下【艺术字样式】组中的【文本效果】按钮，在弹出的下拉列表选择【映像】➢【半映像：4磅 偏移量】选项。

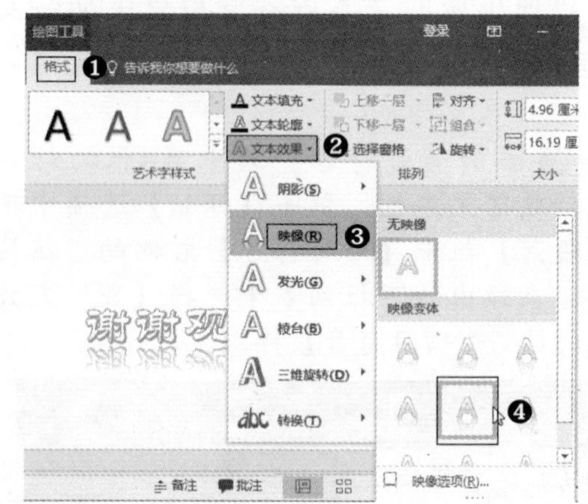

Step 03 即可为艺术字添加映像效果。

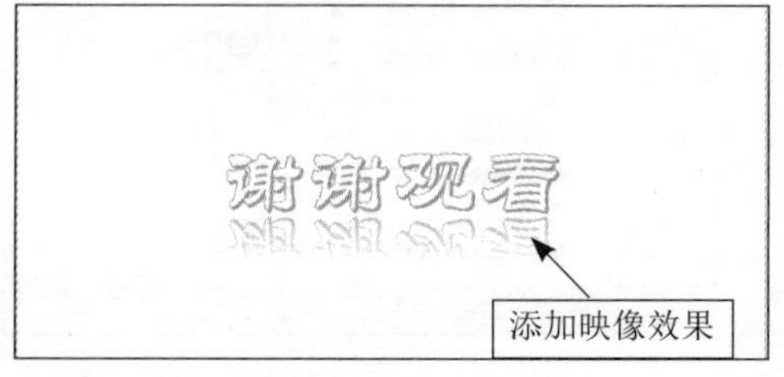

10.2.5 设置背景格式

在创建“招聘计划书”演示文稿时，幻灯片默认没有背景颜色，用户可以设置纯色、渐变色、图案、图片等作为背景，以丰富幻灯片。设置背景格式的具体操作步骤如下：

Step 01 选中第1张幻灯片，单击【设计】选项卡下【自定义】组中的【设置背景格式】按钮。

提示：在幻灯片的空白处右击，在弹出的快捷菜单中选择【设置背景格式】命令，也可弹出【设置背景格式】窗格。

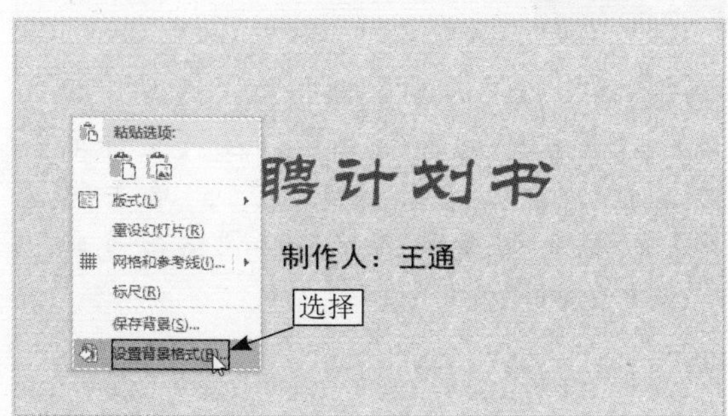

Step 02 弹出【设置背景格式】窗格，在其中选择【图片或纹理填充】单选按钮，单击下方的【纹理】按钮。

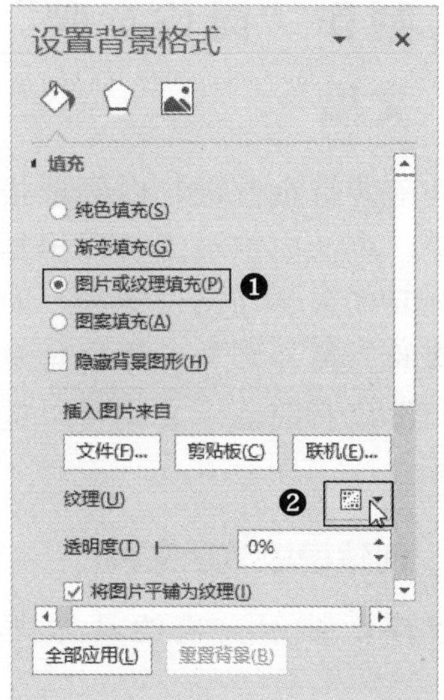

Step 03 在弹出的下拉列表中选择【蓝色面巾纸】纹理，之后在【设置背景格式】窗格中单击【全部应用】按钮。

Step 04 即可将设置的背景应用至所有幻灯片。至此，“招聘计划书”演示文稿制作完成。

10.3 制作“岗位竞聘”演示文稿

岗位竞聘是企业进行内部选拔人才的一种方法，企业内部员工可以根据自身特点与岗位要求来参加岗位竞聘。对于参加岗位竞聘的人员，需要制作岗位竞聘演示文稿，一份精彩的演示文稿可以提高竞聘的成功率。

10.3.1 创建模板演示文稿

创建模板演示文稿的具体操作步骤如下：

Step 01 在PowerPoint演示文稿中选择【文件】选项卡，在左侧列表中选择【新建】选项，进入【新建】界面，在其中选择【丝状】选项。

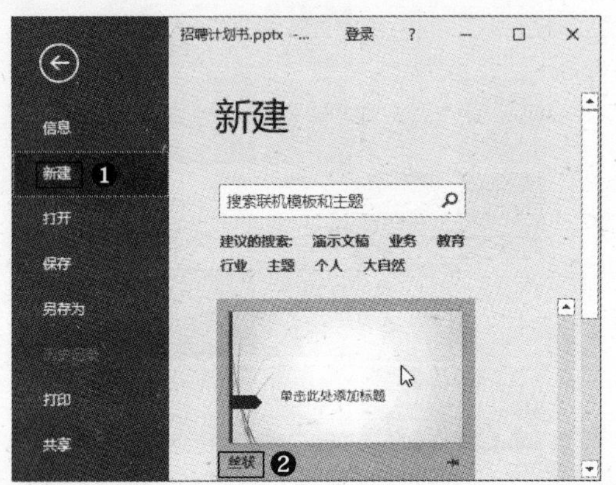

Step 02 打开【丝状】对话框，在其中选择“蓝色”颜色样式，之后单击【创建】按钮。

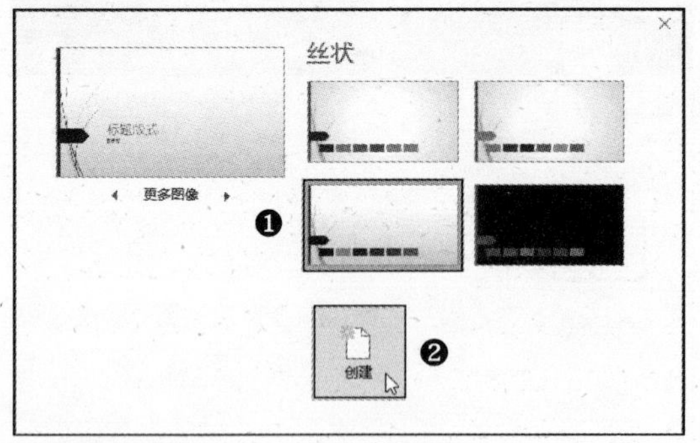

Step 03 即可创建一个丝状模板演示文稿，之后单击快速访问工具栏上的【保存】按钮。

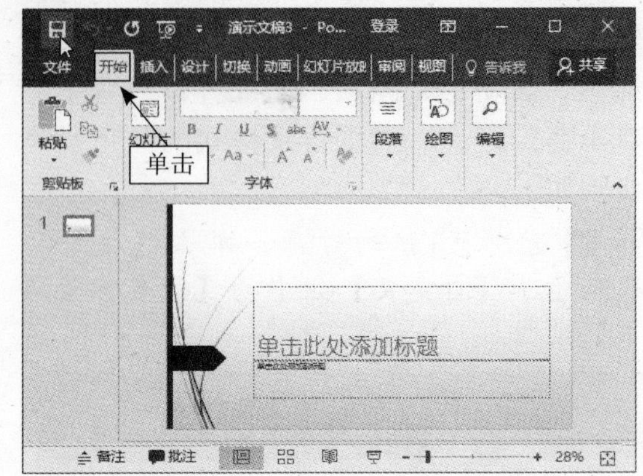

Step 04 进入【另存为】界面，单击【浏览】按钮。

Step 05 弹出【另存为】对话框，选择演示文稿在计算机中的存储位置，在【文件名】文本框中输入“岗位竞聘”，单击【保存】按钮，完成新建并保存“岗位竞聘”演示文稿的操作。

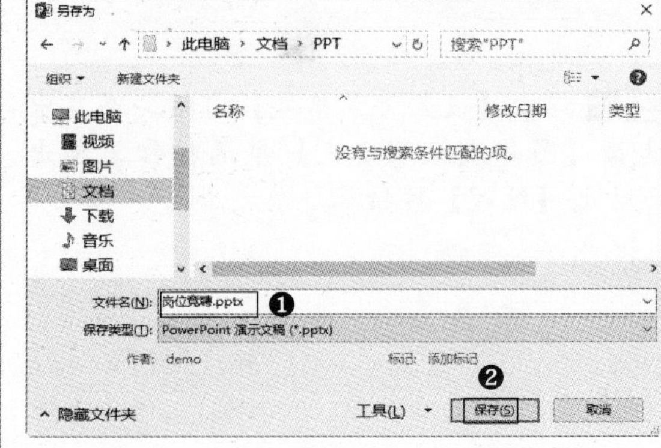

10.3.2 设计首页幻灯片

设计首页幻灯片的具体操作步骤如下：

Step 01 删除第1张幻灯片中的占位符文本框，单击【插入】选项卡下【文本】组中的【艺术字】按钮，在弹出的下拉列表中选择第1行3列的艺术字样式。

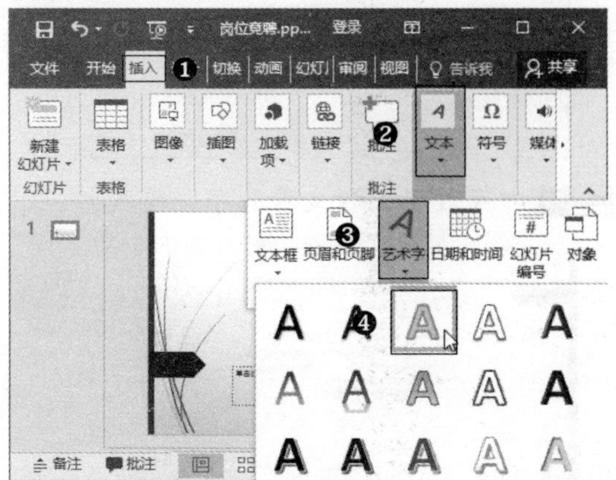

Step 02 即可在幻灯片中插入“请在此放置您的文字”艺术字文本框，删除文本框中的文字，输入“抓住机遇，挑战自我”作为标题文本。

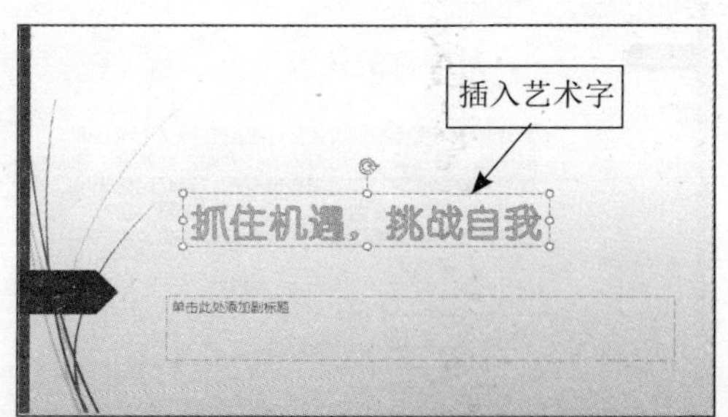

Step 03 选中标题文本，在【开始】选项卡的【字体】组中设置【字体】为“微软雅黑”，【字号】为“72”。

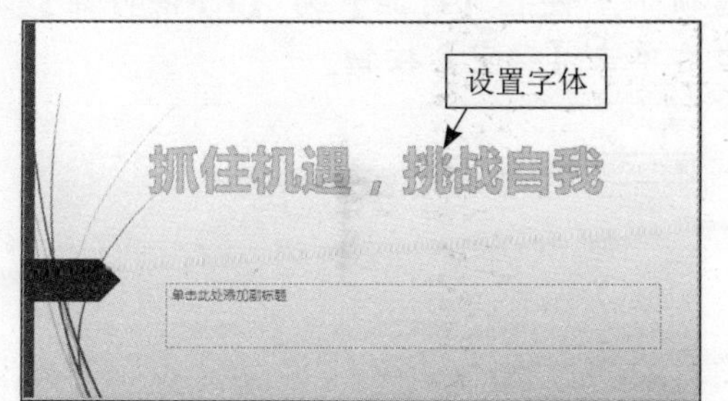

Step 04 单击【绘图工具】➢【格式】选项卡下【艺术字样式】组中的【文本效果】按钮，在弹出的下拉列表选择【阴影】➢【偏移：左下】选项。

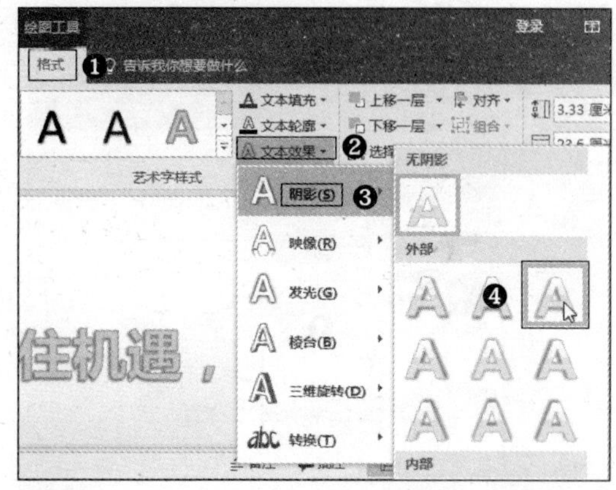

Step 05 即可为艺术字添加阴影效果。

Step 06 单击下方的副标题占位符，输入相应的文本，设置【字体】为“微软雅黑”，【字号】为“32”，“岗位竞聘”首页即制作完成。

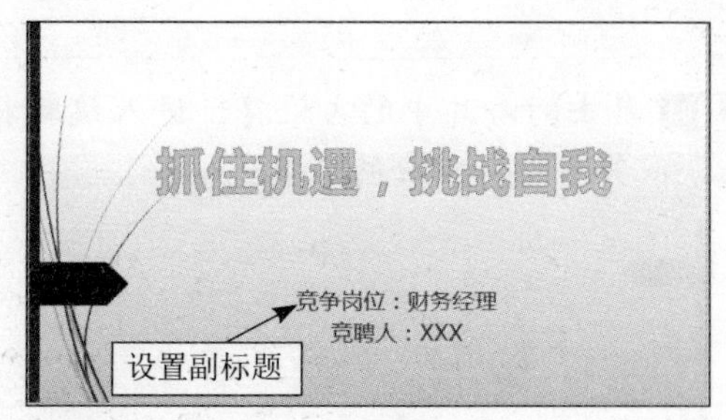

10.3.3 设计内容幻灯片

“岗位竞聘”演示文稿包括“对岗位的认识”“主要工作经历”“综述”等内容幻灯片，下面分别介绍。

1. 设计“对岗位的认识”幻灯片

设计“对岗位的认识”幻灯片的具体操作步骤如下：

Step 01 单击【开始】选项卡下【幻灯片】组中的【新建幻灯片】下拉按钮，在弹出的列表中选择【标题和内容】选项。

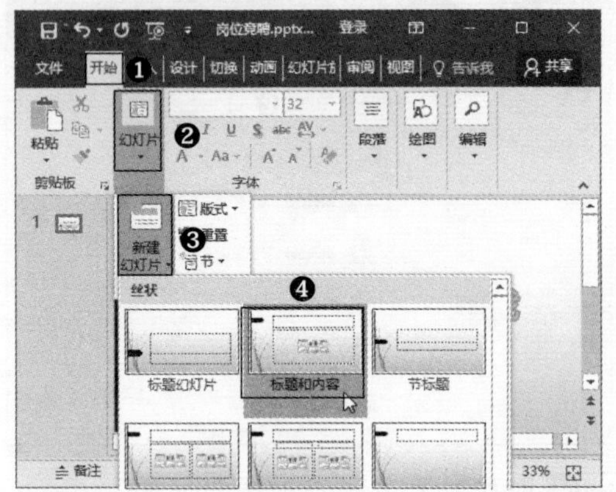

Step 02 即可在第1张幻灯片下方新建一个标题和内容版式的空白幻灯片。

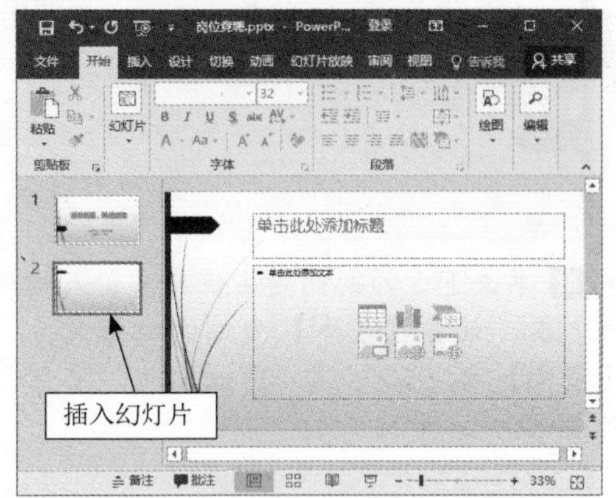

Step 03 单击幻灯片中的占位符，进入编辑状态，在其中输入相应的文本。

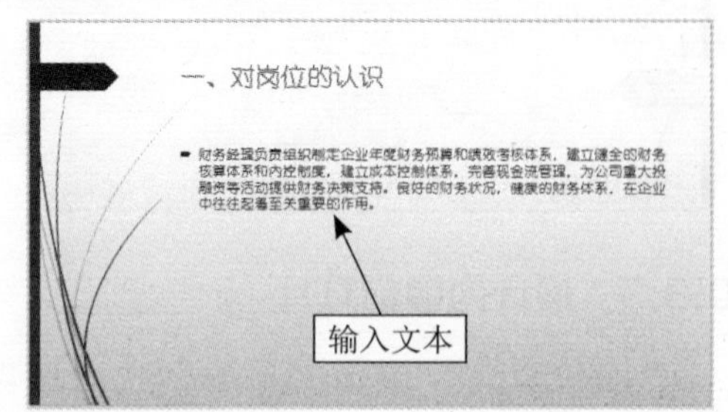

Step 04 选中标题文本，单击【开始】选项卡下【字体】组右下角的【字体】按钮，弹出【字体】对话框，在【字体】选项卡下设置【中文字体】为【黑体】、【字体样式】为【加粗】、【大小】为“48”。设置完成后，单击【确定】按钮。

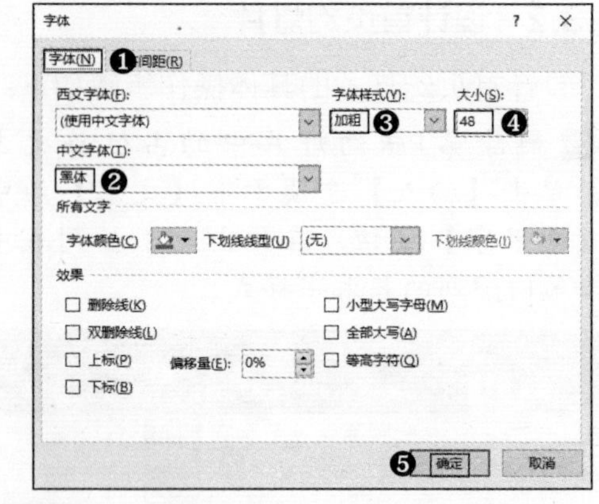

Step 05 即可设置标题文本的字体格式。

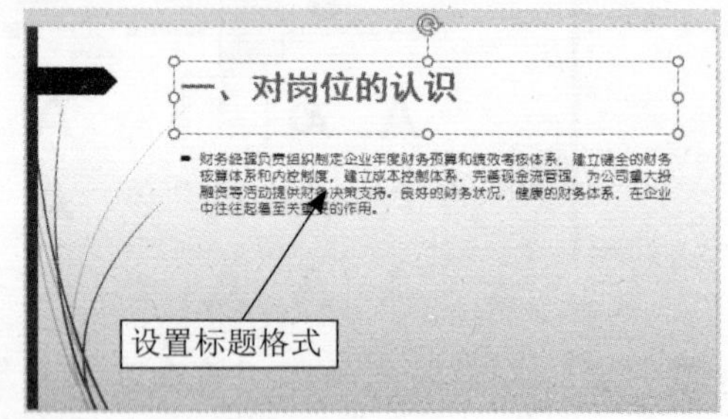

Step 06 使用上述方法，设置正文内容的字体格式，效果如下图所示。

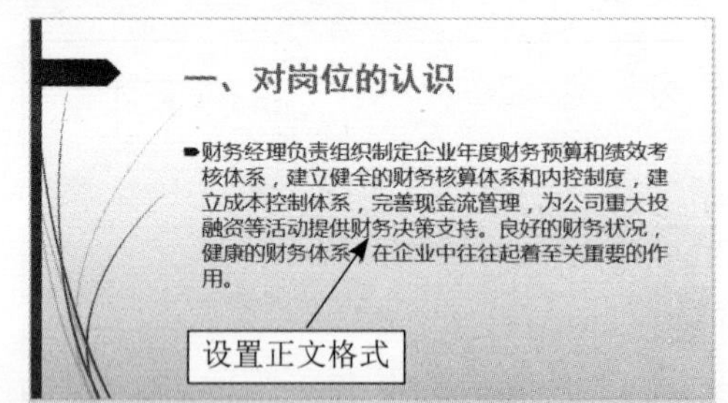

Step 07 选中正文内容，单击【开始】选项卡下【段落】组右下角的【段落】按钮，弹出【段落】对话框，在【缩进和间距】选项卡下设置【行距】为【1.5倍行距】，之后单击【确定】按钮。

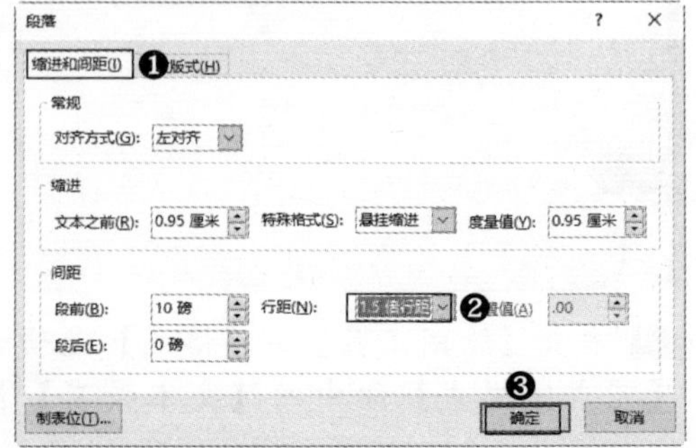

Step 08 即可设置内容文本的段落格式，“对岗位的认识”幻灯片即制作完成。

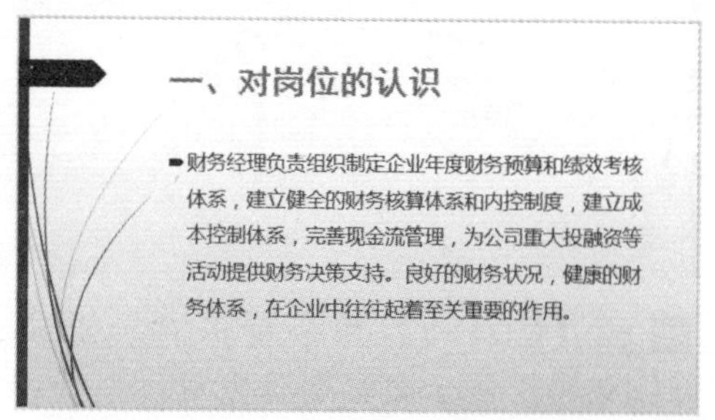

2. 设计“主要工作经历”幻灯片

设计“主要工作经历”幻灯片的具体操作步骤如下：

Step 01 在第2张幻灯片缩略图上右击，在弹出的快捷菜单中选择【复制幻灯片】命令。

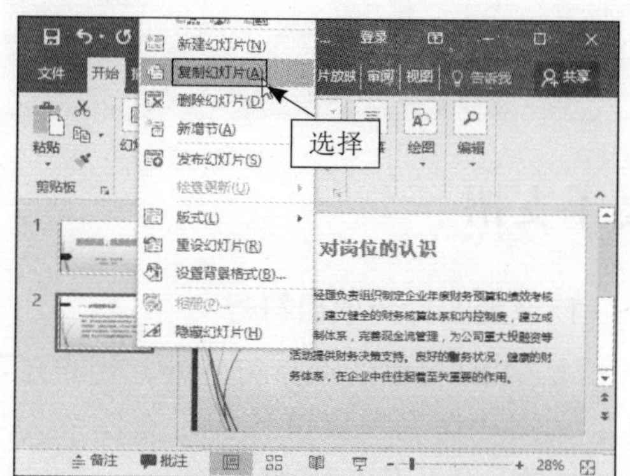

Step 02 即可在下方创建相同的幻灯片，单击其中的标题和内容文本框，进入编辑状态，重新输入相应的文本，“主要工作经历”幻灯片即制作完成。

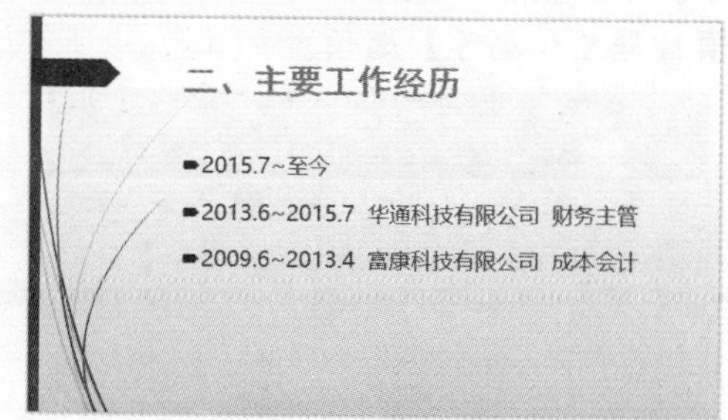

3. 设计“综述”幻灯片

设计“综述”幻灯片的具体操作步骤如下：

Step 01 在第3张幻灯片缩略图上右击，在弹出的快捷菜单中选择【复制幻灯片】命令，继续创建相同的幻灯片，并修改文本。

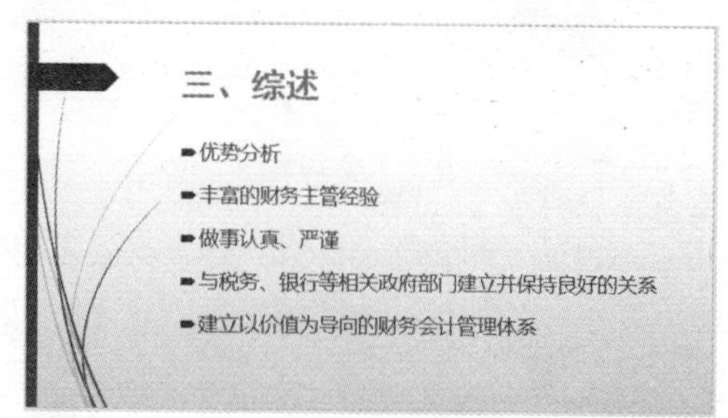

Step 02 选中下方相应的文本，单击【开始】选项卡下【段落】组中【编号】右侧的下拉按钮，在弹出的下拉列表中选择【A、B、C】样式。

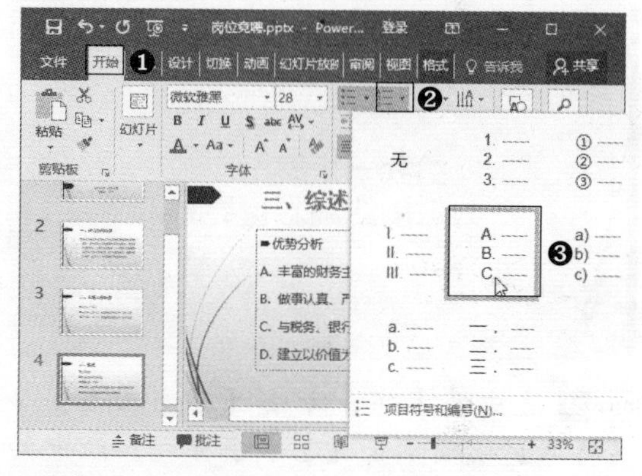

Step 03 即可为选中的文本添加编号，“综述”幻灯片即制作完成。

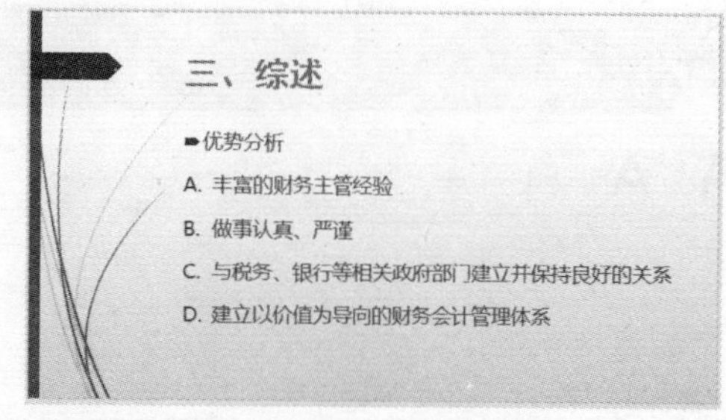

10.3.4 设计末尾幻灯片

设计末尾幻灯片的具体操作步骤如下：

Step 01 选中最后一张幻灯片，单击【开始】选项卡下【幻灯片】组中的【新建幻灯片】下拉按钮，在弹出的列表中选择【空白】选项，新建一个空白幻灯片。

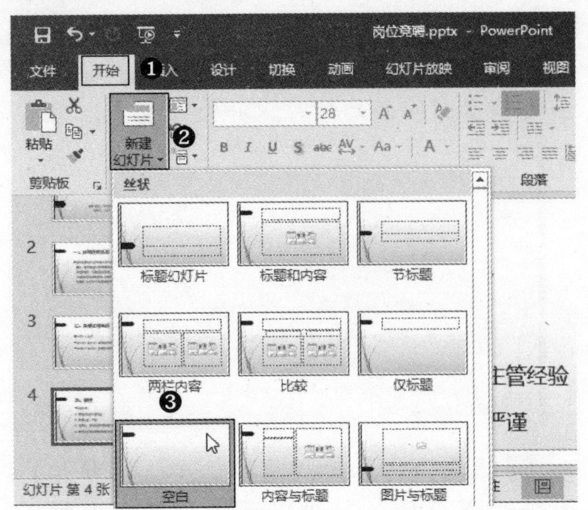

Step 02 在幻灯片中插入艺术字，并输入相应的文本作为结束语。

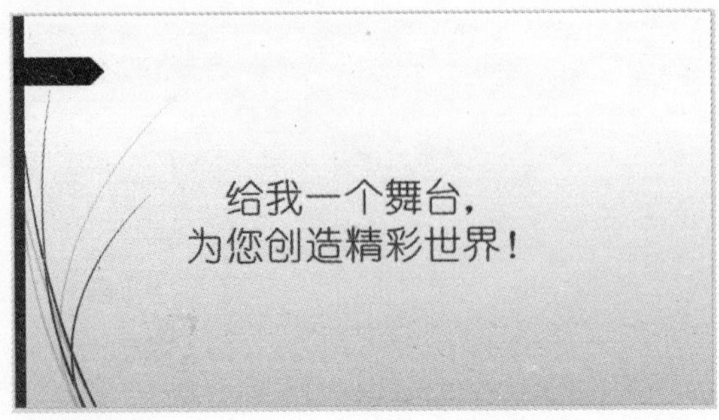

Step 03 选中艺术字，单击【绘图工具】➤【格式】选项卡下【艺术字样式】组中的【文本效果】按钮，在弹出的下拉列表选择【转换】➤【拱形】选项。

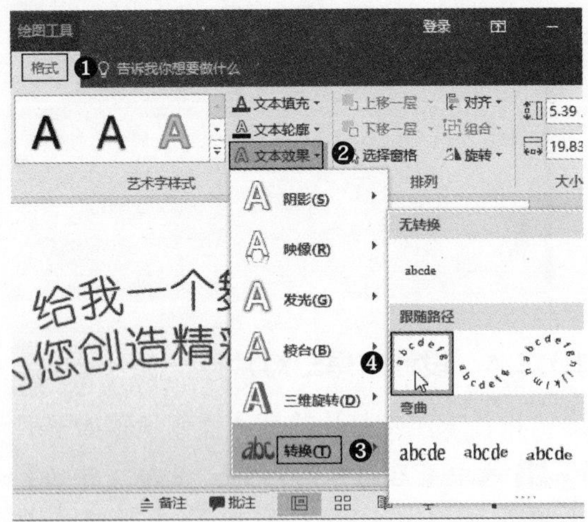

Step 04 即可为艺术字添加转换效果，末尾幻灯片即制作完成。

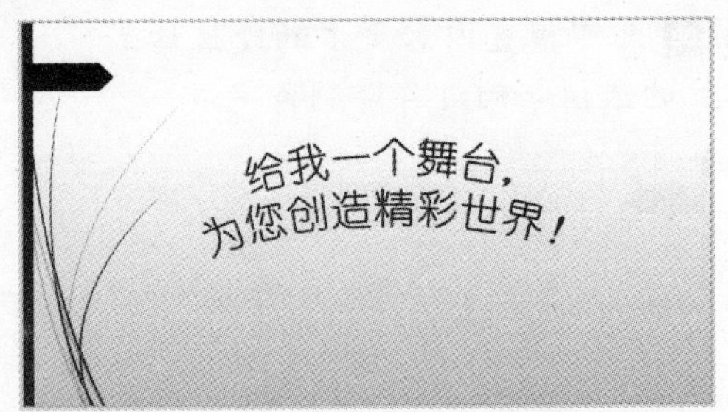

Step 05 按【Ctrl+S】组合键保存。至此，"岗位竞聘"演示文稿制作完成。

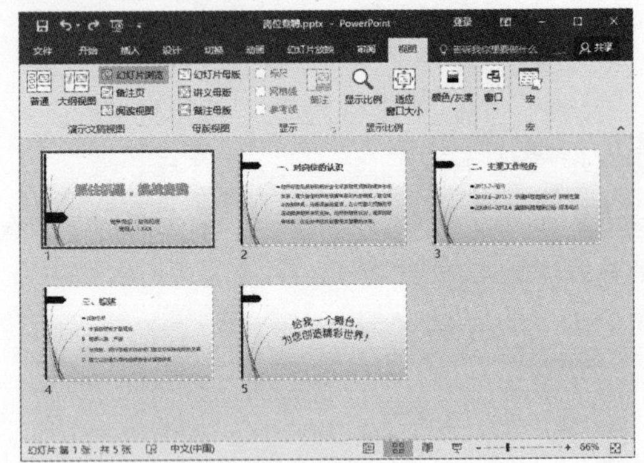

高手支招

1. 设置图片为项目符号

除了PPT提供的项目符号外，用户还可自定义图片作为项目符号。设置图片为项目符号的具体操作步骤如下：

Step 01 打开"素材\Ch10\图片项目符号.pptx"文件，选中要添加项目符号的文本。单击【开始】选项卡下【段落】组中的【项目符号】下拉按钮，在弹出的下拉列表中选择【项目符号和编号】选项。

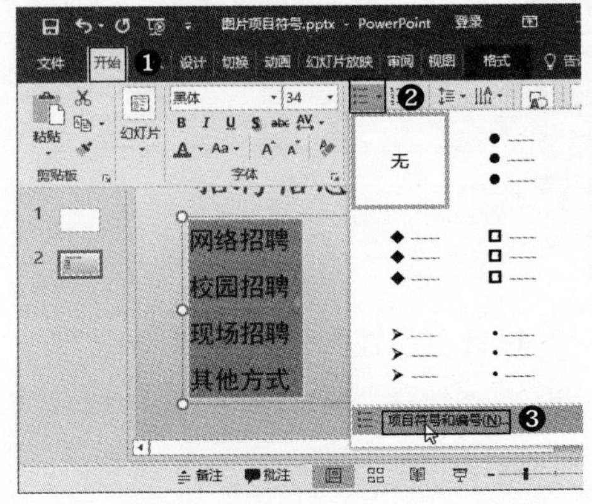

Step 02 弹出【项目符号和编号】对话框，在其中单击【图片】按钮。

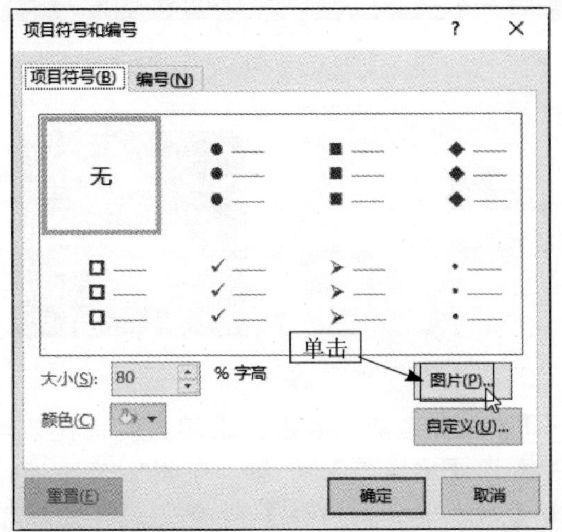

Step 03 弹出【插入图片】对话框，在其中单击【来自文件】右侧的【浏览】按钮。

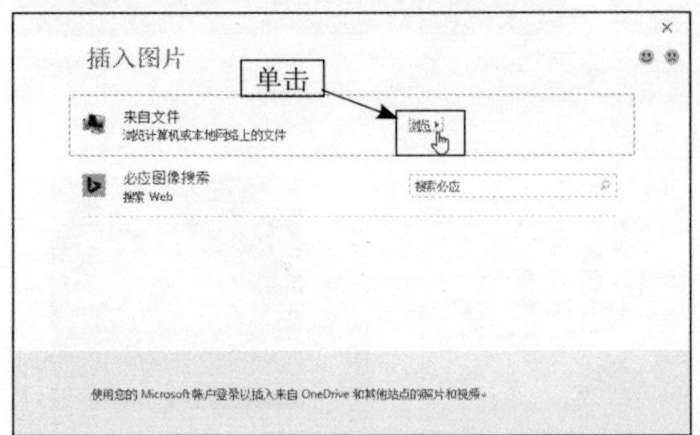

Step 04 在【插入图片】对话框中选择要作为项目符号的图片，之后单击【插入】按钮。

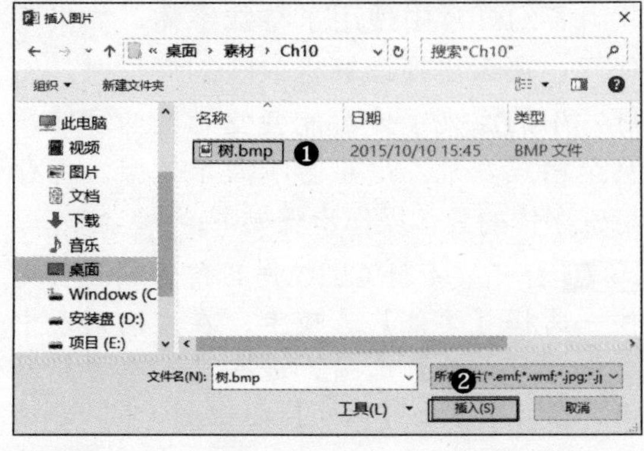

Step 05 即可将图片作为项目符号添加到文本中，效果如下图所示。

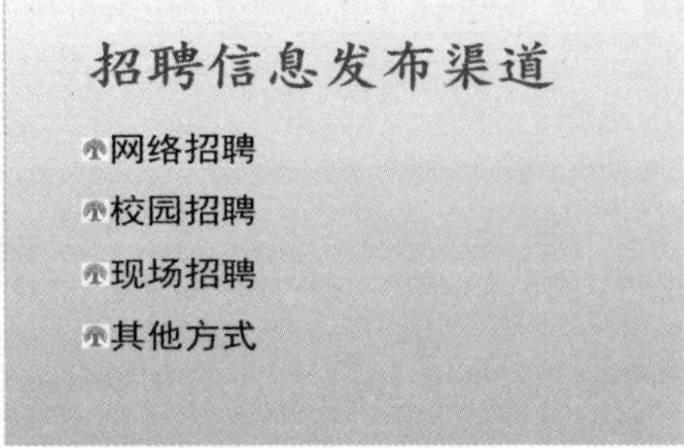

2. 使用节管理幻灯片

PPT 2016提供的节功能主要用于管理幻灯片，类似于文件夹的功能，使用“节”后，不仅有助于规划演示文稿的结构，还为编辑和维护幻灯片大大节省了时间。具体操作步骤如下：

Step 01 打开“素材\Ch10\产品销售.pptx”文件，选中第8张和第9张幻灯片，单击【开始】选项卡下【幻灯片】组中的【节】按钮，在弹出的下拉列表中选择【新增节】选项。

Step 02 弹出【重命名节】对话框，在【节名称】文本框中输入“后续步骤”，单击【重命名】按钮。

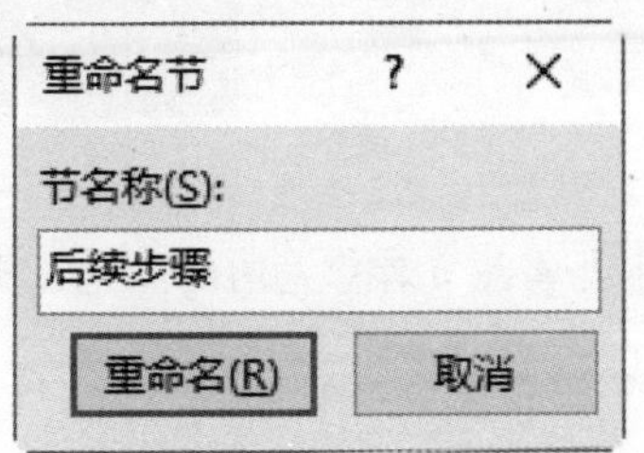

Step 03 在左侧的幻灯片窗格中可以看到，已经创建了“后续步骤”节，该节中包含第8和第9两张幻灯片。

Step 04 使用上述方法，为其他幻灯片创建节，效果如下图所示。

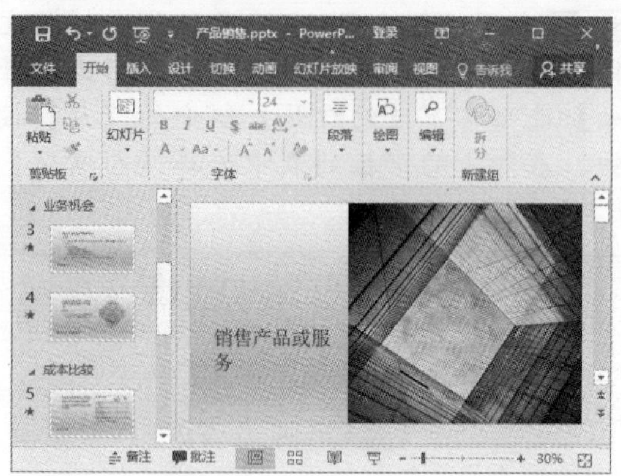

Step 05 单击节名称左侧的黑色三角图标，即可折叠节，效果如下图所示。

Step 06 再次单击节名称左侧的黑色三角图标，可展开选定的节，在其中即可查看该节。

Step 07 在节名称上右击，在弹出的快捷菜单中选择【删除节】命令，可删除节。若选择【删除节和幻灯片】命令，则可删除节及该节包含的所有幻灯片。

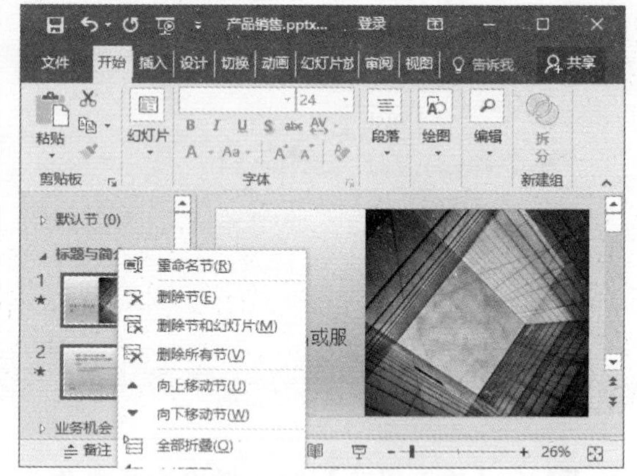

3. 保存幻灯片中的特殊字体

若幻灯片中使用了特殊字体，如果不保存，那么更换计算机放映幻灯片时，幻灯片中的漂亮字体可能会变为普通字体，甚至格式变乱，严重影响演示效果。保存特殊字体的具体操作步骤如下：

Step 01 打开“素材\Ch10\产品销售.pptx”文件，选择【文件】选项卡，在左侧列表中选择【另存为】选项，进入【另存为】界面，在其中单击【浏览】按钮。

Step 02 弹出【另存为】对话框，单击【工具】按钮，在弹出的下拉列表中选择【保存选项】。

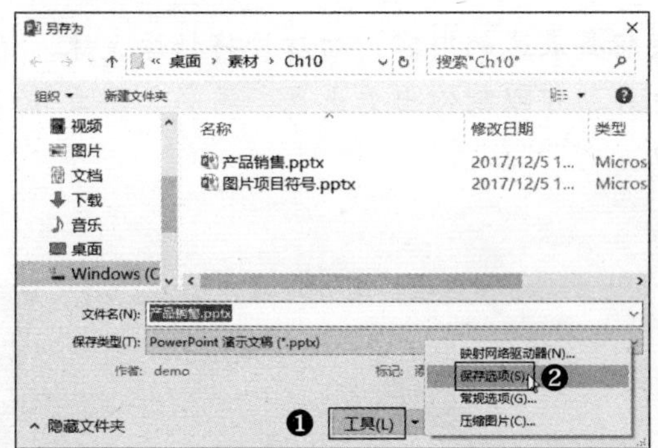

Step 03 弹出【PowerPoint选项】对话框，选择【将字体嵌入文件】复选框，之后选择【嵌入所有字符（适于其他人编辑）】单选按钮。操作完成后，单击【确定】按钮。

Step 04 返回至【另存为】对话框，单击【保存】按钮，即可在保存幻灯片的同时，会保存幻灯片中的特殊字体。

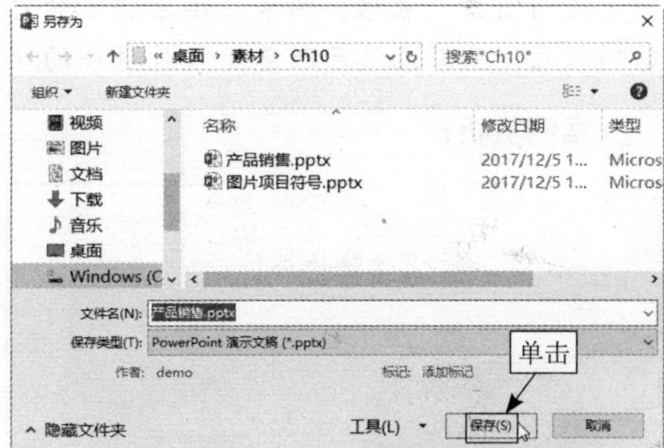

第11章 丰富PPT——PPT 2016的图文并茂

本章导读：

在制作幻灯片时，若一味地使用文字来描述想要表达的内容，幻灯片将枯燥无味。适当地使用图片、表格、图表、示意图等修饰幻灯片，可以制作出更出色、漂亮、图文并茂的幻灯片，从而在展示时更能吸引观众的注意力。

案例赏析：

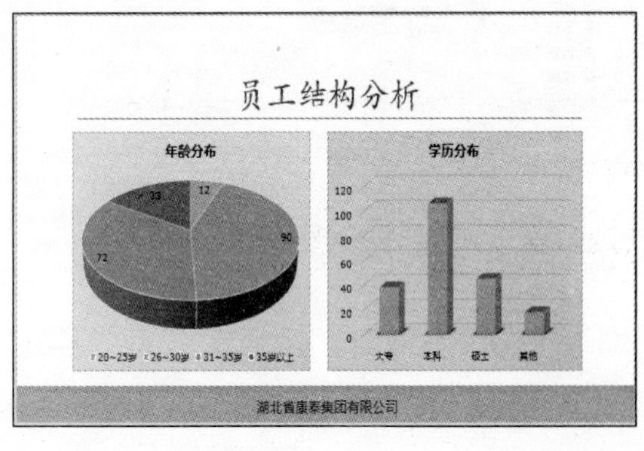

11.1 制作“新员工入职培训”演示文稿

新员工入职培训是员工进入企业后的第一个环节，包括公司历史、现状、企业文化、规章制度、岗位职责等方面的培训。该培训可以在新员工和企业之间架起沟通和理解的桥梁，为新员工迅速适应企业环境打下坚实的基础。

11.1.1 设计幻灯片母版

每个演示文稿至少包含一个幻灯片母版。设计和使用幻灯片母版的主要优点是可以对演示文稿中的每张幻灯片（包括以后添加到演示文稿中的幻灯片）进行统一的样式更改。设计幻灯片母版的具体操作步骤如下：

Step 01 新建一个空白演示文稿，命名为“新员工入职培训”并保存。之后单击【视图】选项卡下【母版视图】组中的【幻灯片母版】按钮。

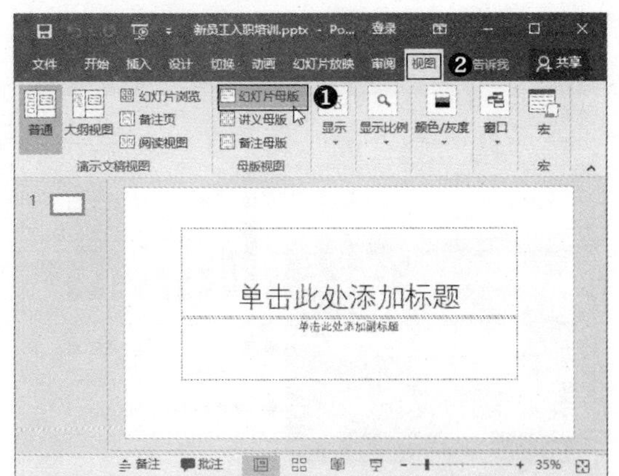

Step 02 即可进入幻灯片母版视图，在左侧幻灯片窗格中选择第1张幻灯片。

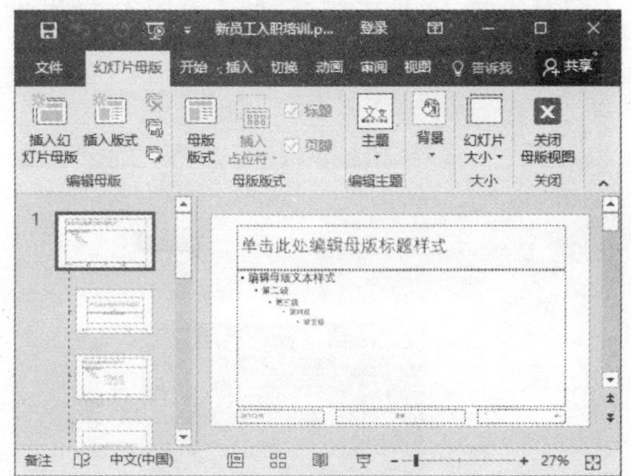

Step 03 单击【幻灯片母版】选项卡下【编辑主题】组中的【主题】按钮，在弹出的下拉列表中显示了所有主题，如选择【框架】主题。

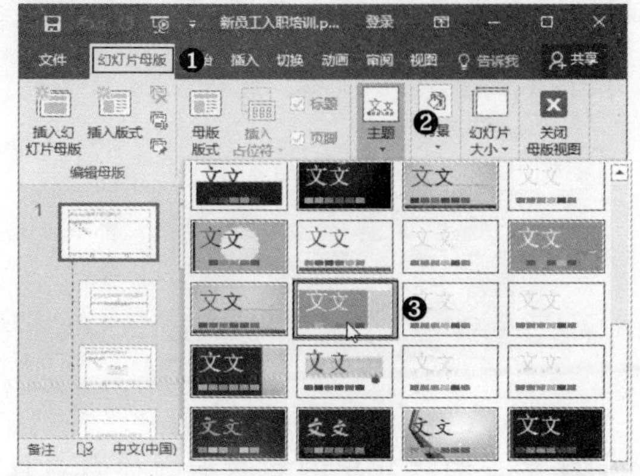

Step 04 单击【幻灯片母版】选项卡下【背景】组中的【颜色】按钮，在弹出的下拉列表中可选择主题颜色，如选择【蓝绿色】。

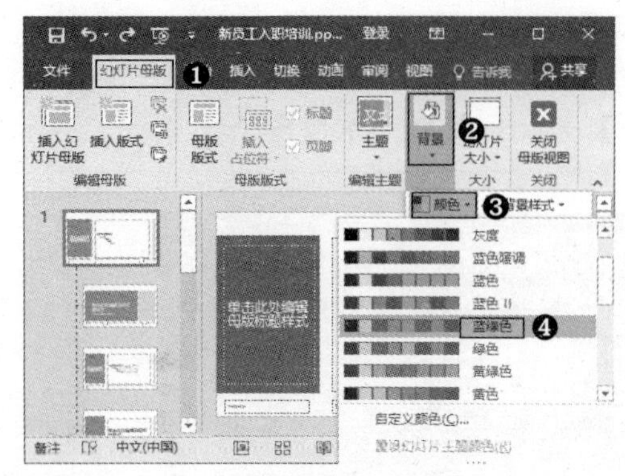

Step 05 单击【幻灯片母版】选项卡下【背景】组中的【字体】按钮，在弹出的下拉列表中可选择主题颜色，如选择【微软雅黑 黑体】。

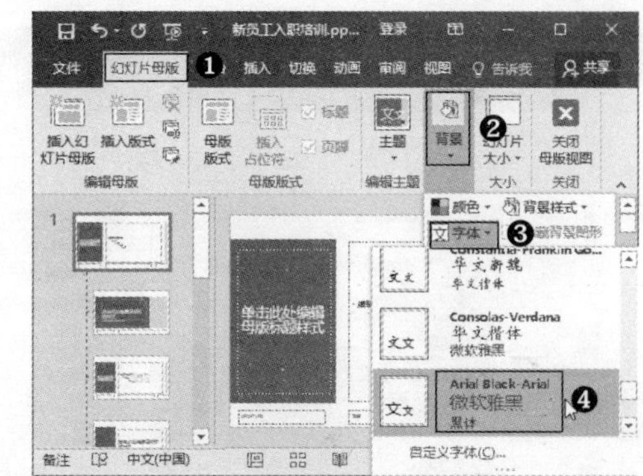

Step 06 操作完成后，在幻灯片窗格中选择第2张幻灯片。单击【插入】选项卡下【文本】组中【文本框】的下拉按钮，在弹出的下拉列表中选择【竖排文本框】选项。

提示：在幻灯片母版视图下，设置不同的幻灯片母版，即可设置对应幻灯片版式的格式。例如，设置第1张幻灯片母版表示设置所有幻灯片版式的格式，设置第2张幻灯片母版表示设置“标题”幻灯片版式的格式。

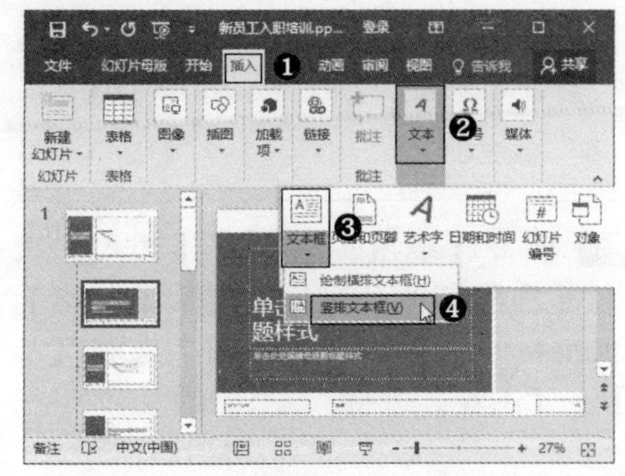

Step 07 拖动鼠标在幻灯片右侧绘制竖排文本框，在其中输入公司名称，之后设置【字号】为40，效果如下图所示。

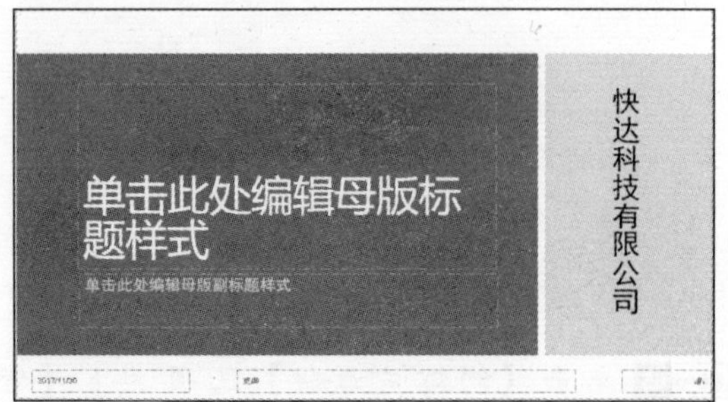

Step 08 选中公司名称文本，单击【绘图工具】➤【格式】选项卡下【艺术字样式】组中的【其他】按钮。

Step 09 在弹出的下拉列表中选择第4行2列的艺术字样式，即可为文本应用艺术字样式。

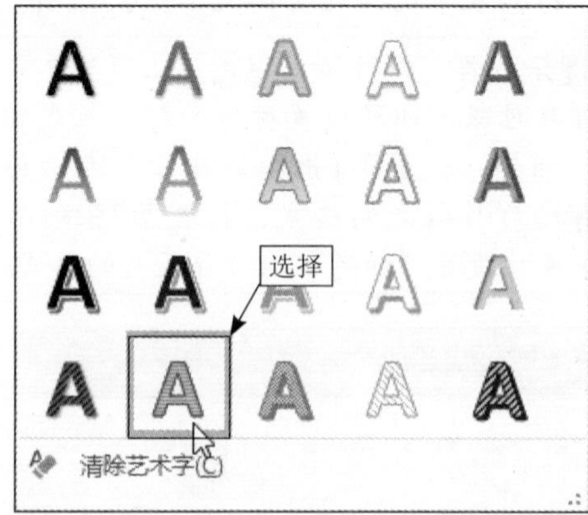

Step 10 单击【绘图工具】➤【格式】选项卡下【艺术字样式】组中【文本轮廓】的下拉按钮，在弹出的下拉列表选择【标准色】➤【浅蓝】选项。

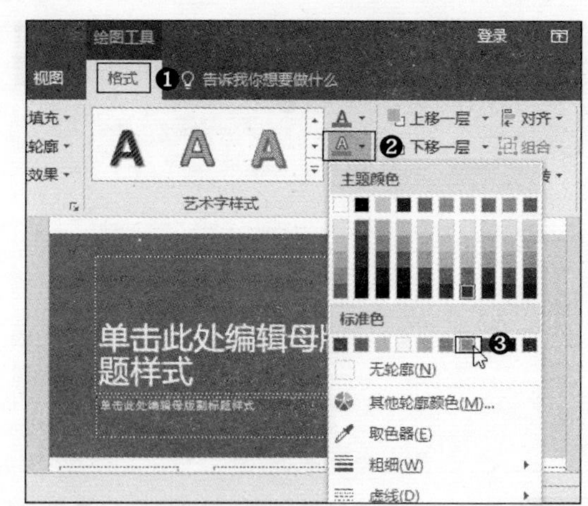

Step 11 即可设置文本的轮廓颜色，之后单击【幻灯片母版】选项卡下【关闭】组中的【关闭母版视图】按钮。

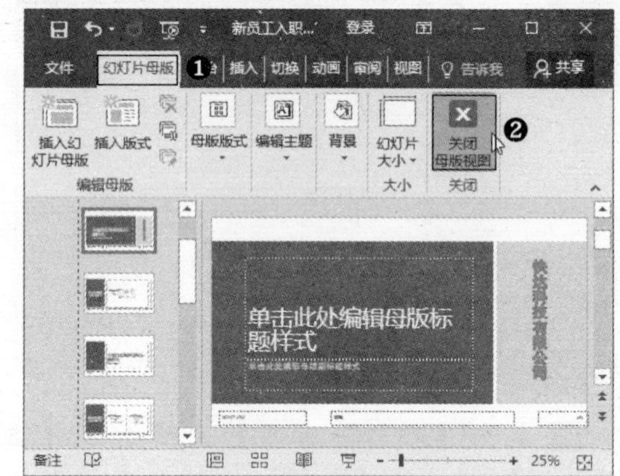

Step 12 即可退出母版视图，返回至普通视图。

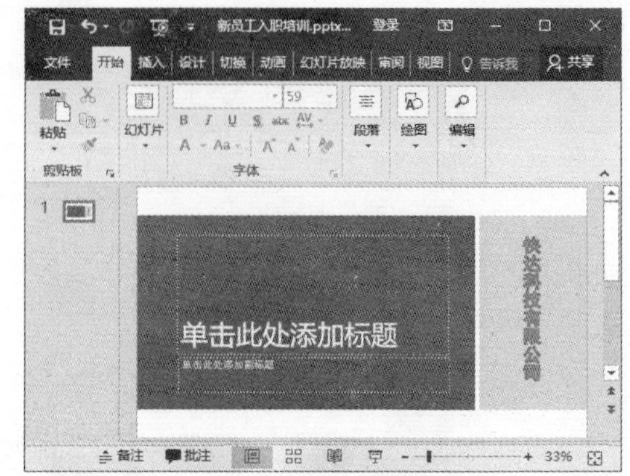

Step 13 单击幻灯片中的标题和副标题占位符，在其中输入相应的文本，并拖动鼠标调整文本在幻灯片中的位置，首页幻灯片即制作完成。

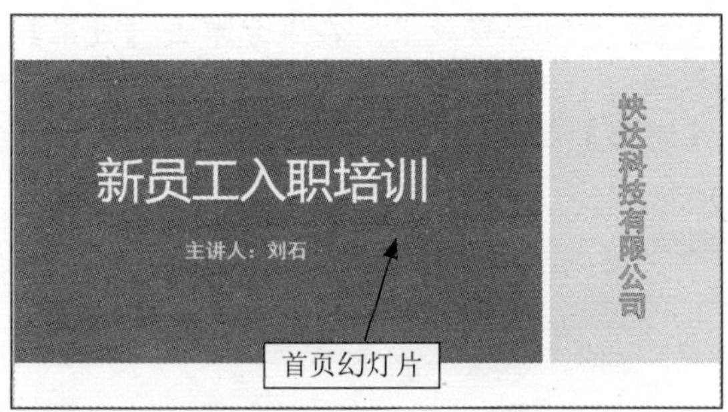

11.1.2 绘制并编辑形状

PowerPoint提供了多种类型的形状，如圆形、矩形、三角形、箭头等。在幻灯片中使用形状，往往比单纯的文字更吸人眼球。下面在目录幻灯片中绘制并编辑形状，以丰富幻灯片。

1. 绘制形状

绘制形状的具体操作步骤如下：

Step 01 新建一张标题和内容版式的幻灯片，单击左侧的标题占位符，在其中输入“目录”作为标题文本。

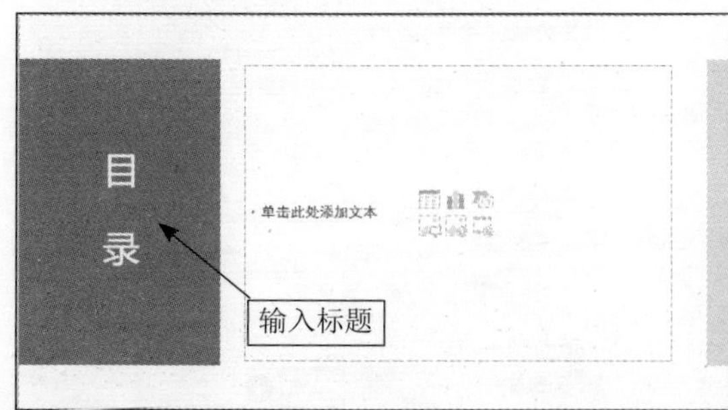

Step 02 单击右侧占位符的边框，以选中占位符，之后按【Delete】键将其删除。

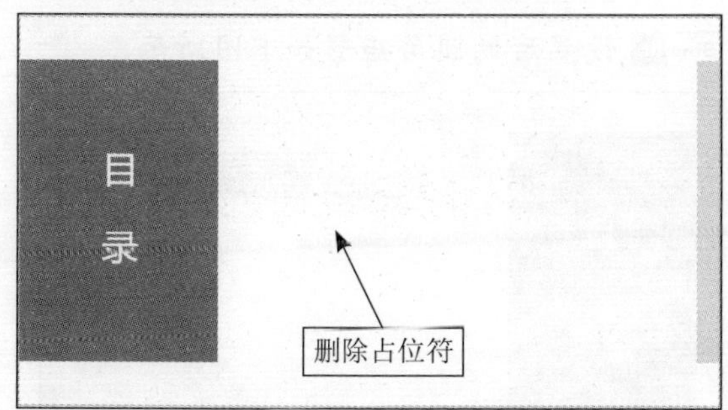

Step 03 单击【插入】选项卡下【插图】组中的【形状】按钮，在弹出的下拉列表中显示了所有的形状，如选择【矩形】选项区域中的【圆角矩形】形状。

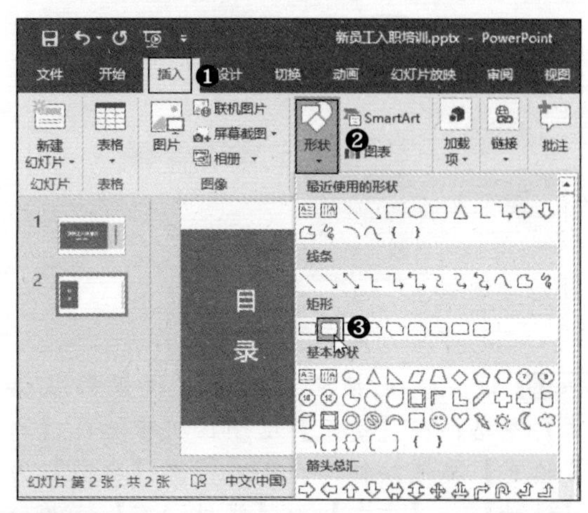

Step 04 在幻灯片中按住左键不放，拖动鼠标进行绘制。

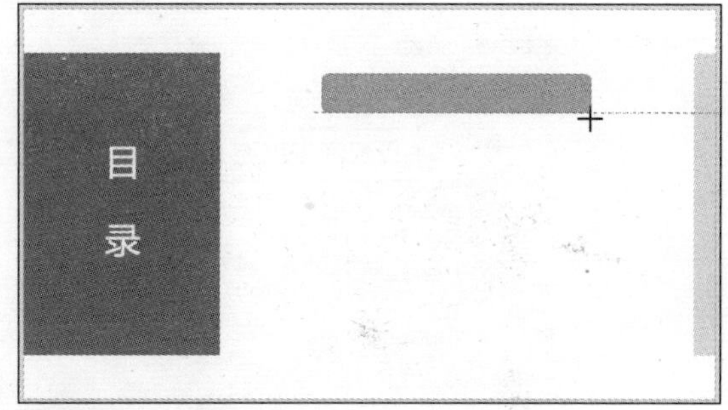

Step 05 释放鼠标，圆角矩形即绘制完成。

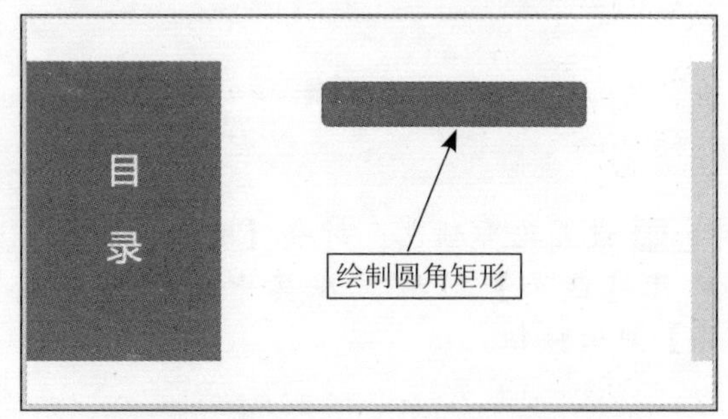

2. 美化形状

用户可以设置形状的填充颜色、轮廓颜色、形状效果等，以美化形状。具体操作步骤如下：

Step 01 选中圆角矩形，单击【绘图工具】➤【格式】选项卡下【形状样式】组右下角的【设置形状格式】按钮。

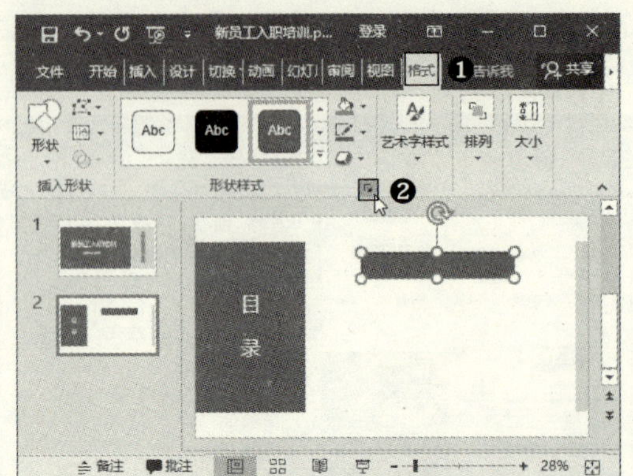

Step 02 设置填充颜色。弹出【设置形状格式】窗格，在【填充】选项区域中选择【渐变填充】单选按钮，在下方设置【类型】为【线性】，【方向】为【线性向右】，并分别设置颜色条上控制点的颜色。

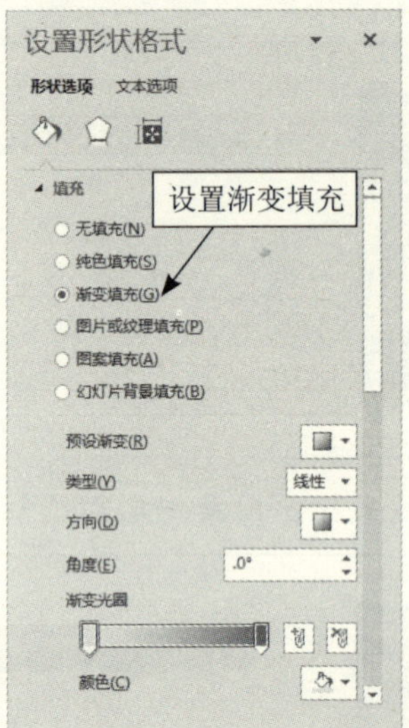

Step 03 设置轮廓颜色。折叠【填充】区域，展开【线条】区域，在其中选择【无线条】单选按钮。

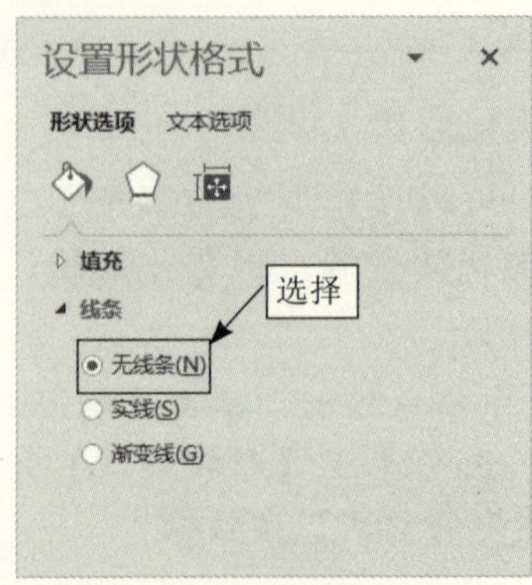

Step 04 添加阴影效果。在上方单击【效果】按钮，切换至该选项下，在下方展开【阴影】区域，之后单击【预设】按钮，在弹出的下拉列表中选择【偏移：右下】选项。

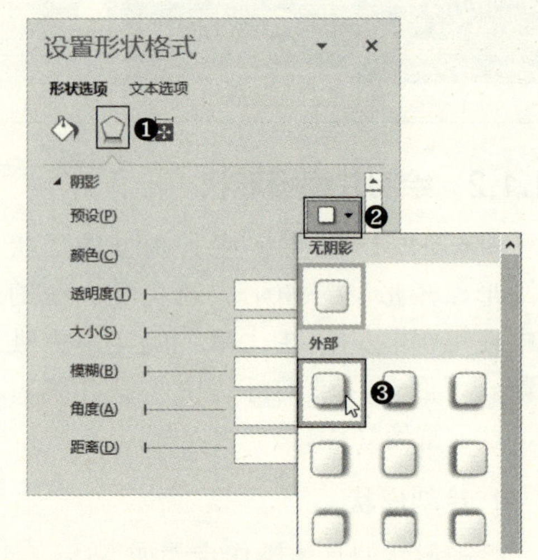

Step 05 设置阴影的【模糊】为“10磅”，【距离】为“15磅”。

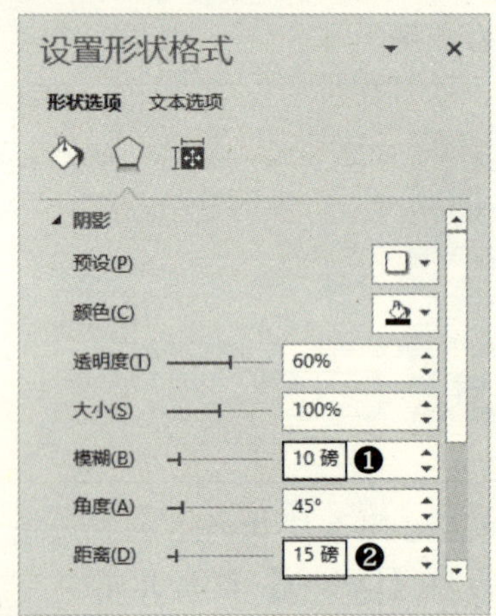

Step 06 设置后的圆角矩形如下图所示。

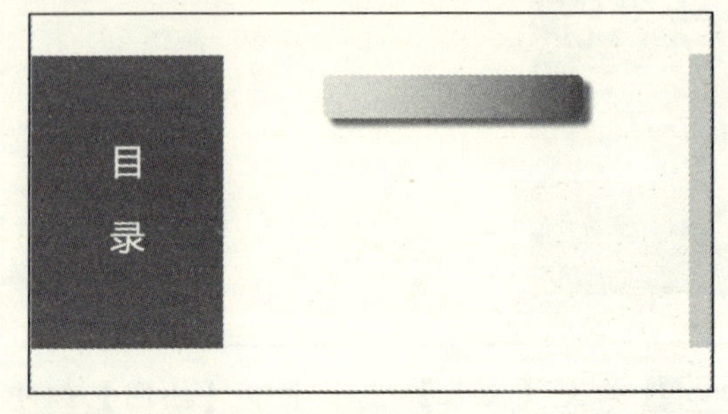

Step 07 在圆角矩形左侧绘制一个菱形，使

用上述方法，设置其填充颜色、轮廓颜色等，美化菱形。

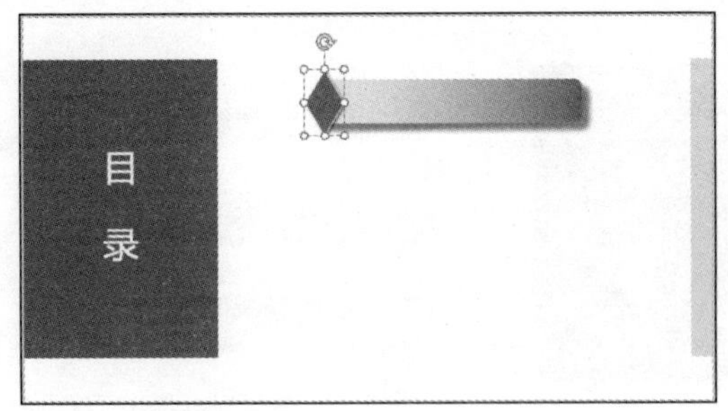

3. 在形状上添加文字

美化形状后，还需要在形状上添加相关的文字。具体操作步骤如下：

Step 01 在圆角矩形上右击，在弹出的快捷菜单中选择【编辑文字】命令。

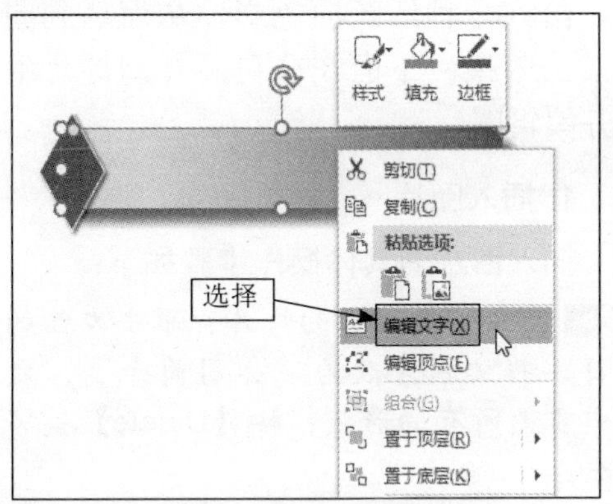

Step 02 此时形状中出现一个闪烁的光标，表示进入到编辑状态，在其中输入“一、公司简介”文本。

Step 03 输入完成后，在幻灯片的空白位置处单击即可。

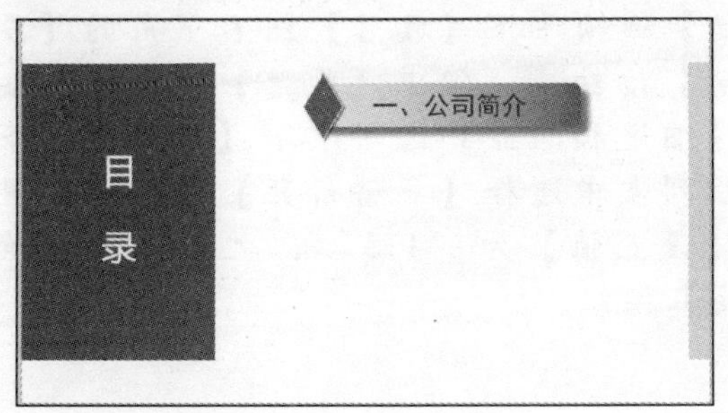

4. 排列与组合形状

当幻灯片中有多个形状时，用户可以根据需要排列和组合形状，使其分布更有规律，看起来整齐美观。排列和组合形状的具体操作步骤如下：

Step 01 组合形状。选中菱形和圆角矩形，单击【绘图工具】➤【格式】选项卡下【排列】组中的【组合】按钮，在弹出的下拉列表中选择【组合】选项。

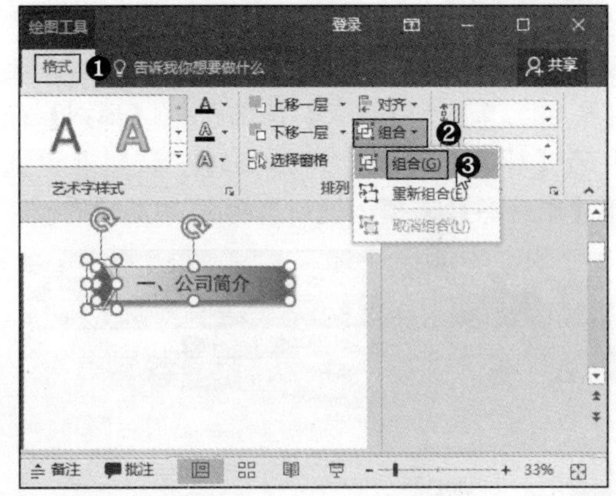

提示：选中两个形状后，在形状上右击，在弹出的快捷菜单中选择【组合】➤【组合】命令，也可组合形状。

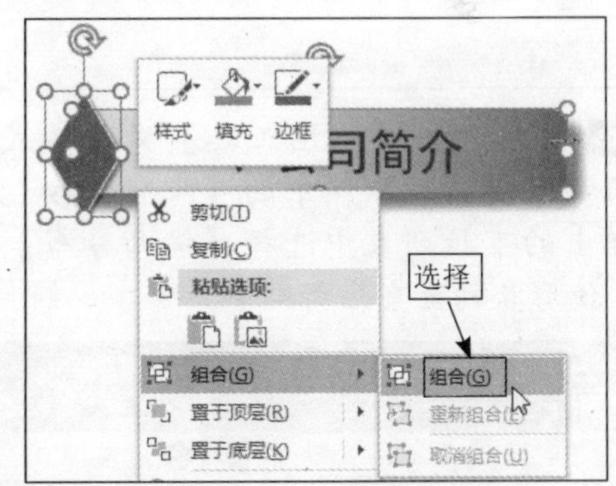

Step 02 即可组合两个形状，使其成为一个整体。

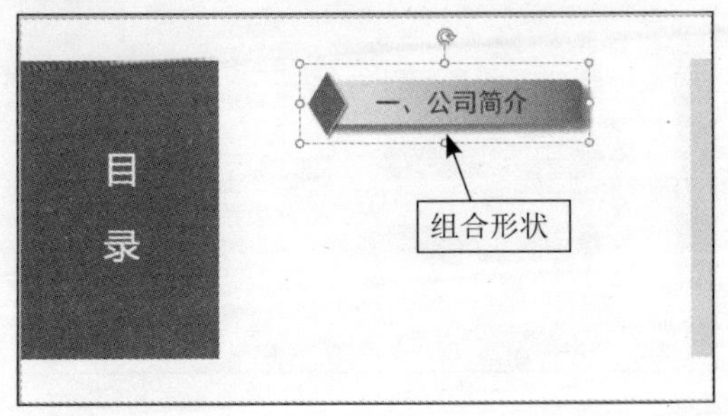

Step 03 选中组合形状，按【Ctrl+C】组合键复制，按【Ctrl+V】组合键粘贴，从而复制并粘贴出两个相同的形状，修改圆角矩形中的文字，并大致调整位置。

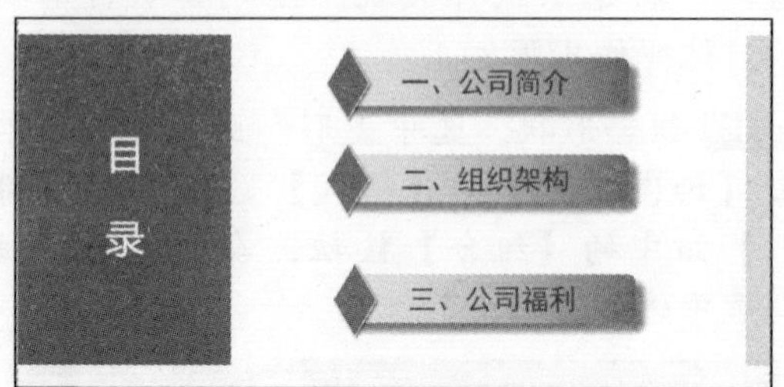

Step 04 排列形状。选中三个组合形状，单击【绘图工具】➤【格式】选项卡下【排列】组中的【对齐】按钮，在弹出的下拉列表中选择【左对齐】选项，使所有形状靠左对齐。

Step 05 再次单击【绘图工具】➤【格式】选项卡下【排列】组中的【对齐】按钮，在弹出的下拉列表中选择【纵向分布】选项，使形状的垂直距离相等。

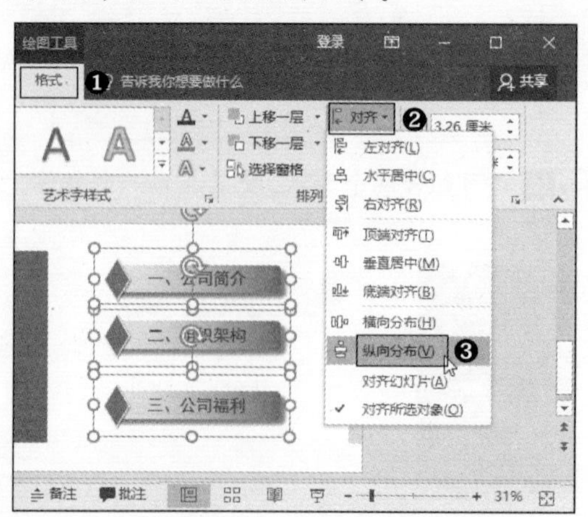

Step 06 排列后的效果如下图所示，至此，"目录"幻灯片即制作完成。

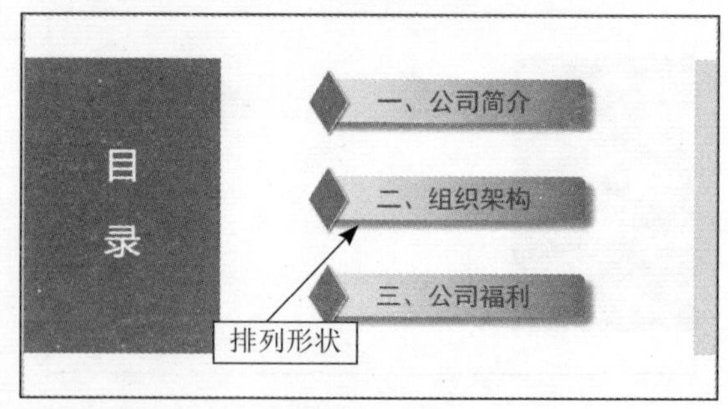

11.1.3 插入并编辑图片

图片和文字是幻灯片中最主要的两种元素。一个好的幻灯片，既要有文字描述，也要搭配适当的图片，通过图片的点缀，给人一种活跃的色彩，从而达到图文并茂的效果。下面在公司简介幻灯片中插入并编辑图片。

1. 插入图片

插入图片的具体操作步骤如下：

Step 01 复制"目录"幻灯片，单击左侧的占位符，将文本修改为"公司简介"，之后选中右侧所有的形状，按【Delete】键将其删除。

Step 02 选中"公司简介"文本，单击【开始】选项卡下【段落】组右下角的【段落】按钮，弹出【段落】对话框，在【缩进和间距】选项卡下【行距】的下拉列表中选择【多倍行距】选项，设置【设置值】为"1.5"，之后单击【确定】按钮。

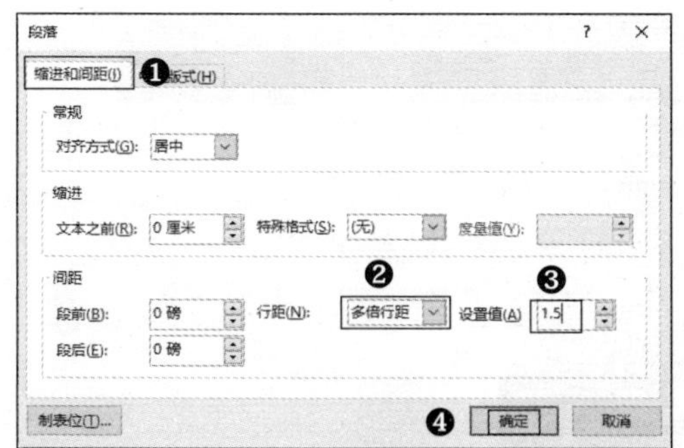

Step 03 即可设置文本的行距，效果如下图所示。

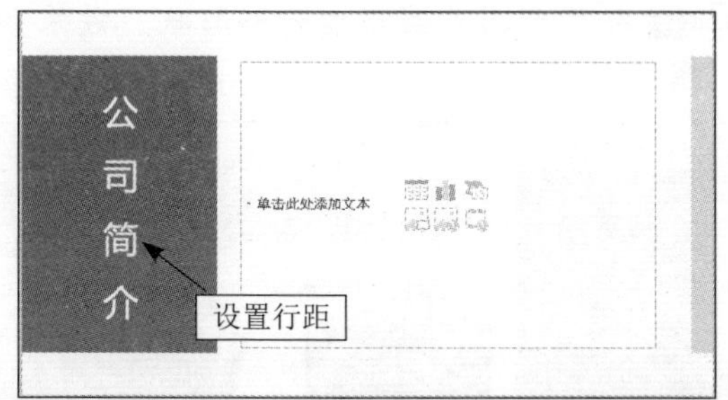

Step 04 单击右侧的占位符，进入编辑状态，在其中输入公司简介的相关文本，之后调整占位符的大小和位置。

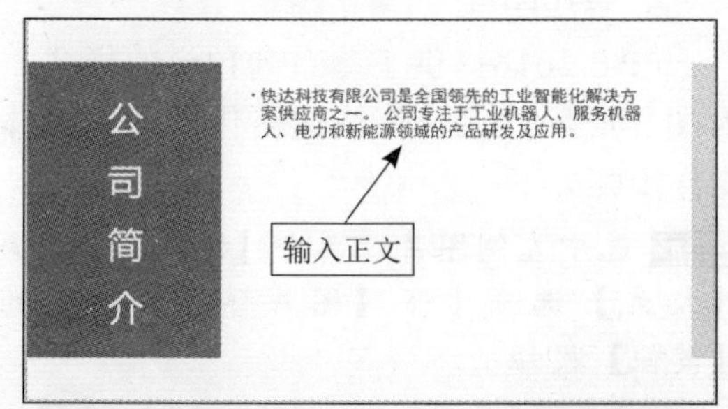

Step 05 单击【插入】选项卡下【图像】组的【图片】按钮。

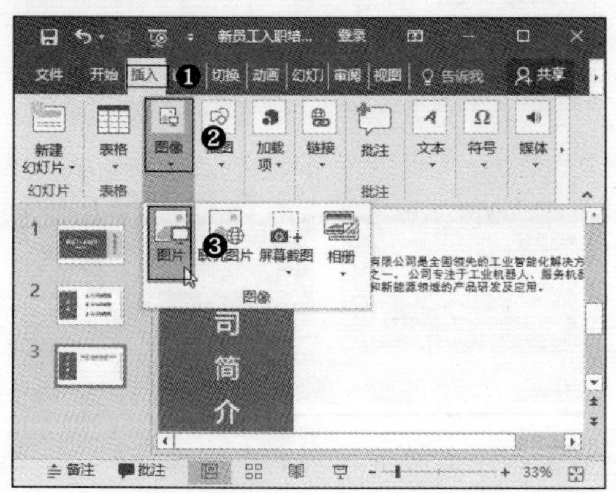

Step 06 弹出【插入图片】对话框，在计算机中选择要插入的图片，单击【插入】按钮。

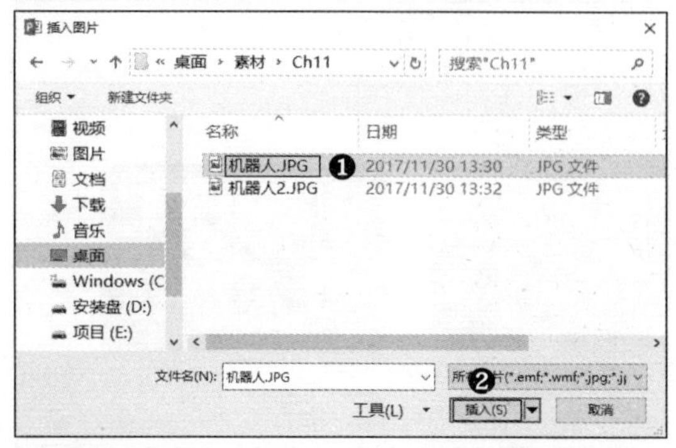

Step 07 即可在幻灯片中插入所选的图片。

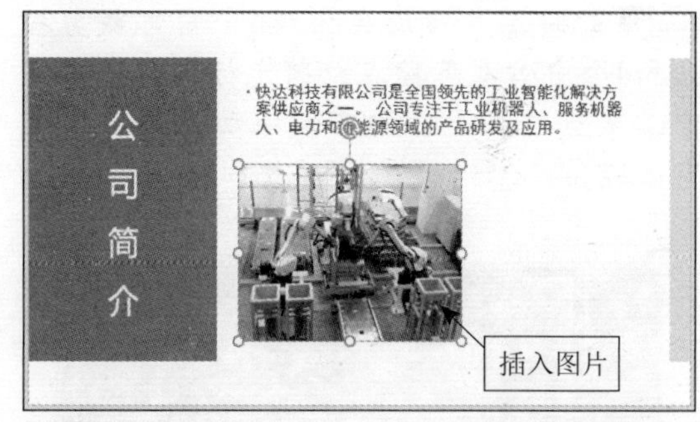

Step 08 使用上述方法，插入另外一张图片。之后适当调整两张图片的大小和位置。

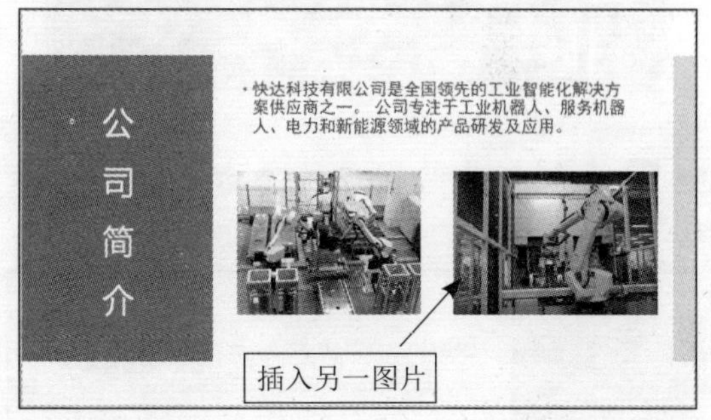

2. 裁剪图片

裁剪图片是指剪掉图片的多余部分，只保留需要的部分，用户不仅可对图片进行普通裁剪，还能将图片裁剪为特定的形状或纵横比。裁剪图片的具体操作步骤如下：

Step 01 普通裁剪。选中右侧图片，单击【图片工具】➢【格式】选项卡下【大小】组中的【裁剪】按钮。

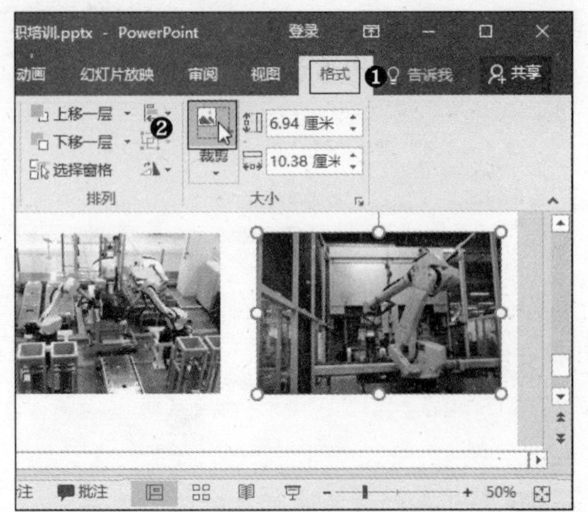

Step 02 此时图片四周会出现4个角部裁剪控点和4个中心裁剪控点。将光标定位在左侧中心裁剪控点上，向右侧拖动鼠标确定裁剪区域。

Step 03 在幻灯片的空白处单击，即可确认裁剪。

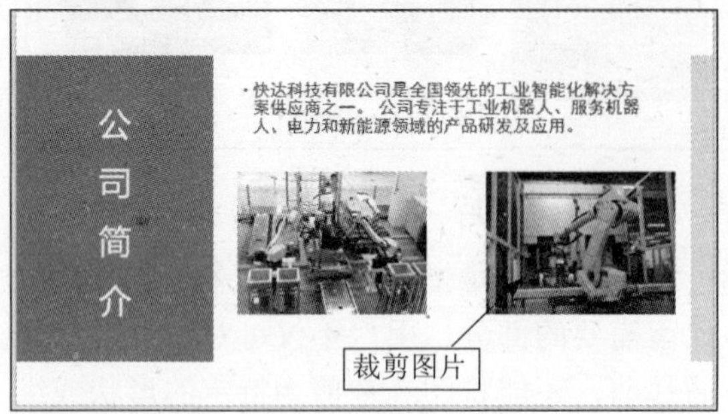

Step 04 裁剪为形状。单击【图片工具】➢【格式】选项卡下【大小】组中的【裁剪】下拉按钮，在弹出的下拉列表中选择【裁剪为形状】选项，在子列表中可选择形状，如选择【云形】。

Step 05 即可将图片裁剪为云形形状，效果如下图所示。

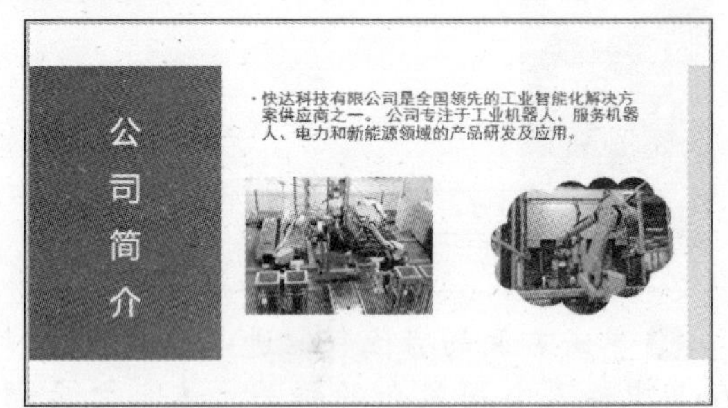

3. 美化图片

PPT 2016提供了一系列预设的样式，为图片应用样式，可快速美化图片。具体操作步骤如下：

Step 01 选中左侧图片，单击【图片工具】➢【格式】选项卡下【图片样式】组中的【其他】按钮▾。

Step 02 在弹出的下拉列表中可选择样式，如

选择【透视阴影，白色】样式。

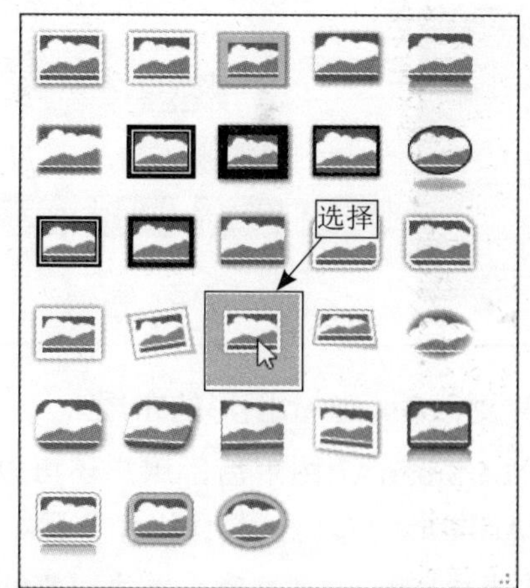

Step 03 即可为图片应用样式，以美化图片。

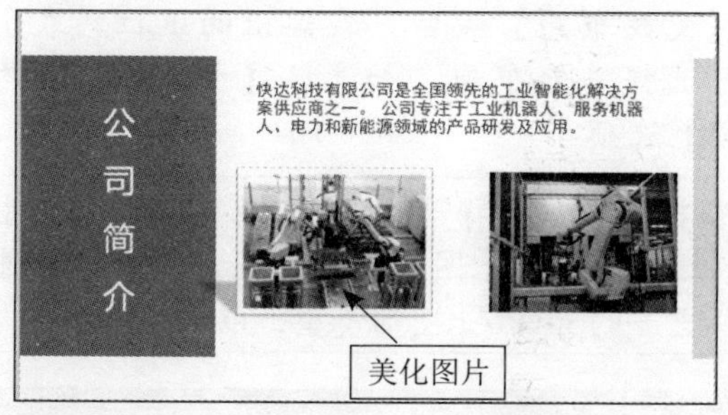

Step 04 使用上述方法，为右侧图片应用样式，效果如下图所示。

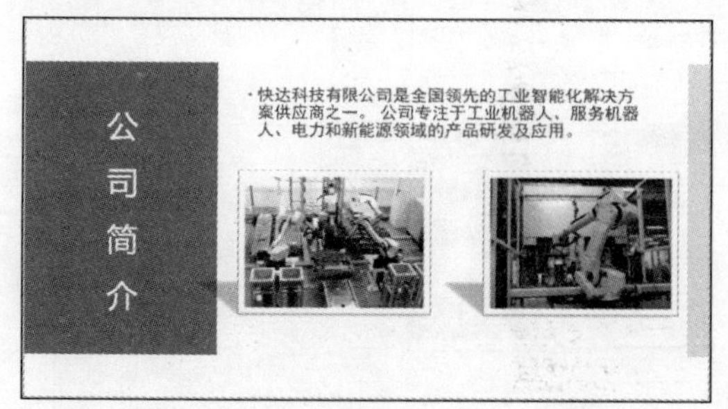

11.1.4 插入并编辑SmartArt图形

SmartArt图形是信息和观点的视觉表示形式，通过SmartArt图形，可快速、轻松和有效地传达信息。下面在组织架构和公司福利幻灯片中插入并编辑SmartArt图形。

1. 插入SmartArt图形

PPT 2016提供了多种类型的SmartArt图形，包括列表、流程、循环、层次结构等。用户需要选择合适的SmartArt图形，以更好地传达信息。插入SmartArt图形的具体操作步骤如下：

Step 01 复制“公司简介”幻灯片，单击左侧的占位符，将文本修改为“组织架构”，之后选中右侧文本和图片，按【Delete】键将其删除。

Step 02 单击【插入】选项卡下【插图】组中的【SmartArt】按钮。

Step 03 弹出【选择SmartArt图形】对话框，在左侧列表中选择【层次结构】选项，在右侧选择【组织结构图】，之后单击【确定】按钮。

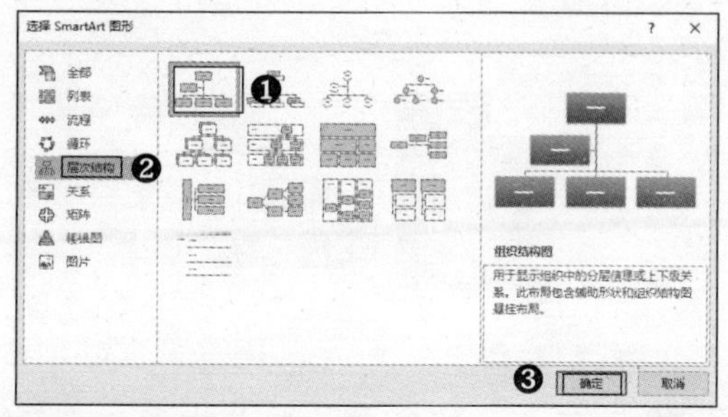

Step 04 即可在幻灯片中插入一个“组织结构图”类型的SmartArt图形。

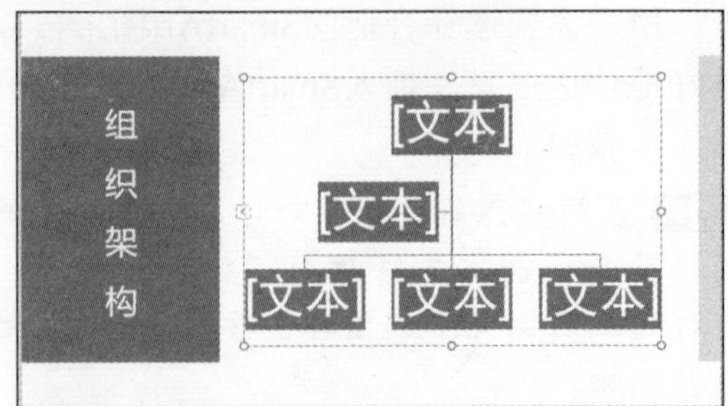

Step 05 单击SmartArt图形中的形状，在其中输入相应的文本，SmartArt图形即制作完成。

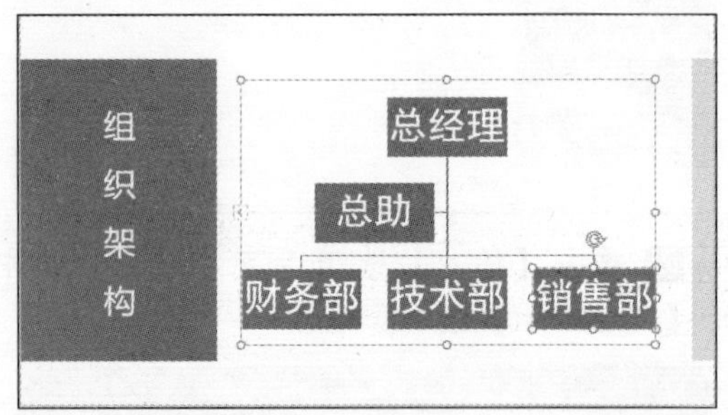

2. 添加形状

创建SmartArt图形后，可以在现有的图形中添加形状，以满足需求。添加形状的具体操作步骤如下：

Step 01 选中“销售部”形状，单击【SmartArt工具】➤【设计】选项卡下【创建图形】组中的【添加形状】下拉按钮，在弹出的下拉列表中选择【在后面添加形状】选项。

Step 02 即可在“销售部”形状右侧添加1个形状，在其中输入“行政部”文本，即完成添加形状的操作。

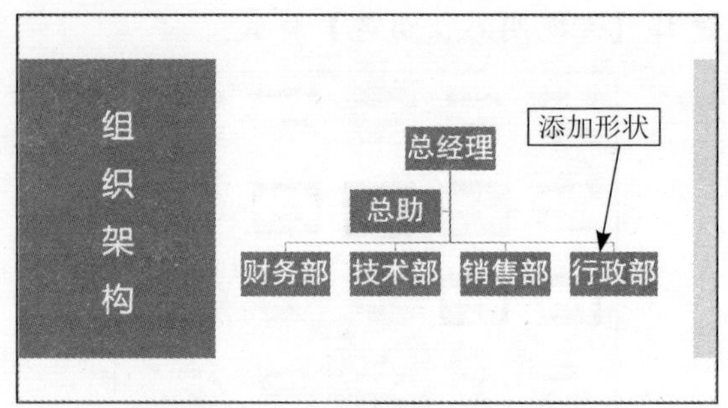

3. 更改SmartArt图形的布局

插入SmartArt图形后，用户还可以更改SmartArt图形的布局。具体操作步骤如下：

Step 01 选中SmartArt图形，单击【SmartArt工具】➤【设计】选项卡下【版式】组中的【更改布局】按钮，在弹出的下拉列表中可选择其他布局，如选择【水平组织结构图】选项。

提示：若选择【其他布局】选项，将弹出【选择SmartArt图形】对话框，在其中可选择更多的SmartArt图形类型，以更改布局。

Step 02 即可将布局更改为水平组织结构图，效果如下图所示。

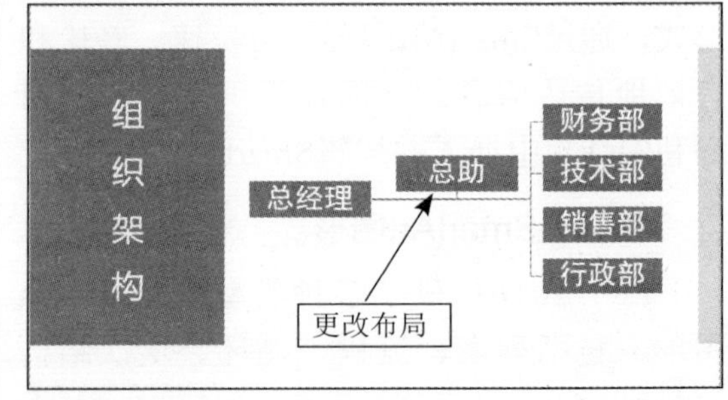

4. 美化SmartArt图形

美化SmartArt图形包括设置SmartArt图形的颜色、样式、字体格式等操作。美化SmartArt图形的具体操作步骤如下：

Step 01 选中SmartArt图形，单击【SmartArt工具】➢【设计】选项卡下【SmartArt样式】组中的【更改颜色】按钮，在弹出的下拉列表中可选择颜色，如选择【渐变循环—渐变色2】选项。

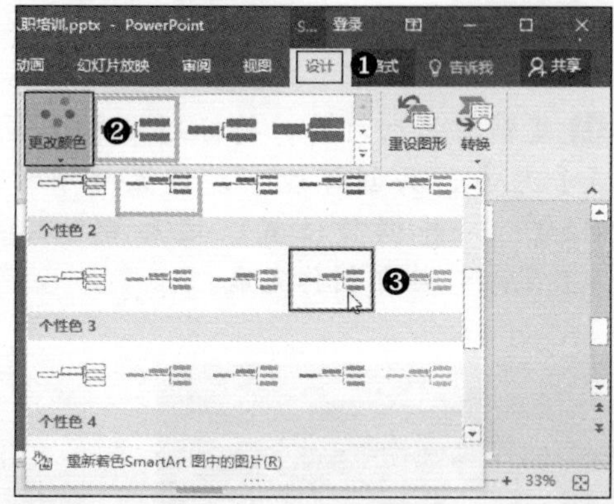

Step 02 即可设置SmartArt图形的颜色，效果如下图所示。

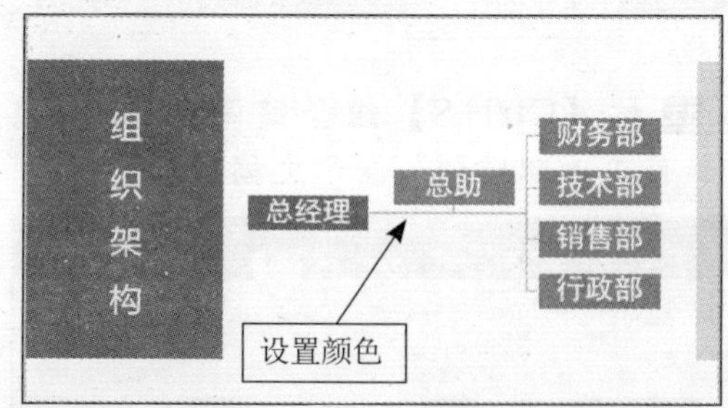

Step 03 单击【SmartArt工具】➢【设计】选项卡下【SmartArt样式】组中的【其他】按钮。

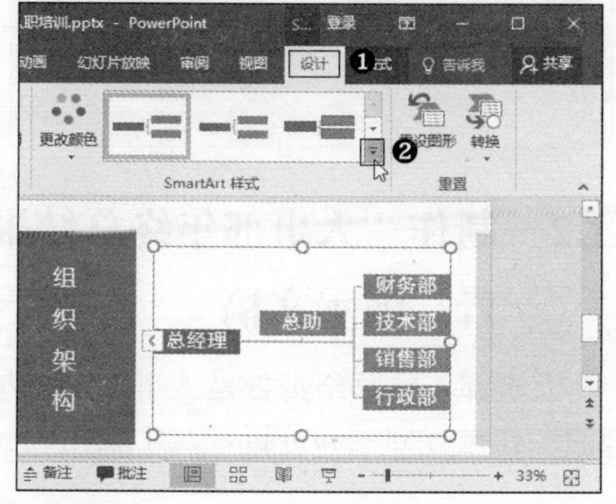

Step 04 在弹出的下拉列表中可选择样式，如选择【三维】选项区域中的【卡通】选项。

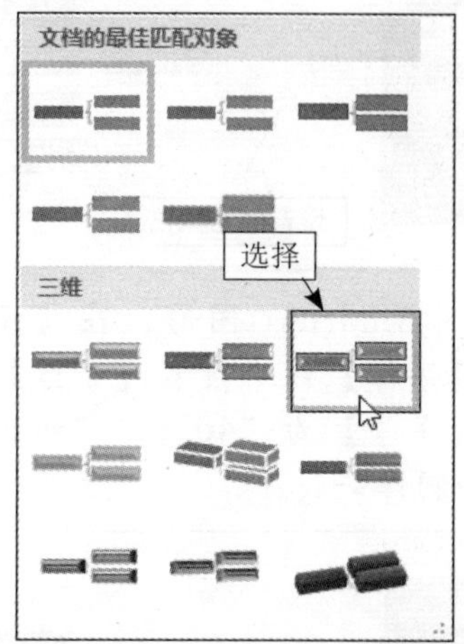

Step 05 即可为SmartArt图形应用样式，效果如下图所示。

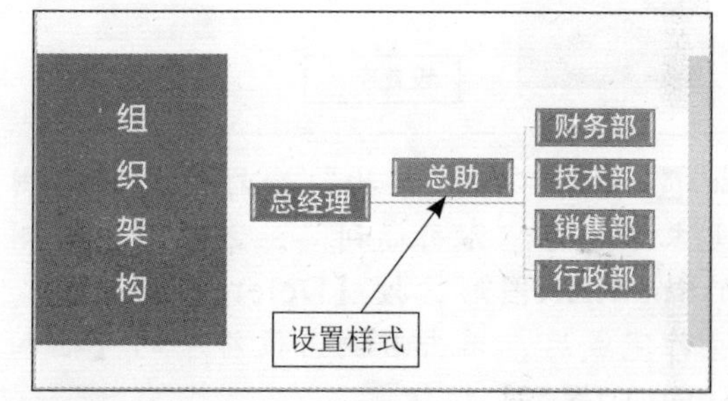

Step 06 选中“总经理”形状，单击【SmartArt工具】➢【格式】选项卡下【形状样式】组中的【形状填充】下拉按钮，在弹出的下拉列表中选择【标准色】选项区域中的【浅蓝】选项。

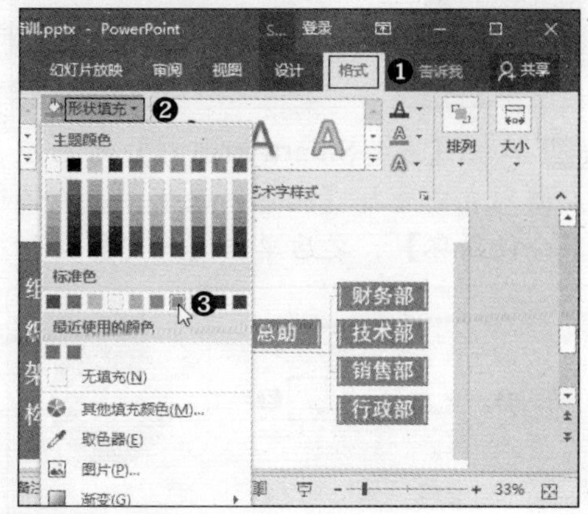

Step 07 即可单独设置“总经理”形状的填充颜色，效果如下图所示。

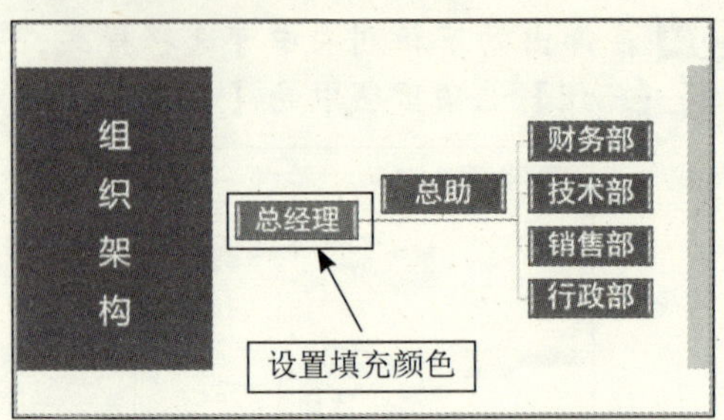

Step 08 选中SmartArt图形，在【开始】选项卡的【字体】组中设置【字体】为“隶书”，【字号】为“40”，“组织架构”幻灯片即制作完成。

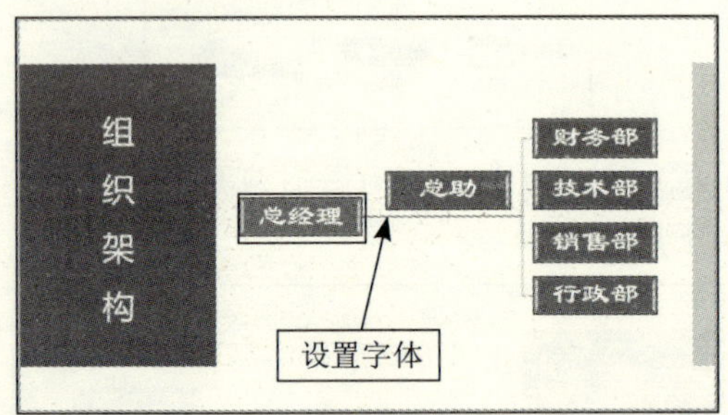

Step 09 复制“组织架构”幻灯片，将左侧文本修改为“公司福利”，之后选中右侧的SmartArt图形，按【Delete】键删除。操作完成后，单击右侧占位符中的【插入SmartArt图形】按钮。

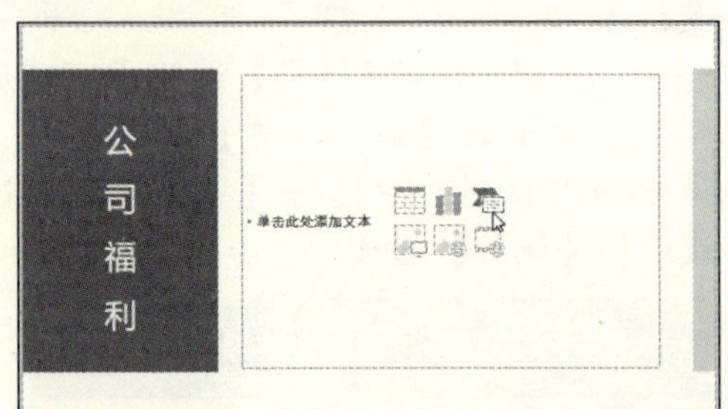

Step 10 弹出【选择SmartArt图形】对话框，在左侧列表中选择【循环】选项，在右侧选择【分段循环】，之后单击【确定】按钮。

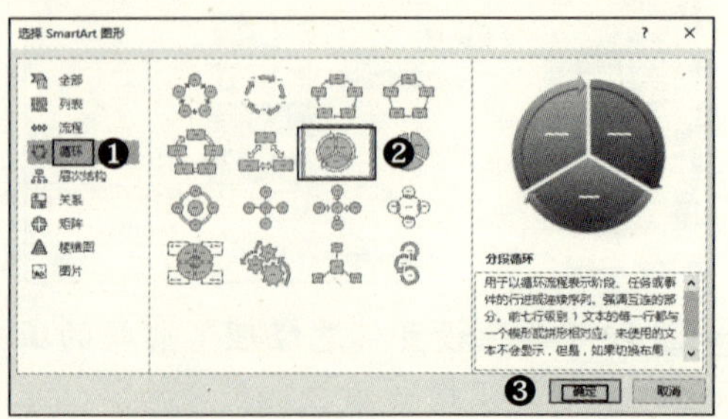

Step 11 即可插入“分段循环”类型的SmartArt图形，在各形状中输入相应的文本，并使用上述方法，添加形状并美化图形，效果如下图所示。

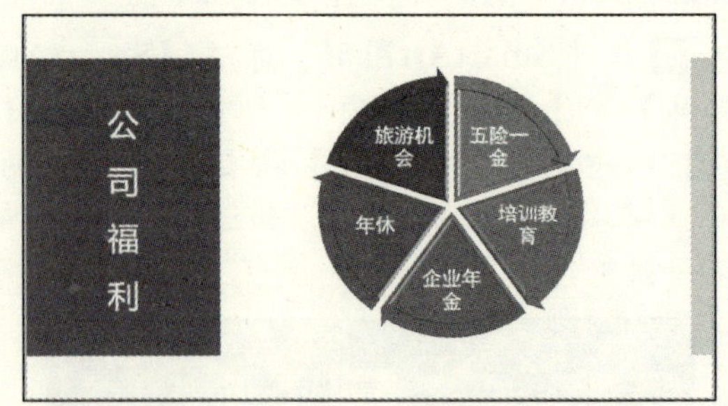

Step 12 复制首页幻灯片，将标题文本修改为“携手努力，共创辉煌”，设置【字号】为“59”，并调整位置，之后删除副标题，末尾幻灯片即制作完成。

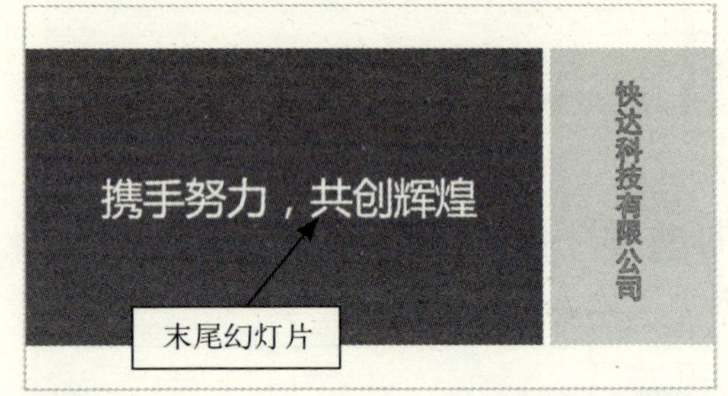

Step 13 按【Ctrl+S】组合键保存。至此，“新员工入职培训”演示文稿制作完成。

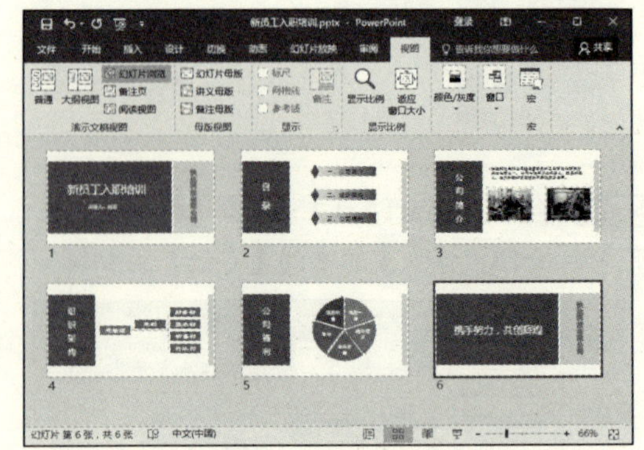

11.2 制作“人事部年终总结报告”演示文稿

人事部年终总结报告是人事部对一年来的工作进行回顾和分析，从中找出经验和教训，引出规律性认识，以指导今后工作和实践活动的一种报告。年终总结报告应具有客观性、全面性和概括性等特点。

11.2.1 设计幻灯片主题

主题是指幻灯片的颜色、字体、设计风格等。PowerPoint 2016提供了多种预设的主题样式，通过应用主题，可快速设计出风格统一，又与众不同的幻灯片。

1. 应用主题样式

应用主题样式的具体操作步骤如下：

Step 01 新建一个空白演示文稿，命名为“人事部年终总结”并保存。之后单击【设计】选项卡下【主题】组中的【其他】按钮。

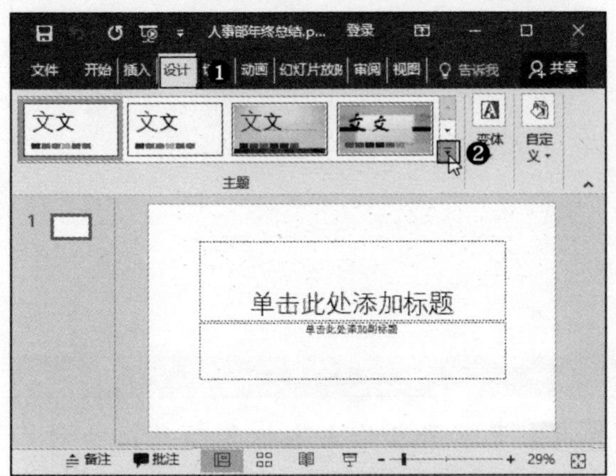

Step 02 在弹出的下拉列表中可选择主题样式，如选择【回顾】样式。

Step 03 即可应用所选的主题，效果如下图所示。

提示：应用主题样式后，当新建幻灯片时，幻灯片会自动应用该主题。

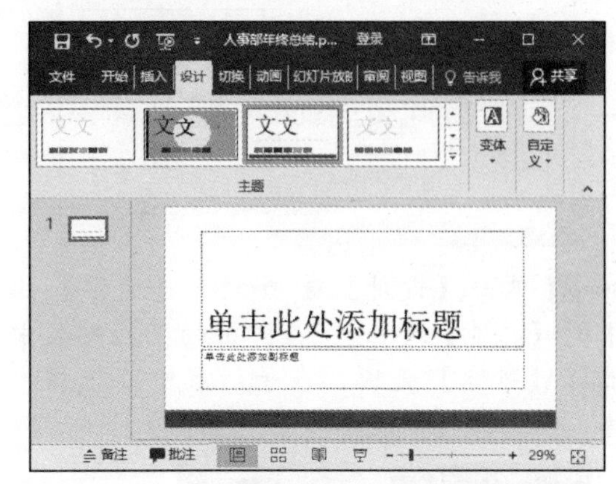

2. 修改主题颜色和字体

应用主题样式后，幻灯片中的颜色和字体会以特定的格式显示，用户也可根据需要修改主题颜色和字体，具体的操作步骤如下：

Step 01 单击【设计】选项卡下【变体】组中的【其他】按钮。

Step 02 在弹出的下拉列表中选择【颜色】选项，在子列表中可选择颜色，如选择【纸张】。

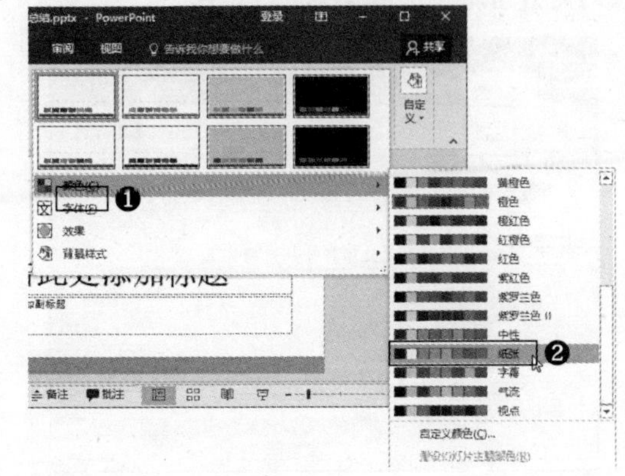

Step 03 即可修改主题颜色，效果如下图所示。

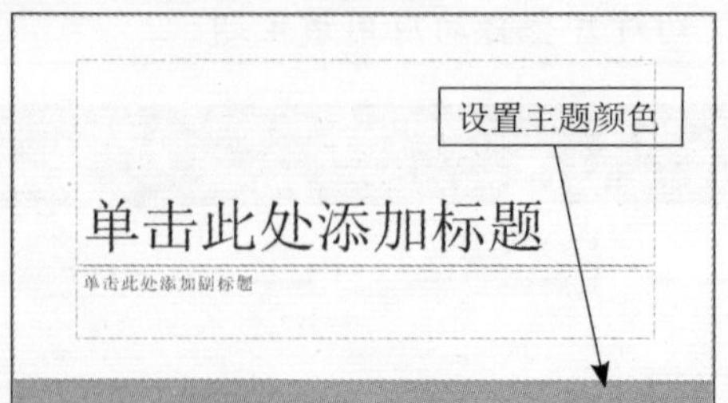

Step 04 单击【设计】选项卡下【变体】组中的【其他】按钮，在弹出的下拉列表中选择【字体】选项，在子列表中可选择字体，如选择【华文楷体 微软雅黑】。

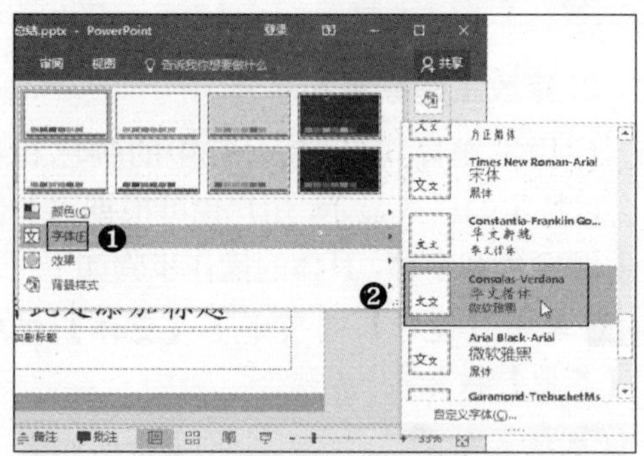

Step 05 即可修改主题字体，效果如下图所示。

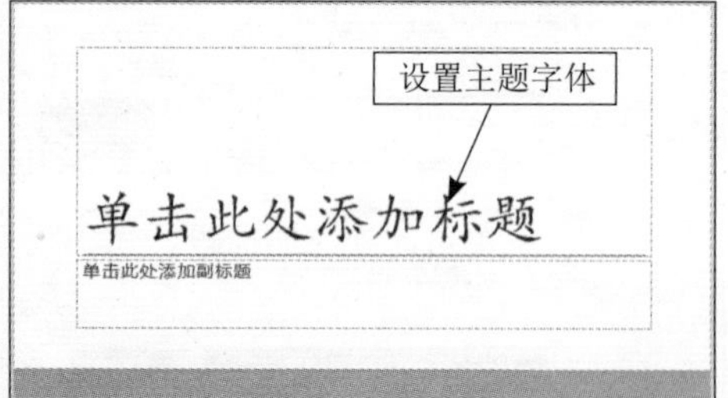

Step 06 单击【视图】选项卡下【母版视图】组中的【幻灯片母版】按钮，进入幻灯片母版视图，在幻灯片窗格中选择第1张幻灯片。

Step 07 在幻灯片中选中底部的两个矩形，按住左键不放，向上拖动鼠标，增加其高度。

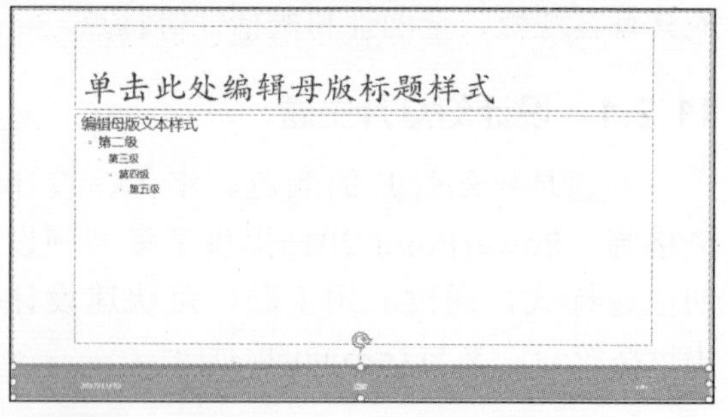

Step 08 在底部矩形中间位置位绘制一个文本框，在其中输入公司名称，之后设置【字体】为“微软雅黑”，【字号】为“20”，【字体颜色】为黑色。

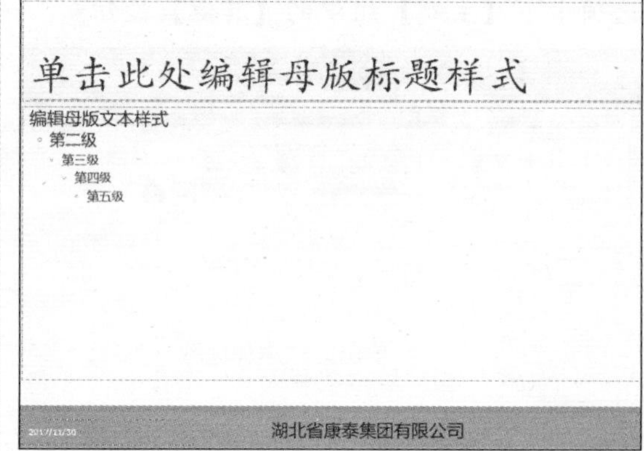

Step 09 将公司名称文本框复制并粘贴到第2张幻灯片中，之后单击【幻灯片母版】选项卡下【关闭】组中的【关闭母版视图】按钮。

Step 10 即可退出母版视图，返回至普通视

图，效果如下图所示。

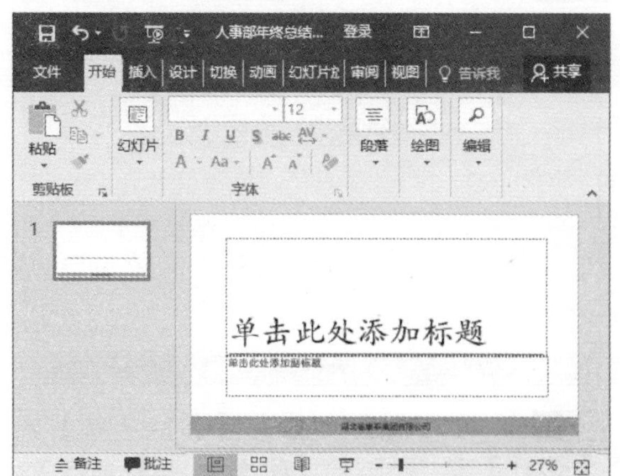

Step 11 在标题和副标题占位符中分别输入文本，并设置字体格式，首页幻灯片即制作完成。

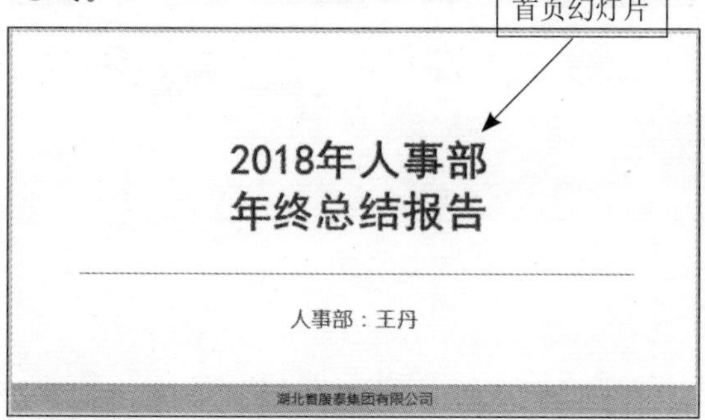

11.2.2 插入表格

当描述一些较为复杂的内容时，文字内容烦琐且介绍不清楚，这时可以试着用表格的形式来表述。下面在入职及离职率统计幻灯片中插入表格，以表述2018年公司的人员变动情况。

1. 利用菜单命令插入表格

利用菜单命令插入表格是最常用的插入表格的方法，但使用该方法最多只能插入8行10列的表格。利用菜单命令插入表格的具体操作步骤如下：

Step 01 新建一个标题和内容版式的幻灯片，单击标题占位符，在其中输入“入职及离职率统计”文本，设置【字号】为“48”，并设置为居中对齐。

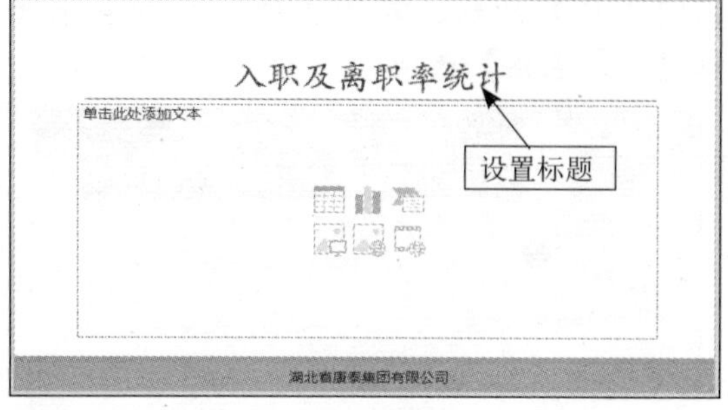

Step 02 单击【插入】选项卡下【表格】组中的【表格】按钮，将光标定位在【插入表格】区域内，选中的单元格将以橙色显示，并在上方显示出选中的行数和列数，之后在5×6的单元格内单击。

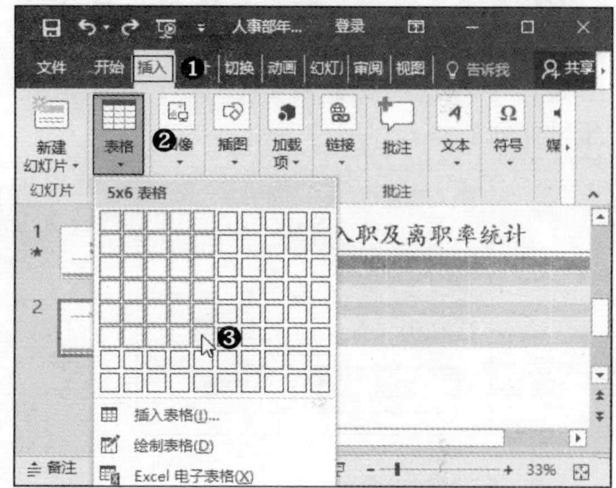

Step 03 即可在幻灯片中快速插入一个5列6行的表格。

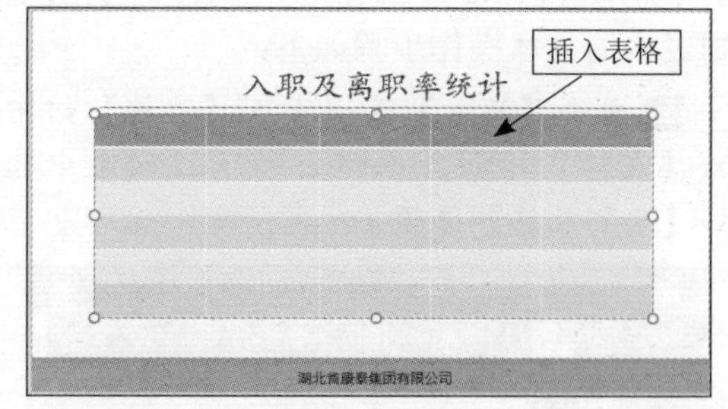

2. 利用【插入表格】对话框插入表格

利用【插入表格】对话框，用户可选择插入任意行列数的表格，并不会受到行列数的限制。利用【插入表格】对话框插入表格的具体操作步骤如下：

Step 01 单击【插入】选项卡下【表格】组中

的【表格】按钮，在弹出的下拉列表中选择【插入表格】选项。

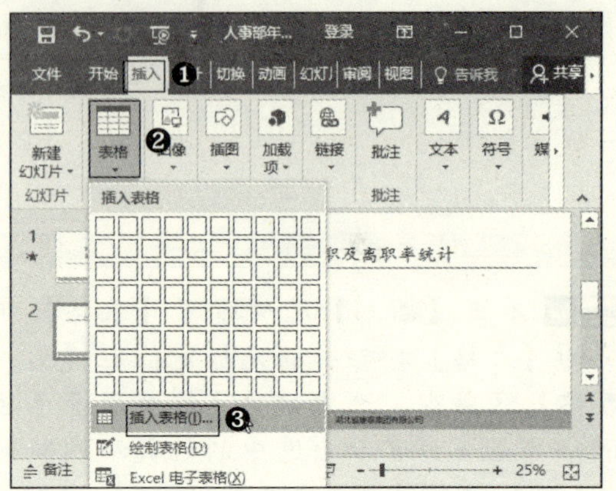

Step 02 弹出【插入表格】对话框，在【列数】和【行数】微调框中分别输入列数和行数，单击【确定】按钮，即可插入指定行列数的表格。

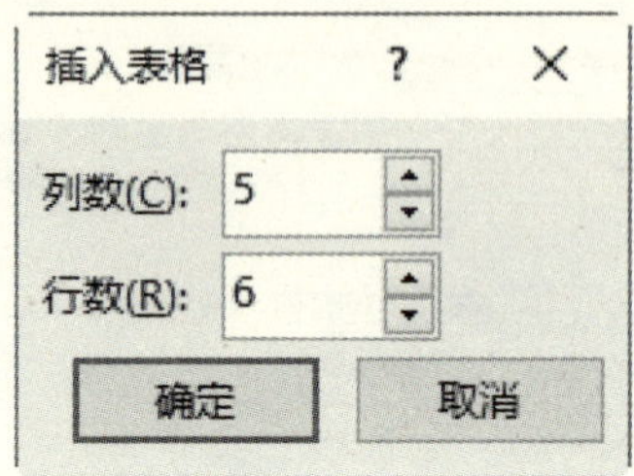

3. 手动绘制表格

当用户需要创建不规则的表格时，可以手动绘制表格，就像画画一样。手动绘制表格的具体操作步骤如下：

Step 01 单击【插入】选项卡下【表格】组中的【表格】按钮，在弹出的下拉列表中选择【绘制表格】选项。

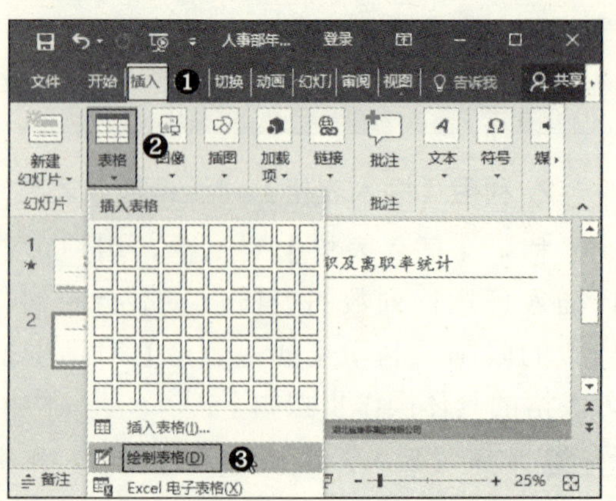

Step 02 此时光标会变为笔的形状，按住鼠标左键不放，拖动鼠标绘制表格的外边框。

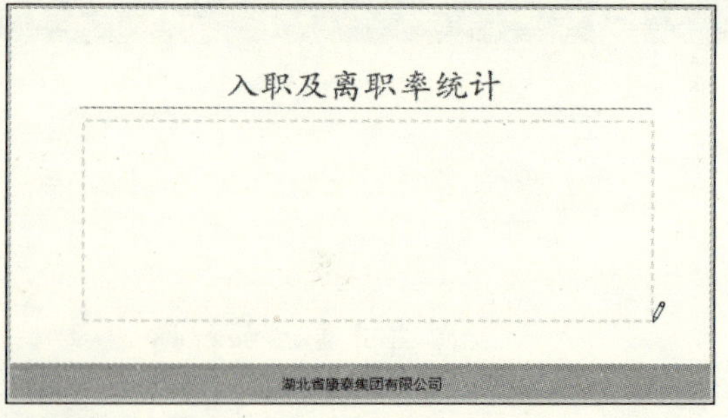

Step 03 绘制完成后，单击【表格工具】➤【设计】选项卡下【绘制边框】组中的【绘制表格】按钮。

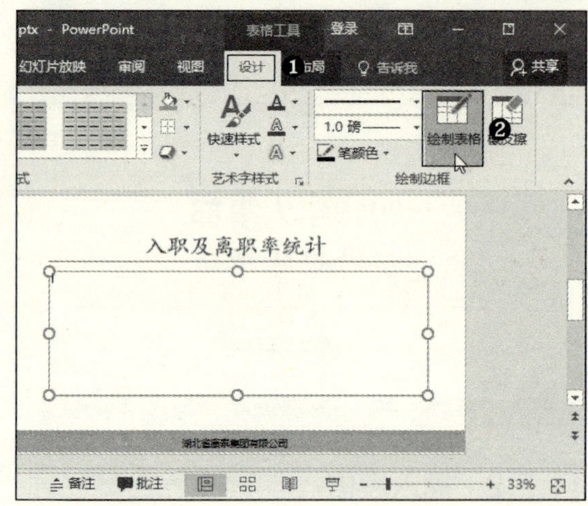

Step 04 光标再次变为笔的形状，将光标定位在表格的上边框处，按住左键不放向下拖动鼠标，为表格增加1列。

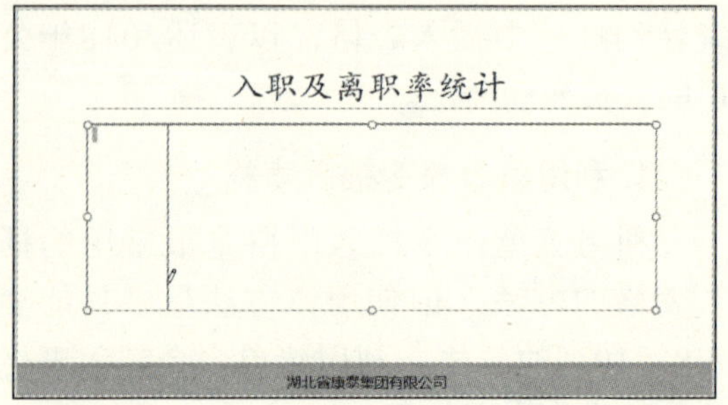

Step 05 将光标定位在表格的左边框处，向右拖动鼠标可为表格增加行。同理，将光标定位在表格的左上角，向右下角拖动鼠标可添加对角线，绘制后按【Esc】键退出绘制状态，效果如下图所示。

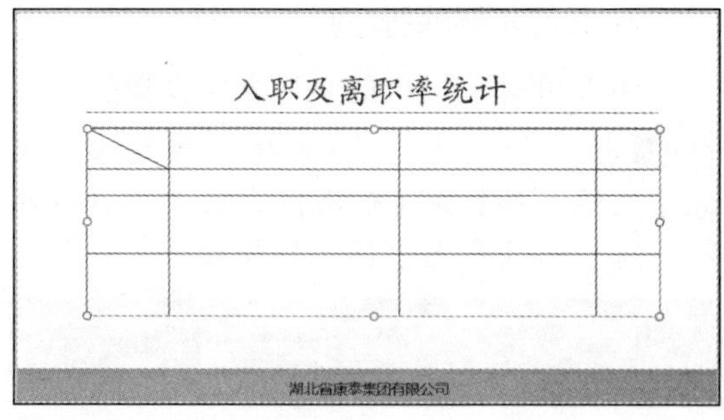

11.2.3 设置表格

仅插入表格，是远远不够的，用户还需要在表格中添加文本，并根据实际需求进行插入行/列、合并单元格、美化表格等操作。

1. 在表格内添加文本

在表格中添加文本，才能更好地传达信息。具体操作步骤如下：

Step 01 单击第一行的第一个单元格，可将光标定位在该单元格中，输入“人员统计表”文本。

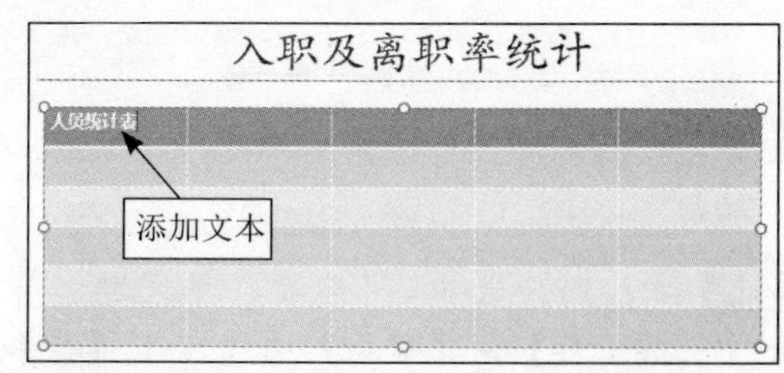

Step 02 使用上述方法，将光标定位在其他单元格中，输入相应的文本。

入职及离职率统计

人员统计表				
季度	1季度	2季度	3季度	4季度
原人数	202	210	209	215
离职人数	12	3	6	10
入职人数	20	2	12	2
总人数	210	209	215	207

2. 合并单元格

合并单元格是指将多个单元格合并为一个单元格，在操作时必须选中两个或两个以上相邻的单元格，才可进行合并。合并单元格的具体操作步骤如下：

Step 01 选中第一行所有的单元格，单击【表格工具】➤【布局】选项卡下【合并】组的【合并单元格】按钮。

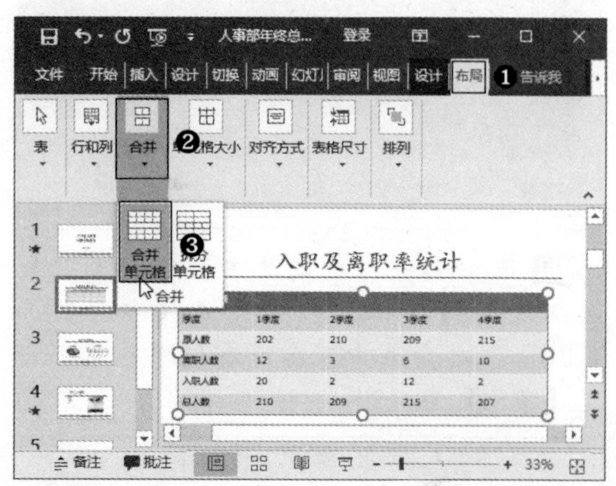

Step 02 即可将第一行所有的单元格合并为一个单元格。

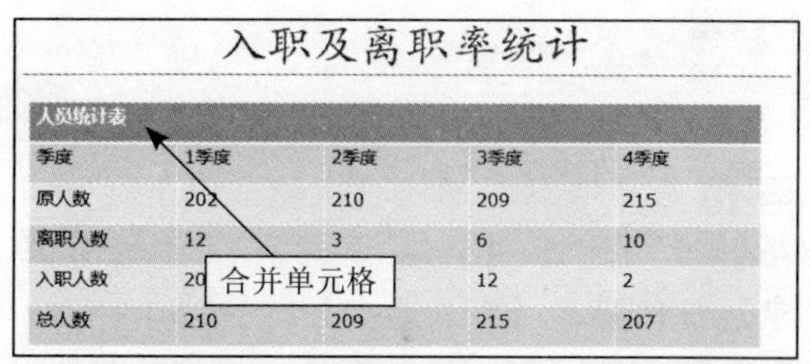

提示：在要合并的单元格上右击，在弹出的快捷菜单中选择【合并单元格】命令，也可合并单元格。

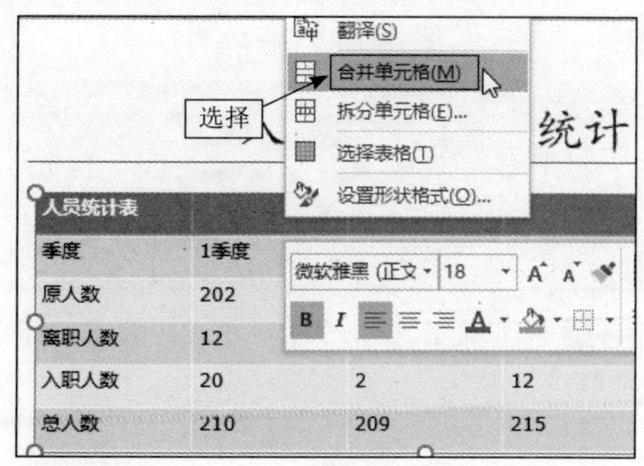

Step 03 将光标定位在第一行和第二行的相交线上，当变为≑形状时，按住左键不放，向下拖动鼠标，设置第一行的行高。

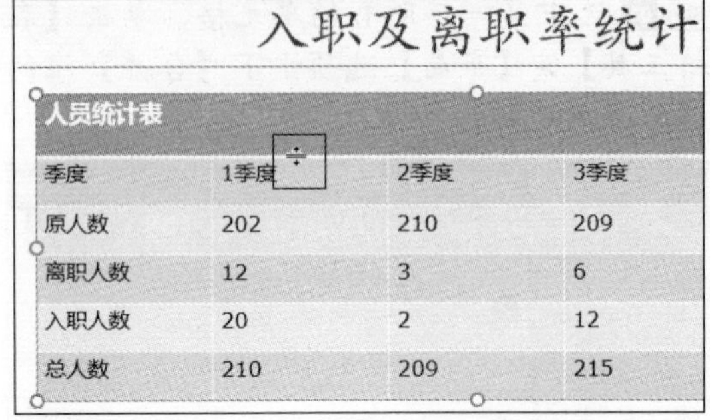

入职及离职率统计

人员统计表			
季度	1季度	2季度	3季度
原人数	202	210	209
离职人数	12	3	6
入职人数	20	2	12
总人数	210	209	215

Step 04 选中第一行中的文本，在【开始】选项卡的【字体】组中设置【字号】为“26”，之后选中下方所有的单元格，设置【字号】为“20”。

入职及离职率统计

人员统计表				
季度	1季度	2季度	3季度	4季度
原人数	202	210	209	215
离职人数	12	3	6	10
入职人数	20	2	12	2
总人数	210	209	215	207

Step 05 选中表格，单击【表格工具】➤【布局】选项卡下【对齐方式】组中的【居中】按钮和【垂直居中】按钮。

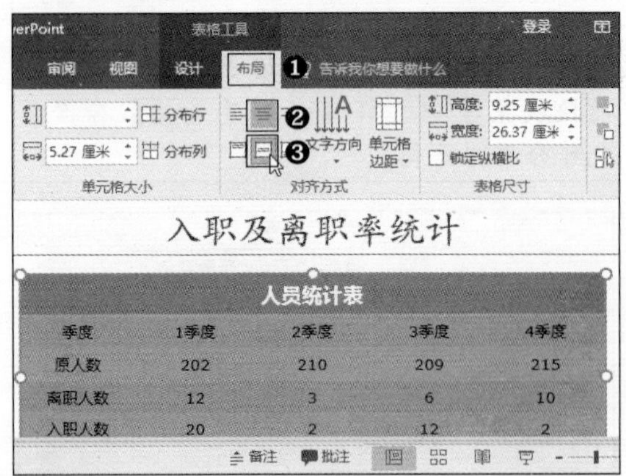

Step 06 即可设置文本的对齐方式，效果如下图所示。

入职及离职率统计

人员统计表				
季度	1季度	2季度	3季度	4季度
原人数	202	210	209	215
离职人数	12	3	6	10
入职人数	20	2	12	2
总人数	210	209	215	207

3. 插入和删除行/列

插入和删除行/列的具体操作步骤如下：

Step 01 插入行。选中“1季度”单元格，单击【表格工具】➤【布局】选项卡下【行和列】组中的【在上方插入】按钮。

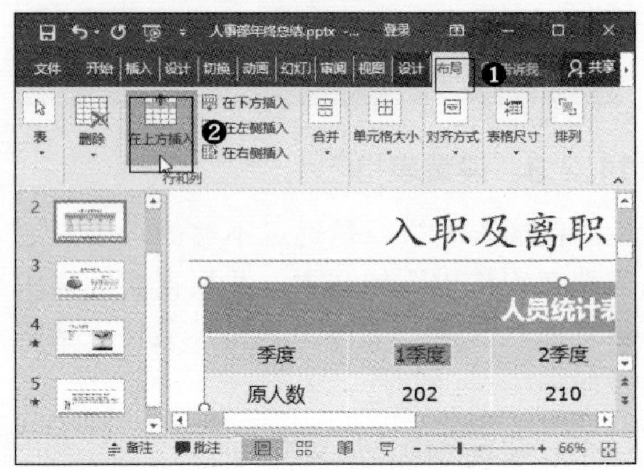

Step 02 即可在“1季度”单元格的上方插入一个空白行。

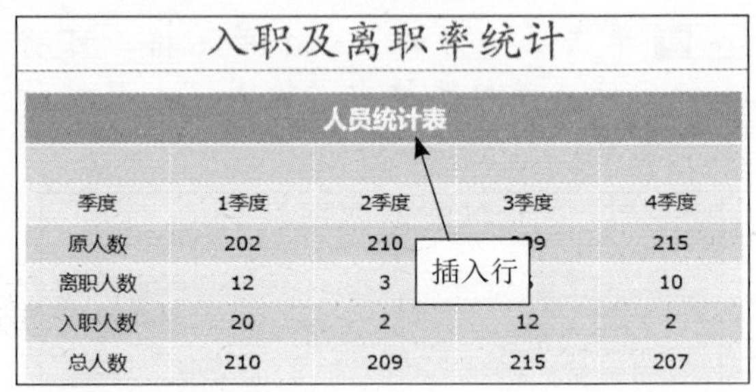

入职及离职率统计

人员统计表				
季度	1季度	2季度	3季度	4季度
原人数	202	210	[illegible]	215
离职人数	12	3	[illegible]	10
入职人数	20	2	12	2
总人数	210	209	215	207

Step 03 插入列。选中“1季度”单元格，单击【表格工具】➤【布局】选项卡下【行和列】组中的【在左侧插入】按钮。

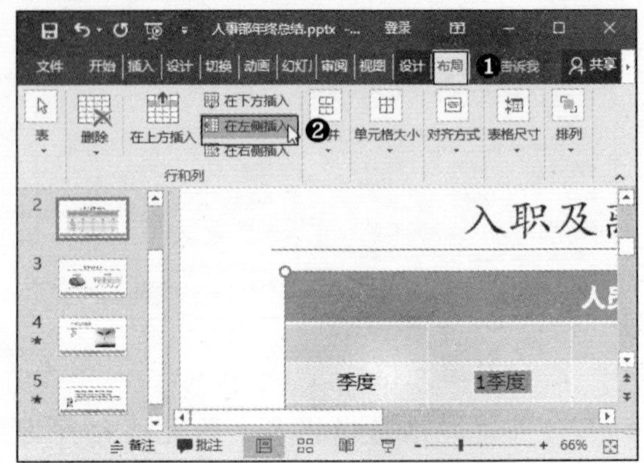

Step 04 即可在“1季度”单元格左侧插入一个空白列。

入职及离职率统计

插入列

人员统计表				
季度	1季度	2季度	3季度	4季度
原人数		210	209	215
离职人数	12	3	6	10
入职人数	20	2	12	2
总人数	210	209	215	207

Step 05 删除行。选中第二行二列的单元格，单击【表格工具】➤【布局】选项卡下【行和列】组中的【删除】按钮，在弹出的下拉列表中选择【删除行】选项。

Step 06 即可删除目标单元格所在的行。同理，选择【删除列】选项，则可删除目标单元格所在的列。

入职及离职率统计

人员统计表				
季度	1季度	2季度	3季度	4季度
原人数	202	210	209	215
离职人数	12	3	6	10
入职人数	20	2	12	2
总人数	210	209	215	207

4. 美化表格

编辑表格后，接下来就需要美化表格了。美化表格的具体操作步骤如下：

Step 01 选中表格，单击【表格工具】➤【设计】选项卡下【表格样式】组中的【其他】按钮▾。

Step 02 在弹出的下拉列表中可选择表格样式，如选择【淡】选项区域中的【浅色样式3-强调3】。

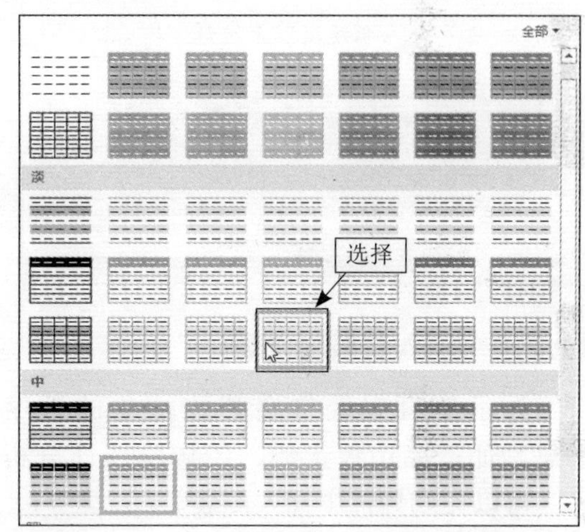

Step 03 即可应用表格样式，效果如下图所示。

入职及离职率统计

人员统计表				
季度	1季度	2季度	3季度	4季度
原人数	202	210	209	215
离职人数	12	3	6	10
入职人数	20	2	12	2
总人数	210	209	215	207

Step 04 单击【表格工具】➤【设计】选项卡下【表格样式】组中的【效果】按钮，在弹出的下拉列表中选择【单元格凹凸效果】➤【凸圆形】选项。

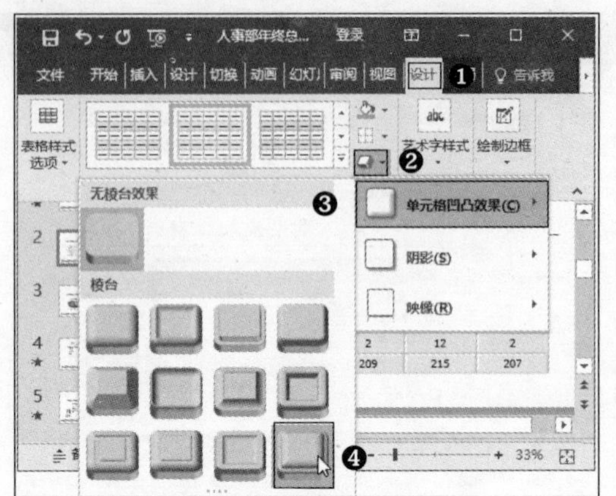

Step 05 即可为表格添加凹凸效果，“入职及离职率统计”幻灯片即制作完成。

入职及离职率统计

人员统计表				
季度	1季度	2季度	3季度	4季度
原人数	202	210	209	215
离职人数	12	3	6	10
入职人数	20	2	12	2
总人数	210	209	215	207

湖北省康泰集团有限公司

11.2.4 插入并编辑图表

为了更直观地传递某些抽象的数字信息，如产品销售走势、销售额统计分析等，可以在幻灯片中插入图表。

1. 插入图表

与Excel一样，PowerPoint同样提供了多种类型的图表。用户可根据需要进行选择。插入图表的具体操作步骤如下：

Step 01 复制“入职及离职率统计”幻灯片，单击标题占位符，将文本修改为“员工结构分析”，之后选中下方的表格，按【Delete】键将其删除。

Step 02 单击【插入】选项卡下【插图】组中的【图表】按钮。

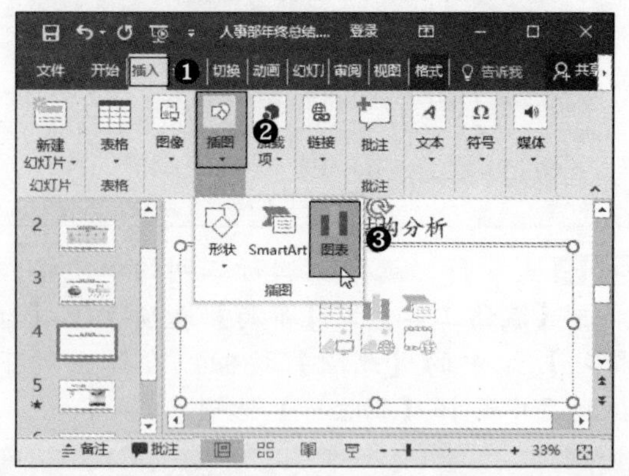

Step 03 弹出【插入图表】对话框，在左侧列表中选择【饼图】选项，在右侧上方区域中选择【三维饼图】，之后单击【确定】按钮。

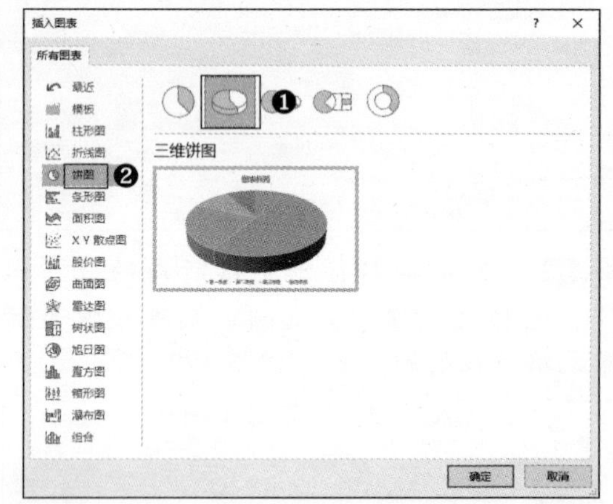

Step 04 即可在幻灯片中插入三维饼图类型的图表，同时系统会自动打开一个Excel窗口，在其中列出了示例数据。

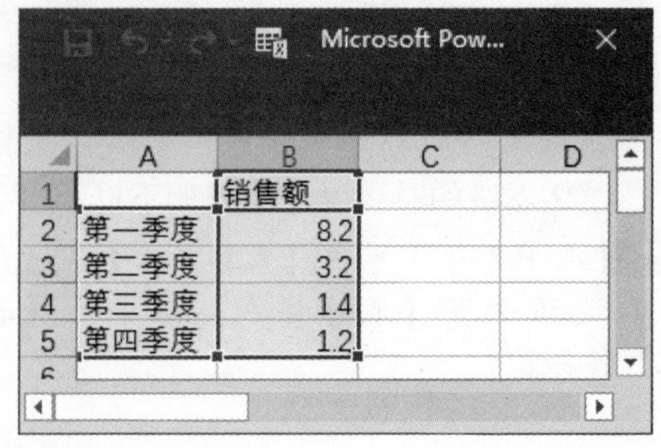

Step 05 依据实际情况对Excel窗口中的图表源数据进行修改，输入公司人员的年龄分布情况。

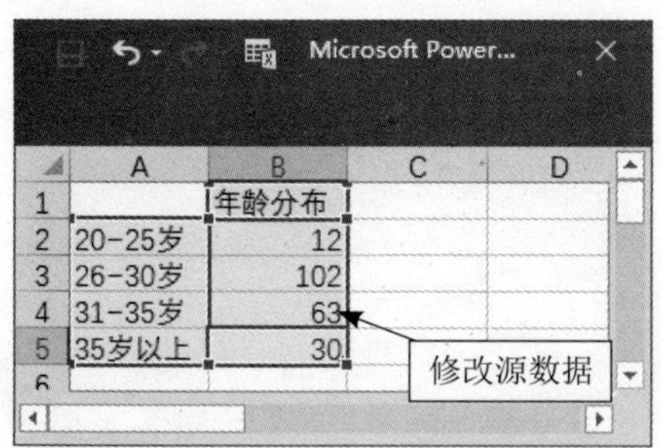

Step 06 在修改数据的过程中，饼图会根据所输入的数据进行调整，输入完毕后，关闭Excel窗口即可，创建的饼图如下图所示。

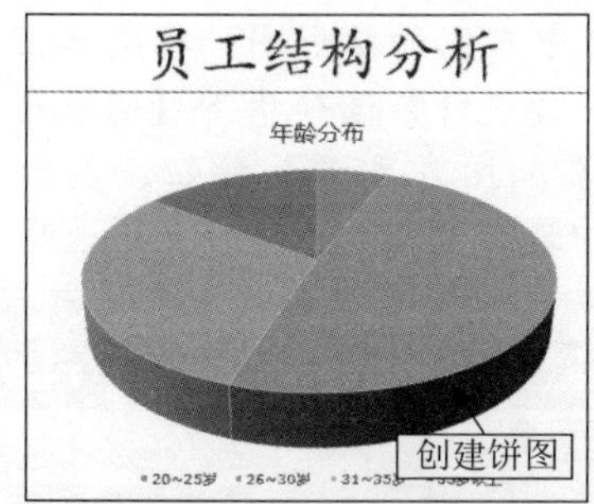

Step 07 选中饼图，利用控制点调整其大小，之后拖动鼠标将其放置在幻灯片左侧。

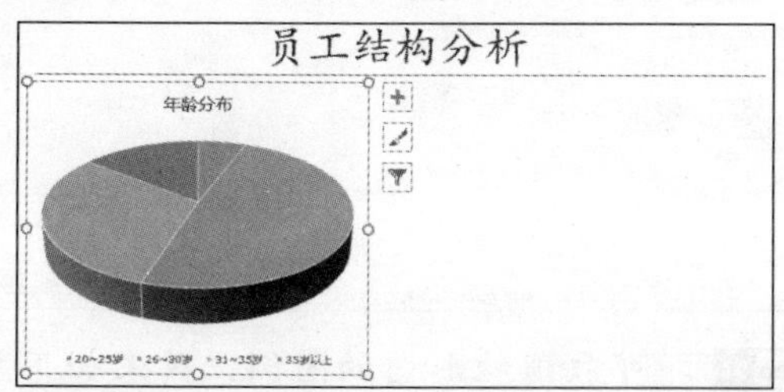

Step 08 再次单击【插入】选项卡下【插图】组中的【图表】按钮，弹出【插入图表】对话框，在左侧列表中选择【柱形图】选项，在右侧上方区域中选择【三维簇状柱形图】，之后单击【确定】按钮。

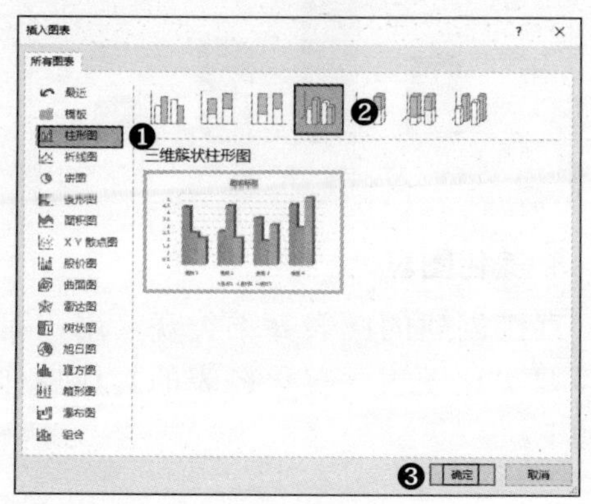

Step 09 依据实际情况对Excel窗口中的图表源数据进行修改，输入公司人员的学历分布情况。输入完成后，关闭Excel窗口。

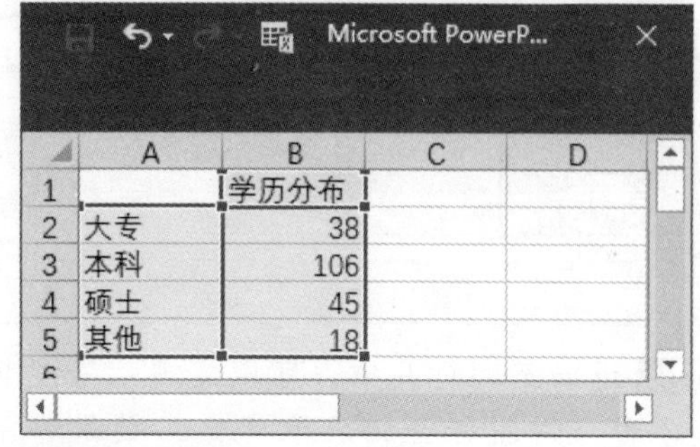

Step 10 即可创建三维簇状柱形图，调整其大小和位置，效果如下图所示。

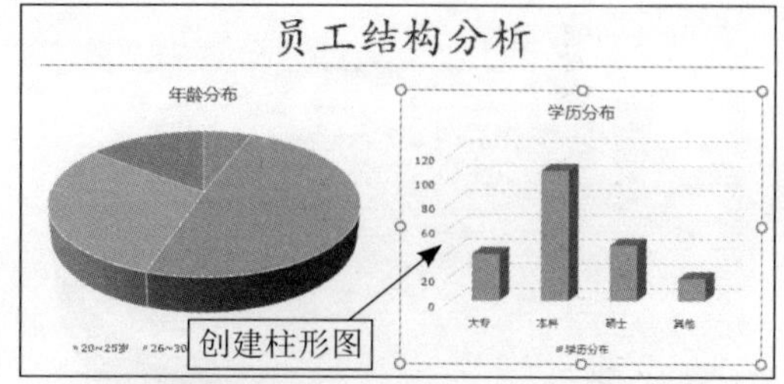

2. 编辑图表

编辑图表包括修改数据源、添加或删除图表元素、修改图表类型等操作。编辑图表的具体操作步骤如下：

Step 01 选中饼图，单击【图表工具】➤【设计】选项卡下【数据】组中的【编辑数据】按钮。

Step 02 此时将打开Excel数据窗口，在其中可对图表的数据源进行修改，修改完成后，关闭Excel窗口。

Microsoft Powe...

	A	B	C	D
1		年龄分布		
2	20-25岁	12		
3	26-30岁	90		
4	31-35岁	72		
5	35岁以上	33		

Step 03 返回至幻灯片中，可以发现，修改数据源后，饼图也会相应地变化，效果如下图所示。

年龄分布

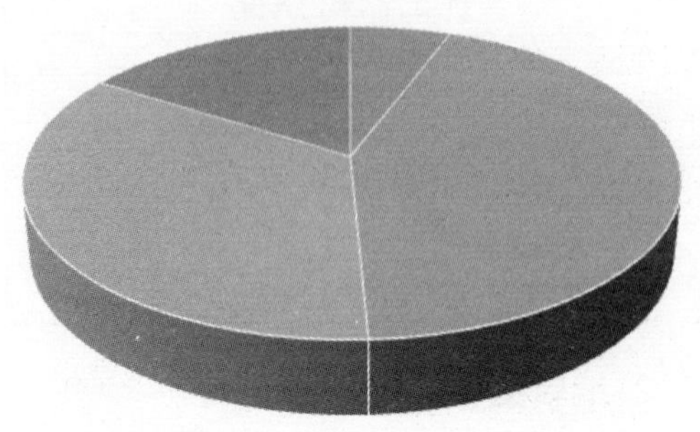

▪20~25岁 ▪26~30岁 ▪31~35岁 ▪35岁以上

Step 04 选中饼图，单击【图表工具】➤【设计】选项卡下【图表布局】组中的【添加图表元素】按钮，在弹出的下拉列表中选择【数据标签】➤【数据标签内】选项。

Step 05 即可在饼图内部添加数据标签，效果如下图所示。

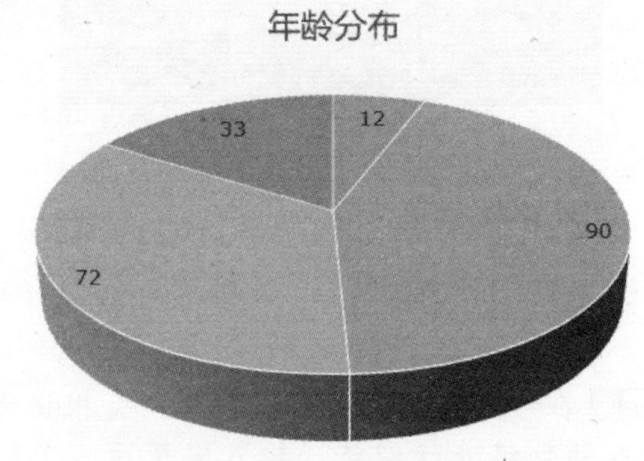

▪20~25岁 ▪26~30岁 ▪31~35岁 ▪35岁以上

Step 06 选中右侧的柱形图，再次单击【图表工具】➤【设计】选项卡下【图表布局】组中的【添加图表元素】按钮，在弹出的下拉列表中选择【图例】➤【无】选项。

Step 07 即可取消柱形图的图例，效果如下图所示。

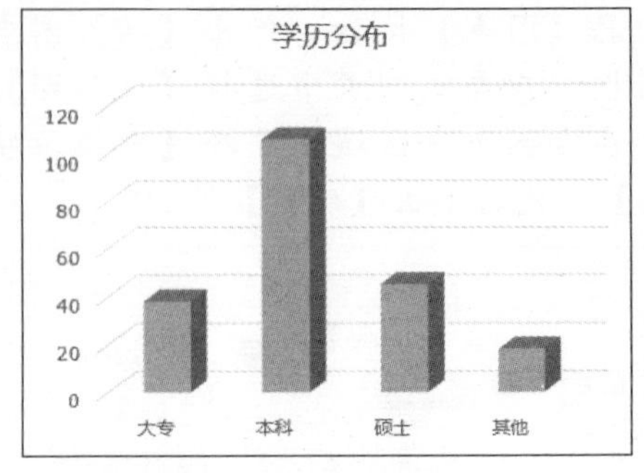

3. 美化图表

直接创建的图表并不美观，用户可根据需要美化图表。美化图表的具体操作步骤如下：

Step 01 选中饼图，单击【图表工具】➢【设计】选项卡下【图表样式】组中的【更改颜色】按钮，在弹出的下拉列表中可设置图表的颜色，如选择【彩色】选项区域中的【颜色3】选项。

Step 02 即可设置图表的颜色，效果如下图所示。

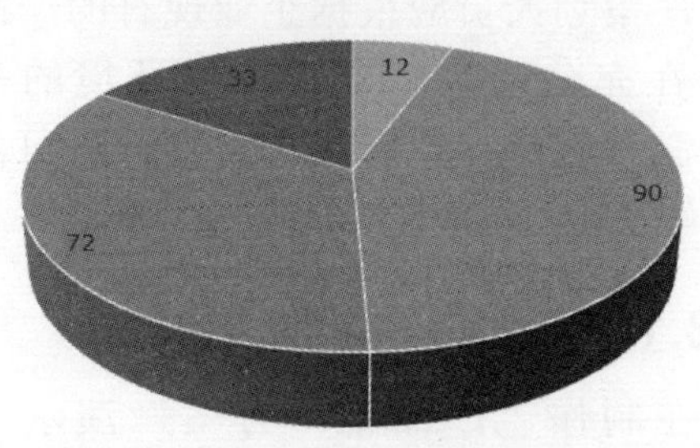

Step 03 单击【图表工具】➢【格式】选项卡下【形状样式】组中的【其他】按钮▾。

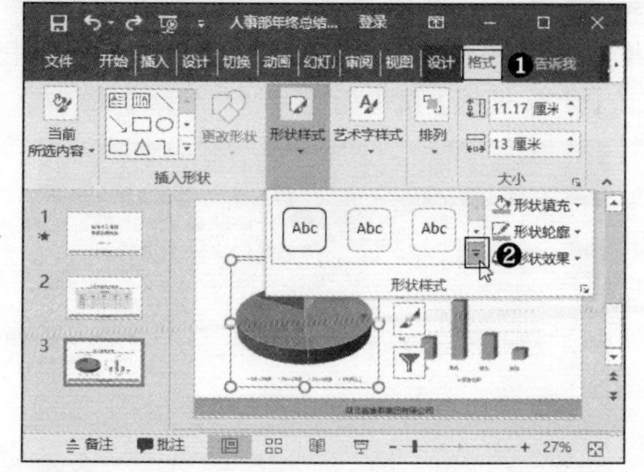

Step 04 在弹出的下拉列表中可选择形状样式，如选择【细微效果-金色，强调颜色3】选项。

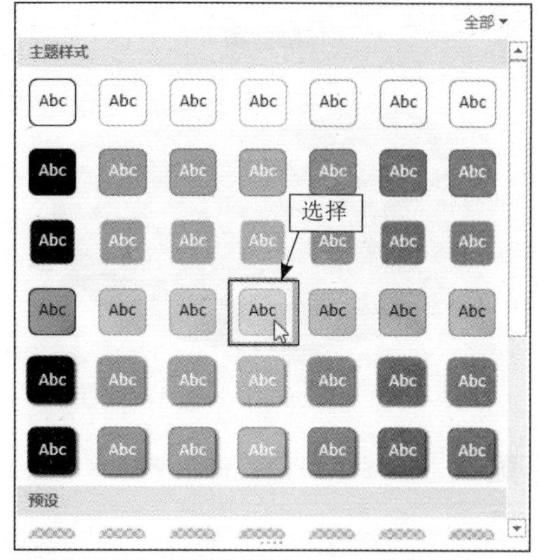

Step 05 即可为饼图套用形状样式，效果如下图所示。

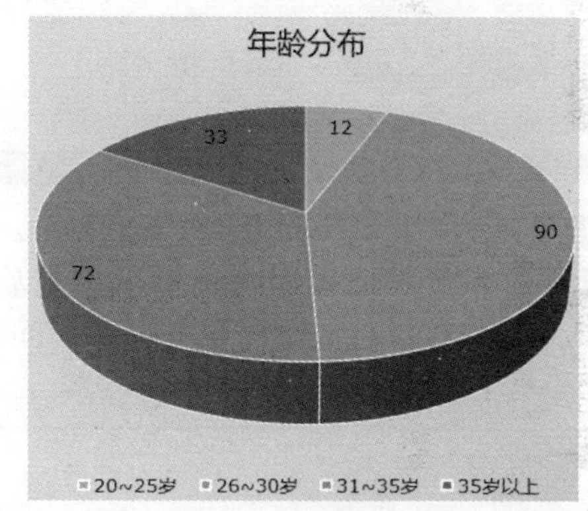

Step 06 选中饼图中的标题文本，在【开始】选项卡的【字体】组中设置【字号】为“20”，并单击【加粗】按钮B，使其加粗显示。

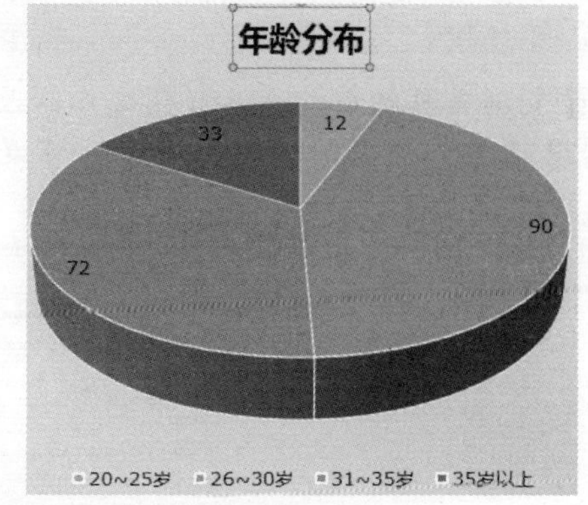

Step 07 分别选中饼图的数据标签和图例，设置【字号】为“14”。

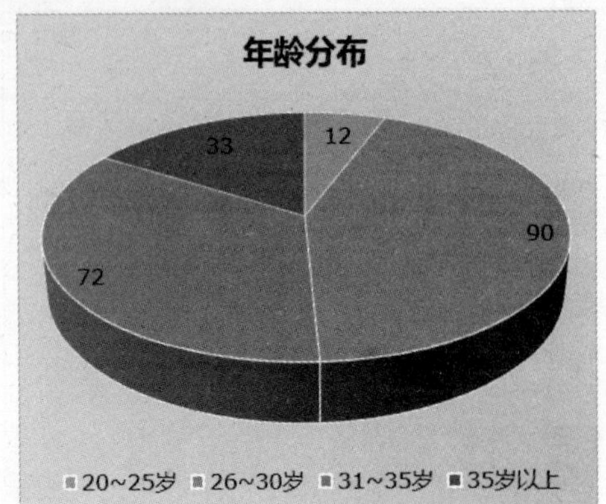

Step 08 使用上述方法，美化右侧的柱形图。

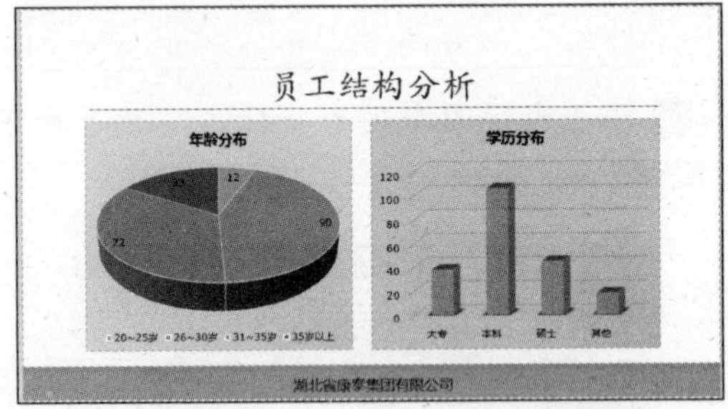

Step 09 复制“员工结构分析”幻灯片，在标题占位符中将文本修改为“未来发展规划”，之后选中下方的表格，按【Delete】键将其删除，并重新输入相应的文本。

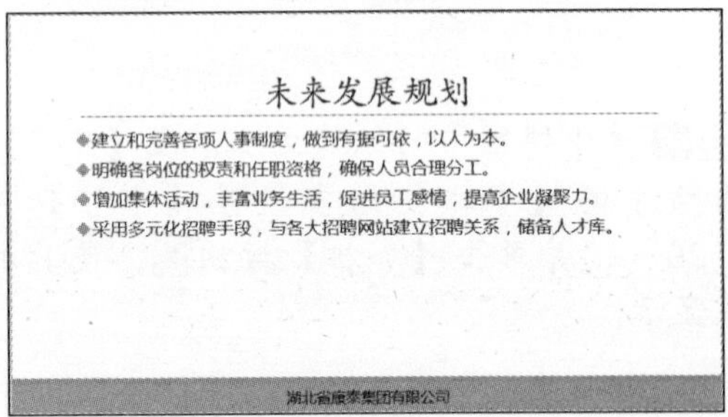

Step 10 复制首页幻灯片，将标题文本修改为“谢谢观看”，之后删除副标题，末尾幻灯片即制作完成。

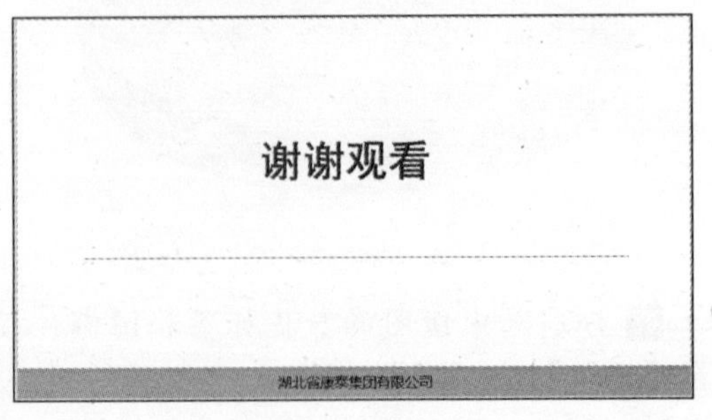

Step 11 按【Ctrl+S】组合键保存。至此，“人事部年终总结”演示文稿制作完成。

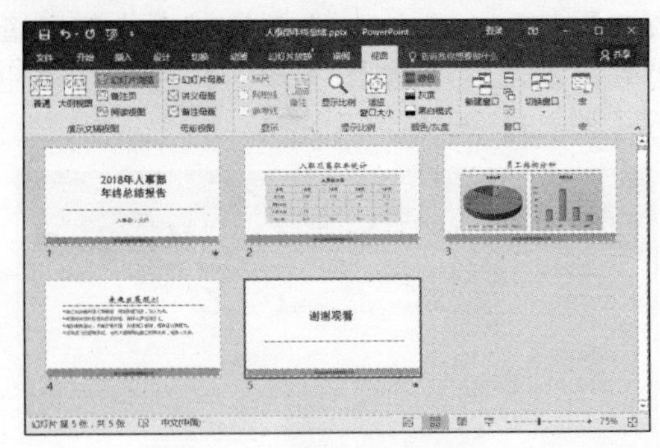

11.3 制作“产品推广方案”演示文稿

产品营销推广方案是产品在销售前，为使销售达到预期目标而进行的各种销售促销活动的整体性策划。在制作该方案前，策划人员应根据企业现有的产品状况，在充分调查、分析市场环境的基础上，激发创意，制定出有目标、有可能实现的解决推广问题的一套策略规划。

11.3.1 设计幻灯片母版

在制作“产品推广方案”演示文稿前，设置幻灯片的母版可以对幻灯片的样式进行统一的设置，从而提高工作效率。设计幻灯片母版的具体操作步骤如下：

Step 01 新建一个空白演示文稿，命名为“产品推广方案”并保存。之后单击【视图】选项卡下【母版视图】组中的【幻灯片母版】按钮。

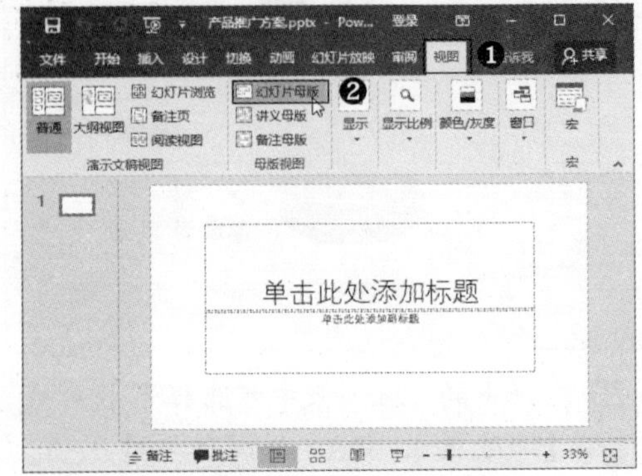

Step 02 进入幻灯片的母版视图中，选中第3张幻灯片，之后选中幻灯片中的占位符，按【Delete】键将其删除。

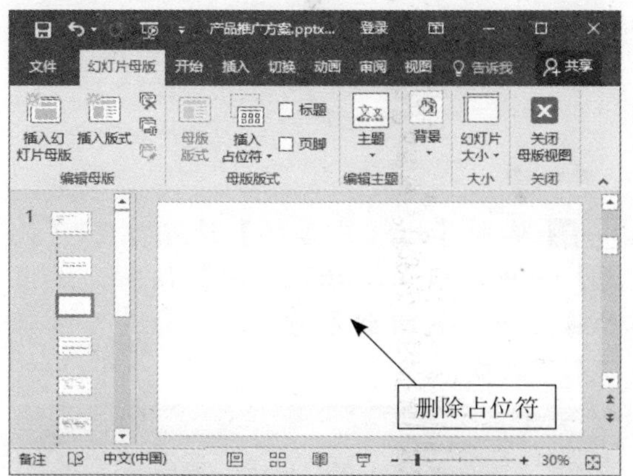

Step 03 单击【插入】选项卡下【图像】组的【图片】按钮。

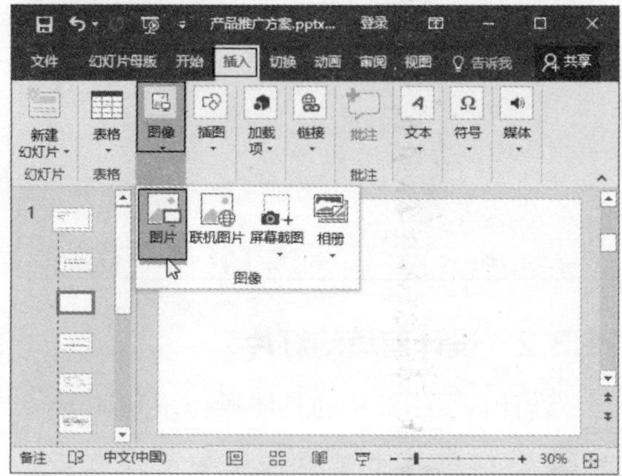

Step 04 弹出【插入图片】对话框，在计算机中选择要插入的图片，单击【插入】按钮。

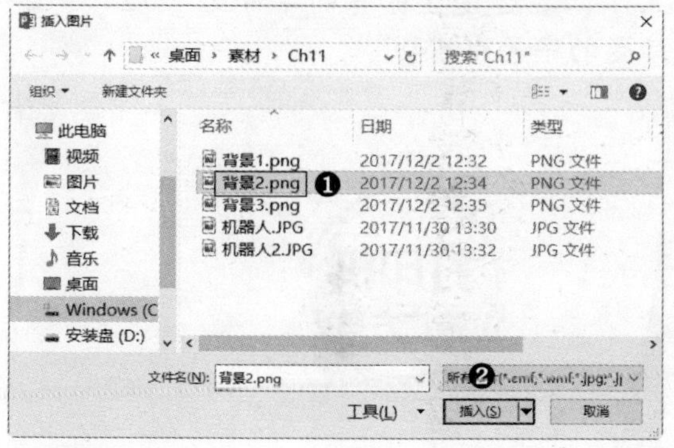

Step 05 即可在幻灯片中插入所选的图片，之后将图片放置在幻灯片的右上角。

Step 06 单击【插入】选项卡下【插图】组中的【形状】按钮，在弹出的下拉列表中选择【矩形】选项区域中的【矩形：圆角】形状。

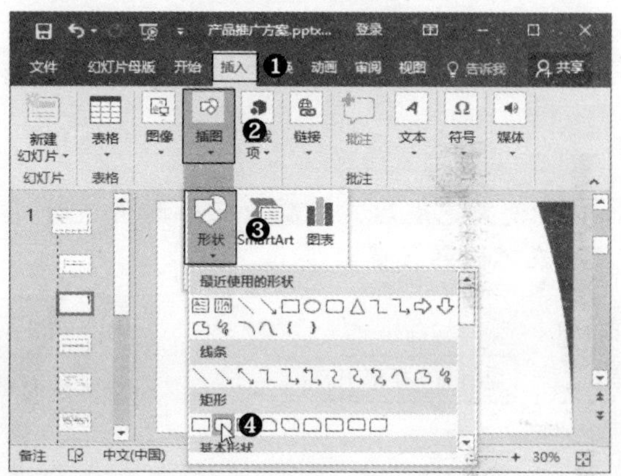

Step 07 在幻灯片左上角按住左键不放，拖动鼠标绘制圆角矩形，之后在圆角矩形上右击，在弹出的快捷菜单中选择【设置形状格式】命令。

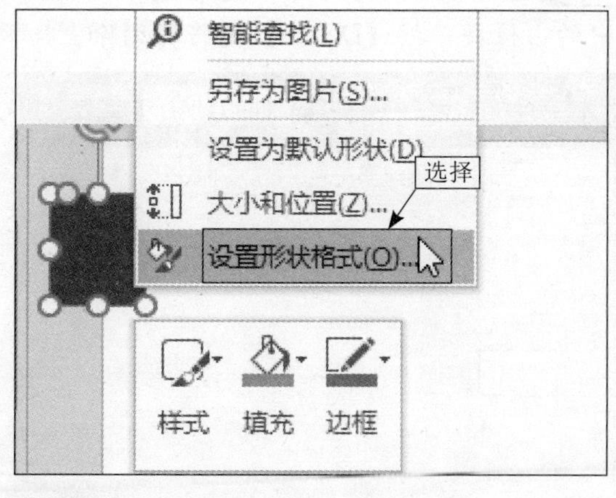

Step 08 弹出【设置形状格式】窗格，在【填充】选项区域中选择【纯色填充】单选按钮，在下方设置填充颜色，并设置【透明度】为“20%”。

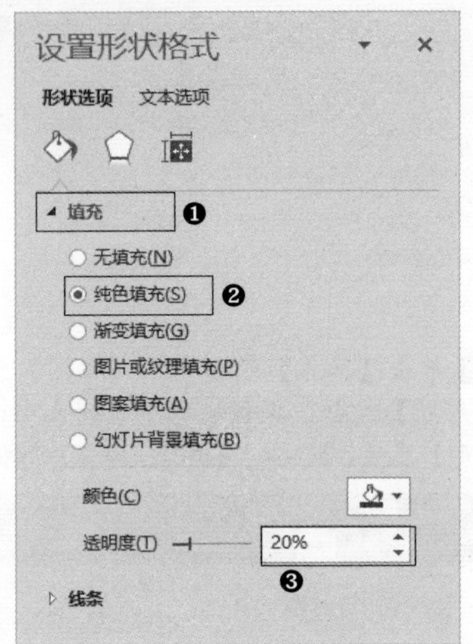

Step 09 设置完成后，复制出三个圆角矩形，放置在不同的位置。

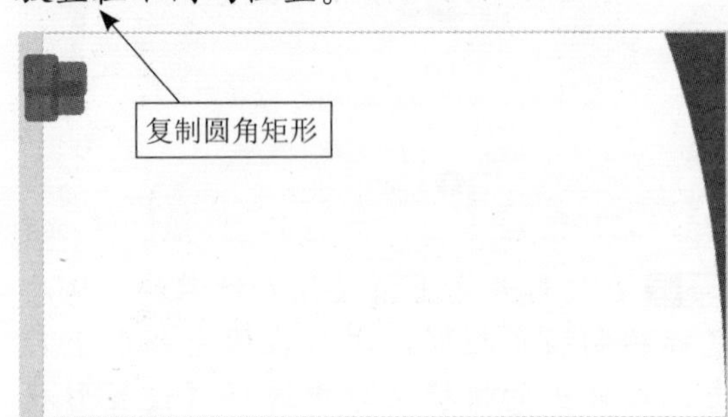

Step 10 选中第2张幻灯片，之后选中幻灯片中的占位符，按【Delete】键将其删除。

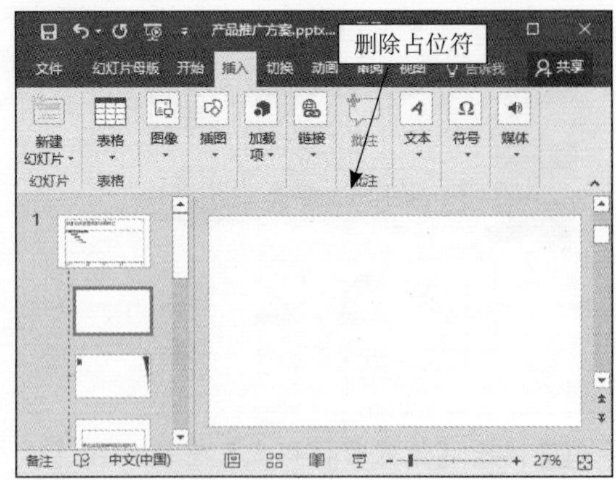

Step 11 使用上述方法，插入3张图片，并放置在合适的位置。

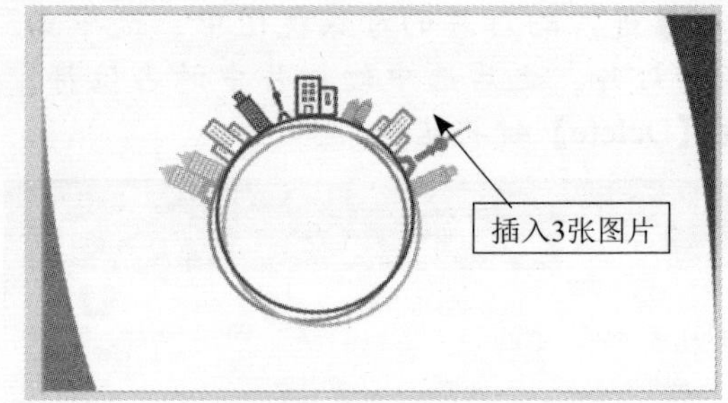

Step 12 单击【幻灯片母版】选项卡下【关闭】组中的【关闭母版视图】按钮，退出母版视图，返回至普通视图，幻灯片母版即制作完成。

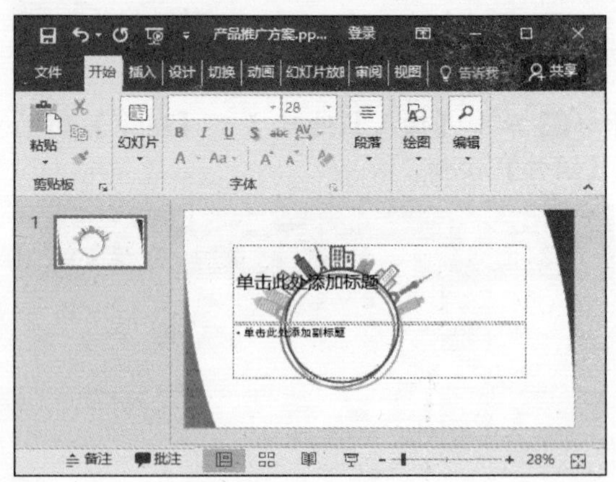

11.3.2 设计首页幻灯片

设计首页幻灯片的具体操作步骤如下：

Step 01 在幻灯片中单击标题和副标题占位符，分别在其中输入“打印机”和“推广方案”文本，设置字体均为“微软雅黑”，之后设置标题的字号为“72”，副标题的字号为“48”。

Step 02 单击【插入】选项卡下【插图】组中的【形状】按钮，在弹出的下拉列表中选择【线条】选项区域中的【直线】形状。

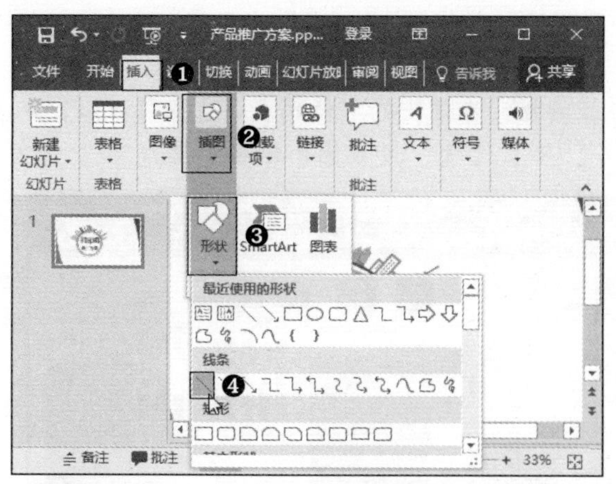

Step 03 按住左键不放，拖动鼠标在标题和副标题占位符中间绘制直线。

Step 04 单击【插入】选项卡下【文本】组的【文本框】按钮。

Step 05 在幻灯片右下角按住左键不放，拖动鼠标绘制一个横排文本框，在其中输入相应的文本，并设置字体为“黑体”，字号为“28”，首页幻灯片即制作完成。

11.3.3 设计“目录”幻灯片

设计“目录”幻灯片的具体操作步骤如下：

Step 01 单击【开始】选项卡下【幻灯片】组中【新建幻灯片】的下拉按钮，在弹出的下拉列表中选择【空白】选项，新建一个空白版式的幻灯片。

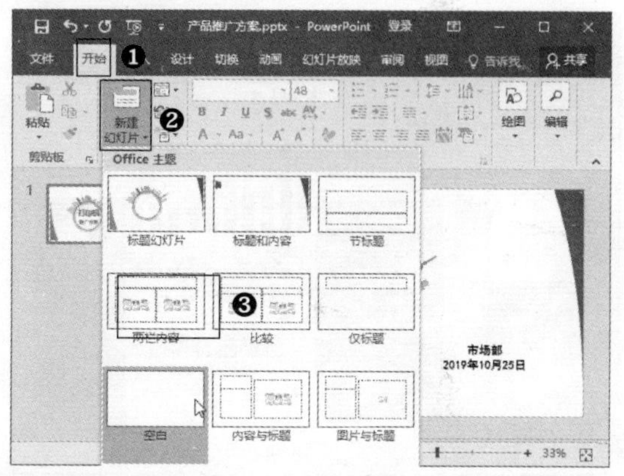

Step 02 在空白幻灯片上右击，在弹出的快捷菜单中选择【设置背景格式】命令，弹出【设置背景格式】窗格，在其中选择【纯色填充】单选按钮，并设置【颜色】为蓝色，【透明度】为“18%”。

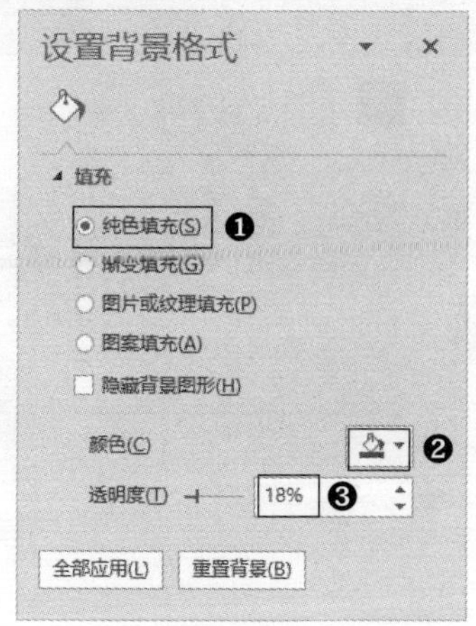

Step 03 设置空白幻灯片的背景颜色后，在左上角按住【Shift】键不放，拖动鼠标绘制一个圆形。

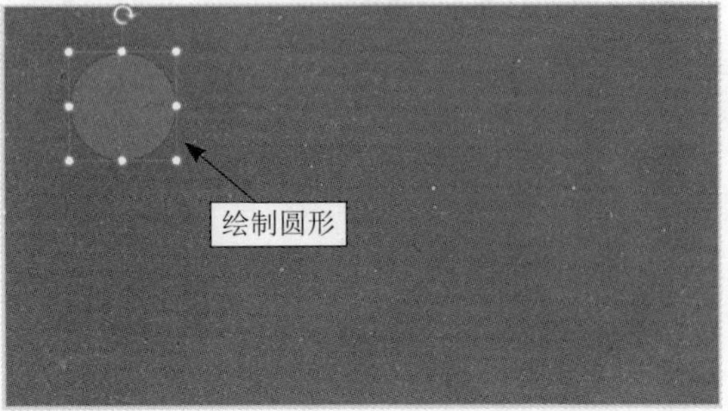

Step 04 选中圆形，单击【绘图工具】➢【格式】选项卡下【形状样式】组中【形状填充】的下拉按钮，在弹出的下拉列表中选择【无填充】选项，消除填充颜色。

Step 05 单击【绘图工具】➢【格式】选项卡下【形状样式】组中【形状轮廓】的下拉按钮，在弹出的下拉列表中选择白色作为轮廓颜色。

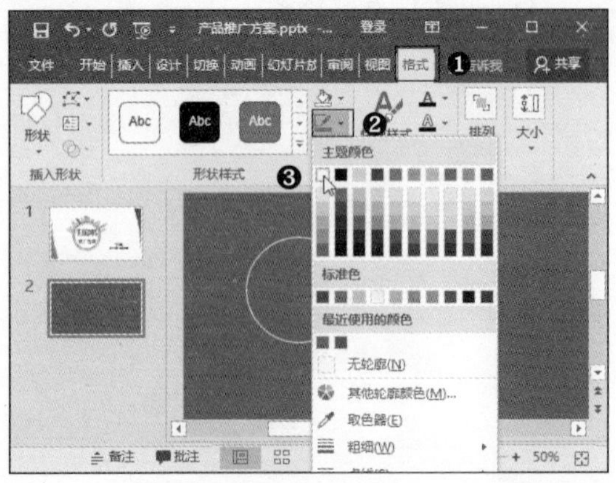

Step 06 继续单击【绘图工具】➢【格式】选项卡下【形状样式】组中的【形状轮廓】下拉按钮，在弹出的下拉列表中选择【粗细】➢【6磅】选项，设置圆形轮廓的宽度。

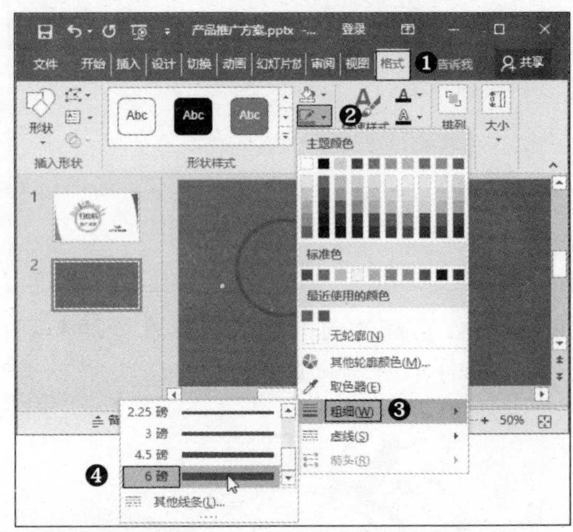

Step 07 设置完成后，复制出两个相同的圆形，稍微移动位置，并重新设置填充颜色，效果如下图所示。

Step 08 在幻灯片四周绘制四个三角形，并设置相应的填充颜色，取消轮廓颜色。

Step 09 在幻灯片中绘制文本框，输入“目录”文本，设置字体为“微软雅黑”，字号为“66”，并添加加粗效果。

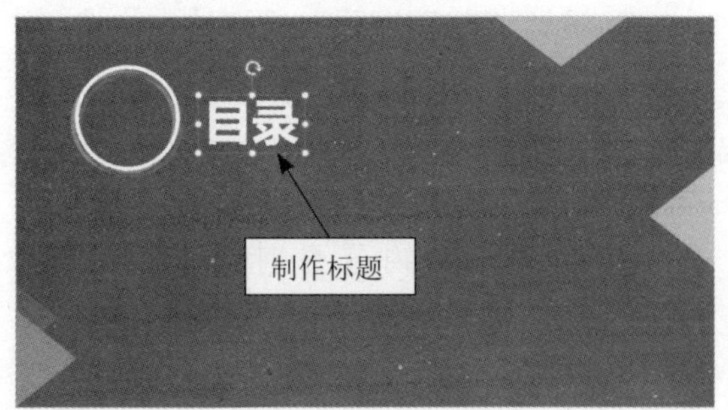

Step 10 继续绘制两个文本框，输入“01”和“市场背景”文本，分别设置字体格式。

Step 11 选中下方的两个文本框，在文本框上右击，在弹出的快捷菜单中选择【组合】➤【组合】命令，组合两个文本框。

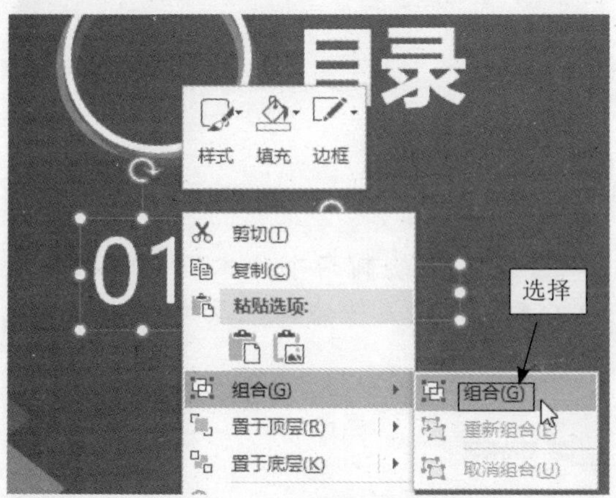

Step 12 复制出一组文本框，放置在右侧，重新修改文本。之后选中两组文本框，单击【绘图工具】➤【格式】选项卡下【排列】组中的【对齐】按钮，在弹出的下拉列表中选择【底端对齐】选项，使其排列整齐。

Step 13 继续复制出两组文本框，重新修改文本，放置在合适的位置，并设置对齐方式，使其排列整齐，“目录”幻灯片即制作完成。

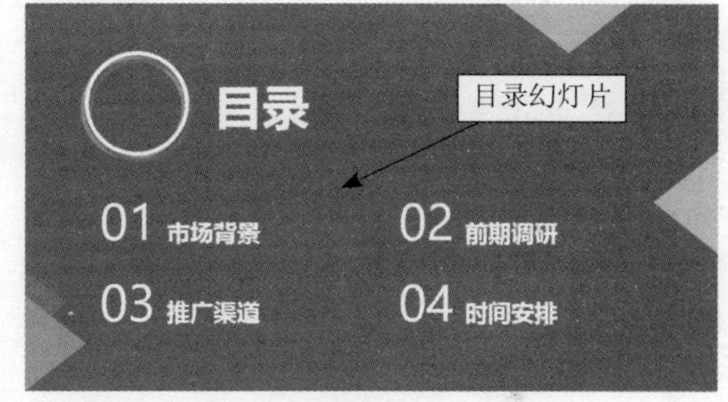

11.3.4 设计内容幻灯片

“产品推广方案”演示文稿包括“市场背景”“前期调研”“推广渠道”等内容幻灯片，下面分别介绍。

1. 设计“市场背景”幻灯片

设计“市场背景”幻灯片的具体操作步骤如下：

Step 01 新建一个标题和内容版式的幻灯片，在左上角绘制两个文本框，分别输入“Part One”和“市场背景”文本，设置上方文本的字体为“Arial”，字号为“20”，下方文本的字体为“黑体”，字号为“32”，并为下方文本添加加粗效果。

Step 02 继续绘制一个文本框，输入市场背景的正文内容，设置字体为“华文楷体”，字号为“26”。

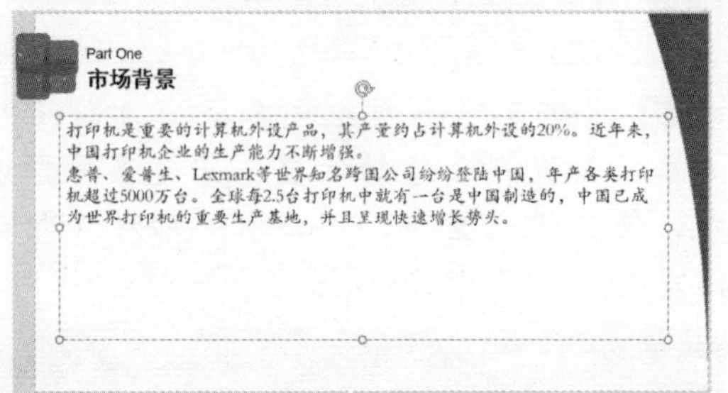

Step 03 选中正文内容，单击【开始】选项卡【段落】组右下角的【段落】按钮，弹出【段落】对话框，在【缩进和间距】选项卡下设置【特殊格式】为【首行缩进】，【行距】为【1.5倍行距】，之后单击【确定】按钮。

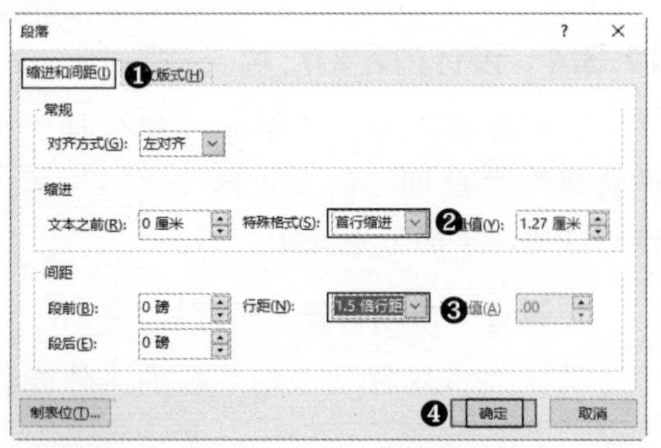

Step 04 即可设置正文文本的段落格式，“市场背景”幻灯片即制作完成。

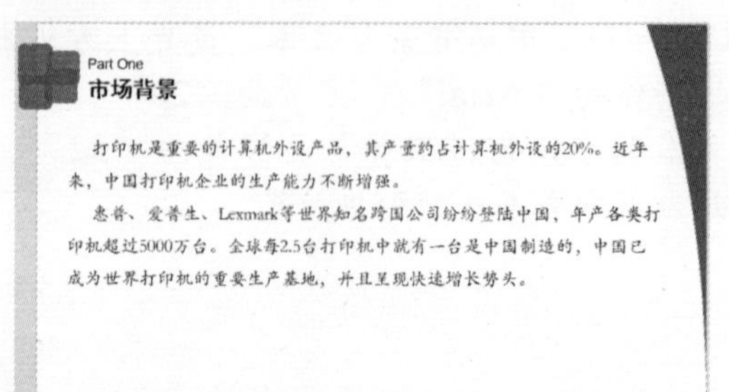

2. 设计“前期调研”幻灯片

设计“前期调研”幻灯片的具体操作步骤如下：

Step 01 复制“市场背景”幻灯片，将左上角两个文本框的内容分别修改为“Part Two”和“前期调研”，并删除下方的正文内容。

Step 02 在幻灯片中绘制一个文本框，在其中输入“1”，之后设置字体为“Segoe UI”，字号为“88”，字体颜色为青色，并添加加粗效果。

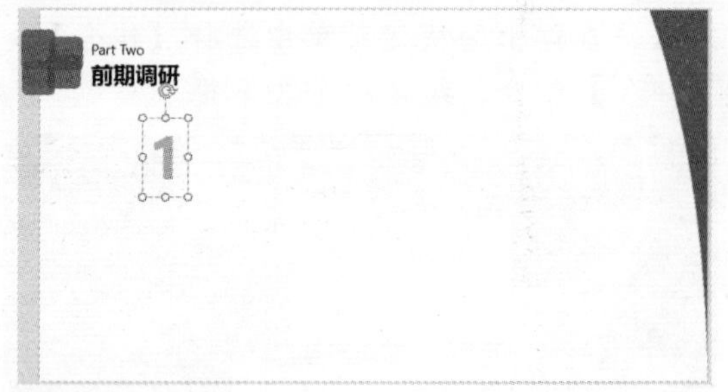

Step 03 在右侧绘制两个文本框，输入相应的文本，并设置字体格式及文本框的填充颜色。

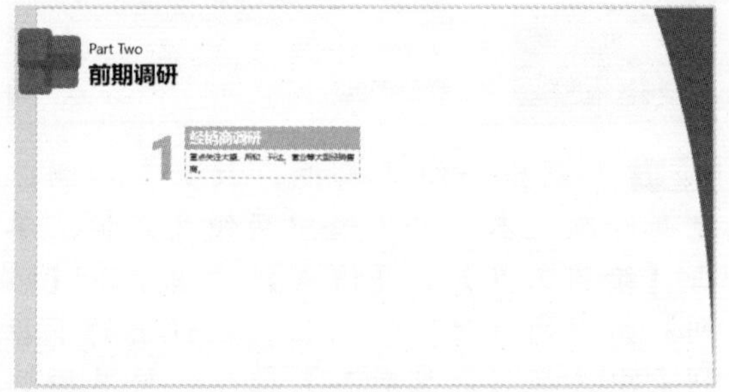

Step 04 复制出三组文本框，重新修改文本，并放置在合适的位置，“前期调研”幻灯片即制作完成。

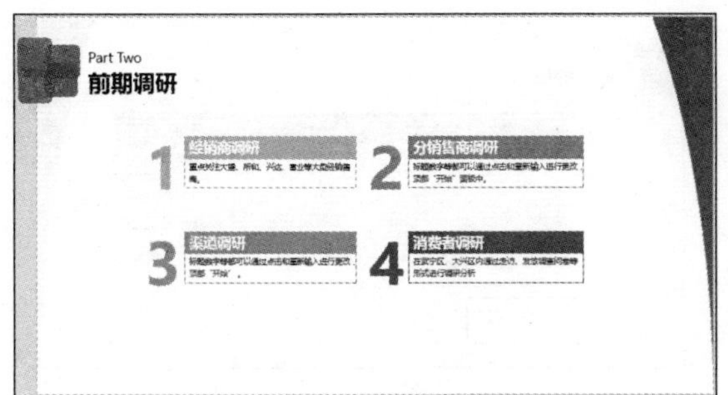

3. 设计“推广渠道”幻灯片

设计“推广渠道”幻灯片的具体操作步骤如下：

Step 01 复制“前期调研”幻灯片，将左上角两个文本框的内容分别修改为“Part Three”和“推广渠道”，并删除下方的文本框。

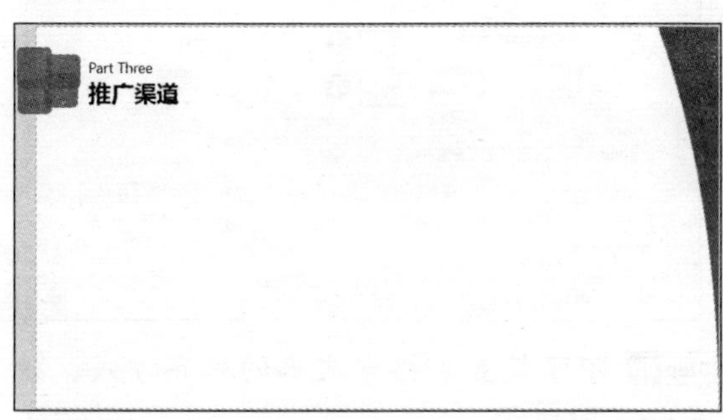

Step 02 单击【插入】选项卡下【插图】组中的【SmartArt】按钮，弹出【选择SmartArt图形】对话框，在左侧列表中选择【列表】选项，在右侧选择【水平项目符号列表】，之后单击【确定】按钮。

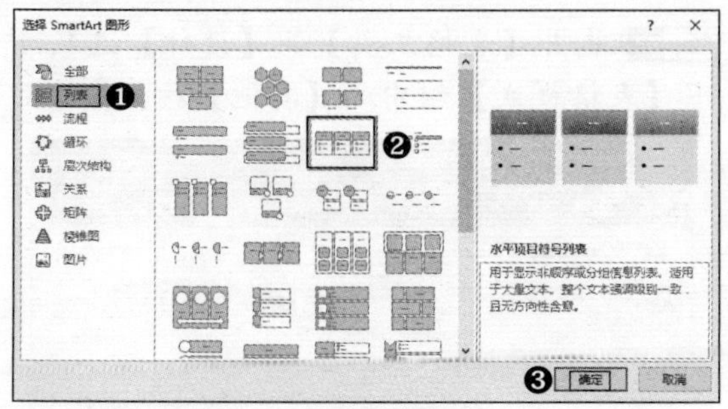

Step 03 即可在幻灯片中插入一个“水平项目符号列表”类型的SmartArt图形，单击图形左侧的按钮，弹出【在此处键入文字】窗格。

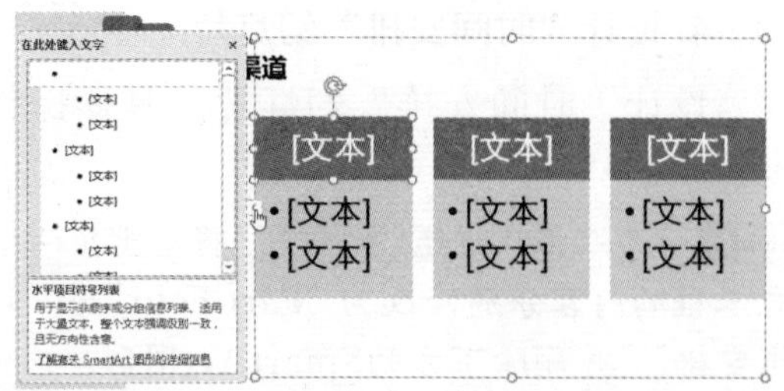

Step 04 在【在此处键入文字】窗格内输入文本，即可在SmartArt图形中添加文本，之后关闭窗格。

Step 05 单击【SmartArt工具】➤【设计】选项卡下【SmartArt样式】组中的【其他】按钮，在弹出的下拉列表中选择【三维】选项区域中的【嵌入】选项。

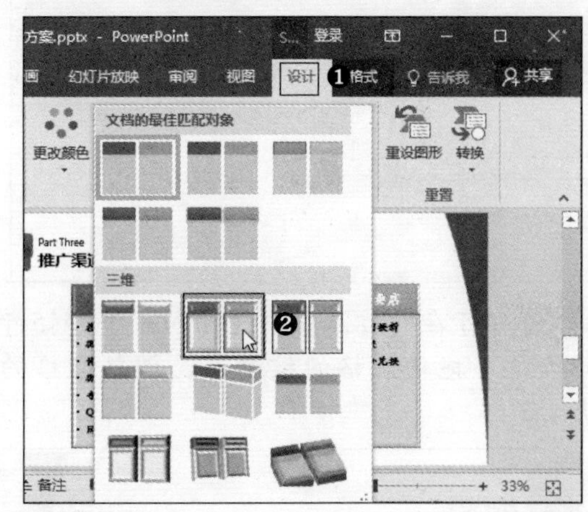

Step 06 即可为SmartArt图形应用样式，“推广渠道”幻灯片即制作完成。

4. 设计“时间安排”幻灯片

设计“时间安排”幻灯片的具体操作步骤如下：

Step 01 复制“推广渠道”幻灯片，将左上角两个文本框的内容分别修改为“Part Four”和“时间安排”，并删除下方的SmartArt图形。

Step 02 单击【插入】选项卡下【表格】组中的【表格】按钮，将光标定位在【插入表格】区域内，在4×5的单元格内单击。

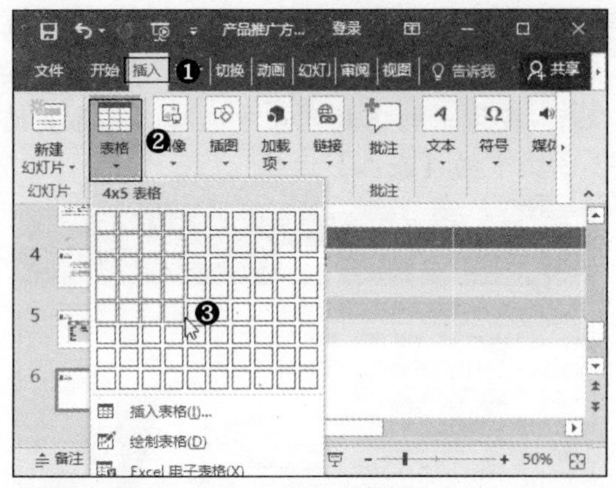

Step 03 即可在幻灯片中快速插入一个4列5行的表格，拖动表格的控制点，调整表格的大小。

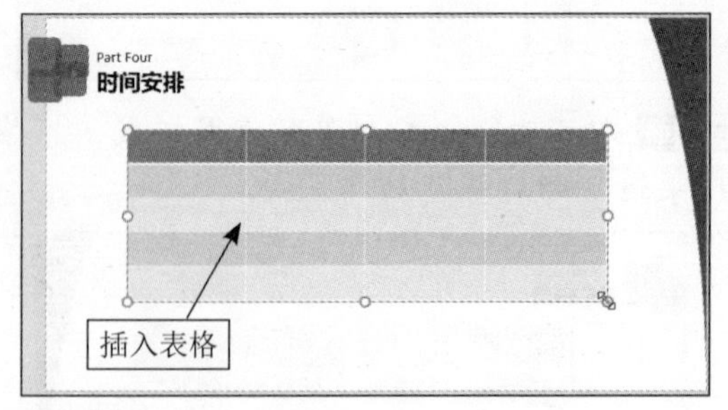

Step 04 单击第一个单元格，在其中输入“推广渠道”，之后单击其他单元格，在其中输入相应的文本。

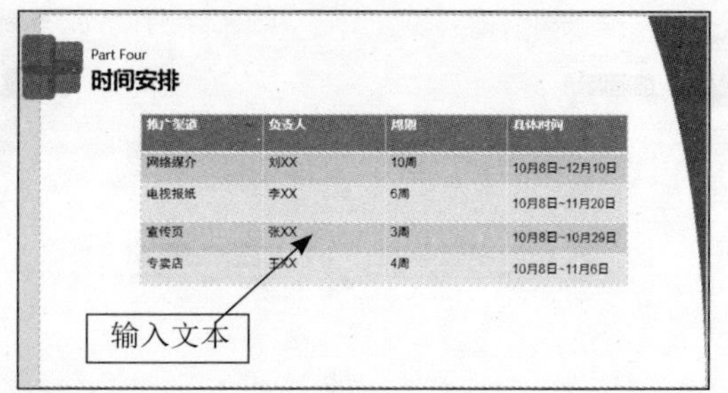

Step 05 选中表格，设置字体为“黑体”，字号为“24”，之后单击【表格工具】➤【布局】选项卡下【对齐方式】组中的【居中】按钮和【垂直居中】按钮。

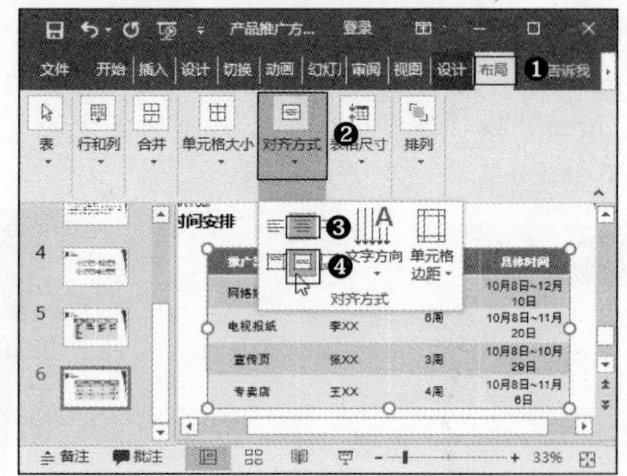

Step 06 即可设置表格中文本的对齐方式，效果如下图所示。

推广渠道	负责人	周期	具体时间
网络媒介	刘XX	10周	10月8日~12月10日
电视报纸	李XX	6周	10月8日~11月20日
宣传页	张XX	3周	10月8日~10月29日
专卖店	王XX	4周	10月8日~11月6日

Step 07 单击【表格工具】➤【设计】选项卡下【表格样式】组中的【其他】按钮。

Step 08 在弹出的下拉列表中选择【中】选项区域中的【中度样式4-强调6】样式。

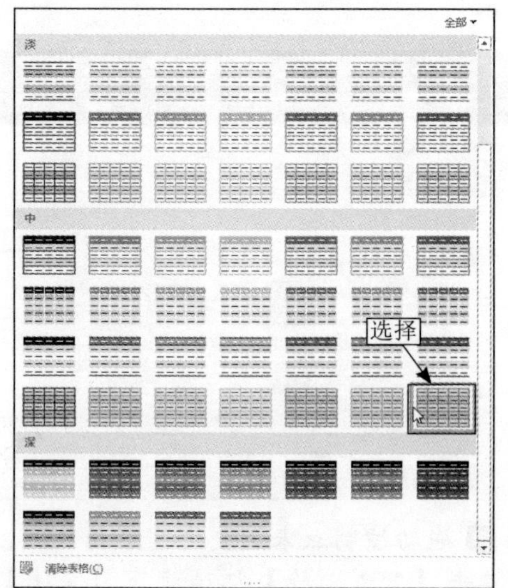

Step 09 即可为表格应用样式，“时间安排”幻灯片即制作完成。

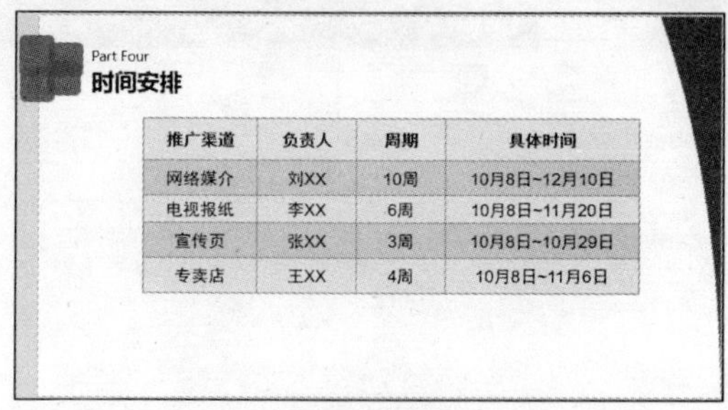

推广渠道	负责人	周期	具体时间
网络媒介	刘XX	10周	10月8日~12月10日
电视报纸	李XX	6周	10月8日~11月20日
宣传页	张XX	3周	10月8日~10月29日
专卖店	王XX	4周	10月8日~11月6日

11.3.5 设计末尾幻灯片

设计末尾幻灯片的具体操作步骤如下：

Step 01 复制首页幻灯片，保留标题文本框，删除其他文本框。

Step 02 将文本框内的文本修改为“THANKS”，并调整位置。

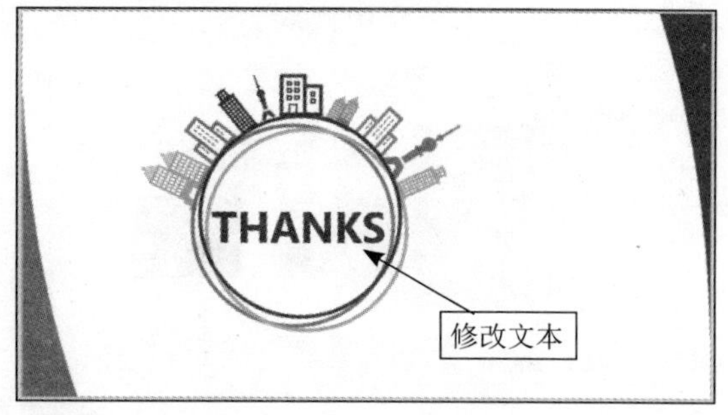

Step 03 按【Ctrl+S】组合键保存。至此，“产品推广方案”演示文稿制作完成。

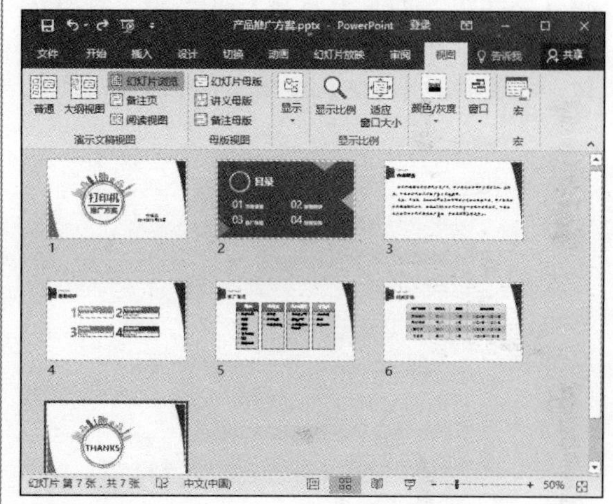

高手支招

1. 为演示文稿“瘦身”

若演示文稿中添加的图片较多，相应地文件就会变大。此时压缩图片，即可达到为演示文稿“瘦身”的目的，同时又不影响幻灯片的整体效果。具体操作步骤如下：

Step 01 打开“素材\Ch11\压缩图片.pptx”文件，选中图片，单击【图片工具】➢【格式】选项卡下【调整】组中的【压缩图片】按钮。

Step 02 弹出【压缩图片】对话框，在【压缩选项】选项区域中选择【仅应用于此图片】和【删除图片的剪裁区域】复选框，在【分辨率】选项区域中选择【电子邮件】单选按钮，之后单击【确定】按钮，即可压缩图片。

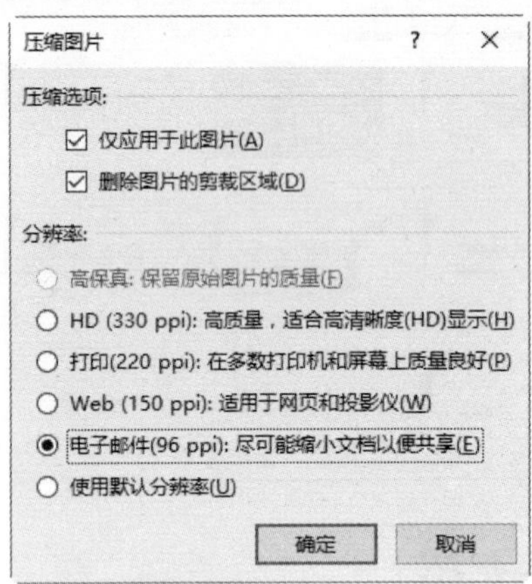

2. 删除图片背景

删除图片背景的具体操作步骤如下：

Step 01 打开“素材\Ch11\删除背景.pptx”文件，单击【图片工具】➤【格式】选项卡下【调整】组中的【删除背景】按钮。

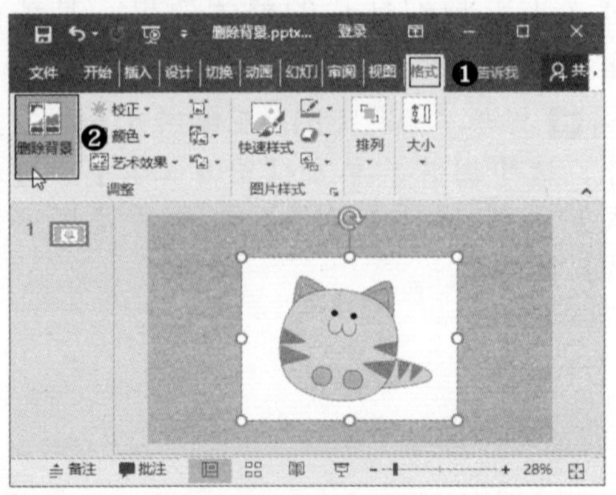

Step 02 此时图片背景变为玫红色，四周出现8个控制点，功能区中增加【背景消除】选项卡。

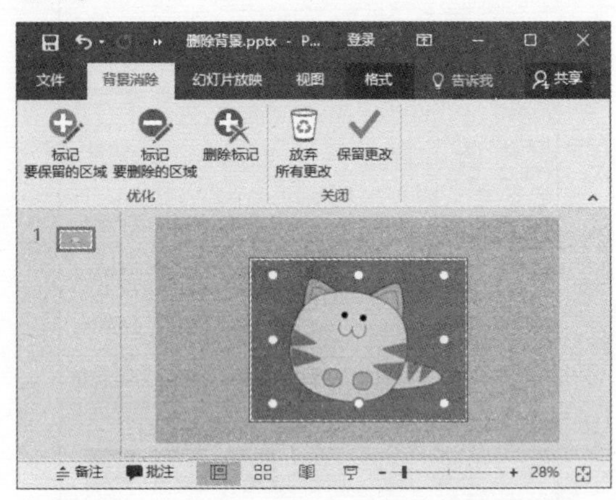

Step 03 拖动控制点来调整要删除的区域，之后单击【背景消除】选项卡下【关闭】组中的【保留更改】按钮。

Step 04 即可删除图片的背景，效果如下图所示。

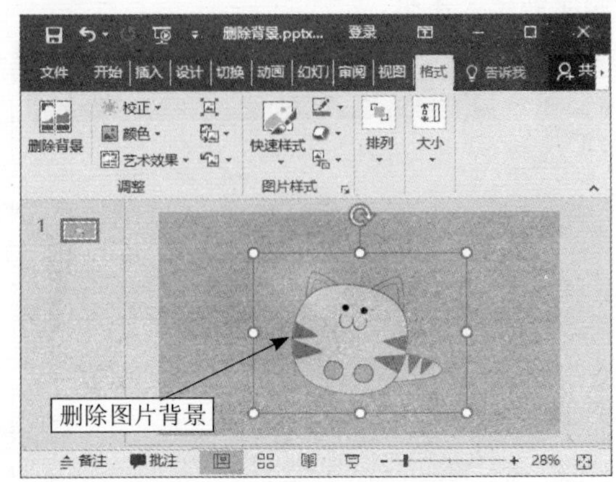

3. 拆分文字

用户可以将文字拆分开，之后为不同的笔画填充不同的颜色，从而使文字看起来更加绚丽。具体操作步骤如下：

Step 01 新建一个空白演示文稿，命名为“拆分文字”。选择【文件】选项卡，在左侧列表中选择【选项】。

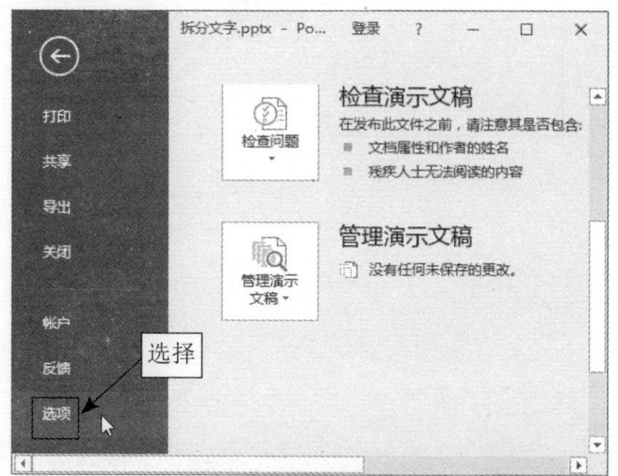

Step 02 弹出【PowerPoint选项】对话框，在左侧选择【自定义功能区】选项，之后单击【常用命令】下拉按钮，在弹出的下拉列表中选择【不在功能区中的命令】选项。

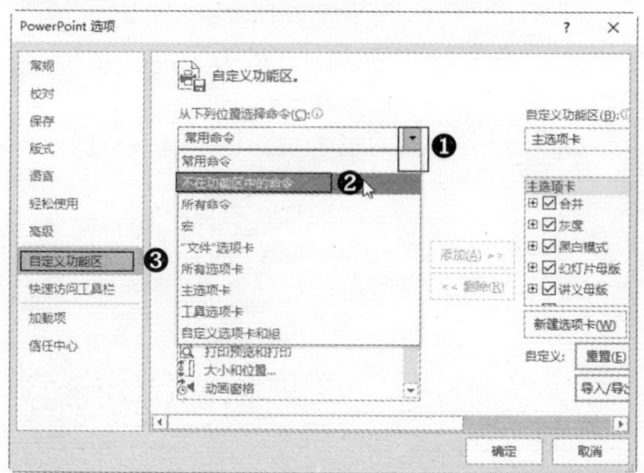

Step 03 在【主选项卡】列表框中选中【开始】选项卡，单击【新建组】按钮，即可在【开始】选项卡下新建一个组。之后在【不在功能区中的命令】列表框中选中【拆分形状】，单击【添加】按钮，将其添加到新建的组中，单击【确定】按钮。

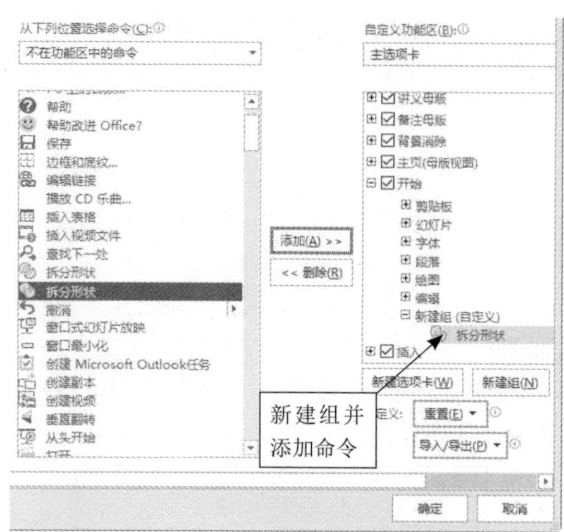

Step 04 返回至幻灯片中，在其中绘制一个矩形，并设置填充颜色作为背景，之后在矩形上绘制一个文本框，在其中输入“品”文本。

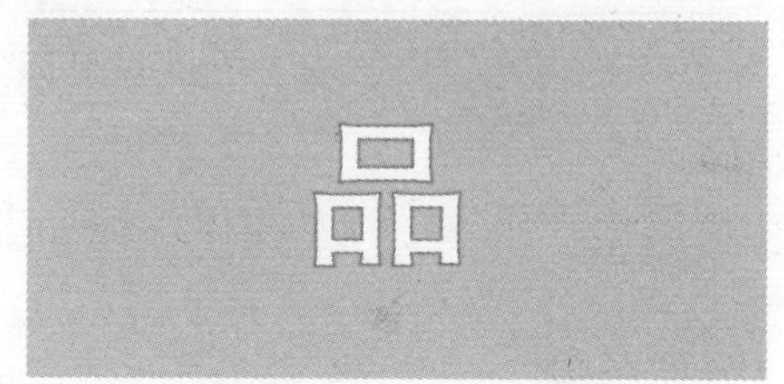

Step 05 选中文本框和矩形，单击【开始】选项卡下【新建组】组中的【拆分】按钮。

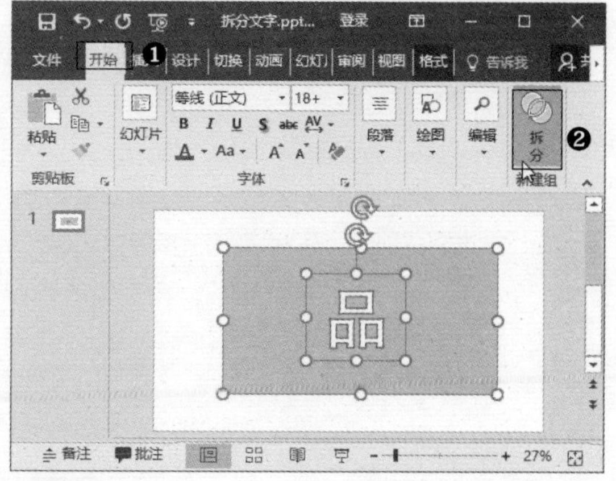

Step 06 即可拆分文本和矩形，效果如下图所示。

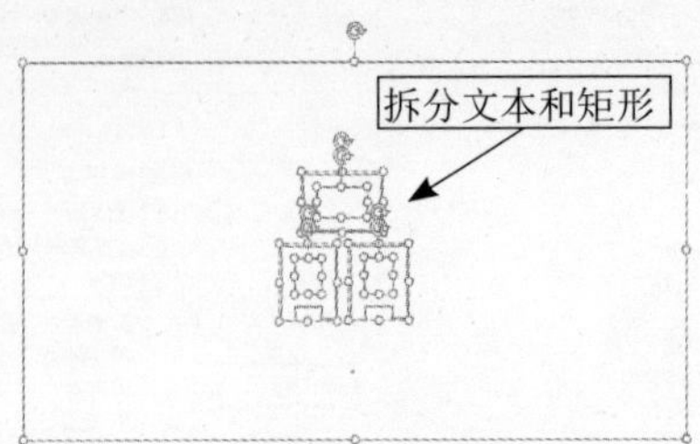

Step 07 删除矩形及多余的文本，只保留所需要的部分，可以看到，“品”文本已经被拆分为3个部分。

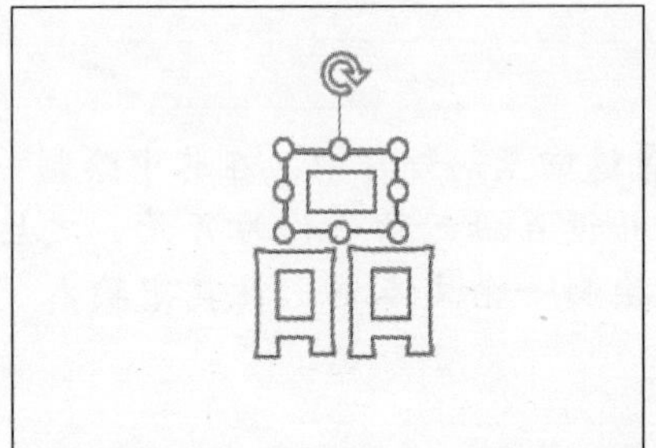

Step 08 选中不同的部分，可为其填充不同的颜色，效果如下图所示。

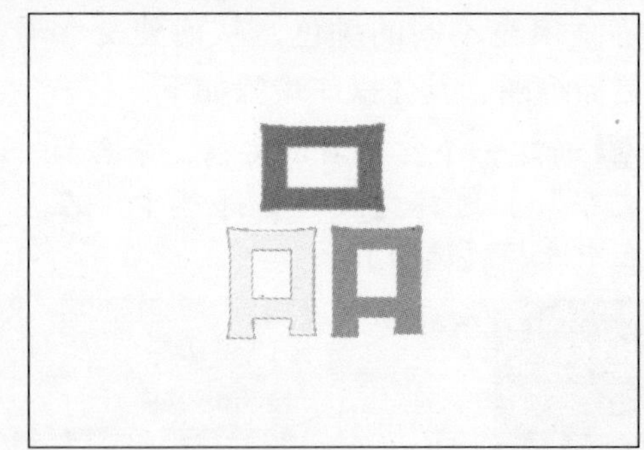

第 12 章 动态PPT——PPT 2016的动画和交互效果

本章导读：

在幻灯片中添加切换效果、动画效果、多媒体等元素，可以使幻灯片的过渡和显示都能给观众绚丽多彩的视觉享受。此外，PowerPoint提供的超链接功能可以实现幻灯片之间，以及幻灯片与外部文件或网络之间自由地转换及交互，从而使演示文稿变得更加精彩。

案例赏析：

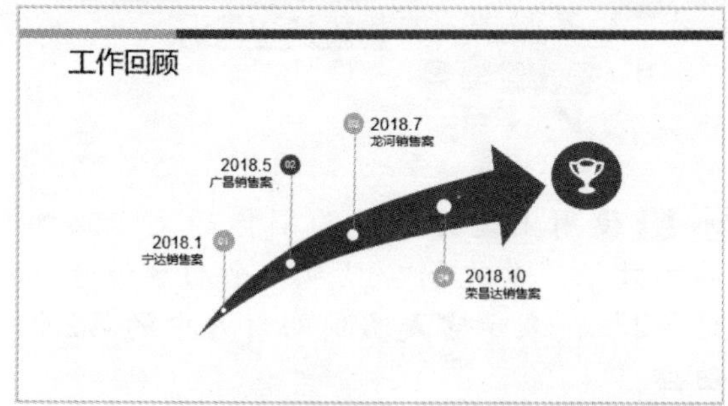

目录
销售是什么？
展现优美礼仪
揣摩客户需要
销售必备条件

12.1 为“销售技巧培训”演示文稿设置动画

销售技巧培训是企业或公司为了培养销售人员，采用各种方式对其进行有目的、有计划的培养和训练的管理活动，从而使员工更好地胜任销售工作。本节主要为“销售技巧培训”演示文稿设置各类动画，使其更为精彩生动。

12.1.1 设置动画效果

用户可以为幻灯片中的任意元素创建动画，如文字、图片、图表等。为各类元素添加合适的动画，可使演示文稿更加生动，达到良好的视觉效果。

1. 文字动画

PowerPoint提供了多种类型的动画效果，用户可根据需要进行选择。下面为“销售技巧培训”演示文稿中的文字添加动画效果，具体操作步骤如下：

Step 01 打开“素材\Ch12\销售技巧培训.pptx”文件，选择第1张幻灯片中的标题文本框，单击【动画】选项卡下【动画】组中的【其他】按钮。

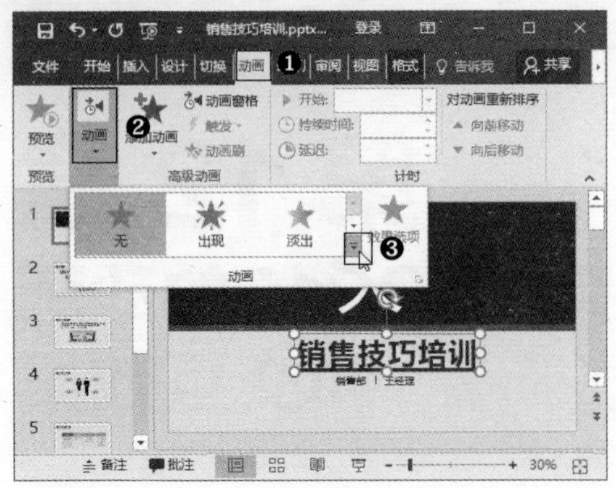

Step 02 在弹出的下拉列表中可选择动画效果，如选择【进入】选项区域中的【飞入】选项。

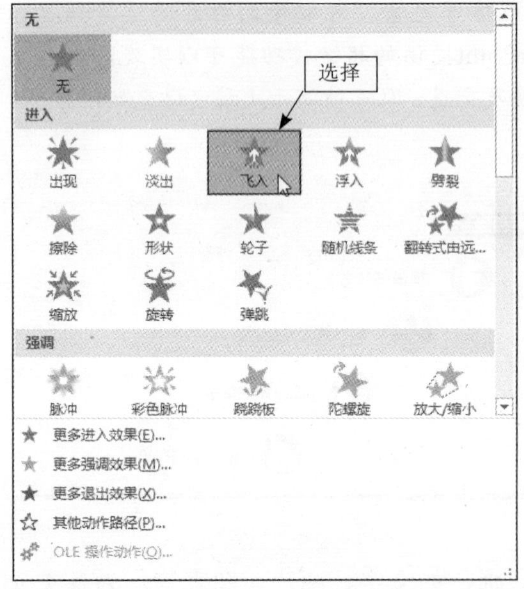

提示：在弹出的下拉列表中可以发现，PPT 2016共提供了4种类型的动画，分别是进入动画、强调动画、退出动画和动作路径，用户可根据需要选择合适的动画效果。

Step 03 即可为标题文本添加“飞入”动画效果，且标题文本左侧会显示一个动画编号标记“1”，表示它是当前幻灯片中的第1个动画。

提示：创建动画后，幻灯片中的动画编号标记在打印时不会被打印出来。

Step 04 添加动画后，单击【动画】选项卡下【动画】组中的【效果选项】按钮，在弹出的下拉列表中选择【自顶部】选项，设置动画的方向。

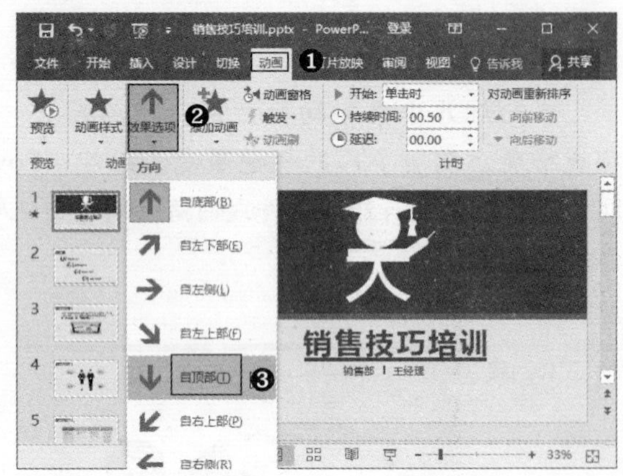

Step 05 使用上述方法，为副标题文本添加动画效果，其左侧会显示一个动画编号标记“2”，表示它是当前幻灯片中的第2个动画。

Step 06 选中副标题文本，单击【动画】选项卡下【计时】组中的【开始】下拉按钮，在弹出的下拉列表中选择【上一动画之后】选项。

Step 07 即可设置副标题文本动画的开始时间，其左侧的动画编号标记也会发生相应的改变。

2. 图片动画

为图片添加动画效果，不仅能使图片更加醒目，还可以增强幻灯片的展示效果。为图片添加动画的具体操作步骤如下：

Step 01 选中第3张幻灯片中的图片，单击【动画】选项卡下【动画】组中的【其他】按钮▾。

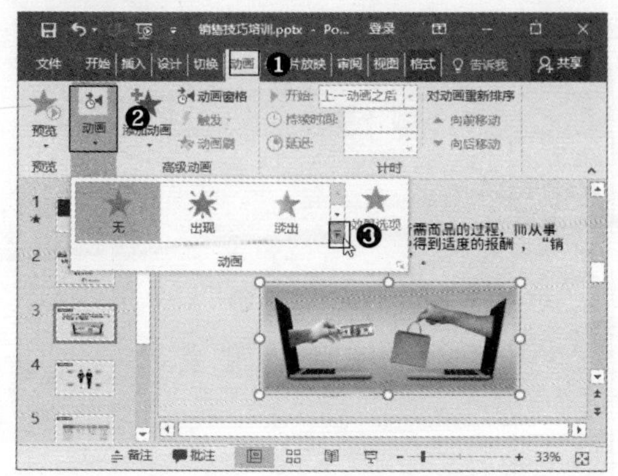

Step 02 在弹出的下拉列表中选择【强调】选项区域中的【放大/缩小】选项。

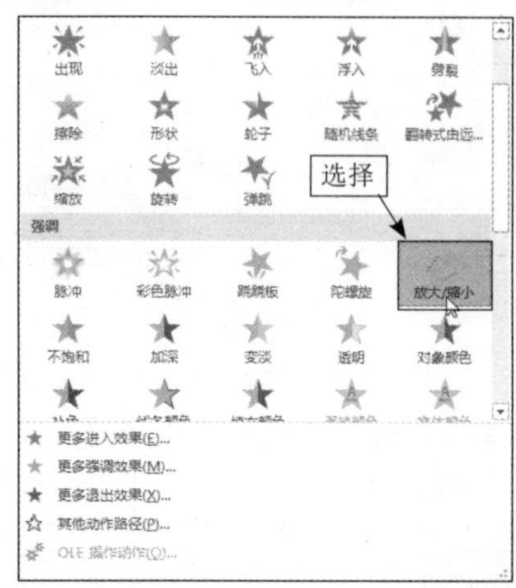

Step 03 即可为图片添加“放大/缩小”动画效果。

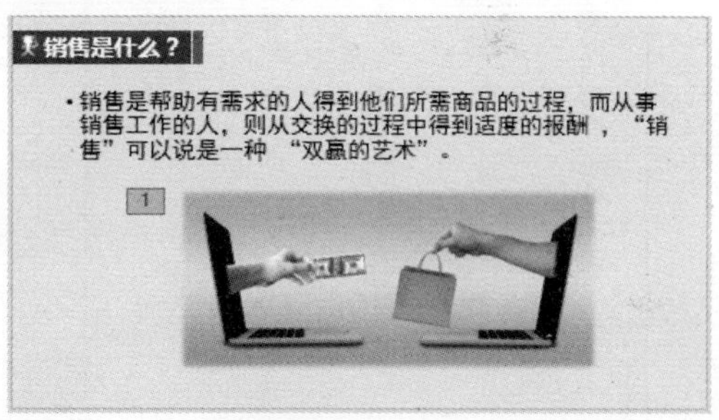

Step 04 使用上述方法，为第4张幻灯片中的图片添加相应的动画效果。

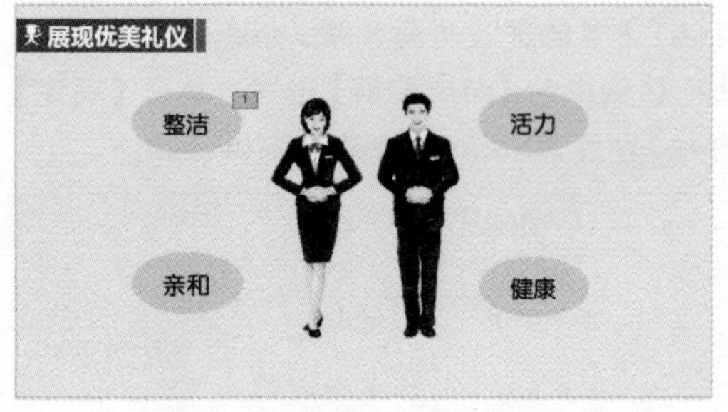

3. SmartArt动画

为SmartArt图形添加动画效果，可以使SmartArt图形更加突出，更好地表达图形要表述的意义。为SmartArt图形添加动画的具体操作步骤如下：

Step 01 选中第5张幻灯片中的SmartArt图形，单击【动画】选项卡下【动画】组中的【其他】按钮▾。

Step 02 在弹出的下拉列表中选择【更多进入效果】选项。

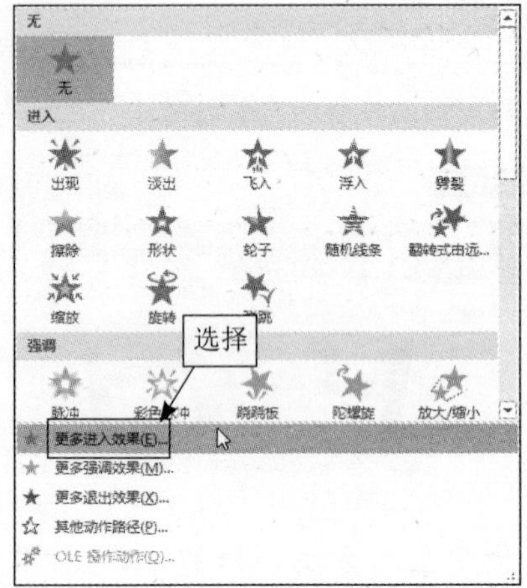

Step 03 弹出【更改进入效果】对话框，在其中提供了更多的进入动画效果，如选择【基本型】选项区域中的【向内溶解】选项，单击【确定】按钮，即可为SmartArt图形添加动画。

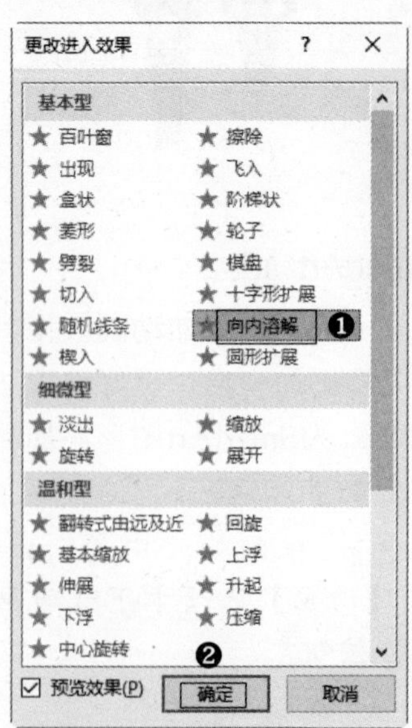

Step 04 单击【动画】选项卡下【动画】组中的【效果选项】按钮，在弹出的下拉列表中选择【逐个】选项。

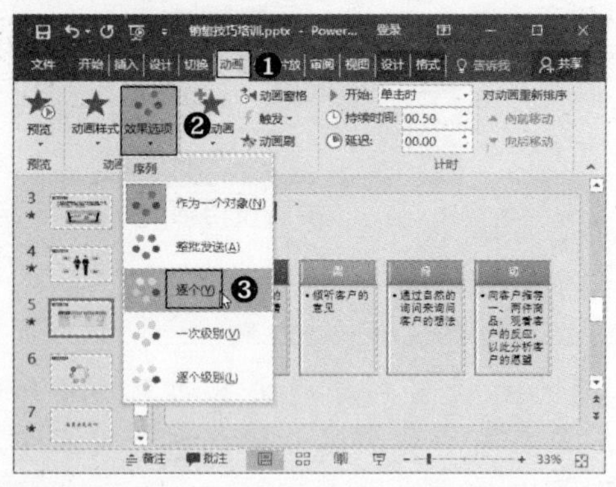

Step 05 即可设置逐个显示SmartArt图形中的形状，设置后的效果如下图所示。

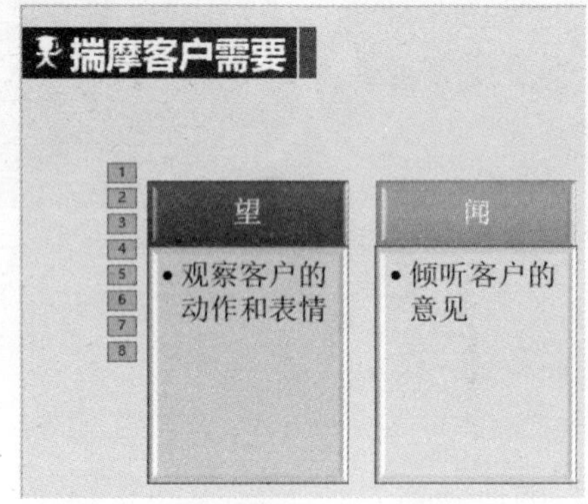

4. 制作轨迹运动

制作轨迹运动是指为幻灯片中的对象添加动作路径效果，从而使其按照指定的路径进行运动。制作轨迹运动的具体操作步骤如下：

Step 01 选中第7张幻灯片中的文本，单击【动画】选项卡下【动画】组中的【其他】按钮。

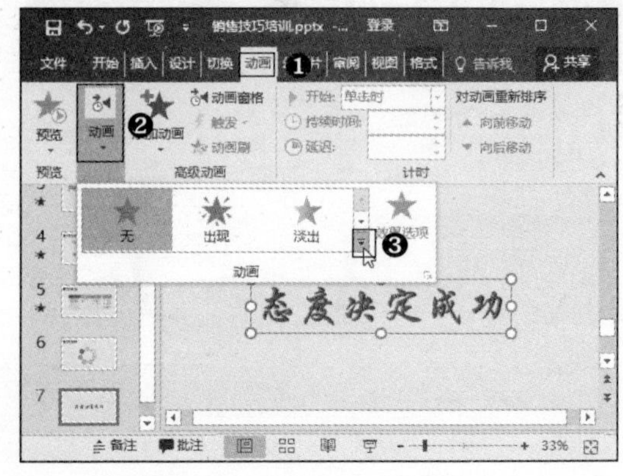

Step 02 在弹出的下拉列表中选择【其他动作路径】选项。

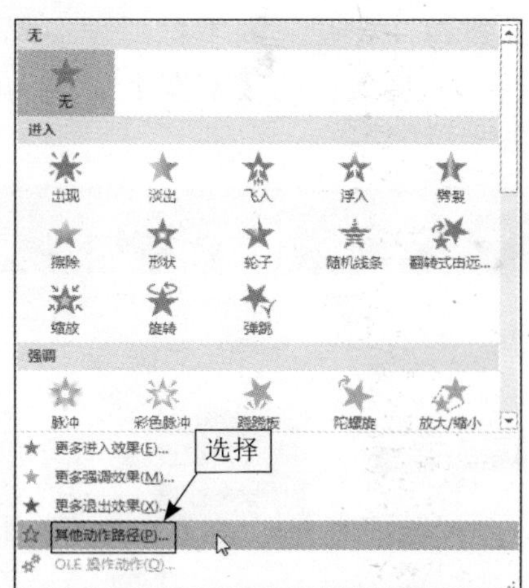

Step 03 弹出【更改动作路径】对话框，在其中提供了多种动作路径，如选择【心形】选项，单击【确定】按钮。

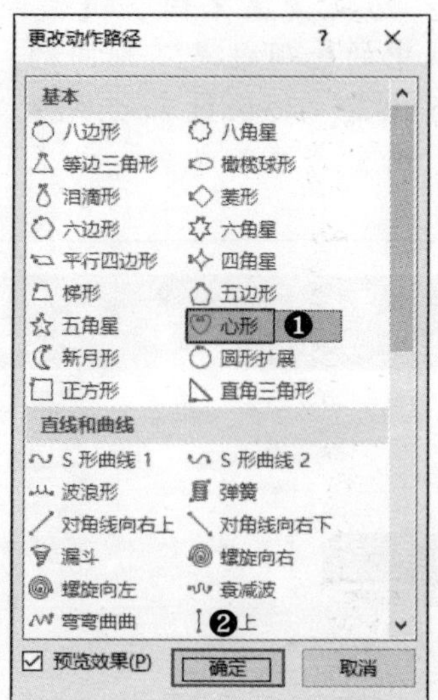

Step 04 即可为文字添加路径动画效果，文字对象左侧会显示动画编号标记，并且在文字上还会显示具体的运动轨迹。

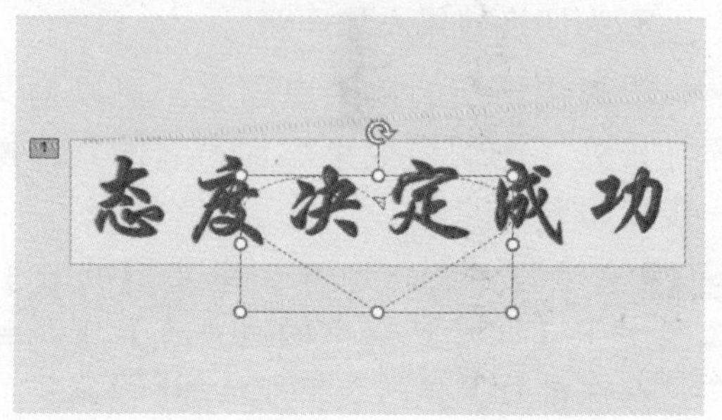

Step 05 单击【动画】选项卡下【动画】组中的【效果选项】按钮，在弹出的下拉列表中选择【编辑顶点】选项。

Step 06 此时运动轨迹四周会显示路径顶点，拖动顶点可以编辑路径，编辑后的效果如下图所示。

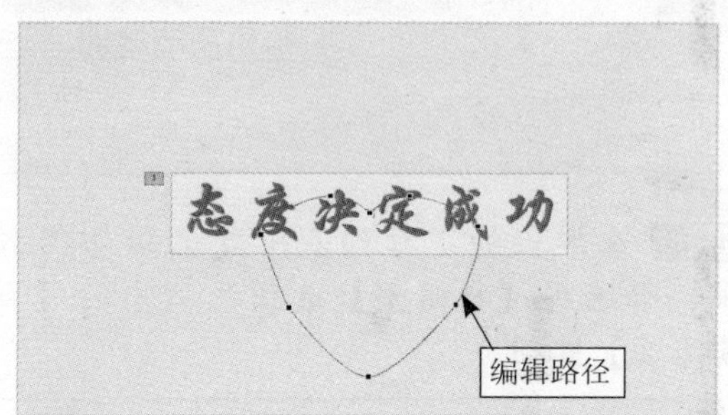

Step 07 在【动画】选项卡下【计时】组的【持续时间】数值框中，输入“5”，按【Enter】键，可设置动画的持续时间。

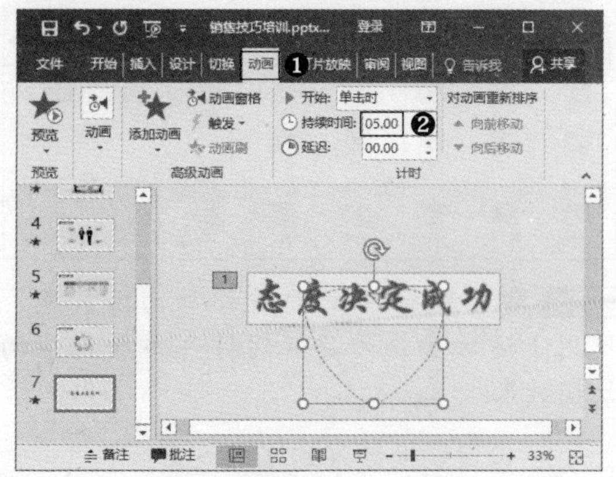

12.1.2 设置幻灯片切换效果

幻灯片切换效果是指在演示期间从一

张幻灯片跳转到下一张幻灯片时出现的动画效果，在幻灯片中添加切换效果可以使切换幻灯片显得更加自然，使幻灯片各个主题的切换更加流畅。

1. 添加切换效果

添加切换效果的具体操作步骤如下：

Step 01 选中第1张幻灯片，单击【切换】选项卡下【切换到此幻灯片】组中的【其他】按钮。

Step 02 在弹出的下拉列表中可选择切换效果，如选择【华丽型】选项区域中的【页面卷曲】选项。

Step 03 即可为第1张幻灯片添加切换效果，使用上述方法，为其他幻灯片添加相应的切换效果。

2. 设置切换效果的属性

PPT 2016中的部分切换效果具有可自定义的属性，用户可以对这些属性进行自定义设置。

选中第1张幻灯片，单击【切换】选项卡下【切换到此幻灯片】组中的【效果选项】按钮，在弹出的下拉列表中即可设置属性，如将默认的【双左】更改为【双右】属性。

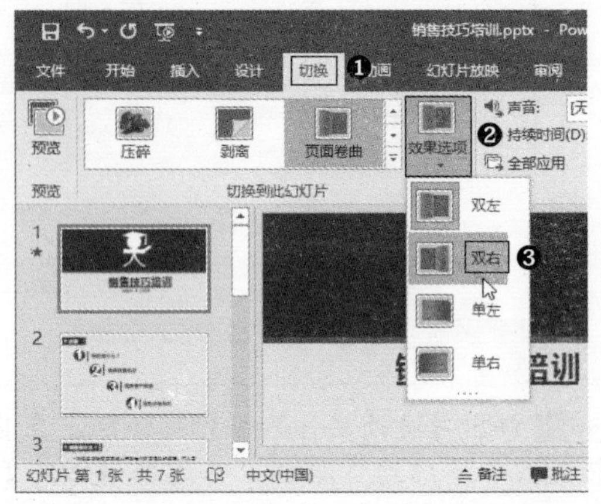

提示：切换效果不同，【效果选项】下拉列表中的选项也是不相同的。下图所示是“百叶窗”切换效果的属性，可以发现，与上图中“页面卷曲”效果的属性是不同的。

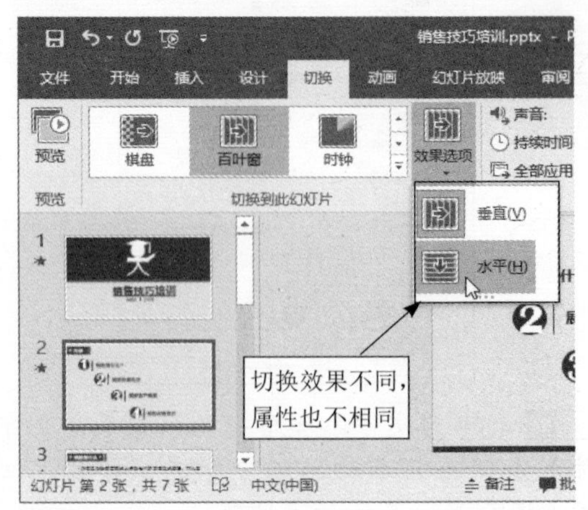

3. 为切换效果添加声音

若想使切换的效果更逼真，可以为其添加声音。为切换效果添加声音的具体操作步骤如下：

Step 01 选中第1张幻灯片，单击【切换】选项卡下【计时】组中的【声音】下拉按钮，在弹出的下拉列表中可选择PPT提供的预设的声音，如选择【风声】选项。

Step 02 若要自定义声音，再次单击【切换】选项卡下【计时】组中的【声音】下拉按钮，在弹出的下拉列表中选择【其他声音】选项。

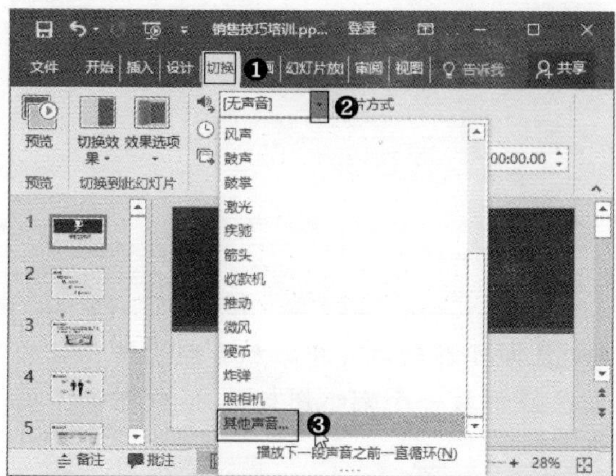

Step 03 弹出【添加音频】对话框，在计算机中选择要添加的声音文件，单击【确定】按钮。

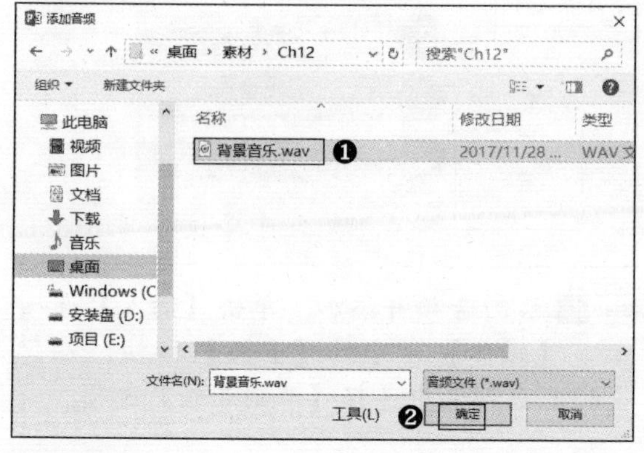

Step 04 即可为切换效果添加自定义的声音。

4. 设置切换效果持续时间

用户可以设置切换幻灯片的持续时间，从而控制切换的速度。

在【切换】选项卡下【计时】组中的【持续时间】微调框中输入数值，即可设置切换效果持续的时间。

5. 设置切换方式

切换方式用于指定如何从一张幻灯片切换到另一张换灯片，PPT 2016提供了两种方式：单击时切换和自动切换。在【切换】选项卡下【计时】组中的【换片方式】选项区域中选择相应的复选框，即可设置对应的切换方式。

提示：在同一张幻灯片中可同时设置两种切换方式，既可以单击进行切换，也可以达到所设置的时间后自动进行切换。

【单击鼠标时】：播放幻灯片时单击可切换到此幻灯片。

【设置自动换片时间】：选择该复选框，并在右侧微调框中设置时间，那么在播放幻灯片时，经过所设置的时间后会自动切换到下一张幻灯片。

12.2 为“企业招商”演示文稿设置多媒体和超链接

一份好的企业招商演示文稿，能够使企业得到外界的肯定，从而为其提供有力的资金支持和技术支持，是企业发展的助推器。本节主要为“企业招商”演示文稿添加多媒体和超链接，使内容更为丰富。

12.2.1 设置音频

在幻灯片中可以插入音频文件，通过音频的搭配使用，可使幻灯片的内容更加丰富多彩。

1. 添加音频

用户既可以添加本地计算机中的音频文件，也可以自行录制声音。添加音频的具体操作步骤如下：

Step 01 添加本地计算机中的音频文件。打开“素材\Ch12\企业招商.pptx”文件，选中第2张幻灯片，单击【插入】选项卡下【媒体】组中的【音频】按钮，在弹出的下拉列表中选择【PC上的音频】选项。

Step 02 弹出【插入音频】对话框，在计算机中选择要添加的声音文件，单击【插入】按钮。

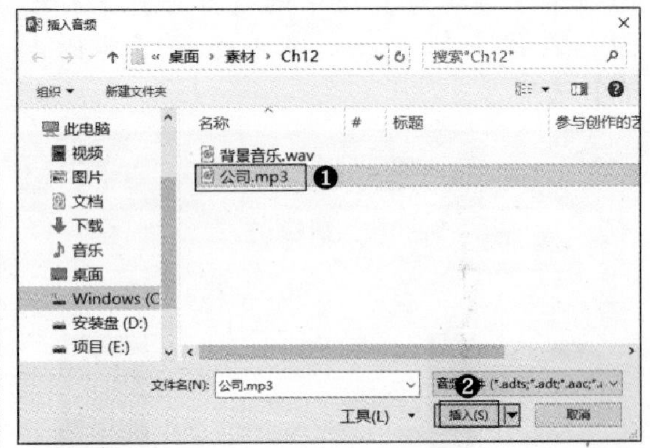

Step 03 即可在幻灯片中添加音频文件，音频文件显示为一个喇叭图标，效果如下图所示。

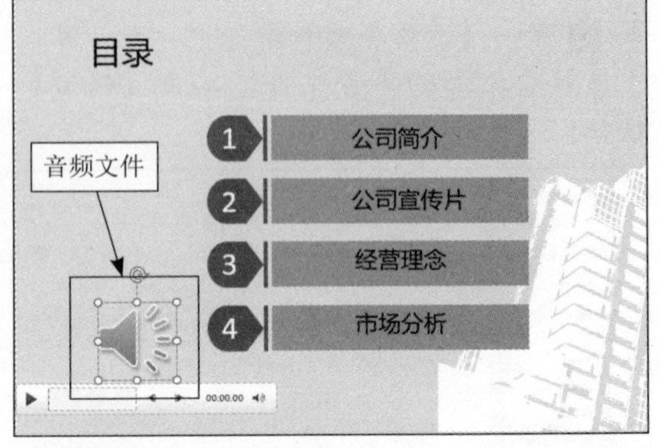

Step 04 录制音频并添加。单击【插入】选项卡下【媒体】组中的【音频】按钮，在弹出的下拉列表中选择【录制音频】选项。

Step 05 弹出【录制声音】对话框，在【名称】文本框中输入声音文件的名称，之后单击下方的●按钮，开始录制。

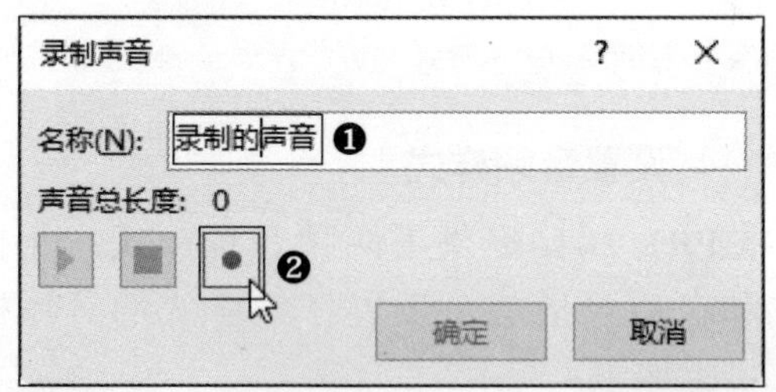

Step 06 录制完成后，单击■按钮，停止录制。

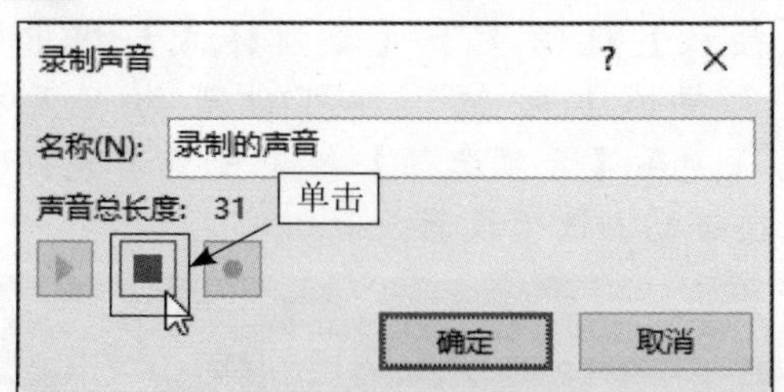

Step 07 此时▶和●两个按钮处于激活状态，若要试听录制的声音，单击▶按钮即可播放，若对录制的声音不满意，单击●按钮，可重新录制。操作完成后，单击【确定】按钮，关闭对话框即可。

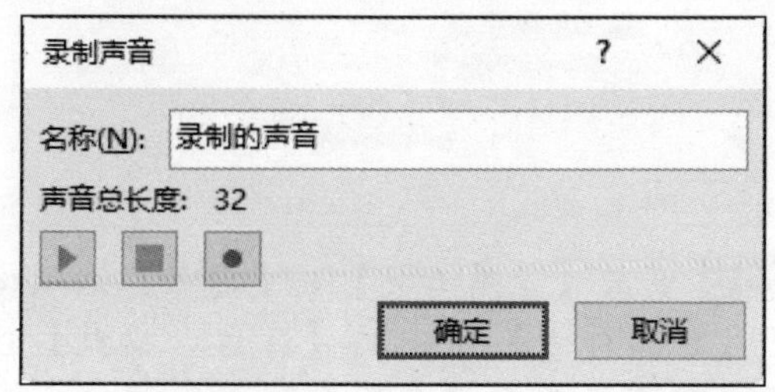

2. 播放音频

在幻灯片中插入音频文件后，可以播放该音频文件以试听效果。播放音频主要有以下两种方法。

（1）选中音频文件，或者直接将光标定位在音频文件上，其下方会显示出一个播放条，单击左侧的【播放/暂停】按钮▶，即可播放音频文件。

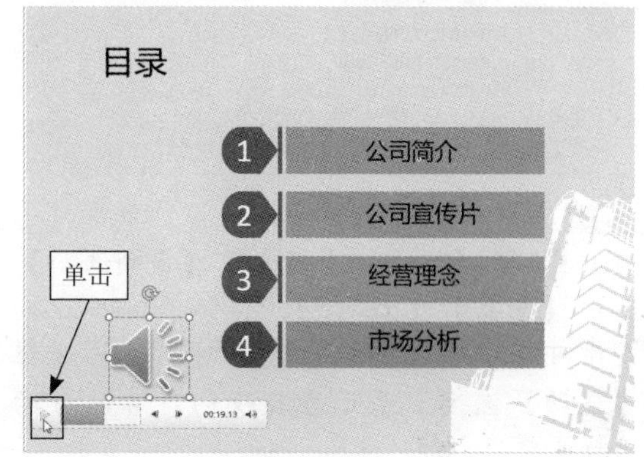

（2）选中音频文件，单击【音频工具】➤【播放】选项卡下【预览】组中的【播放】按钮即可。

3. 设置音频选项

在幻灯片中插入音频文件后，可以设置音频选项，包括设置音量大小、播放开始时间、是否跨幻灯片播放等内容。设置音频选项的具体操作步骤如下：

Step 01 设置音量大小。选中音频文件，单击【音频工具】➤【播放】选项卡下【音频选项】组中的【音量】按钮，在弹出的下拉列表中可选择音量大小，如选择【中等】选项。

Step 02 设置音频开始播放的时间。单击【音频工具】➢【播放】选项卡下【音频选项】组中【开始】下拉按钮，在弹出的下拉列表中可选择音频开始播放的时间，如选择【自动】选项，表示在放映幻灯片时自动播放音频。

Step 03 设置是否跨幻灯片播放。在【音频工具】➢【播放】选项卡下的【音频选项】组中选择【跨幻灯片播放】复选框，那么在放映幻灯片时，音频文件会一直播放，直到播放完成，不会因切换幻灯片而中断。

提示：【音频选项】组中其他各项含义如下。

- 【循环播放，直到停止】：若选择该项，在放映幻灯片时音频将一直重复播放，直到退出当前幻灯片。
- 【放映时隐藏】：若选择该项，放映幻灯片时将不会显示音频图标。
- 【播完返回开头】：若选择该项，音频播放完成后将返回至音频的开头，而不是停在末尾。

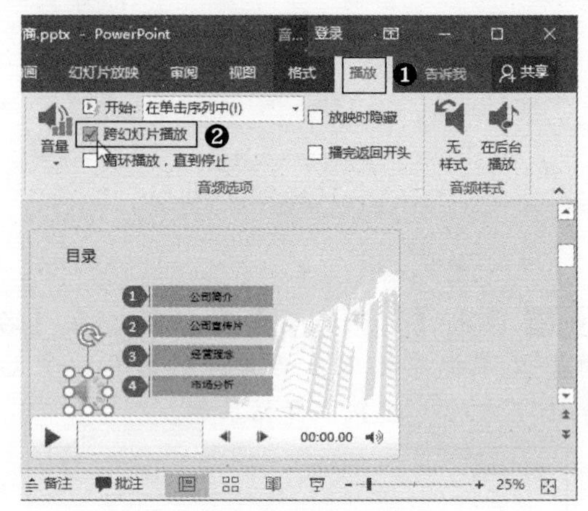

4. 设置音频样式

PPT 2016提供了两种音频样式：无样式和在后台播放。设置音频样式的具体操作步骤如下：

Step 01 选中音频文件，单击【音频工具】➢【播放】选项卡下【音频样式】组中的【无样式】按钮，即可设置为“无样式”，在【音频选项】组中可查看无样式状态下的各选项设置。

Step 02 单击【音频工具】➢【播放】选项卡下【音频样式】组中的【在后台播放】按钮，即可设置为“在后台播放”样式，在【音频选项】组中可查看在后台播放状态下的各选项设置。

提示：两种样式的区别在于，设置的音频选项不同。由【音频选项】组可知，在后台播放样式下，放映幻灯片时，会隐藏音频图标，但音频文件会自动在后台开始播放，并且一直循环播放，直到退出幻灯片放映状态。

5. 剪裁音频

用户可根据需要对音频文件进行修剪，只保留需要的部分，使其和幻灯片的播放环境更加适宜。剪裁音频的具体操作步骤如下：

Step 01 选中音频文件，单击【音频工具】➢【播放】选项卡下【编辑】组中的【剪裁音频】按钮。

Step 02 弹出【剪裁音频】对话框，在该对话框中可以看到音频文件的持续时间、开始时间及结束时间等信息。

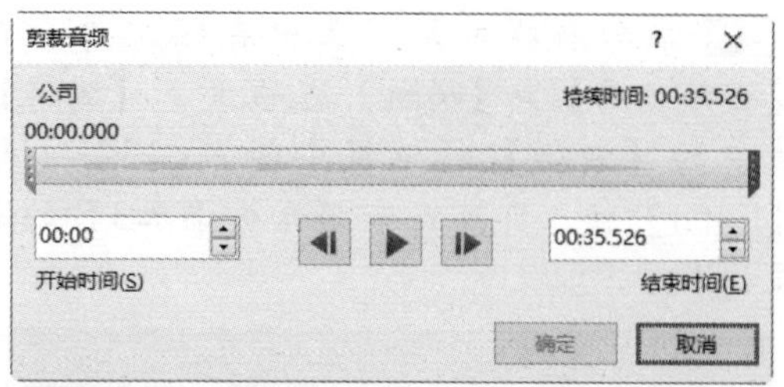

Step 03 将光标定位在左侧的绿色标记上，当变为双向箭头形状时，按住左键不放，向右拖动鼠标，可剪裁音频文件的开头部分。

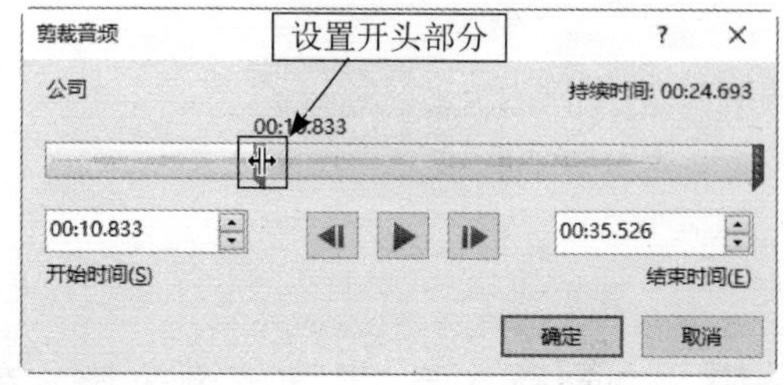

Step 04 同理，将光标定位在右侧的红色标记上，当变为双向箭头形状时，按住左键不放，向左拖动鼠标，可修剪音频文件的末尾部分。操作完成后，单击【确定】按钮，即可剪裁音频。

提示：若要更精确地剪裁，可在【开始时间】和【结束时间】数值框中输入具体的时间值，或单击【上一帧】按钮或【下一帧】按钮。剪裁完成后，单击【播放】按钮，可试听剪裁后的声音效果。

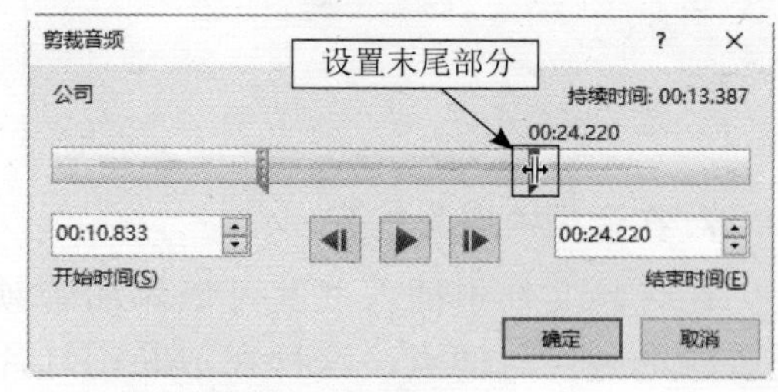

6. 添加渐弱渐强效果

若一个演示文稿中有多个不同风格的音频文件，当连续播放不同的声音时，可能声音之间的转换非常突兀，此时就需要为其添加渐弱渐强效果。添加渐弱渐强效果的具体操作步骤如下：

Step 01 添加渐强效果。选中音频文件，在【音频工具】➢【播放】选项卡下【编辑】组中的【渐强】数值框中输入“3”，按【Enter】键，即可在音频开头添加3秒的渐强效果。

Step 02 添加渐弱效果。选中音频文件，在【音频工具】➢【播放】选项卡下【编辑】组中的【渐弱】数值框中输入“2”，按【Enter】键，即可在音频末尾添加2秒的渐弱效果。

7. 在音频中插入书签

在音频文件中插入书签可以添加音频文件中的关注时间点，这样在放映幻灯片时，可以利用书签快速跳转到音频的特定位置处。具体操作步骤如下：

Step 01 选中音频文件，拖动播放条至要添加书签的位置，之后单击【音频工具】➢【播放】选项卡下【书签】组中的【添加书签】按钮。

提示：一个音频文件中只能添加一个书签。

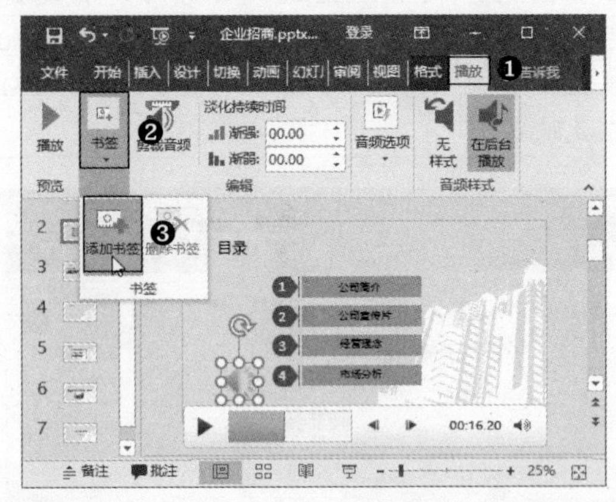

Step 02 即可在当前的时间点添加书签，书签显示为黄色圆球状，在播放音频文件时，单击书签，即可快速跳转至书签所在的时间点。

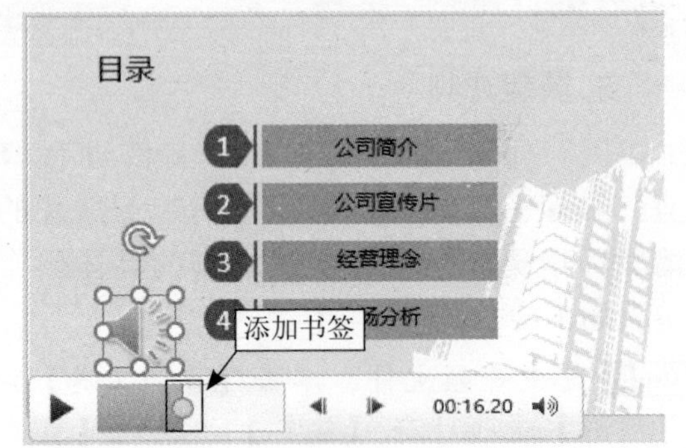

提示：单击【音频工具】➢【播放】选项卡下【书签】组中的【删除书签】按钮，可删除添加的书签。

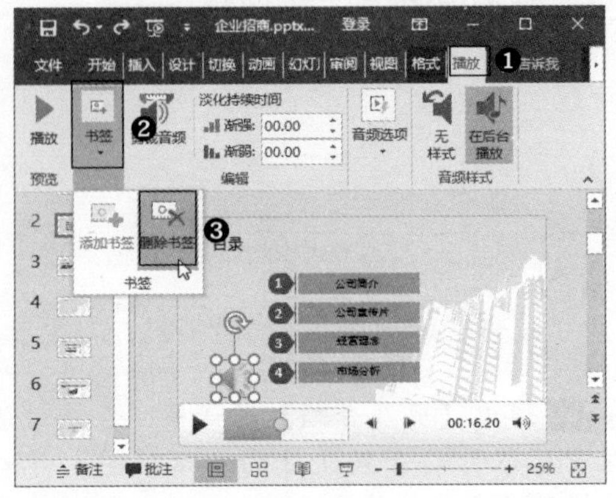

8. 美化音频文件

用户可以为音频文件应用图片样式，从而快速美化音频文件，也可以调整音频文件的颜色、艺术效果、亮度、对比度等，其方法与美化图片的方法是类似的。具体操作步骤如下：

Step 01 选中音频文件，单击【音频工具】➤【格式】选项卡下【图片样式】组中的【简单框架，白色】按钮。

Step 02 即可为音频文件应用图片样式，效果如下图所示。

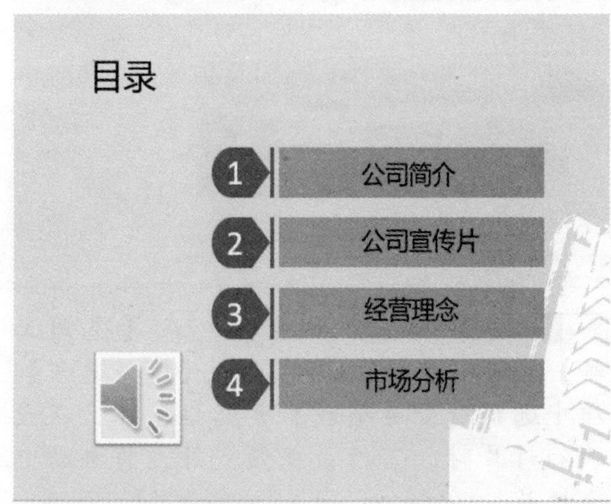

Step 03 单击【音频工具】➤【格式】选项卡下【调整】组中的【艺术效果】按钮，在弹出的下拉列表中可选择艺术效果，如选择【混装土】选项。

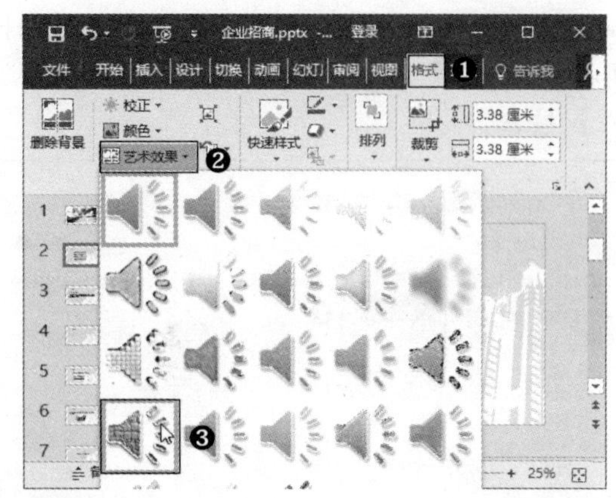

Step 04 即可设置音频文件的艺术效果，如下图所示。

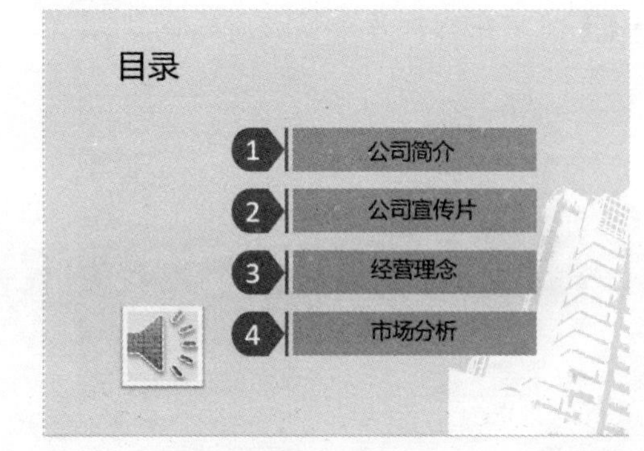

12.2.2 设置视频

在PPT中播放视频，可以增强演示文稿的视觉效果，丰富幻灯片。

1. 添加视频

在PPT中添加视频的具体操作步骤如下：

Step 01 选中第4张幻灯片，单击【插入】选项卡下【媒体】组中的【视频】按钮，在弹出的下拉列表中选择【PC上的视频】选项。

Step 02 弹出【插入视频文件】对话框，在计算机中选择要添加的视频文件，单击【插入】按钮。

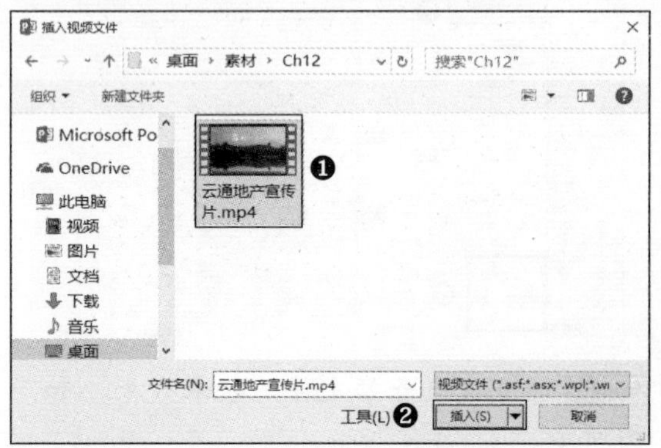

Step 03 即可在幻灯片中播放所选的视频。

Step 04 单击播放条中的【播放/暂停】按钮▶，可播放视频文件。

2. 设置视频选项

在幻灯片中插入视频文件后，可以设置视频选项，包括设置音量大小、播放开始时间、是否全屏播放等内容。设置视频选项的具体操作步骤如下：

Step 01 设置音量大小。选中视频文件，单击【视频工具】➢【播放】选项卡下【视频选项】组中的【音量】按钮，在弹出的下拉列表中可选择音量大小，如选择【低】选项。

Step 02 设置视频开始播放的时间。单击【视频工具】➢【播放】选项卡下【视频选项】组中【开始】的下拉按钮，在弹出的下拉列表中可选择视频开始播放的时间，如选择【单击时】选项，表示只有在单击【播放/暂停】按钮▶时才开始播放。

Step 03 设置是否全屏播放。在【视频工具】➢【播放】选项卡下的【视频选项】组中选择【全屏播放】复选框，那么在放映幻灯片时，若播放视频文件，将自动全屏播放。

提示：【视频选项】组中其他各项含义如下。

- 【未播放时隐藏】：若选择该复选框，在放映时若没有播放视频文件，系统将隐藏该文件。

■ 【循环播放，直到停止】：若选择该复选框，在放映幻灯片时视频将一直重复播放，直到退出当前幻灯片。

■ 【播完返回开头】：若选择该复选框，视频播放完成后将返回至视频的开头，而不是停在末尾。

3. 剪裁视频

用户可根据需要对视频文件进行修剪，只保留需要的部分，剪裁视频的具体操作步骤如下：

Step 01 选中视频文件，单击【视频工具】➤【播放】选项卡下【编辑】组中的【剪裁视频】按钮。

Step 02 弹出【剪裁视频】对话框，将光标定位在左侧的绿色标记上，当变为双向箭头形状时，按住左键不放，向右拖动鼠标，即可剪裁视频文件的开头部分。

Step 03 同理，将光标定位在右侧的红色标记上，当变为双向箭头形状时，按住左键不放，向左拖动鼠标，即可剪裁视频文件的末尾部分。操作完成后，单击【确定】按钮，即可剪裁视频。

提示：若要更精确地剪裁，可在【开始时间】和【结束时间】数值框中输入具体的时间值，或单击【上一帧】按钮或【下一帧】按钮。剪裁完成后，单击【播放】按钮，可试听剪裁后的视频效果。

4. 在视频中插入书签

在视频文件中插入书签可以添加视频文件中的关注时间点，这样在放映幻灯片时，可以利用书签快速跳转到视频的特定位置处。具体操作步骤如下：

Step 01 选中视频文件，拖动播放条至要添加书签的位置，之后单击【视频工具】➤【播放】选项卡下【书签】组中的【添加书签】按钮。

提示：一个视频文件中可以添加多个书签。

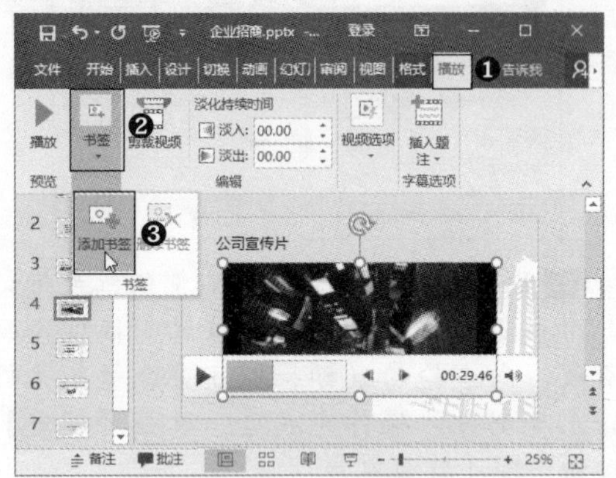

Step 02 即可在当前的时间点添加书签，书签显示为黄色圆球状，在播放视频文件时，单击书签，即可快速跳转至书签所在的时间点。

5. 设置视频样式

用户可以为视频文件应用预设的视频样式，从而快速美化视频文件，也可以自定义视频的形状、边框颜色等元素。设置视频样式的具体操作步骤如下：

Step 01 选中视频文件，单击【视频工具】➤【格式】选项卡下【视频样式】组中的【视频样式】按钮，在弹出的下拉列表中可选择预设的视频样式，如选择【中等】选项区域中的【圆形对角，白色】选项。

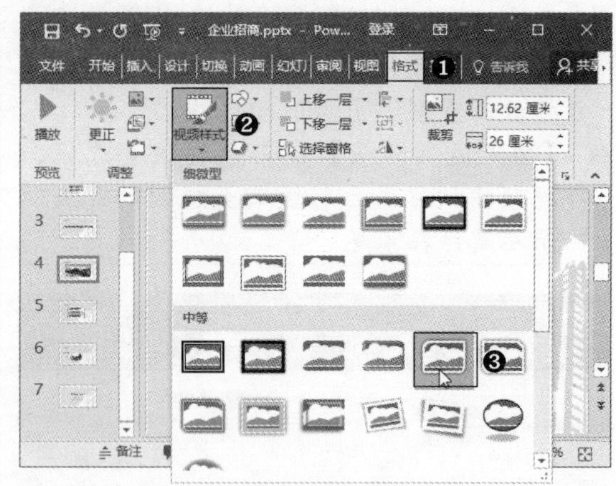

Step 02 即可为视频文件应用视频样式，效果如下图所示。

Step 03 单击【视频工具】➤【格式】选项卡下【视频样式】组中的【视频形状】按钮，在弹出的下拉列表中可选择视频的形状，如选择【基本形状】选项区域中的【椭圆形】选项。

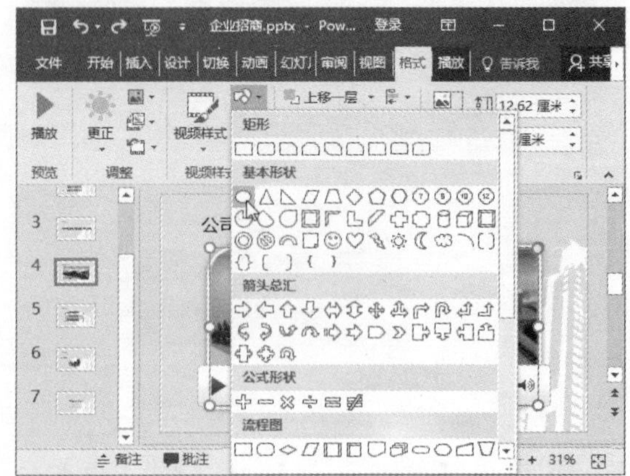

Step 04 即可将视频的形状设置为椭圆形，效果如下图所示。

Step 05 单击【视频工具】➢【格式】选项卡下【视频样式】组中的【视频边框】按钮，在弹出的下拉列表中可选择边框的颜色、粗细、线型等，如选择【主题颜色】区域中的橙色。

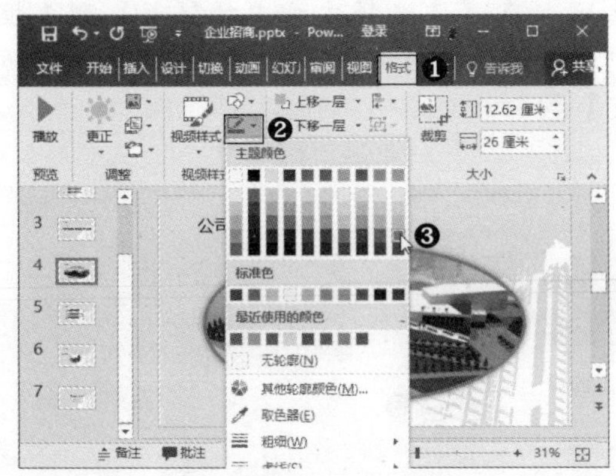

Step 06 即可设置视频边框的颜色，效果如下图所示。

6. 设置视频的颜色效果

用户可以重新为视频着色，还可以调整视频的亮度和对比度。具体操作步骤如下：

Step 01 选中视频文件，单击【视频工具】➢【格式】选项卡下【调整】组中的【颜色】按钮，在弹出的下拉列表中可为视频着色，如选择【橄榄色，个性色3 浅色】选项。

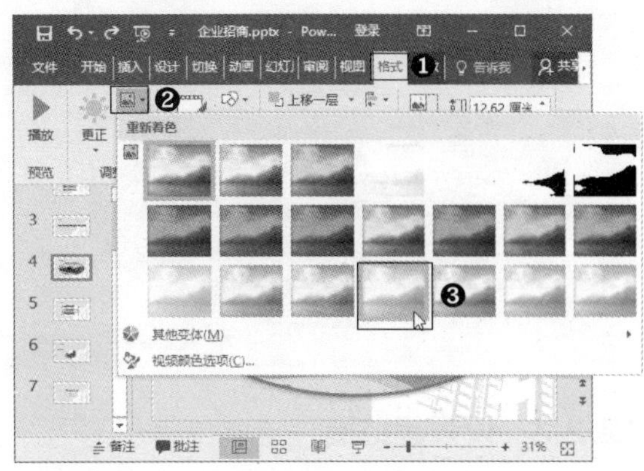

Step 02 即可重新为视频着色，效果如下图所示。

Step 03 单击【视频工具】➢【格式】选项卡下【调整】组中的【更正】按钮，在弹出的下拉列表中可设置亮度和对比度，如选择【亮度：-20% 对比度：+20%】选项。

Step 04 即可调整视频的亮度和对比度，效果如下图所示。

12.2.3 设置超链接

PowerPoint提供了强大的超链接功能，用户只需给文本、图片或图形等对象添加超链接，就可在幻灯片与幻灯片之间、幻灯片与其他外部文件或者网络之间自由地转换及交互。

1. 链接到其他幻灯片

用户可为幻灯片对象添加超链接，使其链接到同一演示文稿的其他幻灯片中，也可以链接到不同的演示文稿的幻灯片中，具体操作步骤如下：

Step 01 选中第2张幻灯片的“公司简介”文本，单击【插入】选项卡下【链接】组中的【链接】按钮。

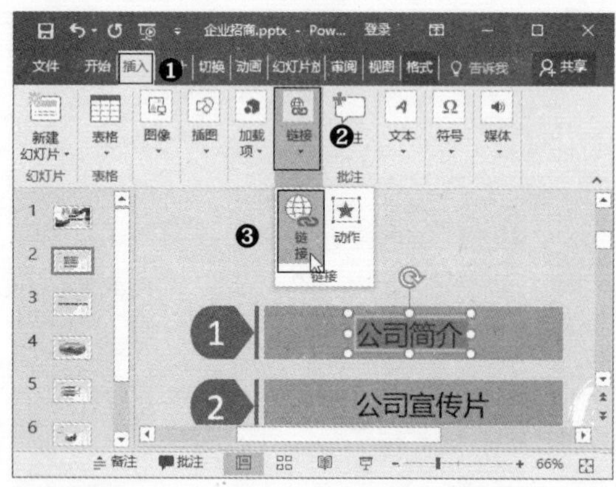

提示：在所选的文本上右击，在弹出的快捷菜单中选择【超链接】命令，也可设置超链接。

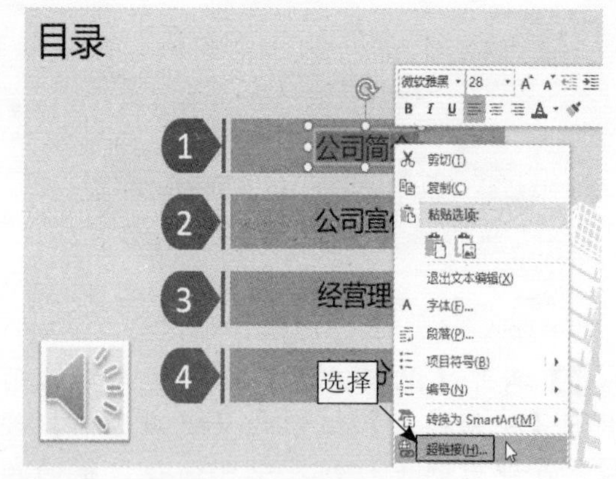

Step 02 弹出【插入超链接】对话框，在【链接到】列表框中选择【本文档中的位置】选项，在【请选择文档中的位置】列表框中选择【3.幻灯片3】选项，之后单击【确定】按钮。

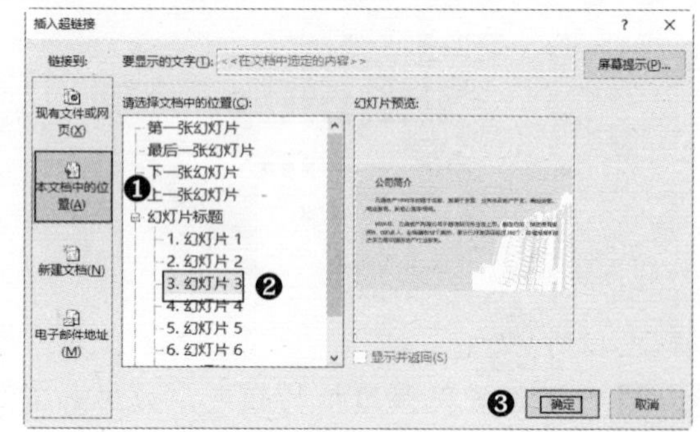

Step 03 即可为“公司简介”文本添加超链接，文本以蓝色加下划线显示。在放映幻灯片时，单击该文本即可快速跳转至第3张幻灯片中。

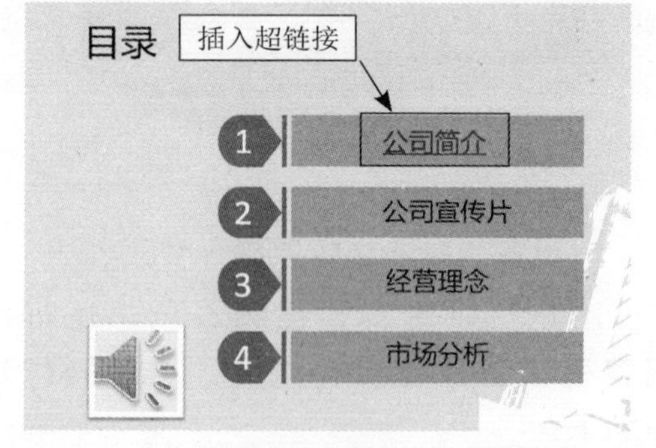

提示：将光标定位在添加了超链接的文本上，会显示出链接内容，按住【Ctrl】键不放，单击该文本即可访问链接内容。

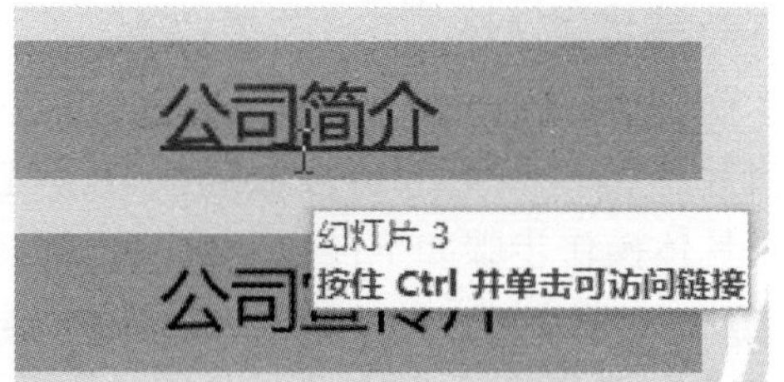

Step 04 使用上述方法，为第2张幻灯片的其他文本添加超链接，使其链接至当前演示文稿中相应的幻灯片上，效果如下图所示。

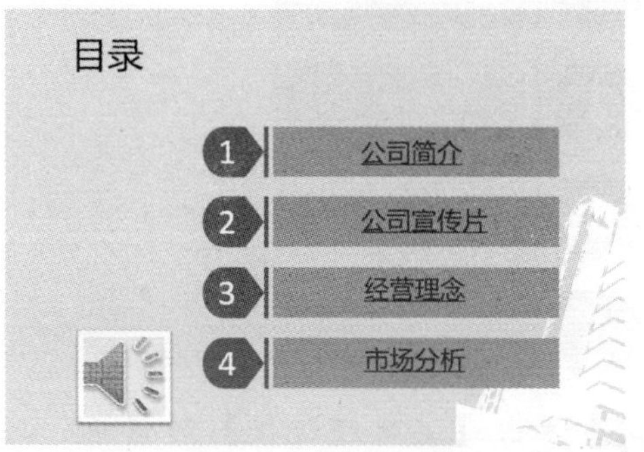

2. 链接到文件

用户可为幻灯片对象添加超链接，使其链接到外部文件，如Word文档、Excel表格等。需注意的是，最好将外部文件与添加超链接的PPT放置在同一文件夹下，以免误操作删除外部文件，具体操作步骤如下：

Step 01 选中第6张幻灯片中的图片，单击【插入】选项卡下【链接】组中的【链接】按钮。

Step 02 弹出【插入超链接】对话框，在【链接到】列表框中选择【现有文件或网页】选项，之后单击右侧的【浏览文件】按钮。

Step 03 弹出【链接到文件】对话框，在计算机中选择要链接到的外部文件，单击【确定】按钮。

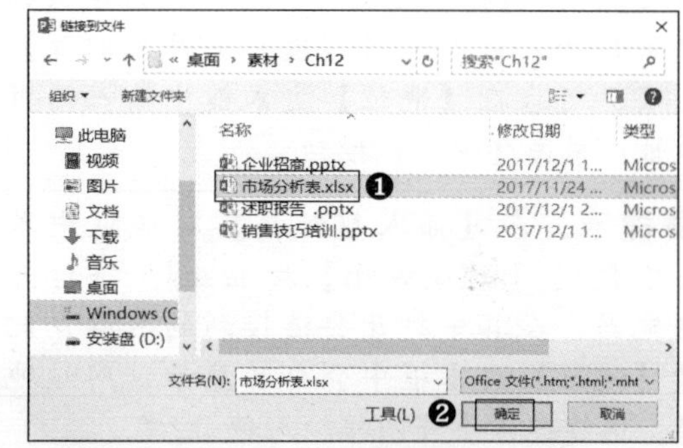

Step 04 返回至【插入超链接】对话框，单击【确定】按钮关闭对话框，返回至幻灯片中，即可为图片添加超链接，使其链接至外部文件上。将光标定位在图片上，会显示出链接内容。

3. 链接到网页

用户可为幻灯片对象添加超链接，使其链接到指定的网页上，具体操作步骤如下：

Step 01 选中第7张幻灯片中的"网址：××××"文本，单击【插入】选项卡下【链接】组中的【链接】按钮。

Step 02 弹出【插入超链接】对话框，在【链接到】列表框中选择【现有文件或网页】选项，之后在【地址】文本框中输入网页地址，单击【确定】按钮。

提示：在【插入超链接】对话框中单击右侧的【浏览Web】按钮，将打开浏览器，在其中打开要链接到的网站，此时【地址】文本框中会自动显示该网站地址，通过此方法可间接输入地址。

Step 03 即可为所选文本添加超链接，使其链接至网页上。将光标定位在文本上，会显示出链接内容。

4. 编辑超链接

创建超链接后，用户可以根据需要编辑超链接，如更改链接地址或取消链接等，具体操作步骤如下：

Step 01 选中第2张幻灯片，在添加了超链接的文本上右击，在弹出的快捷菜单中选择【编辑链接】命令。

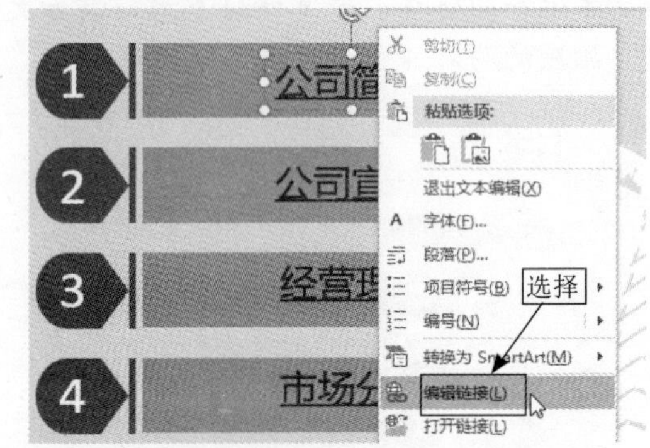

Step 02 弹出【编辑超链接】对话框，在其中即可重新设置链接地址，之后单击【确定】按钮即可。

提示：在【编辑超链接】对话框中单击【删除链接】按钮，可删除超链接。

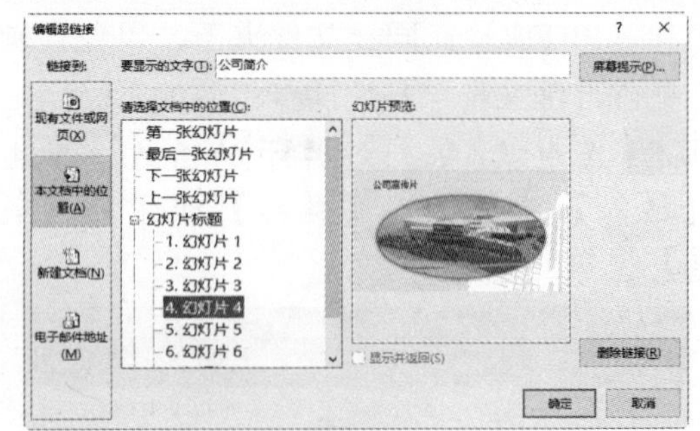

12.2.4 添加动作按钮

与超链接的功能类似，通过添加动作按钮，也可以在幻灯片与幻灯片之间、幻灯片与其他外部文件或者网络之间自由地转换及交互。添加动作按钮的具体操作步骤如下：

Step 01 选中第7张幻灯片，单击【插入】选项卡下【插图】组中的【形状】按钮，在弹出的下拉列表中选择【动作按钮】区域中的【动作按钮：转到开头】选项⏮。

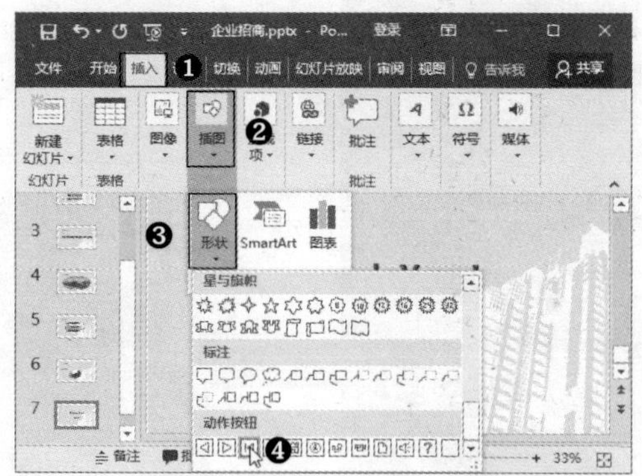

Step 02 在幻灯片中按住鼠标左键不放，拖动鼠标绘制出按钮。

Step 03 释放鼠标，弹出【操作设置】对话框，在【单击鼠标】选项卡下已自动选择【超链接到】单选按钮，并将其设置为【第一张幻灯片】，保持默认选项不变，单击【确定】按钮。

提示：在【超链接到】下拉列表框中选择其他选项，可以使动作按钮实现不同的功能。

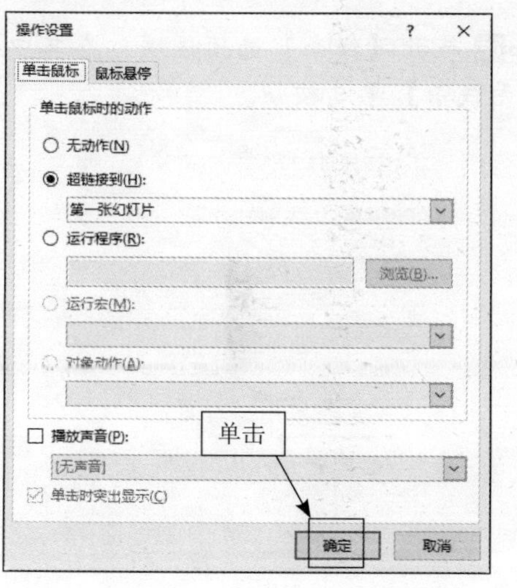

Step 04 设置完成后，在放映幻灯片时单击该按钮，即可跳转到第一张幻灯片。

12.3 制作“述职报告”演示文稿

述职报告是各级干部及其他岗位责任人在人事考评活动中，向相关部门陈述任职情况，汇报工作实绩时，根据职务或职责考核标准进行自我总结和自我评估的书面汇报材料。述职报告应包括任期内取得的工作成绩、不足之处及对于未来的展望等内容。

12.3.1 设计首页幻灯片

设计首页幻灯片的具体操作步骤如下：

Step 01 新建一个空白演示文稿，命名为“述职报告”并保存，之后单击【插入】选项卡下【图像】组的【图片】按钮。

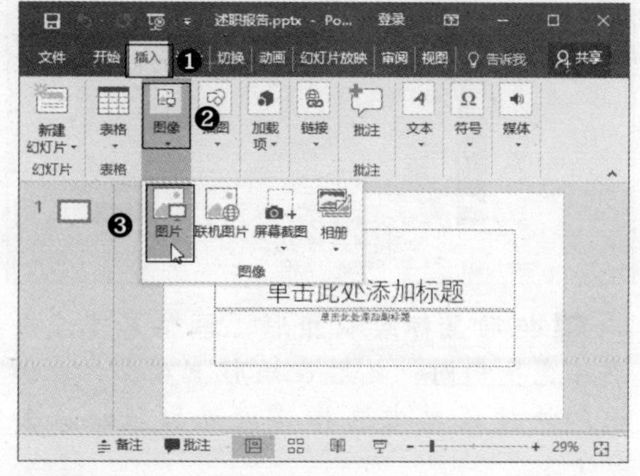

Step 02 弹出【插入图片】对话框，在计算机中选择要插入的图片，单击【插入】按钮。

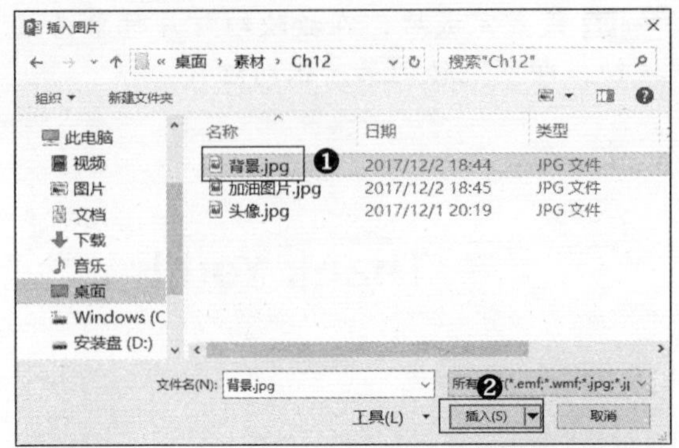

Step 03 即可在幻灯片中插入所选的图片，拖动图片的控制点，调整图片的大小，使其宽度与幻灯片宽度相同，之后调整图片的位置。

Step 04 单击【插入】选项卡下【插图】组中的【形状】按钮，在弹出的下拉列表中选择【矩形】区域中的【矩形】形状。

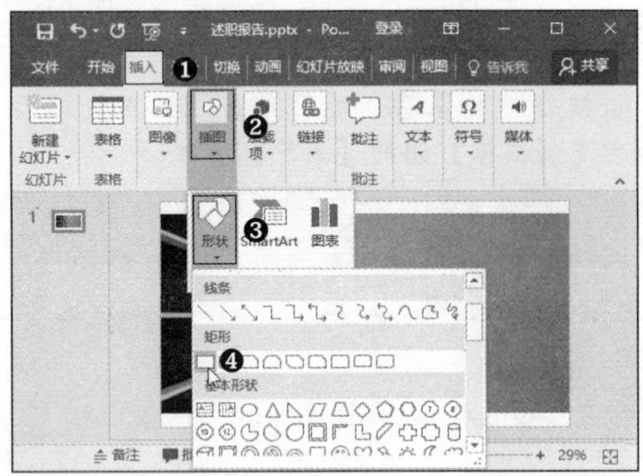

Step 05 拖动鼠标绘制矩形，调整其宽度与图片宽度相同，之后在矩形上右击，在弹出的快捷菜单中选择【设置形状格式】命令。

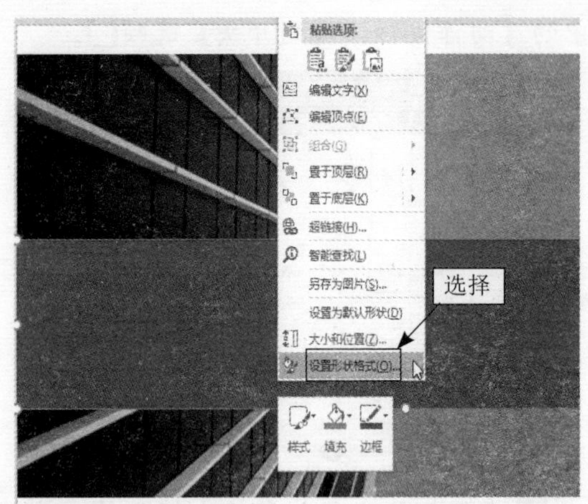

Step 06 弹出【设置形状格式】窗格，在【填充】选项区域中选择【纯色填充】单选按钮，在下方设置【颜色】为天蓝色，【透明度】为“10%”。

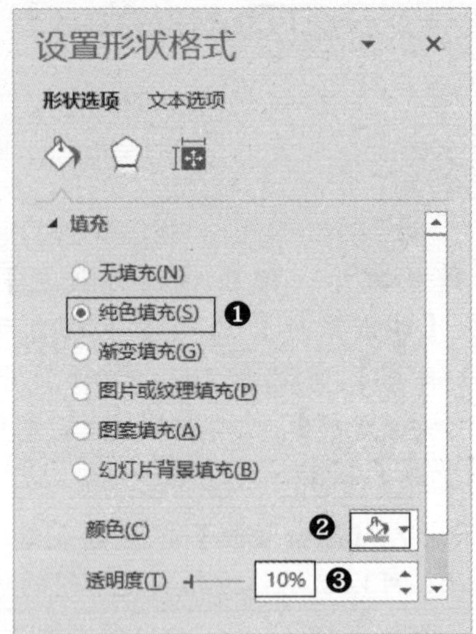

Step 07 展开【线条】选项区域，在其中选择【无线条】单选按钮。

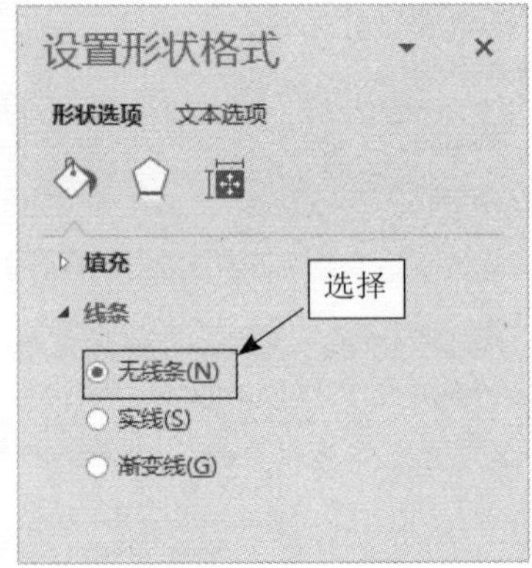

Step 08 即可设置矩形的填充颜色，并取消了轮廓颜色。之后在矩形上绘制一个文本框，输入“2018”文本，设置字体为“Agency FB”，字号为“115”，并添加加粗效果。

Step 09 在右侧再次绘制两个文本框，输入相应的文本，并设置字体格式。

12.3.2 设计“目录”幻灯片

设计“目录”幻灯片的具体操作步骤如下：

Step 01 新建一个空白版式的幻灯片，在其中绘制一个矩形，调整其宽度与幻灯片宽度相同，之后设置填充颜色为深蓝色，并取消轮廓颜色。

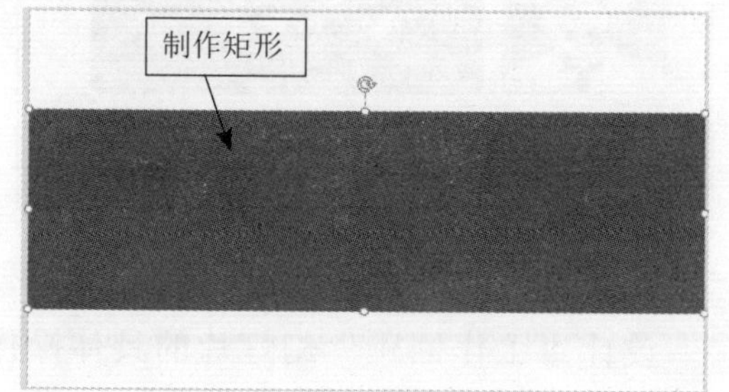

Step 02 在矩形上绘制两个文本框，分别输入“目录”和“CONTENTS”，设置上方文本的字体为“微软雅黑”，字号为“115”，下方文本的字体为“Arial”，字号为“44”，并为上方文本添加加粗效果。

Step 03 在右侧再次绘制一个文本框，输入“个人介绍”文本，设置字体为“微软雅黑”，字号为“24”。之后复制出3个文本框，分别修改内容，并设置对齐方式，使其排列整齐，“目录”幻灯片即制作完成。

12.3.3 设计其他幻灯片

“述职报告”演示文稿还包括“个人介绍”“工作回顾”“业绩展示”等幻灯片，下面分别介绍。

1. 设计“个人介绍”幻灯片

设计“个人介绍”幻灯片的具体操作步骤如下：

Step 01 新建一个空白版式的幻灯片，在顶部绘制两个矩形，分别设置填充颜色为蓝色与橙色，之后设置两个矩形底端对齐，效果如下图所示。

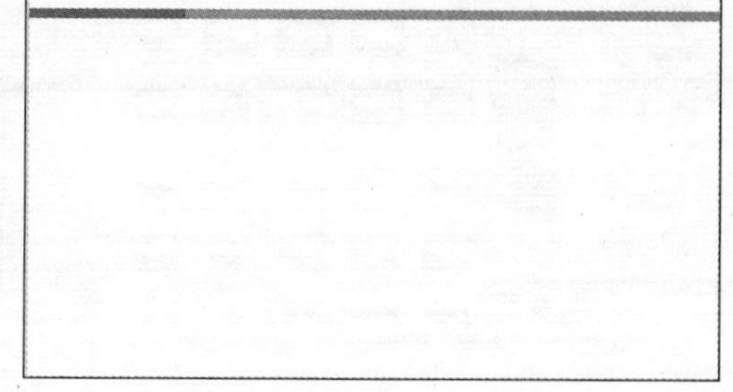

Step 02 在幻灯片中绘制一个文本框，输入“个人介绍”文本，设置字体为“微软雅黑”，字号为“40”。之后单击【插入】选项卡下【图像】组的【图片】按钮。

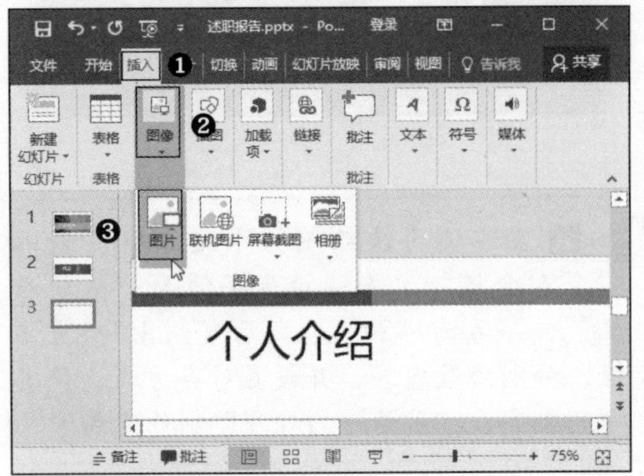

Step 03 弹出【插入图片】对话框，在计算机中选择要插入的图片，单击【插入】按钮。

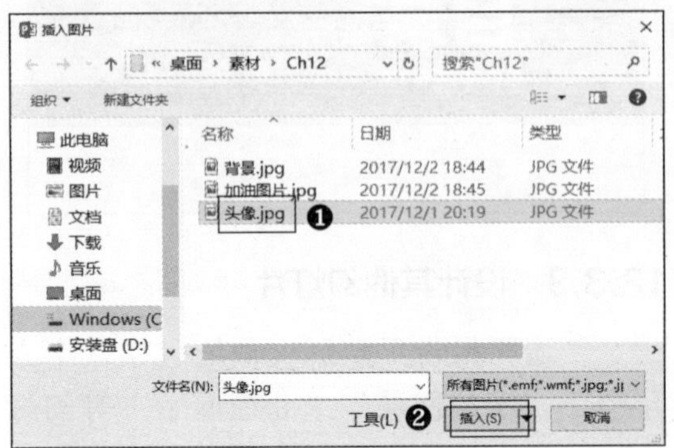

Step 04 即可在幻灯片中插入所选的图片，选中图片，单击【图片工具】➢【格式】选项卡下的【快速样式】按钮，在弹出的下拉列表中选择【居中矩形阴影】选项。

Step 05 即可为图片应用样式，效果如下图所示。

Step 06 在图片右侧绘制一个圆角矩形和一个三角形，设置填充颜色为蓝色，取消轮廓颜色，并将三角形放置在圆角矩形的左上角处。之后选中两个形状，右击，在弹出的快捷菜单中选择【组合】➢【组合】命令，组合两个形状。

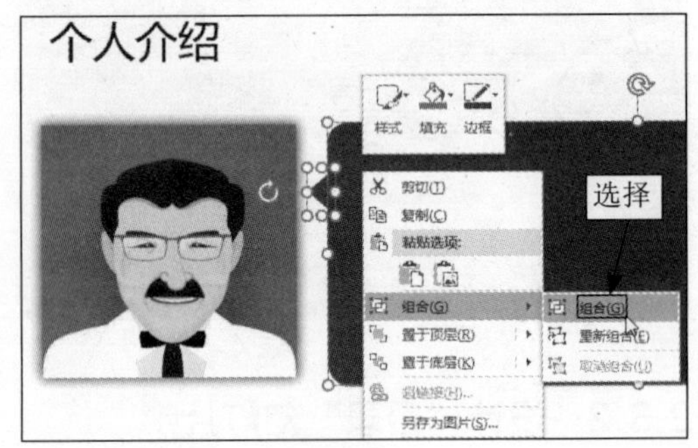

Step 07 在圆角矩形上绘制一个文本框，输入个人介绍的相关正文，“个人介绍”幻灯片即制作完成。

2. 设计“工作回顾”幻灯片

设计“工作回顾”幻灯片的具体操作步骤如下：

Step 01 复制“个人介绍”幻灯片，将左上角文本框的内容修改为“工作回顾”，并删除下方的内容。

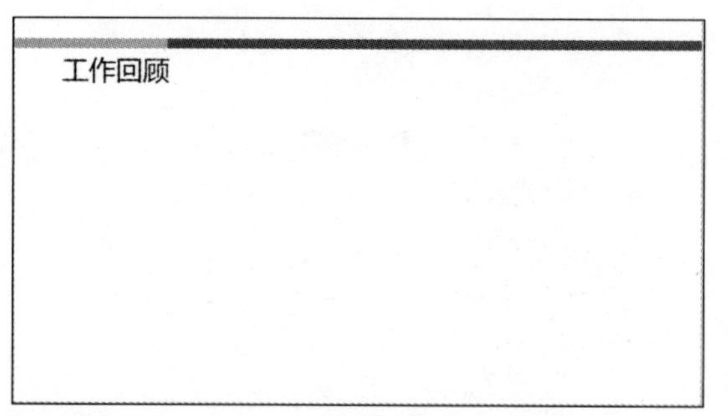

Step 02 单击【插入】选项卡下【图像】组的【图片】按钮，弹出【插入图片】对话框，在计算机中选择要插入的图片，单击【插入】按钮，即可在幻灯片中插入两张图片，之后调整大小和位置。

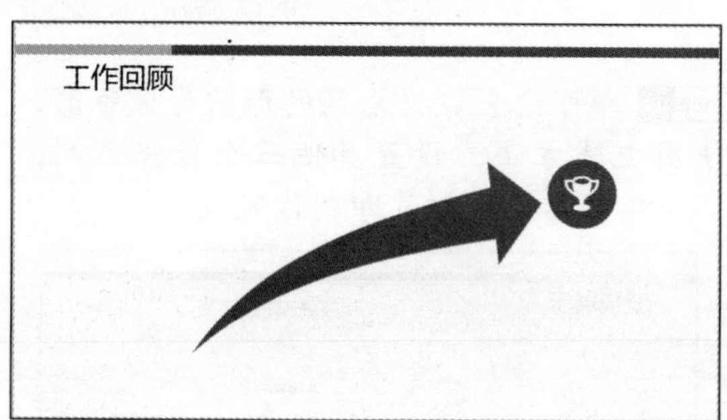

Step 03 在幻灯片中绘制圆形、直线和文本框，在文本框中输入相应的文本，并设置字体格式，之后设置圆形和直线的填充颜色。“工作回顾”幻灯片即制作完成。

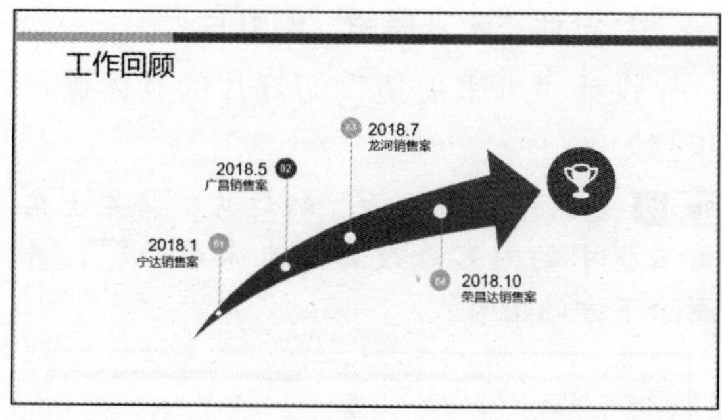

3. 设计“业绩展示”幻灯片

设计“业绩展示”幻灯片的具体操作步骤如下：

Step 01 复制“工作回顾”幻灯片，将左上角文本框中的内容修改为“业绩展示”，并删除下方的内容。

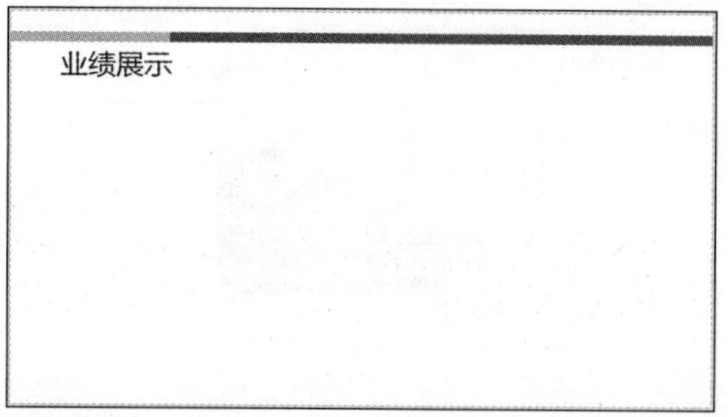

Step 02 单击【插入】选项卡下【插图】组中的【图表】按钮，弹出【插入图表】对话框，在左侧列表中选择【柱形图】选项，在右侧上方区域中选择【三维簇状柱形图】，之后单击【确定】按钮。

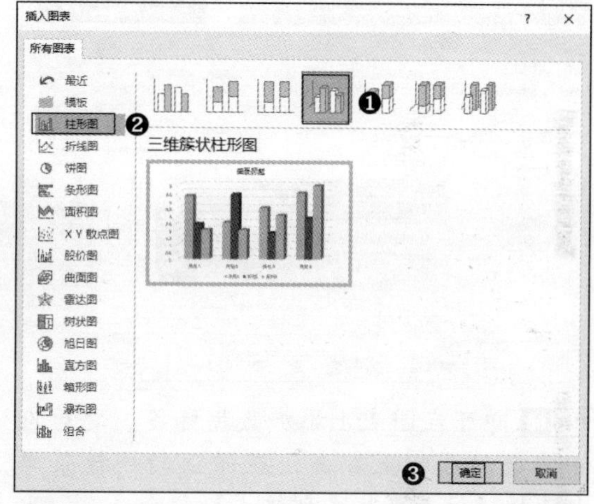

Step 03 依据实际情况对Excel窗口中的图表源数据进行修改，输入各季度的销售额。输入完成后，关闭Excel窗口。

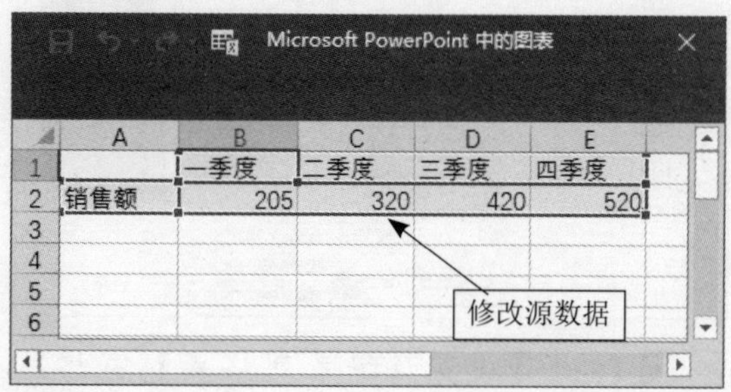

	A	B	C	D	E
1		一季度	二季度	三季度	四季度
2	销售额	205	320	420	520
3					
4					
5					
6					

Step 04 即可插入一个三维簇状柱形图，选中图表，设置字体为“楷体”，字号为“20”，效果如下图所示。

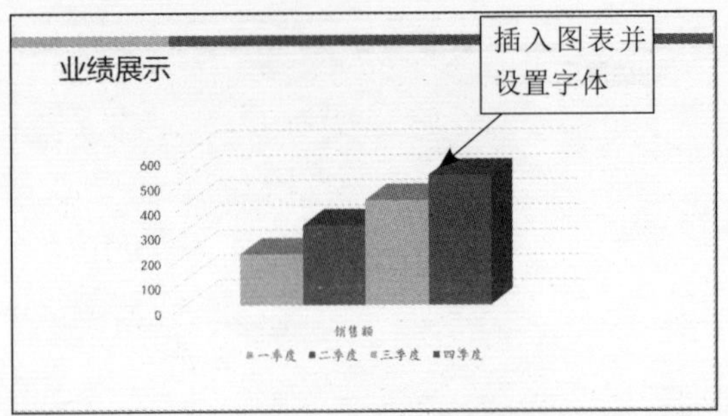

Step 05 单击【图表工具】➤【设计】选项卡下【图表布局】组中的【添加图表元素】按钮，在弹出的下拉列表中选择【数据标签】➤【数据标注】选项。

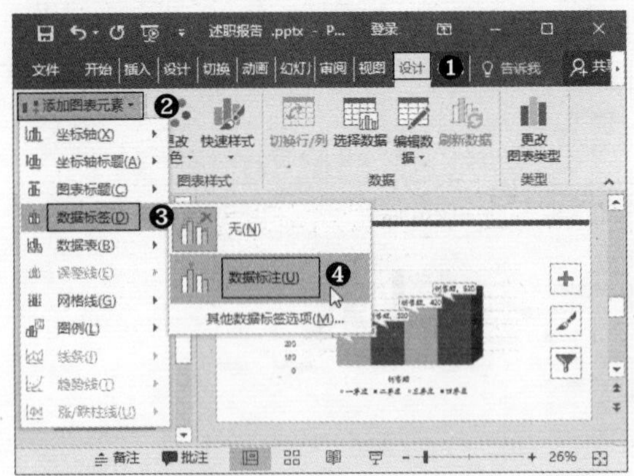

Step 06 即可在图表上添加数据标签。之后在任意数据系列上右击，在弹出的快捷菜单中选择【设置数据系列格式】命令。

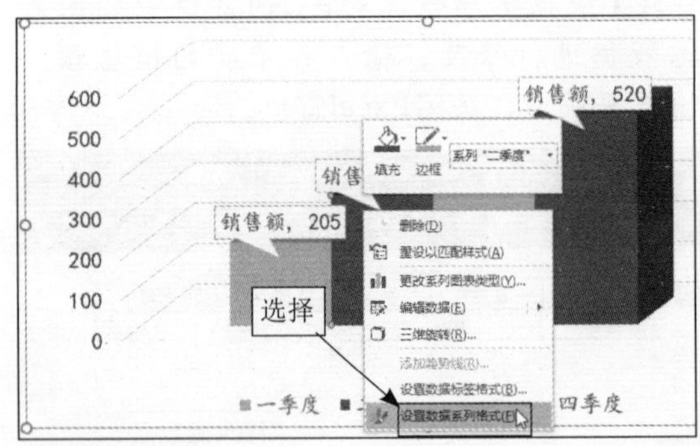

Step 07 弹出【设置数据系列格式】窗格，在【柱体形状】选项区域中选择【完整圆锥】单选按钮。

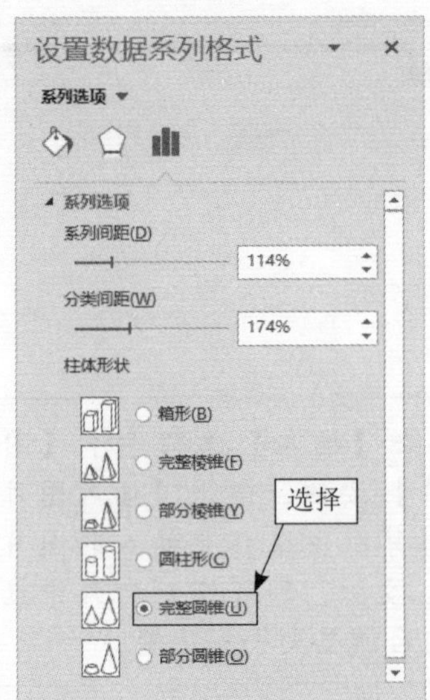

Step 08 即可设置数据系列的形状为圆锥形，使用上述方法，设置其他三个数据系列。“业绩展示”幻灯片即制作完成。

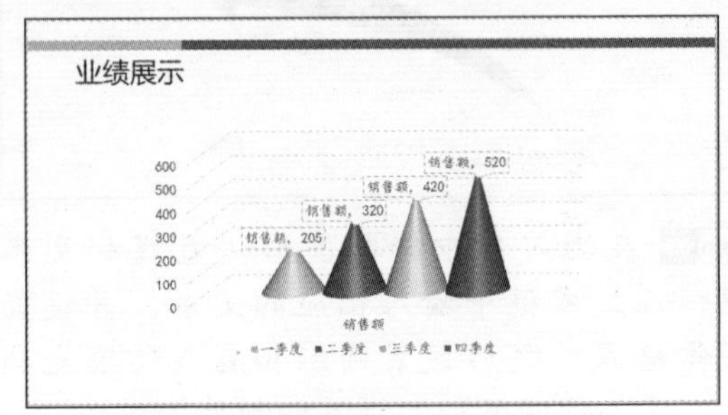

4. 设计“未来展望”幻灯片

设计“未来展望”幻灯片的具体操作步骤如下：

Step 01 复制“业绩展示”幻灯片，将左上角文本框中的内容修改为“未来展望”，并删除下方的图表。

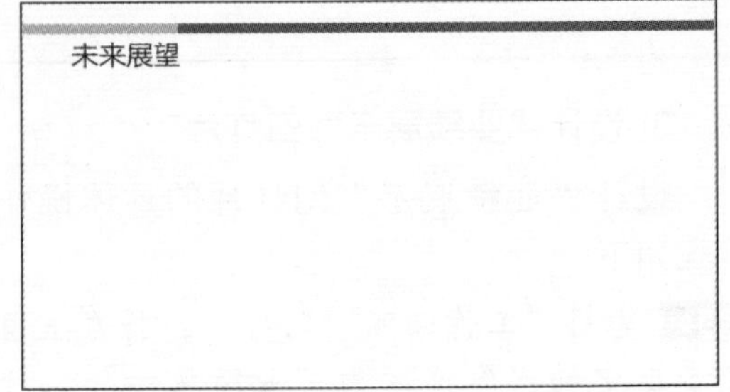

Step 02 在幻灯片中绘制一个箭头和一个矩形，在其中输入文本，并设置相应的格式。

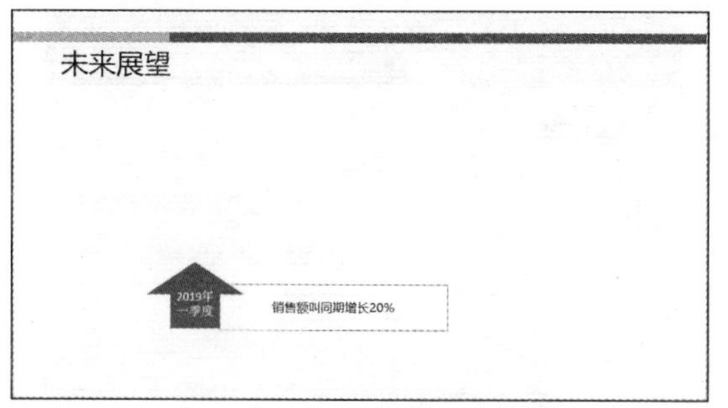

Step 03 复制出三组箭头和矩形，分别修改文本，并调整位置。“未来展望”幻灯片即制作完成。

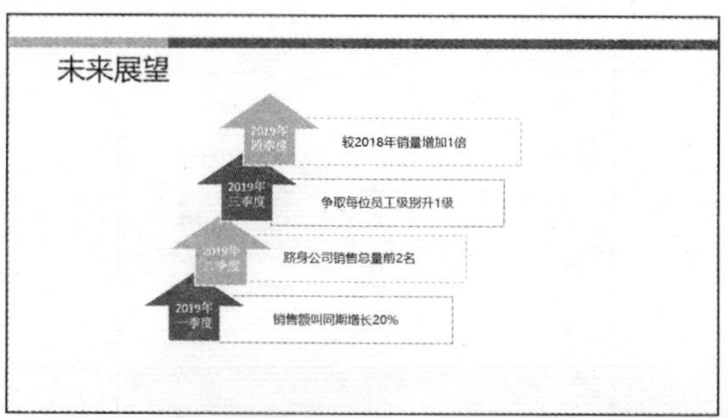

5. 设计末尾幻灯片

设计末尾幻灯片的具体操作步骤如下：

Step 01 新建一个空白版式的幻灯片，之后单击【插入】选项卡下【图像】组的【图片】按钮，弹出【插入图片】对话框，在计算机中选择要插入的图片，单击【插入】按钮。

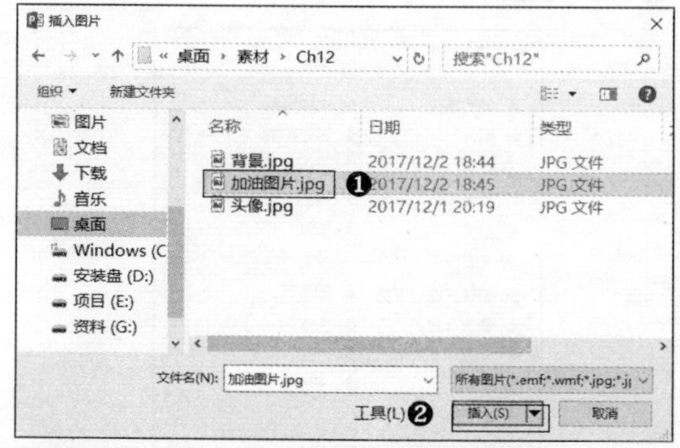

Step 02 即可在图片中插入所选的图片，调整图片的大小，使其与幻灯片大小相同。

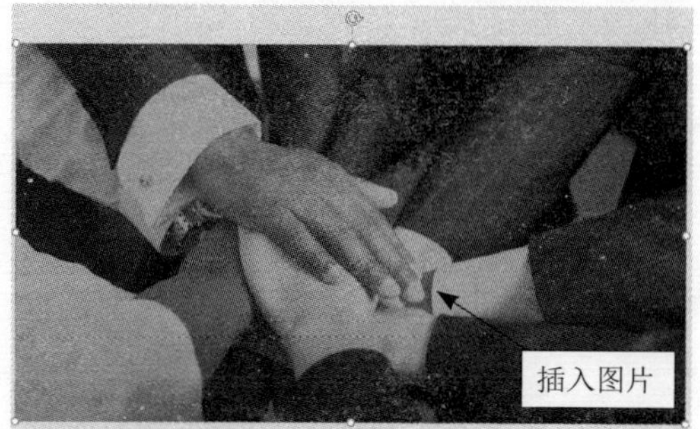

Step 03 复制出首页幻灯片中的矩形和标题文本框，将标题修改为“THANKS”文本，末尾幻灯片即制作完成。

12.3.4 设置超链接

下面为“目录”幻灯片中的文本设置超链接。具体操作步骤如下：

Step 01 选中第2张幻灯片的“个人介绍”文本，单击【插入】选项卡下【链接】组中的【链接】按钮。

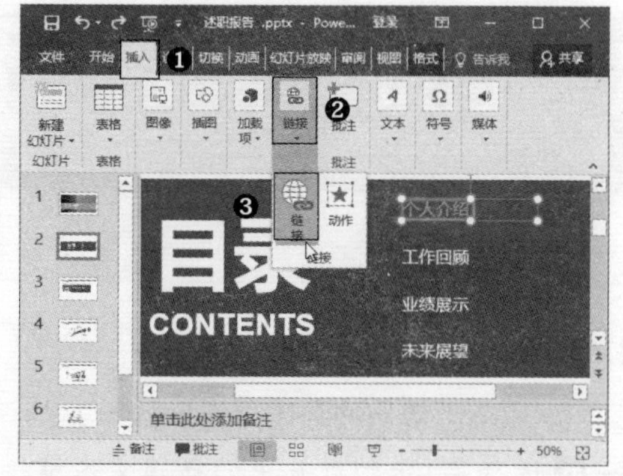

Step 02 弹出【插入超链接】对话框，在【链接到】列表框中选择【本文档中的位置】选项，在【请选择文档中的位置】列表框中选择【3.幻灯片3】选项，之后单击【确定】按钮。

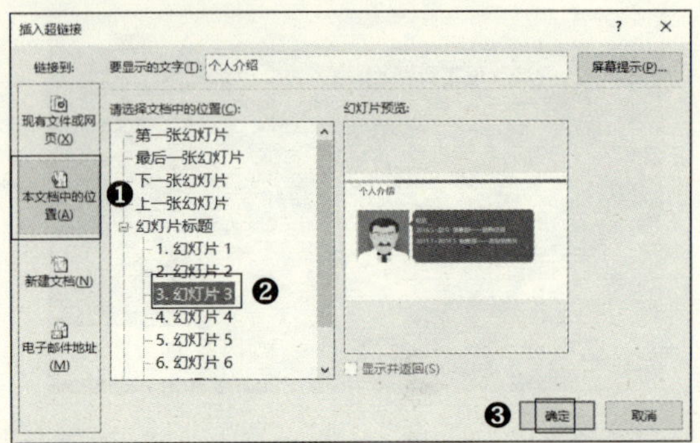

Step 03 即可为“个人介绍”文本添加超链接，文本以蓝色加下划线显示。在放映幻灯片时，单击该文本即可快速跳转至第3张幻灯片中。

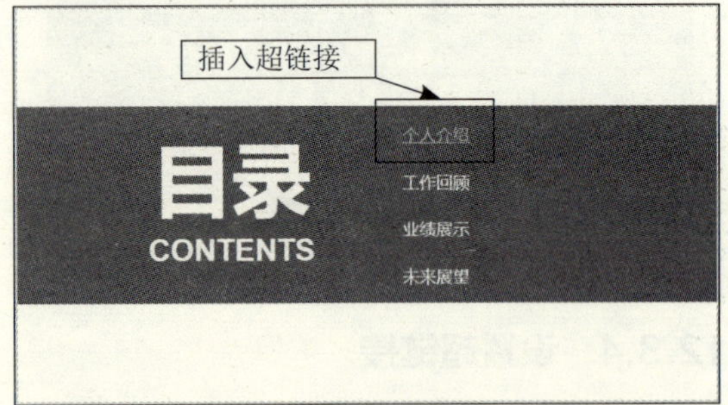

Step 04 使用上述方法，为第2张幻灯片的其他文本添加超链接，使其链接至当前演示文稿中相应的幻灯片上，效果如下图所示。

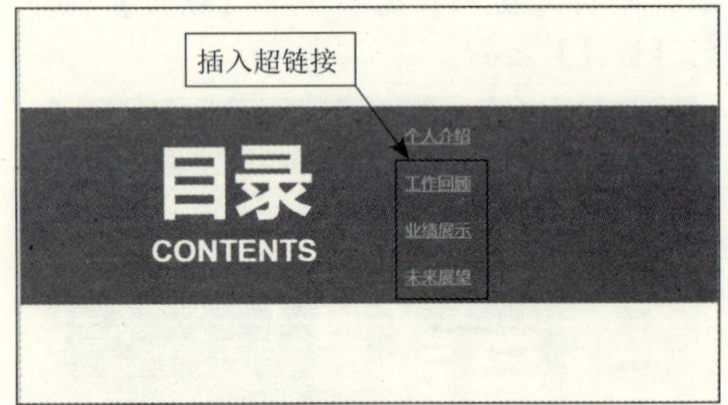

12.3.5 添加动画效果

添加动画效果的具体操作步骤如下：

Step 01 选择第1张幻灯片中的标题文本框，单击【动画】选项卡下【动画】组中的【其他】按钮。

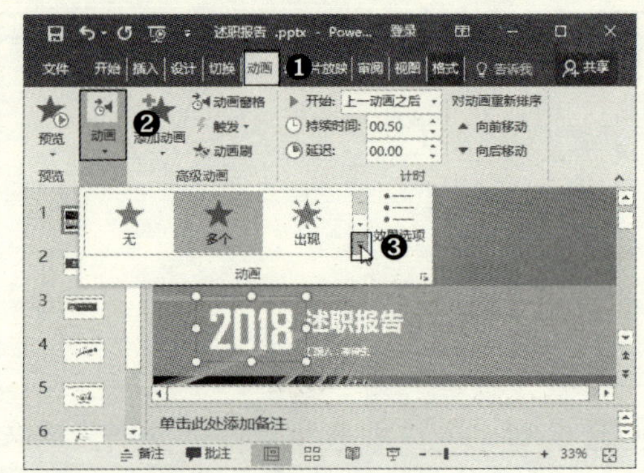

Step 02 在弹出的下拉列表中选择【更多进入效果】选项。

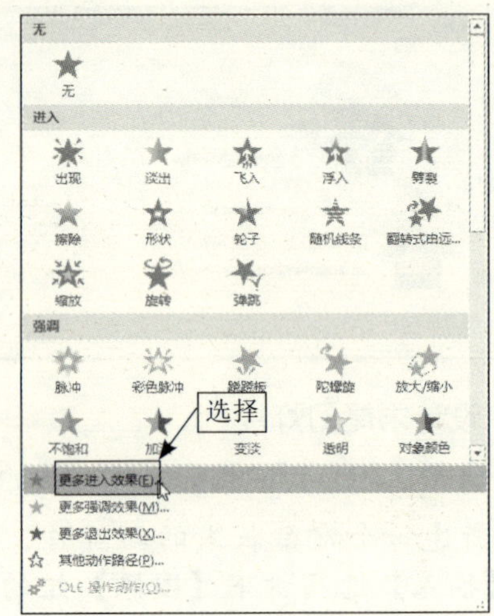

Step 03 弹出【更改进入效果】对话框，在其中选择【华丽型】选项区域中的【飞旋】选项，之后单击【确定】按钮。

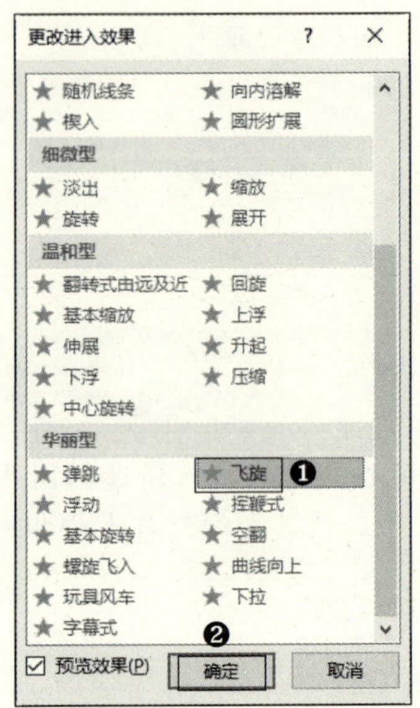

Step 04 即可为标题文本添加动画效果，使用上述方法，为其他两个文本添加动画效果。三个文本左侧均有动画编号标记，表示在当前幻灯片的播放顺序。

Step 05 选中“述职报告”文本，单击【动画】选项卡下【计时】组中【开始】的下拉按钮，在弹出的下拉列表中选择【上一动画之后】选项。

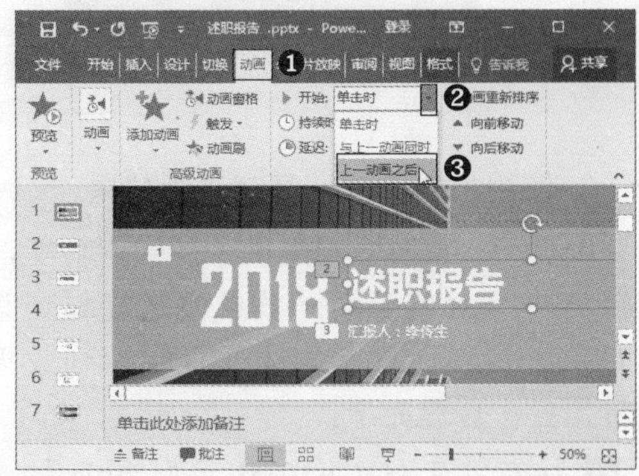

Step 06 即可设置动画的开始时间，使用上述方法，为第三个文本设置动画的开始时间，文本的动画编号标记也会发生相应的变化。

Step 07 使用上述方法，为其他幻灯片中的对象添加相应的动画效果。

12.3.6 添加切换效果

添加切换效果的具体操作步骤如下：

Step 01 选择第1张幻灯片，单击【切换】选项卡下【切换到此幻灯片】组中的【切换效果】按钮。

Step 02 在弹出的下拉列表中选择【华丽型】选项区域中的【溶解】选项，即可为第1张幻灯片添加切换效果。

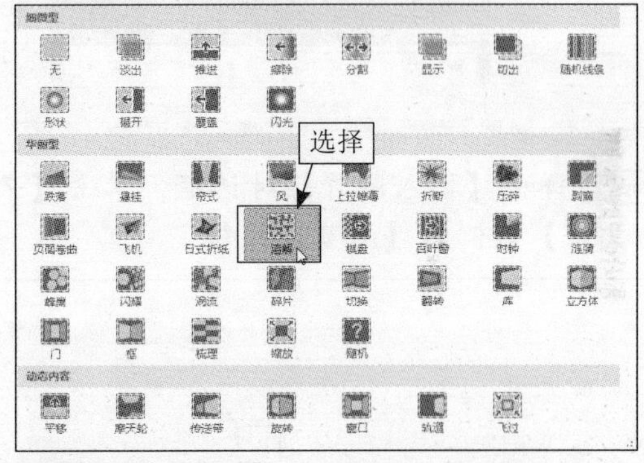

Step 03 使用上述方法，为其他幻灯片添加切换效果。按【Ctrl+S】组合键保存。至此，“述职报告”演示文稿制作完成。

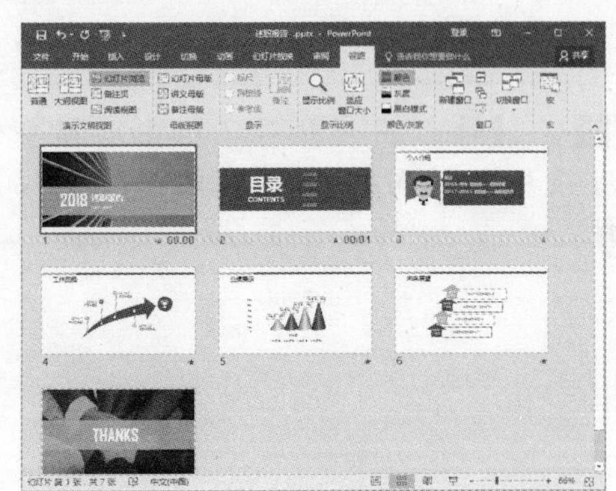

高手支招

1. 为视频添加海报框架

为视频添加海报框架是指设置视频未播放时的显示图片，该图片既可以来源于本地计算机中的图片，也可来源于视频中某一帧的画面。具体操作步骤如下：

Step 01 打开“素材\Ch12\设置标牌框架.pptx”文件，选中视频文件，单击【视频工具】➤【格式】选项卡下【调整】组中的【海报框架】按钮，在弹出的下拉列表中选择【文件中的图像】选项。

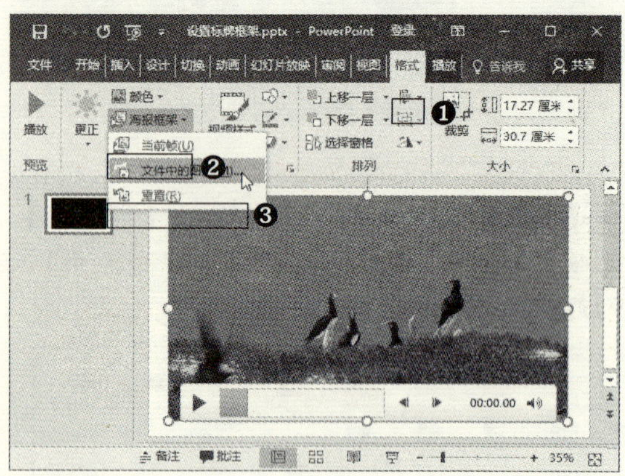

Step 02 弹出【插入图片】对话框，单击【来自文件】右侧的【浏览】按钮。

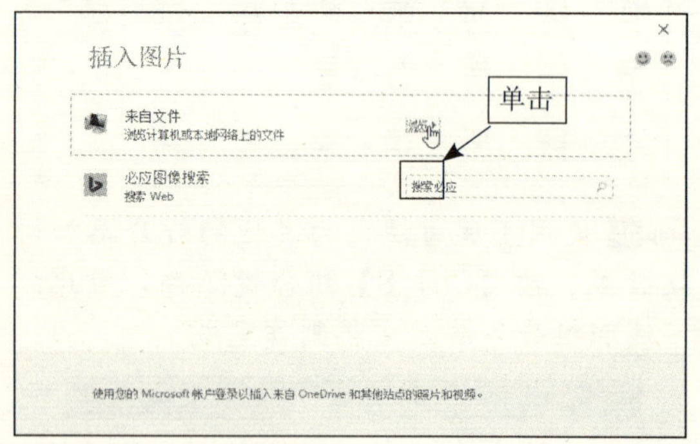

Step 03 在【插入图片】对话框中选择要作为海报框架的图片，之后单击【插入】按钮。

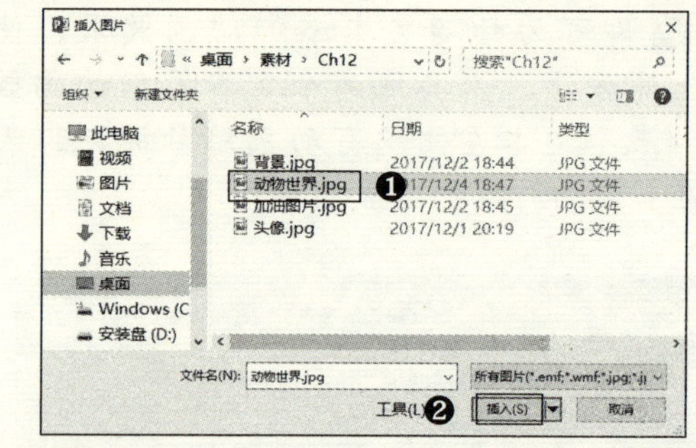

Step 04 即可将所选的图片作为视频的海报框架，视频未播放时会显示该图片，效果如下图所示。

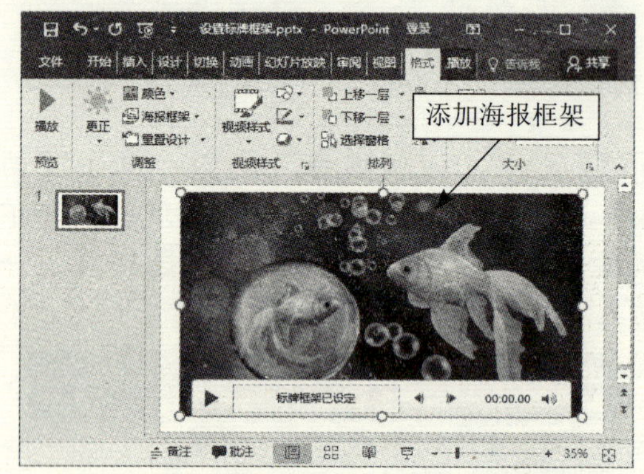

2. 使用格式刷快速复制动画效果

PowerPoint为动画提供了格式刷功能，可以将一个对象的动画效果快速复制到其他对象上。使用格式刷快速复制动画效果的具体操作步骤如下：

Step 01 打开“素材\Ch12\格式刷.pptx”文件，选中“整洁”椭圆形，单击【动画】选项卡下【动画】组中的【其他】按钮。

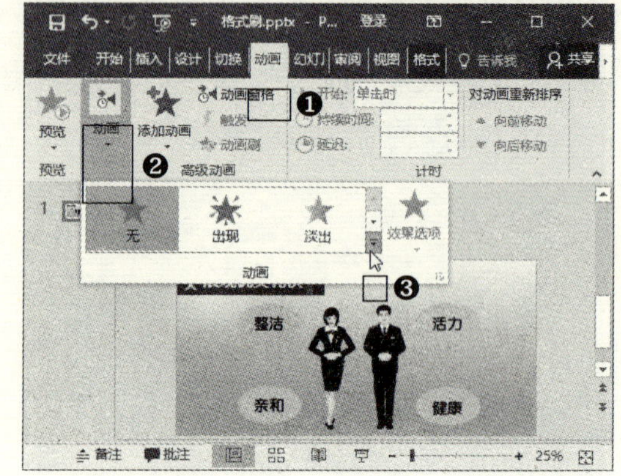

Step 02 在弹出的下拉列表中选择【强调】选项区域中的【波浪形】选项。

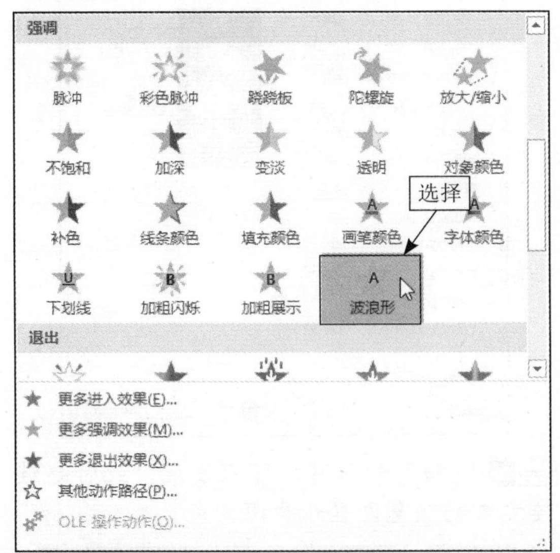

Step 03 即可为"整洁"椭圆形创建动画效果。双击【动画】选项卡下【高级动画】组中的【动画刷】按钮。

提示：若单击【动画】选项卡下【高级动画】组中的【动画刷】按钮，可复制一次动画效果。若双击【动画刷】按钮，则可复制多次动画效果。

Step 04 此时光标变为刷子形状，单击"活力"椭圆形，即可将"整洁"椭圆形中的动画效果复制到该形状上。

Step 05 继续单击其他的椭圆形，可连续复制动画效果。操作完成后，按【Esc】键退出格式刷状态即可。

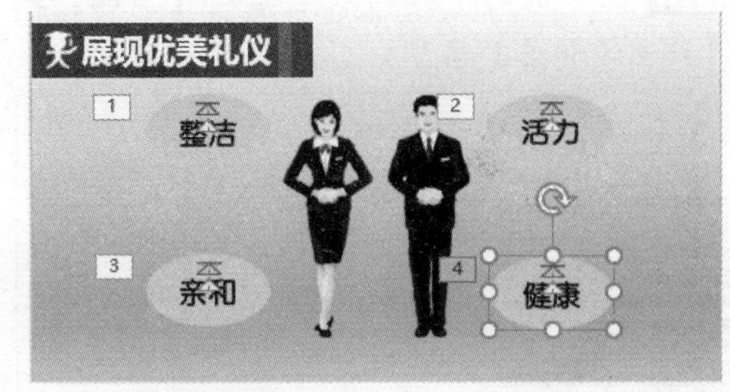

3. 改变超链接的颜色

为文本对象添加超链接后，文本默认以蓝色加下划线来区别显示，用户可根据需要改变超链接的颜色。具体操作步骤如下：

Step 01 打开"素材\Ch12\改变超链接的颜色.pptx"文件，当前已为"Thank You!"文本添加了超链接，该文本以蓝色加下划线显示。

Step 02 单击【设计】选项卡下【变体】组中的【其他】按钮▾。

Step 03 在弹出的下拉列表中选择【颜色】➢【自定义颜色】选项。

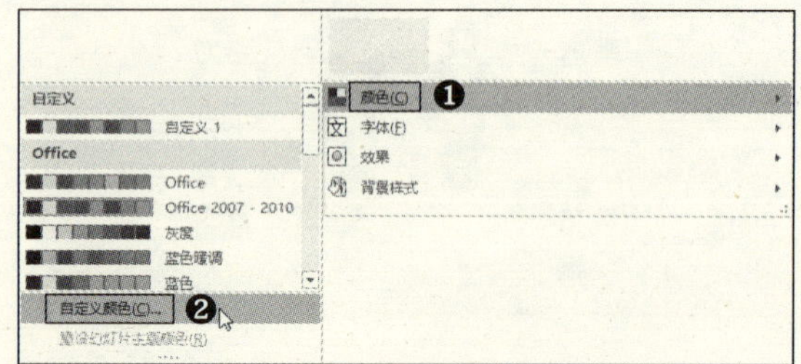

Step 04 弹出【新建主题颜色】对话框，在【超链接】下拉列表中可设置颜色，如设置为深紫色，之后单击【保存】按钮。

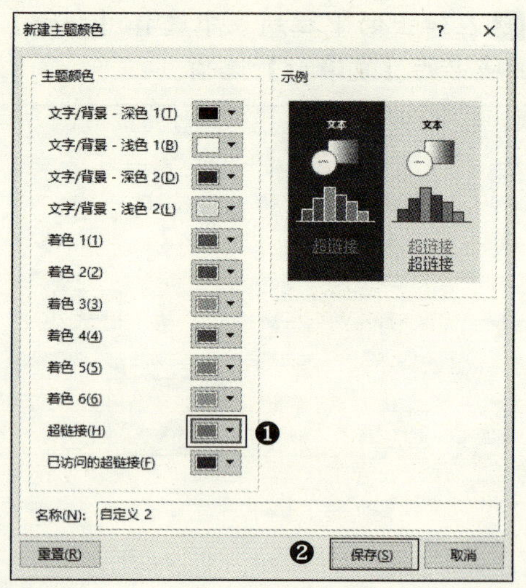

Step 05 返回至幻灯片，可以发现，此时超链接文本的颜色即显示为深紫色。

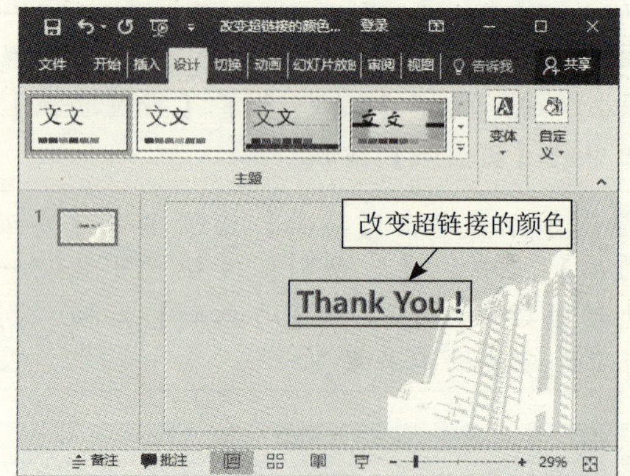

第13章 演示PPT——PPT 2016的放映、打包和发布

本章导读：

在日常工作中，无论是面对客户提案，面对上司汇报，还是面对公众的演讲，用户经常需要放映幻灯片进行演讲。可以说，制作幻灯片的最终目的就是为了向其他人展示想要表达的内容。本章主要介绍放映、打包和发布幻灯片的方法。

案例赏析：

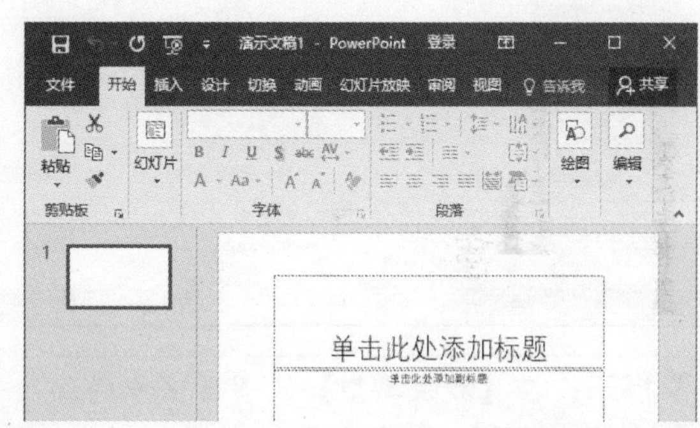

13.1 放映“楼盘宣传”演示文稿

地产开发公司要想在地产市场上取得较好的销售业绩，进行各种楼盘宣传策划是非常重要的手段。合理的楼盘宣传策划，其市场推广的效果是非常显著的。本节主要介绍如何放映“楼盘宣传”演示文稿。

13.1.1 设置放映方式

设置放映方式包括设置幻灯片的放映类型、放映选项、换片方式等内容。设置放映方式的具体操作步骤如下：

Step 01 打开“素材\Ch13\楼盘宣传.pptx”文件，单击【幻灯片放映】选项卡下【设置】组中的【设置幻灯片放映】按钮。

Step 02 弹出【设置放映方式】对话框，在【放映类型】选项区域中选择【演讲者放映(全屏幕)】单选按钮，以设置放映类型。

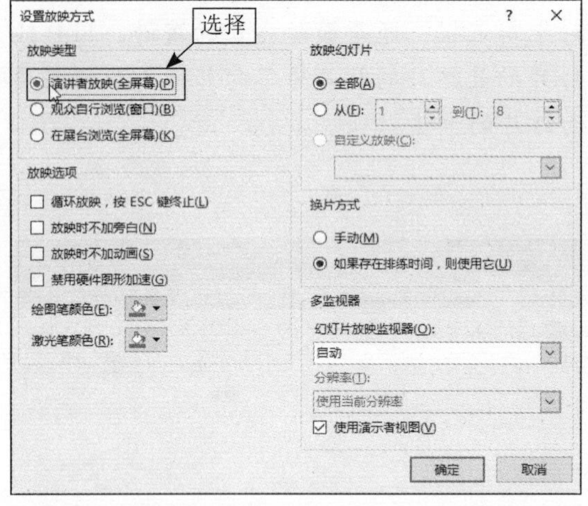

提示：在【放映类型】选项区域中提供了3种放映类型，区别如下。

- 演讲者放映：该类型是指由演讲者一边演讲一边放映，是最常用的一种放映方式，通常用于较为正式的场合，如专题讲座、学术报告等。在该类型下，幻灯片将铺满全屏幕。
- 观众自行浏览：如果希望让观众自己浏览演示文稿，可以设置为该类型。在该类型下，演示文稿将在标准窗口中显示，观众可以拖动窗口的滚动条或按方向键自行浏览，与此同时还可以打开其他窗口。
- 在展台浏览：该类型与演讲者放映类型类似，也会铺满全屏幕。不同的是，该方式会自动放映演示文稿，无须演讲者操作，并且会一直循环放映，直到按【Esc】键退出。

Step 03 在【放映选项】选项区域中可设置相关的选项，如选择【循环放映，按Esc键终止】复选框。

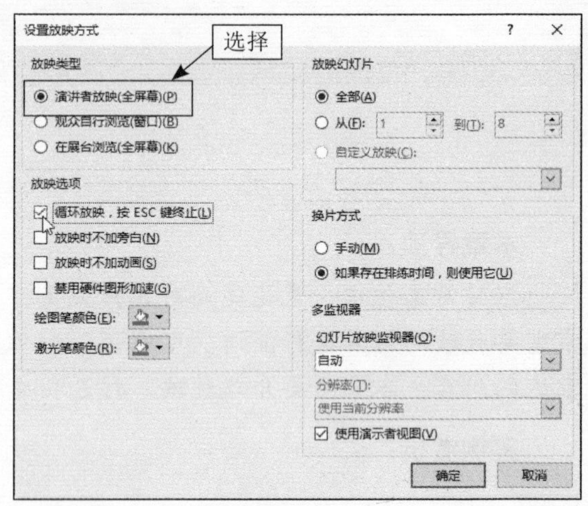

提示：【放映选项】选项区域中主要选项说明如下：

- 循环放映，按Esc键终止：选择该复选框，在最后一张幻灯片放映结束后将自动返回至第一张幻灯片重复放映，直到按【Esc】键才能结束放映。
- 放映时不加旁白：选择该复选框，表示在放映时不播放在幻灯片中添加的声音。
- 放映时不加动画：选择该复选框，表示在放映时将屏蔽动画效果。
- 绘图笔颜色和激光笔颜色：用于设置笔触的颜色。

Step 04 在【放映选项】选项区域中单击【绘图笔颜色】按钮，在弹出的下拉列表中选择【标准色】区域中的绿色，以设置绘图笔的颜色。

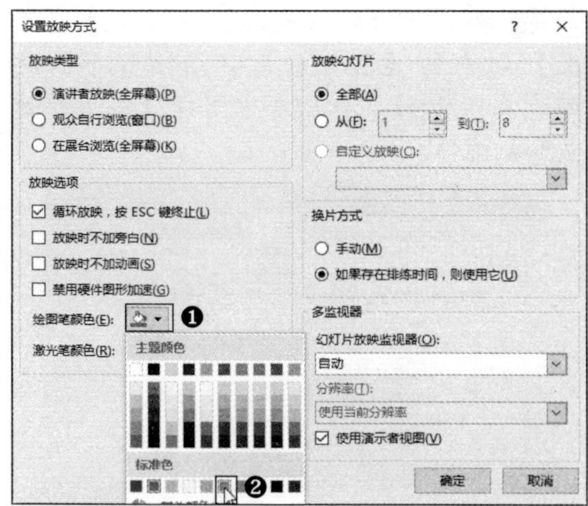

Step 05 在【放映幻灯片】选项区域中选择【从】单选按钮，在右侧两个数值框中分别输入“1”和“6”，那么在放映幻灯片时将放置前6张，在【换片方式】区域中可设置换片的方式。设置完成后，单击【确定】按钮，关闭对话框即可。

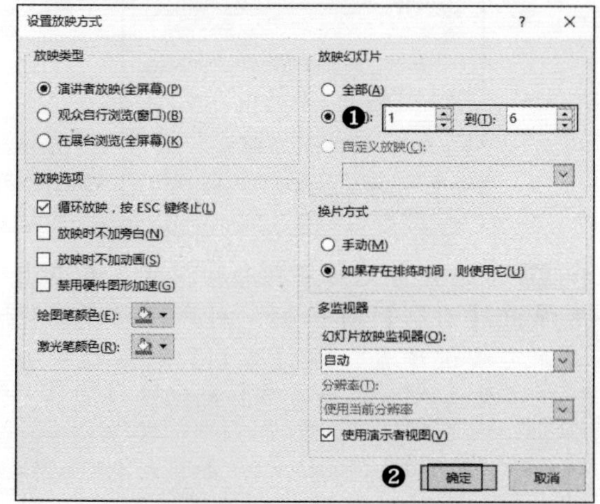

13.1.2 设置放映时间

在公共场合演示幻灯片时需要掌握好演示的时间，为此就需要测定每张幻灯片放映时的停留时间，利用PowerPoint提供的排练计时功能可实现该功能。设置放映时间的具体操作步骤如下：

Step 01 单击【幻灯片放映】选项卡下【设置】组中的【排练计时】按钮。

Step 02 系统会自动切换到放映模式，在左上角弹出【录制】对话框，用户可以开始模拟真实演讲场景，在【录制】对话框中会自动计算当前幻灯片放映时的持续时间，单位为秒。

提示：【录制】对话框中各按钮的作用如下。

- 【下一项】按钮→：切换到下一张幻灯片。
- 【暂停】按钮⏸：暂时停止计时，再次单击可恢复计时。
- 【重复】按钮↶：重新开始排练当前幻灯片。
- 【关闭】按钮×：退出排练计时。

Step 03 当前幻灯片演讲结束后，单击【录制】对话框中的【下一项】按钮→，可切换至下一张幻灯片继续进行录制，对话框左侧的时间为当前幻灯片的放映时间，右侧时间为所有幻灯片的放映时间总和。

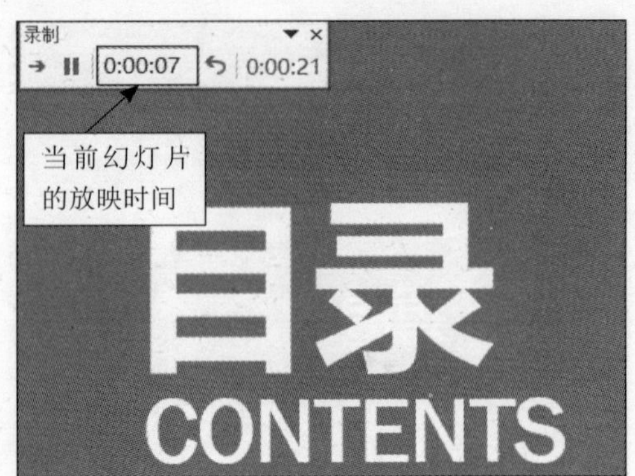

Step 04 使用上述方法，继续为其他幻灯片计时。最后一张幻灯片录制完成后，会弹出【Microsoft PowerPoint】对话框，在其中显示了幻灯片放映的时间总和，单击【是】按钮进行保存，即完成幻灯片的排练计时操作。

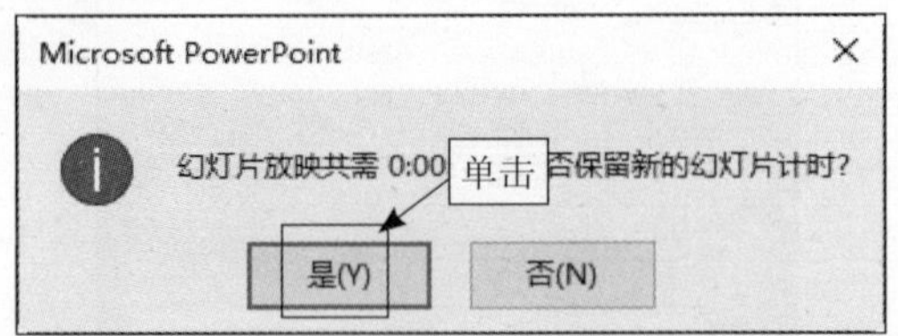

Step 05 单击【视图】选项卡下【演示文稿视图】组中的【幻灯片浏览】按钮，切换到幻灯片浏览视图，在每张幻灯片缩略图的底部即可查看该幻灯片的放映时间。

13.1.3 录制幻灯片演示

通过录制幻灯片演示功能，不仅能够计算每张幻灯片的放映时间，还可以录制旁白、墨迹和激光笔手势等内容。录制幻灯片演示的具体操作步骤如下：

Step 01 单击【幻灯片放映】选项卡下【设置】组中的【录制幻灯片演示】下拉按钮，在弹出的下拉列表中选择【从头开始录制】选项。

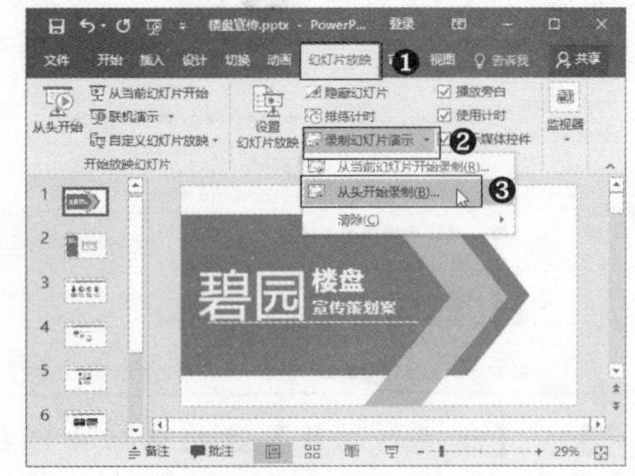

Step 02 弹出【录制幻灯片演示】对话框，在其中选择【幻灯片和动画计时】复选框和【旁白、墨迹和激光笔】复选框，单击【开始录制】按钮。

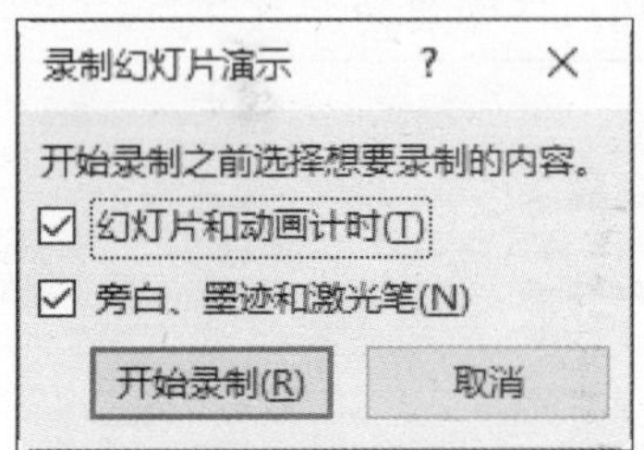

Step 03 系统会自动切换到放映模式，在左上角弹出【录制】对话框，用户可以开始模拟真实演讲场景，在【录制】对话框中会自动计算当前幻灯片放映时的持续时间。

Step 04 在幻灯片中右击，在弹出的快捷菜单中选择【指针选项】➢【荧光笔】命令。

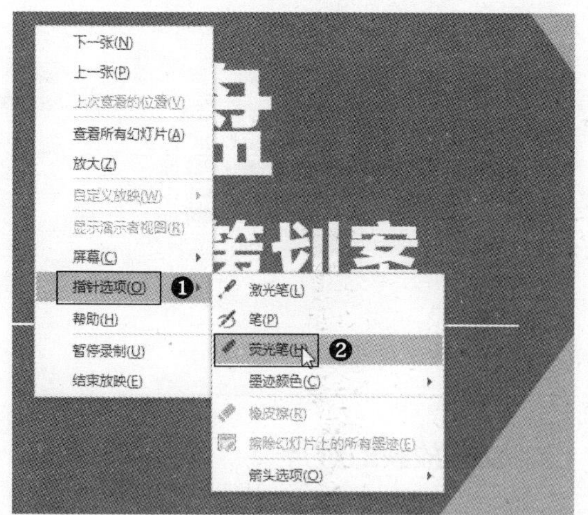

Step 05 此时光标变为荧光笔的形状，在幻灯片中拖动鼠标可添加注释或重点标记。当前幻灯片录制完成后，可切换至下一张幻灯片继续录制。

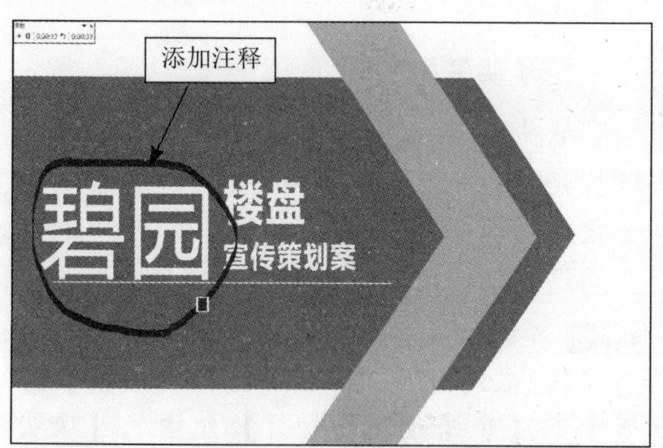

Step 06 幻灯片录制结束后，单击【录制】对话框中的【关闭】按钮 ，弹出【Microsoft PowerPoint】对话框，单击【保留】按钮，保留墨迹注释。

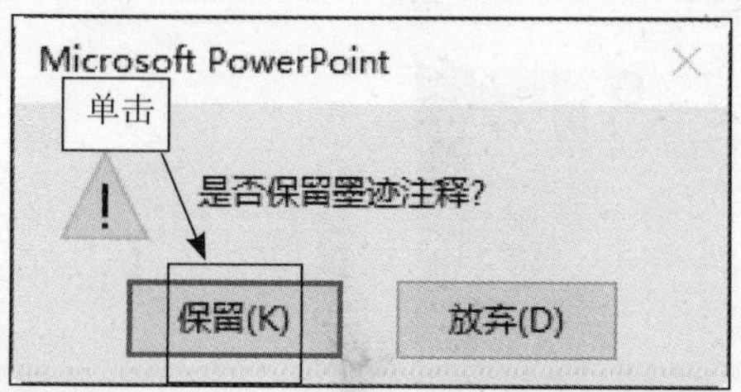

Step 07 退出录制后，幻灯片中会出现保留的墨迹注释，且每张幻灯片右下角会出现一个音频文件，该文件即是录制的旁白，选中音频文件，单击下方的【播放/暂停】按钮 ，即可播放旁白以预览效果。

Step 08 单击【视图】选项卡下【演示文稿视图】组中的【幻灯片浏览】按钮，进入幻灯片浏览视图，在其中可查看每张幻灯片的放映时间及添加的墨迹注释。

提示：在录制幻灯片演示后，单击【幻灯片放映】选项卡下【设置】组中的【设置幻灯片放映】按钮，弹出【设置放映方式】对话框，在【换片方式】区域中选择【如果存在排练时间，则使用它】单选按钮，那么在放映演示文稿时，可以脱离演讲者，直接自动放映。

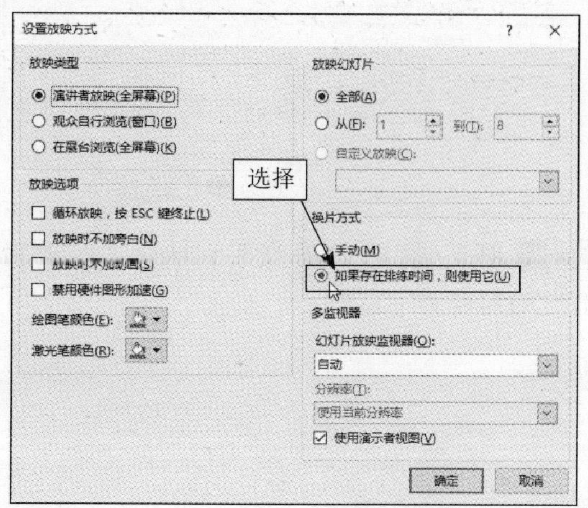

13.1.4 将PPT转换为可放映格式

将PPT转换为可放映格式后，打开PPT时会直接进入放映模式，而不需要手动进入。将PPT转换为可放映格式的具体操作步骤如下：

Step 01 选择【文件】选项卡，在左侧列表中选择【另存为】选项，进入【另存为】界面，在其中单击【浏览】按钮。

Step 02 弹出【另存为】对话框，单击【保存类型】按钮，在弹出的下拉列表中选择【PowerPoint放映(*.ppsx)】选项，之后单击【保存】按钮。

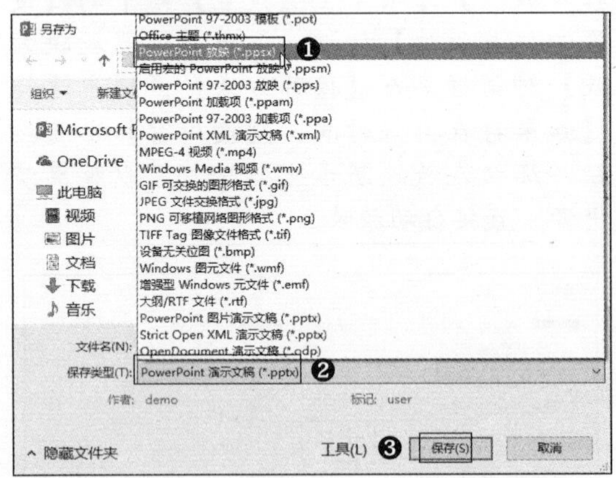

Step 03 即可将PPT转换为可放映格式，此时PPT的图标为 。

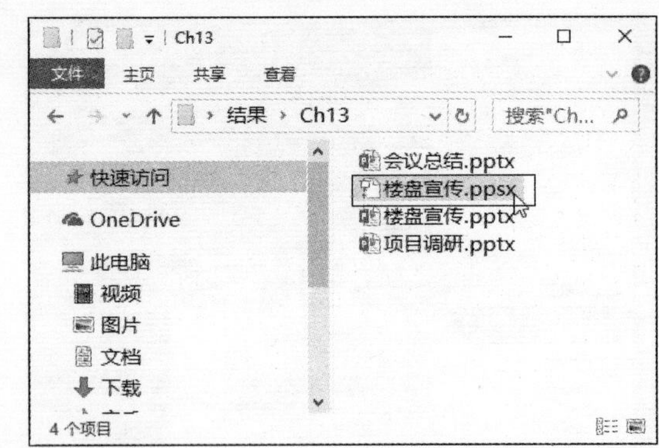

13.1.5 放映幻灯片

放映幻灯片时可以选择从头开始放映、从当前幻灯片开始放映、联机演示及自定义放映方式。用户可根据需要选择合适的放映方式，从而使幻灯片以更好的效果来展示。

1. 从头开始放映

从头开始放映是指无论当前选定的幻灯片是第几张幻灯片，在放映时都会从第一张幻灯片开始放映。从头开始放映幻灯片的具体操作步骤如下：

Step 01 在幻灯片窗格中选择任意幻灯片，如选择第2张幻灯片，单击【幻灯片放映】选项卡下【开始放映幻灯片】组中的【从头开始】按钮，或者按【F5】键。

Step 02 即可进入到全屏放映状态，并且从第一张幻灯片开始放映。单击、按【Enter】键、空格键或键盘上的方向键均可切换至下一张幻灯片。

2. 从当前幻灯片开始放映

从当前幻灯片开始放映是指从当前选定的幻灯片开始放映，具体操作步骤如下：

Step 01 在幻灯片窗格中选择第2张幻灯片，单击【幻灯片放映】选项卡下【开始放映幻灯片】组中的【从当前幻灯片开始】按钮，或者按【Shift+F5】组合键。

提示：在底部状态栏中单击【幻灯片放映】按钮，也可从当前幻灯片开始放映。

Step 02 即可进入全屏放映状态，并且从第2张幻灯片开始放映。单击、按【Enter】键、空格键或键盘上的方向键均可切换至下一张幻灯片。

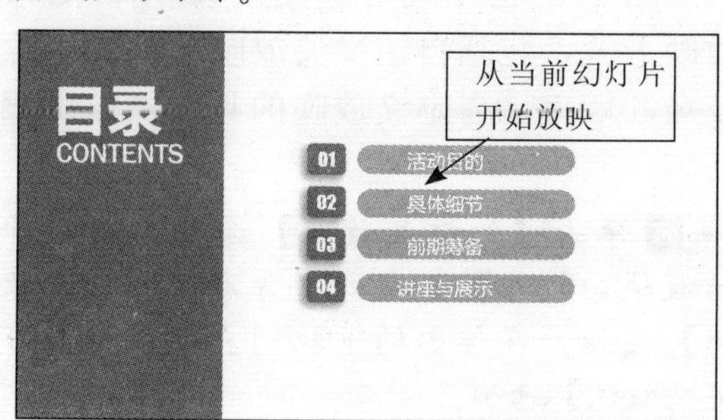

3. 联机放映

如果用户需要向不在现场的人员演示幻灯片，可以使用PPT 2016提供的联机演示功能。只要在连接有网络的条件下，远程人员均可通过Web浏览器同步浏览用户正在演示的幻灯片。联机放映的具体操作步骤如下：

Step 01 单击【幻灯片放映】选项卡下【开始放映幻灯片】组中的【联机演示】按钮。

Step 02 弹出【联机演示】对话框，单击【连接】按钮。

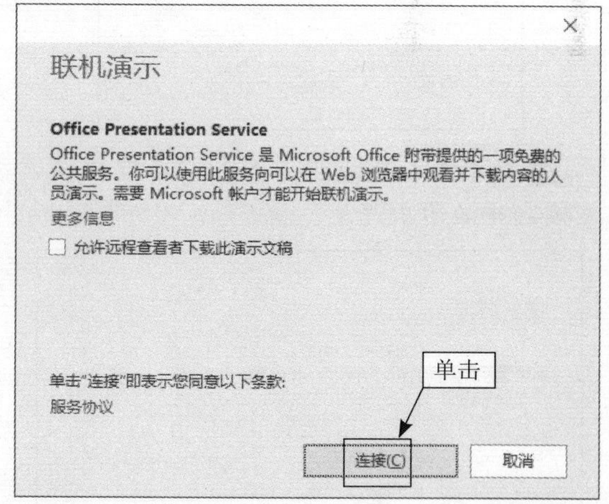

Step 03 弹出【登录】对话框，在文本框中输入电子邮件地址，单击【下一步】按钮。

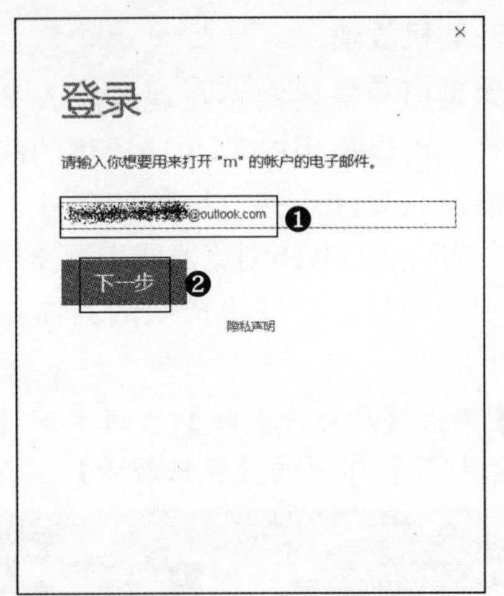

Step 04 在界面的【密码】文本框中输入密码，单击【登录】按钮。

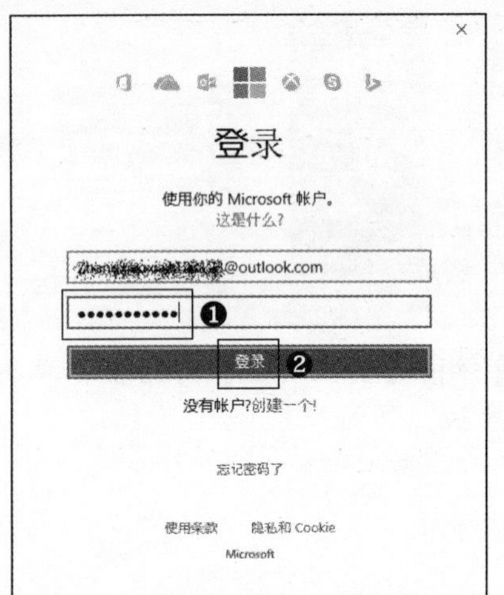

Step 05 提示正在连接服务器和准备联机演示文稿，并显示出进度。

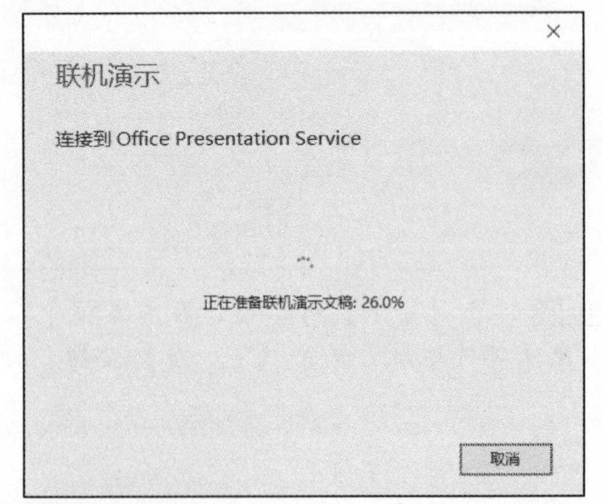

Step 06 连接成功后，在【联机演示】对话框中会显示链接地址。单击【复制链接】按钮，复制链接地址，然后将其发送给远程人员，待远程人员打开该链接后，单击【开始演示】按钮。

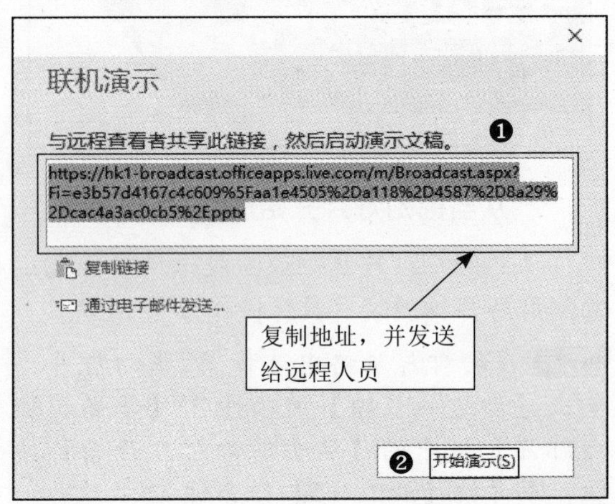

Step 07 此时开始放映幻灯片，远程人员可在浏览器中同步查看播放的幻灯片。放映结束后，单击【联机演示】选项卡下【联机演示】组中的【结束联机演示】按钮，即可结束联机放映。

4. 自定义放映

除了上述方式外，用户还可自定义放映方式，包括自定义要放映哪些幻灯片及放映顺序。自定义放映的具体操作步骤如下：

Step 01 单击【幻灯片放映】选项卡下【开始放映幻灯片】组中的【自定义幻灯片放映】按钮，在弹出的下拉列表中选择【自定义放映】选项。

Step 02 弹出【自定义放映】对话框，单击【新建】按钮。

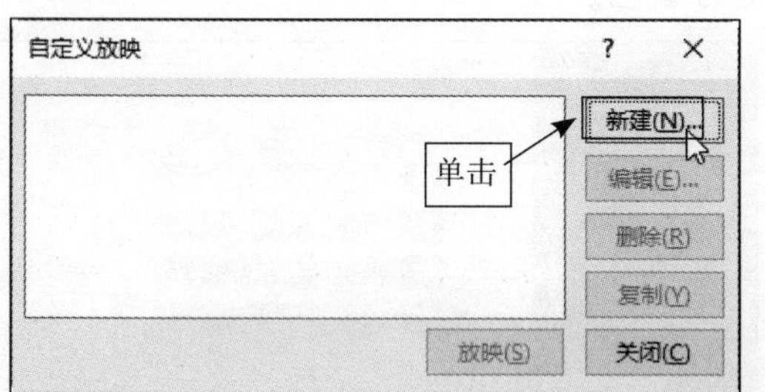

Step 03 弹出【定义自定义放映】对话框，在【幻灯片放映名称】文本框中输入名称，在左侧列表框中选择需要放映的幻灯片，之后单击【添加】按钮。

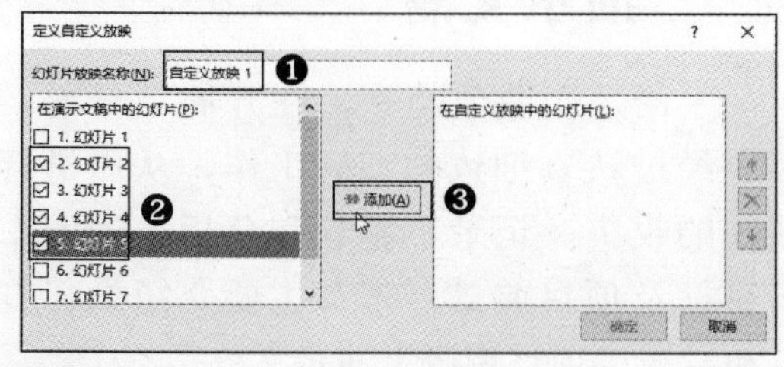

Step 04 即可将幻灯片添加到右侧列表框中，单击【向上】按钮↑和【向下】按钮↓调整幻灯片的放映顺序。操作完成后，单击【确定】按钮。

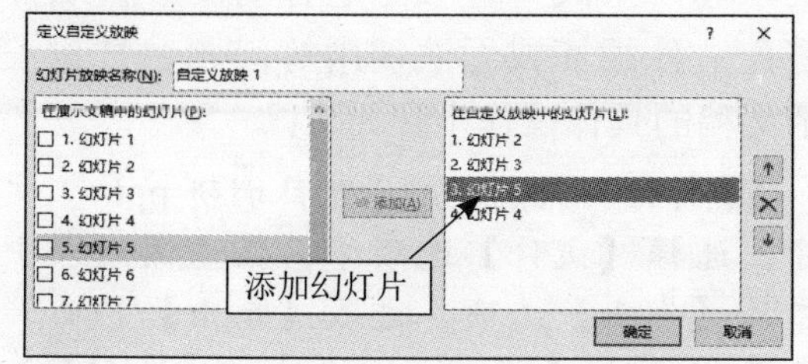

Step 05 返回至【自定义放映】对话框，单击【放映】按钮，即可按照自定义的放映方式开始放映幻灯片。单击【关闭】按钮可关闭对话框。

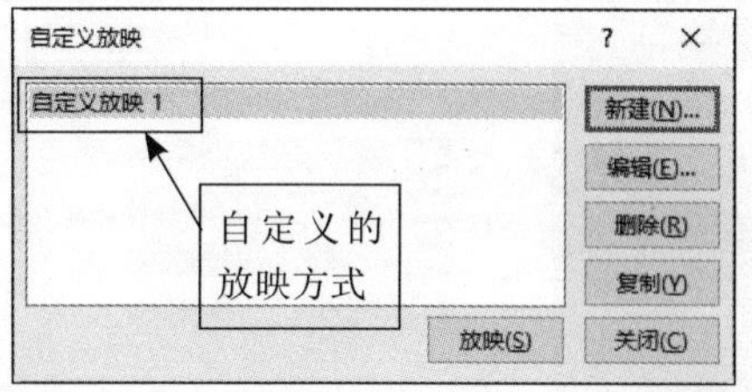

Step 06 再次单击【自定义幻灯片放映】按钮，在弹出的下拉列表中可看到创建的自定义放映方式，选择该项，即可进入放映状态，并以自定义的方式进行放映。

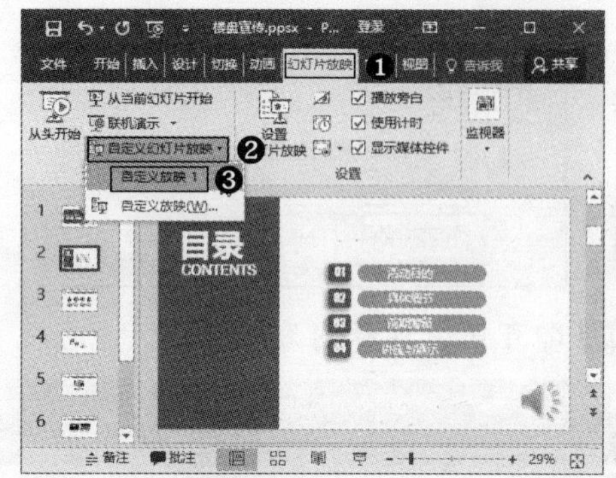

13.1.6 在放映中添加注释

要想使观众更加了解幻灯片所表达的意思，就需要在幻灯片中添加注释。添加注释的具体操作步骤如下：

Step 01 按【F5】键，进入放映状态，开始放映幻灯片。在要添加注释的幻灯片中右击，在弹出的快捷菜单中选择【指针选项】➤【笔】命令。

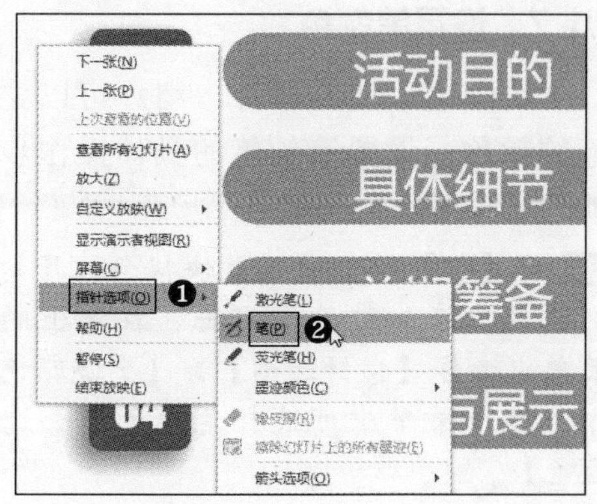

Step 02 此时光标会变为一个圆点形状，按住左键不放，拖动鼠标即可在幻灯片中添加注释内容。

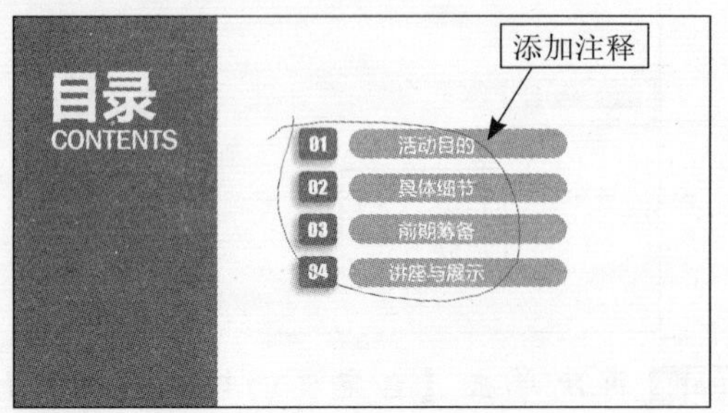

Step 03 结束幻灯片放映时，将弹出【Microsoft PowerPoint】对话框，提示是否保留墨迹注释，单击【保留】按钮。

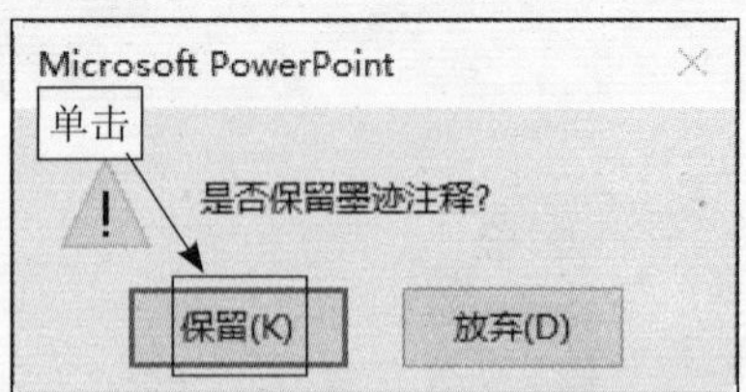

Step 04 即可保留注释内容。

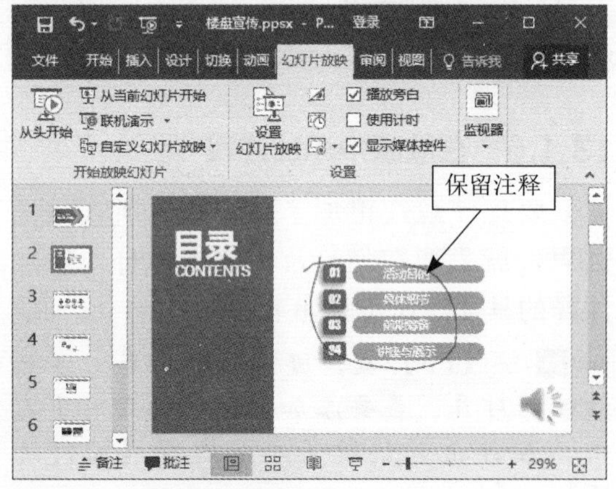

13.1.7 设置笔颜色

在使用笔添加注释时，用户可以先设置笔的颜色。设置笔颜色的具体操作步骤如下：

Step 01 按【F5】键，进入放映状态，开始放映幻灯片。在幻灯片中右击，在弹出的快捷菜单中选择【指针选项】➤【墨迹颜色】命令，在子菜单中可选择笔颜色，如选择【蓝色】。

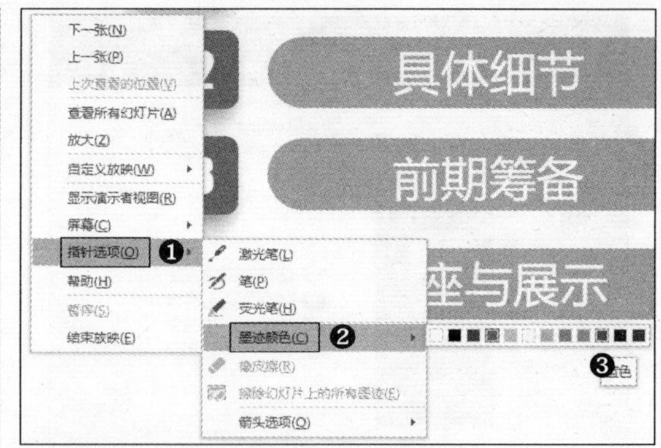

Step 02 此时光标会变为一个蓝色的圆点形状，在幻灯片中添加注释时，注释颜色即变为蓝色。

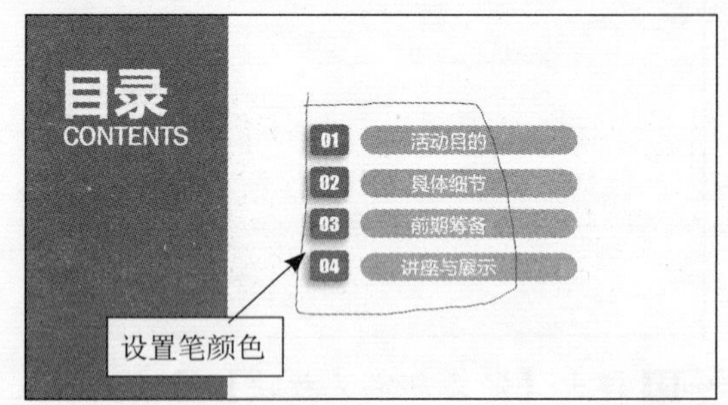

13.2 打包和发布“项目调研”演示文稿

无论是企业或商家，在开展项目前，都应经过认真细致的调研工作，从而进行系统的收集、记录、整理和分析，确定市场目标及项目前景。本节主要介绍如何打包和发布“项目调研”演示文稿。

13.2.1 打包演示文稿

PPT的打包是将PPT中独立的文件集成到一起，生成一种独立运行的文件，从而避免文件损坏或无法调用等问题。打包演示文稿的具体操作步骤如下：

Step 01 打开“素材\Ch13\项目调研.pptx”文件，选择【文件】选项卡，在左侧列表中选择【导出】选项，进入【导出】界面，在其中单击【将演示文稿打包成CD】➤【打包成CD】按钮。

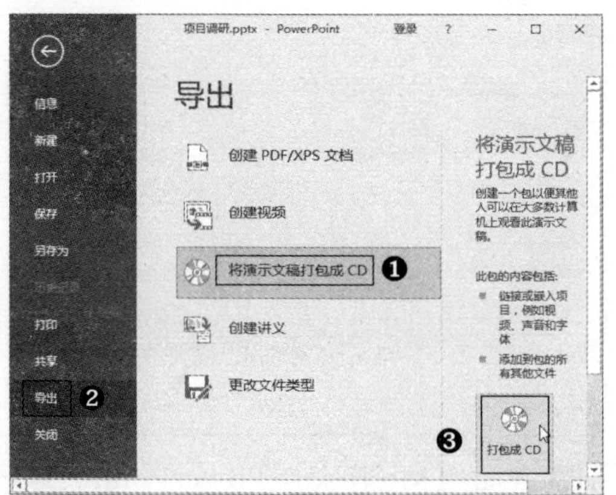

Step 02 弹出【打包成CD】对话框，在【将CD命名为】文本框中为打包的PPT命名，之后单击【复制到文件夹】按钮。

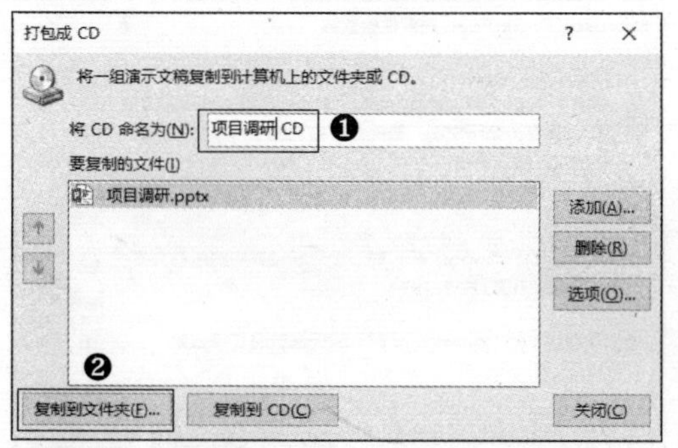

Step 03 弹出【复制到文件夹】对话框，单击【浏览】按钮。

Step 04 弹出【选择位置】对话框，在计算机中选择打包后文件保存的位置，单击【选择】按钮。

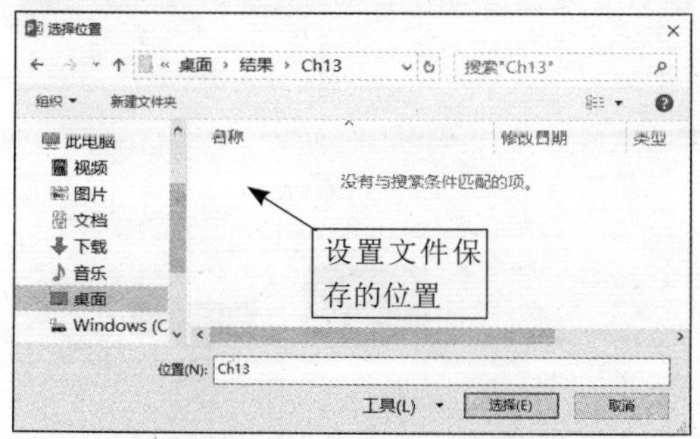

Step 05 返回至【复制到文件夹】对话框，在【位置】文本框可查看保存的位置，之后单击【确定】按钮。

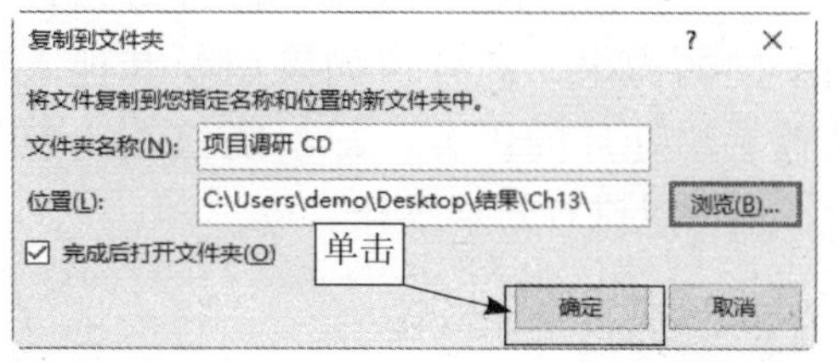

Step 06 弹出【Microsoft PowerPoint】对话框，单击【是】按钮。

Step 07 弹出【正在将文件复制到文件夹】对话框，开始复制文件。

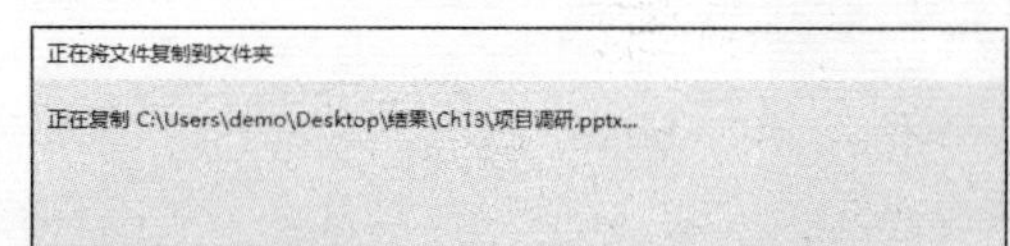

Step 08 复制完成后，会自动打开【项目调研CD】文件夹，其中包含一个子文件夹、一个名为“AUTORUN”的自启动程序及源文件。至此，即完成对PPT的打包操作。

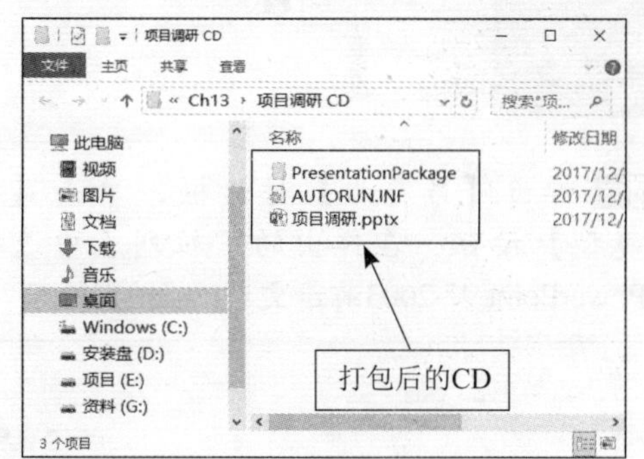

Step 09 返回到【打包成CD】对话框，单击【关闭】按钮，关闭此对话框即可。

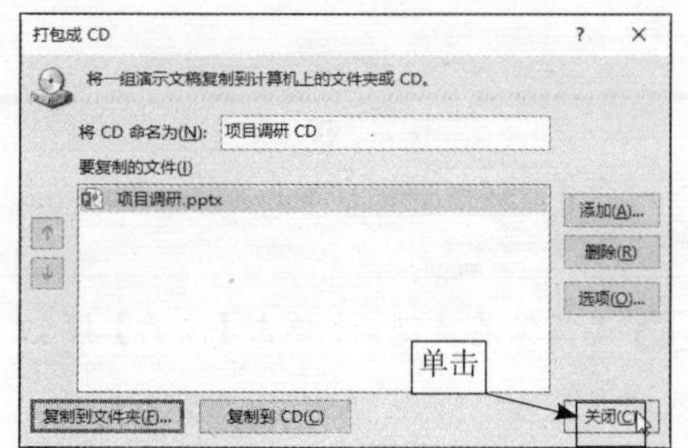

13.2.2 发布演示文稿

用户可将PPT转换为其他格式，如兼容格式、PDF、Flash、视频、图片等，以满足不同的需求。此外，如果想要其他人可以查看幻灯片的内容，却不能修改内容的话，也可以进行转换操作。

1. 转换为兼容格式

将PPT转换为兼容格式，可以在低版本的PowerPoint软件中打开PPT文件。将PPT转换为兼容格式的具体操作步骤如下：

Step 01 选择【文件】选项卡，在左侧列表中选择【另存为】选项，进入【另存为】界面，在其中单击【浏览】按钮。

Step 02 弹出【另存为】对话框，单击【保存类型】按钮，在弹出的下拉列表中选择【PowerPoint 97-2003演示文稿(*.ppt)】选项。

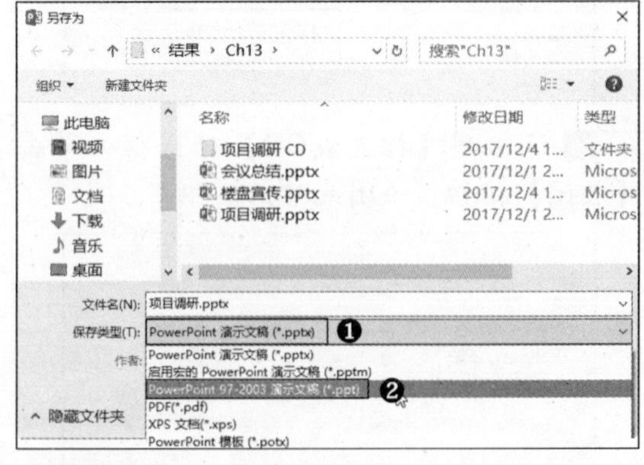

Step 03 设置保存类型后，单击【保存】按钮。

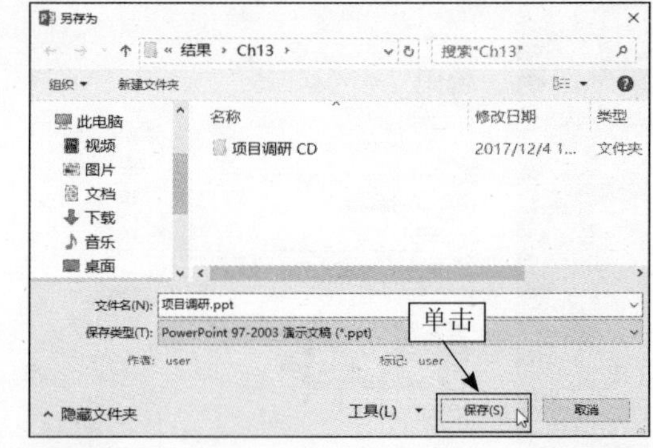

Step 04 弹出【Microsoft PowerPoint兼容性检查器】对话框，在其中列出了低版本的PowerPoint软件不支持当前演示文稿的一些功能，单击【继续】按钮。

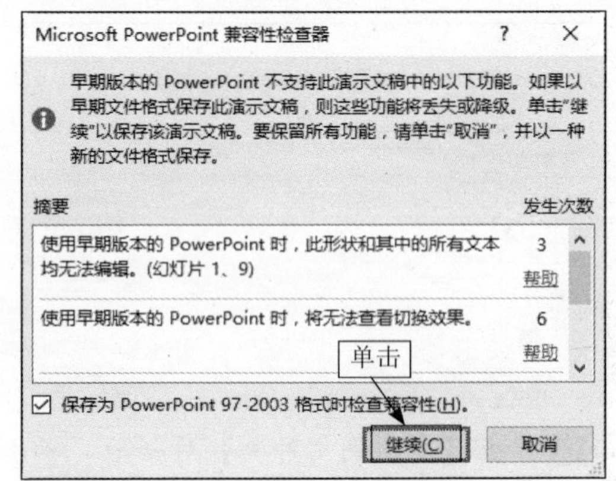

Step 05 返回至幻灯片中，此时顶部标题栏中显示为“项目调研.ppt[兼容模式]”字样，表示已转换为兼容格式。

提示：PPT 2016版本文件的扩展名为.pptx，而低版本文本的扩展名为.ppt。因此，转换为兼容格式后，扩展名会发生相应的变化。

2. 发布为PDF

PDF是一种常用的电子文件格式，许多电子文档及电子书都使用此格式。将PPT转换为PDF格式的具体操作步骤如下：

Step 01 选择【文件】选项卡，在左侧列表中选择【导出】选项，进入【导出】界面，在其中单击【创建PDF/XPS文档】➤【创建PDF/XPS】按钮。

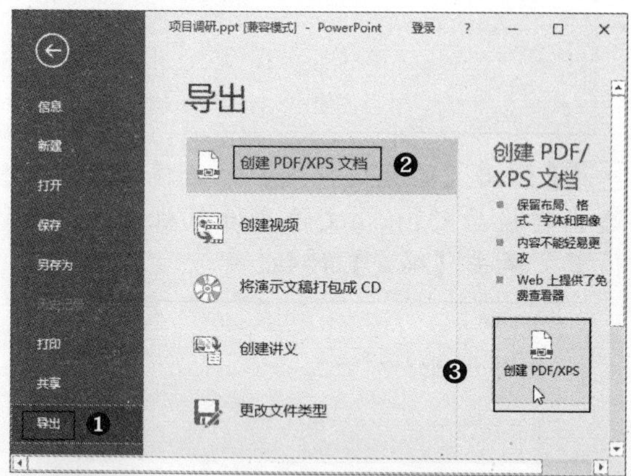

Step 02 弹出【发布为PDF或XPS】对话框，在计算机中选择保存位置，之后单击【选项】按钮。

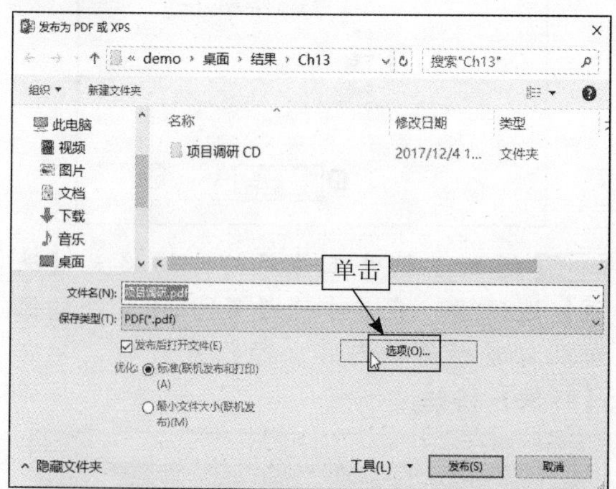

Step 03 弹出【选项】对话框，在其中可设置发布的范围、发布内容和PDF选项等参数，设置完成后，单击【确定】按钮。

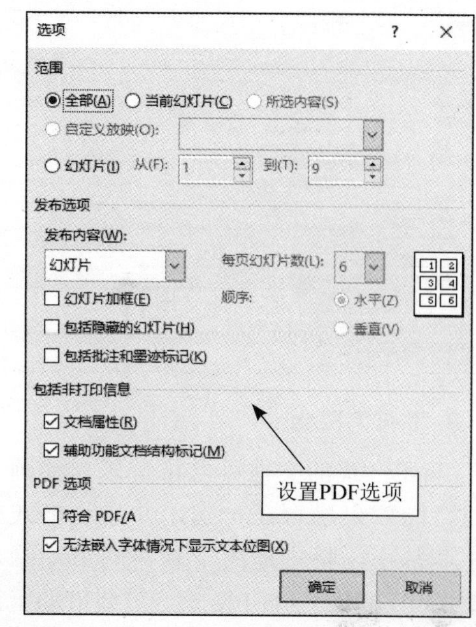

Step 04 返回至【发布为PDF或者XPS】对话框，单击【发布】按钮，弹出【正在发布...】对话框，开始转换幻灯片。

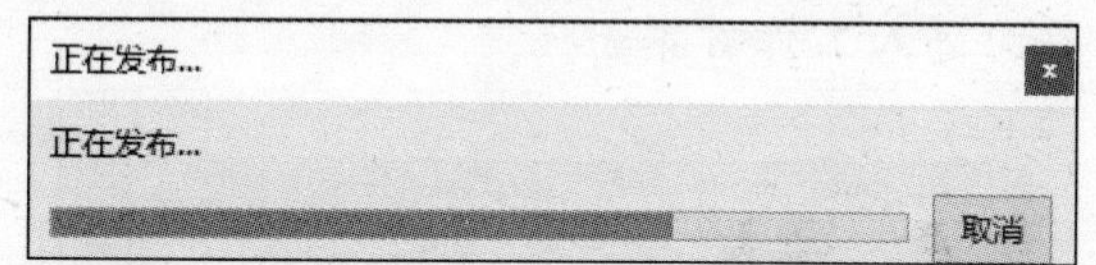

Step 05 转换完成后，会自动打开转换后的PDF文件。至此，即完成转换为PDF的操作。

提示：除上述方法外，在【另存为】对话框的【保存类型】下拉列表框中选择【PDF(*.pdf)】选项，也可将PPT发布为PDF文件，但使用该方法无法设置发布的范围及内容等参数。

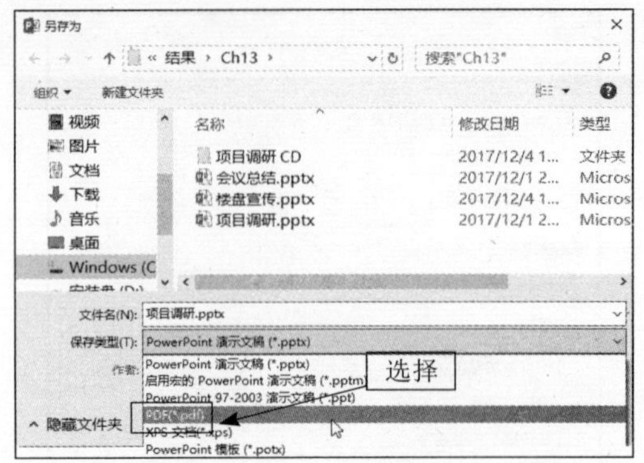

3. 发布为Flash

Flash格式的文件可以将音乐、动画及其他特殊效果融合在一起，并且该格式的文件非常小，特别适用于制作网页动画。若要将PPT转换为Flash格式，需要借助于第三方软件，下面使用PowerPoint To Flash软件进行转换。具体操作步骤如下：

Step 01 安装并启动PowerPoint To Flash软件，进入工作首界面。

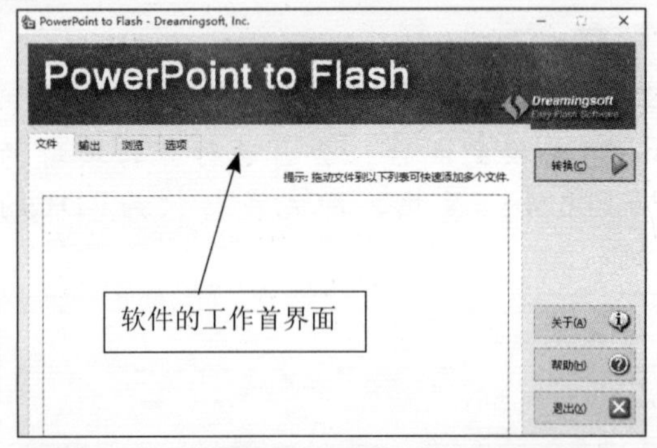

Step 02 在计算机中找到要转换的“项目调研.pptx”文件，将其拖动到【文件】列表框中。

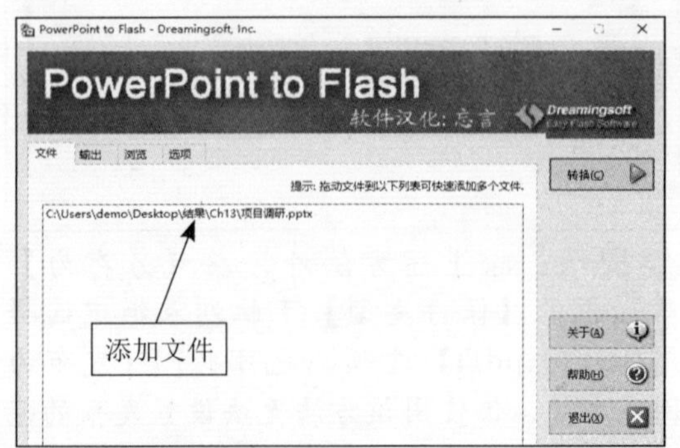

Step 03 切换至【输入】选项卡，在其中单击按钮。

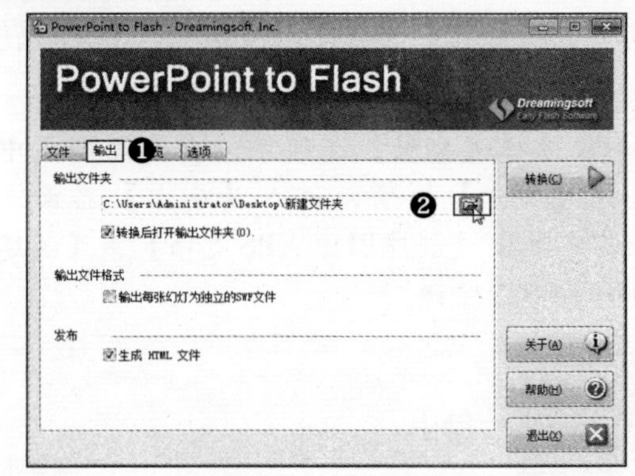

Step 04 弹出【浏览文件夹】对话框，在其中选择转换后的Flash文件在计算机中保存的位置，单击【确定】按钮。

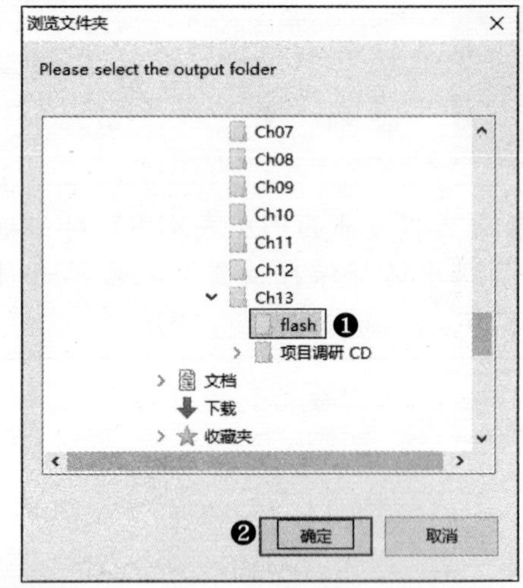

Step 05 返回至软件工作界面，切换至【选项】选项卡，在其中可设置Flash文件的像素及背景颜色等内容。操作完成后，单击【转换】按钮。

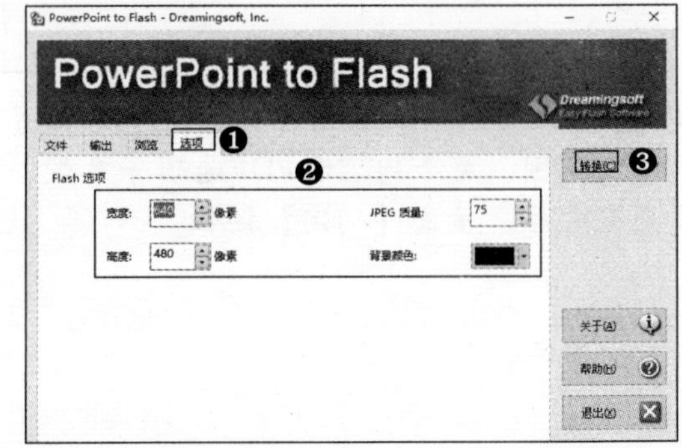

Step 06 开始转换文件，并显示出转换进度。

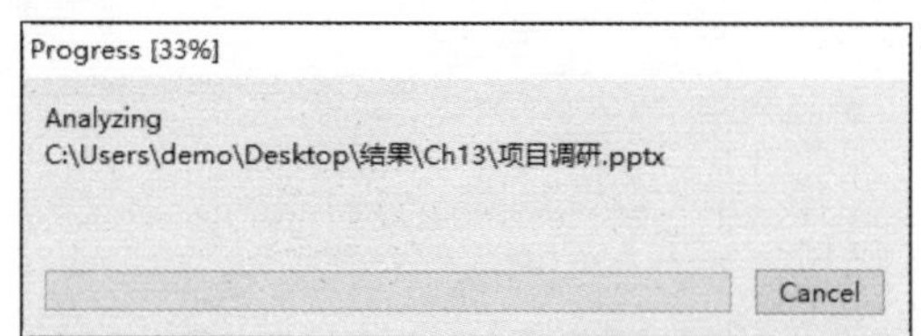

Step 07 转换完成后，会自动打开文件夹，在其中可查看转换后的Flash文件，其扩展名为.swf。注意，由于在步骤3中默认选择【生成HTML文件】复选框，因此除了转换的Flash文件外，还会自动生成一个HTML文件。

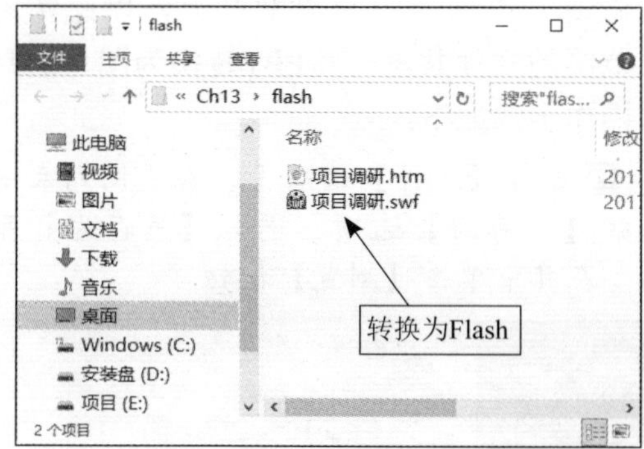

4. 发布为视频

将PPT文件转换为视频格式后，可以将其发布到视频共享网站，从而更广泛地实现文件共享。将PPT转换为视频格式的具体操作步骤如下：

Step 01 选择【文件】选项卡，在左侧列表中选择【导出】选项，进入【导出】界面，在其中单击【创建视频】按钮，在右侧的【创建视频】选项区域中需要设置相关参数。

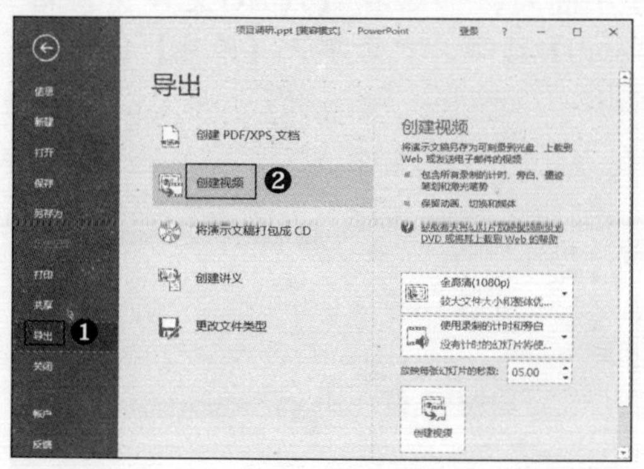

Step 02 在【创建视频】选项区域中单击【全高清(1080p)】按钮，在弹出的下拉列表中可设置视频质量，如选择【高清(720p)】选项。

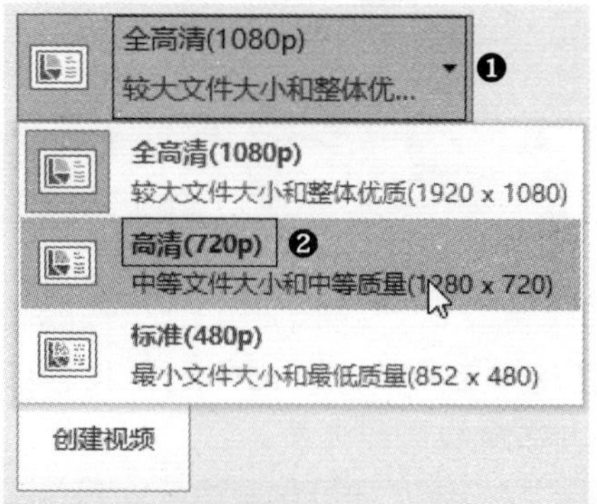

Step 03 在【创建视频】选项区域中单击【使用录制的计时和旁白】按钮，在弹出的下拉列表中可设置计时和旁白的相关选项，如选择【不要使用录制的计时和旁白】选项。

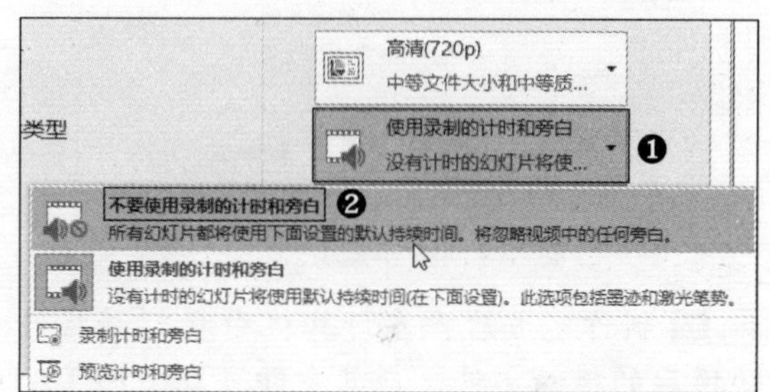

Step 04 在【放映每张幻灯片的秒数】数值框中可以设置放映每张幻灯片的时间，如设置为6秒，之后单击【创建视频】按钮。

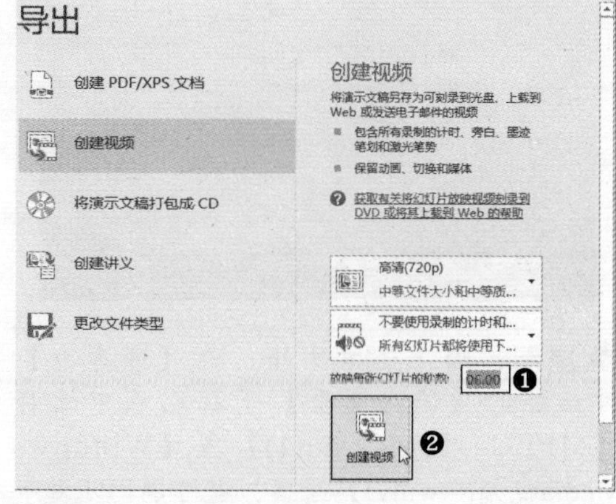

Step 05 弹出【另存为】对话框，在计算机中选择保存位置，之后单击【保存】按钮。

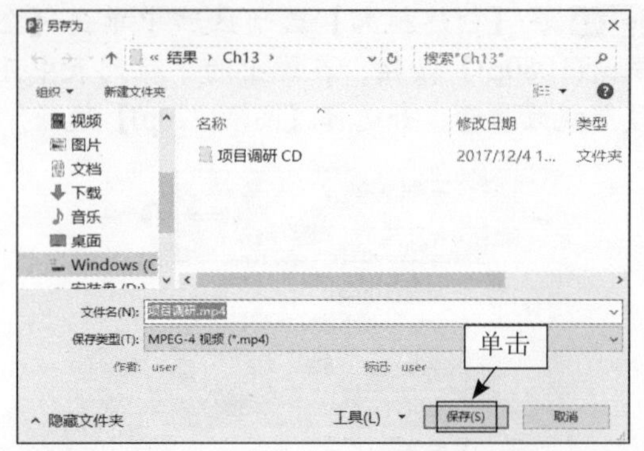

Step 06 返回至幻灯片，此时底部状态栏中会显示出视频的制作进度。

Step 07 制作完成后，在计算机中找到并找开转换后的视频文件，在其中即可观看PPT。

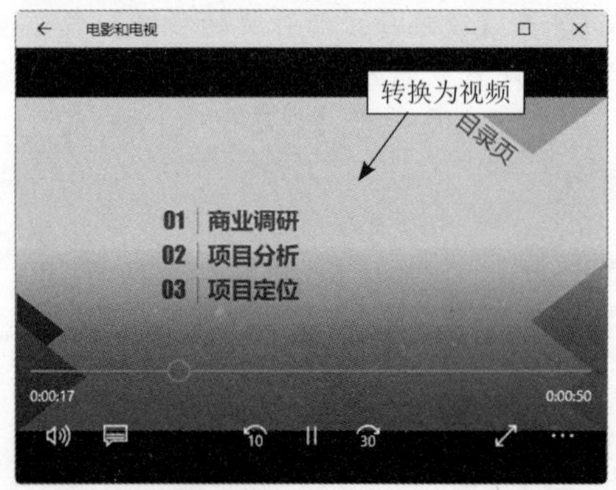

提示：除上述方法外，在【另存为】对话框的【保存类型】下拉列表中选择【MPEG-4视频(*.mp4)】或【Windows Media视频(*.wmv)】选项，也可将PPT发布为视频文件，但使用该方法无法设置视频的质量及每张幻灯片的放映时间。

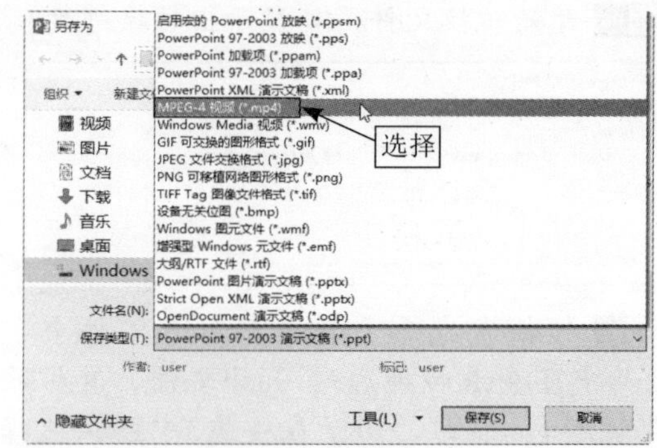

5. 发布为图片

将PPT文件转换为图片后，可将其发布到微博、论坛、空间等网站上，以此实现大范围的文件共享。将PPT转换为图片的具体操作步骤如下：

Step 01 选择【文件】选项卡，在左侧列表中选择【另存为】选项，进入【另存为】界面，在其中单击【浏览】按钮。

Step 02 弹出【另存为】对话框，单击【保存类型】按钮，在弹出的下拉列表中选择图片格式，如选择【JPEG文件交换格式(*.jpg)】选项，之后单击【保存】按钮。

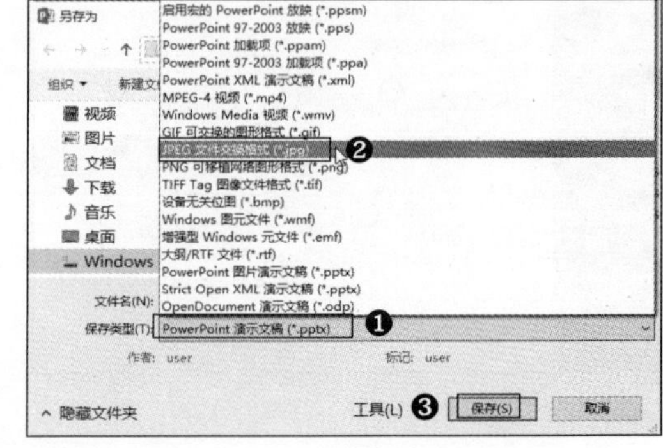

Step 03 弹出【Microsoft PowerPoint】对话框，提示用户希望导出哪些幻灯片，如单击【仅当前幻灯片】按钮。

提示：若要转换所有的幻灯片，单击【所有幻灯片】按钮即可。

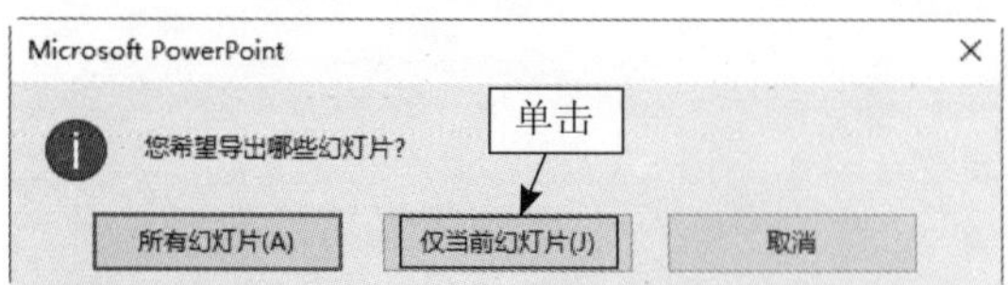

Step 04 操作完成后，在计算机中找到并打开图片文件，在其中可查看发布后的幻灯片。

13.3 演示“会议总结”演示文稿

在开完一次会议后，相关人员应制作“会议总结”演示文稿，以对会议内容进行回顾、分析和总结，并演示该文稿，以供没有参与会议的人员观看。

13.3.1 设置幻灯片放映

在演示“会议总结”演示文稿前，用户需要设置放映方式及放映的时间。具体操作步骤如下：

Step 01 打开“素材\Ch13\会议总结.pptx”文件，单击【幻灯片放映】选项卡下【设置】组中的【设置幻灯片放映】按钮。

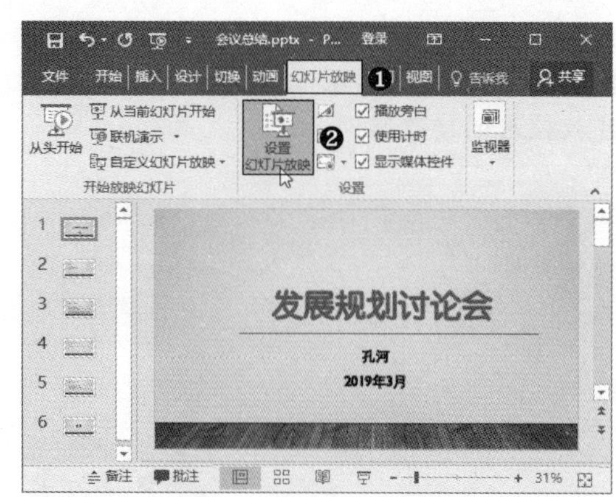

Step 02 弹出【设置放映方式】对话框，在【放映类型】选项区域中选择【演讲者放映（全屏幕）】单选按钮，在【放映选项】选项区域中选择【放映时不加旁白】和【放映时不加动画】复选框，之后单击【确定】按钮。

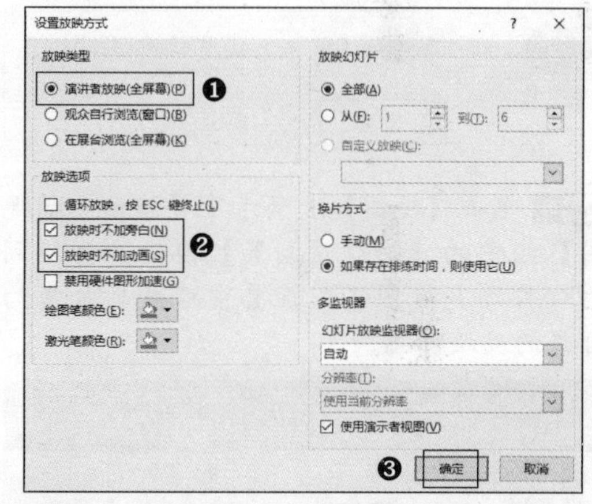

Step 03 单击【幻灯片放映】选项卡下【设置】组中的【排练计时】按钮。

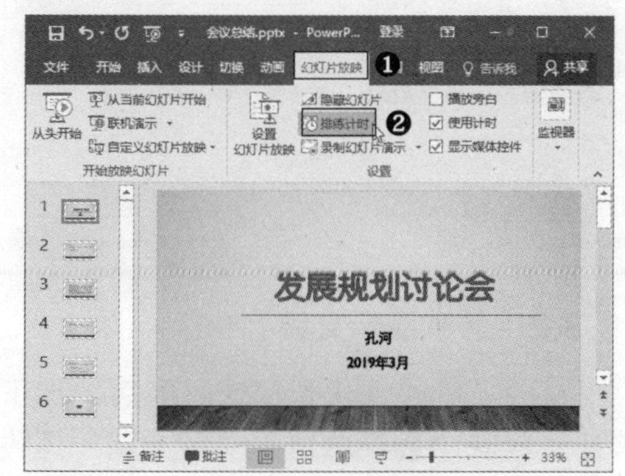

Step 04 系统会自动切换到放映模式，在左上

角弹出【录制】对话框，用户可以开始模拟真实演讲场景，从而开始计算每张幻灯片放映时的持续时间。

Step 05 排练计时结束后，在弹出的【Microsoft PowerPoint】对话框中单击【是】按钮，保留排练计时。

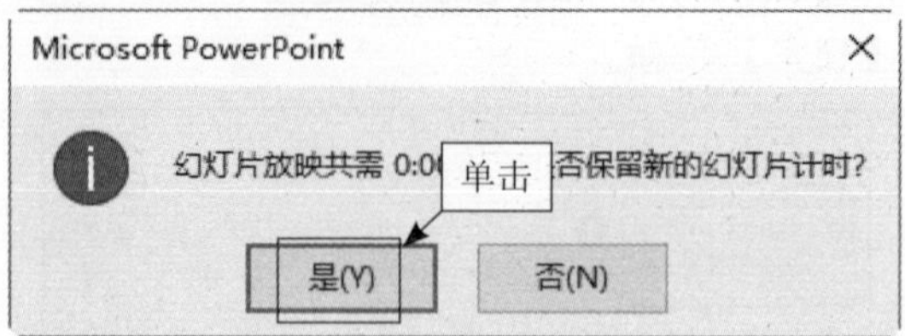

Step 06 单击【视图】选项卡下【演示文稿视图】组中的【幻灯片浏览】按钮，切换到幻灯片浏览视图下，在其中可查看每张幻灯片的放映时间。

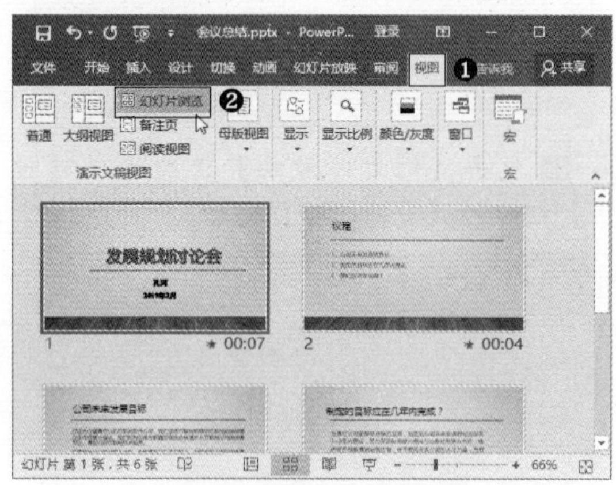

13.3.2 放映演示文稿

设置了放映方式和放映时间后，接下来开始放映“会议总结”演示文稿。具体操作步骤如下：

Step 01 单击【幻灯片放映】选项卡下【开始放映幻灯片】组中的【从头开始】按钮。

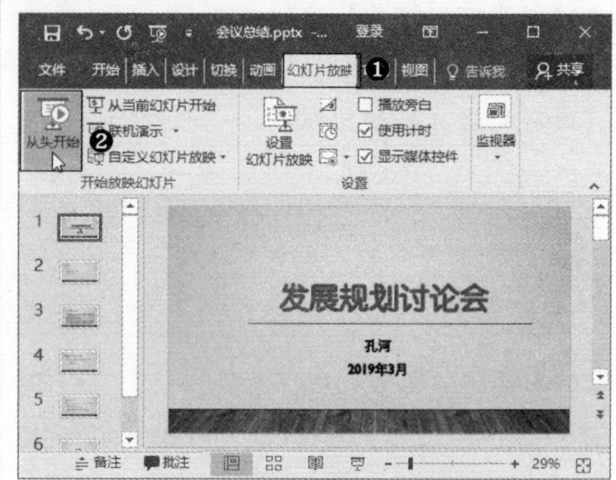

Step 02 进入放映状态，开始放映第1张幻灯片。单击可切换至下一张幻灯片。右击，在弹出的快捷菜单中选择【指针选项】➤【激光笔】命令。

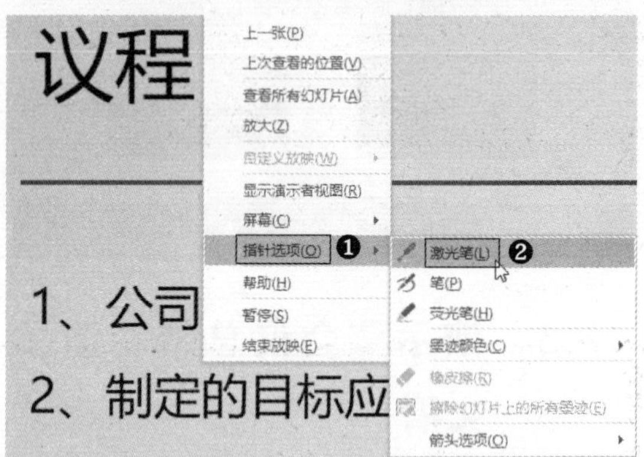

Step 03 此时光标会变为激光笔的形状，以辅助放映。

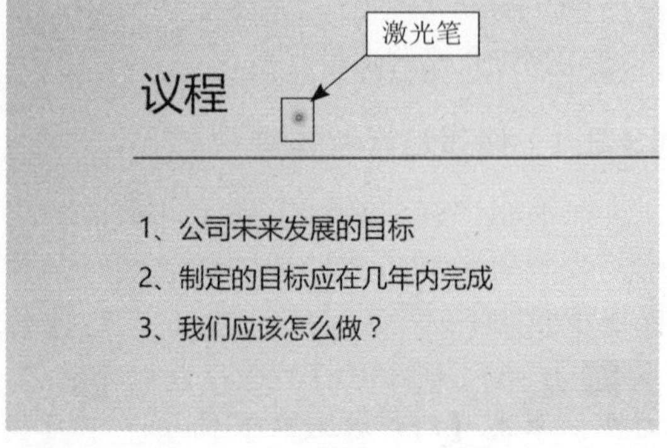

Step 04 再次右击，在弹出的快捷菜单中选择【查看所有幻灯片】命令。

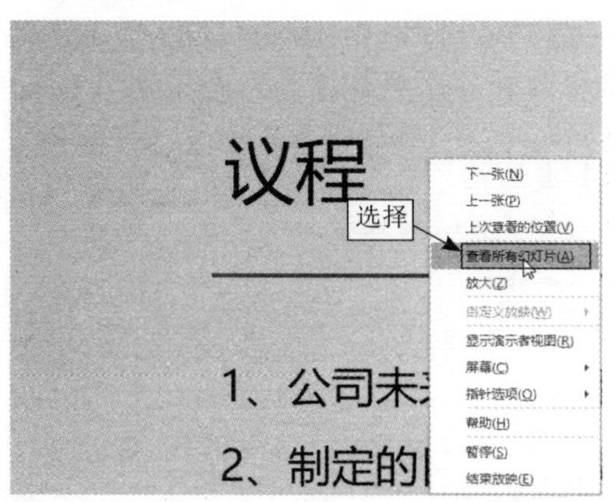

Step 05 即可查看演示文稿中所有的幻灯片缩略图，单击某个缩略图，可快速切换至该幻灯片中。

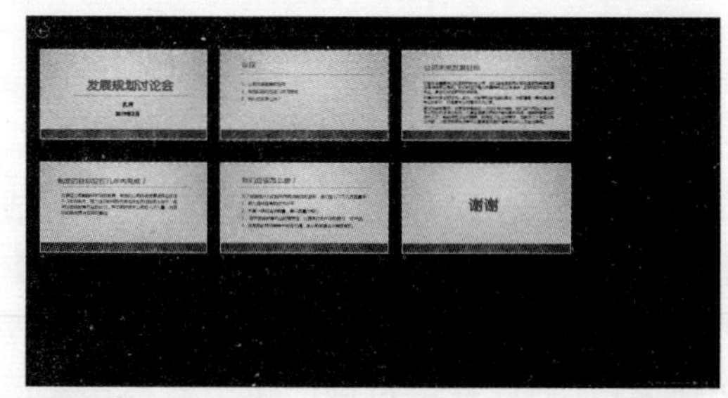

Step 06 再次右击，在弹出的快捷菜单中选择【结束放映】命令，可退出放映状态。至此，“会议总结”演示文稿即演示完成。

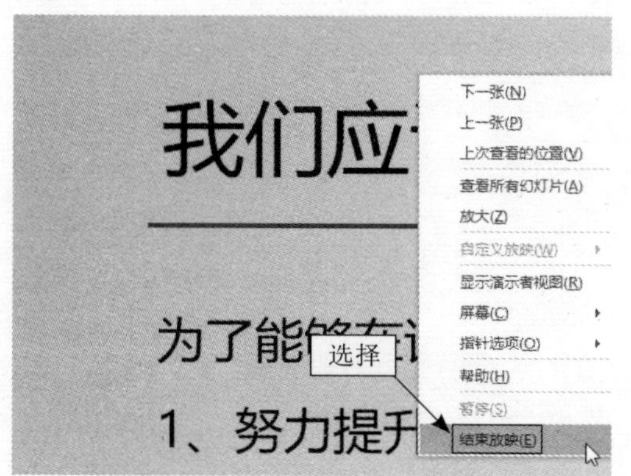

高手支招

1. 在放映时屏蔽幻灯片内容

在PPT的放映过程中，需要观众关注别的材料时，可以使用黑屏和白屏来屏蔽幻灯片中的内容。具体操作步骤如下：

Step 01 打开“素材\Ch13\销售提案.pptx”文件，按【F5】键开始放映幻灯片。在放映时，按键盘上的【W】键，可使屏幕变为白屏。

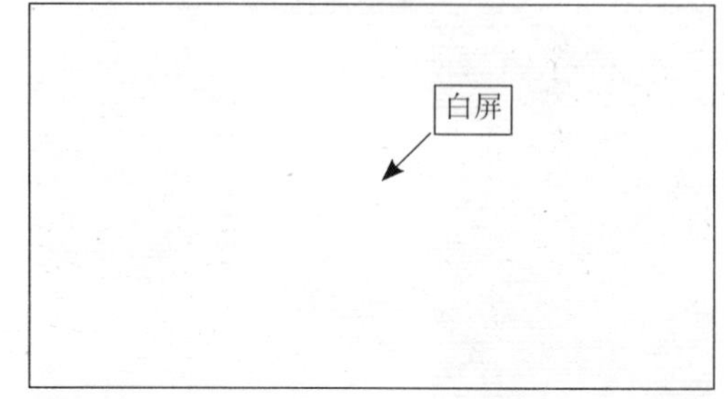

Step 02 再次按键盘上的【W】键或【Esc】键，可返回幻灯片放映页面。

Step 03 按键盘上的【B】键，可使屏幕变为黑屏。

Step 04 同理，再次按键盘上的【B】键或【Esc】键，可返回幻灯片放映页面。

提示：放映时在幻灯片中右击，在弹出的快捷菜单中选择【屏幕】➤【黑屏】或【白屏】命令，也可使屏幕变为黑屏或白屏。

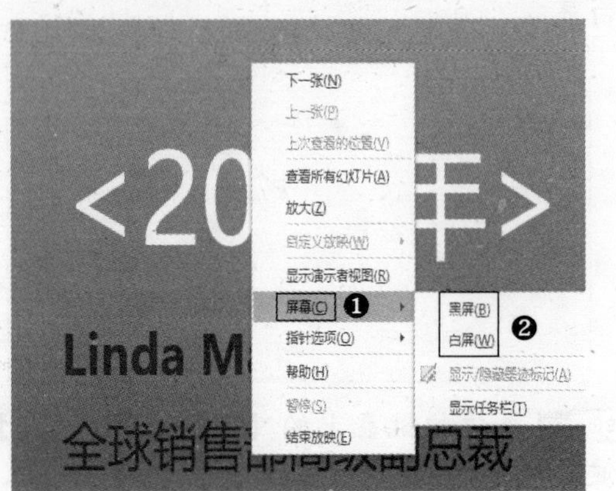

2. 放映结束后取消黑屏显示

当幻灯片放映结束后，屏幕总会显示为黑屏，若要取消黑屏显示，具体操作步骤如下：

Step 01 打开“素材\Ch13\销售提案.pptx”文件，选择【文件】选项卡，在左侧列表中选择【选项】。

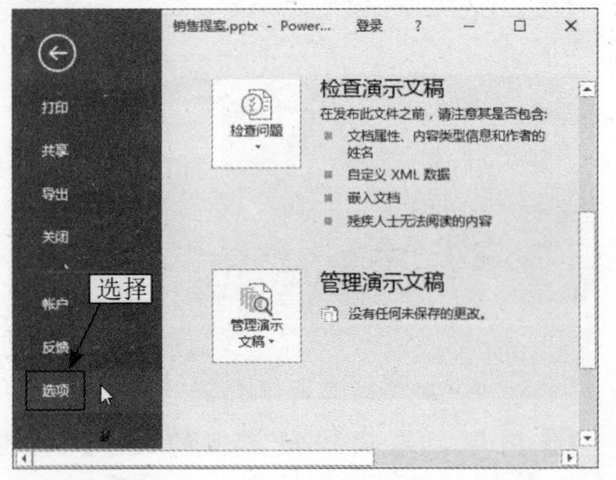

Step 02 弹出【PowerPoint选项】对话框，在左侧选择【高级】选项，在右侧【幻灯片放映】选项区域中取消选择【以黑幻灯片结束】复选框，之后单击【确定】按钮，即可在幻灯片放映结束后，取消黑屏显示。

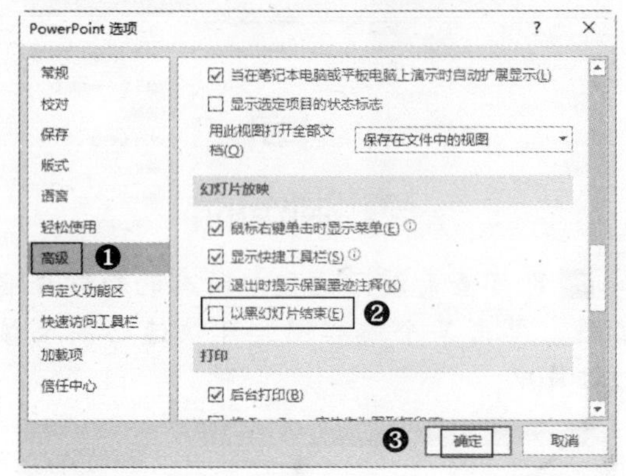

3. 快速定位幻灯片

在放映幻灯片时，如果要快进到或退回到第4张幻灯片，可以先按数字【4】键，再按【Enter】键。若要从任意位置返回到第1张幻灯片，可同时按下鼠标左右键并停留2秒以上。